Der **Onlineservice InfoClick** bietet unter www.vogel-fachbuch.de/infoclick nach Codeeingabe zusätzliche Informationen und Aktualisierungen zu diesem Buch.

InfoClick **In zwei Schritten zum Onlineservice**

1. Einfach www.vogel-fachbuch.de/infoclick aufrufen.
2. Den unten stehenden Zugangscode und eine E-Mail-Adresse eingeben.

Ihr persönlicher Zugang zum Onlineservice ⇨ 342404270001

Thomas Schulz (Hrsg.)

Cybersicherheit

Thomas Schulz (Hrsg.)

Cybersicherheit

für vernetzte Anwendungen in der Industrie 4.0

VOGEL COMMUNICATIONS GROUP

Der Herausgeber:
Dipl.-Ing. Thomas Schulz, Channel Manager Central and Eastern Europe – GE Digital

Die Autoren:
Dipl.-Ing. Heiko Adamczyk, Leiter Innovation and Competence Center – KORAMIS GmbH
Dr. rer. nat. Kemal Akman, Executive Director Advisory Services – KPMG Deutschland Wirtschaftsprüfungsgesellschaft AG
Prof. Dr. rer. nat. Frederik Armknecht, Inhaber Lehrstuhl Praktische Informatik – Universität Mannheim
Johannes Beckers, LL.B., M.Sc., Spezialist Kompetenzstelle Cyber – AXA Versicherungs AG
Daniel Conta, B.Sc., IT Consultant und Programmleiter Medgentis – Medplus-Kompetenz
Dipl.-Math. David Fuhr, Head of Research – HiSolutions AG
Dr. Dipl.-Phys. Christoph Glowatz, Chief Information Security Officer – Hochschule Düsseldorf
Christian A. Gorke, M.Sc., Wissenschaftlicher Mitarbeiter – Universität Mannheim
Dr.-Ing. Christian Haas, Gruppenleiter sichere vernetzte Systeme – Fraunhofer ISOB
Dipl.-Inf. Mark Hartmann, Product Manager Device & Application Control and Artificial Intelligence – DriveLock SE
Peter Haufs-Brusberg, M.Sc., Chief Information Security Officer – Deutsche Bank Luxembourg SA
Dipl.-Ing. Jens Hempel, Advanced Specialist – TÜV Rheinland Industrie Service GmbH
Prof. Dr. Nils Herda, Professor für Wirtschaftsinformatik – Hochschule Albstadt-Sigmaringen
Prof. Dr.-Ing. Hans-Joachim Hof, Professor für IT-Sicherheit – Technische Hochschule Ingolstadt
Dr.-Ing. Lutz Jänicke, Product & Solution Security Officer – Phoenix Contact GmbH & Co. KG
Dipl.-Inf. Michael Jochem, Director Business Chief Digital Office Industrial Technology – Robert Bosch GmbH
Dipl.-Ing. (FH) Dirk Kalinowski, Senior Produktmanager Kompetenzstelle Cyber – AXA Versicherungs AG
Dr.-Ing. Tobias Kleinert, Teamleiter Fachstelle Automatisierungstechnik – BASF Schwarzheide GmbH
Michael Krammel, Geschäftsführer – KORAMIS GmbH
Erwin Kruschitz, M.Sc., Vorstand – anapur AG
Dipl.-Ing. Thomas Leifeld, Wissenschaftlicher Mitarbeiter – Technische Universität Kaiserslautern
Dipl.-Ing. Helmut Leopold, PhD, Head of Center for Digital Safety & Security – AIT Austrian Institute of Technology GmbH
Dipl.-Inf. (FH) Jens Mehrfeld, M.Comp.Sc., Referent Cybersicherheit in Industrieanlagen – Bundesamt für Sicherheit in der Informationstechnik
Sebastian Neef, B.Sc., Inhaber – IT Solutions Neef
Prof. Dipl.-El.-Ing. ETH Armand Portmann, Dozent und Kursleiter – Hochschule Luzern (HSLU)
Dipl.-Inf. (FH) Peter Rehäußer, Executive Director Advisory Cybersecurity – Ernst & Young GmbH Wirtschaftsprüfungsgesellschaft
Prof. Dr. Stefan Ruf, Professor Informationsmanagement – Hochschule Albstadt-Sigmaringen
Prof. Dr.-Ing., Dipl.-Math. Holger Schmidt, Professor für Informatik, insb. IT-Sicherheit – Hochschule Düsseldorf
Dipl.-Ing. Thomas Schulz, Channel Manager Central and Eastern Europe – GE Digital
Dr. rer. pol. Frank Stummer, Business Development Director – Rhebo GmbH
Paul Trompisch, MPP, Referent – Verein Industrie 4.0 Österreich, die Plattform für intelligente Produktion

Raphael Vallazza, Geschäftsführer – Endian Spa
Prof. Dr.-Ing. Oliver Weissmann, Geschäftsführer – xiv-consult GmbH

Resonanzen von Verbänden:
Henning Banthien, Secretary General – Plattform Industrie 4.0
Hans-Wilhelm Dünn, Präsident – Cyber-Sicherheitsrat Deutschland e.V.
Steffen Zimmermann, Leiter Competence Center Industrial Security – VDMA Verband Deutscher Maschinen- und Anlagenbau e.V.
Lukas Linke, Senior Manager Cybersecurity – ZVEI Zentralverband Elektrotechnik- und Elektronikindustrie e.V.
Lukas Klingholz, Referent Big Data & Künstliche Intelligenz – Bitkom Bundesverband Informationswirtschaft, Telekommunikation und neue Medien e.V.

Weitere Informationen:
www.vogel-fachbuch.de
http://twitter.com/vogelfachbuch
www.facebook.com/vogelfachbuch

ISBN 978-3-8343-3424-4
1. Auflage. 2020

Printed in Germany

Inhaltsverzeichnis

B Regelkonformität mit Normen und Richtlinien

C Fabrik als Anwendungsdomäne / Industrial Control Systems

D Mobile und intelligente Komponenten / Smart Devices

F Unternehmensorganisation

Resümee

Management-Statement

Grußwort

Es ist in aller Munde: Wie andere Gesellschaftsbereiche revolutioniert Digitalisierung auch die Industrie rasend schnell. Das bietet vor allem für den Innovations- und Wirtschaftsstandort Deutschland enorme Potenziale, sei es Effizienz- und Qualitätssteigerung oder vollkommen neue, datenbasierte Geschäftsmodelle. Gleichzeitig gehen aber mit der Digitalisierung auch Herausforderungen in puncto Sicherheit einher. Wie sollen sensible Kundendaten sicher verwahrt und kritische Infrastrukturen vor dem Zugriff Unbefugter geschützt werden?

Insbesondere kleine und mittlere Unternehmen fühlen sich von Sicherheitsfragen überfordert. Cybersicherheit wird als trocken, teuer und aufwendig wahrgenommen. Dabei wird der Wert von durchdachten Sicherheitskonzepten für die Industrie 4.0 im Buch eindeutig herausgestellt: Cybersicherheit ist nicht nur sinnvoll, sondern absolute Grundvoraussetzung für erfolgreiche Digitalisierung. Standardisierte Sicherheitsarchitekturen werden zum «Enabler» für Industrie 4.0. Erst das Vertrauen in IT-Sicherheit ermöglicht datenbasierte Geschäftsmodelle und neue Partnerschaften. Die Autoren machen klar, dass Security als Qualitätsmerkmal in allen relevanten technischen Aktionsfeldern verankert werden muss – egal ob Smart Devices, Cloud Computing oder Industrial Control Systems.

Das Buch erklärt nicht nur die Bedeutung von IT-Sicherheit, sondern bietet auch die nötige Unterstützung. Durch eine umfangreiche Analyse des Themas fügen sich Beiträge der Experten und Praktiker zu einem Leitfaden für industrielle Anwender.

Damit Sicherheit umfassend und dauerhaft eintritt, bedarf es «Security by design». Eine vorausschauende Sicherheitskultur muss sich im Bewusstsein der Verantwortlichen sowie im Portfolio der Unternehmen widerspiegeln. Genauso wichtig ist jedoch die internationale Zusammenarbeit, denn die Bedrohungslage kennt keine Grenzen und Nationalitäten. Nur eine globale, standardisierte und vertrauenswürdige Sicherheitsinfrastruktur über gesamte Wertschöpfungsnetzwerke und industrieller Lebenszyklen ermöglicht es, die Potenziale der Industrie 4.0 voll auszuschöpfen. Hier geht das Buch auch auf die Rolle der Plattform Industrie 4.0 und ihrer Arbeitsgruppe «Sicherheit vernetzter Systeme» ein, die globale Key Player zusammenbringt, um Lösungsansätze, Handlungsempfehlungen und konkrete Anwendungsbeispiele für eine sichere, vernetzte Industrie zu entwickeln.

In diesem Sinne des Austausches und Know-how-Transfers bieten die folgenden Seiten viel Wissenswertes rund um das Thema Cybersicherheit – egal ob für Privatpersonen, Großkonzern oder Mittelstand.

Viel Spaß beim Lesen und Lernen!

Henning Banthien, Secretary General der Plattform Industrie 4.0

Vorwort des Herausgebers

Mehr als sechs Millionen Cyberangriffe finden jeden Tag weltweit statt. Anzunehmen ist, dass sich die Anzahl und Intensität hochspezialisierter Cyberangriffe in Zukunft weiter steigern werden. Die steigende Anzahl von «Smart Factories» mit neuen digitalen Technologien und vernetzten Objekten, wie sie Industrie 4.0 mit sich bringt, wird die Anfälligkeit für Cyberangriffe dynamisieren und die Angriffsfläche weiter erhöhen. Eine ständig steigende Angriffskomplexität und Angriffsqualität heben die Gefährdungslage zusätzlich auf ein neues Niveau.

Die Auswirkungen von Cyberattacken im Bereich der Industrie sind gravierend und können ernste Folgen haben: illegaler Wissens- und Technologietransfer durch Datendiebstahl und technische Spionage (streng vertrauliche Informationen zur Produktherstellung werden ausspioniert), Wirtschaftssabotage (sensible Produktionsdaten werden manipuliert oder das gesamte Wertschöpfungsnetzwerk wird komplett zum Stillstand gebracht) und nicht zuletzt leidet das Gesamtimage eines Unternehmens nach außen bei Geschäftspartnern und Kunden erheblich. Angesichts solcher Szenarien stellt sich immer drängender die Frage: Wie können wir die Digitalisierung so gestalten, dass die zu erwartenden Vorteile nicht durch den nächsten Cyberangriff zunichte gemacht werden?

Jedes industrielle Unternehmen ist dafür selbst verantwortlich, seine Unternehmensdaten und den laufenden Betrieb der Wertschöpfung sicher vor Cyberangriffen zu machen. Dies im Sinne des Unternehmenserfolges strategisch und nachhaltig umzusetzen ist Chefsache. Großunternehmen haben dabei im Laufe der letzten Jahrzehnte gegen Cyber-Sicherheitsvorfälle durch entsprechende Maßnahmen ein sehr hohes Absicherungsniveau erreicht. Doch wo ein international operierendes Großunternehmen erhebliche Summen investieren kann, um sich vor dubiosen Machenschaften Cyberkrimineller zu schützen, muss sich ein mittelständisches Unternehmen mit weitaus geringeren Mitteln helfen.

Eigenes Wissen ist dabei immer noch die beste Verteidigung. Mit dem vorliegenden Buch möchte ich als Herausgeber einen Beitrag dazu leisten, dass mittelständische Unternehmen einen leichteren Zugang zu dem Thema Cybersicherheit für vernetzte industrielle Anwendungen erlangen. Mit diesem Werk adressiere ich bewusst auch neue digitale Entwicklungen, wie sie Industrie 4.0 und die Digitalisierung mit sich bringen, und spreche den fachinteressierten Leser an, der sich grundlegend in die Thematik einarbeiten möchte und dafür praxisbezogene, allgemein verständliche Informationen benötigt.

Das Thema wird umfassend und in vielen Facetten beleuchtet und analysiert. Dabei liegt das Hauptaugenmerk der Beiträge nicht nur auf dem möglichen Gefahrenpotenzial, sondern auch in konkreten Handlungsanweisungen und Schutzmaßnahmen. Somit wird dem interessierten Leser ein praxisbezogener Leitfaden an die Hand gegeben, mit dessen Hilfe er das Konzept Cybersicherheit für vernetzte industrielle Anwendungen verstehen und umsetzen kann.

Dazu erarbeiteten wir mehrere sich ergänzende und ineinandergreifende Themenblöcke, die aus Expertensicht in ihrer Gesamtheit für die Entwicklung von Cybersicherheit bei Industrie 4.0 von zentraler Bedeutung sind. Durch einen abwechslungsreichen Mix wurde darauf geachtet, dass Einblicke aus Großkonzernen, Mittelstand, Start-ups sowie Meinungen von Forschungs- und Bildungseinrichtungen vermittelt werden. Das Werk besitzt eine sinnlogische Reihenfolge, aber einzelne Kapitel können auch unabhängig voneinander gelesen werden.

Der Mittelteil dieses Buches orientiert sich an den drei für die Praxis von Cybersicherheit für vernetzte industrielle Anwendungen besonders relevanten technischen Aktionsfeldern: die Informationstechnik auf den lokalen Servern und in den Datenzentren (IT – Information Technology), die industriellen Steuerungs- und Leitsysteme (OT – Operational Technology) und die in

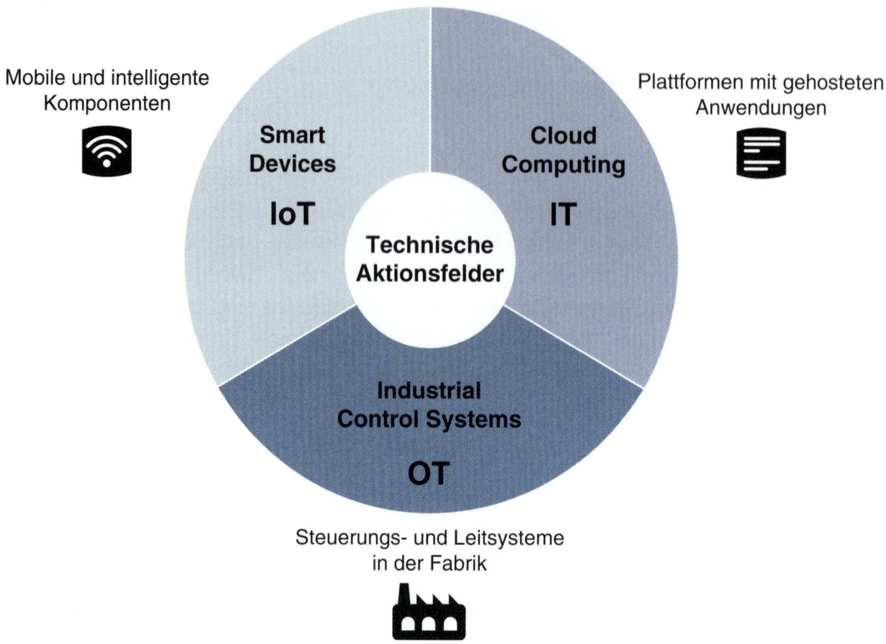

Bild 1 *Technische Aktionsfelder der Cybersicherheit bei Industrie 4.0*

industriellen Anwendungen verwendeten Komponenten des Internets der Dinge (IoT – Internet of Things).

Bild 1 fasst diese drei technischen Komponenten der Cybersicherheit zusammen. Die Sicherheitsarchitektur dieser drei technischen Systeme und Komponenten muss grundlegend neu gedacht werden. Dabei muss die Sicherheit durch «Security by Design» und «Security by Default» von vornherein gewährleistet sein.

Im Teil C «Fabrik als Anwendungsdomäne / Industrial Control Systems» wird der Unterschied zwischen Information Technology und Operational Technology herausgearbeitet. Cyberangriffe auf industrielle Anlagen und kritische Infrastrukturen können ernste Folgen haben und lassen sich nicht einfach durch übliche Sicherheitsmaßnahmen wie bei Anwendungen in der Büro- und IT-Umgebung vermeiden. Es werden typische Schwachstellen und das daraus resultierende grundlegende Bedrohungspotenzial für industrielle Steuerungssysteme, ergänzt durch Praxisbeispiele aus dem Monitoring von verschiedenen ICS, vorgestellt. Es erfolgt eine detaillierte Betrachtung technischer und organisatorischer Maßnahmen mit einzelnen Aspekten der Sicherheitskonzepte für ICS-Systeme. Insbesondere werden Besonderheiten automatisierter Sicherheitseinrichtungen (SIS) aus Sicht der Manipulierbarkeit bzw. Kompromittierbarkeit durch Cyberangriffe dargestellt und wesentliche Elemente eines dedizierten SIS-Cyber-Security-Managements beschrieben und Aspekte der praktischen Umsetzung erörtert.

Im Teil D «Mobile und intelligente Komponenten / Smart Devices» geben wir eine Einführung und einen Überblick über Cyber Security für Industrie-4.0-Komponenten als wichtigen Bestandteil vieler Industrie-4.0-Anwendungen. Diese Komponenten zeichnen sich dadurch aus, dass sie sich mit anderen Komponenten vernetzen und über Systemgrenzen hinweg kommunizieren, um so im Zusammenspiel mit Backend-Diensten die Industrie-4.0-Anwendungen zu realisieren. Die Teilnehmer in einem Industrie-4.0-System müssen sich in zunehmendem Maße auf die Korrektheit, Vollständigkeit und Unverfälschtheit ihrer Daten, Systeme und Prozesse verlassen können. Insbesondere sind lokale Schnittstellen, Wartungs- und Administratorzugänge, die Datenspeicherung und die Netzwerkkommunikation zu schützen. Grundlegende Sicherheitsmaßnahmen umfassen den Schutz der ausgeführten Firmware und Software, den Schutz von kryptographischem Material, sichere Kommunikationsverbindungen sowie sichere Identitäten durch Identitätszertifikate. Mögliche Angriffe auf solche Geräte werden in praktischer Hinsicht analysiert und diskutiert.

Im Teil E «Plattformen mit gehosteten Anwendungen / Cloud Computing» befassen wir uns mit den wichtigsten Sicherheitsrisiken und Bedrohungsszenarien virtualisierter IT-Ressourcen wie Rechenkapazität, Datenspeicher, IoT-Plattformen und Software durch einen Service Provider über das Internet. Grundprinzipien des Datenschutzes und Prinzipien für die Sicherheit industrieller IoT-Plattformen werden beschrieben. Eine IoT-Plattform ist eine wiederverwendbare Basis an Technologien, Diensten und Realisierungen von Prozessen, auf denen aufbauend weitere Technologien, Dienste, Realisierungen von Prozessen und Anwendungen entwickelt werden können. Sicherheitsmechanismen, die bereits bei der Konzipierung der Plattform integriert sind, und Sicherheitsstrategien im Prozess der Anwendungsentwicklung spielen neben dem kontinuierlichen Monitoring mit intelligenter Detektion und schneller Reaktion auf Systemanomalien eine wesentliche Rolle.

In der Gesamtheit bedarf die offene, vernetzte Wertschöpfung der Industrie 4.0 einer durchgängigen, geschlossenen Lösung der Cybersicherheit zur Bewältigung der Gefahren durch neue digitale Technologien im industriellen Umfeld. Cybersicherheit ist dabei keine Innovationsbremse, sondern vielmehr ein wichtiger Garant für zukünftigen unternehmerischen Erfolg. Neben den drei technischen Aktionsfeldern beschreiben wir wichtige Einflussfaktoren, deren Kenntnisse für die Cybersicherheit vernetzter Industrie-4.0-Anwendungen in Unternehmen unterstützend oder zwingend notwendig sind (Bild 2).

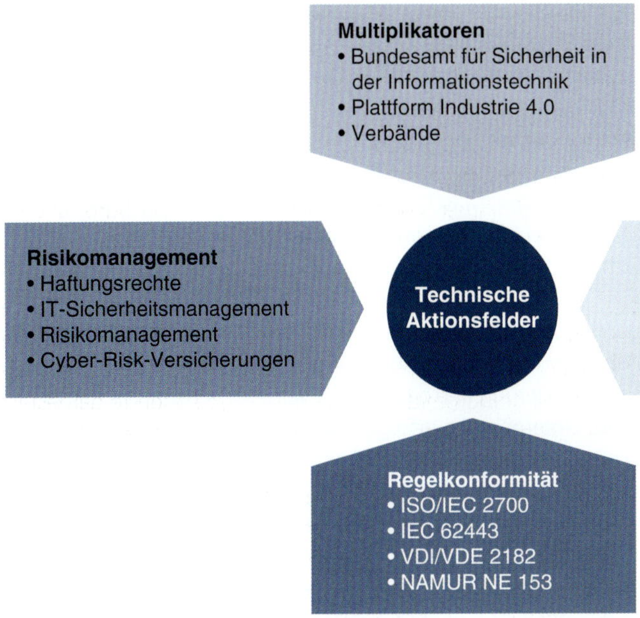

Bild 2 *Einflussfaktoren auf die technischen Aktionsfelder der Cybersicherheit*

Welche Multiplikatoren unterstützen die Industrie bei der Verbreitung und Akzeptanz von Cybersicherheit? Zum einen gilt das Bundesamt für Sicherheit in der Informationstechnik (BSI) als zentraler Ansprechpartner für den Ausbau der Beratung für die Wirtschaft zum Thema Informationssicherheit in der Digitalisierung. Weiterhin befassen sich mit dem Thema Cybersicherheit für vernetzte Anwendungen in der Industrie 4.0 der Bundesverband Informationswirtschaft Telekommunikation und neue Medien e.V. (BITKOM), der Verband Deutscher Maschinen- und Anlagenbau e.V. (VDMA), der Zentralverband Elektrotechnik- und Elektronikindustrie e.V. (ZVEI), der Cyber-Sicherheitsrat Deutschland e.V. sowie die deutsche und die österreichische Plattform Industrie 4.0; sie haben dazu eigene Arbeitsgruppen gebildet, um ihren Mitgliedern aktive Unterstützung bei der Umsetzung dieser Thematik zu gewähren. Eine Vielzahl von Publikationen, größtenteils frei verfügbar im Internet, sind daraus hervorgegangen.

Im Teil A «Cybersicherheit als Voraussetzung für erfolgreiche Digitalisierung» gehen wir der Frage nach, welche Bedrohungen sich generell durch die Digitalisierung der Industrie ergeben. Das Vorgehen der Angreifer bei gezielten Angriffen wird beschrieben sowie die Auswirkungen von Angriffen auf Produktionssysteme und welche Veränderungen Industrie 4.0 mit sich bringen wird. Cybersicherheit wird als ein inhärenter Bestandteil der Digitalisierung definiert. Die steigende Komplexität verstärkt zunehmend die Verletzlichkeit der installierten Systeme. Neben vielfältigen bekannten Angriffsmethoden wird auch «Cyber Crime as a Service» als neuer Trend erläutert. Es wird die Schlussfolgerung gezogen, dass Digitalisierung und Cybersicherheit einer neuen Kultur des Miteinanders mit erweiterten Formen der Kooperation sowie neue Schutz- und Verteidigungsstrategien bedürfen.

Im Teil B «Regelkonformität mit Normen und Richtlinien» werden ausgesuchte, wichtige Standards vorgestellt. Die Normenreihe ISO/IEC 27000: IT-Sicherheitsverfahren – Informationssicherheits-Managementsysteme (ISMS) gibt die Möglichkeit, eine unternehmensweite Strategie im Hinblick auf Informationssicherheit zu etablieren. Mögliche Anwendungsbereiche und der Anwendernutzen von Umsetzungen werden aufgezeigt. Die Normenreihe IEC 62443: Industrielle Kommunikationsnetzte – IT-Sicherheit für Netze und Systeme hat sich zwischenzeitlich mit ihrem Umfang und ihrer Komplexität als der Security-Standard für die Automatisierungstechnik etabliert. Anwendungsbereiche und Umsetzungen werden erläutert. Die Richtlinienreihe VDI/VDE 2182: Informationssicherheit in der industriellen Automatisierung stellt ein allgemeines Vorgehensmodell zur Berücksichtigung von Security bei der Herstellung, Integration und Betrieb von industriellen Automatisierungskomponenten bzw. -anlagen vor. Die Anwendung des Vorgehensmodells wird aus Sicht des Herstellers, Integrators bzw. Maschinenbauers und Betreibers beschrieben. Das NAMUR-Arbeitsblatt NA 163: IT-Risikobeurteilung von PLT-Sicherheitseinrichtungen beschreibt ein Verfahren, mit dem die IT-Sicherheit von Prozessleittechnik-Sicherheitssystemen schnell und einfach analysiert werden kann.

Im Teil F «Unternehmensorganisation» definieren wir die Sicherheit als eine feste Säule der Grundsätze der Unternehmensführung. Technik allein bringt noch keine Sicherheit. Deshalb gehen wir der Frage nach, wie nun die Etablierung und das Management von Informationssicherheit und Cyber-Security-Grundsätzen im Unternehmen erfolgen kann. Ein großer Teil aller Cyberbedrohungen kann schon mit gut koordinierten technisch-organisatorischen Methoden abgewehrt werden. Ein Informationssicherheits-Managementsystem (ISMS) dient dabei der Aufrechterhaltung und kontinuierlichen Verbesserung der Informationssicherheit in einer Unternehmung. Dazu müssen die Risiken, die die Informationssicherheit bedrohen, identifiziert, bewertet und ihnen mit geeigneten Maßnahmen entgegengewirkt werden. Ein wichtiger Punkt ist dazu ein Identitäts- und Berechtigungsmanagement. Es regelt den unkontrollierten Informationsfluss und den generellen Zugang zu Informationen.

Im Teil G «Risikomanagement» befürworten wir, Risiken durch umfassende Analysen frühzeitig aufzudecken, um sich rechtzeitig auf mögliche Schadensfälle vorzubereiten. Durch systematische Risikomanagementprozesse sowie die Bereitstellung geeigneter Ressourcen für die Cyberabwehr können die Gefahren von Cyberangriffen und mögliche Verwundbarkeiten systematisch reduziert werden. Im Folgenden wird die Integration der operativen Cybertechnologien in das Risikomanagement des Unternehmens dargelegt. Ziel dabei ist es, die sich ergebenen Anforderungen effizient in existierende Risiko-Management-Systeme (RMS) einpassen zu können. Praktische Handlungsanweisungen zur Umsetzung des Risikomanagements für vernetzte industrielle Anwendungen werden vermittelt und die Auswirkungen des Risikomanagements auf den operativen Betrieb aus dem Blickwinkel der Betreiberverantwortung betrachtet. Cyberversicherungen können ebenso als ein Element eines ganzheitlichen Risikomanagements dienen. Sinn und Zweck einer Cyberversicherung für Produktionsbetriebe werden betrachtet.

Mein ganz besonderer Dank gilt Niels Bernau, der durch motivierenden Zuspruch, fachliche Diskussionen und konstruktive Anregungen in hohem Maße zum Gelingen der Arbeit beitrug. Dank sagen möchte ich dem gesamten Team der Vogel Communications Group für ihre freundliche Art und tatkräftige Unterstützung sowie die zahlreichen guten Ideen.

Thomas Schulz

Resonanzen der Verbände

I Zentrale Enabler einer erfolgreichen digitalen Transformation

Durch die Digitalisierung können Unternehmen ihr Produkt- und Serviceportfolio erweitern. Gleichzeitig werden Geschäftsmodelle sowie Kundenbeziehungen neu definiert. Die Dynamik der Entwicklungen befähigt aufstrebende, innovative Player, bereits etablierte Akteure herauszufordern, und erzeugt somit sektorenunabhängig einen wettbewerbsbedingten Digitalisierungsdruck. Zusammen mit den Versprechen der digitalen Transformation hinsichtlich höherer und effizienterer Produktivität schreitet somit nicht nur die intelligente Vernetzung einzelner Elemente der Wertschöpfungskette voran, sondern wächst auch die digitale Angriffsfläche. Um gleichzeitig der fortschreitenden Professionalisierung und Industrialisierung von Cyberkriminalität in allen Erscheinungsformen – Datenmanipulation und -diebstahl oder Sabotage – entgegentreten zu können, sind verschiedene Maßnahmen, sogenannte «Prozess-Enabler», unabdingbar.

Cybersicherheit beruht bisweilen vor allem auf Selbsthilfe und liegt in der Eigenverantwortung der Unternehmen. Hierbei sind angemessene technische Sicherheitsvorkehrungen zwar Grundvoraussetzung, doch Cyberkriminellen genügt in der Regel die Identifikation einer einzigen Schwachstelle, um Netzwerke erfolgreich zu infiltrieren. Aufgrund dieser asymmetrischen Ausgangslage ist es folglich ebenso wichtig, ein konsistent hohes Level an Cyberhygiene – also ein cybersicherheitskonformes Onlineverhalten der Mitarbeiter – durch Kommunikation und Schulungen sicherzustellen. Insgesamt muss Cybersicherheit als der Verantwortungsbereich aller Abteilungen – und nicht nur der IT-Beauftragten – wahrgenommen werden.

Darüber hinaus muss Cybersicherheit aktiv umgesetzt und vorgelebt werden. Oftmals werden Projekte aufgrund sicherheitstechnischer Bedenken verzögert oder sogar abgebrochen, so dass Cybersicherheit als Spielverderber und Hemmnisfaktor interner Prozesse wahrgenommen wird. Zudem stehen entsprechende Ausgaben diametral zu den Wirtschaftlichkeits- und Produktivitätszielen der Geschäftsführung. Dementsprechend muss Cybersicherheit von Anfang an in Entwicklungsprojekte integriert sowie als Wettbewerbsvorteil verstanden werden (Security by Design) und ein offener Dialog zwischen operativer und technischer Ebene zur Vermittlung entsprechender Interessen etabliert werden.

Cyberangriffe richten sich des Weiteren nicht gegen einzelne Einheiten eines Wirtschaftsökosystems. Vielmehr ist die Bedrohungslage transnational und gesamtstaatlich. Privatpersonen, Behörden und Unternehmen, egal ob Großkonzern oder KMU, sind betroffen. Zur Sicherung eines starken Wirtschaftsstandortes braucht es demnach eine flächendeckende Cybersicherheitsarchitektur, die nur durch eine vertrauensvolle sektorenübergreifende Kooperation sichergestellt werden kann. Als zentraler Enabler einer nachhaltig erfolgreichen digitalen Transformation gilt neben angemessenen technischen Sicherheitsvorkehrungen, unternehmensinterner Cyberhygiene und dem Verständnis von Cybersicherheit als Wettbewerbsvorteil zuletzt auch ein Netzwerk der Köpfe. Denn nur durch gemeinsames Handeln, regen Austausch und Know-how-Transfer kann Cybersicherheit nachhaltig verbessert werden.

Hans-Wilhelm Dünn
Präsident – Cyber-Sicherheitsrat Deutschland e.V.

II Modulares Bausteinsystem der Security

Security! Viel zu trocken ist das Thema für die meisten. Viel zu aufwendig und kompliziert für den Anwender. Viel zu teuer für den Controller. Regelrecht muffelig reagieren selbst manche Kollegen im VDMA auf das Thema. Alles übertrieben und bitteschön doch bereits erledigt, Safety macht Security einfach mit. Punkt, aus. Alles darüber hinaus – braucht man nicht, lohnt sich nicht.

Doch doch, Security ist wichtig! Aber: «Security wird erst dann wichtig, wenn was passiert ist», sage ich gerne. Keine Neuigkeit, aber immer noch Realität in den Unternehmen und Amtsstuben weltweit. Spätestens mit Industrie 4.0 eine gefährliche Einstellung, doch peppig aufbereitet kann man sogar ausgesprochene Security-Muffel überzeugen. Dabei hole ich mir gerne die Hilfe von kleinen viereckigen LEGO-Bausteinen, denn die kennt und mag nun wirklich jeder.

12 Gründe, warum LEGO wie Security ist:

- Man braucht keine Superkräfte um es zusammenzubauen.
- Man braucht einen Plan!
- Es geht schneller, wenn man es im Team macht.
- Bei anderen sieht es so großartig aus, bei einem selbst wie bei einem Anfänger.
- Es gibt gefühlte 10 000 verschiedene Bausteine.
- Wenn es drauf ankommt, fehlt genau der eine Baustein.
- Wie viel es kostet, weiß man meist erst nach ein paar Jahren.
- Manchmal muss man kreativ sein.
- Die Herausforderung steigt mit dem Grad der Digitalisierung.
- Am Ende lässt sich alles auf ein paar Basics reduzieren.
- Es gibt Helden auf beiden Seiten.
- Lösungen der Community sind sehr gefragt.

Mein Beitrag bietet nicht genug Platz um jeden einzelnen der zwölf Punkte zu beleuchten. Für den sicheren und zuverlässigen Betrieb von Industrie-4.0-Anlagen kommt es nicht nur auf die Auswahl passender Bausteine an. Vielmehr steht das Zusammenspiel aller Beteiligten im Fokus, angefangen bei Zulieferern von Kommunikationskomponenten über Produktentwickler im Maschinenbau bis hin zu Anlagenbetreibern, Plattformanbietern und Servicegebern. Die Aufgabe: «Shared Responsibilities» – Gemeinsame Verantwortung. Wie in einem Uhrwerk hat jedes Rädchen Aufgaben und Funktionen. Das muss nicht kompliziert sein. Oft geht es darum, die richtigen Dinge zur rechten Zeit anzugehen. Zum Beispiel sollten Produktentwickler Security bereits im Design ihrer Produkte berücksichtigen. Der Aufwand hierfür ist geringer als das Stopfen von Löchern im laufenden Betrieb bei Kunden. Dabei geht es nicht darum, ein hundertprozentig sicheres System zu schaffen, sondern darum, grundsätzliche Funktionalitäten und Geschäftspraktiken zu etablieren.

Der VDMA entwickelt auf Basis der IEC 62 443 das Einheitsblatt 66 418 zur Industrial Security, in dem die Anforderungen an die Produktentwicklung zum Zeitpunkt des Inverkehrbringens von Maschinen und Anlagen nach dem Stand der Technik beschrieben werden. Mit den im Einheitsblatt beschriebenen Bausteinen wird der Maschinen- und Anlagenbau seiner Verantwortung für Industrie 4.0 und darüber hinaus gerecht.

Mein lieber Kollege Peter Früauf hat einmal gesagt, dass Safety der Schutz des Menschen vor der Maschine ist und Security der Schutz der Maschine vor dem Menschen. Diesem Schutz vor den handwerklichen Fähigkeiten eines Angreifers oder einer Angreiferin ein Gesicht zu geben, war das Ziel dieses Buches. Nun liegt es an Ihnen, liebe Leser, sich Ihrer Verantwortung bewusst zu werden und das Richtige zur richtigen Zeit zu tun.

Steffen Zimmermann
Leiter Competence Center Industrial Security – VDMA Verband Deutscher Maschinen- und Anlagenbau e.V.

III Etablierung einer Sicherheitskultur

Das Verständnis von «Sicherheitskultur» wird oft auf den Aspekt Awareness-Steigerung verkürzt. Im ZVEI verdeutlichen wir daher immer wieder drei Fragen, denen man sich stellen muss, will man eine Sicherheitskultur aufbauen und stärken. Erstens: Was sind der Treiber und Nutzen? Zweitens: Wer sind die zu beteiligenden Partner? Und drittens: Woran erkenne ich Fortschritte und Hindernisse?

Warum braucht es eine Sicherheitskultur überhaupt? Rein betriebswirtschaftlich ist die Antwort eindeutig: Investitionssicherheit. Jede technische Anschaffung für Cybersicherheit wird ihre Wirkung verlieren, wenn die Nutzer und Betroffenen nicht aufmerksam und angemessen damit umgehen. Nimmt man an, dass angesichts der dauerhaften Risikolage Anschaffungen erfolgen werden, braucht es immer den «Faktor Mensch», damit diese Investitionen überhaupt ihre Wirkung erzielen. Zusätzlich ist das Management der Cybersicherheit in einer Organisation im Sinne des «Plan-Do-Check-Act» ohne eine Sicherheitskultur de facto unmöglich. Denn eine etablierte Sicherheitskultur unterstützt alle drei Kernfähigkeiten:

1. Angemessenes Verhalten und Beachtung der Policies (= Prävention)
2. Aufmerksamkeit bei Auffälligkeiten und Verdachtsfällen (= Detektion)
3. Richtiges und schnelles Handeln bei einem Vorfall (= Reaktion)

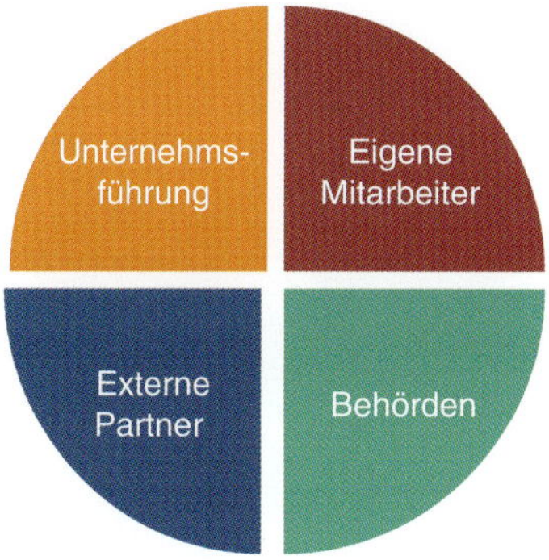

Bisher betreffen die Punkte vor allem Mitarbeiter innerhalb einer Organisation. Doch es müssen noch mehr Kreise einbezogen werden. Denn insbesondere Geschäftspartner und Gäste sorgen für Security-Herausforderungen, wie z.B. Präsentation über USB-Sticks, keinerlei Security-Vorkehrungen für die E-Mail-Kommunikation, Ablegen von (wichtigen) Dokumenten in öffentlichen Cloudsystemen usw. Achtsame Führungskräfte und Mitarbeiter können in diesen Situationen Hinweise geben, Alternativen anbieten und Grundprinzipien einhalten. Andernfalls werden technische Maßnahmen wieder schnell Makulatur. Darüber hinaus ist der Austausch mit anderen Verantwortungsträgern elementar. IT- oder Sicherheitsbeauftragte können im Kontakt mit Behörden wie dem Bundesamt für Sicherheit in der Informationstechnik (BSI), anderen externen Kollegen oder Netzwerken wie der Allianz für Cyber-Sicherheit einen realen Mehrwert für die eigene Arbeit und die Organisation als Ganzes gewinnen. Allein der Austausch muss gelebt werden.

Wie geht man eine Sicherheitskultur an? Fakt ist: Sie entsteht nicht von allein. Zunächst braucht es ein klares *Commitment* der Leitung. Zum einen braucht es den Auftrag, die Zeit und das Budget, die Mitarbeiter bei Cybersicherheit mitzunehmen. Zum anderen müssen meist verschiedene Unternehmensbereiche – bzw. deren Verantwortliche – zusammengebracht werden: z.B. die IT mit der Produktion. Es braucht dauerhaft feste Security-Ansprechpartner und Abstimmungsformate. Das Mandat für eine Sicherheitskultur kommt *top-down*, die Erfahrungen und Praxis jedoch *bottom-up*. Das braucht Formate, Zeit und gegenseitiges Verständnis. Zusätzlich ist Kreativität gefragt. Einfache Webinare oder passive Vortragsrunden zur Cybersicherheit einmal im Jahr bringen die Mitarbeiter selten weiter. Awareness-Kampagnen dürfen nicht nerven und müssen verständlich bleiben. Inzwischen stehen zahlreiche Angebote über *Gamification*, d.h. die spielerische Vermittlung von Inhalten, oder ansprechende Workshops zur Verfügung. Die Einbeziehung von Mitarbeitern ist kein Punkt zum Abhaken auf der Checkliste. Ziel muss es sein, dass die Kollegen Verdachtsmomente erkennen, auch eigene Fehltritte frei melden und stets einen Ansprechpartner finden.

Alle diese Punkte werfen sicherlich weitere Fragen auf. Doch bietet der vorliegende Band einen hervorragenden Einblick in die Rahmenbedingungen und umsetzbaren Maßnahmen – insbesondere für Produktionsunternehmen. In diesem Sinne ist er auch ein Aufruf zum Austausch und Vernetzen. Verbände und andere Plattformen bieten dafür gute Gelegenheiten. Entscheidend ist nun, die hier skizzierten Inhalte aufzugreifen, *Security Lessons Learned* abzufragen und eigene frei zu teilen – das ist gelebte Sicherheitskultur.

Lukas Linke
Senior Manager Cybersecurity – ZVEI Zentralverband Elektrotechnik- und Elektronikindustrie e.V.

IV Wirtschaftsschutz in der digitalen Welt

Das Internet of Things und speziell die Industrie 4.0 haben das Potenzial, der deutschen Wirtschaft sehr große Vorteile zu bringen – Vorteile, die im weltweiten Konkurrenzkampf entscheidend sein werden. Die herausragende Position, die Deutschland im Bereich der produzierenden Industrie innehat, kann nur durch den Einsatz von Industrie 4.0 gesichert werden. Darüber hinaus ermöglicht Industrie 4.0 nicht nur die Sicherung der Position, sondern auch deren Ausbau. Werden Outsourcing und Offshoring-Prozesse umgekehrt, so sichert dies die Arbeitsplätze von heute und ermöglicht die Schaffung neuer Arbeitsplätze von morgen.

Allerdings dürfen bei der Umsetzung wichtige Sicherheitsmechanismen nicht vernachlässigt werden. Fehlende Sicherheit kann schnell zum Bremsklotz der Digitalisierung werden. Beispielsweise gaben in der letzten vom Bitkom durchgeführten Industrie-4.0-Anwenderstudie mehr als 50 Prozent der befragten Unternehmen auf die Frage «Welche Hemmnisse sehen Sie beim Einsatz von Industrie-4.0-Anwendungen in Ihrem Unternehmen?» als Antwort «Anforderungen an die Datensicherheit» an. Unzureichendes Vertrauen in die Datensicherheit ist damit das größte Hemmnis beim Einsatz von Industrie 4.0, direkt hinter Datenschutz und hohen Investitionskosten. Das Ergebnis überrascht nicht, da durch Industrie 4.0 und die erforderliche Vernetzung auf einmal Zugriff von außen auf Maschinen, Systeme und Daten möglich ist, die bis dato abgeschnitten und hinter Firmenmauern sicher verwahrt waren.

Die Auswirkungen, die mangelnde Sicherheit in diesem Kontext verursacht, können unvorstellbar groß sein und können somit sehr schnell die Vorteile überwiegen. Noch ist die Anzahl der dokumentierten Hackerangriffe auf produzierende Unternehmen gering, ihre Zahl wird jedoch im gleichen Verhältnis zum Vernetzungsgrad der Unternehmen steigen. Die Angriffe können vielfältig sein. So können falsche oder veränderte Auftrags- oder Maschinenparameterdaten chargenweise Fehlteile verursachen, die aussortiert werden müssen. Noch schlimmer trifft es Unternehmen, die vernetzt mit anderen Unternehmen arbeiten. Angriffe auf in der Wertschöpfungskette vorgelagerte Unternehmen könnten Kettenreaktionen hervorrufen, die das Potenzial haben, ganze Branchen durcheinander zu bringen.

Die grundlegenden Herausforderungen beginnen jedoch schon viel früher und liegen im Detail. Auch wenn nur eine einzelne Firma betrachtet wird, wachsen zwei Welten zusammen: Office- und Produktions-IT; zwei Welten und zwei Systeme, die bislang streng getrennt wurden, werden nun miteinander vernetzt. Daher muss auch die Sicherheit beider Systeme als Gesamtkonzept betrachtet werden.

In seinem neuen Buch zu Industrie 4.0 legt Thomas Schulz den Schwerpunkt genau auf dieses Thema. Während das erste Buch den Industrie-4.0-Ansatz in einer generellen Art und Weise beleuchtete, spezialisiert sich das vorliegende Werk komplett auf den Sicherheitsaspekt vernetzter Industrie-4.0-Lösungen. Das Thema wird umfassend und aus unterschiedlichen Blickwinkeln von Experten und Praktikern im Leitfaden-Stil analysiert und gibt dem industriellen Anwender die Möglichkeit, Cyber Security für Industrie 4.0 zu verstehen und umzusetzen. Damit leistet es einen wichtigen Beitrag gerade auch für mittelständische Unternehmen, die sich in die Thematik einarbeiten möchten.

Lukas Klingholz
Referent Big Data & Künstliche Intelligenz – Bitkom Bundesverband Informationswirtschaft, Telekommunikation und neue Medien e.V.

A Cybersicherheit als Voraussetzung für erfolgreiche Digitalisierung

A.1 Bedrohungen durch die Digitalisierung der Industrie

A.1.1 Einleitung

«*Nichts in der Geschichte des Lebens ist beständiger als der Wandel.*»
(Charles Darwin)

Dies trifft auch auf die industrielle Produktion zu. Nach den Dampfmaschinen, der Fließbandfertigung, der Elektrifizierung und Automatisierung folgt die Digitalisierung.

Informations- und Produktionstechnik wachsen unter dem Begriff Industrie 4.0 zusammen [1]. Damit sind tiefgreifende technische und organisatorische Veränderungen in den bisher vorhandenen Strukturen und Denkweisen der Automatisierungstechnik und den produzierenden Unternehmen verbunden. Produkte, Komponenten und Maschinen werden intelligenter und verfügen über mehr Rechenleistung. Sie werden vernetzt und tauschen Daten aus. Diese Daten werden nicht mehr nur im eigenen Unternehmen gespeichert, sie werden weitergegeben und über Unternehmensgrenzen hinaus geteilt.

Die von intelligenten Produkten erhobenen zusätzlichen Daten können genutzt und ausgewertet werden, um die zugrunde liegenden Prozesse zu optimieren. Es entstehen neue Geschäftsmodelle und neuartige Wege, um Probleme zu lösen. In Zukunft stellen nicht nur die Produkte selbst einen Wert dar, sondern auch die bei ihrer Herstellung entstehenden Daten haben einen Wert. Gleiches gilt für die Informationen, die während des Lebenszyklus der Produkte generiert werden.

Mit diesen Veränderungen sind nicht nur Chancen verbunden. Bereits heute gibt es täglich Angriffe auf Unternehmen, bei denen Informationen verloren gehen, gestohlen oder Anlagen gestört oder beeinflusst werden. Es entstehen somit neue Risiken. Durch die Vernetzung der Produkte, der Maschinen und Systeme steigen die Abhängigkeiten untereinander, die bisher dort nicht bestanden. Die Systeme und Zusammenhänge zu verstehen wird durch die Komplexität der Systeme schwerer. Bei der Übertragung und Speicherung von Daten sind diese vor unberechtigten Zugriffen zu schützen. Dies dient unter anderem dem Schutz von Know-how und Einhaltung gesetzlicher Anforderungen. Eine solche Regelung ist die **D**aten**s**chutz**g**rund**v**er**o**rdnung (DSG-VO). Eine Missachtung kann zu Strafen oder finanziellen Einbußen führen.

Neben dem Schutz vor unberechtigtem Zugriff stellen sich noch weitergehende Fragen, wie:

- Wohin werden die Daten übertragen?
- Wo werden diese verarbeitet?
- Wer führt die Analysen?
- Was für Analysen werden gemacht?

Wenn man über Themen wie vorausschauende Wartung (*Predictive Maintenance*) oder Maschinen, die selbstständig einen Wartungsauftrag vergeben, nachdenkt, sollten auch die folgenden Fragen nicht außer Acht gelassen werden:

- Wie kann nachvollzogen werden, welche Maschine den Auftrag vergeben hat?
- War / ist diese Maschine dazu berechtigt?
- Hat die Maschine den Auftrag überhaupt vergeben?

Diese und weitere Aspekte müssen bei den Entwicklungen im Bereich Industrie 4.0 beim Thema Cybersicherheit in den Blick genommen werden. Mit Cybersicherheit werden dabei alle Aspekte der Sicherheit in der Informations- und Kommunikationstechnik erfasst [2]. Ebenso werden alle Arten von vernetzten Geräten und Systemen berücksichtigt.

Der folgende Abschnitt beschäftigt sich mit der Situation in bestehenden Industrieanlagen (Industrie 3.0) und den damit verbundenen Problemen der Cybersicherheit. Abschnitt A.1.3 geht auf mögliche Chancen des Zusammenwachsens der Informations- und Produktionstechnik bei Industrie 4.0 ein. Hierbei werden auch die damit verbundenen Risiken in der Cybersicherheit betrachtet. Um diese Risiken näher zu veranschaulichen, werden unter anderem vergangene Cybersicherheits-Vorfälle herangezogen. Im letzten Abschnitt wird ein Fazit gezogen.

A.1.2 Cybersicherheit in bestehenden Industrieanlagen

Bevor in die Zukunft geschaut wird, wird ein kurzer Blick auf die aktuelle Situation geworfen. In der Cybersicherheits-Umfrage 2017 des **B**undesamtes für **S**icherheit in der **I**nformationstechnik (BSI) gaben 70% der Teilnehmer an, in den letzten beiden Jahren Opfer von Cyberangriffen geworden zu sein [3]. Für 51% war dies mit Produktionsausfällen verbunden. Dies zeigt, dass es sich bei Cyberangriffen um eine reale Bedrohung handelt und eine Vielzahl von Unternehmen betrifft.

Bei Cyberangriffen kann zwischen gezielten und ungezielten Angriffen unterschieden werden. Unter ungezielten Angriffen sind breit gestreute Phishing-E-Mails mit einer Schadsoftware im Anhang oder Links auf manipulierte Webseiten zu verstehen. Dabei wählen Angreifer kein spezifisches Opfer aus, sondern verteilen die Schadsoftware möglichst breit. Häufig werden in einzelnen Kampagnen tausende E-Mails versendet.

In den Jahren 2016 und 2017 waren dies im Wesentlichen:

- **Verschlüsselungstrojaner** *(Ransomware)* verschlüsseln den Inhalt der Festplatte und Netzwerkablagen und fordern für deren Entschlüsselung ein Lösegeld.
- **Banking-Trojaner** spionieren Zugangsdaten für das Online-Banking aus.

Demgegenüber stehen *gezielte* Angriffe, die auf ein Unternehmen oder bestimmte Personen zugeschnitten sind. Hier geht es um Diebstahl von internen Informationen oder gezielte Erpressung oder Manipulationen. Eine Variante solcher gezielter Informationen ist eine Betrugsmasche namens «CEO Fraud». Dabei versuchen Angreifer, Mitarbeiter in der Buchhaltung durch gefälschte E-Mails dazu zu bringen, eine Überweisung auf ihr Konto durchzuführen. Allein 2017 sind durch Angriffe dieser Art Millionenschäden entstanden [4]. Da das Vorgehen bei gezielten Angriffen wesentlich komplexer ist als bei ungezielten Flächenangriffen, wird das Vorgehen von Angreifern im Folgenden näher erläutert.

A.1.2.1 Vorgehen der Angreifer bei gezielten Angriffen

Gezielte Angriffe lassen sich in unterschiedliche Phasen einteilen. Bild A.1.1 stellt die Schritte eines gezielten Cyberangriffes vereinfacht dar.

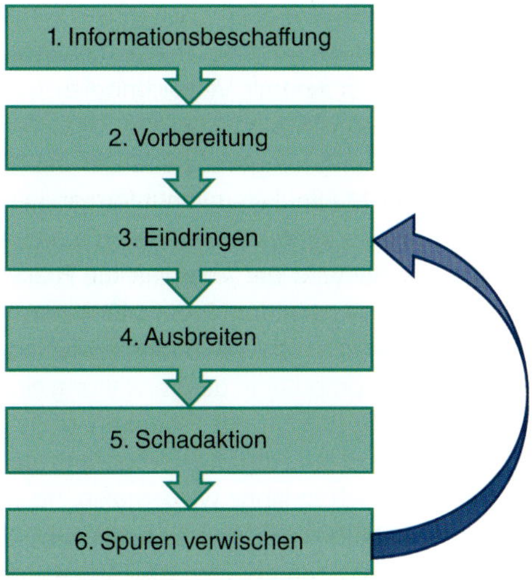

Bild A.1.1 *Ablaufschema eines gezielten Cyberangriffes*

In der initialen Phase beginnt der Angreifer damit, das Ziel auszukundschaften. Es werden Informationen über die Mitarbeiter, Organisation, eingesetzte Software und Systeme gesammelt. Eine ergiebige Quelle über Personen sind soziale Netzwerke. Diese bieten Mitarbeitern die Möglichkeit, Angaben zu ihrer Tätigkeit und Position in einem Unternehmen zu veröffentlichen. Zudem werden dort meist Interessen, Fähigkeiten, Beziehungen zu Kollegen und ggf. auch zu Geschäftskunden sowie weitere Informationen benannt, die der Angreifer auswerten kann. Informationen zur Struktur der Organisation können von der Webseite oder aus Firmenpräsentationen zusammengestellt werden. Erkenntnisse zu eingesetzter Software und Komponenten in Maschinen oder Anlagen stehen nicht selten als sog. «Success-Stories» auf den Seiten von Herstellern, Integratoren oder Maschinenbauern. Diese enthalten zwar nicht alle Details, lassen jedoch erste Rückschlüsse zu und können als Grundlage für die weitere Recherche des Angreifers dienen.

Mit den gesammelten Informationen beginnt der Angreifer die **Vorbereitung**. Er plant, wie er in das Unternehmen eindringt. Dazu bereitet er entsprechende Schadsoftware und Kommunikationsinfrastruktur (*Command & Control Server*) vor. Diese Server dienen dazu, Daten auszuleiten und die Schadsoftware zu steuern. Hierfür werden oft schlecht gewartete Webserver irgendwo im Internet genutzt, um möglichst wenige Spuren zu hinterlassen und eine Rückverfolgung zu erschweren.

Wenn Planung und Vorbereitung abgeschlossen sind, beginnt der eigentliche Angriff mit dem **Eindringen** in das Unternehmen. Eine oft genutzte Herangehensweise ist das Phishing. Dabei werden in E-Mails die Daten des Absenders gefälscht. Die E-Mails enthalten einen präparierten Anhang mit einer Schadsoftware oder einen Link auf eine präparierte Webseite. Im ersten Fall kann es sich beispielsweise um ein Office-Dokument mit einem Makro handeln, eine ausführbare Datei oder ein manipuliertes Dokument, das eine Schwachstelle ausnutzt. Im zweiten Fall handelt es sich um eine Webseite, auf der ein Schadcode platziert wurde. Dieser versucht eine Schwachstelle im Browser auszunutzen und so Schadsoftware zu installieren.

Der Angreifer hat nun einen ersten Brückenkopf im Unternehmen eingerichtet. Dieser dient als Ausgangsbasis für das weitere Vorgehen. Anschließend hat das **Ausbreiten** im Unternehmenssystem für den Angreifer oberste Priorität, bis er alle für ihn wichtigen Systeme infiltriert hat. Dazu wird er sicherstellen, dass die Schadsoftware auch nach einem Neustart funktioniert. Er wird zudem nach und nach seine Rechte und Zugriffsmöglichkeiten erweitern sowie weitere Systeme kompromittieren. Ein wichtiges Ziel ist der zentrale Verzeichnisdienst, auf dem die Zugangsdaten und -berechtigungen zu vielen Systemen verwaltet werden.

Die **Schadaktion** eines gezielten Angriffs hängt von den Zielen des Angreifers ab. Sollte es dem Angreifer um das Ausspionieren oder Manipulieren von Informationen gehen, wird er die entsprechenden Systeme suchen und die für ihn relevanten Daten ausleiten oder verändern.

Bei einem Produktionssystem als Ziel wird der Angreifer die Phasen vom Eindringen bis zur Schadaktion gegebenenfalls mehrfach durchlaufen. Dies ist für den Angreifer notwendig, da die Produktionssysteme sich meist in separaten Netzwerkbereichen befinden. So wird der Angreifer beispielsweise zu Beginn nur in einen Computer in der Verwaltung eindringen, um dann interne Informationen zu sammeln und den Einstieg in das Produktionsnetz zu planen. Hat er genug Informationen gesammelt, wird der nächste Angriff durchgeführt und in das Produktionsnetz eingedrungen. Dieses Vorgehen kann sich so lange wiederholen, bis er zu den Steuerungssystemen vordringen kann, um dort seine Ziele in die Tat umzusetzen.

Eine ausführlichere Betrachtung der Vorgehensweise von Cyberkriminellen hat das Bundesamt für Sicherheit in der Informationstechnik im Register aktueller Cybergefahren veröffentlicht [5].

A.1.2.2 Auswirkungen von Angriffen auf Produktionssysteme

Bisher wurde das Vorgehen eines Angreifers bei einem gezielten Angriff betrachtet. Bei Angriffen in der IT geht es meist um den Diebstahl von (firmeninternen) Informationen oder es werden Daten auf einem Webserver verändert, um Schadcode darüber zu verteilen. Die Ziele eines Angreifers können bei Produktionssystemen deutlich umfangreicher sein und zudem auch physikalische Auswirkungen haben. Es lassen sich vier Bereiche bilden, die ein mögliches Motiv sind:

1. Kontrolle und Steuerung
2. Anzeige
3. Safety
4. Daten/Informationen

Diese werden im Folgenden beschrieben und mit Beispielen die Konsequenzen verdeutlicht.

A.1.2.2.1 Steuerungskontrolle

Mit Kontrolle ist die Möglichkeit zur Steuerung der Maschine oder Anlage gemeint. Dies kann der Befehl zum Öffnen eines Ventils oder die Veränderung der Geschwindigkeit eines Transportbandes sein. In der Folge eines Angriffs kann es dazu kommen, dass

- keine Steuerbefehle mehr abgesetzt werden können,
- Steuerbefehle durch einen Angreifer verändert werden,
- Steuerbefehle verzögert werden oder
- von einem Angreifer mitgelesen und ausgewertet werden.

Gerade in den ersten drei Fällen kann es zu Schäden oder Problemen in der Anlage kommen. Die Folge kann sein, dass die Anlage durch den Angreifer heruntergefahren oder manipuliert wird.

A.1.2.2.2 Anzeige

Unter Anzeige sind Fähigkeiten zur Darstellung und Auswertung des Produktionsvorgangs zu verstehen. Dies können Systeme in einem Leitstand sein, die den aktuellen Zustand abbilden, oder einzelne Bedienstationen sein. Hier kann es

- zu einem Ausfall der Darstellung kommen,
- Daten können vor der Anzeige manipuliert werden oder
- Daten werden verzögert dargestellt.

Aufgrund der fehlenden oder falschen Informationen werden Entscheidungen getroffen, die zu Schäden an der Anlage führen können. In Kombination mit einer manipulierten Kontrolle können Veränderungen für einen Bediener komplett verschleiert werden.

Ein Beispiel für eine solche Kombination ist die Schadsoftware STUXNET. Bei diesem Vorfall handelte es sich um den Angriff auf die iranische Urananreicherungsanlage. Die genutzte Schadsoftware hat nicht nur Kontrolle über die Steuerungen der Gaszentrifugen manipuliert, sondern auch die Anzeige der aktuellen Werte. Für die Bediener war danach nicht ersichtlich, dass die Zentrifugen für die Urananreicherung mit zu hoher bzw. niedriger Drehzahl betrieben wurden. Dies führte zu Schäden an den Zentrifugen und einer schlechteren Produktqualität.

A.1.2.2.3 Safety

***S**afety-**I**ntegrated **S**ystems* (SIS) sollen verhindern, dass Menschen oder Umwelt Schaden durch eine Anlage nehmen. Ein Beispiel sind Lichtschranken bzw. -vorhänge, die eine Maschine deaktivieren, wenn ein Mensch diese auslöst. Andere SIS bringen eine chemische Anlage bei kritischen Abweichungen in einen sicheren Zustand.

Ein Angreifer kann das SIS

- manipulieren, damit es im falschen Moment oder gar nicht aktiviert wird, oder
- missbrauchen, um es auszulösen, um die Maschine zu stoppen oder die Anlage herunterzufahren.

Bei einer Manipulation kann es zu Verletzungen von Menschen oder sogar Toten und massiven Schäden an einer Anlage kommen.

A.1.2.2.4 Daten

Hierunter sind Daten zu verstehen, die gespeichert sind oder übertragen werden und einen Wert für das Unternehmen darstellen. Es kann sich um Steuerungsprogramme, Konstruktions- oder Planungsdaten handeln. Hier drohen

- ein möglicher Verlust, indem diese gelöscht werden,
- Manipulationen oder
- der Diebstahl.

Diese Gefahren sind aus der IT bekannt.

In Kürze

Cyberangriffe auf Unternehmen sind eine alltägliche Gefahr. Im weiteren Verlauf wird der Fokus auf gezielten Angriffen liegen. Diese stellen eine große Gefahr dar. Ungezielte Angriffe stören den Betrieb der Anlage, verursachen von wenigen Ausnahmen abgesehen jedoch keinen physischen Schaden.

Wenn man die Gefahren und Risiken bei Industrie 4.0 betrachten will, muss man auch die bestehenden Anlagen und Gefahren berücksichtigen. Eine Übersicht geben die zehn wichtigsten Bedrohungen im Produktionsumfeld des Bundesamtes für Sicherheit in der Informationstechnik [6]:

1. Social Engineering und Phishing
2. Einschleusen von Schadsoftware über Wechseldatenträger und externe Hardware
3. Infektion mit Schadsoftware über Internet und Intranet
4. Einbruch über Fernwartungszugänge
5. Menschliches Fehlverhalten und Sabotage
6. Internet-verbundene Steuerungskomponenten
7. Technisches Fehlverhalten und höhere Gewalt
8. Kompromittierung von Extranet und Cloud-Komponenten
9. (D)DoS-Angriffe
10. Kompromittierung von Smartphones im Produktionsumfeld

Zusätzliche Informationen zu Gefährdungen finden sich im ICS-Security-Kompendium [7] und in den IT-Grundschutz-Bausteinen für industrielle Systeme [8] des Bundesamtes für Sicherheit in der Informationstechnik.

Bei der Umsetzung von Industrie 4.0 werden sich Unternehmen mit diesen bestehenden Gefährdungen auseinandersetzen müssen. Denn Industrie 4.0 wird in den seltensten Fällen mit komplett neuen Anlagen auf der grünen Wiese starten, sondern nach und nach seinen Weg in bestehende Anlagen finden. Die Integration kann daher die bestehenden Anlagen neuen Gefährdungen aussetzen und Angreifern neue Türen öffnen.

A.1.3 Veränderungen durch Industrie 4.0

Dreh- und Angelpunkt von Industrie 4.0 sind Daten. Diese Daten können über den gesamten Lebenszyklus eines Produktes entstehen:

- Während der Entwicklung entstehen allgemeine Produktdaten und Know-how in Form von Konstruktionsdaten oder Software;
- während der Produktion fallen Fertigungsdaten an, die möglicherweise Auskunft über Qualitätseigenschaften geben;
- während des Betriebs beim Kunden können Betriebsdaten für die Wartung und Überwachung genutzt werden.

Eine Vielzahl der Daten wird bereits heute erfasst. Für andere sind zusätzliche Sensoren notwendig. Teilweise werden die Daten bisher nicht genutzt oder sie liegen nur lokal auf den Komponenten vor. Industrie 4.0 setzt genau an diesem Punkt an. Maschinen und Anlagen in den Unternehmen werden vernetzt und können Daten miteinander austauschen. Der Austausch macht auch an Unternehmensgrenzen nicht halt. Auch darüber hinaus werden Daten ausgetauscht.

Zur Verarbeitung dieser Daten kommen Konzepte und Technologien zum Einsatz, die ebenso in der klassischen Informationstechnologie eingesetzt werden.

Beim Übertragen und Verarbeiten gilt es die klassischen Sicherheitsziele Integrität, Verfügbarkeit und Vertraulichkeit zu gewährleisten. Die Daten sind vor unberechtigtem Zugriff zu schützen, um beispielsweise Know-how zu schützen. Veränderungen sind zu verhindern bzw. zu erkennen, um keine Entscheidungen auf falschen Grundlagen zu treffen oder wenn deren Herkunft nicht nachvollziehbar ist. Die Verfügbarkeit sicherzustellen dient dazu, die Daten immer nutzen zu können. An diesen grundlegenden Schutzzielen ändert sich bei Industrie 4.0 nichts.

Eine feste Priorisierung der Sicherheitsziele kann nicht allgemein vorgenommen werden. Tabelle A.1.1 zeigt die bisher postulierte Priorisierung der Schutzziele.

Tabelle A.1.1 *Bisherige Priorisierung der Schutzziele*

Klassische IT	Produktion
1. Vertraulichkeit	1. Verfügbarkeit
2. Integrität	2. Integrität
3. Verfügbarkeit	3. Vertraulichkeit

Diese allgemeingültige Formulierung berücksichtigt verfahrensspezifische Anforderungen nicht und verallgemeinert die Situation stark. Die Priorisierung ist vielmehr von der Anlage, den Komponenten, Daten und der Rolle abhängig. Bei einem Steuerungsprogramm in einer Maschine ist für den Maschinenbauer die Vertraulichkeit von höherer Bedeutung als die Verfügbarkeit. Es handelt sich um sein Know-how, für das Entwicklungskosten entstanden sind. Es ist für ihn akzeptabel, wenn das Steuerungsprogramm eine versuchte Extraktion verhindert oder die Anlage blockiert. Die Verfügbarkeit der Steuerung ist ein anderes Problem, dem man beispielsweise durch eine ausfallsichere Komponente oder Redundanz entgegenwirken kann.

Um die Bedrohungen in den neuen Konzepten und Geschäftsmodellen von Industrie 4.0 zu betrachten, wird in den folgenden Abschnitten auf die Anwendungsszenarien der Plattform Industrie 4.0 [9; 10] verwiesen. Diese Anwendungsszenarien sind generische Beschreibungen von potenziellen Anwendern. Die Ausführungen beschreiben keine konkreten Lösungen. Die Diskussion der Risiken soll ein Bewusstsein wecken und erhebt keinen Anspruch auf Vollständigkeit. Verweise auf Vorfälle zeigen, dass die Risiken bereits heute grundsätzlich gegeben sind.

Der nächste Abschnitt A.1.3.1 beschäftigt sich mit den Verbindungen in den Wertschöpfungsnetzwerken von Industrie 4.0. Danach folgt in Abschnitt A.1.3.2 ein Blick in Unternehmen und was sich dort verändert.

A.1.3.1 Wertschöpfungsnetzwerke

Heute ist elektronische Kommunikation innerhalb von Unternehmen und zwischen Unternehmen nicht mehr wegzudenken. Es wird in Form von E-Mail kommuniziert oder Systeme tauschen in automatisierten Verfahren Daten aus.

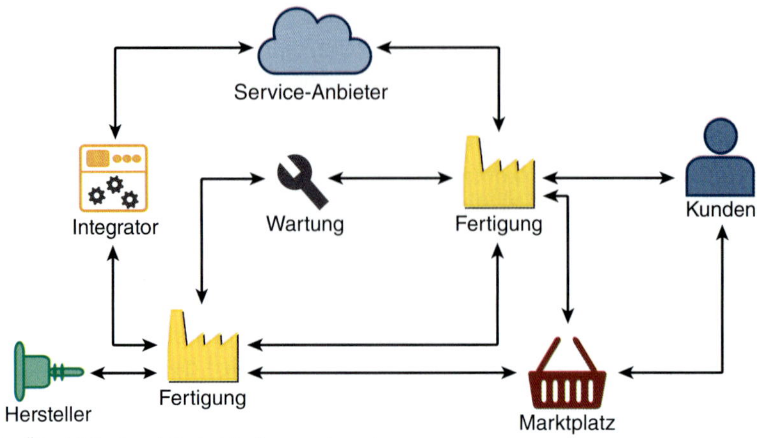

Bild A.1.2 *Überblick eines Wertschöpfungsnetzwerks*

Bild A.1.2 zeigt ein Wertschöpfungsnetzwerk mit unterschiedlichen Teilnehmern. Es gibt Kunden, die über einen Marktplatz oder direkt mit einem Fertigungsunternehmen in Kontakt treten und Produktionsaufträge erteilen. Kunden können selbst produzierende Unternehmen sein.

Es gibt Dienstleister für Wartung oder Service-Anbieter, die in Verbindung zu Fertigungsunternehmen und Maschinen- oder Anlagenbauern stehen, genauso wie Hersteller von Komponenten den Austausch mit ihren Komponenten anstreben, um Informationen über den aktuellen Zustand zu erhalten und zusätzliche Dienstleistungen anzubieten. Auf die einzelnen Beteiligten wird in den sich nun anschließenden Abschnitten eingegangen.

A.1.3.1.1 Verbindungen zu Kunden

Das Anwendungsszenario «Auftragsgesteuerte Produktion» beschreibt die kundenindividuelle Fertigung eines Produktes [9]. Ein Kunde konfiguriert ein Produkt oder übergibt komplette Konstruktionsdaten an einen Marktplatz oder an ein Fertigungsunternehmen. Der Marktplatz dient als Vermittler zwischen Kunde und Fertigungsunternehmen. Der Kunde kann direkt eine Rückmeldung über Preise und Lieferzeiträume erhalten. Bei der Beauftragung übergibt der Kunde seine persönlichen Daten und kann laufend Informationen über den Status seines Auftrags abrufen.

Für den Kunden ist relevant, dass die Informationen, die ihm präsentiert werden, korrekt sind. In einer weit verbreiteten Software für Web-Shops hat es 2017 eine Schwachstelle gegeben, die über 200 000 Online-Shops betroffen hat [11]. Durch diese Schwachstellen konnten Inhalte verändert werden. Wenn an ähnliche Lösungen bei Industrie 4.0 gedacht wird, kann es dazu kommen, dass Aufträge angenommen werden, die nicht mit den vorhandenen Maschinen gefertigt werden können, oder von den Kunden werden andere Ergebnisse erwartet. In der Folge müssen Aufträge storniert werden, was zu Ärger bei den Kunden führt.

Nachdem ein Auftrag erteilt wurde, müssen die zugehörigen Auftragsdaten sicher übertragen und gespeichert werden. Bei der Speicherung sind Maßnahmen zu treffen, um unberechtigte Zugriffe oder Veränderungen zu verhindern. Ersteres wird häufig berücksichtigt, wozu die Datenschutzgrundverordnung einen Beitrag geleistet hat und das Thema in den Vordergrund gerückt wurde. Die Gefahr vor Manipulation wird eher selten berücksichtigt. Dies ist vor allem im Streitfall oder im Kontext von Nachweispflichten relevant, wenn es zu Abweichungen im Produkt kommt oder es gesetzliche Auflagen gibt.

Ein Kunde kann beispielsweise mit einer manipulierten Auftragsbestätigung versuchen (zum Schaden des Produzenten) von einem Auftrag zurückzutreten oder abstreiten, den Auftrag aufgegeben zu haben. Dies ist besonders interessant, wenn Maschinen in Zukunft selbst Aufträge beispielsweise zur Wartung vergeben. Alternativ besteht für den Kunden das Risiko, mit einem Betrüger in Kontakt zu treten. Für beide Seiten ist ein langfristiger Nachweis notwendig, dass die Daten integer und authentisch sind.

Grundsätzlich ist dies keine neue Gefahr. Durch automatische Verfahren und die komplett digitale Abwicklung greifen die bisher genutzten Mechanismen unter Umständen nicht mehr.

Gerade durch Automatisierung und Korrelation von Daten können Informationen aus Unternehmen abgeleitet werden, die bisher so nicht transparent waren. Wenn ein Kunde bei der Bestellung darüber informiert wird, wie schnell die Auftragsbearbeitung stattfindet oder wie der Produktionsfortschritt ist, lassen sich daraus möglicherweise Rückschlüsse auf die gesamte Auslastung ziehen. Ein Angreifer könnte dies durch eine Vielzahl von Anfragen erreichen (unter der Voraussetzung, dass bereits vor Vertragsschluss der Lieferzeitpunkt genannt wird). Diese Informationen können zum Beispiel Auskunft über die geschäftliche Situation des Unternehmens und die Auftragslage geben.

A.1.3.1.2 Cloud-Services

Das Bereitstellen von Rechenleistung oder Diensten in Form von fertig konfigurierten Anwendungen durch Anbieter über das Internet hat sich zu einem lukrativen Geschäft entwickelt. Auf Anbieterseite haben sich von 2012 bis 2017 die Umsätze fast versechsfacht [12]. Im Bereich der IT wird für den Einsatz geworben und auch in Industrie 4.0 wird vielfach darauf verwiesen.

Ein weiteres Anwendungsszenario der Plattform Industrie 4.0 sind die Value-Based-Services [9]. Dabei werden Prozess- und Zustandsdaten genutzt, die während der Produktion oder des Betriebs erhoben werden, um zusätzliche Dienste anzubieten. Es kann sich dabei um die Überwachung einer Komponente handeln oder Auswertungen, um Vorgänge zu optimieren.

Der Anbieter eines Services kann seinerseits auf Anbieter von Rechenzentren zurückzugreifen, so dass er selbst gar keine Infrastruktur besitzen muss. Dies wird im Folgenden unter Cloud verstanden. Daten und Anwendungen werden im Verantwortungsbereich eines anderen Unternehmens verarbeitet, betrieben und gespeichert. Die Übertragung erfolgt in den meisten Fällen über das Internet.

Als Erstes wird die Verfügbarkeit und Anbindung an die Cloud betrachtet. Diese wird durch die Bandbreite bestimmt – sowohl auf Seiten der Diensteanbieter als auch bei den Nutzern.

Ein Angreifer kann durch einen Denial-of-Service-Angriff (DoS-Angriff) die Systeme oder Internetverbindung bei dem Anbieter so stark auslasten, dass für den Nutzer der Dienst gar nicht mehr oder nur verzögert erreichbar ist. Bei Webseiten und Cloudanwendungen zählt dies zu der häufigsten Angriffsart. Für die Durchführung von DoS-Angriffen gibt es einen regelrechten Markt. Bandbreite und Zeitraum können je nach Bedarf bestellt werden. Beispielsweise sind für einen Angriff mit bis zu 125 GB/s für eine halbe Stunde nur 60 $ notwendig [13].

In Bezug auf Industrie 4.0 ist dies vor allem bei zeitkritischen Anwendungen zu beachten. Beispiele sind cloudbasierte SPS (**s**peicher**p**rogrammierbare **S**teuerungen). Nutzer solcher Lösungen müssen beachten, dass Komponenten auch ohne eine Internetverbindung arbeiten. Ansonsten droht ein Stillstand der Anlage. Ziel der Angreifer ist, mit dieser Drohung den Dienst zu stören, Geld zu erpressen oder dem Anbieter bzw. seinen Nutzern zu schaden.

Neben der kurzfristigen Verfügbarkeit ist aber auch die langfristige Verfügbarkeit sicherzustellen. Cloudanwendungen werden so lange angeboten, wie es sich für den Anbieter rechnet. Bei Angeboten mit vielen Nutzern ist die Wahrscheinlichkeit gering, dass diese eingestellt werden. Bei

Speziallösungen ist die Bewertung schwieriger. Diese werden eingestellt, sobald sich Aufwand und Ertrag für den Anbieter nicht mehr lohnen. Bei Laufzeiten einer Produktionsanlage von nicht selten 20 Jahren oder länger ist dies sehr schwer vorauszusagen.

Bei der Auswahl ist daher zu überlegen, wie sichergestellt werden kann, dass die Produktionsanlage mit zunehmender Lebenszeit noch nutzbar ist und keine Abhängigkeit von dem Clouddienst besteht bzw. aufwendige Anpassungen vorgenommen werden müssen. Dies ist keine Gefahr, die durch einen Angreifer verursacht wird. Das Risiko sollte bei der Auswahl einer Anlage berücksichtigt werden.

Integre Daten sind eine Grundvoraussetzung für die Arbeit mit Daten. Es ist unerlässlich, dass die Daten von der richtigen Komponente stammen und nicht manipuliert wurden. Wenn die Daten verändert wurden, werden gegebenenfalls falsche Schlüsse gezogen. Dies kann zur Folge haben, dass suboptimale Parameter ermittelt werden oder dass ein Wartungsfenster zu früh oder zu spät eingeplant wird.

Das Verarbeiten und Speichern der Daten in der Cloud sollte kritisch betrachtet werden. Bei der Aggregation von Daten kann es zu Kumulationseffekten kommen. Einzelne Datensätze können für sich allein unkritisch sein. Bei einer gemeinsamen Betrachtung können sie jedoch einen Einblick geben, der vorher nicht erkennbar war. Im Fall von Produktionsanlagen können über die Auslastung einer oder mehrerer Anlagen Rückschlüsse über die Auftragslage gezogen werden. Ein anderes Beispiel kann eine Analyse eines Produktionsvorgangs sein. Bevor Daten im Allgemeinen aus dem Unternehmen herausgegeben werden, sollte geprüft werden, an wen diese weitergegeben werden und was damit gemacht werden soll.

Ein Angreifer kann den Fokus auf einen Serviceanbieter legen. Im Fall eines erfolgreichen Angriffs bekommt er nicht nur Zugriff auf die Daten eines Unternehmens, sondern möglicherweise mehrerer Unternehmen.

Der Trend zu Cloudanwendungen wird zunehmend problematisch für Unternehmen. Einzelne Anwendungen werden nur noch als Clouddienst angeboten oder erfordern zwingend eine Anbindung an die Cloud. Beispielhaft sind hier Officeanwendungen zu nennen, bei denen zum Teil keine lokalen Anwendungen mehr installiert sind und die Dokumente direkt beim Anbieter gespeichert werden. Wenn diese Betriebsmodelle auf andere Anwendungen (wie z.B. CAD oder Engineering-Anwendungen) zunehmend übertragen werden, wird der Schutz dieser Systeme noch kritischer. Denn es handelt sich um vertrauliche Konstruktionsdaten, die nicht mehr auf eigenen Systemen gespeichert sind. Es muss zudem geprüft werden, ob eine Übertragung von Kundendaten zulässig ist.

Der Serviceanbieter muss daher sehr viel Sorgfalt bei der Entwicklung und Betrieb walten lassen und schnell auf Schwachstellen reagieren. Eine Variante, um hier ein Mindestmaß an Vertrauen zu erzeugen, ist Nachweise in Form von Zertifizierungen der Cybersicherheit einzufordern. Vom Bundesamt für Sicherheit in der Informationstechnik wurde dazu ein Anforderungskatalog veröffentlicht [14].

A.1.3.1.3 Fernzugriffe

Neben der Kommunikation von Anlagen und Systemen zum Serviceanbieter spielen Zugriffe von Wartungsdienstleistern oder Integratoren in die Anlagen eine wichtige Rolle bei der Fehlersuche, Wartung und Lösung von Problemen. Dies ist heute schon gängige Praxis und es ist mit einer weiteren Zunahme solcher Lösungen zu rechnen.

Für Angreifer sind so tief reichende Zugriffsmöglichkeiten sehr interessant. Er erspart sich das schrittweise Vorarbeiten durch das Unternehmensnetz bis zu den Steuerungssystemen, wie in Abschnitt A.1.2.1 beschrieben. Im einfachsten Fall dringt er über den Fernwartungszugang direkt bis in das Produktionsnetzwerk vor.

Schlecht geschützte oder ungeschützte Fernwartungszugänge sind ein Einfallstor. Alternativ attackiert der Angreifer nicht direkt den Fernwartungszugang, sondern das Wartungsunternehmen. Dies könnte in der am Anfang skizzierten Übersicht nicht nur ein Wartungsunternehmen sein, sondern auch Maschinenbauer oder Komponentenhersteller. Ein Beispiel für ein solches Vorgehen war ein Angriff auf den Rüstungskonzern Lockheed-Martin. Dort wurde zuerst die Firma angegriffen, die für die Systeme und Daten des Fernzugangs zuständig war [15]. Anschließend drangen die Angreifer mit den dort erbeuteten Informationen bei dem eigentlichen Ziel ein.

Eine andere Gefahr besteht in der Fehlkonfiguration für die Fernzugriffe bei dem Wartungsunternehmen. Ab einer gewissen Größe und Struktur wird die Administration sehr komplex. Es kann zu unsicheren oder inkorrekten Einstellungen kommen. Die Folgen können im einfachsten Fall nur Ausfälle von Verbindungen sein. In schlimmeren Szenarien könnte ein Zugriff von einem Kundennetz in ein anderes möglich sein [16]. Auf diese Weise kann eine Übertragung von Schadsoftware stattfinden oder es sind andere unberechtigte Zugriffe möglich.

A.1.3.1.4 Auftragsfertigung

Aufgrund von flexibleren Produktionsketten oder kurzfristigen Steigerungen der Nachfrage kann es erforderlich sein, dass Produkte oder Bestandteile extern gefertigt werden. Bei einer solchen externen Auftragsfertigung müssen alle für die Produktion relevanten Daten übergeben werden. Dies können Konstruktionspläne oder Rezepturen sein. Grundsätzlich ist dies keine neue Situation. Auch in der Vergangenheit wurden in vielen Unternehmen nicht alle Teile selbst gefertigt. Es bestand daher schon immer die Gefahr, dass Produktinformationen missbraucht oder gestohlen werden.

Mit der Digitalisierung droht viel schneller und umfassender ein solcher Fall, da kein Papier mehr kopiert werden muss. Rein organisatorische Maßnahmen und subjektive Bewertungen (welchen Unternehmen vertraut wird) haben vielfach funktioniert, konnten aber einfach umgangen oder ausgenutzt werden. Bei Industrie 4.0 sollen Produktionsressourcen auf Marktplätzen gehandelt werden; dort braucht es überprüfbare Kriterien. Es kann viel öfter zu der Situation kommen, dass man mit einem bisher unbekannten Auftragnehmer zusammenarbeitet. Sich auf rein vertragliche Zusicherungen zu verlassen, kann keine Lösung sein. Ohne Schutz vor Produktpiraterie droht die Gefahr von Plagiaten. In der Folge geht für den Auftraggeber Umsatz verloren. Dadurch kann es sein, dass die Entwicklungskosten nicht gedeckt werden können und es zu finanziellen Verlusten kommt.

A.1.3.1.5 Benutzer- und Berechtigungsverwaltung

In vielen Abschnitten in diesem Kapitel wird darauf verwiesen, dass eine Authentisierung durchgeführt werden muss bzw. dass die Authentizität von Daten geprüft werden soll. Um dies zu ermöglichen, müssen die Komponenten, Mitarbeiter oder Unternehmen identifiziert werden können und sichere Mechanismen zum Nachweis vorhanden sein. Eine ausführliche Betrachtung zu unterschiedlichen Maßnahmen ist in [17] zu finden. Grundsätzlich stehen dazu **P**ublic-**K**ey-**I**nfrastrukturen (PKI) zur Verfügung. Dabei sind drei Dinge zu beachten:

1. Die Schlüssel sind sicher zu speichern.
2. Die Schlüssel sind regelmäßig zu wechseln und
3. die Schlüssel sind bei der Verwendung auf ihre Gültigkeit zu prüfen.

Die sichere Speicherung soll verhindern, dass Angreifer die Schlüssel stehlen und in der Folge missbrauchen können. Angreifer könnten dann Daten manipulieren oder Updates signieren. Dazu können verschiedene Hardwarelösungen (sog. *Secure-Elements*) genutzt werden. Dies sind Chips, aus denen der private Schlüssel nur mit sehr großem Aufwand extrahiert werden kann.

Der regelmäßige Wechsel erfordert in Verbindung mit der Prüfung, dass die neuen Zertifikate und Sperrlisten (falls ein Zertifikat gesperrt werden muss) allen Komponenten zeitnah zur Verfügung stehen. Dies stellt gerade bei zeitkritischen Anwendungen hohe Anforderungen an die Verfahren. Je nach Anwendungsfall muss eine Abwägung stattfinden, welche Anforderungen an die Laufzeit der Zertifikate oder an die Möglichkeiten zum Tausch vorhanden und welche Risiken damit verbunden sind.

Bei den Strukturen der PKI sind momentan Insel-Lösungen in einzelnen Branchen vorhanden. Eine übergreifende Struktur für Industrie 4.0 ist noch nicht existent. Die Notwendigkeit dafür ist erkannt und es wird daran gearbeitet.

In Kürze

Viele der beschriebenen Risiken betreffen nicht die eigentliche Produktion, sondern die Zusammenarbeit von Unternehmen. Es sind generelle Probleme, die sich durch die Digitalisierung verschärfen, denn bisher etablierte Verfahren ändern sich. Komponentenhersteller, Integratoren und Betreiber sind im ersten Moment dazu verleitet, diese Veränderungen bei der Konzeption auszublenden. Die Einführung und Umsetzung von Cybersicherheit verursacht erst einmal nur Mehraufwände. Bei genauerer Betrachtung wird jedoch deutlich, dass ohne diese Investitionen keine der oben beschriebenen neuen Szenarien denkbar sind. Nur wenn geeignete Technologien, Protokolle und Datenformate ausgewählt werden, können auf lange Sicht Schäden und Beeinträchtigungen vermieden werden. Denn sobald Cyberkriminelle die Chancen wittern, mit denen Geld zu verdienen ist, werden sie diese ergreifen.

Wichtige Punkte dazu sind unternehmensübergreifende Konzepte und Mechanismen zum Umgang mit digitalen Identitäten, damit die Verbindungen und Daten authentifiziert werden können. Aufbauend auf diesen Identitäten können Vertrauensbeziehungen etabliert werden, die Unternehmen und den dort eingesetzten Anlagen einen bestimmten Level der Vertrauenswürdigkeit bescheinigen. Dies bietet Möglichkeiten, den Missbrauch von Daten zu verhindern. Arbeiten innerhalb der Plattform Industrie 4.0 beschäftigen sich mit genau diesem Thema [17; 18], genauso wie die Initiative des Industrial Data Space [19].

A.1.3.2 Blick in Unternehmen

Nachdem Verbindungen auf der Ebene der Unternehmen betrachtet wurden, richtet sich der Blick nun in die Unternehmen. Denn auch dort werden Systeme und Komponenten innerhalb der Produktion zunehmend vernetzt. Zuerst waren Verbindungen auf den Produktionsbereich selbst beschränkt. Nach und nach erweiterte sich die Konnektivität hin zu Warenwirtschafts- und Enterprise-Resource-Planning-Systemen und mit Industrie 4.0 auch wie im vorherigen Abschnitt beschrieben über Unternehmensgrenzen hinaus.

Bild A.1.3 zeigt eine stark vereinfachte Struktur eines Unternehmensnetzwerks. Es ist ein Officenetz vorhanden mit Arbeitsplätzen und E-Mail-, Datei- und anderen Anwendungsservern. Im Produktionsbereich befinden sich Aktoren und Sensoren oder Maschinen. Komplexere Produktionssysteme, die aus einer Vielzahl von unterschiedlichen Sensoren und Aktoren bestehen, sind als Anlage zusammengefasst. Diese sind über verschiedene Netzwerktechnologien wie Feldbus oder Ethernet miteinander verbunden. Außerhalb des Unternehmens sind verschiedene Akteure aufgeführt, die in Abschnitt A.1.3.1 bereits beschrieben wurden.

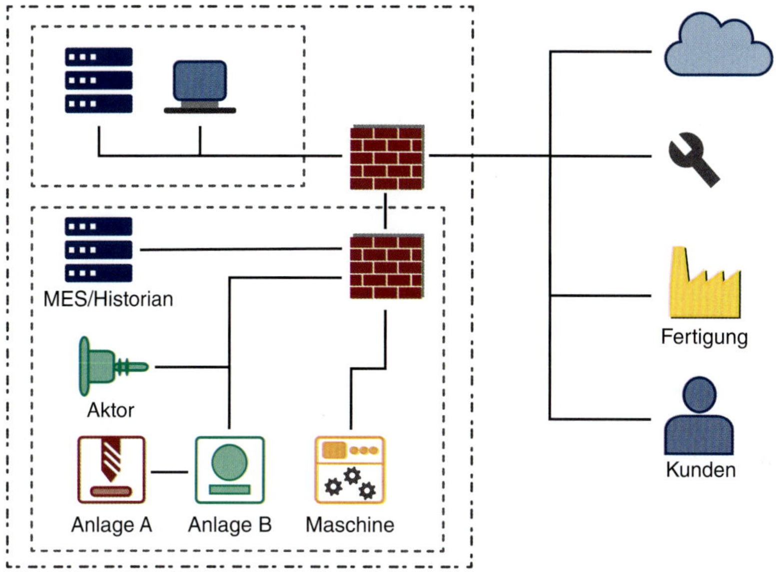

Bild A.1.3 *Vereinfachtes Unternehmensnetzwerk*

A.1.3.2.1 Schwachstellen

Um Daten austauschen zu können, müssen Verbindungen zwischen den unterschiedlichen Komponenten hergestellt werden. Wenn keine Kabel vorhanden sind, können diese verlegt werden oder es werden drahtlose Übertragungstechnologien genutzt.

Eine flache Netzwerkstruktur, bei der uneingeschränkt jede Komponente mit der anderen kommunizieren kann, ist eine Einladung für Angreifer. Einmal in das Netzwerksegment eingedrungen, kann er sich frei bewegen, da jede Komponente für ihn erreichbar ist.

Folgen einer solchen unbeschränkten Kommunikationsinfrastruktur haben sich 2017 durch die Schadsoftware WannaCry gezeigt. Die Deutsche Bahn war unter anderem davon betroffen [20]. Die Schadsoftware infizierte Anzeigetafeln und Fahrkartenautomaten. Nachdem die Schadsoftware einmal in das Netzwerk gelangt war, konnte sie sich fast ungehindert ausbreiten. Bis Gegenmaßnahmen ergriffen wurden, war eine mittlere dreistellige Zahl von Systemen außer Funktion gesetzt [21].

Die Ausbreitung der Schadsoftware wurde (neben der fehlenden Segmentierung des Netzwerks) durch eine öffentlich dokumentierte Schwachstelle, für die auch schon ein Update verfügbar war, ermöglicht. Dies ist bei alten Produktionsanlagen ein großes Problem. Für viele Komponenten in den Anlagen gibt es keine Updates oder sie werden verzögert freigegeben und eingespielt. Die Gründe sind, dass bei der Konzeption das Beseitigen von möglichen Schwachstellen nicht eingeplant und bedacht wurde.

Die Office IT hat sich wegen der zunehmenden Anzahl von Angriffen bereits in den letzten Jahren damit beschäftigen müssen. Problematisch ist, dass auch hier vor einem Update geprüft werden muss, ob danach keine Probleme auftreten und alle Funktionen weiterhin gewährleistet sind. Dass dies notwendig ist, zeigt sich an Problemen nach Updates des Betriebssystems Windows von Microsoft [22] im Frühjahr 2018. Das konservative Vorgehen auf Seiten der Betreiber beim Umgang mit Updates ist daher zu verstehen, da das Prozedere mit Aufwand verbunden ist. Angreifer können dies jedoch ausnutzen, um Rechte zu erweitern oder Zugriff auf weitere Systeme zu erhalten.

Ein weiteres Problem sind die fehlenden Möglichkeiten zur Automation der Updates und der damit verbundene hohe Aufwand, alle Komponenten einzeln zu aktualisieren. Dies ist meist nur Wartungsfenstern möglich, in denen eigentlich der Tausch und die Reparatur von Komponenten eingeplant sind. Es ist Aufgabe von Herstellern und Integratoren bei Industrie 4.0, nicht die Fehler der Vergangenheit zu wiederholen.

A.1.3.2.2 Dynamische Konfiguration

Viele Produkte haben immer kürzere Innovationszyklen oder die Fertigung in der Losgröße 1 macht eine flexiblere Fertigungsinfrastruktur notwendig. Dazu ist ein schneller, möglicherweise sogar automatischer Umbau der Fertigung notwendig. Eine Produktionslinie ist nicht mehr statisch, sondern kann aus unterschiedlichen Modulen bestehen. Diese Module können entsprechend ihrer Fähigkeiten und Schnittstellen unterschiedlich zusammengefügt werden. Die Module werden zu einer Produktionslinie zusammengestellt, verbunden, an Energie, Rohstoffe und Kommunikationsnetz angebunden. Danach werden sie aktiviert und eine Verbindung zum Netzwerk wird hergestellt. Das zentrale Leitsystem konfiguriert und parametrisiert die einzelnen Komponenten und die Produktion kann gestartet werden.

Bei der Kombination verschiedener Module müssen diese sicher identifiziert und deren Integrität sichergestellt werden. Die Identifikation ist notwendig, damit die Module an der korrekten Stelle eingefügt wurden und ein Angreifer nicht unberechtigt ein Modul integriert. Die Integrität dient zur Erkennung manipulierter oder gefälschter Module vor dem Einsatz. Ein Beispiel für diese modulare Bauweise sind Werkzeugmaschinen, in denen unterschiedliche Werkzeuge verwendet und automatisch gewechselt werden. Bei veränderten oder gefälschten Werkzeugen werden vom Hersteller vorausgesetzte Rahmenbedingungen unter Umständen nicht eingehalten. Die Maschine kann bei der Benutzung durch einen Defekt oder vorzeitigen Verschleiß beschädigt werden. Der Maschinenbauer möchte nachweisen können, dass der Schaden nicht durch eines seiner Werkzeuge verursacht wurde. Der Betreiber der Maschine kann sich auf diese Weise vor gefälschten Komponenten schützen. Davon profitieren beide Seiten.

Die Identifizierung spielt nicht nur lokal (wie im gerade beschriebenen Beispiel) eine Rolle, sondern viel stärker in der Vernetzung. Um zu verhindern, dass unberechtigt Geräte in das Netzwerk eingebunden werden, sollten diese erst authentifiziert werden und entsprechend ihrer Berechtigungen Kommunikationsbeziehungen aufbauen dürfen.

Es hat sich gezeigt, dass in vielen bestehenden Anlagen allgemeine Empfehlungen, wie im ICS-Security-Kompendium des Bundesamtes für Sicherheit in der Informationstechnik [7] oder der Norm ISO/IEC 62 443, zur Segmentierung verschiedener Funktionsbereiche selten umgesetzt werden (siehe auch das Beispiel zu WannaCry in Abschnitt A.1.3.2.1). Gründe sind eine Vielzahl unterschiedlicher Protokolle oder undokumentierte Kommunikationsbeziehungen. Bei der automatischen Konfiguration und Zusammenstellung der Module muss dem mehr Beachtung geschenkt werden. Dafür können sich die Komponenten im Netzwerk automatisch authentisieren und entsprechend autorisiert werden. Durch eine zentrale Verwaltung der Berechtigungen kann die Segmentierung bereits im Rahmen der Konfiguration geplant und von den Komponenten oder einer Firewall im Betrieb durchgesetzt werden. Auf diese Weise wird es einem Angreifer erheblich erschwert, sich in dem Netzwerk auszubreiten. Gleichzeitig lassen sich die Regeln mit weniger Aufwand durchsetzen. Dazu kann unter anderem die Verwaltungsschale einen Beitrag leisten.

Entsprechende Informationen zur Kommunikation können dort hinterlegt werden und bereits in die Entwicklung von Maschinen und Anlagen einfließen.

A.1.3.2.3 Entwicklung

Die Entwicklung und Planung von Komponenten erfolgt heutzutage mit Hilfe unterschiedlichster Anwendungen. Zwischen diesen Anwendungen ist ein Austausch oder mehrfache Nutzung nicht immer möglich. Dies kann zu höheren Aufwänden führen, da Informationen manuell transformiert werden, was zudem eine zusätzliche Fehlerquelle ist. Mit Industrie 4.0 wird daher eine stärkere Integration der mechanischen, elektrischen und Software-Entwicklung angestrebt. Mit allen relevanten Daten an einer Stelle soll der Entwurf von Maschinen und Anlagen vereinfacht und beschleunigt werden. Gleichzeitig können diese Informationen für Simulationen genutzt werden.

Die Konstruktion einer Maschine oder Anlage mit gleichzeitiger Simulation erleichtert die Konstruktion, die Planung, den Betrieb und die Wartung. Denn alle Daten sind an einer Stelle verfügbar. Reibungsverluste beim Austausch zwischen unterschiedlichen Gewerken entfallen. Für einen Angreifer kann dies ebenfalls von Vorteil sein. Falls er an diese Entwicklungs- und Konstruktionsdaten gelangt, hat er alle Informationen, um einen gezielten Angriff auf die Maschine oder Anlage vorzubereiten. Er ist dann im Besitz umfangreicher Informationen zum Verhalten und der Konfiguration. Er kann sogar die Simulation dafür nutzen, seine Werkzeuge und schadhafte Anpassungen an der Steuerung zu testen. Diese Entwicklungsdaten und -systeme werden daher in Zukunft noch viel stärker zu schützen sein, als dies bisher der Fall ist. Für Angreifer stellt momentan das spezifische Wissen um den Prozess einer Anlage oder Maschine noch eine Hürde dar, um einen gezielten Angriff mit spezifischen Modifikationen durchzuführen. Vielfach ist für eine Vorbereitung die Beschaffung einzelner Hard- oder Softwarekomponenten notwendig – wie im Fall der Schadsoftware TRITON, bei der die Angreifer mittels Reverse-Engineering einer Softwarebibliothek das Protokoll einer Safety-Steuerung analysiert, in die Schadsoftware integriert und vor dem Angriff getestet haben [23]. Dies könnte mit den kommenden Möglichkeiten zur Simulation der Anlage entfallen. Angreifer können das gesamte Verhalten in Ruhe analysieren, die Modifikationen vorbereiten und dann einspielen.

Beim Bereitstellen von Produktinformationen, die in der Entwicklung oder auch später allgemein im Betrieb genutzt werden, sind wie zuvor schon Vertraulichkeit und Integrität zu beachten. Die Vertraulichkeit wurde bereits zuvor angesprochen und wird durch das Berechtigungsmanagement in Abschnitt A.1.3.1.5 nochmals aufgegriffen.

Der Hersteller sollte sein Wissen in den Anlagen schützen. Es geht dabei wie in Abschnitt A.1.3.1.5 beschrieben um den Know-how-Schutz. Der Missbrauch der Daten in der Anlage ist zu verhindern. Im Zusammenhang mit Simulationen der Anlagen sind neue Konzepte erforderlich. Ein Auslesen und Auswerten muss verhindert werden, da ansonsten das komplette Wissen zum Nachbau einer Maschine in den Besitz des Angreifers gelangt.

Wie auch in den anderen Abschnitten wird wiederholt darauf hingewiesen, dass Veränderungen sowie Urheber der Konstruktions- und Komponentendaten erkannt und geprüft werden müssen. Für eine weitere Nutzung der Daten ist zu verhindern, dass ein Angreifer diese manipuliert. In der Folge können Komponenten fehlerhaft konfiguriert werden, was zu Defekten, frühzeitigem Verschleiß oder weiteren Sicherheitslücken führen kann. In Abschnitt A.1.3.2.2 wurde angesprochen, dass solche Komponentendaten zum Segmentieren des Netzwerks genutzt werden könnten. Wenn es einem Angreifer gelingt, zusätzliche Verbindungen freizugeben, stehen ihm weitere Wege offen.

Neben den Entwicklungsdaten muss auch das Verhalten eines Systems integer sein. Das System verhält sich wie erwartet und ist nicht manipuliert. Dies ist für den Betrieb und eine mögliche

Simulation wichtig. Wenn dem nicht so ist, weil ein Angreifer das System manipuliert hat oder es durch einen Hardwarefehler gestört ist, arbeitet es nicht mehr korrekt. Die Ergebnisse entsprechen nicht mehr dem normalen Verhalten. Dies kann während der Planung oder Simulation zu falschen Entscheidungen führen oder im Betrieb zu Schäden an der Anlage.

Im Rahmen der «innovativen Produktentwicklung» wird der Entwicklungsprozess zudem auf unterschiedliche Teilnehmer ausgeweitet. Es sollen relevante Interessengruppen eingebunden und an der Entwicklung beteiligt werden. Die Arbeit an innovativen und individuellen Produkten soll verbessert und beschleunigt werden. Beispiele für diese Vorgehensweise sind Open-Source-Projekte wie das Betriebssystem Linux [9].

An dieser Stelle soll der Blick auf die Einbindung von Softwarebibliotheken gerichtet werden. Auf diese Weise kann zum Teil erheblicher Entwicklungsaufwand eingespart werden. Dies ist bereits in der Software-Entwicklung der Fall. Bei der Auswahl sollte trotzdem mit Sorgfalt vorgegangen werden. Denn selbst bei großen Open-Source-Bibliotheken wird nur in den seltensten Fällen eine Untersuchung auf mögliche Schadfunktionen durch denjenigen vorgenommen, der diese einbindet. In großen Open-Source-Projekten wurden bereits Versuche, Schadcode einzuschleusen, aufgedeckt. Bei kleineren Projekten ist die Kontrolle nicht so ausführlich. Die Position des Bundesamtes für Sicherheit in der Informationstechnik dazu ist, dass die Prüfung von Software auf Sicherheitslücken immer möglich sein sollte. Es kann sogar ein K.o.-Kriterium sein, wenn der Quelltext nicht geprüft werden kann und Vertrauen dem Wissen über die Software gegenübersteht [24].

Zudem muss bei der Beschaffung und Einbindung mit Sorgfalt vorgegangen werden. So wurden in einer Software-Datenbank Pakete mit leicht abgewandelten Namen bekannter Projekte abgelegt. Diese waren um Schadfunktionen erweitert [25]. Wenn ohne Bedacht diese Pakete eingebunden werden, sind auch die Schadfunktionen enthalten.

Unabhängig, ob es sich um kommerzielle oder Open-Source-Software handelt, ist es notwendig, zeitnah auf Schwachstellen zu reagieren. Der Entwickler bzw. Hersteller einer Komponente muss einen Kanal etablieren, über den er seine Kunden informiert und eine fehlerbereinigte Version bereitstellt. Die Kunden wiederum sollten im eigenen Interesse diese Informationen einfordern und installieren.

A.1.3.2.4 Updates und Änderung der Funktionen

Anpassungen und Freischaltung von neuen Funktionen in bereits ausgelieferten Produkten sind das Thema des Anwendungsszenarios «Transparenz und Wandlungsfähigkeit ausgelieferter Produkte» [9]. Ein Fokus in diesem Szenario sind Erweiterungen des Produktes im späteren Verlauf des Lebenszyklus. Damit einhergehend ist eine Zunahme der Variantenvielfalt der Produkte möglich. Am Ende des vorherigen Abschnittes wurde bereits auf die Verteilung von Sicherheits-Updates und das Beseitigen von Schwachstellen eingegangen. Diese Funktion kann hierdurch abgedeckt werden.

Die Auslieferung eines Installationspaketes mit neuen Funktionen oder Updates muss vor Manipulationen geschützt erfolgen. Wenn es einem Angreifer gelingt, das Installationspaket zu manipulieren, kann er direkt Schadcode installieren. 2017 wurde bei einer Softwarefirma ein Updatepaket einer Buchhaltungssoftware manipuliert und mit der Schadsoftware NotPetya versehen. Dieses wurde heruntergeladen und installiert. Die Schadsoftware hat sich danach im Netzwerk ausgebreitet und alle Daten auf den infizierten Rechnern verschlüsselt [26].

Falls der Angreifer direkten Zugriff auf die Entwicklungssysteme hat, kann er direkt den Schadcode integrieren, wenn das Paket erstellt wird. Dies ist der schlimmste anzunehmende Fall. Denn Mechanismen wie Signaturen helfen nicht, wenn der Schadcode schon vor dem Erstellen der Signatur integriert wird. Alternativ kann der Angreifer das Paket auf dem Server manipulieren, auf dem es bereitgestellt wird. In diesem Fall können durch eine Signatur und deren Prüfung vor der Installation Veränderungen erkannt werden. Im Fall der Schadsoftware HAVEX wurde ein manipuliertes Installationspaket bei Anbietern für Fernwartungslösungen platziert. Verschiedene Kunden haben sich dieses heruntergeladen und installiert und Systeme mit einer Schadsoftware infiziert [27].

Bei dem Freischalten oder Installieren von zusätzlichen Funktionen ist neben der Integrität möglicherweise auch die Vertraulichkeit zu gewährleisten. Dies gilt zumindest für den Fall, dass diese nicht frei zur Verfügung gestellt werden. Wenn hier keine oder schwache Mechanismen zum Einsatz kommen, kann ein krimineller Nutzer diese illegal freischalten. Infolgedessen wird die Funktion möglicherweise weniger oft verkauft. Ein Beispiel ist eine veränderte Firmware für John-Deere-Traktoren, die über ukrainische Portale angeboten wird, um Restriktionen zu umgehen [28]. Eine Lösung bilden hier Modelle des ***D**igital **R**ights **M**anagement* (DRM). Eine Lösungsvariante in Form eines Technologiedatenmarktplatzes wurde im Rahmen des vom Bundesministerium für Bildung und Forschung geförderten Projektes IUNO [29] erstellt und hinsichtlich der Cybersicherheit betrachtet.

Das Digital Rights Management bezieht sich dabei nicht nur auf zusätzliche Funktionen. In den Maschinen und Anlagen steckt neben den Aufwänden für die mechanische Entwicklung, heute ein immer größer werdender Teil Software. Diesen gilt es ebenfalls zu schützen. Im Gegensatz zu physikalischen Bauteilen können Software oder Parameter, wenn diese ungeschützt sind, ohne weitere Kosten kopiert werden. Vor allem mit dem Blick auf Angebote von Produktionsparametern auf Marktplätzen ist es von zentraler Bedeutung, dass die dort angebotenen nicht ohne Weiteres genutzt werden können. Denn es würde zu finanziellen Einbußen führen, wenn Nutzer diese einfach weitergeben oder auf unterschiedlichen Maschinen nutzen könnten.

In Kürze

Wesentliche Teile in diesem Abschnitt beziehen sich auf die Entwicklung und Bereitstellung von Software. Laut VDMA entfielen 2015 «30% der Herstellkosten für ein Maschinenbauprodukt auf IT und Automatisierungstechnik» [30] mit weiter steigender Tendenz. Daher gilt es den Entwicklungsprozess und die Programme vor Missbrauch und Manipulation zu schützen. Dies gilt genauso für Vermeidung und Umgang mit Schwachstellen sowie die Verteilung von Software oder Updates.

Mit der Vernetzung der Systeme ergibt sich eine veränderte Bedrohungslage. Maschinen und Anlagen sind angreifbarer und es muss daher mehr Aufwand in eine sichere Entwicklung und den sicheren Betrieb gesteckt werden.

An diesem Punkt haben die Mitarbeiter eine Schlüsselposition. Sie müssen für die Risiken und Bedrohungen sensibilisiert und mit entsprechendem Wissen versorgt werden. Bei der Plattform Industrie 4.0 wurde dies im Rahmen von Empfehlungen für Aus- und Weiterbildung [31] bereits adressiert. Jedoch stellt der allgemeine Fachkräftemangel auch in diesem Bereich eine Herausforderung dar.

Grundsätzlich sollten bei der Entwicklung von Komponenten die Gedanken des Security-by-Design und des Security-by-Default verfolgt werden. Ersteres zielt auf einen sicheren Entwurf und eine sichere Entwicklung ab. Dabei sollen Schwachstellen möglichst von Beginn an vermieden werden. Das Zweite soll einen unsicheren Betrieb verhindern, indem die Komponente in einer sicheren Grundkonfiguration ausgeliefert wird. Damit soll verhindert werden, dass bei einer schnellen Inbetriebnahme eine unnötig große Angriffsfläche vorhanden ist. Dies ist beispielsweise bei standardmäßig aktivierten drahtlosen Schnittstellen der Fall.

«Zuerst ignorieren sie dich, dann lachen sie über dich, dann bekämpfen sie dich und dann gewinnst du.»
Mahatma Gandhi

Das Zitat beschreibt den Blickwinkel auf die Cybersicherheit bei Industrie 4.0 und der Produktion gut. Anfangs wurde sie ignoriert und belächelt. Sie wurde abgetan unter dem Motto, dass sie in diesem Umfeld nicht notwendig ist. Dann folgte die Zeit, in der versucht wurde, sich dagegen zu wehren – vor allem unter dem Deckmantel, dass damit nur Aufwände verbunden sind und es nichts bringt. Mittlerweile dürfte klar geworden sein, dass es Industrie 4.0 ohne Security nicht geben wird.

Mit den neuen Möglichkeiten, um Maschinen und Anlagen besser auswerten, optimieren und auslasten zu können sowie flexibler zu produzieren, sind nicht nur Vorteile verbunden. Es kommen Risiken auf die Anlagen zu, denen sie bisher nicht ausgesetzt waren.

Die Herausforderung Cybersicherheit bei Industrie 4.0 konnte nur an einzelnen Punkten angerissen werden. Komponentenhersteller, Integratoren und Betreiber sind in der Verantwortung, sich mit der Cybersicherheit zu befassen. Denn nur gemeinsam können sie den Schutz der Anlagen gewährleisten. Dafür sind sichere Komponenten notwendig. Diese müssen vom Integrator geeignet und sicher zusammengestellt, konfiguriert und programmiert werden. Der Betreiber muss über den Einsatzzeitraum den sicheren Betrieb gewährleisten.

Durch immer professioneller arbeitende Angreifer ist es keine Option, den Kopf in den Sand zu stecken und Herausforderungen zu ignorieren. Für eine Vielzahl von Problemstellungen gibt es bereits Lösungen oder es wird daran gearbeitet. Dabei ist wichtig, dass Wert auf die Benutzbarkeit gelegt wird. Es gilt die richtige Abwägung zwischen einfacher Nutzung und einem geeigneten Sicherheitsniveau zu finden. Denn die Mitarbeiter müssen in das Gesamtkonzept eingebunden werden.

Als Lösungsweg hat sich der PDCA-Zyklus etabliert. Dieser beschreibt die vier Phasen:

1. Plan
2. Do
3. Check
4. Act

Es geht dabei um die Analyse der Risiken und die Planung der Schutzmaßnahmen. Es folgt die Umsetzung. Die Implementierung muss danach geprüft und Fehler oder Probleme müssen im letzten Schritt beseitigt werden. Dieser Zyklus wiederholt sich nach jedem Durchlauf. Bei der Entwicklung erfolgt dies im Rahmen der Produktentwicklung von einer Version zur nächsten, im Betrieb von Anlagen im Rahmen von Änderungen oder nach Ablauf einer Frist.

Cybersicherheit im Kontext von Industrie 4.0 ist eine Herausforderung für alle Beteiligten. Diese lässt sich jedoch in einem offenen Dialog über die Probleme und Lösungen meistern.

A.2 Cybersicherheit als Grundlage für die Digitalisierung der Industrie

A.2.1 Cybersicherheit – ein inhärenter Bestandteil der Digitalisierung

A.2.1.1 Umfassende Digitalisierung und Vernetzung

Die umfassende Digitalisierung von mittlerweile fast allen Bereichen in unserer Gesellschaft hat in einem atemberaubenden Tempo die Spielregeln der Wirtschaft, aber auch in vielen Facetten Mechanismen unseres Zusammenlebens verändert [1]. Möglich geworden ist dieser große Transformationsprozess durch umfassende technische Entwicklungen moderner **I**nformations- und **K**ommunikations**t**echnologien (IKT) in Kombination mit der globalen Vernetzung von Milliarden Menschen auf unserer Erde [2]. Der Digitalisierungs- und Transformationsprozess bekommt durch die gerade begonnene Vernetzung unserer vielen physischen Objekte zu einem Internet der Dinge (IoT – ***I**nternet **o**f **T**hings*) eine neue Dynamik. Verschiedene Prognosen gehen davon aus, dass ein Großteil unserer Geräte des täglichen Lebens miteinander virtuell verbunden wird. So sollen bis 2025 rund 55 Milliarden Dinge durch das Internet vernetzt sein [3].

A.2.1.2 Veränderung der Geschäftsmodelle und Disruptive Effekte

Die umfassende Verknüpfung der physischen mit der digitalen Sphäre in allen Lebens- und Wirtschaftsbereichen mit entsprechenden Wechselwirkungen formt sogenannte ***C**yber **P**hysical **S**ystems* (CPS). Die enorme Steigerung von Speicher- und Prozessorkapazitäten, Miniaturisierung von Hardware, Virtualisierungskonzepte von Software- und Hardwaresystemen in Richtung effizienter Servicemodelle und Breitband-Internet ermöglichen es uns, grundlegend neue Systeme zu bauen und disruptive neue Verfahren einzusetzen, die auf Analysen großer Datenmengen beruhen und den Einsatz von lernfähigen Algorithmen und Künstlicher Intelligenz erlauben.

Die nun technisch möglich gewordene Gewinnung, Speicherung und Verarbeitung von großen Datenmengen über Prozessabläufe, Systemverhalten als auch dem Verhalten von Personen bieten die Grundlage für die Gestaltung neuer Systemarchitekturen und Abläufe sowie neuer Produkte und neuer Geschäftsmodelle.

Diese Dynamik der Digitalisierung und Vernetzung führt in allen Industrie- und Wirtschaftsbereichen zu diversen neuen Anwendungsszenarien wie beispielsweise:

- neue Entwicklungs- und Produktionsprozesse, Vernetzung von Wertschöpfungsketten innerhalb und außerhalb des Unternehmens und umfassender Einsatz von neuen Technologien wie z.B. autonomen Robotern oder additiven Produktionsverfahren wie 3D-Druck (Industrie 4.0),
- umfassende Erfassung, Verarbeitung und Analyse von Daten (*Big Data Analytics*), automatisch und autonom fahrende Fahrzeuge in der Logistik als auch im Personenverkehr (*Smart Logistics* and *Smart Transport*),
- intelligente Energieproduktion und -verteilung (*Smart Grids*),
- Einsatz von Sensoren und Aktuatoren für ein modernes Umwelt- und Katastrophenmanagement zur Erhöhung der Sicherheit in Städten als auch das Management von Transport- und

Verkehrssystemen (*Smart City*), komfortables und sicheres Leben in unseren Wohnbereichen (*Smart Home*).

Sämtliche Industriezweige sind von diesem grundlegenden Umbruch gemäß der von Schumpeter beschriebenen Kraft der schöpferischen Zerstörung und damit der Ablöse von etablierten Geschäftsansätzen, Technologien und Systemen betroffen [4]. In dieser vernetzten Gesellschaft der vierten industriellen Revolution werden sich somit der Besitz und der Zugriff auf Daten zum «Gold» des neuen Jahrhunderts entwickeln.

A.2.2 Bedrohungslage

A.2.2.1 Grundlegende Technologieabhängigkeit

Neben den unmittelbaren Vorteilen durch Technologieinnovationen sind wir mittlerweile von verschiedenen Technologieplattformen in einem hohen Ausmaß abhängig geworden.

Die umfassende Cybersicherheit ist eine Grundvoraussetzung für Unternehmen, um in Zukunft an globalen und digitalisierten Wertschöpfungsketten partizipieren zu können. Neben der wirtschaftlichen Entwicklung basieren aber inzwischen alle wichtigen Infrastrukturen eines Landes – d.h. Versorgung von Energie und Lebensmitteln, das Finanzwesen, das Gesundheitssystem als auch die staatliche Administration und letztlich der gesamte gesellschaftliche Wohlstand – auf funktionierenden digitalen Infrastrukturen. Wir haben mit dem Internet somit eine grundlegend wichtige und global bestimmte kritische Infrastruktur unserer Volkswirtschaften und Gesellschaften geschaffen.

Cybersicherheit ist daher ein Thema, das alle Unternehmen und Branchen gleichermaßen betrifft und letztendlich nur im Verbund bewältigt werden kann [5]. Die Politik ist dabei ein wichtiger Partner, um mithilfe von Harmonisierungen in der europäischen Gesetzgebung und im Bereich der Sicherheitsstandards zu unterstützen [6], aber auch in der internationalen Kooperation neue Ansätze zu schaffen.

A.2.2.2 Cyberspace – der neue Aktionsraum der internationalen Kriminalität

Gleichzeitig mit den technologischen Entwicklungen haben sich auch die Bedrohungsszenarien auf unsere digitalen Systeme grundlegend verändert und verstärkt. Die unterschiedlichen bekannt gewordenen Cyberangriffe auf der ganzen Welt zeigen eindrucksvoll, wie verletzlich unsere digitalen Systeme geworden sind und dass auch große Unternehmen und sogar Behörden mit diesem neuen Phänomen zu kämpfen haben.

Beim internationalen Finanzdienstleister Equifax führte eine erfolgreiche Cyberattacke 2017 zu einem Wertverlust des Unternehmens an der Börse von 4 Mrd. US-Dollar [7] und in Folge dessen zum Rücktritt des CEOs. Der Fahrtendienst Uber zahlte eine Erpressungsforderung, um die Verfügbarkeit des Datenbestandes von 57 Millionen ihrer Kunden zu erhalten [8]. Der Cyberangriff «WannaCry» beeinträchtigte in nur vier Tagen 300 000 Computersysteme weltweit [9], und bei einem Cyberangriff auf die IT-Infrastruktur des Datenverarbeiters Deep Root Analytics in den USA gelangten die Personalinformationen von ca. 200 Millionen amerikanischen Bürgern in die falschen Hände [10].

Aber auch hoch gesicherte Organisationen bleiben von den neuen Bedrohungen nicht verschont. Das Schweizer Sicherheitsunternehmen RUAG wurde Opfer eines Cyber-Spionageangriffs, die schwedischen Streitkräfte verloren ihre hochgeheimen militärischen Infrastrukturdaten durch ein Cybersicherheitsproblem. Durch einen erfolgreichen Cyberangriff auf die CIA wurde das gesamte Cyberangriffsarsenal der Organisation im Internet publik (ca. 8000 Dokumente, die Anleitungen für Cyberattacken auf unterschiedlichste IT-Systeme enthielten). Diese Liste von Beispielen könnte noch lange fortgeführt werden – Kraftwerke, Industriebetriebe, kritische Infrastrukturbetreiber, große und kleine Unternehmen, aber auch Privatpersonen sind zunehmend mit den neuen Cyberbedrohungen konfrontiert.

Im aktuellen Sicherheitsbericht des deutschen Innenministeriums wird ein Wachstum der Cyberkriminalität von fast 80% innerhalb eines Jahres attestiert [11]. Wenn man dabei noch bedenkt, dass in vielen Unternehmen Cyberangriffe lange Zeit nicht bemerkt werden und dass in Anbetracht des immensen Imageschadens beim Publik-Werden solcher Vorfälle viele Unternehmen Cybervorfälle nicht bekannt geben, ist die Dunkelziffer mit Sicherheit um ein Vielfaches höher.

Nach einer 2017 durchgeführten Studie sind 53% der deutschen Unternehmen von Spionage betroffen und es entsteht nach Eigenangaben in Deutschland pro Jahr ein wirtschaftlicher Schaden von 55 Mrd. Euro [12]. Dies umfasst Kosten für Erpressungen, Rechtstreitigkeiten, Schäden durch Produktionsausfälle, Kosten für Ermittlungen und Ersatzmaßnahmen und natürlich auch entsprechende Imageschäden.

Der europäischen Wirtschaft entstand alleine durch Ransomware-Angriffe 2016 bis 2017 ein Schaden von 80,3 Mio. Euro [13]; weltweit wird mit einem gesamten Schaden von 400 Mrd. Euro aufgrund von Cyberattacken gerechnet [14].

Schlussendlich gilt es noch zu verstehen, dass im Bereich der Cyberkriminalität Betrug und Erpressung nur eine Ausprägung der Motivation von Cyberattacken sind. Betriebsspionage, Sabotage und Terrorismus bis hin zu kriegsähnlichen Absichten begründen ein neues Bedrohungspotenzial für ganze Nationen und Gesellschaften. Durch Cyberangriffe werden zudem gezielt auch Medienunternehmen angegriffen, Suchmaschinen und Mediendatenbanken kompromittiert, Propaganda-Informationen auf Webseiten positioniert und Fake-News im großen Stil generiert und dadurch auch gezielt verteilt, um Meinungen von Personen- oder ganzen Bevölkerungsgruppen zu manipulieren [15].

A.2.2.3 Vielfältige Cyber-Security-Angriffsmethoden

Die Angreifer auf unsere digitalen Systeme bedienen sich unterschiedlichster Methoden und nützen dabei Schwachstellen in den IT-Systemen, aber auch fehlerhaftes oder unbedachtes Verhalten von Benutzern von IT-Systemen aus. Typische Angriffsmethoden sind z.B.: fingierte E-Mails zur Täuschung des Benutzers oder zur Verleitung zu bestimmten Aktionen, wie z.B. E-Mails von Chefs zur Überweisung von Geldbeträgen (*CEO-Fraud*) oder zum Öffnen von Dateien (*Phishing-E-Mails*), damit Angriffssoftware von Benutzern installiert wird. Solche sogenannte Malware – bzw. umgangssprachlich oft als Viren bezeichnet – kann dann das IT-System ausspionieren oder Dateien durch Ransomware verschlüsseln, um den Benutzer in weiterer Folge zu erpressen. Eingeschleuste Malware kann auch über bekannte Schwachstellen in unseren Softwaresystemen (*Vulnerabilities* oder auch *Exploits* genannt) Systemänderungen vornehmen oder Dateien verändern bzw. kopieren. Malware kann zudem dazu verwendet werden, das Verhalten des Benutzers zu beobachten, um Login-Daten und Passwörter auszuspionieren. In ähnlicher Weise werden auch Vulnerabilities in Webseiten ausgenutzt (z.B. über sog. *SQL-Injection*), um auf Datenbanken und hinter der Webseite liegende IT-Systeme zugreifen zu können. Heute gibt es bereits über 430 Millionen Malware-Typen, die unsere Computersysteme bedrohen und die durch gute Virenschutzprogramme gefiltert werden müssen.

Eine ganz andere Angriffsmethode erzeugt eine Verkehrsüberlast, um Internetsysteme in ihrer Funktion zu beeinträchtigen (DDoS – ***D**istributed **D**enial **o**f **S**ervice Attacks*). Dabei wird eine sehr große Anzahl gehackter Systeme für einen Angriff auf ein bestimmtes Einzelziel verwendet. Durch simple Überlastung des Datenverkehrs werden das angegriffene System und die vom System bereitgestellten Dienste und Funktionen für seine Nutzer nicht mehr erreichbar.

Für gezielte Angriffe werden zudem oft Benutzerverhalten und persönliche Eigenschaften im Vorfeld aufwendig ausspioniert (*Social Engineering*), um Angriffsziele und Methoden entsprechend zu gestalten und anzupassen.

Zu diesem «normalen Grundrauschen» von Cyberattacken auf unsere IT-Systeme hat sich in letzter Zeit das Bedrohungspotenzial durch besonders ausgeklügelte und aufwendige Angriffe, sogenannte ***A**dvanced **P**ersistent **T**hreats* (APTs) weiter verschärft. Dabei werden viele der oben angeführten Einzelangriffe oft über Monate hinweg miteinander geschickt kombiniert, um auch hoch geschützte IT-Systeme schlussendlich erfolgreich anzugreifen mit dem Ziel, Industriespionage oder sogar Sabotageaktionen durchzuführen.

Durch diese verschiedenen Angriffsmethoden und die immer komplexer werdenden IT-Systeme sind Virenschutzprogramme und Firewalls eine wichtige unabdingbare Grundlage für einen guten Cyber-Sicherheitsschutz, stellen aber bei Weitem keinen ausreichenden Schutz dar. Bereits 2014 haben große internationale IT-Security-Technologiehersteller öffentlich eingeräumt, dass herkömmliche Schutzmethoden nicht mehr ausreichend sind und zusätzliche Maßnahmen eingesetzt werden müssen [16].

A.2.2.4 Neue Trends: Cybercrime as a Service

Die Mächtigkeit der Cyber-Angriffsmethoden auf unsere IT-Systeme wird dabei durch die gleichen Innovationsprozesse laufend weiterentwickelt wie bei digitalen Produkten. Durch Economy-of-Scale-Effekte von Service-Angeboten und durch die Logik der globalen Vernetzung immer einfacher zu handhabender Angriffssoftware sinken die Kosten für die Durchführung von Cyberattacken. Mithilfe von über das Internet angebotenen IT-Diensten benötigt der Cyberkriminelle keine Spezialkenntnis mehr und muss keine großen Investitionen in IT-Infrastrukturen tätigen. Die erforderlichen Werkzeuge und Anleitungen können gegen geringe Servicegebühren jederzeit im Darknet zugekauft werden, um Angriffe effektiv von überall auf der Welt durchzuführen.

Durch diese Effekte kommt es Jahr für Jahr zu einem weiteren Absinken der Hemmschwelle bei der Durchführung von Cyberattacken. Europol attestiert in ihrem aktuellen Bericht eine Zunahme der Cyberkriminalität und weist vor allem auf das neue Phänomen von Dienstleistungsmodellen im kriminellen Cyberbereich (*Crime as a Service*) hin [17].

A.2.3 Herausforderungen für Unternehmen

A.2.3.1 IT-Systeme sind grundsätzlich fehleranfällig

Die verschiedenen oben angeführten Angriffsmethoden werden durch die inhärent vorhandenen Schwachstellen (*vulnerabilities*) in unseren IT-Systemen möglich.

Die Erstellung von Software bringt naturgemäß immer das Problem mit sich, dass sich nicht bedachte Fehler in Softwaresysteme einschleichen. Man versucht zwar mit erheblichen Testaufwänden potenzielle Fehler zu identifizieren und zu beheben, um einen fehlerfreien Zustand des Gesamtsystems zu erreichen. Allerdings sind auch durch aufwendige Testverfahren nie alle erdenklichen Situationen berücksichtigt und so kommt es immer wieder vor, dass Softwaresysteme inhärente Fehler enthalten, die üblicherweise den Entwicklern der Systeme nicht bekannt sind. Wenn solche sog. «*zero-day-exploits*» potenziellen Cyberangreifern bekannt werden, kann über diese fehlerhaften Funktionen der Zugriff auf ein IT-System gelingen.

Diese Schwachstellen sind nun in SW-Applikationen in gleicher Weise vorhanden wie auf Webseiten, Kommunikationssystemen, aber auch Betriebssystemen und sogar Mikroprozessoren, wie die aktuell identifizierten Sicherheitslücken in Computerprozessoren zeigen [18].

Das Wissen um solche Sicherheitslücken, die nicht einmal dem Hersteller bekannt sind (zero-day-exploits) ist somit zu einem wesentlichen Teil eines modernen Angriffsarsenals von Geheimdiensten und Kriminellen geworden.

A.2.3.2 Die steigende Komplexität verstärkt die Verletzlichkeit unserer IT-Systeme

Zusätzlich zur grundlegenden Problematik der Vulnerabilities unserer digitalen Systeme bringen Technologietrends wie IoT und ***C**yber **P**hysical **S**ystems* (CPS), die durch eine Vielzahl von Sensoren, Aktuatoren und deren umfassenden Vernetzung als auch durch den zunehmenden Einsatz von ***C**ommercial **off** **t**he **S**helf*(COTS)-Technologien mit standardisierten Schnittstellen charakterisiert sind, noch einmal eine Steigerung der Verletzbarkeit unserer IT-Systeme.

Umfassend vernetzte digitale Systeme haben zu einer Komplexität unserer Infrastrukturen geführt, die sich zunehmend nicht mehr deterministisch erklären lässt und sich somit mehr und mehr einem umfassenden Gesamtverständnis der dahinterliegenden technischen Funktionsweisen entzieht. Dadurch sind auch Betriebs- und Wartungsprozesse wichtige Bestandteile für sichere Systemdesigns. Da sich aber Software-Entwicklungsprozesse in den letzten Jahrzehnten im Wesentlichen nicht verändert haben, stehen wir mit der heutigen Systemkomplexität durch immer mehr zusammenspielende Softwaresysteme vor sehr großen Herausforderungen, um Funktionalität und Stabilität gegenüber Fehlern in Systemen (*Safety*) und den Schutz vor unerlaubten Ein- und Zugriffen auf Systeme und Daten (*Security*) nachhaltig sicherzustellen.

Das Cybersicherheits-Bedrohungspotenzial wird grundlegend verschärft, da der Bau von sicheren IT-Systemen durch eine Vielzahl von Einflussfaktoren wesentlich herausgefordert wird.

A.2.3.2.1 Externe, aber auch interne Gefahren

Neben den vielfältigen externen Bedrohungsszenarien, wie bereits umfassend erörtert, gilt es auch die internen Bedrohungsszenarien in den Unternehmen grundlegend zu beachten. Vor allem in der produzierenden Industrie ist der Umgang mit einer Reihe an neuen Herausforderungen bei der Bedienung von digitalen Systemen mit komplizierten Betriebs- und Wartungsprozessen ein sehr wichtiger Aspekt, um Systeme sicher und zuverlässig zu betreiben.

Sicherheit muss heutzutage als Gesamtsystemproblematik verstanden werden und verlangt besondere Herangehensweisen und Kompetenzen in den unterschiedlichen Prozessen: vom Design der Systemfunktionalitäten, Benutzerinterface, Systemarchitekturen, von Betriebsprozessen, Wartungsabläufen bis hin zur Gestaltung von Einsatzräumen und Bedingungen.

Bei schlechten Systemdesigns, fehlender Usability, mangelhafter Aus-, Fort- und Weiterbildung der Mitarbeiter und dem Fehlen wesentlicher Rahmenbedingungen wird ein Umfeld geschaffen, das das Fehlverhalten eines zentralen Risikofaktors fördert – des Menschen.

Speziell das Thema der «Usable-Security» muss hier hervorgehoben werden. Die Einführung neuer komplexer Sicherheitsmaßnahmen tendiert dazu die Benutzbarkeit für den Nutzer zu verschlechtern, Prozesskosten zu erhöhen und die Prozessinnovationen einzuschränken. Bei der Schaffung sicherer Systeme ist es daher wesentlich, auf die Benutzerfreundlichkeit zu achten.

Zwar bewirken benutzerfreundliche Sicherheitsmechanismen nicht direkt einen höheren Schutz gegen Bedrohungen, doch sie helfen wesentlich dabei, dass diese von den Benutzern nicht umgangen oder nicht beachtet werden. Speziell in Bereichen, in denen viele Benutzer gleichzeitig auf ein System zugreifen, wie beispielsweise im Bereich Cloud, ist die Usability von Sicherheitsmechanismen ein zentraler Faktor, um effektive Sicherheit zu gewährleisten. Dabei ist es hilfreich, bereits bei der Gestaltung dieser Systeme die Nutzer so weit wie möglich einzubinden und nach Einführung regelmäßige Evaluierungen durchzuführen.

Neben der Benutzerfreundlichkeit muss auch das Sicherheitsbewusstsein der Nutzer aktiviert werden. Im Vergleich zur bloßen Einführung von Sicherheitsvorschriften, die oft als lästig oder hemmend betrachtet werden, können durch Schulungen Mitarbeitern die Prozesse hinter den Sicherheitsmechanismen und interne bzw. externe Sicherheits-Risikofaktoren nähergebracht werden, was zu einer höheren Adaptionsrate und Motivation beim Einsatz von Sicherheitslösungen führt. Ein weiterer wichtiger Aspekt ist es auch, dass durch ein gesteigertes Verständnis und Wissen im Bereich Cybersicherheit der Nutzer wesentlich besser zu deren Implementierung und Weiterentwicklung beitragen kann. Entscheidungsträger in Unternehmen stehen somit in der Pflicht, *Security Awareness* als integralen Bestandteil der Unternehmenskultur zu etablieren.

Neben der unternehmensstrategischen Verankerung von Schulungen und Kompetenzentwicklungen bestehender Mitarbeiter ist die Vorbereitung auf den Ernstfall ein wichtiger Sicherheitsfaktor. Auf sogenannten Cyberranges werden möglichst realitätsnahe IT- und OT-Systeme nachgebaut, um die Bekämpfung von Cyberangriffen zu erproben und zu trainieren [19]. Eine im internationalen Vergleich bemerkenswerte Maßnahme war die nationale Österreichische Cyberübung der Republik Österreich im Herbst 2017, bei der alle Sicherheitsministerien gemeinsam mit kritischen Infrastrukturbetreibern auf einer modernen Cyberrange [20] nicht nur technische Kompetenzen, sondern auch das wichtige Zusammenspiel der Akteure und Prozessabläufe zur Abwehr von Angriffen erprobt und validiert haben [21].

Sicherheit ist letztendlich nicht nur ein Technikthema, sondern auch ein Prozess-, Anwendungs- und Gestaltungsthema von Technik.

A.2.3.2.2 Legacy-Systeme

Eine weitere Herausforderung in diesem Bereich liegt darin, dass industrielle Kontrollsysteme und Anlagen langen Produktlebenszyklen unterliegen, was zu einer gewissen Heterogenität von Kontroll- und Unternehmensnetzwerken mit Legacy-Komponenten führt. Da industrielle Produktionen meistens nicht grundlegend neu geplant und realisiert werden, ist das nachgeschaltete Hinzufügen von Sicherheitsfunktionen an bereits vorhandene Maschinen in Kombination mit der Integration und Vernetzung neuer Maschinen und Systeme die Realität in einem typischen Produktionsunternehmen.

Um Legacy-Systeme in moderne Cyber-Sicherheitsmaßnahmen einzubinden, sind spezielle **I**ndustrial **I**nternet **of** **T**hings Gateways (IIoT Gateways) ein modernes und in der Praxis verbreitetes Konzept, um Technologiebrüche zu überbrücken. IIoT Gateways erfüllen mehrere wichtige Funktionen – wie die Herstellung der Konnektivität unterschiedlicher Netze und Geräte, Protokollübersetzung, Datenverarbeitung und Filterung, Verwaltung – und können auch als Plattform für weitere Applikationen dienen. Diese Gateways werden typischerweise am Rande des Netzwerks zwischen Intranet und Internet bzw. Kontrollnetzwerk und Cloud angesiedelt. Ein Gateway, der mit ausreichend Rechenressourcen ausgestattet ist, kann auch dazu verwendet werden, möglicherweise sensible Unternehmensdaten zu verarbeiten, die eventuell nicht in die Unternehmenscloud transferiert werden.

IIoT Gateways sind ein potenzieller Einstiegspunkt für Cyberangriffe als auch die erste Verteidigungslinie des Systems. Beim Schutz vor unbefugtem Zugang zu produktionskritischen Netzen und dem Schutz von IoT-Geräten kommt daher der Absicherung von IIoT Gateways eine besondere Rolle zu.

A.2.3.3 Digitalisierung und Cybersicherheit brauchen eine neue Kultur des Miteinanders

IT- sowie Datensicherheit wird von Unternehmen als größte Barriere am Weg zur Umsetzung der Vision von Industrie 4.0 gesehen. Hauptgründe dafür sind die hohe Komplexität und das schwer messbare Risiko [6]. Potenzielle interne und externe Manipulation von Daten und Systemen, widerrechtliche Zugriffe auf sensitive Informationen, gezielte und hochspezialisierte Cyberangriffe stehen immer komplizierter werdender Technik, unterschiedlichen Ausbildungsstandards und neuen Technologien gegenüber. Im Bereich der industriellen Steuerungsanlagen (ICS) und der industriellen Produktion (Industrie 4.0) stellen die unterschiedlichen Kulturen von bisher organisatorisch getrennten Bereichen der operativen Technik (OT) und klassischer Informationstechnik (IT) eine besondere Herausforderung dar.

Bedingt durch getrennte Ausbildungen, die sich bisher kaum überschnitten haben, entstehen Kulturunterschiede bereits durch eine unterschiedliche Fachsprache und ein abweichendes Prozessverständnis zwischen IT- und OT-Ingenieuren. Auch im primären Sicherheitsziel unterscheidet sich die IT von der OT wesentlich. Während für die IT Vertraulichkeit und Datensicherheit (*Security*) höchste Priorität genießen, fokussiert sich die OT üblicherweise auf Verfügbarkeit und Zuverlässigkeit (*Safety*).

Produktionsnetzwerke sind im Gegensatz zur Office-IT auch relativ statisch. Bestes Beispiel dafür ist die unterschiedliche Herangehensweise an Modifikationen (*patches*) von Systemen. Sicherheitspatches sind in der IT so alltäglich, dass Anbieter oft einen regelmäßigen, wöchentlichen Release-Tag haben. Da IT-Schwachstellen für Angreifer meist leicht zu finden sind und diese auch oft erst bei einem Angriff entdeckt werden, sind regelmäßige Patches notwendig, um Schäden zu minimieren. In der OT werden Modifikationen stets in einem Gesamtkontext geplant und selten durchgeführt. Um die OT-Verfügbarkeit nicht einzuschränken, muss im Vorfeld jedes Patches absolut sichergegangen werden, dass es keine negativen Auswirkungen auf den deterministischen Betrieb der oft kritischen Infrastrukturen in der Produktion gibt. Ein weiterer wesentlicher Unterschied zwischen IT- und OT-Sicherheit ist es auch, dass bei mangelhafter OT-Sicherheit ein erhebliches physisches Schadensrisiko durch beispielsweise sabotierte oder fremdgesteuerte Anlagen oder Maschinen für die Mitarbeiter mit einhergeht.

IT-Abteilungen haben in der Regel wenige Erfahrungen mit industriellen Systemen und traditionelle IT-Sicherheitslösungen sind oft auch mit älteren Kontrollsystemen nicht kompatibel. Auf Seite der OT erzeugt auch der Mangel an IT-Fachwissen für einen gewissen Widerstand bezüglich möglicher neuer Sicherheitslösungen. Das war in der Vergangenheit relativ unproblematisch, da in der Regel die Produktions- und Betriebstechnik weder miteinander noch mit dem Internet vernetzt war. Im Zeitalter der Industrie 4.0 ändert sich dieser Umstand jedoch radikal. Vormals streng isolierte industrielle Steuerungssysteme werden nun Schritt um Schritt dem Internet geöffnet. Die OT wandelt sich zu cyberphysischen Systemen, die oftmals dieselben Kommunikationskanäle und Unternehmenssysteme nutzen wie die IT in der Office-Umgebung, was zu neuen Schnittstellen und erhöhtem Abstimmungsbedarf führt. Letztendlich ist es empfehlenswert, dass IT- und OT-Manager eng zusammenarbeiten, um beide Sicherheitsziele – Verfügbarkeit und Vertraulichkeit – zu harmonisieren und gemeinsam eine sichere Architektur für industrielle Steuerungssysteme zu gestalten. Die ganzheitliche Sicherheitsabdeckung und ein übergreifendes Denken sind somit die Voraussetzung für den Erfolg von Industrie 4.0.

Aber nicht nur intern, sondern auch extern verlangen die Herausforderungen der Cybersicherheit verstärkt nach effizienter Kooperation. Das Teilen von Daten, Informationen und Erkenntnissen zwischen Organisationen und Unternehmen ist im globalen Kampf gegen Cyberangriffe (*Cyber Incident Information Sharing*) ein mächtiges Werkzeug. Das Entwickeln von effizienten Mechanismen zum Wissens- und Informationsaustausch über großflächige Angriffe, Schwachstellen oder Fehlerquellen in IT/OT-Systemen ist ein wichtiger Faktor – sowohl um ein besseres Verständnis von vernetzten Systemen zu gewinnen als auch rechtzeitig Präventions- und Schutzmaßnahmen einsetzen zu können. Im EU-weiten Cybersicherheitsgesetz (EU-Richtlinie für **N**etz- und **I**nformations**s**icherheit, NIS) für kritische Infrastrukturen wird deshalb mit einer notwendigen Informationspflicht bei Cybersicherheits-Vorfällen an eigens dafür eingerichteten staatlichen Stellen Rechnung getragen. Neben den rechtlichen Pflichten, Sicherheitslücken an die zuständigen Behörden zu melden, sollten aber auch Plattformen für informelle und anonyme Berichte seitens der Unternehmen gestärkt werden, da aus Imagegründen die Bereitschaft bei Unternehmen, Sicherheitsprobleme und Lücken offen zu kommunizieren, so gut wie nicht vorhanden ist. Dabei ist anzumerken, dass insgesamt ein offenerer Umgang von Unternehmen mit Sicherheitsproblemen und Fehlern der Prävention, dem Sicherheitsbewusstsein und der Akzeptanz von Sicherheitslösungen sehr zuträglich wäre.

A.2.3.4 Standardisierung

Normen und Standards sind starke Innovationstreiber, da sie die für Industrie 4.0 notwendige Konvergenz unterschiedlicher Technologien und die Integration verschiedener Prozesse gewährleisten oder teilweise erst ermöglichen und damit zur Beherrschbarkeit von Komplexität beitragen. Sowohl bei der vertikalen Integration verschiedener Unternehmensbereiche als auch bei der horizontalen Integration über das eigene Unternehmen hinaus ist Sicherheit ein maßgeblicher Faktor. Ohne Gewährleistung von Daten-, IT- und OT-Sicherheit ist die Umsetzung von Industrie 4.0 nicht möglich. Daher ist es notwendig, neben der Weiterentwicklung von für Industrie 4.0 relevanten Sicherheitssystemen auf bestehende internationale Sicherheitsstandards zurückzugreifen, die ein professionelles Testen von eingesetzten Systemen und Software erlauben [22].

Angesichts der unterschiedlichen Bedrohungslagen hat die Industrie in den letzten Jahren durchaus umfangreiche Anstrengungen unternommen und eine Vielzahl von Standards entwickelt, die am Markt zur Verfügung stehen. Neben Standards zur grundlegenden Informationssicherheit wie die ISO 2700x Serie [23] wird seit einigen Jahren von der IEC unter der Nummer 62 443 eine Normenserie für die Sicherheit von Steuer- und Automatisierungstechnik im Bereich industrieller Systeme entwickelt [24]. Dabei werden die unterschiedlichen Rollen und Aufgaben von Komponentenherstellen, Integratoren und Betreibern von industriellen Automatisierungs- und Steuerungssystemen berücksichtigt und im Standard abgebildet. Der Standard IEC 61 508 fokussiert auf grundlegende Safety-Aspekte, und neue Entwicklungen zielen auf eine Harmonisierung von Safety und Security ab – IEC/TR 63 069 (Framework for functional safety+security). Außerdem gibt es noch einige sektorenspezifische Standardisierungen wie z.B. für den Automobilsektor (ISO 26 262 Safety bzw. ISO 21 434 Security) oder Bahn und Nuklearkraftwerke.

Obwohl damit natürlich viele Problembereiche behandelt werden, bleibt für den einzelnen Unternehmer die Aufgabenstellung, ein umfangreiches Normenwissen zu haben und in der Fülle der vorhandenen Normen die richtige Auswahl zu treffen bzw. auch verschiedene vorhandene

Normen für den jeweiligen konkreten Einsatz zu harmonisieren und aufeinander abzustimmen. Aktuelle Forschungsaktivitäten im Bereich der Harmonisierung von Security- und Safety-Prozessen bereits beim Design der Systementwicklung sind eine neue, immer wichtiger werdende Disziplin [25]. Erste Standardisierungen in dieser Richtung werden in der ISO 21 434 behandelt.

Um nun höchstmögliche Sicherheit für den jeweiligen industriellen Einsatzbereich zu erreichen, braucht es konkrete Risikomanagement-Ansätze und darauf basierend eine gezielte Auswahl von Standards und deren Implementierung im eigenen Unternehmen. Branchenspezifische Best-Practice-Berichte und Implementierungsempfehlungen sind dabei eine wichtige Hilfe für Unternehmen.

A.2.3.5 Cybersicherheit muss neu verstanden werden

Wie oben umfassend erörtert, hängt die Sicherheit unserer digitalen Systeme von mehreren Einflussfaktoren ab. Neue Funktionalitäten treffen auf möglichst einfache Benutzbarkeit (*Usability*), während Sicherheitsmaßnahmen oft eine einfache Benutzbarkeit erschweren, Prozesskosten erhöhen oder innovationsfreundliche Prozesse hemmen.

Wenn Sicherheit nur als Kostenfaktor im eigenen Unternehmen betrachtet wird und auf Entscheidungsträgerebene eventuell sogar verhindert oder erschwert wird, geht man ein zunehmend höheres Geschäftsrisiko ein. In der digitalen vernetzten neuen Welt muss es zu einem Umdenken kommen, dass Cybersicherheit als potenzieller Mehrwert bzw. sogar als USP für die eigenen Produkte, Dienstleistungen und Prozesse, sowie das eigene Unternehmen wahrnimmt. Vor allem im Bereich der KMU muss das Bewusstsein geschaffen werden, dass die umfassende Cybersicherheit eine Grundvoraussetzung ist, um in Zukunft in globalen und digitalisierten Wertschöpfungsketten partizipieren zu können. Zudem werden durch eine professionelle Sicherheit potenziell hohe Schäden und Un- bzw. Strafkosten vermieden als auch Erwartungen von Geschäftspartnern und Kunden erfüllt. Die aufkommende öffentliche Diskussion des Schutzes der Privatsphäre und kritischer Infrastrukturen unterstützt diese Richtung grundlegend.

Im Zeitalter der Digitalisierung ist es notwendig, dass Sicherheit als Gesamtsystemproblematik wahrgenommen und als integraler Teil der Unternehmensstrategie verstanden wird, der besondere Kompetenzen in den unterschiedlichen Prozessen vom Design der Systemfunktionalitäten, Benutzerinterface, Systemarchitekturen, Betriebsprozesse, Wartungsabläufe als auch Einsatzräume und Bedingungen verlangt.

A.2.4 Herausforderung für die Wirtschaft

A.2.4.1 Fachkräftemangel

Beim Skizzieren der Auswirkungen der digitalen Transformation der Industrie auf den Arbeitsmarkt werden zumeist die negativen Auswirkungen durch den Verlust von Arbeitsplätzen hervorgehoben. Unterschätzt wird dabei, dass durch die Digitalisierung in vielen Bereichen neue Arbeitsplätze geschaffen werden. Ein Blick in die Vergangenheit zeigt, dass durch die Einführung neuer Technologien viele neue Jobprofile und damit Jobs geschaffen werden – mehr, als durch die Einführung neuer Technologien verloren gegangen sind. Digitalisierung bedeutet eine stärker werdende Integration von digitalen Technologien und Anwendungen in unser Leben und in den Beruf. Das führt zu einem zunehmenden Bedarf an Fachkräften im IKT-Bereich, und das auf allen Ausbildungsstufen [26].

Bei einer Unternehmensbefragung in Österreich stuften die Hälfte der Unternehmen die Ausbildungsmöglichkeiten zu Industrie-4.0-relevanten Themen als ausreichend gegeben und nur ein Drittel die Verfügbarkeit von qualifizierten Arbeitskräften als gut ein. Insgesamt wird jedoch innerhalb der Befragten die Verfügbarkeit von qualifizierten Fachkräften mit Abstand als die wichtigste Rahmenbedingung für Industrie 4.0 gesehen, weil Mitarbeiter mit entsprechenden Qualifikationen als elementarer Faktor unter anderem bei der Einführung neuer Technologien, der Entwicklung von Softwarelösungen oder bei der intelligenten Vernetzung der Produktion gesehen werden [6]. Auf Gesamt-Österreich bezogen, wird geschätzt, dass derzeit rund 10 000 IT-Fachkräfte-Jobs nicht besetzt werden können [27].

Dabei geht es aber nicht nur um fachliche Qualifikation alleine. Im Zuge der Digitalisierung besteht jedenfalls ein zusätzlicher Bedarf an digitalen Kompetenzen bei allen Mitarbeitern, die über Qualifikation und Qualifikationsbedarfe hinausgehen. Darunter wird eine Bandbreite an Kompetenzen verstanden, die von Anwenderkenntnissen über eine kritische Auseinandersetzung mit digitalen Inhalten und Medien bis hin zu Entwicklerkenntnissen reichen und es dem Mitarbeiter erlauben, situations- und kontextadäquat zu handeln und Probleme zu lösen [26].

Fokussiert auf den Bereich Cybersicherheit wird in Europa bis 2022 eine Qualifikationslücke von 350 000 Arbeitnehmern erwartet. Global gesehen, dürften bis 2022 rund 1,8 Millionen Arbeitskräfte im Bereich Cybersicherheit fehlen, das heißt, dass rund $^{2}/_{3}$ der Unternehmen nicht genug Mitarbeiter finden, um mit den steigenden Herausforderungen in diesem Bereich umzugehen [28].

Wenn man bedenkt, dass inzwischen nicht nur IT-Mitarbeiter oder Ingenieure, sondern so gut wie jeder Anwender und Arbeitnehmer zumindest über grundlegende Kompetenzen im Bereich des Schutzes und der Sicherheit von Daten, Anwendungen, Geräten und der Infrastruktur verfügen sollte, erscheint der Fachkräftemangel im Bereich der Cybersicherheit wesentlich eklatanter. Erschwerend kommt noch hinzu, dass die Nachfrage nach Sicherheitsexperten nicht nur in der produzierenden Industrie oder bei Software-/Hardware-Anbietern steigen wird, sondern quer über alle Wirtschaftsbereiche und auch verstärkt im öffentlichen Sektor.

Eine große Herausforderung, um diesen Fachkräftemangel entgegenzuwirken, ist es, einen Brückenschlag zwischen den Anforderungen und Bedarfen des Arbeitsmarktes und den Ausbildungen und Talenten von Menschen zu ermöglichen, die sich in Ausbildung, Beschäftigung, aber auch in Arbeitslosigkeit befinden. Bildungseinrichtungen sind gefordert, Menschen aller Altersstufen und Ausbildungen auf die Digitalisierung vorzubereiten, während die Politik geeignete Rahmenbedingungen im Aus- und Weiterbildungsbereich schaffen muss, die den Transformationsprozess hochqualitativ und sozial verträglich unterstützen [26].

Der Fachkräftemangel wird aber nicht nur durch die Verbesserung des Bildungssystems und der politischen Rahmenbedingungen zu bewältigen sein. Unternehmen müssen neue Rekrutierungskanäle erschließen und sich global als attraktiver Arbeitgeber positionieren, indem sie die sich verändernden Bedürfnisse und Erwartungen einer neuen Generation von Arbeitnehmern ernst nehmen. Ein enormes Potenzial liegt auch darin, speziell Frauen für diese Berufe anzusprechen, die nach wie vor eine starke Minderheit in der technischen Arbeitswelt ausmachen.

Nachdem es durch den Fachkräftemangel jedoch kaum möglich ist, alle offenen Positionen über Neueinstellungen zu füllen, muss auf Entscheidungsträgerebene in den Unternehmen die Kompetenzentwicklung bestehender Mitarbeiter als zentrale Aufgabe begriffen werden. Wichtig dabei ist es, grundsätzliche Rahmenbedingungen zu schaffen, die es braucht, damit Kompetenzen bestmöglich vermittelt werden können. Dazu sollten gezielt Infrastruktur, Finanzierung und Zeitressourcen bereitgestellt werden, um das Lernen und die Weiterbildung innerhalb des Unternehmens zu unterstützen. Strategien dafür sind beispielsweise die Schaffung eines Tools zur strategischen Planung des individuellen Kompetenzerwerbs der Mitarbeiter, die Einbettung von

Lernen in eine gesamthafte Weiterbildungsstrategie mit betrieblichen und individuellen Zielen, gezieltes Ansprechen von Mitarbeitern für technische und IT-Ausbildungen, die Intensivierung von Kooperationen von Unternehmen mit Trägern der Erwachsenenbildung, verstärkte Integration von Lernen in den Arbeitsprozess oder das Bereitstellen von digitalen Lernmöglichkeiten und Lehrangeboten [26].

A.2.4.2 Breites Problembewusstsein und internationale Governance fehlen

Es gibt derzeit leider kein internationales Verständnis bzw. keine weltweite Übereinkunft darüber, wie wir mit den Bedrohungen des Cyberspace im globalen Kontext umgehen. Das internationale Seerecht oder auch die Regularien über die friedliche Nutzung des Weltraums, die durch wechselseitige Abkommen von Staaten geregelt wird, könnten hier durchaus als Vorbild dienen. Das Internet wäre juristisch quasi wie diese exterritorialen Gebiete zu sehen, für das wir ein Grundsatzregelwerk schaffen müssen, damit dieses für das Überleben unserer global eingebetteten Wirtschaft so bedeutende Produktivitätssystem am Leben erhalten werden kann. Hier müssen alle Stakeholder in die Pflicht genommen werden – von den Nationalstaaten über die Unternehmen bis hin zu den Endanwendern.

A.2.4.3 Europäische Markttreiber mit Vorbildwirkung

2018 traten in der Europäischen Union zwei vorbildliche Rechtsakte in Kraft, mit denen Europa seine internationale Vorreiterrolle in Sachen IKT-Sicherheit nachhaltig sichern und fortschreiben kann. Die NIS-Richtlinie definiert die erforderlichen Maßnahmen für einen wirksamen Schutz kritischer Infrastrukturen, die von den Mitgliedsländern in nationalen Cybersecurity-Gesetzen zu vollziehen sind.

Von ebensolcher Bedeutung ist die EU-weite Datenschutz-Grundverordnung, mit der der Schutz personenbezogener Daten europaweit einheitlich geregelt wird. Mit ihr erhalten die Dateninhaber ihr Recht auf Datenhoheit in hohem Maße zurück. Datenverarbeitern ist die sparsame Datennutzung vorgeschrieben und Konsumenten können viele Rechte wie z.B. jenes «auf Löschen ihrer persönlichen Daten» geltend machen.

Wir müssen uns jetzt auch in der europäischen Wirtschaft dazu bekennen, dass diese Regelungen vorbildlich sind und der Security-Industrie mittelfristig Wettbewerbsvorteile eröffnen werden. Informations- und Netzsicherheit bei kritischen Infrastrukturen und bester Datenschutz stehen bahnbrechenden Innovationen nicht hemmend im Wege – ganz im Gegenteil, sie sind Innovationstreiber für neue Systeme, Lösungen und Produkte, mit denen unsere internetbasierte Informations- und Wissensgesellschaft die erforderliche verbesserte Resilienz gegen die dunkle Seite des Netzes wird aufbauen können.

Um aber innovative Sicherheitslösungen erfolgreich im globalen Wettbewerb entwickeln zu können, braucht es einen engen Schulterschluss und eine gemeinsame Strategie aller Stakeholder. Nur wenn Sicherheitsbehörden, kritische Infrastrukturbetreiber, Industrien und kreative Klein- und Mittelbetriebe mit Forschungseinrichtungen gemeinsam neue Ideen und Ansätze erproben und in einer gemeinsamen Strategie zusammen entwickeln, können wir der wachsenden Bedrohung auf unsere digitale Infrastruktur erfolgreich entgegenwirken und global erfolgreich sein. Der gerade etablierte österreichische Cyber Security Cluster Austria ist ein erster Ansatz, um eine österreichische High-Tech IT-Industrie international zu positionieren. Verschiedene Stakeholder der öffentlichen Hand in Österreich als auch Industrie und Forschung starteten aktuell Maßnahmen, um in Bereichen des Exports [29], der Ausbildung, F&E-Kooperationen und der Kooperation zwischen Staat und Unternehmen Synergien sicherzustellen und Effektivität durch verstärkte Kooperation zu erreichen.

A.2.5 Cybersicherheit verlangt neue Schutz- und Verteidigungsstrategien und neue Formen der Kooperation

Um widerstandsfähigere (resiliente) Systeme zu bauen, sind fünf Ansätze dabei grundlegend wichtig:

1. Durchführung eines Risikomanagements aufgrund von industrie- und marktspezifischen Bedrohungsanalysen mit modernen Werkzeugen: Die Erzielung von Sicherheit kann nie ein absolutes Maß erreichen, es ist immer eine Abwägung von Wert, Kosten und Benutzbarkeit (*Usability*) notwendig. Die Abwägung von Investitionen in teurere Produkte, aufwendigere Systeme und kompliziertere Prozesse muss im Abgleich mit dem notwendigen Schutzbedarf und der Verhinderung von potenziellen Schäden durchgeführt werden.
2. Safety & Security by Design: Systeme müssen von vornherein so gestaltet und gebaut werden, dass sie möglichst widerstandsfähig sind und Angreifern eine geringstmögliche Angriffsfläche bieten. Spezielle Architektur- und Prozessentscheidungen (Zoneneinteilung, Datenklassifikation, Zugriffsberechtigungen usw.) und smarte Verschlüsselungssysteme sind dazu wichtige Ansätze. Vor allem neue IoT- und Cloud-Architekturen verlangen neue Schutzstrategien. Außerdem ist es wichtig, auch Legacy-Systeme in moderne Schutzsysteme einzubinden.
3. Einsatz von Überwachungssystemen: Da es kaum mehr möglich ist, im Vorhinein jedes mögliche Angriffsszenario zu betrachten, braucht es neue Methoden, mit denen Maschinen durch Monitoring und Analyse von Datenflüssen Angriffe erkennen, aber auch lernen, Abweichungen von normalem Systemverhalten (Anomalien) zu identifizieren. Moderne **C**yberatt**a**ck-**I**nformation**s**systeme (CAIS) [30] verknüpfen verschiedenste Informationsquellen und Überwachungssensoren und setzen auch immer mehr auf selbstlernende Systeme, die auf Künstliche-Intelligenz-Algorithmen beruhen [31].
4. ***C****yber* ***I****ncident* ***I****nformation* ***S****haring* (CIIS): Der Austausch von Daten, Informationen und Erkenntnissen zwischen Unternehmen und auch Behörden ist im globalen Kampf gegen Cyberangriffe eine wesentliche Maßnahme. Dabei geht es darum, ein besseres Verständnis von vernetzten Systemen zu gewinnen, rechtzeitig Prävention und Schutzmechanismen einsetzen zu können und aus Best-Practice-Beispielen zu lernen. In dem EU-weiten Cybersicherheitsgesetz (NIS-Richtlinie) für kritische Infrastrukturen wird deshalb mit einer notwendigen Informationspflicht bei Cybersicherheits-Vorfällen an eigens dafür eingerichteten staatlichen Stellen Rechnung getragen. Darüber hinaus wird eine neue Form der Kooperation im internationalen Kontext immer wichtiger werden [32].
5. Bewusstseinsbildung, Schulung und Training von Systementwicklern, Architekten und Betriebspersonal, aber auch allen anderen Stakeholdern im Gesamtsystem: Neben der unternehmensstrategischen Verankerung von Schulungen und Kompetenzentwicklungen bestehender Mitarbeiter ist die Vorbereitung auf den Ernstfall ein wichtiger Sicherheitsfaktor. Auf sogenannten Cyberranges werden möglichst realitätsnahe IT- und OT-Systeme nachgebaut, um die Bekämpfung von Cyberangriffen im Bereich der technischen Kompetenzen, aber auch das wichtige Zusammenspiel der Akteure und Prozessabläufe zu erproben und zu trainieren [33].

In Kürze

Wir können uns von moderner Technologieanwendung und damit den Digitalisierungsprozessen nicht abkoppeln und müssen den massiven Bedrohungen wirksame Verteidigungsmethoden entgegenstellen. Durch eine bewusste Sicherheitsstrategie, klugen Einsatz modernster Systeme und durch eine neue Kultur der Kooperation können wir unsere zukünftigen digitalen Systeme zuverlässig und sicher bauen und betreiben.

B Regelkonformität mit Normen und Richtlinien

B.1 Normenreihe ISO/IEC 27 000: IT-Sicherheitsverfahren – Informationssicherheits-Managementsysteme

B.1.1 Hintergrund

Das Management von Informationssicherheit, insbesondere der Ursprung der ISO/IEC-270xx-Familie [1] kann nicht als neue Idee angesehen werden. Es stellt vielmehr ein schon sehr lange etabliertes und weiterentwickeltes Verfahren dar, dass über viele Jahre hinweg immer wieder verbessert und mit Rücksicht auf die Bedürfnisse der Anwender verbessert wurde.

Die Normenreihe der ISO/IEC 270xx findet ihren Ursprung um 1980 im *Shell Group Information Security Policy Manual* [2]. Dieses Handbuch definierte die ersten Maßnahmen zum Thema Informationssicherheit und legte damit den Ursprung für den Standard, der heute als *ISO/IEC 27 002* [3] bekannt ist.

Über weitere Zwischenschritte als Standard des britischen DTI (***D**epartment of **T**rade and **I**ndustry*), *CSCC Code of Practice,* und dann als BSI (***B**ritish **S**tandards **I**nstitute*), *BSI DISC PD003 Code of Practice,* entwickelte sich aus dem Shell-Standard schließlich der britische Standard *BS 779-1 Code of Practice for Information Security* [4]. Zu diesem Zeitpunkt waren noch zahlreiche Anleihen der zentralen Datenverarbeitung sowie die Host-basierte Architektur Bestandteil dieses Standards. 1999 wurde dieser als Fast-Track zur Standardisierung bei der **I**nternationalen ***Stan**dard **O**rganization* (ISO) eingereicht [5].

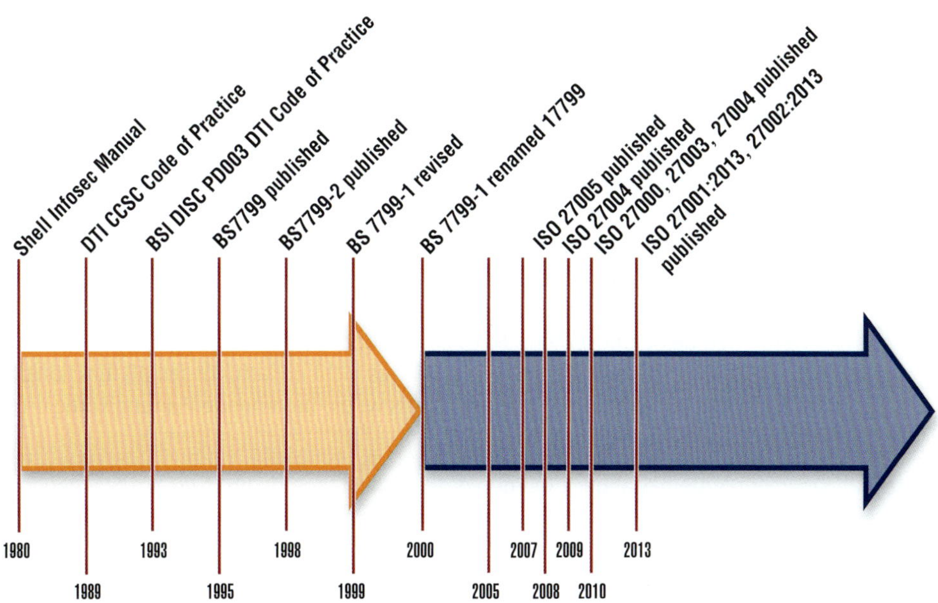

Bild B.1.1 *Vom Shell Infosec Manual bis heute ...* [www.27001security.com]

Zeitgleich sollte ebenfalls der *IT-Grundschutz* des Bundesamtes für Sicherheit in der Informationstechnik als Standard innerhalb der ISO anerkannt werden. Dies löste innerhalb des zuständigen Gremiums einen starken Konflikt aus, da beide Ansätze eine Vielzahl von Unterstützern hinter sich vereinen konnten. Schlussendlich entschied sich das Gremium mit einer sehr knappen Mehrheit für den BS 7799, für den es zu dieser Zeit auch schon Zertifizierungen und auch zertifizierte Unternehmen gab, und gegen den IT-Grundschutz.

Eine der wesentlichen Anforderungen an die Aufnahme als internationaler Standard war, dass der Standard einer sofortigen Revision unterzogen wurde. Als *IS 17 799 – Code of Practice for Information Security Management* wurde der BS 7799–1 dann als ISO-Standard geführt und die Revision begann im Oktober 1999. Zentrales Problem war hier, dass die Lesbarkeit des Standards nur eingeschränkt gegeben war. Außerdem war der Standard inhaltlich noch wenig übersichtlich und hatte keine klare Struktur. So wurde als Erstes eine nachvollziehbare und verständliche Struktur innerhalb der Controls eingeführt, nämlich

- Control Statement – in der Regel ein bis maximal zwei Sätze,
- Implementation Guidance – alles, was einer Implementation helfen kann,
- Other Information – nützliches Zusatzwissen.

Damit wurden die Control Statements deutlich besser verständlich und auch die Übersetzbarkeit in andere Sprachen erheblich erleichtert. Diese Struktur ist der ISO 27 002 bis heute erhalten geblieben.

Das British Standards Institute hatte aber 1998 bereits einen weiteren Standard etabliert, *BS 7799–2 Information Security Management System – Requirements* [6]. Dieser beschrieb, analog zum Qualitätsmanagement, ein System der kontinuierlichen Verbesserung mithilfe des PDCA-Zyklus, auch als Demming Cycle oder Six Sigma bekannt. Der PDCA besteht aus den vier Elementen:

- Plan – Planung eines neuen oder eines Verbesserungsschrittes gemäß eines strukturierten Vorgehens. Dabei werden sämtliche Rahmenbedingungen mitbetrachtet, was auch die Ressourcenplanung miteinbezieht, aber auch die notwendigen Methodiken und Vorgehensweisen wie z.B. das Risikomanagement einfordert;
- Do – die tatsächliche Umsetzung des geplanten, d.h. die Anwendung der Methoden oder die Implementation ausgewählter Maßnahmen;
- Check – die Überprüfung, ob das System als Ganzes oder auch die einzelnen Maßnahmen die vorgegebenen Ziele im Hinblick auf Wirksamkeit und Umsetzbarkeit auch erreichen. Dazu wird in der Regel auf Reporting und auf das Auditieren von Maßnahmen zurückgegriffen. Diese Ergebnisse werden dann direkt mit dem verantwortlichen Management abgestimmt;
- Act – hier werden Verbesserungspotenziale evaluiert und Verbesserungen geplant. Alles, was entweder als Abweichung identifiziert wurde bzw. was nicht erwartungsgemäß funktioniert, wird erneut hinterfragt und dann ggf. neu beplant bzw. die bestehende Planung korrigiert.

Dieser Management-System-Standard wurde vom British Standards Institute als ISO-Standard eingereicht und 2005 als *ISO/IEC 27 001 – Information Security Management Requirements* [7] – veröffentlicht. Zeitgleich begann auch die regelmäßige Überarbeitung der ISO/IEC 17 799 [8], die zwei Jahre später dann in ISO/IEC 27 002 [3] umbenannt wurde. Damit und mit der Veröffentlichung der ISO/IEC 27 006 [9], die aus der Anforderungsnorm **E**uropean **A**ccreditation (EA 7/03) [10] entstand, war der Grundstein für das Information Security Management System Framework der 270xx-Familie gelegt. Zu dieser gehören inzwischen mehr als 50 Standards. Der öffentlich verfügbare Standard (kostenlos) ISO/IEC 27 000 [11] gibt hier einen Überblick über die Familie und stellt auch das über alle Standards der 270xx-Familie genutzte Vokabular bereit.

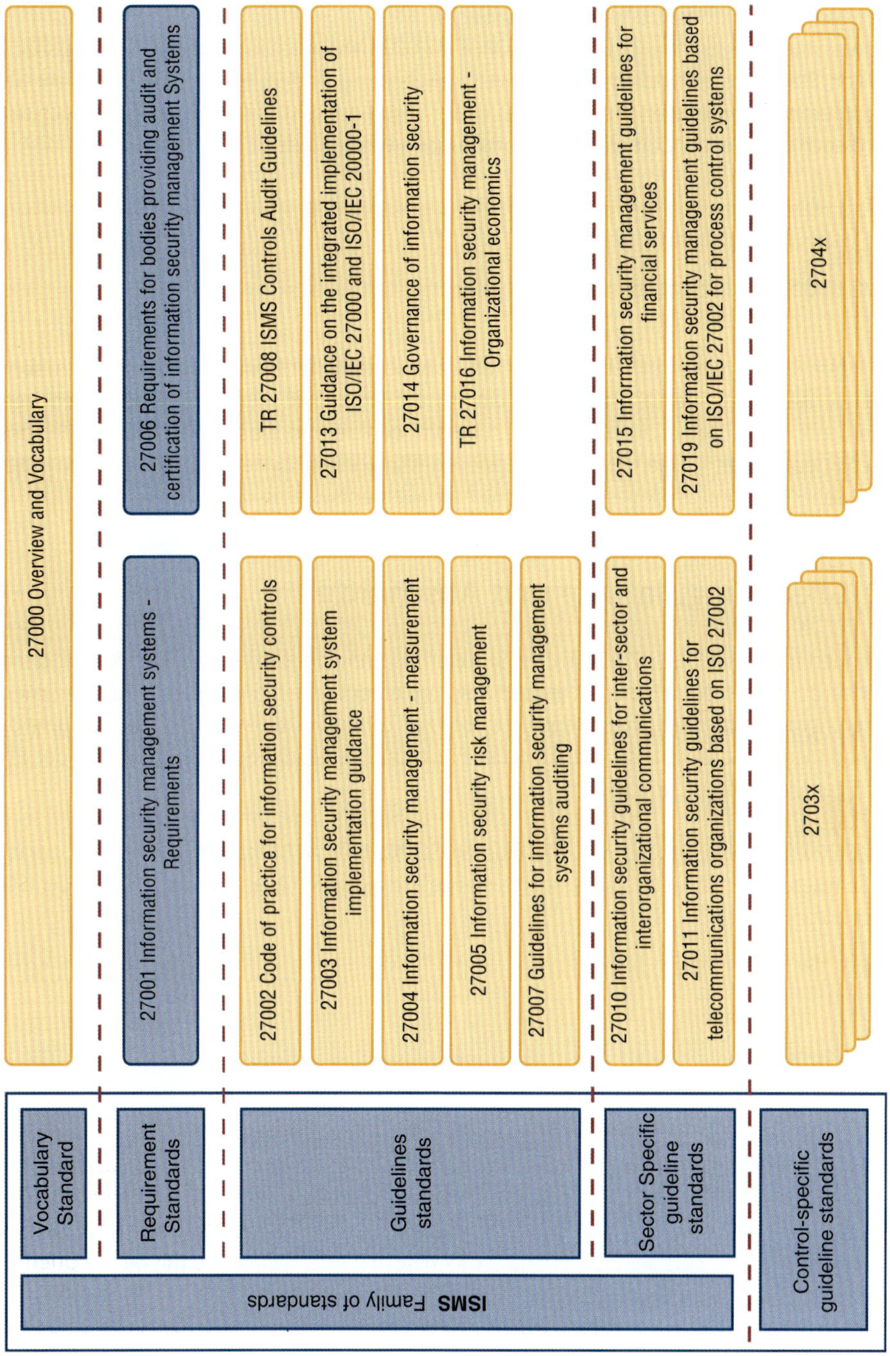

Bild B.1.2 *ISO/IEC-270xx-Familie [11]*

Bild B.1.2 stellt schematisch die 270xx-Familie dar, wie sie als ***P****ublic* ***A****vailable* ***S****tandard (PAS) ISO/IEC 27 000* [11] beschrieben wird. Inzwischen ist das Security Management bzw. die Normenreihe der ISO/IEC-270xx-Familie von einem nationalen Standard zu dem am weitesten verbreiteten Sicherheitsstandard der Welt aufgestiegen.

Die zwei Standards ISO/IEC 27 001 und ISO/IEC 27 002 haben sich inzwischen zu einer ganzen Familie von Standards entwickelt, die weltweit Anwendung finden. Inzwischen sind mehr als 68 000 Unternehmen weltweit zertifiziert. Mit dieser Verbreitung ist es naheliegend, dass sich der Standard auch weltweit in Compliance-Anforderungen wiederfindet.

Beispiele aus Deutschland alleine sind:

- MA Risk,
- EnWG und Sicherheitskatalog.

Damit Unternehmen nun nicht von einer Vielzahl unterschiedlicher Managementsysteme zu sehr belastet werden, ist in der ISO zusätzlich ein Ansatz entwickelt worden, die verschiedenen Managementsysteme besser zu integrieren. Zur Homogenisierung wurde innerhalb der ISO der «*Annex SL*» entwickelt – eine «Blaupause», wie ein Managementsystemstandard innerhalb der ISO auszusehen hat und an dem sich sämtliche Managementsysteme der ISO orientieren.

B.1.2 Gliederung, Inhalte und Abschnitte

Im Folgenden soll die ISO/IEC 27 001 in ihrer Struktur zusammengefasst dargestellt werden, ohne den Standard zu kopieren. Wie bereits angedeutet, implementiert ein ISMS einen kontinuierlichen Verbesserungsprozess – also einen Regelkreis, der zur kontinuierlichen Prüfung seiner Funktionalität und Wirkweise auch eine Messung der Funktion des Managementsystems und der Effektivität der Maßnahmen umfasst.

Die ISO/IEC 27 001 folgt, genauso wie alle anderen ISO-Normen zu Managementsystemen, der im Annex SL festgelegten Struktur. Sie gliedert sich wie alle aktuellen Managementsysteme der ISO wie folgt auf:

1. Kontext der Organisation
2. Führung
3. Planung
4. Unterstützung
5. Betrieb
6. Performance-Messung
7. Kontinuierliche Verbesserung

Die einzelnen Kapitel sollen im Folgenden etwas detaillierter erläutert werden.

B.1.2.1 Kontext der Organisation

In diesem Abschnitt wird in Anlehnung an den Risikomanagementstandard ISO 31 000 [12] der Kontext der Organisation beschrieben. Dabei finden sowohl interne als auch externe Faktoren eine

Berücksichtigung. Damit wird bereits bei der Planung und beim Aufbau eines ISMS sichergestellt, dass die wesentlichen Faktoren Berücksichtigung finden.

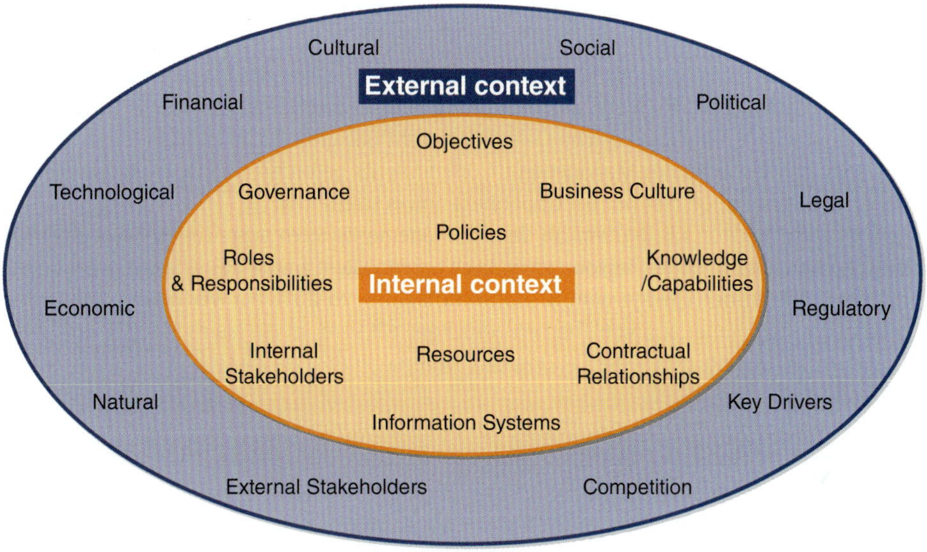

Bild B.1.3 *Interner und externer Kontext*

Dazu muss das ISMS sowohl die internen als auch die externen Anforderungen und Rahmenbedingungen identifizieren. Hier bietet sich damit aber auch gleich eine ideale Schnittstelle. Will man mit einem ISMS Compliance Anforderungen an die Sicherheit verwalten, so ist hier der ideale Einstiegspunkt. Diese Sektion findet sich in Kapitel 5.3 der *ISO 31 000 – Risk Management* wieder und ist für das Enterprise Risk Management wesentlich, um ein einheitliches Risikomanagement anzulegen [12]. Nur so kann sichergestellt sein, dass keine konkurrierenden Risikomanagementsysteme etabliert und Risiken unterschiedlich bewertet werden.

Besonderes Augenmerk wird hier darauf gelegt, dass die Stakeholder *(Interested Parties)* so vollständig wie möglich erfasst werden und deren Anforderungen auch entsprechend Beachtung finden.

Aus all diesen Parametern definiert sich dann der Anwendungsbereich für das ISMS innerhalb der Organisation, also der Bereich, in dem die Informationssicherheit und der kontinuierliche Verbesserungsprozess unter der Kontrolle des Managementsystems liegen.

B.1.2.2 Leadership / Organisationsleitung

Die Organisationsleitung ist ein Kernaspekt für ein erfolgreich implementiertes ISMS und innerhalb des Standards auch fest verankert. Der wesentliche Aspekt hier ist das Management Commitment. Dies verlangt von der Leitung der Organisation, dass diese die Verantwortung für den Erfolg des ISMS übernimmt. Dazu gehören unter anderem Aspekte wie

- die Abstimmung des ISMS mit der Strategie des Unternehmens sicherzustellen,
- die Integration des ISMS mit den Prozessen der Organisation herzustellen,

- sicherzustellen, dass das ISMS auch das gewünschte Ergebnis liefert,
- den Anforderungen des ISMS auch den notwendigen Nachdruck zu verleihen.

In den früheren Fassungen des Standards wurde das Management Commitment eher lässiger gehandhabt.

Dies führte dazu, dass zwar ein ISMS implementiert wurde, aber das Management dies gerne von sich «fortdelegiert» hat. Wenn ein ISMS jedoch eine Compliance-Anforderung bzw. deren Umsetzung mitträgt, wäre eine solche Delegation nicht geeignet. In der aktuellen Fassung hingegen wird ein Nachweis des Management Commitments gefordert und die Aufgabe des Auditors ist es zu prüfen, ob hier nur ein Lippenbekenntnis stattfindet.

So kann der Auditor z.B. prüfen, ob dem Managementsystem ausreichend Ressourcen zur Verfügung stehen bzw. ob die Ressourcen wirklich bereitgestellt werden. Eine Situation, in der ein Mitarbeiter zwar in der Theorie dem Managementsystem zu 25% zur Verfügung steht, diese Tätigkeit aber stets hinter anderen Themen zurückgestellt wird, ist ein klares Indiz für eine mangelhafte Unterstützung durch die Leitung des Unternehmens, da diese offensichtlich andere Prioritäten setzt.

Ein weiterer wesentlicher Punkt ist das Verschriftlichen von Regeln und Anforderungen im Rahmen von Richtlinien bzw. Policies. Diese werden durch die Führung verantwortet und müssen für alle bereitgestellt werden.

Abschließend muss die Führung die notwendigen Rollen, Verantwortungen und Berechtigungen etablieren. Eine funktionale Sicherheitsorganisation ist ein kritischer Faktor für ein erfolgreich betriebenes ISMS und muss durch die Führung etabliert werden. Einfach nur eine Rolle zu definieren und diese jemandem zuzuordnen reicht hier nicht.

B.1.2.3 Planung

In dieser Sektion werden die notwendigen Schritte zur Beplanung des ISMS beschrieben. Zunächst werden die notwendigen Anforderungen genannt, um Chancen und Risiken zu definieren. Gerade das Einbeziehen von Chancen macht viele Entscheidungen, die in etablierten Unternehmen getroffen worden sind, nachvollziehbar. Dies wäre nicht der Fall, wenn man sich ausschließlich auf die Risiken fokussiert.

Zunächst werden generelle Anforderungen gestellt wie z.B. die Frage, wie man eine kontinuierliche Verbesserung erreichen kann und wie man unerwünschte Nebeneffekte vermeidet.

Der nächste Punkt behandelt den eigentlichen Kern eines ISMS, den risikobasierten Ansatz. Anders als z.B. im IT-Grundschutz, werden Maßnahmen von Risiken abgeleitet, die einen Geschäftsprozess oder eine Compliance-Anforderung gefährden.

Gefordert sind hier z.B.:

- Kriterien zur Risikoakzeptanz,
- eine Methode für die Durchführung von Risikobetrachtungen,
- die Reproduzierbarkeit der Ergebnisse der Risikoanalyse,
- die Identifikation von Security-Risiken,
- das Festlegen von Risikoeigentümern,
- die Analyse von Risiken, d.h. das Zuordnen einer realistischen Eintrittswahrscheinlichkeit,
- die Bewertung von Risiken anhand der vorgegebenen Kriterien aus der Risikomethode.

Wichtig ist, dass hier die Wahrscheinlichkeit für einen realistischen Eintritt betrachtet wird. D.h., in diesem Fall sind sämtliche getroffenen Schutzmaßnahmen mit in die Betrachtung einzubeziehen. Eine Schwachstelle eines Systems, die von einem Angreifer nicht erreicht werden kann, hätte damit auch in diesem Szenario kein Risiko.

Im Anschluss an die Risikobetrachtung wird dann eine Risikobehandlung gefordert.

Dazu stehen in der Regel vier Möglichkeiten zur Auswahl:

- *Akzeptanz* – das Risiko wird als solches akzeptiert und es werden keine weiteren Maßnahmen getroffen. Damit geht das Risiko direkt in die Restrisiken ein.
- *Vermeidung* – das Risiko wird als zu hoch eingestuft, es wird nicht eingegangen. Prozesse und Systeme werden so weit angepasst, dass die das Risiko verursachende Handlung nicht mehr ausgeführt wird.
- *Transfer* – es wird versucht, das Risiko einem anderen Risikoträger zu übergeben, z.B. einer Versicherung. Dabei muss sichergestellt sein, dass das Risiko auch wirklich transferierbar ist. Die Vergangenheit hat gezeigt, dass hier häufig Fehleinschätzungen stattgefunden haben.
- *Reduktion* – es werden Maßnahmen ausgewählt und umgesetzt, um das Risiko zu reduzieren. Dabei kann auch eine Reduktion auf einen vorgegebenen Zielwert ein angestrebtes Ziel sein. Hier bieten sich die Maßnahmen aus der ISO/IEC 27 002 [3] an, die auch im Annex A der ISO/IEC 27 001[7] aufgeführt werden.

Die Ergebnisse der Risikobehandlung werden in einem RTP– ***R****isk* ***T****reatment* ***P****lan* (Risikobehandlungsplan) – niedergeschrieben. Hier kann dann auch die erste Kostenabschätzung für die Maßnahmen getroffen werden. Abschließend müssen diese Aufwände in einem Verhältnis zum Risiko stehen. Dieser gesamte Prozess soll so dokumentiert werden, dass er nachvollziehbar bleibt und ist konform zum Vorgehen in der ISO 31 000 [12].

Im zweiten Teil der Planung werden die Ziele für die Informationssicherheit definiert sowie der Plan, diese Ziele zu erreichen. Hier gelten die Anforderungen, die an jede Zielsetzung gestellt werden:

- Konsistenz zum Policy Framework,
- Messbarkeit der Erreichung,
- Einbeziehung der vorher aufgeführten Risikobetrachtung und des Risikobehandlungsplans,
- Kommunikation der Sicherheitsziele.

Im Rahmen dieser Aktivität muss die Organisation sicherstellen, dass die notwendigen Ressourcen beplant und auch bereitgestellt werden. Dazu gehört ebenfalls, wer für die Umsetzung verantwortlich ist und wie man das Ergebnis im Hinblick auf die erfolgreiche Umsetzung bewertet.

B.1.2.4 Unterstützung

In dieser Sektion werden die Aspekte eingefordert, die aus Sicht des Standards für ein erfolgreiches ISMS wesentlich sind. Viele dieser Aspekte klingen selbstverständlich, in der gelebten Praxis müssen sie jedoch explizit gefordert werden:

- Kompetenz – hier wird gefordert, dass Personal, das im Rahmen des ISMS tätig ist, auch über ausreichende Kompetenz, also Fähigkeit, verfügt. Diese soll nachweisbar erworben worden sein. Ein «Learning on the Job» als Modell wäre hier nicht geeignet!
- Sicherheitsbewusstsein – Mitarbeiter und Vertragspartner, die im Anwendungsbereich des ISMS tätig sind, müssen die notwendigen Policies zur Informationssicherheit kennen. Sie sollen einen Beitrag zur Sicherheit leisten und es müssen die Konsequenzen klar sein, falls gegen die Regelungen verstoßen wird.
- Kommunikation – sie muss klar und eindeutig geregelt sein, um sicherzustellen, dass Informationen schnell an die richtigen Adressaten gelangen.
- Dokumentierte Informationen – hinter diesem etwas sperrigen Begriff lassen sich alle gelenkten Dokumente zusammenfassen, die zum einen durch das Managementsystem gefordert werden als auch aus dem Managementsystem heraus entstehen. Als gelenktes Dokument wird hier ein Dokument verstanden, das einem wohldefinierten Lebenszyklus unterliegt, in dem es erstellt, aktualisiert und dekommissioniert wird. Im Bereich der Banken und Versicherungen stellt sich dies auch als «schriftlich fixierte Ordnung» dar.

B.1.2.5 Betrieb

In der Sektion zum Betrieb wird dann sichergestellt, dass die Sicherheitsanforderungen tatsächlich in den Betrieb integriert werden.

Hier wird besonders auf die folgenden Bereiche Wert gelegt:

- Kontrolle und entsprechende Bewertung von Changes,
- konsequentes Risikomanagement im Betrieb im Hinblick auf
  - Risiko-Analyse und -Bewertung und
  - Risikobehandlung.

Damit sind die Anforderungen, die bereits in der Planungsphase einmal implementiert worden sind, auch in den Regelbetrieb überführt.

B.1.2.6 Performance-Bewertung

Da jedem Managementsystem ein kontinuierlicher Verbesserungsprozess zugrunde liegt, muss festgestellt werden, ob eine Verbesserung stattgefunden hat. Dies stellt den Anwender vor nicht unerhebliche Hürden und die ISO hat versucht, mit der ISO/IEC 27 004 [13] einen Standard bereitzustellen, der bei der Umsetzung der Anforderungen hilft.

Deming, der unter anderem den PDCA(Plan – Do – Check – Act)-Zyklus entworfen hat, sagte aber schon:

> *«It is wrong to suppose that if you can't measure it, you can't manage it – a costly myth.»*
> W. Edwards Deming, *The New Economics* [14]

Dennoch ist es ein klares Ziel, die Funktionsweise des Managementsystems sowie die Effektivität der Maßnahmen zu bewerten, um so die Verbesserung messen zu können. Insgesamt kann das auf unterschiedlichsten Wegen geschehen – ob man hier die ISO/IEC 27 004 [15] verwendet oder beispielsweise auf Balanced Scorecards setzt, ist jeder Organisation selbst überlassen.

Insgesamt bestehen die Anforderungen hier aus drei Bereichen:

- Überwachung, Messung, Analyse und Bewertung mit dem Ziel, die Leistungsfähigkeit und die Effektivität des Security-Managementsystems zu bewerten;
- interner Audit zur Konformitätsbewertung des Managementsystems gegen die ISO/IEC 27 001 [7] und um festzustellen, dass das System in der praktischen Anwendung noch effektiv ist;
- Management Review in regelmäßigen Intervallen, um so sicherzustellen, dass das Managementsystem nach wie vor zu den Unternehmenszielen passt, angemessen und effektiv ist.

B.1.2.7 Kontinuierliche Verbesserung

In diesem letzten Kapitel des Standards geht es vor allem darum, dass eine korrektive Handlung erfolgt, sobald eine Abweichung von den Anforderungen des Standards festgestellt wird. Dadurch wird sichergestellt, dass eine Handlung erfolgen muss, stellt man eine Abweichung oder einen Fehler fest. Geschieht dies nicht, so hat man klar gegen eine der Anforderungen des Managementsystems an sich verstoßen und ist damit zweifelsfrei nicht Compliant.

B.1.3 Möglicher Anwendungsbereich und Kontext

Managementsysteme definieren den aktuellen Status quo, wenn es darum geht, eine kontrollierte Umgebung zu schaffen und sich dennoch schnell auf wechselnde Szenarien einstellen zu müssen. Gerade im Umfeld der Informationssicherheit ist dies von Vorteil. In diesem Umfeld werden nicht nur dauernd neue Systemschwächen bekannt, was der Komplexität der zugrunde liegenden Infrastruktur und Plattformen geschuldet ist. Zudem treffen hier eine sehr weit entwickelte Technologie und menschliches Handeln und menschliche Wahrnehmung ungebremst aufeinander.

Ein wesentlicher Aspekt für ein Information Security Management System gemäß ISO/IEC 27 001 [7] ist die Möglichkeit, damit eine unternehmensweite Strategie im Hinblick auf Informationssicherheit zu etablieren. Sicherheit ist damit nicht mehr abhängig von der Tätigkeit und dem Sicherheitsbewusstsein einzelner Mitarbeiter, sondern wird als zentral gesteuerte Strategie etabliert und auch kontinuierlich überwacht.

GRUNDSATZ
Damit bildet ein ISMS die Grundlage einer Transformation von einem sicherheitsbewussten Handeln hin zu einer Sicherheitsstrategie innerhalb einer Organisation.

Mit diesem Ansatz ist es nicht nur möglich, ein nachhaltiges System zu etablieren, sondern auch Prozesse, die unmittelbar den Anforderungen an einen sehr hohen Reifegrad genügen. Dies ist besonders interessant für Unternehmen, in denen ein sehr hoher Reifegrad in den Prozessen erreicht werden soll.

Anfänglich war der Anwendungsbereich bei Zertifizierungen zumeist der IT-Betrieb bzw. Teile des IT-Betriebs. Die ersten Zertifikate wurden so um das Jahr 2001 in Deutschland vergeben. Inzwischen ist durch die Anforderung der Compliance die gesamte Organisation in den Fokus geraten. Der Einsatzbereich des Standards kehrt damit mehr und mehr zu seinen Ursprüngen als *Shell Code of Practice* zurück mit dem Ziel, Informationen und eben nicht nur IT-Komponenten zu schützen. Hier liegt auch die eigentliche Crux bei dem reinen Ansatz in der IT zugrunde. Die Assets, die von dem ISMS innerhalb einer IT geschützt werden sollen, liegen nämlich zum größten Teil außerhalb der IT. Die IT-Organisation ist meist eine Unternehmensfunktion oder eine Dienstleistung für höherliegende Geschäftsprozesse.

Neue Technologien, insbesondere die Sicherheit von industriellen Steuerungen und von dem viel zitierten Internet of Things, rücken ebenfalls immer weiter in den Fokus. So ist die Standardreihe IEC 62 443 [16] mit ihrem Cybersecurity-Managementsystem mit dem Managementsystem der ISO/IEC 27 001 kombinierbar. Damit wird es realisierbar, den möglichen Anwendungsbereich der ISO/IEC 27 001 [7] mit den begleitenden Standards auf die ganze Organisation und deren Informationsverarbeitung und Flüsse auszudehnen.

Es ist inzwischen immer häufiger notwendig, einen Scope zu definieren, der zusätzlich zu den klassischen Kernbereichen eines ISMS, wie z.B. der IT-Betrieb, das gesamte Unternehmen inklusive der Produktionsanlagen, der Hausautomation und sonstiger Bereiche umfasst.

Wie weitreichend ein Scope sein kann, sieht man in den aktuellen Bestrebungen der ISO, mit der ISO/IEC 27 552 [17] eine Erweiterung der ISO/IEC 27 001 [7] zu schaffen, die das Thema Datenschutz einschließt. Damit wäre nach aktueller Lesart praktisch das gesamte Unternehmen im Scope des Managementsystems, eine Ausgrenzung bestimmter Bereiche wäre in diesem Fall nicht mehr sinnvoll machbar. Schließlich wirkt der Datenschutz auch immer auf das gesamte Unternehmen.

Es gibt aber jetzt schon einen wesentlichen Aspekt, der eine zu starke Einschränkung des Scopes praktisch ad absurdum führt. Dies liegt vor allem darin, dass Organisationen ihre Sicherheitsanforderungen im Rahmen einer schriftlich fixierten Ordnung etablieren. Diese wirkt zumeist auf das gesamte Unternehmen. Regelungen, die nur im unmittelbaren Scope wirken, würden den Mitarbeitern abverlangen, dass diese mit zwei Regelungsstrukturen umgehen müssen, nämlich in Scope und Out-of-Scope. Dies ist praktisch nicht sinnvoll machbar. Daher werden die meisten Regelungen, die von einem ISMS verwaltet oder erzeugt werden, stets für die gesamte Organisation getroffen. Damit wäre am Ende der Anwendungsbereich / Wirkungsbereich eines ISMS dann doch das gesamte Unternehmen – und der Anwendungsbereich, auf den die Zertifizierung beschränkt wird, ist dann ein Anwendungsbereich innerhalb des größeren Anwendungsbereiches mit einer Wechselwirkung mit der gesamten Organisation.

Der Kontext, in dem aktuell ein ISMS betrieben oder gefordert wird, ist nicht mehr eingrenzbar und die ISO/IEC 27 001 ist in fast allen Branchen und Unternehmensarten anzutreffen. Compliance ist ein starker Treiber. In stark regulierten Märkten wird dies häufig auch durch die Kontrollorgane angefordert.

Ein Beispiel ist hier das Energiewirtschaftsgesetz, das von Erzeugern und Verteilnetzbetreiber seit Januar 2018 einen Nachweis für ein ISMS durch ein akkreditiertes Zertifikat fordert. Auch die EU-DSGVO [18] fordert ein DSMS (Datenschutzmanagementsystem), dessen Anforderungen an die Informations- und Datensicherheit durch ein ISMS erbracht werden können. Hierfür ist derzeit noch kein akkreditiertes Verfahren verfügbar.

Darüber hinaus stellt die ISO/IEC 27 001 [7] den einzigen international gültigen Standard für Informationssicherheit dar, der über ein akkreditiertes Verfahren zertifiziert werden kann und damit auch über Ländergrenzen hinaus anerkannt ist. Dies ist gerade für Dienstleister im In- und Ausland von hohem Wert, da ihnen so eine Möglichkeit zum Nachweis gegeben ist, die Sicherheit der ihnen vom Kunden anvertrauten Informationen auf anerkannte Weise zu belegen. In der realen Praxis würde das Zertifikat als Nachweis alleine dafür jedoch nicht ausreichen. Damit alleine wäre eine Bewertung der tatsächlich gelebten Informationssicherheit nicht möglich.

Um dies zu erreichen, muss im Prinzip über das Zertifikat hinaus mindestens der Scope und ein *Statement of Applicability* (SOA) bereitgestellt werden. Ein Zertifikat alleine stellt für eine Bewertung des Sicherheitsniveaus also noch nicht genug Informationen bereit.

Gerade Dienstleister, die Services über das Internet anbieten, sind intensiv bemüht, diese auch durch eine Zertifizierung nachzuweisen. Am Markt tauchen inzwischen Zertifizierungen von Cloud Services nach ISO/IEC 27 017 [19] und ISO/IEC 27 018 [20] auf. Dazu sei gesagt, dass diese Standards zumindest aus Sicht der ISO sektorspezifische Ergänzungen der ISO/IEC 27 002 [3] darstellen und damit nicht akkreditiert zertifizierbar sind. Dies ist in der ISO/IEC-270xx-Familie derzeit nur die ISO/IEC 27 001 [7].

Aber auch außerhalb der Compliance tauchen immer mehr Fragestellungen auf, bei denen ein ISMS gemäß ISO/IEC 27 001 eine große Hilfe sein kann.

B.1.4 Umsetzungen mit hohem Anwendernutzen

Wie bereits erwähnt, ist einer der Hauptvorteile eines ISMS gemäß ISO/IEC 27 001 der, wesentlich höhere Reifegrade in den Sicherheitsprozessen zu erreichen. Dies ist vor allem für Unternehmen von Vorteil, die ihre Security Compliance effizienter und nachhaltiger gestalten wollen. Gerade weil der ISO/IEC 27 001 ein kontinuierlicher Verbesserungsprozess zugrunde liegt, wird der Reifegrad direkt gesteigert. Um dies zu erreichen müssen die Verantwortlichen innerhalb der Organisation sorgfältig planen, wie die ISMS-Organisation in das Unternehmen integriert wird und vor allem, dass ein ISMS mehr ist als nur IT oder Cybersicherheit. Es ist ein System, in dem der Mensch eine zentrale Rolle spielt. Stichwörter hier sind Kompetenz, Awareness und Skills, die genauso bedeutsam sind wie technische Anforderungen.

Sorgfältig entworfen und implementiert, integrieren sich ein ISMS bzw. die Anforderungen aus dem ISMS nahtlos in die bestehenden Prozesse – ob ins Change Management oder in das Personalwesen. Die Schutzmaßnahmen eines ISMS haben als Zielgruppe das Management und sind daher als Forderung ausgelegt und nicht als ausgefeilte technische Maßnahme. So kann jedes Unternehmen die für sich optimale Balance zwischen organisatorischer und technischer Maßnahme finden. Wird Anleitung gesucht, so findet sich diese in einer enormen Vielzahl weiterführender detaillierter technischer und organisatorischer Standards. Hier wird der Anwender keineswegs alleine gelassen; auch wenn die 27 001 gegenüber vergleichbaren Standards eher «schmal» wirkt, so stellt das gesamte Rahmenwerk alle notwendigen Informationen bereit.

Wie bereits angedeutet, kann ein ISMS ein sehr gutes Werkzeug sein, um verschiedene Anforderungen aus der Compliance zu erfüllen und auch seitens der Unternehmensführung nachzuweisen, dass Informationssicherheit auf der Ebene der Führung wahrgenommen und betrieben wird.

Hierbei muss die Rollentrennung jedoch im Blick gehalten werden, um wirklich für das Unternehmen einen maximalen Nutzen zu erzeugen. Empfehlenswert ist es, den Verantwortlichen für die Informationssicherheit als gesonderte Rolle bzw. Organisationseinheit zu sehen.

Die häufig auftretende Kombination der IT-Leitung und der Verantwortung für Informationssicherheit ist alleine aus den entstehenden Zielkonflikten abzulehnen.

Sowohl das IT-Sicherheitsgesetz [21] als auch die EU-DSGVO [18] fordern ein Managementsystem. Aber auch in vielen anderen Compliance-Anforderungen ist die ISO/IEC 27 001 ebenfalls inkludiert. Dennoch wird das tatsächliche Potenzial des Standards selten genutzt, da er meist aus der IT getrieben nur im Umfeld des IT-Betriebs angesiedelt wird. Dies ist zwar durch die Wahl des Anwendungsbereichs (Scope) möglich, in vielen Fällen aber nur für die Zertifizierung relevant. Regelungen, die für das Unternehmen getroffen werden, gehen fast immer über den Anwendungsbereich hinaus und lassen sich daher nicht klar abgrenzen, wodurch das bereits existierende und geeignete Managementsystem häufig in seinem Wirkungsbereich eingeschränkt ist und nicht synergetisch genutzt werden kann. In der Praxis kommt es dann häufig zu Ersatzlösungen und zusätzlichen Schnittstellen, die bei entsprechender Positionierung das ISMS vollständig entfallen würden.

Vom Entwurf und Konzept her stellt die ISO/IEC 27 001ff ein Steuerinstrument für das Management dar und wirkt daher quasi immer auf das gesamte Unternehmen, auch wenn man für die Zertifizierung einen eingeschränkten Anwendungsbereich auswählt. Daraus entstehen aber auch die Vorteile. Sicherheit kann als strategisches Ziel gemeinsam mit den Zielen des Business behandelt werden. Durch Anwendung der ISO 31 000 [21] für das Risikomanagement lassen sich die Informationssicherheit und die damit verbundenen Risiken nahtlos in den operativen Zweig des Enterprise Risk Managements integrieren und die Risiken werden da erfasst, wo sie wirken, und verbleiben nicht in der IT.

Zum Bemessen eines ISMS ist allgemein die ISO/IEC 27 004 [15] zuständig, hier sollten aber für die Organisation und deren Sicherheitsziele passende ***K**ey **P**erformance **I**ndicators* (KPI) entwickelt werden, die dann auch beispielsweise in eine Balanced Scorecard einfließen können. Somit «verschwindet» der operative Anteil eines ISMS quasi in den normalen Steuerungselementen des Unternehmens.

Stellt man es richtig an, ist ein ISMS auch robust im Hinblick auf Umstrukturierungen, Carve-Ins oder Carve-Outs. Es können sowohl die Zertifizierung als auch die zugrunde liegenden Mechanismen erhalten bleiben. Anders als bei rein technischen Maßnahmen erlaubt das ISMS in der Behandlung der Risiken unterschiedliche Fertigungstiefen.

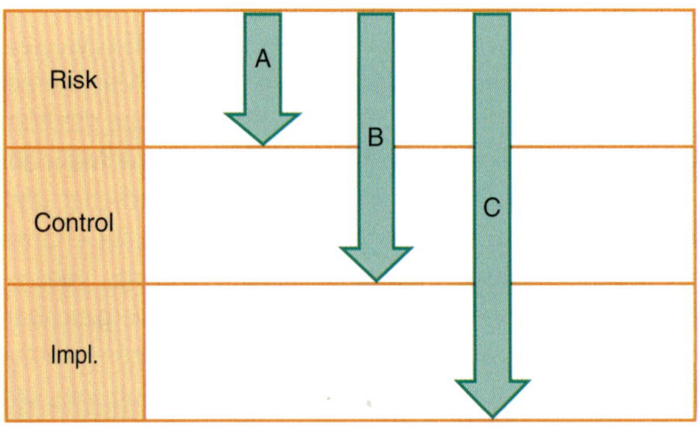

Bild B.1.4 *Unterschiedliche Fertigungstiefen*

In Bild B.1.4 werden die drei unterschiedlichen Fertigungstiefen dargestellt:

- A: bietet die größte Freiheit innerhalb der Maßnahmenauswahl und Implementation. Hier wird nur vorgegeben, dass ein bestimmtes Risiko behandelt werden muss. Alles Weitere bleibt offen.
- B: bietet einen hohen Freiheitsgrad in der Implementation. Hier wird vorgegeben, dass ein bestimmtes Control implementiert werden muss.
- C: lässt keine Freiheitsgrade; das Risiko, das entsprechende Control und die detailgenaue Umsetzung sind festgelegt.

Damit bleiben gerade bei spezialisierten Umgebungen wie z.B. Prozessdatenverarbeitung die notwendigen Freiheitsgrade gegeben, um dennoch in unterschiedlichsten Umgebungen zu funktionieren. Praktisch ist es möglich, ein ISMS so zu implementieren, dass damit sowohl IoT, PDV, Office IT und IT-freie Bereiche auf einem einheitlichen Sicherheitsniveau betrieben werden.

Dazu kommt, dass die ISO/IEC 27 001 tatsächlich der einzige weltweit etablierte Standard für Informationssicherheit ist und seit Jahren eine ungebremste Adaptionsrate weltweit hat. Die Standards ISO/IEC 27 001 und ISO/IEC 27 002 gehören zu den Top Ten der angefragten ISO-Standards, was diesen Trend belegt, und weltweit haben Unternehmen vom kleinen Mittelstand bis hin zu internationalen Großkonzernen entsprechende Managementsysteme erfolgreich definiert und steuern damit ihre IT-Risiken.

Fasst man diese Vorteile zusammen, so bieten sich die folgenden Szenarien an, in denen ein ISMS gemäß ISO/IEC 27 001 für den Anwender den höchsten Nutzen bietet:

- Unternehmen in einer Umstrukturierungsphase, die einen hohen Wert auf Informationssicherheit legen:
  Ein gut implementiertes ISMS ist anpassungsfähig und verträgt sich mit dem kontinuierlichen Wandel, dem eine moderne Organisation unterliegt. Ganz im Gegenteil: In den organisatorischen Change eingebettet, hilft es auch die Risiken im Vorfeld einzuschätzen und so die operativen Risiken eines Wandels zu berücksichtigen und etwaige Showstopper zu erkennen und verhindern.
- Unternehmen, die in regulierten Märkten operieren und unterschiedlichste Compliance-Anforderungen erfüllen müssen:
  In regulierten Märkten sind die Organisationen einer Vielzahl von Anforderungen unterworfen. Diese wollen nicht nur implementiert sein, sondern müssen kontinuierlich überwacht und auf ihre Wirksamkeit geprüft werden. Meist ist hier ein Managementsystem gefordert, da die Geschäftsführung damit gezwungen wird, entsprechend organisatorische Maßnahmen zu implementieren. In vielen Fällen ist hier auch direkt ein ISMS für die Informationssicherheit gefordert. Aber auch da, wo keine spezifische Forderung nach einer ISO/IEC 27 001 gestellt wird, hilft ein ISMS die geforderten Maßnahmen im Umfeld der Informationssicherheit nachhaltig zu betreiben und so auch auf etwaige Kontrollen vorbereitet zu sein.
- Unternehmen mit stark unterschiedlichen Produktlinien oder Technologien, bei denen jede Produktlinie ein anderes Sicherheitsniveau erfordert:
  Haben Unternehmen stark abweichende Produktlinien, z.B. einen Technologiezweig und einen Produktionszweig von einfachen Gütern, wirkt sich ein einheitlicher Maßnahmenansatz schnell nachteilig aus, denn die Anforderungen sind entweder für den einen Zweig zu hoch oder für den anderen zu niedrig, und würde daher in den meisten Fällen nicht passen. Ein ISMS kann hier über den Risikoansatz und unterschiedliche Fertigungstiefen einen besseren Weg aufzeigen. Denn nur wenn ein entsprechendes Risiko anliegt, werden die Maßnahmen getroffen, die dieses Risiko im Sinne der Organisation auf ein gewünschtes Maß reduzieren.
- Unternehmen, die international operieren und einen Nachweis mit globaler internationaler Anerkennung benötigen:
  Die ISO/IEC 27 001 ist der derzeit einzige global zertifizierbare Standard für Informationssicherheit. Durch ein akkreditiertes Verfahren wird sichergestellt, dass die Zertifikate auch außerhalb des Ausstellerlandes Bestand haben. Weltweit wird nach den gleichen Schemata vorgegangen und dementsprechend auch zertifiziert. Die Basis dazu bildet unter anderem die ISO/IEC 27 006, in der die Anforderungen an Zertifizierungsgesellschaften definiert werden.
- Unternehmen, die der DSGVO unterliegen:
  Die DSGVO [18] stellt klare Anforderungen an die Informationssicherheit und fordert ihrerseits ein Datenschutzmanagementsystem. Die Anforderungen des Datenschutzes erweitern aber

die Anforderungen eines ISMS, es ist sozusagen Informationssicherheit + Datenschutz + Managementsystem. Hier kann mittels eines ISMS zumindest schon der Nachweis erbracht werden, dass man den Sicherheitsaspekt von datenschutzrelevanten Informationen ernst nimmt und nachhaltig verwaltet. Mit der ISO/IEC 27 552 [17] wird es dann auch eine zertifizierbare Erweiterung des ISMS gemäß ISO/IEC 27 001geben.

In Kürze

Insgesamt lässt sich sagen, dass die ISO/IEC 27 001 in Kombination mit der ISO/IEC 27 002 der erfolgreichste zertifizierbare Standard für Informationssicherheit geworden ist und in nahezu allen Branchen Anwendung findet. Sie erzeugt durch den kontinuierlichen Verbesserungsprozess und den risikobasierten Ansatz mehr Aufwand und ist herausfordernder als eine einfache Checkliste, gegen die geprüft wird.

Solche Ansätze wie z.B. in der Automobilbranche TISAX [22] prüfen von der Maßnahmenseite und es werden somit auch Maßnahmen implementiert, die keinem Risiko entgegenstehen.

Von der Compliance-Seite fordert jedoch die DSGVO ein Datenschutzmanagement, das natürlich auch die Sicherheitsaspekte berücksichtigen muss. Hier wird innerhalb der Internationalen Standardorganisation bereits an dem Standard *ISO/IEC 27 552 Information technology – Security techniques – Enhancement to ISO/IEC 27 001 for privacy management – Requirements* gearbeitet. Dieser wird die beiden Standards ISO/IEC 27 001 und ISO/IEC 27 002 so ergänzen, dass man damit den Anforderungen der DSGVO Genüge tun kann. Zudem wird er von der Struktur her als zertifizierbarer Standard angelegt, so dass man auch einen Nachweis im Sinne eines Zertifikats erhalten kann. Dies wäre die nächste Evolutionsstufe des ISMS, das dann ebenfalls ein Datenschutzmanagement enthält. Die derzeitige Entwicklung dieses Standards wird von einer Vielzahl von Ländern mitgetragen und mit großem Interesse verfolgt, insbesondere im Hinblick auf die Umsetzung der DSGVO.

Man kann also sagen, dass der Ansatz, den ein Managementsystem für Informationssicherheit verkörpert, auch in der Zukunft Bestand hat sowie innerhalb der Organisationen die Möglichkeit implementiert, die Sicherheitszentrale für die Unternehmensziele optimiert zu steuern und zu betreiben.

B.2 Normenreihe IEC 62 443: Industrielle Kommunikationsnetze – IT-Sicherheit für Netze und Systeme

B.2.1 Hintergrund

Verschiedene Sektoren haben in den letzten zwanzig Jahren versucht, ihre eigene Standards für IT-Sicherheit zu entwickeln oder aber etablierte Normen für ihre Bedürfnisse anzupassen. Manche Branchen sind dabei bottom-up vorgegangen, indem sie «von null» Anforderungen, Vorgaben und Maßnahmen für sich erarbeitet haben [1]. Andere haben einen Top-down-Ansatz gewählt, bei dem etablierte, allgemeine Security-Standards – häufig ISO/IEC 27 001 [2] und ISO/IEC 27 002 [3] – für die eigenen Zwecke wie die ISO/IEC TR 27 019 [4] für den Energiesektor angepasst wurden.

Manchmal schaffen es Standards, die für einen speziellen, begrenzten Einsatzzweck entwickelt wurden, sich aus der Nische herauszuarbeiten und in einem weiteren Anwendungsfeld Bedeutung zu gewinnen. Ein solches Beispiel ist der IT-Grundschutz, der ursprünglich für die öffentliche Verwaltung des Bundes geschaffen wurde und inzwischen in einer Vielzahl von Branchen vor allem in Deutschland in Verwendung ist. Ein zweites Beispiel ist die Normenreihe IEC 62 443 [5], um die es in diesem Beitrag geht. Ursprünglich Ende der 90er-Jahre im Rahmen der ISA im Öl- und Gassektor entstanden, hat sie sich nach Meinung vieler Experten in den letzten Jahren zum vielversprechenden – einige sagen: einzigen – Kandidaten für *den* Security-Standard für die Automatisierung entwickelt. Und tatsächlich spricht vieles dafür, dass die «ISA99« diesen Platz zumindest mittelfristig auch einnehmen kann – auch wenn noch viele Baustellen offen sind.

B.2.2 Aufbau

Die Normenreihe IEC 62 443 befasst sich mit der IT Security sogenannter «Industrial Automation and Control Systems» (IACS) [5]. Sie wurde ursprünglich als Norm für die Automatisierungstechnik in der Prozessindustrie entwickelt, deckt jedoch heute alle Industriebereiche von diskreter Fertigung bis hin zu verteilten Versorgungssystemen ab. Dabei berührt sie alle erforderlichen Themen vom Schutz des Personals über technische Konfiguration bis zu Compliance (Konformität mit Gesetzen und Regeln).

Bekanntlich ist die IEC 62 443 als Standardfamilie nicht nur sehr umfangreich, sondern auch komplex zu überschauen und daher zunächst in einem Unternehmen nicht leicht einzuführen, geschweige denn umzusetzen. Hinzu kommt, dass die diversen Teile unterschiedlichen Status genießen, der für nicht Eingeweihte nicht immer sofort ersichtlich oder zumindest in seiner Konsequenz kaum einschätzbar ist.

Das bekannteste Bild aus der IEC 62 443 ist zweifelsohne der Aufbau des Standards selbst (Bild B.2.1).

Beeindruckend zeugt die Darstellung der Struktur des Standards nicht nur vom Umfang der Familie, sondern auch davon, dass ihr ein gewisses Grundmuster innewohnt. Gut zu erkennen ist die vertikale Gliederung: Hier folgen auf grundlegende Konzepte und Begriffe (Schicht 1-x) die Vorgaben an die Rollen Betreiber (engl.: *Asset Owner*, Schicht 2-x), Integrator (Schicht 3-x) und Hersteller (*Product Supplier*, Schicht 4-x).

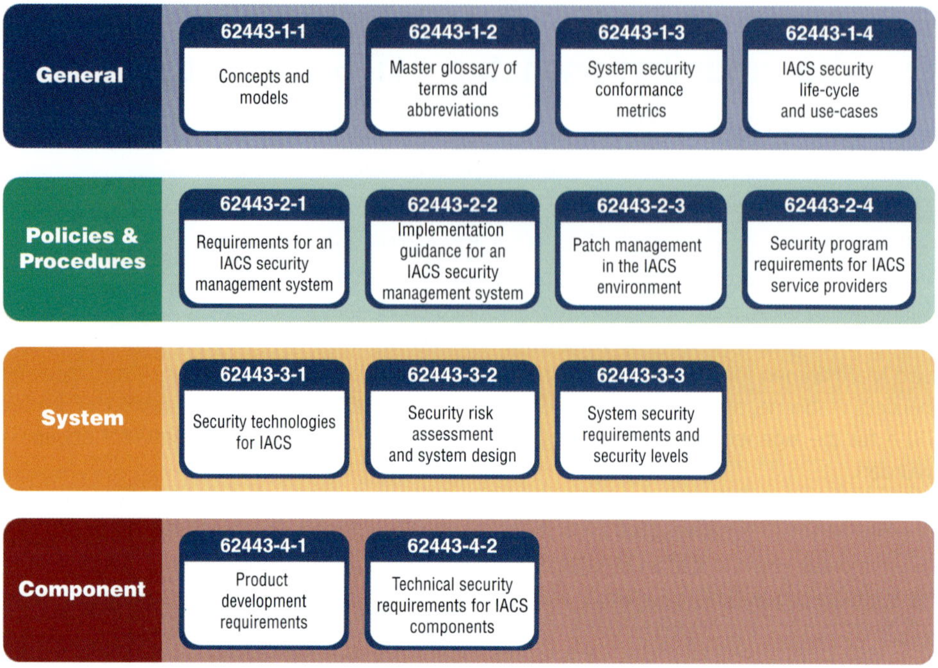

Bild B.2.1 *Struktur der IEC 62 443* [6]

Die Beschreibung der Anforderungen und Pflichten aller relevanten Rollen ist eines der Kernstücke der Norm. Dabei müssen Betreiber bzw. Maschinenbauer ihren jeweiligen Zulieferern Security-Anforderungen kommunizieren und dürfen dafür im Gegenzug Sicherheitsfunktionalität, -dokumentation und -support erwarten (Bild B.2.2).

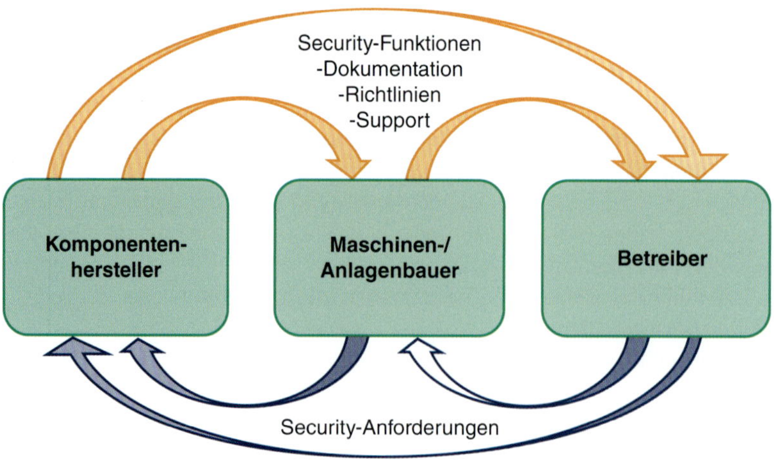

Bild B.2.2 *Rollen nach IEC/TS 62 443-1-1* [7]

Die horizontale Gliederung erschließt sich nicht ohne Weiteres auf den ersten Blick: Es scheint, dass sich in Bild B.2.1 von links nach rechts organisatorische bis technische Maßnahmen erstreckten. Dies ist jedoch nur zum Teil der Fall. Vielmehr repräsentiert die Nummerierung und damit Anordnung innerhalb der Schichten in den meisten Fällen die historische Entstehung bzw. zumindest Planung der Dokumente (zu Ausnahmen weiter unten).

Eine Besonderheit stellt das Dokument IEC 62 443-2-4 [8] dar. Dieses richtet sich als einziges explizit an Dienstleister (*Solution Provider*) und wurde als solches durch die ISA quasi eigens adoptiert, um diesen Aspekt in der Normenreihe in Schicht 2 mit abzudecken.

B.2.2.1 Anwendungsbereiche

B.2.2.1.1 Betreiber

Der Betreiber ist verantwortlich für die Sicherheit – und damit auch die IT-Security der Infrastruktur bzw. Dienstleistung. Dies gilt unabhängig davon, wie viel er davon an Partner, Dritte, Integratoren oder sonstige Dienstleister auslagert. Nur er kann sicherstellen, dass die Prozesse geeignet gestaltet sind, um ein angemessenes Sicherheitsniveau herzustellen und aufrechtzuerhalten. Und nur er kann das notwendige Sicherheitsniveau überhaupt festlegen. Bei beidem gibt die IEC 62 443 entscheidende Hilfestellungen.

B.2.2.1.2 Dienstleister

Dienstleister spielen quer durch alle Industrien und Sektoren immer vielschichtigere und immer entscheidendere Rollen für den Betrieb. Sind Wartung und Instandhaltung den klassischen Dienstleistungen zuzurechnen, so kann heute bereits teilweise der gesamte Betrieb einer Anlage für einen «Betreiber» (der dann nur noch ein verantwortlicher Auftraggeber ist) eingekauft werden.

Daher müssen die Dienstleister auch für die Security nicht nur einzelne Bausteine, sondern entscheidende und kohärente Strukturen für ein Security-Programm bereitstellen. Die IEC 62 443 hilft sowohl dem Betreiber, seinen Dienstleistern auf den Zahn zu fühlen, als auch diesen, für sich geeignete Bewertungen und Maßnahmen zu treffen, um ihr Portfolio mit einem angemessenen Sicherheitsniveau auszustatten.

B.2.2.1.3 Integrator

Der Maschinen- oder Anlagenbauer – zusammengefasst (System-) Integrator – hat entscheidenden Anteil daran, ein System aufzubauen und zu übergeben, mit dem es dem Betreiber wirtschaftlich und von den Kompetenzen her überhaupt möglich ist, ein angemessenes Sicherheitsniveau zu erreichen. Die IEC 62 443 trägt dem durch eine eigene Schicht im Standard für diese Zielgruppe Rechnung. Teil 3-1 des Standards führt Möglichkeiten für Sicherheitsfunktionen auf, mittels derer bestimmte Sicherheitsziele in der Maschine bzw. Anlage erreicht werden können [9]. Teil 3-2 beschreibt einen semiformalen Prozess der Segmentierung des Systems in geeignete Zonen, was einen Dreh- und Angelpunkt jeglicher Sicherheitskonzepte im industriellen Umfeld darstellt [10]. Teil 3-3 führt als Kerndokument die Security-Anforderungen auf, die Systeme erfüllen müssen, um ein bestimmtes Sicherheitsniveau (*Security Level*, SL) zu erreichen [11].

B.2.2.1.4 Hersteller

Was dem Betreiber der Integrator, ist der Hersteller für den Maschinen- oder Anlagenbauer: Ohne Komponenten mit gewissen Sicherheitseigenschaften und geeigneter Dokumentation kann bei der Integration nichts Sicheres herauskommen. Analog zu Teil 3-3 für den Integrator (Sicherheitsanforderungen an Systeme) beschreibt Teil 4-2 Sicherheitsanforderungen an Komponenten wie SPS, HMI oder Software [12]. Dies wird ergänzt durch Anforderungen an sichere Entwicklungsprozesse in Teil 4-1, die befolgt werden sollten, um die in Teil 4-2 versprochenen Zusicherungen überhaupt geben zu können [6].

B.2.2.1.5 Zertifizierungen

Nach den meisten Teildokumenten der IEC 62 443 kann nicht zertifiziert werden. Dies scheitert bei einigen Dokumenten bereits daran, dass sie keine harten Anforderungen, sondern Guidelines oder Erklärungen enthalten (z.B. Teil 1-1 [7] oder Teil 3-1 [9]). Andere enthalten zwar Anforderungen, sind jedoch bisher von keiner internationalen Zertifizierungsstelle anerkannt worden (z.B. Teil 2-1 [13] oder Teil 3-2 [10]).

Zertifiziert werden kann nach Teil 2-4 [8] für Dienstleister sowie von einigen privatwirtschaftlichen Zertifizierungsstellen nach weiteren Teilstandards wie Teil 3-3 [11], 4-1 [6] oder 4-2 [12].

B.2.2.2 Umsetzungen

B.2.2.2.1 Grundkonzepte

In Teil 1-1 [7] des Standards werden ausführlich die Grundkonzepte erläutert, die die Basis für den Aufbau des weiteren Standards bilden. Ein zentrales Thema dabei ist das des Security Levels (Bild B.2.3).

SL 0	Kein spezieller Schutz erforderlich
SL 1	Schutz gegen versehentliche oder zufällige Verletzung
SL 2	Schutz gegen vorsätzliche Handlungen, von einem Angreifer mit wenig Ressourcen, Basisfähigkeiten und geringer Motivation
SL 3	Schutz gegen vorsätzliche Handlungen, von einem Angreifer mit moderaten Ressourcen, IACS spezifischem Wissen und moderater Motivation
SL 4	Schutz gegen vorsätzliche Handlungen, von einem Angreifer mit umfangreichen Ressourcen, IACS spezifischem Wissen und hoher Motivation

Bild B.2.3 *Security Level nach IEC/TS 62 443-1-1* [7]

Aus Angreiferperspektive lässt sich dies folgendermaßen ausdrücken: Erwartete Angreifer sind …

- SL-1: jeder Internet-Nutzer,
- SL-2: interessierte Einzelpersonen und Firmen mit generischen Security-Kenntnissen,
- SL-3: Experten und Firmen, die mit klaren Zielen effektive, jedoch kostenorientierte Angriffsszenarien entwickeln und einsetzen,
- SL-4: staatliche Organisationen, bei denen die Erreichung des spezifisch ausgewählten Angriffsziels um fast jeden Preis im Vordergrund steht.

Weitere wichtige Grundkonzepte, basierend auf [14], sind:

- Sicherheitskontext (*Security Context*)
  Hier wird beschrieben, wie Akteure, Kräfte und Gegenkräfte aufeinander wirken: Eigentümer müssen den Wert ihrer Assets (Werte) bestimmen. Wenn Bedrohungen bestimmter Akteure (z.B. Angreifer, Natur) auf diese wirken, entstehen Risiken, die die Eigentümer durch geeignete Maßnahmen zu begrenzen versuchen.
- Sicherheitsziele (*Security Objectives*)
  Die klassischen Ziele der Informationssicherheit sind Vertraulichkeit, Integrität und Verfügbarkeit. In der Industrie ist in der Regel die Priorität: Verfügbarkeit, Integrität, Vertraulichkeit oder – wenn Safety eine große Rolle spielt – Integrität, Verfügbarkeit, Vertraulichkeit.
- Minimale Rechte (*Least Privilege*)
  Die wichtigste Maßnahme bei höchstem Integritätsbedarf ist, die Rechte möglichst weit einzuschränken. Auch wenn dies für die Verfügbarkeit zunächst in bestimmten Fällen sogar schädlich sein kann – etwa, wenn ein Bediener einen Fehlerzustand nicht zurücksetzen kann –, wird so der Aufwand erhöht, Daten oder Prozesse unbefugt oder unabsichtlich zu manipulieren.
- Gestaffelte Verteidigung (*Defense in Depth*)
  Die Wirksamkeit von Maßnahmen wird erhöht, indem mehrere hintereinander gestaffelt werden, die auf dieselben Angriffsvektoren wirken. So ist es beispielsweise in der Regel wünschenswert, Systeme zusätzlich zu härten, obwohl sie bereits durch eine Zonierung mit Firewalls von der Außenwelt ein Stück weit abgeschirmt sind.
- Risikoanalyse (Threat-Risk-Assessment)
  Die Risikoanalyse ist das Vorgehen, mittels dessen aus Asset-Wert, Bedrohung und Schwachstellen zunächst das Risiko und danach das Restrisiko (nach Umsetzung der Maßnahmen) ermittelt werden. Dieser Prozess ist zentral in jedem Sicherheitskonzept, da nur so Ressourcen wirtschaftlich eingesetzt werden können.
- Richtlinien und Prozesse (*Policies and Procedures*)
  Technische Maßnahmen können nicht ausreichend sein, um eine ganzheitliche Security zu gewährleisten. Hierfür ist zusätzlich die Einrichtung und Anwendung sicherer Prozesse notwendig. Diese werden in der Regel in Richtlinien (*Policies*) niedergelegt und durch Schulungen und Awarenessbildung zum Leben erweckt.
- Security in der Lieferkette (*Supply Chain Security*)
  Eine umfassende Security kann nur unter Einbezug der ganzen Lieferkette hergestellt werden: Da ein Lieferant oder Dienstleister Schwachstellen oder Angriffsvektoren einführen könnte, müssen an diesen auch Security-Anforderungen in Bezug auf seine Systeme und Prozesse gestellt werden. Es bietet sich daher an, die Anforderungen bereits in die Einkaufsbedingungen mit einzuschließen.

B.2.2.2.2 IEC 62 443-2-1

Teil 2-1 [13] als erstes Dokument der Schicht, die sich an den Betreiber richtet, ist derjenige Teilstandard, der irgendwann die kompletten Security-Prozesse eines Betreibers steuern soll – das sogenannte ISMS (Informationssicherheits-Managementsystem). Irgendwann deshalb, weil das Dokument seit Jahren seine finale Form noch nicht gefunden hat. Nachdem es sich früher um einen Standard in «Eigenbau» handelte, wurde vor einigen Jahren eine Ausrichtung an die ISO/IEC 27 001/27 002 beschlossen, die bis heute noch nicht zu 100% abgeschlossen ist. Stand heute lässt sich das Dokument gut nutzen, um Details über Besonderheiten des ISMS bei ICS im Vergleich zu «vanilla» 270xx zu erfahren, es taugt jedoch noch nicht als alleiniges ISMS.

B.2.2.2.3 IEC 62 443-2-4

Jeder Dienstleister muss aus Sicht der Security ähnlich wie der Betreiber selbst behandelt werden, wenn er privilegierten Zugang zur Maschine oder Anlage hat. Teil 2-4 [8] wurde eigens für dieses Verhältnis verfasst und eignet sich gut für die (Selbst-) Überprüfung des Auftragnehmers – z.B. auch des Systemintegrators, der die Wartung übernimmt. Die Anforderungen im Teil 2-4, der praktischerweise bei käuflichem Erwerb zusätzlich auch als Excel-Sheet ausgeliefert wird und beim VDE-Verlag in einem deutschen Entwurf vorliegt, sind nach Security Level priorisiert, so dass sich für unterschiedliche Anforderungsgrade geeignete Fragenkataloge generieren lassen.

B.2.2.2.4 IEC 62 443-3-3

Das zentrale Dokument für die Integration von Systemen ist IEC 62 443-3-3 [11]. Auch hier ist die Festlegung eines angestrebten Security-Levels (SL-T, Target-Security-Level) notwendig, das der Betreiber nach einer Risikoanalyse vorgeben oder gemeinsam mit dem Maschinen- oder Anlagenbauer erarbeiten sollte.

Anforderungskategorien (Foundational Requirements)
Tabelle B.2.1 stellt die sieben grundlegenden Anforderungskategorien (FRs – *Foundational Requirements*) für ICS vor, die in IEC 62 443-3-3 behandelt werden.

Tabelle B.2.1 *Basisanforderungen (Foundational Requirements – FR)* [11]

Nr.	Kürzel	Titel	Titel deutsch
1	IAC	Identification and Access Control	Identifizierung und Authentifizierung
2	UC	Use Control	Nutzungskontrolle
3	SI	System Integrity	Systemintegrität
4	DC	Data Confidentiality	Vertraulichkeit der Daten
5	RDF	Restricted Data Flow	Eingeschränkter Datenfluss
6	TRE	Timely Response to Events	Rechtzeitige Reaktion auf Ereignisse
7	RA	Resource Availability	Verfügbarkeit der Ressourcen

Systemanforderungen (System Requirements)
Zu jedem FR existieren mehrere Systemanforderungen (SRs – ***S****ystem* ***R****equirements*), die die konkreten Anforderungen an das System (Maschine oder Anlage) beschreiben. Zum Beispiel lauten die SRs zu FR 6 (Rechtzeitige Reaktion auf Ereignisse (***T****imely* ***R****esponse to* ***E****vents* – TRE)), wie in Tabelle B.2.2 ausgeführt.

Tabelle B.2.2 *SRs zu FR 6 (TRE)*

SR	SR Titel
1	Zugriffsmöglichkeit auf Ereignisprotokolle
2	Kontinuierliche Überwachung

Anforderungserweiterungen (Requirement Enhancements)
Je nach Security Level sind unterschiedlich viele, unterschiedlich starke Anforderungen umzusetzen. Zu einem SR kommen je nach SL keine, eine oder mehrere Erweiterungen der Anforderung

(REs – **R**equirement **E**nhancements) hinzu. Für das SR 1.1 (Identifizierung und Authentifizierung von menschlichen Nutzern) etwa sieht dies wie in Tabelle B.2.3 gezeigt aus.

Tabelle B.2.3 *Mapping FR-SR-RE (Auszug)*

SRs und REs	SL-1	SL-2	SL-3	SL-4
SR 1.1 Identifizierung und Authentifizierung von menschlichen Nutzern	✓	✓	✓	✓
RE (1) Eindeutige Identifizierung und Authentifizierung		✓	✓	✓
RE (2) Multifaktor-Authentifizierung über nicht vertrauenswürdige Netze			✓	✓
RE (3) Multifaktor-Authentifizierung über alle Netze				✓
SR 1.3 Nutzerkontenverwaltung	✓	✓	✓	✓
RE (1) Einheitliche Nutzerkontenverwaltung			✓	✓

B.2.2.2.5 IEC 62 443-4-1 und IEC 62 443-4-2

Um sichere Komponenten herzustellen – d.h. genauer Komponenten, deren Einsatz im integrierten System die Erfüllung der Sicherheitsanforderungen an dieses ermöglichen –, benötigt es dreierlei:

1. eine Festlegung der Security-Eigenschaften des Gesamtsystems (SL-T): Teil 3-3,
2. ein Herunterbrechen auf Security-Anforderungen an einzelne Komponenten, das mit Hilfe von IEC 62 443-4-2 [12] vorgenommen werden kann,
3. ein sicherer Entwicklungsprozess, der in IEC 62 443-4-1 [6] beschrieben wird.

Aufgabe des Integrators ist es, Punkt 1 selbst vorzunehmen und Punkte 2 und 3 vom Hersteller einzufordern sowie auf korrekte Durchführung zu prüfen. Aufgabe des Herstellers ist es, den Markt zu beobachten, geeignete Komponenten im Angebot zu haben und die Sicherheitseigenschaften in der Sprache von IEC 62 443-4-2 [12] klar zu kommunizieren.

B.2.2.3 Der Weg durch die IEC 62 443

Je nach eigener Rolle, den weiteren Beteiligten, dem Betriebsmodell und der eigenen Sicherheitsorganisation lassen sich verschiedene «sinnvolle» Wege durch die IEC 62 443 wählen, um mit ihrer Hilfe ein Security-Programm für alle am Prozess Beteiligten aufzubauen. Im Fall eines Maschinenbauers kann dies beispielsweise wie in Bild B.2.4 dargestellt aussehen.

Der jeweilige Interessierte – Betreiber, Integrator, Hersteller, Dienstleister – ist gut beraten, sich gerade am Anfang des Prozesses Unterstützung zu holen, um ein geeignetes Vorgehen zu definieren, das ihm und seinen Partnern eine effiziente Anwendung der Standardfamilie 62 443 erlaubt.

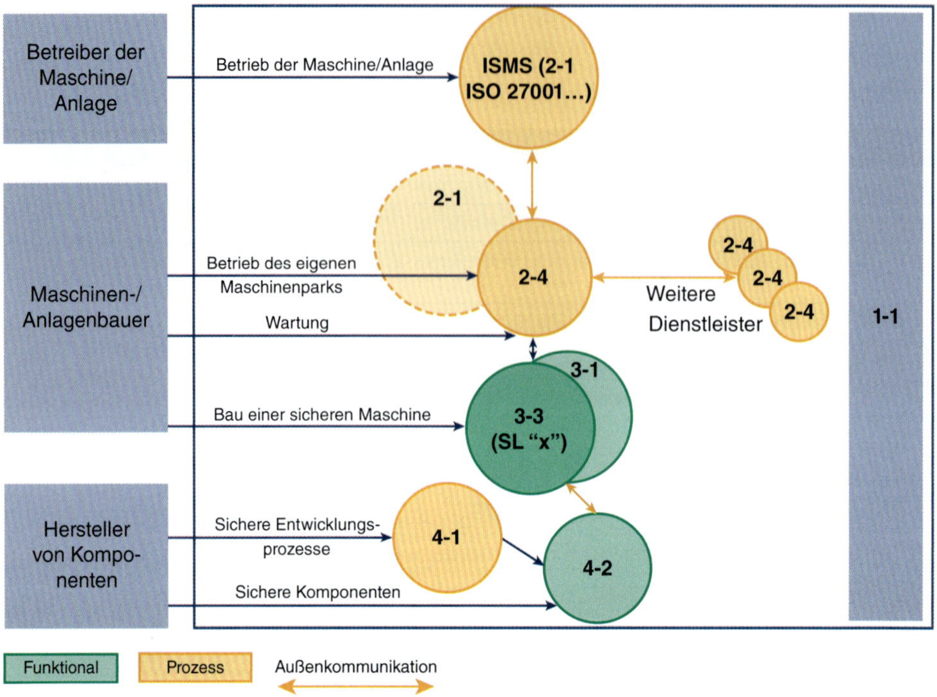

Bild B.2.4 *Ein möglicher Weg durch die IEC 62 443* [14]

In Kürze

Die IEC 62 443 hat sich in den letzten Jahren von einer spannenden Großbaustelle mit vielen guten Ideen und fast ebenso vielen Inkonsistenzen und Lücken zum ernstzunehmenden Kandidaten für «den einen» Rundum-(wenn auch nicht Sorglos-)Standard für ICS entwickelt. Und das zu Recht, dank der intensiven Arbeit, die in die Weiterentwicklung geflossen ist. Dennoch bleiben einige Herausforderungen bestehen – für die Standardentwickler, aber auch für die heutigen und zukünftigen Anwender:

1. Fertigstellungsgrad
   Nach wie vor sind nicht alle Teile fertiggestellt. Es ist nicht einfach, sich einen Überblick zu verschaffen, welches Dokument in welchem Status ist und ob sich ein Warten auf die nächste offizielle Version lohnt oder doch eher die in die Jahre gekommene zu bevorzugen ist.
2. Gesamtkonzept
   Die IEC 62 443 basiert auf deutlich mehr Gesamtkonzept als die meisten anderen Standardfamilien. Doch auch hier ist noch nicht alles bis zum Schluss durchgezogen. Zudem finden sich historische «Reste», die aus heutiger Sicht vermutlich anders geschrieben würden. Ein Beispiel für Letzteres: der Teilstandard ausschließlich über das Thema Patching (Teil 2-3 [15]), den man heute sicherlich eher in die sonstigen Vorgaben integrieren würde. Ein Beispiel für Ersteres: Bislang stehen organisatorische

Maßnahmen und der in ihnen erreichte Reifegrad an vielen Stellen im Standard noch unverbunden neben den Security Levels, die im Wesentlichen den technischen Reifegrad beschreiben. Das neue Konzept der Protection Levels, das beide verbinden soll, ist schon weit gediehen, aber noch nicht genügend zentral verankert.

3. Scope

   Während am Standard noch – und vermutlich immer weiter – gebaut wird, erweitert sich schon wieder der Standard. Nachdem die ausschließlichen Gefilde von Öl und Gas schon längst verlassen wurden in Richtung allgemeine ICS, werden nun IIoT und möglicherweise sogar IoT angepeilt. Dies eröffnet neue Chancen für die IEC 62 243, wird aber auch weitere Komplexitäten und Umbauten mit sich bringen. Die nächsten Jahre dürften daher spannend werden.

B.3 Richtlinienreihe VDI/VDE 2182: Informationssicherheit in der industriellen Automatisierung

B.3.1 Hintergrund und Anwendungsbereich

Im Jahr 2002 wurde in Nordamerika die ISA99 gegründet. Diese Gruppe innerhalb der ISA begann umgehend mit der Standardisierung von Cyber Security für Industrial Automation and Control Systems (IACS). In der IEC wurde zunächst das Thema Cyber Security in der IEC/SC 65C/WG 13 «Fieldbus cybersecurity profiles» bearbeitet. Der Versuch, ein Security-Kommunikationsprofil (IEC 61 784-4) in Anlehnung an die bestehenden Safety-Profile (IEC 61 784-3) zu standardisieren, wurde schnell als unzureichend erkannt. Im weiteren Verlauf – und auch begünstigt durch die fortschreitenden Arbeiten der ISA99 – wurde das systemrelevante Thema Cyber Security in der IEC neu aufgehängt. Seit 2006 ist für alle weiteren Standardisierungsaktivitäten die WG10 «Cyber Security» innerhalb der IEC/TC 65 verantwortlich. Das Normierungsprojekt hat dabei die Bezeichnung IEC 62 443 [1].

In Deutschland wird die IEC durch die DKE bzw. deren Spiegelgremien betreut. Für das Thema Cyber Security wurde im Jahr 2004 der GAK 914.0.1 «IT-Sicherheit» initiiert, der Ende 2005 in den neu gegründeten UK 931.1 mündete. Dieser UK ist bis heute verantwortlich für alle Themen rund um die Cyber Security mit Fokus auf die Automatisierung (u.a. IEC 62 443).

Die IEC 62 443 war anfänglich stark von Ausarbeitungen der ISA99 geprägt. Zu dieser Zeit gab es in Deutschland praktisch keine einheitliche Meinung zum Thema Cyber Security in der Automatisierung. 2005 wurde daraufhin der Fachausschuss 5.22 «Security» innerhalb der Gesellschaft für Mess- und Automatisierungstechnik (VDI/VDE-GMA) gegründet. Ziel des Fachausschusses war es, eine nationale Meinung zum Thema Cyber Security zu bilden und diese durch eine VDI/VDE-Richtlinie zu veröffentlichen. Diese Richtlinie bzw. deren Konzepte sollten dann Eingang in die IEC 62 443 finden.

Auch wenn die Begriffe Informationssicherheit, IT-Sicherheit, Cyber Security und Security synonym verwendet werden können, so weicht deren Bedeutung im Kontext der Automation nicht unerheblich vom Kontext der klassischen Büro- bzw. Office-Umgebung ab. Zur Abgrenzung dieser unterschiedlichen Umgebungen haben sich die Begriffe *Industrial Security* und ***O**perational **T**echnology* (OT) anstelle der industriellen Automatisierungskomponenten bzw. -anlagen durchgesetzt [2]. Das Thema Security mit Bezug zur Automation wird in der Folge als «OT Security» bezeichnet.

Im Jahr 2007 wurde mit Veröffentlichung der VDI/VDE-Richtlinie 2182 Blatt 1 [3] ein allgemeines Vorgehensmodell zur Berücksichtigung von Security bei der Herstellung, Integration und Betrieb von industriellen Automatisierungskomponenten bzw. -anlagen vorgestellt. Die VDI/VDE-Richtlinie 2182 Blatt 1 (kurz 2182-1) beschreibt dabei, wie OT Security durch die Umsetzung von technischen sowie organisatorischen Schutzmaßnahmen erreicht werden kann.

Für eine zielgerichtete Anwendung der Richtlinie ist im Vorfeld ein Betrachtungsgegenstand zu definieren. Die Richtlinie kann dabei auf bereits existierende als auch auf in Entstehung befindliche Betrachtungsgegenstände gleichermaßen angewendet werden. Mit der darin beschriebenen Methodik wird die Voraussetzung geschaffen, systematisch eine dem Schutzbedarf angemessene und letztlich wirtschaftliche OT-Security-Lösung umsetzen zu können.

Das Vorgehensmodell (kurz Modell) basiert dabei auf einem prozessorientierten und zyklischen Ansatz. Das Modell besteht hier aus mehreren Prozessschritten. Der gesamte Prozess (ein Modellzyklus) selbst muss zu bestimmten Anlässen durchlaufen werden, um die OT Security des Betrachtungsgegenstandes über dessen gesamten Lebenszyklus kontinuierlich aufrechtzuerhalten.

Im Besonderen zeichnet sich die 2182-1 durch die Beschreibung der Abhängigkeiten zwischen Herstellern, Maschinenbauern / Integratoren sowie den Betreibern von OT-Systemen aus. Hierbei werden konkrete Informationsflüsse beschrieben, wie beispielsweise Anforderungen oder externe technische Dokumentationen auszusehen haben und an wen diese zu adressieren sind.

B.3.2 Aufbau und inhaltliche Gliederung

Auf der Basis einer zwischen Herstellern von Automatisierungsgeräten und -systemen und deren Nutzern (z.B. Maschinenbauer, Integratoren, Betreiber) abgestimmten, gemeinsamen Begriffsdefinition wird eine einheitliche, praktikable Vorgehensweise beschrieben, wie Security im gesamten Lebenszyklus von OT-Systemen gewährleistet werden kann. Der Lebenszyklus berücksichtigt die Phasen Entwicklung, Integration, Betrieb und Stilllegung bzw. Entsorgung.

Um diesem Lebenszyklus gerecht zu werden und zusätzlich die Anwendung des allgemeinen Vorgehensmodells zu erleichtern, wurde die Richtlinie 2182-1 um weitere Blätter ergänzt. So entstanden nach der 2182-1 zeitgleich die Anwendungs-orientierten Beispielblätter. Aufgrund unterschiedlicher Vorgehens- und Sichtweisen (u.a. Begriffe, Projektabwicklung, Organisation) wurde zwischen der Fabrik- und der Prozessautomatisierung unterschieden. In beiden Umgebungen wurden jeweils drei Blätter erarbeitet, die die spezifische Anwendung des Modells durch den Hersteller, Maschinenbauer / Integrator bzw. Betreiber exemplarisch aufzeigt. In Tabelle B.3.1 ist eine Übersicht dieser Beispielblätter dargestellt.

Tabelle B.3.1 *Übersicht VDI/VDE-Richtlinienreihe 2182 (Beispielblätter)*

Name	Anwendungsbereich	Akteur	Betrachtungsgegenstand (exemplarisch)
Blatt 2.1 [4]	Fabrikautomatisierung	Hersteller	Speicherprogrammierbare Steuerung (SPS)
Blatt 2.2 [5]	Fabrikautomatisierung	Maschinenbauer	Umformpresse
Blatt 2.3 [6]	Fabrikautomatisierung	Betreiber	Presswerk
Blatt 3.1 [7]	Prozessautomatisierung	Hersteller	Prozessleitsystem einer LDPE-Anlage
Blatt 3.2 [8]	Prozessautomatisierung	Integrator	LDPE-Reaktor
Blatt 3.3 [9]	Prozessautomatisierung	Betreiber	LDPE-Anlage

Die inhaltliche Struktur der Beispielblätter 2182-2.x und 2182-3.x orientiert sich an der 2182-1. Alle Blätter gliedern sich demnach in drei wesentliche Abschnitte:

1. Vorbereitende Aufgaben
2. Ablauf Modell
3. Dokumentation

Bevor das eigentliche Modell gestartet werden kann, müssen zunächst durch vorbereitende Aufgaben die Voraussetzungen für dessen Ablauf geschaffen werden. Die erste Aufgabe ist dabei die Definition des Betrachtungsgegenstandes. Hiermit wird festgelegt, worauf das Modell angewendet werden soll. Mit der zweiten Aufgabe sind die spezifische und, falls nicht möglich oder sinnvoll, eine typische Einsatzumgebung zu spezifizieren. Diese beiden Aufgaben stellen im Grunde genommen den ersten Teil der Strukturanalyse dar. Eine sorgfältige Strukturanalyse bildet die Informationsgrundlage für den Modellablauf bzw. die Abarbeitung der einzelnen Prozessschritte.

Mit der nächsten vorbereitenden Aufgabe werden sogenannte Anlässe definiert. Sie drücken aus, bei welchem Ereignis bzw. nach welchen Zeitabschnitten das Modell zu starten ist. Hiermit wird sichergestellt, dass die Aufrechterhaltung der OT Security nur durch ein zyklisches, iteratives Modell gewährleistet werden kann. Die letzte vorbereitende Aufgabe besteht in der Definition bzw. Abbildung definierter Rollen. In der späteren Umsetzung müssen den Rollen je nach Organisationsstruktur Personen zugeordnet werden, die in den jeweiligen Prozessschritten aktiv beteiligt sind und dabei eine bestimmte Aufgabe (u.a. Verantwortlichkeit) übernehmen müssen.

Sind alle vorbereitenden Aufgaben erfüllt, kann das Modell gestartet werden. Hierbei ist es zunächst unerheblich, insbesondere in der initialen Anwendung des Modells, in welcher Güte der Betrachtungsgegenstand und seine Einsatzumgebung spezifiziert wurden. Eine grobe Spezifikation ist im ersten Schritt also ausreichend. Spätestens bei der Risikoanalyse wird sich dann zeigen, ob Informationen fehlen oder in ungenügender Güte vorliegen. In der Praxis ist dies häufiger der Fall. Somit ist die Informationsbeschaffung immer auch Teil der Risikoanalyse. Nach der Risikoanalyse müssen dann risikominimierende Schutzmaßnahmen identifiziert, ausgewählt und implementiert werden. Mit einem Prozessaudit wird dann der vollständige Modellzyklus abgeschlossen.

Das Modell der 2182-1 definiert die in Bild B.3.1 dargestellten 8 Prozessschritte.

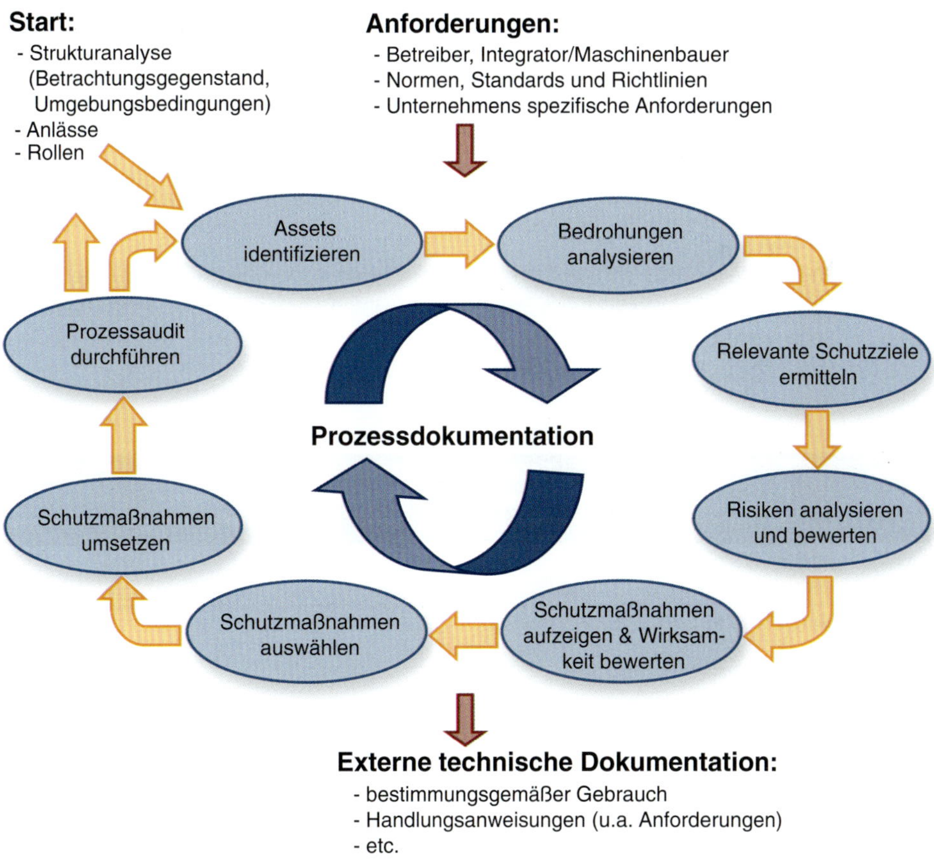

Bild B.3.1 *Vorgehensmodell der VDI/VDE 2182 Blatt* 1 [3]

Mit dem ersten Prozessschritt «Assets identifizieren» wird der Betrachtungsgegenstand weiter detailliert. Eine sogfältige Auswahl (kritischer) Assets und eine Spezifikation OT-Security-relevanter Asset-Eigenschaften (z.B. Gerätetyp, Betriebssystemtyp und -version, Schnittstellen, Funktionen) legen den Grundstein für eine nachgelagerte Risikobewertung. Nach der Risikobewertung – und falls notwendig der Implementierung risikoreduzierender Schutzmaßnahmen – schließt der Modellzyklus mit einem Prozessaudit ab.

Das Prozessaudit setzt dabei unmittelbar auf die dritte und letzte Aufgabe der 2182-1 auf, der Dokumentation. Hierbei wird zwischen der Prozessdokumentation, Anforderungsdokumentation und externen technischen Dokumentation unterschieden. Für das Prozessaudit sind alle drei Dokumentationsformen wichtig. Im Vordergrund steht jedoch die Prozessdokumentation. Sowohl die Ergebnisse als auch der Entscheidungsweg eines jeden Prozessschrittes müssen dort dokumentiert werden. Damit wird die Nachvollziehbarkeit gewährleistet.

B.3.3 Umsetzungen mit hohem Anwendernutzen

In diesem Abschnitt werden Umsetzungsaspekte durch Auszüge aus dem Beispielblatt 2.1 aufgeführt. Das Blatt 2.1 beschreibt dabei eine Anwendung des Modells der 2182-1 aus Sicht eines Herstellers einer speicherprogrammierbaren Steuerung (SPS). Die SPS ist damit der Betrachtungsgegenstand. Zunächst werden die vorbereitenden Aufgaben abgearbeitet:

1. Bestimmung der am Entwicklungsprozess beteiligten Personen und deren Verantwortlichkeiten
2. Definition des Betrachtungsgegenstandes und der Einsatzumgebung
3. Aufnahme der Anforderungen, die an den Betrachtungsgegenstand gestellt werden
4. Definition der Anlässe, zu denen das Modell gestartet werden soll

Rollendefinition

Hier werden Mitarbeiter des Unternehmens «Hersteller» den in der 2182-1 aufgeführten Rollen zugewiesen. Durch die sehr individuelle Struktur eines Unternehmens ist eine beispielhafte Angabe der Rollenverteilung wenig sinnvoll. Die folgenden Rollen der 2182-1 müssen daher entsprechend der Organisation besetzt werden (Tabelle B.3.2).

Tabelle B.3.2 *Rollen der 2182-1* [3]

Rolle Schritt	Entscheider	Security-Experte	Systemexperte	Anwendungsexperte	Koordinator	Auditor
Assets identifizieren	Verantwortlich (V)	Bearbeiter (B)	B	B	B	
Bedrohungen analysieren		B, V	B	B	B	
Relevante Schutzziele ermitteln		B	B	B, V	B	
Risiken analysieren und bewerten	V	B	B	B	B	
Schutzmaßnahmen aufzeigen und Wirksamkeit bewerten		B	B, V	B	B	

Tabelle B.3.2 *Rollen der 2182-1* [3] – Fortsetzung

Rolle Schritt	Entscheider	Security-Experte	System-experte	Anwen-dungs-experte	Koordi-nator	Auditor
Schutzmaßnahmen auswählen	V	B	B	B	B	
Schutzmaßnahmen umsetzen			B, V		B	
Prozessaudit durch-führen					B	B, V

Definition Betrachtungsgegenstand

Der Betrachtungsgegenstand SPS und seine Schnittstellen lassen sich wie in Bild B.3.2 dargestellt grob skizzieren.

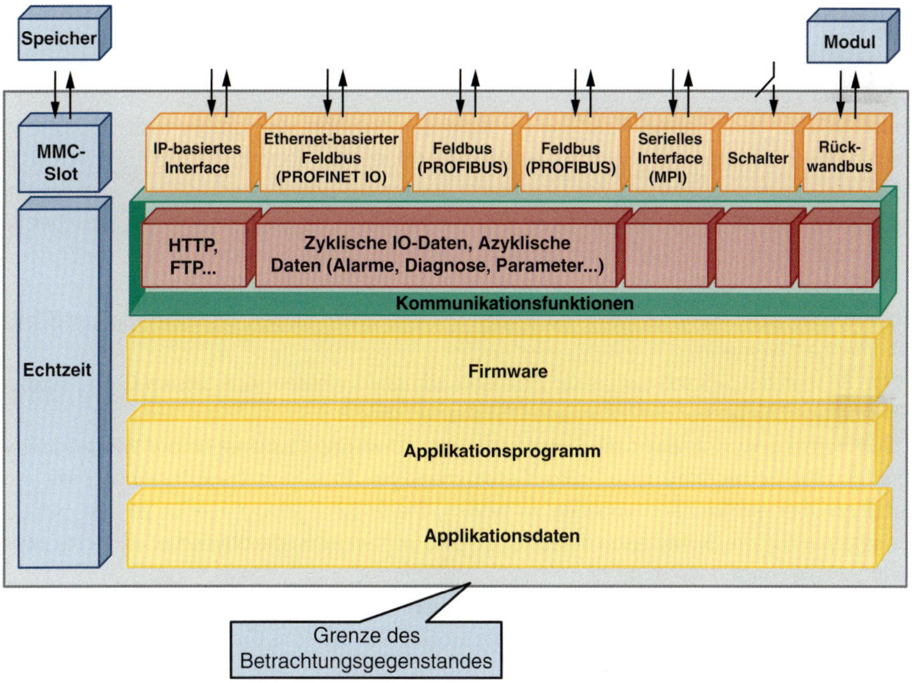

Bild B.3.2 *Betrachtungsgegenstand SPS (vereinfacht)* [4]

Auf Basis dieser Definition sind nun alle Assets zu erfassen und im Detail zu spezifizieren. Zunächst stehen die Schnittstellen im Fokus, die dem Nutzer an den Grenzen des Betrachtungsgegenstandes zur Verfügung stehen und für eine Vernetzung geeignet sind. Hierbei sollten die verwendeten Kommunikationsprotokolle und -services erfasst werden. Für eine Gefahren-/Risikoanalyse sind neben den netzwerkfähigen auch lokale Schnittstellen relevant, z.B. Speicherschnittstellen oder Mensch-Maschine-Schnittstellen.

Nachdem die Grenze des Betrachtungsgegenstandes hinreichend genau spezifiziert wurde, sollten im zweiten Schritt Angaben zum internen Aufbau sowie zum Verhalten dokumentiert werden. Dazu gehört am Beispiel der SPS die Firmware, das Applikationsprogramm inklusive -daten und die Laufzeitumgebung (z.B. Betriebssystem). Die Dokumentation sollte auch Angaben zu bereits implementierten Schutzmaßnahmen enthalten.

Definition Einsatzumgebung

Für die spätere Risikoanalyse wird ein Anwendungsszenario spezifiziert. Aus Sicht des Herstellers ist hierbei klar zu bestimmen, für welche Einsatzumgebung und welchen Einsatzzweck diese Komponente vornehmlich entwickelt werden soll. Diese Angaben sind in der Regel Teil des bestimmungsgemäßen Gebrauchs und werden über die externe technische Dokumentation (z.B. Betriebshandbuch) dokumentiert.

Bei der Spezifikation des Anwendungsszenarios gibt es verschiedene Ausprägungen – je nachdem, ob das spätere Produkt vielfältig oder eher in einer dedizierten Anwendung eingesetzt werden soll. Für den vielfältigen Einsatzzweck ist ein «typisches Anwendungsszenario» zu skizzieren. Andernfalls kann natürlich ein «konkretes Anwendungsszenario» definiert werden. Diese Unterscheidung spielt auch bei der Risikoanalyse eine Rolle. Bei einem konkreten Anwendungsszenario liegen dem Hersteller mehr Details der Endanwendung vor. Hierfür ist in der Regel eine enge, vertrauensvolle Kooperation mit dem Betreiber notwendig. Liegt diese Form der Kooperation vor, dann kann der Hersteller in enger Abstimmung mit dem Betreiber eine Risikoanalyse durchführen. Bei einem typischen Anwendungsszenario und ohne konkretes Wissen der Betreiberanlage kann eine solche Risikoanalyse nicht durchgeführt werden. Es fehlen schlichtweg notwendige Informationen, wie zum Beispiel die konkrete OT-Security-Architektur inklusive bestehender Schutzmaßnahmen, das akzeptable Risikomaß und Kosten (z.B. im Schadensfall). Aufgrund dieser fehlenden Informationen ist der Hersteller nur in der Lage, ein typisches Anwendungsszenario zu skizzieren und darauf aufbauend eine Gefahrenanalyse durchzuführen. Im Ergebnis einer Gefahrenanalyse kann beispielsweise die Kritikalität bestimmter Kommunikationsprotokolle bzw. -services dem Nutzer der SPS (Maschinenbauer, Betreiber) dargestellt und dokumentiert werden.

Am Beispiel der SPS soll ein breiter Zielmarkt adressiert werden. Aus diesem Grund wird das folgende typische Anwendungsszenario [15] skizziert (Bild B.3.3).

Wie bereits erwähnt, dient die Spezifikation der Anwendungsszenarien der Informationsbeschaffung für die nachgelagerte Risiko-/Gefahrenanalyse. Es ist jedoch kaum sinnvoll, alle Informationen über ein Szenario abbilden zu wollen. Die 2182-1 schlägt hierfür vor, das Anwendungsszenario in drei Sichtweisen darzustellen. Eine Sichtweise ist die physische Sicht, eine zweite die logische Sicht und die dritte ist die organisatorische Sicht.

Die physische Sicht dient zur Darstellung der vollständigen Kommunikationsinfrastruktur inklusive der verwendeten Kommunikationsprotokolle. Die logische Sicht stellt Beziehungen auf Anwendungsebene dar. Hierüber lassen sich die eigentlichen Dienste des OT-Systems identifizieren (z.B. Fernwartung, Patch Management). Die organisatorische Sicht zeigt letztlich alle Akteure, die über die Schnittstellen des Betrachtungsgegenstandes mit ihm interagieren können. Können bedeutet dabei, dass auch Reinigungskräfte als Akteure in Betracht kommen, wenn sie Zutritt zum Betrachtungsgegenstand haben (z.B. versehentliches Betätigen eines «Not-Aus»-Schalters, Einsehen von Bildschirminhalten).

Anforderungsanalyse

Im Rahmen der Anforderungsanalyse lassen sich zunächst die bekannten funktionalen Anforderungen aufnehmen, die an den Betrachtungsgegenstand gestellt werden. In der Praxis hat sich hierbei die Verwendung von Use-Case-Szenarien bewährt. Zusätzlich bestehen gegebenenfalls konkrete Marktanforderungen, die sich beispielsweise aus der Kooperation mit einem oder

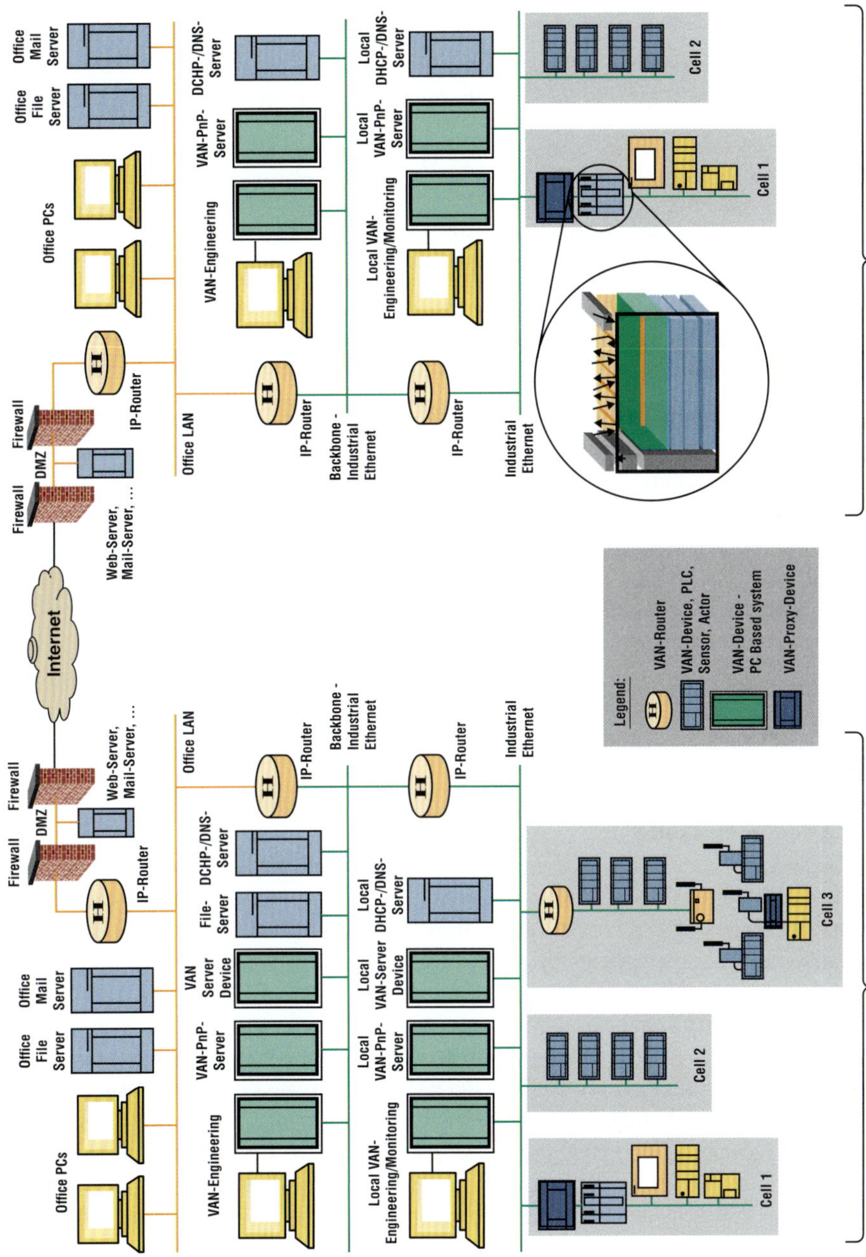

Bild B.3.3 *Typisches Anwendungsszenario der SPS (Netzwerktopologie bzw. physische Sicht)* [21]

mehreren Betreibern ergeben [12]. Neben den Anforderungen aus dem Zielmarkt bestehen oftmals auch konkrete Anforderungen seitens der Maschinenbauer [13].

Am Beispiel der SPS wird im Rahmen der Anforderungsanalyse auf die nachgelagerten Blätter 2.2 und 2.3 zurückgegriffen. In diesen sind bereits die Einsatzumgebung inklusive Umgebungsbedingungen der SPS sowie konkrete Anforderungen definiert.

Folgende konkrete Anforderungen sollen im vorliegenden Beispiel berücksichtigt werden (Auszug):

- Unterstützung des Lebenszyklus einer Automatisierungsanlage (z.B. Services des Herstellers oder eines Service Providers im Rahmen der Inbetriebnahme, Wartung, Monitoring)
- Funktionen (Dienste, Protokolle) der SPS sind so zu gestalten, dass zur Erfüllung seiner Aufgaben nicht benötigte Funktionen nicht vorhanden bzw. ausgeschaltet sind
- Die Konfiguration OT-Security-relevanter Parameter muss über eine abgesicherte Kommunikationsverbindung erfolgen
- Bei betriebssystembasierten Anwendungen ist ein gehärtetes Betriebssystem zu verwenden

Weitere Anforderungen ergeben sich beispielsweise aus Normenwerken (Standards [16; 17], Vorschriften, Gesetzen [18], Richtlinien [19] usw.) oder unternehmensinternen Richtlinien. Einschlägige Standards wie [20] und [21] beziehen sich auf das IT-Sicherheits- und Risikomanagement eines Unternehmens und lassen sich schwer auf eine Anwendung innerhalb einer Produktentwicklung zuschneiden.

Anlässe zum Start des Prozessmodells

Bei einer SPS sind folgende Anlässe relevant, die den Prozess nach 2182-1 auslösen:

- Neuerstellung einer SPS
- Sicherheitslücke entdeckt
- Funktionsverbesserung / Funktionserweiterung

Ausführung der Prozesskette

Die Prozesskette kann nun ausgehend von den zuvor aufbereiteten Informationen gestartet werden. Folgende Schritte sind auszuführen. Aufgrund des Umfangs der Abarbeitung werden die wesentlichen Fakten je Prozessschritt in Tabelle B.3.3 zusammengefasst. Gleichzeitig dient die Tabelle als Dokumentation der Ergebnisse jedes einzelnen Prozessschrittes.

Identifikation der Assets

Der Betrachtungsgegenstand ist definiert und enthält eine Liste von Assets. In diesem Schritt sind die kritischen Assets zu identifizieren. Das müssen nicht zwangsweise alle Assets des Betrachtungsgegenstandes sein, zumindest nicht in der ersten Modell-Iteration. Vielmehr soll sich auf jene Assets konzentriert werden, die eine «gewisse Kritikalität» für den darüberliegenden Business-Prozess darstellen. In der Praxis kann dazu eine vorgelagerte ***B**usiness-**I**mpact-**A**nalyse* (BIA), meist als Teil des Business Continuity Managements, nützliche Hinweise und Hilfestellungen liefern.

Am Beispiel der SPS wird eine Programmierschnittstelle als ein kritisches Asset identifiziert. Die BIA hat hierbei gezeigt, dass eine Störung (z.B. durch eine OT-Security-Bedrohung) negative Auswirkungen auf die Verfügbarkeit des an der SPS gekoppelten Produktionsnetzes haben kann. In diesem Fall entsteht ein nicht tolerierbarer Business Impact bzw. finanzieller Schaden.

Bedrohungen analysieren
Die relevanten OT-Security-Bedrohungen je kritischem Asset werden aufgezeigt, mögliche Auslöser werden zugeordnet und die unmittelbaren Folgen beschrieben. Hier ist es sinnvoll, sich zunächst einen Bedrohungskatalog zu definieren. Dabei kann sich einschlägiger Literatur bedient werden [11].

Relevante Schutzziele ermitteln
Die durch die identifizierten Bedrohungen betroffenen Schutzziele Verfügbarkeit, Integrität, Vertraulichkeit der kritischen Assets werden bestimmt.

Risiken analysieren und bewerten
Zunächst muss das tolerierbare Risiko definiert werden. Dies ist Grundlage für die Bewertung der einzelnen identifizierten Risiken. Aus der Differenz zwischen identifiziertem und tolerierbarem Risiko wird die Intensität der notwendigen Schutzmaßnahmen abgeleitet.

Einzelmaßnahmen aufzeigen und Wirksamkeit bewerten
Die möglichen Schutzmaßnahmen werden mit ihren erwarteten Kosten und ihrer Wirksamkeit bewertet. Verschiedene Maßnahmen können die gleiche Bedrohung oder mehrere Bedrohungen adressieren.

Einzelmaßnahmen auswählen
Aus der Liste der verschiedenen Einzelmaßnahmen werden die geeigneten ausgewählt. Dabei ist sicherzustellen, dass es für jede relevante Bedrohung ausreichende Maßnahmen gibt (Tabelle B.3.3).

Maßnahmen umsetzen
Die aus dieser Analyse abgeleiteten Schutzmaßnahmen werden nun umgesetzt. Ein Katalog von technischen Schutzmaßnahmen liefert [14]. Im Ergebnis entsteht eine OT-Security-Architektur innerhalb der SPS. Können Schutzmaßnahmen gar nicht oder nur mit erheblichem Aufwand umgesetzt werden, müssen kompensierende Maßnahmen ergriffen werden. Zum Beispiel ist eine Firewall innerhalb der SPS aufgrund von Ressourcenbeschränkungen der Hardware nicht wirtschaftlich umsetzbar. In diesem Fall muss dann über das Betriebshandbuch dokumentiert werden, dass der Nutzer für die Umsetzung einer Firewall oder adäquater Schutzmaßnahmen verantwortlich ist. Dies ist als Anforderung zu dokumentieren. Erfüllt der Nutzer diese nicht, entspricht die Verwendung der SPS nicht dem bestimmungsgemäßen Gebrauch.

Prozessaudit durchführen
Mit diesem letzten Prozessschritt schließt sich einmal der 2182-1-Modellzyklus. Jeder Prozessschritt ist dabei zu überprüfen. Grundlage dafür ist die Prozessdokumentation.

Tabelle B.3.3 *Ergebnistabelle als Teil der Prozessdokumentation* [4]

Betrachtungsgegenstand: SPS (typische Einsatzumgebung)												
Asset	*Funktionen*	*Angriffsziel* (*Bedrohung mit Auslöser*)	*Bedrohung/ Gefahr (BSI)* (*Beispiel*)	*unmittelbare Folge*	*Risikoreduzierung erforderlich? Rot = ja grün = nein*							*Maßnahme*
					Verfügbarkeit	*Integrität*	*Benutzer-Authentizität*	*Daten-Authentizität*	*Nichtabstreitbarkeit*	*Überprüfbarkeit*	*Vertraulichkeit*	
Schnittstelle 1												
Programmier-schnittstelle	Program-mierfunktion runter-laden	Aktive Angriffe (speziell) (Informationen wiederholen, verzögern, einfügen, verändern, löschen)	Schadsoftware (Viren, Trojaner, etc.); Man in the Middle (Maskerade, Spoofing)	Störung beim Download des Steuerungsprogramms, spätere Funktionsstörung der Anlage, damit ungeplanter (verlängerter) Stillstand bzw. Inbetriebnahmephase	n	j	j	j	j	j	n	Schadsoftware: Antiviren Software; Man in the Middle: Verschlüsselung & Authentifizierung durch VPN
		Aktive Angriffe (sehr unspeziell) (Informationen massiv einfügen, massiv löschen)	Man in the Middle (DOS); Leitungstrennung	kein ordnungsgemäßer Download des Steuerungsprogramms möglich, damit ungeplanter (verlängerter) Stillstand	j	n	n	n	n	n	n	Packetfilter, ACL, HW Design, physische Maßnahmen (stellen funktionaler Anforderungen)
		Passive Angriffe (Informationen belauschen)	Man in the Middle (Sniffer Tools)	Anwender-Know-how geht verloren	n	n	n	n	n	n	j	Verschlüsselung durch VPN (IPSec, SSL)

Tabelle B.3.3 *Ergebnistabelle als Teil der Prozessdokumentation* [4] – Fortsetzung

Betrachtungsgegenstand: SPS (typische Einsatzumgebung)												
Asset	*Funktionen*	*Angriffsziel (Bedrohung mit Auslöser)*	*Bedrohung/ Gefahr (BSI) (Beispiel)*	*unmittelbare Folge*	*Risikoreduzierung erforderlich? Rot = ja grün = nein*							*Maßnahme*
					Verfügbarkeit	*Integrität*	*Benutzer-Authentizität*	*Daten-Authentizität*	*Nichtabstreitbarkeit*	*Überprüfbarkeit*	*Vertraulichkeit*	
	Programmierfunktion auslesen	Aktive Angriffe (speziell) (Informationen wiederholen, verzögern, einfügen, verändern, löschen)	Schadsoftware (Viren, Trojaner, etc.); Man in the Middle (Maskerade, Spoofing)	Störung beim Auslesen des Steuerungsprogramms, Behinderung von Inbetriebnahme, Wartung, damit ungeplanter (verlängerter) Stillstand	n	j	j	n	j	j	n	Schadsoftware: Antiviren-Software; Man in the Middle: Verschlüsselung & Authentifizierung durch VPN
		Aktive Angriffe (ehr unspeziell) (Informationen massiv einfügen, massiv löschen)	Man in the Middle (DOS); Leitungstrennung	dito	j	n	n	n	j	n	n	Packetfilter, ACL, HW Design, physische Maßnahmen (stellen funktionaler Anforderungen)
		Passive Angriffe (Informationen belauschen)	Man in the Middle (Sniffer Tools)	Anwender-Know-how geht verloren	n	n	n	n	n	n	n	Verschlüsselung durch VPN (IPSec, SSL)

In Kürze

Die Anwendung des Vorgehensmodells (Blatt 1 der VDI-Richtlinie 2182) wird aus Sicht des Herstellers, Integrators bzw. Maschinenbauers und Betreibers in den Blättern 2.x und 3.x anhand konkreter Beispiele beschrieben. Mit der VDI-Richtlinie 2182 werden Voraussetzungen geschaffen, IT-basierte Automatisierungssysteme unter Aspekten der Security zu entwickeln, zu integrieren und zu betreiben.

Ende 2018 wird das Blatt 4 der Richtlinienreihe 2182 veröffentlicht [10]. Das Blatt unterstützt Hersteller von OT-Lösungen dabei, die Aspekte des «Security by Default», «Security by Design», «Security by Implementation» und «Security by Deployment» zu berücksichtigen.

B.4 NAMUR-Arbeitsblatt NA 163: IT-Risikobeurteilung von PLT-Sicherheitseinrichtungen

B.4.1 Einführung

PLT-Sicherheitseinrichtungen schützen Anlagen, Umwelt und Personal der chemischen Industrie vor nicht tolerierbaren Schäden. Das NAMUR-Arbeitsblatt 163 beschreibt ein Verfahren, mit dem die IT-Sicherheit von PLT-Sicherheitssystemen in der Prozessindustrie schnell und einfach analysiert werden kann. Vor dem Hintergrund des zunehmenden Vernetzungsgrades industrieller Steuerungssysteme auf der einen und immer neuen Angriffsmethoden auf der anderen Seite gewinnt diese Thematik auch bei regionalen und internationalen Standardisierungsgremien immer mehr an Bedeutung. Die für die Prozessindustrie relevanten Normen, wie die IEC 61 511 (Funktionale Sicherheit) und IEC 62 443 (IT Security), fordern heute explizit die Betrachtung von IT-Sicherheitsrisiken. Allerdings fehlt es an praktikablen und mit nicht zu großem Aufwand anwendbaren Verfahren, um die IT-Sicherheit eines PLT-Sicherheitssystems zu analysieren und konkrete Handlungsmaßnahmen anhand einer Checkliste zu ermitteln. Diese Lücke adressiert der vorgestellte Ansatz.

In der Prozessindustrie kommt seit Ende der Sechziger-Jahre **P**rozess**l**eit**t**echnik (PLT) in Form von Betriebs- und Überwachungseinrichtungen zum Einsatz. Ebenso ist es schon lange üblich, programmierbare elektronische sicherheitstechnische Systeme (***S**afety **I**nstrumented **S**ystems, SIS*) zum Zweck des Schutzes von Mensch und Umwelt zu betreiben. Heute, im Zeitalter vernetzter Systeme, kann jedoch das SIS selbst Ziel eines Cyberangriffs werden und dann unter Umständen seine Sicherheitsfunktion nicht mehr ausüben. Die technischen Vorkehrungen zur Wahrung der Integrität (***S**afety **I**ntegrity **L**evel*, SIL) der Systeme wirken primär gegen zufällige Fehler und weniger gegen Manipulation. Vielfach wird argumentiert, dass das PLT-Sicherheitssystem nicht mit Netzwerken verbunden ist und entsprechend weniger exponiert sei als andere Systeme. In der Praxis findet man jedoch häufig Verbindungen zu betrieblichen Automatisierungssystemen (z.B. Prozessleitsystemen) und in manchen Fällen auch Visualisierungs-, Erstwertmelde- oder Alarmierungssystemen. Insbesondere die Verbindungen zu Programmiergeräten – auch Handheld-Geräte zur Sensor-Aktor Konfiguration – bilden Schnittstellen nach «außen». Applikationsprogramme und Konfigurationsdaten durchlaufen verschiedene IT-Umgebungen bei Systemherstellern, Systemintegratoren und Wartungsabteilungen, bevor diese in ein PLT-Sicherheitssystem eingespielt werden.

Bis in die Neunziger-Jahre orientierte man sich bei der Implementierung von SIS an firmeninternen Richtlinien, regionalen Vorschriften und Normen der Staaten, in denen die Anlagen betrieben wurden. 1998 erschien erstmals die internationale Normenreihe IEC 61 508 [1], die Verfahrensweisen für die Produktentwicklung, die organisatorischen Strukturen beim Hersteller und die Dokumentation dieser Prozesse beschreibt. Mit der IEC 61 511 «Funktionale Sicherheit – Sicherheitstechnische Systeme für die Prozessindustrie» [2] wurden die Anforderungen speziell für die Prozessindustrie weiter präzisiert. In der neuen Version (Ed. 2.0) wird nun explizit eine Risikoanalyse des SIS in Hinblick auf Cyber Security gefordert.

Eine weitere, vergleichsweise neue Normenreihe, die IEC 62 443 «Industrielle Kommunikationsnetze – IT-Sicherheit für Netze und Systeme» [3], adressiert gezielt diese neue Form der Gefährdung und geht im Detail auf die Cyber Security von Steuerungssystemen ein. Derzeit sind allerdings noch nicht alle Teile der Normenreihe als endgültige Fassung verfügbar.

Die Anforderungen an die Betreiber von SISs wurden in den letzten Jahren dahingehend erweitert (z.B. durch IEC 61 511 Ed. 2), dass Risikoanalysen in Anlehnung an einschlägige Standards im Bereich Cyber Security (IEC 62 443, ISO 27 001 [4], BSI-ICS-Security-Kompendium [5; 6]) durchzuführen und Anlagen entsprechend dem Stand der Technik gegen Cyberangriffe zu sichern sind. Allerdings sind bisher keine allgemein akzeptierten oder codifizierten Verfahrensanweisungen entwickelt worden, die die Thematik vollständig erfassen und gleichzeitig mit überschaubarem Aufwand zu belastbaren und regulatorischen Ansprüchen genügenden Resultaten führen.

Ziel des **N**AMUR-**A**rbeitsblattes (NA) 163 [7] ist es daher, ein Verfahren für eine strukturierte und zuverlässige IT-Sicherheitsanalyse in PLT-Sicherheitssystemen vorzustellen. Eine Anforderung an das Verfahren war es, dass es durch eine strukturierte und verständliche Vorgehensweise von Ingenieuren und Technikern mit einem Zeitaufwand von einem Tag durchgeführt werden kann. Dieses Verfahren wurde im Rahmen der Ad-hoc-Arbeitsgruppe «Security for Safety» des NAMUR-Arbeitskreises 4.18 «Automation Security» entwickelt. Die NAMUR ist ein internationaler Verband der Anwender von Automatisierungstechnik der Prozessindustrie mit aktuell 153 Mitgliedsunternehmen aus den Branchen der chemischen, pharmazeutischen, petrochemischen und Lebensmittelindustrie sowie Ingenieursdienstleistern und Hochschulen. Innerhalb der NAMUR findet Erfahrungsaustauch zu verschiedenen Gebieten der Automatisierungs- und Prozessleittechnik statt. Die Ergebnisse werden als NAMUR-Empfehlungen oder -Arbeitsblätter publiziert.

B.4.2 Allgemeine Beschreibung der Vorgehensweise

In Anlehnung an die IEC 62 443-3-2 gliedert sich die Risikoanalysemethode in mehrere Schritte auf, wie sie in Bild B.4.1 dargestellt sind. Die ersten Schritte wurden durch den NAMUR AK 4.18 anhand einer in der Prozessindustrie üblichen Systemkonfiguration durchgeführt. Der Anwender muss diese Schritte entsprechend nicht erneut durchführen, sondern vor der erstmaligen Anwendung des Verfahrens einmalig überprüfen, ob die Ergebnisse auf das vorliegende System übertragen werden können. Das Verfahren lässt sich wie folgt gliedern:

I. Identifikation des betrachteten Systems (*System under Consideration*, SuC)
In diesem Schritt wird grundsätzlich das SuC festgelegt, d.h. die Komponenten eines SIS, die im Rahmen der Risikoanalyse betrachtet werden müssen (Abschnitt B.4.3).

II. High-Level-IT-Risikobeurteilung

1. Definition der Schutzziele
   Für die nachfolgende Risikoanalyse werden Abstufungen für die Schutzziele Vertraulichkeit (*confidentiality*), Integrität (*integrity*), Verfügbarkeit (*availability*) und Relevanz für das SIS (***s**afety*) definiert (Abschnitt B.4.4).
2. Festlegung des Verfahrens für die Risikoanalyse
   Für die Durchführung der Risikoanalyse des SuC ist die Vorgehensweise festzulegen (Abschnitt B.4.5).
3. Auswirkungen
   In diesem Schritt werden für das SuC und für die Systemumgebung einmalig die Auswirkungen kompromittierter Bestandteile eines SIS betrachtet (Abschnitt B.4.6).

III. Einteilung des SuC in Zonen und Verbindungen
Nach der Bewertung der unterschiedlichen Anforderungen an die Schutzziele werden die Komponenten zu Zonen gleicher Schutzanforderungen zusammengefasst und definierte Verbindungen zwischen den Zonen festgelegt (Abschnitt B.4.7).

IV. Detaillierte Risikoanalyse

In der detaillierten Risikoanalyse werden die zu erwartenden Bedrohungen auf die Komponenten eines SIS erfasst und bewertet. Dabei werden auch die nach dem Stand der Technik verfügbaren Schutzmaßnahmen berücksichtigt (Abschnitt B.4.8).

1. Erfassen aller Elemente des betrachteten Systems.
2. Erfassen und Bewerten von Bedrohungen gegen die PLT-Sicherheitseinrichtung, die durch Manipulation, ungewollte Seiteneffekte von IT-Sicherheitsvorfällen oder Vernichtung bzw. Diebstahl von den Elementen ausgehen.
3. Definieren von Maßnahmen, um den Bedrohungen in geeigneter Weise zu begegnen.
4. Überprüfen, ob die definierten Maßnahmen wirksam umgesetzt sind.

V. Dokumentation der IT-Sicherheitsanforderungen und Randbedingungen

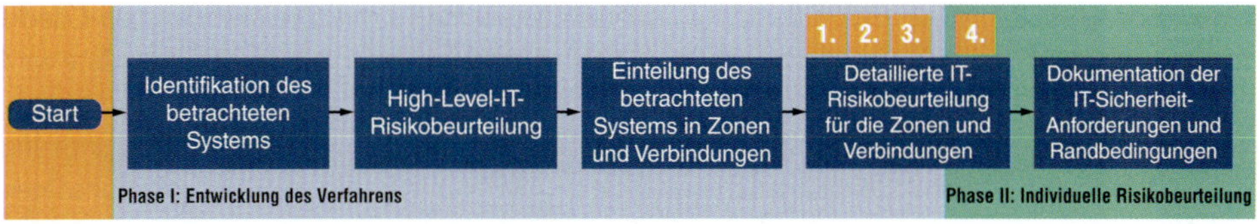

Bild B.4.1 *Schritte des Security Risk Assessment* (nach IEC 62 443 3-2)

B.4.3 Identifikation des betrachteten Systems

Das in der NA 163 vorgestellte Verfahren für die Sicherheitsanalyse eines SIS hat zum Ziel, die «80%-Fälle» abzudecken, d.h. solche SIS-Konfigurationen, die in den NAMUR-Mitgliedsunternehmen am häufigsten anzutreffen sind. Die übrigen 20% an selten anzutreffenden Konfigurationen sollen nicht Gegenstand dieses Verfahrens sein und werden eine entsprechend aufwendigere (manuelle) Risikoanalyse erfordern.

Aus Sicht der Autoren sind für den Betrieb eines technischen Systems wie eines SIS nicht nur die physischen Komponenten erforderlich, sondern immer auch die dazugehörigen Daten, Prozesse und mit dem System betrauten Personen. Im weiteren Sinne lässt sich ein SIS daher wie in Tabelle B.4.1 dargestellt einteilen.

Tabelle B.4.1 *Bestandteile eines SIS*

Das betrachtete System (SuC)	Systemumgebung
Hardwarekomponenten	Prozesse
Software	Personen
Daten	Organisationseinheiten
Übertragungsprotokolle	

B.4.4 Definition der Schutzziele

Security verfolgt im Kern die Schutzziele Vertraulichkeit, Verfügbarkeit und Integrität. Die funktionale Sicherheit zielt primär auf die Integrität der PLT-Sicherheitseinrichtung ab. D.h., Integrität von Sensor, Aktor und Sicherheits-SPS ist oberstes Schutzziel. Aus betrieblicher Sicht ist natürlich die Verfügbarkeit dieser Komponenten gleichfalls relevant, da das – unnötige – Auslösen der PLT-Sicherheitseinrichtung in den meisten Fällen einen Betriebsstillstand verursacht.

Auf den ersten Blick erscheint die Vertraulichkeit der Daten rund um ein PLT-Sicherheitssystem weniger relevant. Aus der Perspektive eines Angreifers sind aber für eine wirkungsvolle Manipulation der PLT-Schutzeinrichtung die Kenntnis von Anlagendokumentation, Risikoanalyse und die Dokumentation der PLT-Schutzeinrichtung sehr hilfreich, so dass auch Vertraulichkeitsaspekte zu berücksichtigen sind.

B.4.5 Verfahren zur detaillierten Risikoanalyse

Das hier beschriebene Verfahren wurde so gestaltet, dass es von PLT-Ingenieuren unter Zuhilfenahme der NA-163-Maßnahmen-Checkliste angewendet werden kann. Die Maßnahmen Checkliste ist in der aktuellen Version auf der NAMUR-Website kostenlos verfügbar. In der Checkliste wird zunächst der Betrachtungsgegenstand, die Systemarchitektur, erfasst. Anschließend wird die Implementierung von Maßnahmen zur Sicherung von physischen Komponenten wie Engineering Station, Field Entry Panel, Asset Management System (AMS), Daten wie die Konfigurationsdaten und Anwendungsprogramm sowie Protokolle und Verbindungen abgefragt.

Die durchführende Person soll mindestens über Grundkenntnisse der IT-Sicherheit verfügen und in der Anwendung des Verfahrens unterwiesen sein. Das 4-Augen-Prinzip ist anzuwenden. Über das konkrete Verfahren hinaus sind allerdings weitere wichtige Fragen zu beantworten:

- Wird die Risikoanalyse einmalig oder mehrfach durchgeführt? Zu welchen Zeitpunkten wird die Risikoanalyse durchgeführt?
  - Entsprechend dem Safety-Lebenszyklus der IEC 61 511-1 und dem Management von Cyber Security nach der TR84.00.09 könnte die Security-Risikoanalyse analog zur Überprüfung des Sicherheitsberichts (in Deutschland nach 12. BImSchV §9) alle fünf Jahre wiederholt durchgeführt werden. Zusätzlich ist die IT-Risikobeurteilung zu wiederholen, wenn eine umfangreiche Änderung vorgenommen wird, neue IT-Sicherheitserkenntnisse vorliegen oder sich die allgemeine IT-Sicherheitslage ändert.
  - Der Nachweis der Wirksamkeit der spezifizierten Maßnahmen ist jährlich erforderlich, erst mit hinreichend Erfahrung und positiven Prüfergebnissen können längere Zyklen gewählt werden.
- Wie wird die Risikoanalyse dokumentiert?
  - Der Verlauf und das Ergebnis der IT-Risikobeurteilung der PLT-Sicherheitseinrichtung werden ebenso wie der eventuelle Bedarf zusätzlicher vorgeschlagener Maßnahmen zusammen mit einer Priorisierung dokumentiert. Die Resultate der Risikoanalyse sind zuverlässig und revisionssicher zu archivieren. Die Dokumentation muss sowohl regulatorischen Anforderungen genügen als auch bei Bedarf in angemessener Zeit verfügbar sein. Der Bericht wird von der beurteilenden Person unterzeichnet, durch eine andere, unabhängige Person freigegeben (4-Augen-Prinzip) und dem für die Sicherheit verantwortlichen Betriebsleiter zur Kenntnis gebracht.

B.4.6 Betrachtung möglicher Auswirkungen

Im Rahmen des Risikoanalyseverfahrens werden drei mögliche Auswirkungen eines erfolgreichen Angriffs unterschieden (Tabelle B.4.2). Die Fälle 2 und 3 entsprechen dabei der Kategorie «unsicher» und Fall 1 entspricht der Kategorie «sicher».

Im Sinne des NAMUR-Arbeitsblattes handelt es sich in den Fällen 1 und 2 um Manipulationen einer einzelnen Sicherheitsfunktion (SIF), wobei es sich im Fall 3 um eine komplexe, d.h. sich über mehrere SIF bzw. mehrere Komponenten erstreckende Manipulation handelt, wie sie im Rahmen der üblichen Risikoanalysen gar nicht betrachtet wird. Ein Beispiel dafür könnte sein, dass zum einen das SIS manipuliert wird und gleichzeitig die Engineering Station und das Bedienpanel so modifiziert werden, dass die Manipulation des SIS nicht festgestellt werden kann.

Tabelle B.4.2 *Auswirkungen eines kompromittierten Bestandteiles eines SIS*

Kategorie	Beschreibung	Auswirkung
1	PLT-Sicherheitsfunktion (***S****afety* ***I****nstrumented* ***F****unction*, SIF) löst aus ohne Anforderung.	Nicht gefährlich im Sinne der funktionalen Sicherheit, aber Betriebsunterbrechung
2	SIF deaktiviert. Abschaltung findet nicht statt. Allerdings: Ein nicht akzeptables Ereignis würde erst dann eintreten, wenn der Anforderungsfall eintritt.	Gefährlich
3	SIF deaktiviert und gleichzeitig vorsätzliches Herbeiführen des Anforderungsfalles (z.B. durch Manipulation der PLT-Sicherheitseinrichtung) führt sofort zu nicht akzeptablem Ereignis.	Gefährlich

B.4.7 Einteilung des betrachteten Systems in Zonen und Übergänge

Komponenten, die denselben normativen Regulierungen unterliegen, werden zu Zonen zusammengefasst (Bild B.4.2). Innerhalb dieser Zonen können die Komponenten weitestgehend unbeschränkt miteinander kommunizieren. Die Verbindungen zwischen zwei Zonen müssen jedoch analog zu den Komponenten eingestuft werden. Der Datenverkehr über die Zonengrenzen hinweg wird – abhängig vom Risikograd – überwacht und gesteuert. Im Bild gut zu erkennen ist die Einordnung des NAMUR-Zonenmodells in die horizontalen Ebenen des Referenzmodells der IEC 62 443.

Nach IEC 61 508 / 61 511 sollen PLT-Sicherheitseinrichtungen getrennt und damit unabhängig und rückwirkungsfrei von ihrer Umgebung (z.B. Prozessleitsystem, IT-Infrastruktur usw.) betrieben werden. In der Praxis ist dies insbesondere für Programmiergeräte und Konfigurationsdaten kaum einzuhalten.

Insbesondere Sicherheitsmaßnahmen wie Verzeichnisdienst, Zeitsynchronisation, Betriebssystem-Updates, Firewall-Management, Event-Monitoring werden nicht exklusiv für das PLT-Sicherheitssystem betrieben und stellen somit «gemeinsam genutzte Komponenten» dar. Unter «gemeinsam genutzt» wird hier die Kombination von «Sicherheits-» und «betrieblichen» Funktionen innerhalb einer Komponente verstanden. Der Umgang mit diesen Komponenten muss einen entsprechend hohen Grad an Zuverlässigkeit aufweisen, um möglichst geringe Rückwirkungen anderer Systeme auf das PLT-Sicherheitssystem zu gewährleisten.

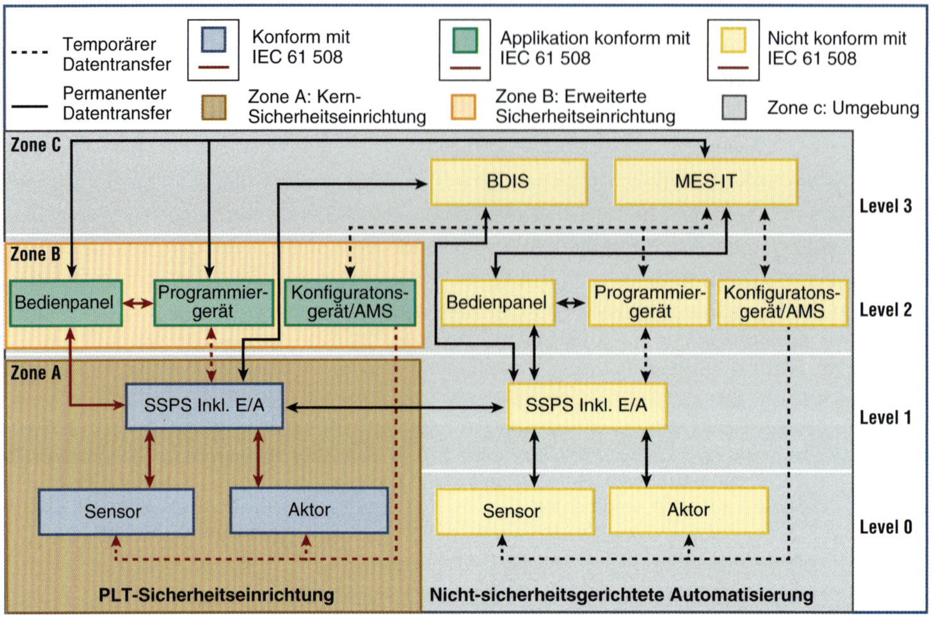

Bild B.4.2 *Das betrachtete System (SuC) mit Zonen und Verbindungen*

Für den Umgang mit gemeinsam genutzten Komponenten kommen drei Lösungswege in Frage: Entweder ist die Komponente im Managementsystem der funktionalen Sicherheit eingebettet oder es wird der Nachweis erbracht, dass eine nach IEC 61 508 oder IEC 61 511 **und** unter Gesichtspunkten der IT-Sicherheit hinreichende Trennung und Unabhängigkeit zwischen dem «sicheren» Teil der Komponente und dem «betrieblichen» liegt. Ferner besteht die Möglichkeit, in einer IT-Risikobeurteilung schriftlich zu dokumentieren, dass die gemeinsame Nutzung von Komponenten zu keinen nicht tolerierbaren IT-Sicherheitsrisiken für die PLT-Sicherheitseinrichtung führt.

B.4.8 Detaillierte Risikobetrachtung

Im Rahmen der detaillierten Risikoanalyse wurde jede Komponente und jede Verbindung darauf überprüft, welche typischen Gefährdungen auf sie wirken können und welches Schutzniveau mit welchen Maßnahmen entsprechend dem Stand der Technik erreicht werden kann. Über die physischen Komponenten hinaus werden auch die benötigten Daten (Messgrößen, Konfigurationen, Programme usw.) sowie alle relevanten Prozesse einer ähnlichen Risikoanalyse unterzogen.

B.4.9 Anwendung des Verfahrens

Die Resultate und Erkenntnisse aus den vorigen Abschnitten münden in einem einfach und schnell anwendbaren Verfahren zur individuellen Risikoanalyse für ein konkretes SIS.

Die Risikoanalyse wird mit Hilfe eines Fragebogens durchgeführt, der mit einer überschaubaren Anzahl von Fragen alle wichtigen IT-Sicherheitsaspekte eines SIS abdeckt.

Anhand der Antworten auf die vorgegebenen Fragen können Schwachstellen aufgezeigt werden und die Sicherheit gegen Angriffe der Komponenten im Einzelnen sowie des Gesamtsystems bewertet werden.

Aus den möglicherweise erkannten Cyber-Security-Schwachstellen oder -Mängeln sollen im Nachgang der Risikoanalyse Maßnahmen abgeleitet werden, um diese Schwachstellen und Mängel zu beseitigen.

In Kürze

Die NA 163 beschreibt den aktuellen Stand der Arbeit der Arbeitsgruppe «Security for Safety» innerhalb des NAMUR-Arbeitskreises 4.18. Die im Arbeitsblatt dargestellten Ergebnisse der NAMUR-Arbeitsgruppe haben bereits Einzug in den aktuellen Entwurf [8] für ein neues Kapitel des IT-Grundschutzes des BSI gehalten. Jede durchgeführte Sicherheitsanalyse und jedes Security-Ereignis bringen Erkenntnisse zutage, die das Verfahren verbessern werden. Das Bewusstsein bei Herstellern, Betreibern und Gesetzgebern über die Relevanz der Thematik steigt. IT-Risikobeurteilungen werden sich zum «täglichen Brot» des Automatisierungsingenieurs entwickeln. Sie helfen dabei, Maßnahmen zielgerichtet – d.h. dort, wo die größten Risiken auftreten – umzusetzen. Für die Zukunft reift die Erkenntnis, dass die Sicherheit bereits bei der Entwicklung und Integration einer PLT-Sicherheitseinrichtung viel stärker berücksichtigt werden muss. Aus Sicht der chemischen Industrie sollen zukünftige Generationen von PLT-Sicherheitseinrichtungen bereits «Security by Design» (d.h. Security ab Werk) mitbringen. Vor dem Hintergrund einer sich ständig verändernden Bedrohungslage und dem Auftauchen neuer Angriffsvektoren müssen die PLT-Sicherheitssysteme über den gesamten Produktlebenszyklus hinweg mit Aktualisierungen versorgt werden. Eine proaktive Rolle der Hersteller würde helfen, diesen neuen Herausforderungen erfolgreich zu begegnen. Zu diesem Zweck könnte eine Selbstverpflichtung der Hersteller zur zeitnahen Information über bekanntgewordene Sicherheitslücken und Bereitstellung von Aktualisierungen, die diese schließen, ein gangbarer Weg sein, um die IT-Sicherheit von PLT-Sicherheitssystemen langfristig zu gewährleisten.

C Fabrik als Anwendungsdomäne / Industrial Control Systems

C.1 Einführung und Grundlagen Cybersicherheit für Industrielle Steuerungssysteme (ICS)

C.1.1 Die Fabrik als Anwendungsdomäne

Cyberangriffe auf industrielle Anlagen und kritische Infrastrukturen können ernste Folgen haben. Cyberbedrohungen dieser Art lassen sich nicht einfach durch IT-Sicherheitsmaßnahmen, wie sie bei Anwendungen in Büro und Verwaltung üblich sind, abwenden. Automatisierungs-, Prozesssteuerungs- und Prozessleitsysteme, im Englischen als ***I**ndustrial **C**ontrol **S**ystems* (ICS) bezeichnet, werden in nahezu allen Infrastrukturen eingesetzt, die physische Prozesse abwickeln. Hier müssen Risiko und Schadenspotenzial von gezielten, qualitativ hochwertigen und mit erheblichem Aufwand durchgeführten spezifischen Cyberangriffen gegen industrielle Steuerungssysteme berücksichtigt werden. Für Betreiber solcher Anlagen ist es angesichts zunehmender Sicherheitsrisiken und Schwachstellen unerlässlich, sich mit der Sicherheit (im Sinne von Cybersicherheit) dieser Systeme zu befassen. Im nachfolgenden Beitrag werden Risiken und Bedrohungen aufgezeigt und das Hauptaugenmerk auf die technischen Maßnahmen der Abwehr gelegt. Grundfunktionen, dargestellt an einer praktischen Anwendung, zeigen eine mögliche umfangreiche Abwehrstrategie auf.

C.1.1.1 Der Unterschied zwischen Information Technology (IT) und Operational Technology (OT)

Technologie ist die Wissenschaft von den fundamentalen Funktions- und Strukturprinzipien technischer Sachsysteme und ihrer Entstehungs- und Verwendungszusammenhänge [1]. Historisch gesehen, haben die Technologien in den Bereichen OT und IT sich in getrennten organisatorischen Silos entwickelt und werden bis heute in vielen Industrieunternehmen auch so verwaltet. Während die industriellen Steuerungssysteme den Ingenieuren in diesen Sektoren sehr wohl bekannt sind, gibt es nur begrenztes Verständnis außerhalb dieser hoch spezialisierten Umgebungen. In einer sehr allgemeinen Form lassen sich IT und OT wie folgt definieren:

DEFINITIONEN

Information Technology (IT): Systeme der Informationstechnik zur elektronischen Datenverarbeitung mit Computern, Großrechnern, Serversystemen sowie Datenbanksystemen, Netzwerk- und Kommunikationssystemen;

Operational Technology (OT): Systeme der Betriebstechnik, bestehend aus Hardware- und Softwarekomponenten, die Änderungen in Reaktion auf die direkte Überwachung von Prozessen in Maschinen, Geräten, Apparaten oder Anlagen herbeiführen, verarbeiten, wahrnehmen und speichern.

Tabelle C.1.1 gibt einen ersten (wenn auch nicht vollständigen) Überblick über Unterschiede zwischen IT- und OT-Technologie anhand der Unterscheidungsmerkmale *Leistungsfähigkeit der Kommunikationsnetze, Verfügbarkeit, Einsatzszenarien* und *Risikomanagement.*

Betrachtet man die Leistungsfähigkeit der jeweils eingesetzten Kommunikationsnetze, so zeichnen sich diese im IT-Umfeld typischerweise durch einen hohen Durchsatz und eine hohe Bandbreite bei gleichzeitigem Einsatz von klassischen IT-Protokollen (beispielsweise TCP/IP oder http) aus. Im Vergleich hierzu steht im OT-Umfeld die Echtzeitfähigkeit (geringe Latenz, deterministische Verzögerung) bei der Kommunikation im Vordergrund. Neben klassischen IT-Protokollen werden auch spezielle OT-Protokolle, beispielsweise echtzeitfähige Feldbusprotokolle auf Ethernet-Basis, eingesetzt.

Tabelle C.1.1 *Übersicht über Unterschiede zwischen IT und OT*

Unterscheidungsmerkmal	Informationstechnik – IT	Betriebstechnik – OT
Leistungsfähigkeit der Kommunikationsnetze	Hoher Durchsatz, hohe Bandbreite Klassische IT-Protokolle im Einsatz	Geringer Durchsatz, Echtzeitfähigkeit im Vordergrund IT- und OT-Protokolle
Verfügbarkeit	Ausfälle verursachen geringe Kosten Neustart der Systeme im laufenden Betrieb üblich Kurzfristige Wartung und Patches möglich	Ausfälle verursachen u.U. hohe Kosten Neustart im produktiven Betrieb nicht üblich Wartungszyklen nur mit langer Planung
Einsatzszenarien	Lebensdauer der Hardware eher kurz, 3 bis 5 Jahre IT-Sicherheit beim Entwurf der Systeme nicht-funktionale Anforderung Ausreichend Ressourcen auf Systemen vorhanden, auch für Zusatzfunktionen	Lange Lebensdauer der Hardware, > 15 Jahre IT-Sicherheit in der Vergangenheit keine Anforderung Ressourcen für zusätzliche (Sicherheits-)Funktionen nicht immer verfügbar
Risikomanagement	Risiko besteht in der Störung von Geschäftsprozessen	Neben der Störung von Geschäftsprozessen ist der Schutz von Menschen, Maschinen und Umwelt vor Schäden im Vordergrund

Betrachtet man die Anforderungen an die Verfügbarkeit der Systeme, so ist im IT-Umfeld ein Ausfall von Systemen nicht zwangsläufig mit hohen Kosten verbunden, ebenso ist ein Neustart der Systeme innerhalb der Betriebszeit üblich und möglich. Dies ermöglicht unter anderem auch eine kurzfristige Wartung und das zeitnahe Einspielen von Updates und Patches. Im OT-Umfeld ist die Verfügbarkeit der Systeme und Anlagen von höchster Priorität, Ausfälle und Standzeiten sind üblicherweise mit hohen Kosten verbunden. Ein Neustart von Systemen und Anlagen im produktiven Betrieb ist nicht üblich und wird typischerweise nur in fest definierten Wartungszyklen durchgeführt.

Die Einsatzszenarien für Systeme im IT- und OT-Umfeld unterscheiden sich drastisch. Im IT-Umfeld werden Systeme in der Regel 3 bis 5 Jahre eingesetzt. Das Thema IT-Sicherheit ist mittlerweile in der klassischen Informationstechnik eine nicht-funktionale Anforderung, die bei vielen Systemen bereits beim Entwurf mitbeachtet wird. Falls nicht, sind normalerweise auf den Systemen noch genug freie Ressourcen vorhanden, um IT-Sicherheitsmechanismen nachzurüsten (vgl. Virenscanner auf Office-PC). Systeme und Anlagen im OT-Umfeld haben hingegen eine deutlich längere Laufzeit, teilweise deutlich über 15 Jahre. IT-Sicherheit war in der Vergangenheit keine Anforderung beim Systemdesign. Viele der Systeme und Anlagen, die heute noch in Betrieb sind, enthalten daher wenige bis keine Schutzmechanismen vor Cyberangriffen. Eine Nachrüstung ist unter anderem aufgrund von eingeschränkten Ressourcen oder Anforderungen an die Echtzeitfähigkeit der Systeme nicht möglich.

IT und OT unterscheiden sich weiterhin in der Bewertung und im Umgang mit dem vorhandenen Risiko aufgrund von erfolgreichen Cyberangriffen. In der IT besteht das Risiko maßgeblich in der Störung von Geschäftsprozessen und damit durchaus auch hohen Ausfallkosten. Im OT-Umfeld kommt neben den Kosten für Systemausfälle auch eine Gefährdung von Menschen (beispielsweise Betriebspersonal), aber auch der eingesetzten Maschinen und der Umwelt hinzu. Das Schadenspotenzial durch erfolgreiche Cyberangriffe ist im OT-Umfeld daher in vielen Fällen deutlich höher als im IT-Umfeld.

Aus den aufgezeigten Unterschieden zwischen IT und OT lässt sich ableiten, dass aufgrund der unterschiedlichen Rahmenbedingungen nicht die gleichen Lösungsmöglichkeiten und Schutzmaßnahmen in beiden Anwendungsbereichen angebracht sind. Im Folgenden soll daher insbesondere auf Lösungsmöglichkeiten im OT-Umfeld eingegangen werden.

C.1.1.2 Bedrohungen der Digitalisierung in der Industrie

In der rasch voranschreitenden Entwicklung neuer Lösungen und Produkte gibt es einen zunehmenden Trend zur Konvergenz von IT und OT. Wachsender Mangel an qualifiziertem und erfahrenem Fachpersonal sowie gestiegene wirtschaftliche und regulatorische Anforderungen bedingen zunehmend einen ganzheitlichen Ansatz für Verwaltung, Rückverfolgbarkeit, Cybersicherheit und Zugangskontrolle zu allen eingesetzten Systemen im Industrieunternehmen. Diese bringen allerdings auch erhöhte Gefahren und Risiken mit sich. Umfassende Konzepte zur Cybersicherheit sind in den letzten Jahren ein wichtiges Thema beim Einsatz von industriellen Steuerungssystemen geworden [2]. Neben der Konvergenz von IT und OT liegen die Gründe auch in der Ablösung proprietärer Systeme mit eingeschränkten Möglichkeiten von Kommunikations- und Datenaustauschfähigkeit von Systemen, basierend auf standardisierten IT-Technologien. Dadurch werden Angriffe zunehmend erfolgversprechend und das Bedrohungsrisiko erhöht sich [3].

Aktuelle Meldungen zu Angriffen auf industrielle Steuerungssysteme finden sich mindestens seit dem erfolgreichen Angriff auf das iranische Nuklearprogramm durch Stuxnet [4] auch im alltäglichen Nachrichtenverkehr. Tabelle C.1.2 fasst die Top 10 der primären Angriffe auf industrielle Steuerungen des Bundesamtes für Sicherheit in der Informationstechnik (BSI) für die Jahre 2014 und 2016 zusammen [5]. Zunächst sollten sich Industrieunternehmen hauptsächlich auf die ersten Rangfolgen der Cybergefährdungen und deren Abwehr konzentrieren.

Ein primärer Angriff bezeichnet einen Angriff, mit dem der Angreifer sich den initialen Zugang zur industriellen Anlage bzw. in das Unternehmen verschafft. Anschließend hat er die Möglichkeit, weitere Folgeangriffe auf interne Systeme durchzuführen. Je höher die Rangfolge in der Tabelle ist, umso größer ist die Wahrscheinlichkeit eines solchen Angriffs. Bild C.1.1 verdeutlicht eine mögliche Kombination aus Primär- und Folgeangriffen auf eine typische ICS-Infrastruktur: Als Primärangriff in diesem Fall werden mittels Social Engineering angepasste Phishing-E-Mails an Mitarbeiter der IT-Domäne (Office) gesendet. Über angehängte Malware erlangt der Angreifer Zugang zum PC des Mitarbeiters. Sind IT- und OT-Netz nicht voneinander isoliert, kann der Angreifer sich in die OT-Netze ausbreiten, Informationen sammeln und letztendlich Schadsoftware bis auf Feldebene verteilen. Hat der Angreifer es bis auf die Feldebene geschafft, kann er in vielen Fällen die Kontrolle über die dort eingesetzten Systeme (z.B. SPS-en) erlangen und beliebige Angriffe ausführen.

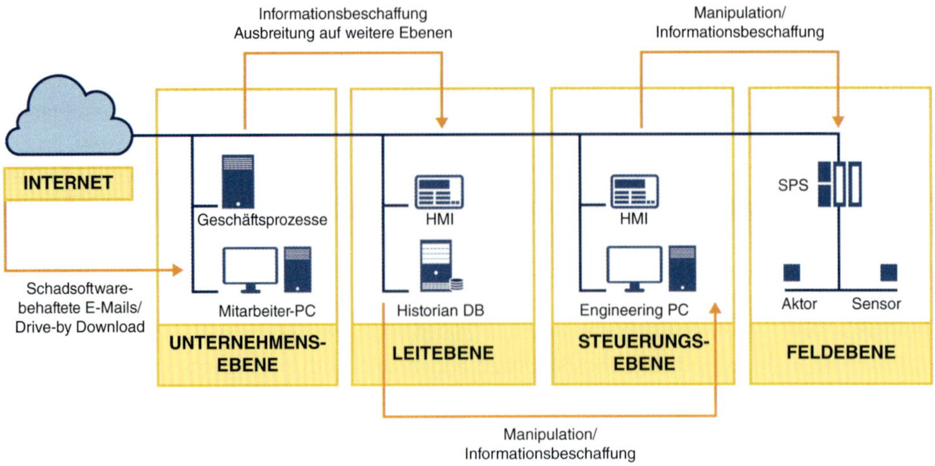

Bild C.1.1 *Ablauf eines mehrstufigen Angriffs auf ICS-Systeme*

In vielen Unternehmen ist zurzeit noch kein Bewusstsein vorhanden, wie häufig und wahrscheinlich ein Angriff auf ICS-Steuerungen vorkommt. In [6] erläutern die Autoren, dass im Jahr 2017 auf 37,8% der durch Produkte ihrer Firma geschützten ICS-Systeme Angriffsversuche verhindert bzw. geblockt wurden. Die Annahme vieler Unternehmen, nicht Ziel von Angriffen zu sein oder zu werden, kann daher mit einer gewissen Sicherheit als Wunschdenken abgetan werden. Die Beschäftigung und die Umsetzung von IT-Sicherheitsmaßnahmen, wie sie im Folgenden beschrieben werden, können daher als Grundvoraussetzung für eine erfolgreiche Digitalisierung in der Industrie angesehen werden.

Tabelle C.1.2 *Primäre Angriffe auf industrielle Steuerungssysteme im Jahr 2016* [5]

# (# alt)	2016	2014
1 (3)	Social Engineering und Phishing	Infektion mit Schadsoftware über Internet und Intranet
2 (2)	Einschleusen von Schadsoftware über Wechseldatenträger und externe Hardware	Einschleusen von Schadsoftware über Wechseldatenträger und externe Hardware
3 (1)	Infektion mit Schadsoftware über Internet und Intranet	Social Engineering
4 (5)	Einbruch über Fernwartungszugänge	Menschliches Fehlverhalten und Sabotage
5 (4)	Menschliches Fehlverhalten und Sabotage	Einbruch über Fernwartungszugänge
6 (6)	Internet-verbundene Steuerungskomponenten	Internet-verbundene Steuerungskomponenten
7 (7)	Technisches Fehlverhalten und höhere Gewalt	Technisches Fehlverhalten und höhere Gewalt
8 (9)	Kompromittierung von Extranet und Cloud-Komponenten	Kompromittierung von Smartphones im Produktionsumfeld
9 (10)	(D)DoS Angriffe	Kompromittierung von Smartphones im Produktionsumfeld
10 (8)	Kompromittierung von Smartphones im Produktionsumfeld	(D)DoS-Angriffe

C.1.1.3 Grundbegriffe der Cybersicherheit in der Industrie

Bevor einige Grundbegriffe der Cybersicherheit eingeführt werden, sollen noch die Begriffe Security und Safety, im Deutschen leider häufig jeweils unter dem Begriff Sicherheit genutzt, abgegrenzt werden.

DEFINITIONEN
Safety bezeichnet die funktionale Sicherheit von Systemen und Anlagen und somit den Schutz der Umwelt (auch des Bedienpersonals) vor einem ungewünschten Betrieb.
Security hingegen bezeichnet den Schutz von Systemen und Anlagen vor einer Manipulation von außen, beispielsweise durch einen Cyberangriff.

Da funktionale Sicherheit eine elementare und häufig auch gesetzlich vorgeschriebene Anforderung an Systeme und Anlagen im ICS-Umfeld ist, muss insbesondere auch die Security von Safety-Funktionen sichergestellt werden.

Um IT Security umzusetzen, werden typischerweise Schutzziele definiert, die dann mit Hilfe von technischen oder organisatorischen Sicherheitsmechanismen erreicht bzw. eingehalten werden.

Klassische Schutzziele sind:

- **Vertraulichkeit** der übertragenen Daten: Die übertragenen Daten dürfen lediglich für berechtigte Personen, Systeme oder Prozesse lesbar sein;
- **Integrität und Authentizität** der übertragenen Daten: Die übertragenen Daten dürfen nicht unbemerkt veränderbar sein (Integrität) sowie der Ursprung der Daten muss überprüfbar sein (Authentizität);
- **Authentizität** von Systemen und Nutzern: Die Identität von Systemen und Nutzern muss nachweisbar und überprüfbar sein;
- **Autorisierung** für den Zugriff auf Daten und Systeme: Der Zugriff (Lesen, Schreiben oder Verändern) auf Daten und Systeme darf nur für Nutzer und Systeme möglich sein, die hierfür berechtigt sind;
- **Verfügbarkeit** von Systemen und Anlagen: Die von Systemen und Anlagen zur Verfügung gestellte Funktionalität muss zu jeder Zeit nutzbar sein;
- **Zuverlässigkeit** von Systemen und Anlagen: Systeme und Anlagen verhalten sich zu jedem Zeitpunkt wie erwartet.

Bild C.1.2 verdeutlicht den prinzipiellen Unterschied der Anwendungen zwischen IT und OT im Bezug zu Schutzzielen. Während bei der klassischen Informationstechnik (IT) Vertraulichkeit, Integrität und Verfügbarkeit im Vordergrund stehen (***C****onfidentiality,* ***I****ntegrity,* ***A****vailability, CIA*), liegt der Schwerpunkt in der Betriebstechnik (OT) auf Safety, Zuverlässigkeit und Verfügbarkeit (***S****afety,* ***R****eliability,* ***A****vailability*, SRA) [7; 8]. Daher wurde bei Design und Entwicklung von Komponenten der Automatisierungstechnik in der Vergangenheit weniger auf die Angriffssicherheit, sondern vorrangig auf Betriebssicherheit und Robustheit geachtet [9].

Eine der zentralen Aktionen, die notwendig sind, bevor Sicherheitsmechanismen sinnvoll ausgebracht und eingesetzt werden können, ist die Risikoanalyse. Der Risikobegriff kann je nach Anwendungsgebiet unterschiedlich aufgefasst werden. In diesem Buch werden Risiken, bezogen auf Bedrohungen, definiert. Das Risiko einer Bedrohung ist die Wahrscheinlichkeit bzw. die

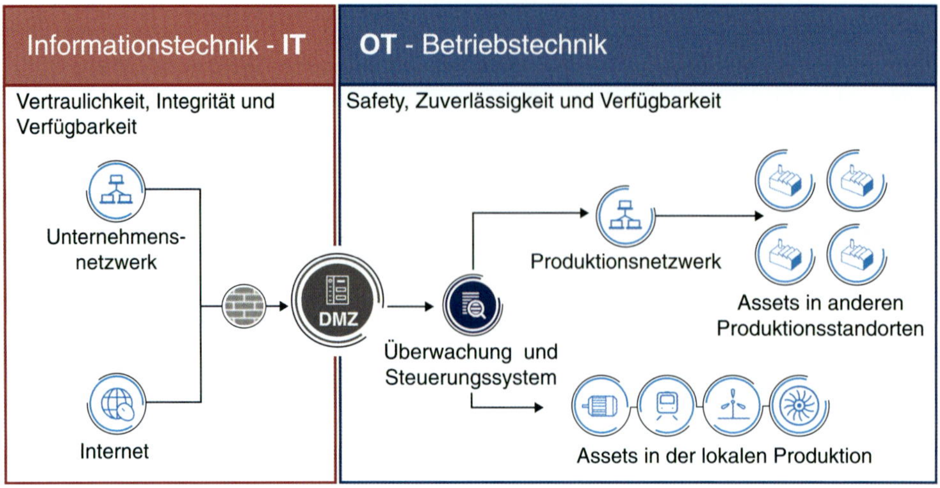

Bild C.1.2 *Unterschied zwischen IT und OT im Bezug zu Schutzzielen*

Häufigkeit, mit der ein Schadensereignis eintritt, unter Berücksichtigung der Schadenshöhe bzw. des Schadensausmaßes [10]. Eine Übersicht über häufige Bedrohungen gibt Tabelle C.1.2. Eine Risikoanalyse bietet einen systematischen Weg, das Risiko für Cyberangriffe auf ICS-Systeme zu bewerten, um im Anschluss gegebenenfalls Schutzmaßnahmen einzuführen, die das vorgefundene Risiko minimieren. Es existieren in der Literatur verschiedene Empfehlungen und Vorgehensweisen; Beispiele hierfür finden sich in [11 und 12].

Im Rahmen der Risikoanalyse wird häufig gefordert, Annahmen über die Fähigkeiten und die Motivation eines potenziellen Angreifers zu tätigen, die dann in einem Angreifermodell festgehalten werden. Tabelle C.1.3 stellt drei typische Angreifermodelle dar. Während bei sogenannten «Script Kiddies» davon ausgegangen wird, dass keine gezielten Angriffe mit hohem Ressourcenaufwand betrieben werden, kann bei erfahrenen Angreifern oder Hackern davon ausgegangen werden, dass erhebliche Mittel eingesetzt werden, um das Angriffsziel zu erreichen. Das angenommene Angreifermodell hat erhebliche Auswirkungen darauf, welche Sicherheitsmaßnahmen eingesetzt werden müssen, um ein vorhandenes Risiko für ICS-Systeme zu verringern. Je stärker der Angreifer, desto stärker müssen die eingesetzten Sicherheitsmechanismen sein.

Tabelle C.1.3 *Typische Angreifermodelle mit unterschiedlichen Eigenschaften*

	«Script Kiddies»	Erfahrene «Hacker»	Insider
Wissen	Gering	Hoch	Hoch
Ressourcen	Gering	Hoch	Gering
Motivation	Soziale Anerkennung	Geld patriotische Pflichterfullüng	Rache
Angriffsziel	Unbestimmt	Bestimmte Informationen/Organisationen	Unbestimmt

C.1.2 Systemsicherheit für industrielle Steuerungssysteme

Industrielle Steuerungssysteme in den Bereichen der Fertigungs- und Prozessautomatisierung sind in allen Betriebsmitteln zur Durchführung physischer Prozesse im Einsatz. Sie sichern dadurch die betriebliche Leistungserstellung, und Betreiber müssen sich angesichts erhöhter Risiken vorrangig der Thematik des Schutzes vor möglichen Cyberangriffen widmen. Externe Angriffe sind sehr viel schwerer zu erkennen als beispielsweise physische Eingriffe in Betriebsmittel oder deren Prozesse und Abläufe. Bis ein erfolgreicher Angriff auf ein System erkannt wird, kann durchaus Zeit von mehreren Monaten bis zu einem Jahr verstreichen [13]. Nach der Erkennung des Problems beginnt dann die mühsame Suche nach den betroffenen Geräten, Maschinen und Anlagen. Im schlimmsten Fall müssen diese sogar sicherheitshalber vorübergehend stillgelegt werden.

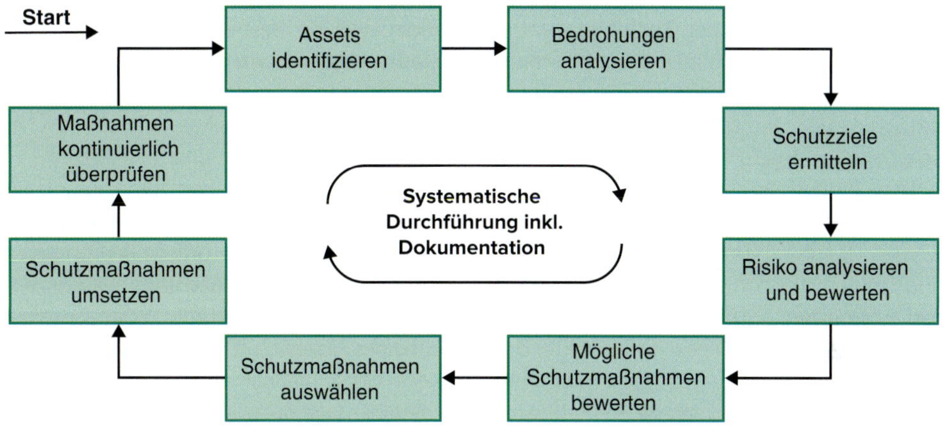

Bild C.1.3 *Informationssicherheit in der industriellen Automatisierung – allgemeines Vorgehensmodell* (nach [14])

Risiko und Schadenspotenzial der bedrohten Betriebsmittel müssen deshalb stärker in den Fokus rücken. In [14] wird ein allgemeines Vorgehensmodell zur Umsetzung von Informationssicherheit in der industriellen Automatisierung vorgegeben, das hier als Grundlage zur Erarbeitung eines Sicherheitskonzepts für Unternehmen vorgestellt werden soll (Bild C.1.3).

Das allgemeine Vorgehensmodell startet mit der Identifikation der relevanten **Assets**. Hierbei wird festgelegt, welche Systeme, Maschinen oder Anlagen durch das zu erarbeitende Sicherheitskonzept geschützt werden sollen. Die Menge der Assets sollte dabei neben den physischen Objekten auch alle IT-spezifischen Anwendungen, Dienste und Kommunikationsnetze umfassen, die für den geregelten Betrieb des Unternehmens notwendig sind. Die identifizierten Assets sollten in einem Asset-Register festgehalten werden.

Im nächsten Schritt werden die **Bedrohungen** analysiert, die für die vorher identifizierten Assets vorhanden sind. Hierbei kann es auch sinnvoll sein, nach bekannten Schwachstellen in den vorhandenen Assets zu suchen. Eine Möglichkeit hierfür stellt beispielsweise die Datenbank des ***N**ational **C**ybersecurity and **C**ommunications **I**ntegration **C**enter (NCCIC)* für Industrial Control Systems dar [15]. Grundsätzlich sollte die Fragestellung sein: Welche Ursachen tragen zum Vorhandensein einer Schwachstelle bei, aus der sich dann eine mögliche Bedrohungslage entwickeln kann? Weiterhin gilt es zu untersuchen, welche Möglichkeiten eines Missbrauchs bei einem Angriff sich für die zu untersuchenden Assets ergeben.

Anschließend ist für jedes Asset festzulegen, welche Schutzziele vorhanden sind und im Rahmen des Sicherheitskonzepts umgesetzt werden sollen. Für unterschiedliche Systeme und Anlagen können durchaus unterschiedliche Schutzziele relevant sein. Beispielsweise sind nicht alle ausgetauschten Daten vertraulich, unter Umständen sind die Integrität der Daten sowie die Authentizität des Absenders ausreichend. Dies ist für jedes Asset einzeln zu entscheiden.

Im Rahmen der jetzt notwendigen Risikoanalyse ist systematisch für alle Assets das vorhandene Risiko zu bewerten. Hierfür ist zu bewerten, wie wahrscheinlich es ist, dass eine vorhandene Bedrohung von einem Angreifer in einen konkreten Angriff umgesetzt wird, und wie die Auswirkung auf den Betrieb innerhalb des Unternehmens ist. Dies kann anhand von monetären Ausfällen oder auch anderen Kriterien bewertet werden.

Sind die vorhandenen Risiken bewertet und wurde festgelegt, dass das vorhandene Risiko zu hoch ist, sind mögliche Schutzmaßnahmen, die zur Reduzierung des Risikos beitragen können, zu sammeln und zu bewerten. Generell gilt es die Frage zu beantworten: Welche geeigneten Maßnahmen können der Bedrohung entgegenwirken und die Restrisiken minimieren? Als Schutzmaßnahmen kommen sowohl technische als auch organisatorische Maßnahmen in Betracht. Für jede Schutzmaßnahme ist es sinnvoll, das Restrisiko zu ermitteln, das nach dem Einsatz der Schutzmaßnahme für das Asset noch vorhanden ist. Auf Basis der Analyse unterschiedlicher Schutzmaßnahmen sind dann geeignete Schutzmaßnahmen auszuwählen und umzusetzen.

Ist auf dieser Basis ein Sicherheitskonzept implementiert worden, müssen die eingesetzten Maßnahmen kontinuierlich überwacht und die Aktualität des Sicherheitskonzepts sichergestellt werden. Aufgrund von äußeren Einflüssen, beispielsweise neu bekannt gewordene Bedrohungen und Schwachstellen in den eingesetzten Systemen, kann es notwendig sein, das Sicherheitskonzept neu aufzusetzen. Auch externe Audits oder Ergebnisse aus einem durchgeführten Penetrationstest können Auslöser hierfür sein. Eine erneute Durchführung des Prozesses ist dann notwendig.

Im Folgenden werden ein Überblick über generelle Gegenmaßnahmen zur Erhöhung der Systemsicherheit für industrielle Steuerungssysteme gegeben und detaillierter die Möglichkeiten heutiger technischer Maßnahmen erläutert.

C.1.2.1 Sicherheitsmaßnahmen

Die Anforderungen an die Sicherheit von industriellen Steuerungssystemen unterliegen beständigen Veränderungen. Neue Bedrohungen, sich stetig wandelnde Angriffsszenarien sowie neu entdeckte Schwachstellen erfordern unaufhörlich zusätzliche Sicherheitsfunktionen. Dieses ist ein sich ständig wiederholender, dynamischer Prozess. Generell lassen sich die dazu notwendigen Maßnahmen zur Steigerung des Sicherheitsniveaus in Steuerungssystemen in organisatorische und technische Maßnahmen untergliedern [16].

C.1.2.1.1 Relevante Standards

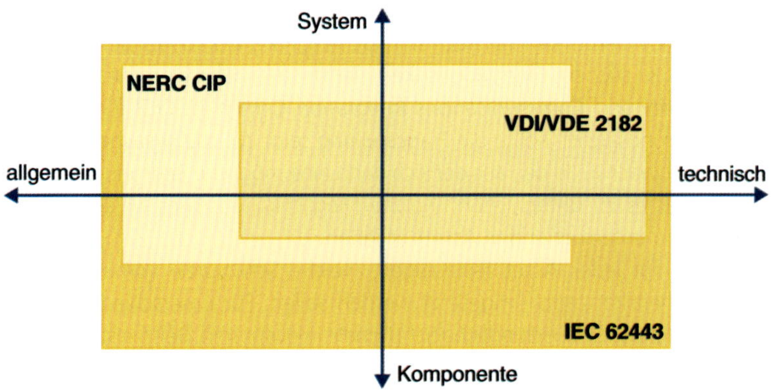

Bild C.1.4 *Übersicht Richtlinien und Normen für industrielle Steuerungssysteme* [17]

Bild C.1.4 und die nachfolgenden Abschnitte sollen eine Übersicht über bereits veröffentlichte nationale und internationale Richtlinien und Normen für industrielle Steuerungssysteme geben [9]. Darin beschriebene Methoden und Vorgehensweisen zum Thema Sicherheit und Sicherheitsmanagement unterscheiden sich im Vorgehensmodell und in ihrer Detaillierungstiefe. Neben einem guten Überblick fokussieren sie sich auf unterschiedliche Schwerpunkte und Themenbereiche in verschiedenen Detaillierungstiefen.

Eine zentrale Rolle für die Sicherheit im Bereich Industrielle Steuerungssysteme stellt die Normenreihe IEC 62 443 Industrielle Kommunikationsnetze – IT-Sicherheit für Netze und Systeme dar [18]. Sie ist umfangreich und komplex und adressiert ganzheitliche Lösungen zum Schutz der Assets. Es wird ein Sicherheitsmanagementsystem mit bewährten Vorgehensweisen definiert. Ausgehend von einer Risikoanalyse werden Prozesse und Verfahren zur Erhöhung und stärkeren Sensibilisierung der Sicherheit illustriert. Notwendige Gegenmaßnahmen zum Erhalt von Sicherheitslevels werden vermittelt sowie die Durchführung von Weiterbildungsmaßnahmen und Audits definiert.

Die Richtlinienreihe VDI/VDE 2182 Informationssicherheit in der industriellen Automatisierung – Allgemeines Vorgehensmodell umreißt, wie die Informationssicherheit von industriellen Steuerungssystemen – basierend auf einem Anforderungszyklus – durch die Umsetzung eines Vorgehensmodells erreicht werden kann [14]. Funktionen und Verantwortungsbereiche der Mitarbeiter werden dargelegt. Eine einheitliche und praktikable Vorgehensweise über den gesamten Lebenszyklus bildet die Grundlage. Die Darstellung von zwei vollständigen Anwendungsbeispielen zur Umsetzung von Schutzmaßnahmen rundet praxisbezogen die Dokumente ab.

Die ***N**orth American **E**lectric **R**eliability **C**orporation* (NERC) ist eine amerikanische Non-Profit-Organisation. Ihre Richtlinienreihe ***C**ritical **I**nfrastructure **P**rotection – Cyber Security* (CIP) stellt ein Rahmenwerk für die Stromversorgung dar und dient dem Schutz von Betriebsmitteln [19]. Neben der Bewertung der Assets durch risikobasierte Abschätzungen wird der Aufbau eines Sicherheitsmanagements erläutert. Die Entwicklung des Systems mit Themen wie Testszenarien, sichere Benutzerverwaltung durch Rollenkonzepte sowie Konfigurations- und Änderungsmanagement werden beschrieben. Auch Notfallwiederherstellungspraktiken werden in den Dokumenten berücksichtigt.

C.1.2.1.2 Organisatorische Maßnahmen

Das Fundament und somit auch die Grundlage für ein zeitgemäßes Sicherheitskonzept bilden die organisatorischen Maßnahmen eines Industrieunternehmens. Die kontinuierliche Verbesserung und Optimierung betrieblicher Abläufe zum Schutz gegen mögliche Angriffe können erheblich die Sicherheit verbessern.

Einer der wichtigsten Startpunkte zur Umsetzung eines Sicherheitskonzepts ist die Etablierung einer unternehmensinternen **Sicherheitsorganisation**, in der die für die Planung und Umsetzung des Sicherheitskonzepts verantwortlichen Personen angesiedelt sind. Eine solche Sicherheitsorganisation hat idealerweise ein fest zugeordnetes Budget und die explizite Unterstützung durch das Top-Management, um auch «unbequeme» Entscheidungen durchsetzen zu können. Durch die Sicherheitsorganisation ist in Abstimmung mit dem Management zu entscheiden, welche Unternehmensbereiche und welche Systeme innerhalb des Unternehmens in den Anwendungsbereich des Sicherheitskonzepts fallen. Typische Fragestellungen hierfür sind beispielsweise, welche Standorte und Gebiete im Unternehmen betroffen sind, aber auch, welche Anlagen, Komponenten und Netze adressiert werden müssen.

Die Sicherheitsorganisation sollte **Sicherheitsrichtlinien und -prozeduren** entwickeln. Hierzu ist es notwendig, auch Konformitätsanforderungen an Richtlinien und Prozesse zu definieren und innerhalb des Unternehmens zu verteilen. Beispielsweise kann die Festlegung eines organisationsweiten Risikotoleranzlevels Teil der Richtlinien sein. Da sich die Bedrohungslage durch neue Angriffe und Verwundbarkeiten ständig ändert, ist es notwendig, Sicherheitsrichtlinien und -prozeduren regelmäßig zu überprüfen und gegebenenfalls auch Aktualisierungen vorzunehmen.

Ein Teil der Richtlinien sollte ein **Geschäftskontinuitätsplan** sein. Das Unternehmen sollte sich hierbei mit der Fragestellung beschäftigen, was während und nach einem erfolgreichen Angriff auf das Unternehmen an konkreten Schritten durchzuführen ist, um wieder in einen geregelten Betrieb zurückkehren zu können. Hierzu sind beispielsweise Rollen und Verantwortlichkeiten sowie Meldewege festzulegen, die im Ernstfall einzuhalten sind. Weiterhin sollten konkrete Vorgaben zur Sicherung und Wiederherstellung von Systemen und Anlagen vorhanden sein. Der Geschäftskontinuitätsplan muss regelmäßig getestet und gegebenenfalls aktualisiert werden.

Ein wichtiger Teil der organisatorischen Maßnahmen ist die Erarbeitung eines Programms zur **Mitarbeiterschulung und zur Vermittlung des Sicherheitsbewusstseins.** Die Teilnahme an Schulungen und Weiterbildungsprogrammen speziell zum Thema IT-Sicherheit in industriellen Anlagen sollte gefördert und dokumentiert werden. Eine wichtige Maßnahme zur Vermittlung des Sicherheitsbewusstseins können regelmäßige Awareness-Veranstaltungen sein, bei denen beispielsweise aktuelle Angriffe oder Verwundbarkeiten an industriellen Steuerungen demonstriert werden.

Weitere organisatorische Maßnahmen betreffen die **Personalsicherheit** sowie die physische und umweltbezogene Sicherheit. So können beispielsweise schon in Arbeitsverträgen Sicherheitsanforderungen an das Personal formuliert und das erwartete sicherheitsspezifische Verhalten und die jeweiligen Pflichten dokumentiert werden. Neben informationstechnischen Aspekten kann es sinnvoll sein, auch physische Schutzbereiche innerhalb der industriellen Anlage zu definieren und an den internen Bereichsübergängen physische Zugangskontrollen einzurichten. Dies kann insbesondere Innentätern den Zugang zu kritischen Systemen und Anlagen erschweren.

Zusammenfassend lässt sich feststellen, dass effektive administrative Schutzmaßnahmen das Sicherheitsniveau in industriellen Unternehmen signifikant erhöhen können. Der Überwachung der Umsetzung und kontinuierlichen Fortschreibung der Sicherheitsmaßnahmen kommt dabei eine Schlüsselrolle zu.

C.1.2.1.3 Technische Maßnahmen

Neben den organisatorischen Maßnahmen spielen die technischen Maßnahmen eine entscheidende Rolle in der Umsetzung von Sicherheitskonzepten für industrielle Steuerungssysteme. Technische Sicherheitsmaßnahmen bilden das Fundament der Abwehr von Angreifern und können je nach Bedrohungsart verschieden ausgelegt werden. Drei wichtige Themenfelder konnten dabei identifiziert werden:

- Netzwerksegmentierungen,
- Inspektionstechnologien auf der Anwendungsschicht,
- integrierte Cybersicherheits-Plattformen.

Im Folgenden werden dazu kurz die einzelnen Ansätze erläutert.

Bei der Netzwerksegmentierung erfolgt die Segmentierung der industriellen Steuerungssysteme und der eingesetzten Kommunikationsnetze in einzelne Sicherheitszonen. Der Übergang zwischen Zonen unterschiedlichen Schutzniveaus muss durch technische Maßnahmen abgesichert und kontrolliert werden – beispielsweise, indem der Datenverkehr durch ein Segmentierungs-Gateway geschleust wird. Der Zugriff auf Systeme wird mit geringstmöglichen Privilegien für einzelne Benutzer und Benutzergruppen, basierend auf dem Rollenkonzept der Benutzerverwaltung, geregelt. Dieser Ansatz verringert die Korrelation von Benutzer und Bedrohung und reduziert die Anzahl möglicher Angriffsvarianten erheblich.

Inspektionstechnologien auf der Anwendungsschicht dienen zur Steigerung der Transparenz des Gesamtsystems. Das Überwachen detaillierter Informationen von Anwendungen, deren Inhalte und Benutzer gibt einen tiefen Einblick in das System und ermöglicht Anomalien frühzeitig zu identifizieren. Um die Kommunikation zwischen den einzelnen Betriebsmitteln zu überwachen, ist eine detaillierte Sichtbarkeit der Protokollinformationen in industriellen Steuerungssystemen notwendig. Diese Informationen werden mit den Benutzerinformationen kombiniert und auf potenziell schädliche Inhalte untersucht.

Integrierte Cybersicherheits-Plattformen für industrielle Steuerungssysteme konsolidieren viele Funktionen in einer zusammenhängenden Plattform. In den nächsten Jahren werden sie vorhandene isolierte Lösungen ohne übergreifende Kommunikationsmöglichkeiten sukzessive ersetzen und in ein kohärentes Sicherheitssystem überführen. Alle anfallenden Informationen können dann durch intuitive Benutzeroberflächen flexibel korreliert werden und sind einfach und zentral zu verwalten. Dieser verbesserte Zugang zu kritischen Bedrohungsdaten ermöglicht schnellere Reaktionen zur Identifizierung auftretender Angriffe. Die Lösungen bieten auch Sicherheit für virtuelle Umgebungen sowie mobile Erweiterungen.

C.1.2.2 Grundkonzepte technischer Maßnahmen

Defence-in-Depth ist eine tiefengestaffelte Verteidigung durch den koordinierten Einsatz mehrerer Sicherheitsmaßnahmen. Durch die Realisierung verschiedener technischer Maßnahmen im Verbund entwickelt sich eine vollständige Sicherheitslösung, die einen hohen Sicherheitsschutz bietet. Zur Schaffung eines durchgängigen Sicherheitskonzepts können je nach Bedarfsfall unterschiedliche Technologien und Lösungsansätze individuell kombiniert und verwendet werden. Ein komplexes und vielschichtiges Abwehrsystem macht den Angriff schwieriger und minimiert damit die Erfolgswahrscheinlichkeit potenzieller Angreifer.

Im Angriffsfall können bei Überwinden eines einzelnen Schutzmechanismus andere Schutzmaßnahmen greifen. Dazu müssen einerseits verschiedene sich ergänzende technische Maßnahmen implementiert sein und andererseits muss der Angreifer mehrere Barrieren durchbrechen, um zum Ziel zu gelangen.

Zu den Komponenten einer Defense-in-Depth-Strategie für industrielle Steuerungssysteme gehören:

- **Anlagensicherheit**: Ziel der Anlagensicherheit ist es, schwere Unfälle zu verhindern beziehungsweise deren Auswirkungen für Mensch und Umwelt zu begrenzen [20]. Dabei ist bei der Prozessführung die Anlage innerhalb der gegebenen Grenzen in einem sicheren Zustand zu halten und Störfälle sind zu verhindern.
- **Netzwerksicherheit**: Unter Netzwerksicherheit werden alle technischen und organisatorischen Maßnahmen zusammengefasst, mit denen die Vertraulichkeit, Integrität und Verfügbarkeit von Daten und Systemen innerhalb eines Netzwerks gewährleistet werden [21].
- **Systemintegrität**: Systemintegrität bedeutet eine korrekte, konsistente und unbeeinträchtigte Ausführung der disponierten Funktionalitäten. Die zu erwartenden Ergebnisse werden dabei ohne Beeinflussungen erbracht.

Im Folgenden werden die wichtigsten technischen Maßnahmen für industrielle Steuerungssysteme beschrieben.

C.1.2.2.1 Trennung von Unternehmensnetz und Produktion (Demilitarized Zone – DMZ)

Der Übergang zwischen den Systemen im Unternehmensnetz und den industriellen Steuerungssystemen in der Produktion ist ein einfacher Angriffspunkt für den direkten Einstieg potenzieller Angreifer. Ein kompromittiertes und somit nicht mehr vertrauenswürdiges System im Unternehmensnetz könnte somit auch großen Schaden bei den industriellen Steuerungssystemen anrichten. Die Daten in den wertschöpfenden Betriebsmitteln könnten manipuliert sein und wichtige Informationen könnten an Dritte weitergegeben werden. Auch das umgekehrte Szenario wäre denkbar. Angriffe von einer kompromittierten Komponente – die industriellen Steuerungssysteme der Produktion – könnten auf sensible Bereiche im Unternehmensnetz erfolgen.

DEFINITION

Als eine demilitarisierte Zone (***De**militarized* ***Z**one*, DMZ) wird der Zustand bezeichnet, Bereiche eines Netzwerks gesichert von außerhalb erreichbar zu machen.

Eine DMZ repräsentiert eine isolierte Netzwerkzone zwischen zwei getrennten Datennetzen, in der die Netzwerk-Sicherheitssysteme angesiedelt sind, die die Kommunikation zwischen den beiden Netzen vermitteln [22]. Dabei wird die direkte Kommunikation zwischen den Unternehmensnetzen und der Produktion vollständig durch Firewalls blockiert. Ein Austausch von Daten und Informationen ist nur indirekt über Computer bzw. Server in der DMZ durchführbar. Dabei wird der nichtautorisierte Zugriff von außen unterbunden und bestehende Vorschriften für den Kommunikationsaustausch werden umgesetzt.

C.1.2.2.2 Segmentierung in Anlagen-Subnetze

Die physikalische Segmentierung von Netzen der Automatisierungstechnik in Subnetzwerke und Zonen ist notwendig, um nach einem erfolgreichen Angriff auf eine technische Anlage weitere Zugriffe auf vor- oder nachgelagerte Maschinen- oder Anlagenbereiche zu verhindern und somit einer weiteren Kompromittierung entgegenzuwirken. Es wird dabei der freie, ungehinderte Zugriff auf benachbarte Systeme kontrolliert und gegebenenfalls eingeschränkt. Das erschwert potenziellen Angreifern den Zugang auf mögliche erreichbare Angriffsziele, und die Auswirkungen eines erfolgreichen Angriffs bleiben auf kleinere, abgegrenzte Bereiche limitiert.

Die gesamte Kommunikation der realisierten Zonen wird über spezielle Zonenübergänge ausgeführt. Diese Zonenübergänge überwachen, sichern und filtern den Verkehr der Kommunikationskanäle, um so Angriffe zu erkennen und abwehren zu können. Zugriffsbeschränkungen zu den separierten Zonen können basierend auf verwendeten Diensten und Content sowie Identifizierung von IP-Adressen und Nutzern spezifisch ausgelegt werden. Die Segmentierung industrieller Automatisierungssysteme einschließlich der Auslegung der benötigten Granularität einzelner Zonen ist ein Ansatz, der in Normenreihe IEC 6243 expliziert dokumentiert ist [23].

Bild C.1.5 zeigt ein beispielhaftes Fabriknetz mit 4 Sicherheitszonen. In der roten Zone befinden sich die besonders kritischen und damit schützenswerten Systeme, in den orangenen und gelben Zonen sind weniger kritische Systeme angeordnet. Die Übergänge in andere Zonen sind in diesem Beispiel explizit über Firewalls gesichert, ein direkter Zugang aus dem Internet oder dem Office-Netz in das Fabriknetz existiert nicht.

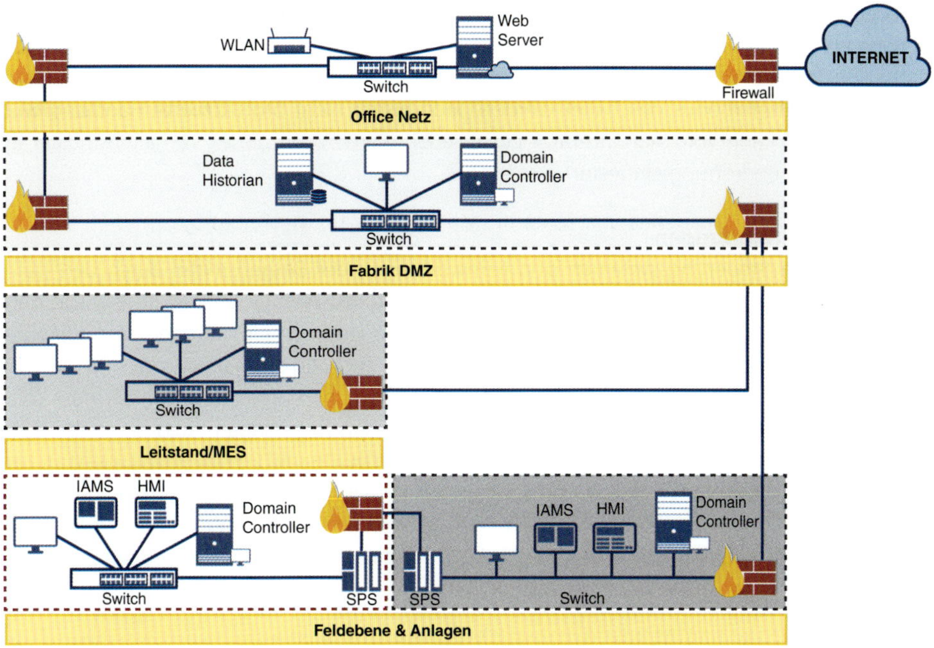

Bild C.1.5 *Beispielhaftes Fabriknetz mit Sicherheitszonen*

C.1.2.2.3 Netzwerkzugangskontrolle (Network Access Control – NAC)

Netzwerkzugangskontrolle (***N****etwork* ***A****ccess* ***C****ontrol*, NAC) ist ein Sammelbegriff für Technologien und Strategien, die die Abwehr von Schadsoftware wie Viren, Würmern und Trojaner oder unautorisierten Zugriffen aus dem Netzwerk heraus unterstützen [24]. In den Sicherheitsrichtlinien müssen sowohl die Zugriffspunkte als auch deren Zugriffsmöglichkeiten festgelegt werden.

Als erster Schritt erfolgen die Authentifizierung und das Assessment von Benutzer und Gerät mit einer eindeutigen Identifizierung. Nach erfolgtem Nachweis der Identität werden die Netzwerkadressen freigeschaltet und die Kommunikationsverbindungen den Nutzern zugeordnet. Hierbei werden richtlinienkonform entsprechend den Rollen der Nutzergruppen bestimmte Zugriffsrechte gewährt. Nach erfolgreicher Authentifizierung von Benutzer und Gerät erteilt das System die Autorisierung. Autorisierung ist ein Vorgang zur Bestimmung des Verwendungszwecks der Kommunikationsverbindung. Benutzer und Gerät sind nun in der Lage, entsprechend der Richtlinie bestimmte Aktionen durchführen zu können.

White-List-Prüfungen (Whitelisting)

White-List-Prüfungen (Whitelisting) ist eine einfache Form der Netzzugangskontrolle an den Netzübergängen und sichert so Netzwerke gegen eine Vielzahl von Bedrohungen ab [24]. Anstatt jedes Datenpaket gegen eine Liste bekannter Bedrohungen zu überprüfen, definiert Whitelisting einen Satz von Parametern in einer Positivliste als sicher für ein bestimmtes Netzwerksystem. Diese kann zum Beispiel die IP-Adresse der Geräte sein, die für den Zugriff zugelassen sind. Alle anderen Parameter außerhalb dieser als sicher definierten Parameter werden automatisch vom System blockiert.

Zum Schutz von sich bereits über einen längeren Zeitraum in Betrieb befindlichen industriellen Steuerungssystemen eignet sich diese Methode besonders gut. Zur Erstellung der Positivlisten beobachtet das System über einen definierten Zeitraum zuerst das als normal eingestufte Systemverhalten. Dabei wird neben der Netzwerkkommunikation der Teilnehmer auch die Informationsübermittlung der Programme beobachtet. Nach dieser Anlernphase kann das System dann in den Schutzmodus geschaltet werden. Jede bisher nicht protokollierte Handlung wird isoliert. Danach kann vom Administrator entschieden werden, ob dieses Verhaltensmuster als normal oder als Bedrohung eingestuft werden soll.

Fernzugriffsverbindungen

Bei industriellen Steuerungssystemen sind Fernwartungen der Betriebsmittel durch den Lieferanten oder einen beauftragen dritten Dienstleister Stand der Technik [25]. Ist bereits eine Segmentierung in Anlagen-Subnetze geschehen, müssen für jeden Zonenübergang besondere Regelungen wie Zugriffsumfang und Zugriffsdauer zur Durchführung einer Sitzung definiert sein. Zu Beginn der Prozedur muss eine Authentisierung stattfinden und die Kommunikation muss kryptographisch abgesichert sein. Bei Abweichungen von diesen Regelungen muss die Verbindung unverzüglich automatisch abgebrochen werden.

Die im System definierten Rollen und verankerten Regelungen für Fernzugriffsverbindungen können flexibel entsprechend dem Instandhaltungsplan an verschiedene Wartungsaufgaben wie vorab terminierte, routinemäßige Wartung bzw. korrektive Wartung zur Behebung von akuten Störungen oder sogar Ausfällen angepasst werden.

Einsatz von Laptops oder Notebooks als mobile Datengeräte

Die ständig steigende Leistungsfähigkeit von Laptops oder Notebooks sowie anderer mobiler Endgeräte führe dazu, dass diese als Plattformen für Wartungs- und Instandhaltungsleistungen bei industriellen Steuerungssystemen heute unerlässlich sind. Der Einsatz von externen Geräten in einem Produktionsnetz bedarf besonderer Sicherheitsmaßnahmen. Vor dem Zugang zu den Produktivsystemen sollte sichergestellt werden, dass auf dem verwendeten Gerät ausschließlich Programme, die zur Arbeit benötigt werden, installiert sind [25]. Zusätzlich ist eine Systemhärtung zur Minimierung der Auswirkungen potenzieller Sicherheitsrisiken durchzuführen und zu deklarieren.

C.1.2.2.4 Überwachungstechniken (Deep Packet Inspection – DPI)

***D**eep **P**acket **I**nspection* (DPI) steht für ein Verfahren, Datenpakete zu überwachen und Datenströme zu filtern und zu regulieren. Es wird verwendet, um aktiv Angriffe zu verhindern. Es kombiniert die Funktionalität eines ***I**ntrusion **D**etection **S**ystem* (IDS) für die Erkennung von Cyberangriffen und eines ***I**ntrusion **P**revention **S**ystems* (IPS) zur Abwehr von Cyberangriffen mit der einer traditionellen Firewall zum Umsetzen der Regeln der Netzwerkkommunikation. Diese Kombination macht es möglich, bestimmte Angriffe zu erkennen und frühzeitig Gegenmaßnahmen einzuleiten, die weder die IDS/IPS noch die Firewall alleine abfangen könnten. Dabei wird der Inhalt des Datenpaketes, also Datenteil und Headerteil, untersucht. Darüber hinaus können im Alarmfall die Netzwerkkommunikation unterbrochen und einzelne Netzwerksegmente abgeschirmt werden.

Wie bereits in Abschnitt C.1.2.2.2 angedeutet, sind Zonenübergänge geeignete Stellen in der Netzinfrastruktur, um Auffälligkeiten zu untersuchen und die Kommunikation aufzuzeichnen. Zusätzlich zu diesen Maßnahmen können Systeme zur Aufzeichnung auch direkt in zentralen Leitständen integriert werden und geben damit einen Überblick sämtlicher Komponenten und erkannter Störfälle in Echtzeit. Aufgrund der hohen Dynamik der Angriffsmuster müssen die eingesetzten Deep-Packet-Inspection-Systeme immer auf aktuellem Stand gehalten werden. Nur mit ständig aktualisierten, neuen Signaturen können neu entwickelte schadhafte Anomalien zuverlässig identifiziert werden. So ist es möglich, das Risiko von Angriffen auf ein Minimum zu reduzieren und die Sicherheit der industriellen Steuerungssysteme nachhaltig zu verbessern.

Intrusion Detection Systems (IDS)

Intrusion-Detection-Systeme bieten als Lösungen einen gesamtheitlichen Überblick sowie umfangreiche Zusammenfassungen aller im Netzwerk ablaufenden Vorgänge. Sie überwachen und analysieren den gesamten Datenverkehr in Echtzeit. Bekannte Angriffe auf das Netzwerk, missbräuchliches Anwenderverhalten oder Sicherheitsverletzungen werden automatisch erkannt, protokolliert und lösen definierte Ereignisse und Aktionen im System aus. Erfasste Daten werden permanent mit bekannten und abgespeicherten Angriffssignaturen verglichen. Dadurch erkennt das System frühzeitig Anomalien im Datenverkehr. Es überwacht weiterhin innerhalb des Netzwerks ordnungsgemäße An- und Abmeldungen sowie die Zugriffe auf Informationen und Daten.

Intrusion Prevention Systems (IPS)

Intrusion-Prevention-Systeme bieten eine Funktionserweiterung von Intrusion-Detection-Systemen mit dem Ziel, bekannte Angriffe auf das Netzwerk, missbräuchliches Anwenderverhalten oder Sicherheitsverletzungen nicht nur zu erkennen, sondern sie auch automatisch abzuwehren. Gängige Systeme basieren auf für den Anwendungszweck zielgerichtet entwickelte Hard- und Software.

Eine Übersicht der Funktionsweise von Intrusion-Detection-Systemen (IDS) und Intrusion-Prevention-Systemen (IPS) ist in Bild C.1.6 dargestellt. Der Daten-Preprozessor arbeitet die zu kompilierenden Dateien vor der eigentlichen Kompilation durch. Dabei setzt er die im System definierten Direktiven zur Einbindung von Subroutinen oder Parametersätzen um. Der Erkennungsalgorithmus enthält Funktionen zur Erkennung von Angriffsmustern, basierend auf Signaturen. Dieses sind Muster oder Ereignisse eines bereits bekannten Angriffs oder einer missbräuchlichen Nutzung. Im Fehlalarm-Filter werden Abweichungen des Systems von seinem Normalzustand sowie Abweichungen des Kommunikationsverkehrs von den Protokollspezifikationen mit weiteren Auswertungsmethoden untersucht und identifiziert. Danach werden entsprechende Maßnahmen zur Angriffsabwehr automatisch vom System eingeleitet.

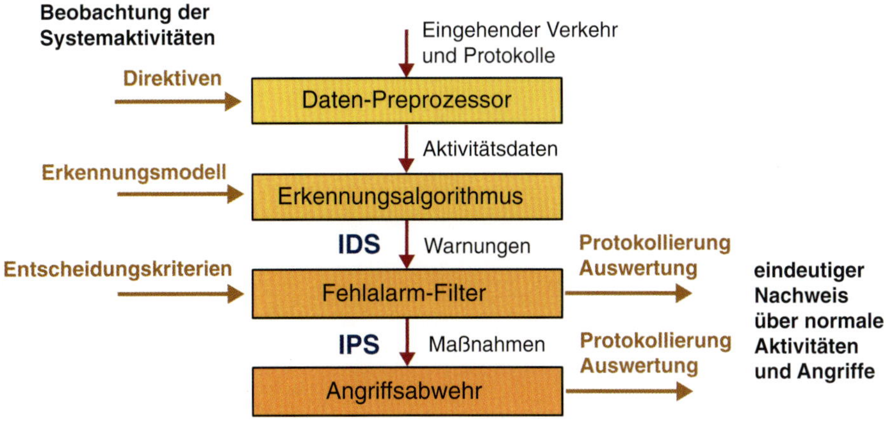

Bild C.1.6 *Funktionsweise von IDS- und IPS-Technologien* [26]

Die Protokollierung und anschließende Auswertung in Form von geeigneten Berichten dient als Grundlage möglicher forensischer Untersuchungen und Analysen nach Sicherheitsvorfällen. Eine zentralisierte Speicherung der Dateien sollte in einem Dateisystem erfolgen, das keine nachträglichen Änderungen zulässt und somit Manipulationen verhindert.

In Kürze

Moderne Produktionsanlagen sind hochgradig vernetzt. Eingebettete Systeme kommunizieren selbstständig miteinander, Planungssysteme aus der Cloud berechnen Auftragsschritte und Maschinenbelegungen, Anlagenführer überwachen und steuern aus der Ferne, Wartungspersonal greift weltweit zu und führt Konfigurationsänderungen aus. In der vernetzten Welt endet der Schutz von Produktionsanlagen nicht mehr am Gebäude oder am Fabrikgelände. Nicht erst seit Meldungen über Stuxnet, Duqu, Flame und Havex ist klar, dass Produktionsanlagen Ziele für Cyberangriffe sind. IT-Sicherheit in der industriellen Produktion muss dabei spezifische Randbedingungen berücksichtigen, die im Büro-Umfeld, bei PC-Arbeitsplätzen und Internet-Servern so nicht zu finden sind. Für Produktionsumgebungen müssen daher neue Strategien und Verfahrensweisen gefunden werden, um IT-Sicherheit in der Praxis umzusetzen, und das nicht nur in neuen Systemen, sondern vor allem in Altanlagen. In diesem Artikel wurden das grundlegende Bedrohungspotenzial für industrielle Steuerungssysteme sowie technische und organisatorische Maßnahmen vorgestellt, das Risiko zu minimieren, Opfer eines Cyberangriffs zu werden. In den folgenden Abschnitten werden einzelne Aspekte der Sicherheitskonzepte für ICS-Systeme detailliert betrachtet. Generell gilt: Cyber-Sicherheit wird für eine erfolgreiche Digitalisierung der industriellen Produktion ein entscheidender Faktor sein.

C.2 Grundlegende Sicherheitsbedrohungen und Lösungsmöglichkeiten im ICS-Umfeld: Probleme – Lösung – Beispiele

C.2.1 Einleitung

Mit der zunehmenden Kopplung der IT-Netzwerke, der Office-Umgebungen und der Produktionssysteme ergeben sich für Letztere nun leider ebenso die Gefährdungen, die wir für die Ersteren seit Jahrzehnten kennen. Produktionssysteme und industrielle Netze waren bis vor Kurzem noch vom Internet isolierte Installationen, so dass Design und Standardkonfiguration den Aspekt der Informationssicherheit eher vernachlässigt haben. So wurden 54% aller Firmen mit industriellen Kontrollnetzen im Jahr 2017 Ziel von Sicherheitsvorfällen. Mehr als 80% der Firmen waren dabei von zwei oder mehr Angriffen betroffen. Die häufigsten Angriffsquellen waren dabei mit Abstand Malware (53% der Angriffe) und Advanced Persistent Threats (36% der Angriffe) [1].

Insbesondere im Bereich der sogenannten kritischen Infrastrukturen, aber nicht nur dort, spielt die Absicherung von Industriesteuerungsanlagen eine entscheidende Rolle. Beispiele für kritische Infrastrukturen sind Wasser-, Energie- und Rohstoffversorgung wie Gas und Öl, aber auch Informationstechnologie und Telekommunikation. Auch weitere Felder wie die pharmazeutische Großproduktion von Medikamenten sowie relevante Infrastruktur aus den Branchen Finanz- und Versicherungsdienstleistung, Transport und Verkehr sind als kritische Infrastruktur zu betrachten.

In diesem Abschnitt werden daher die typischen Schwachstellen und daraus resultierende Bedrohungen dargestellt, die sich aus der neuen Konnektivität ergeben, aber auch Strategien zum Schutz gegen diese Probleme vorgestellt.

C.2.2 Schwachstellen und veränderte Bedrohungslage

Ein industrielles Netzwerk besteht vereinfacht dargestellt aus drei Teilen (Bild C.2.1).

Die Ebene der Produktionsüberwachung befindet sich logisch und physisch zwischen dem Office- und der Prozessleit- und Kontrollebene, weswegen ihr auch die Funktion eines DMZ-Netzwerks zugeteilt ist (DMZ – Demilitarized Zone). Die Produktionsüberwachung ist also eine Zwischenebene, die das kritische Produktionsnetzwerk von direkten Zugriffen aus dem Office-Netzwerk (und damit in der Regel aus dem Internet) abschirmt.

Informationssicherheit lässt sich bekannterweise in die Bereiche Vertraulichkeit, Integrität und Verfügbarkeit unterteilen. In Abgrenzung zu reinen IT-Systemen spielt im OT-Umfeld die Verfügbarkeit oft die größte Rolle. Mögliche Folgeschäden eines Angriffs auf Kontrollsysteme sind die Verlangsamung oder Abbruch der Produktionsprozesse, Unterdrückung von produktionsrelevanten Daten sowie Schädigung oder Zerstörung von Produktionsanlagen. Ähnlich wichtig ist die Integrität von industriellen Systemen, da eine Übernahme und Manipulation von Kontrollsystemen eine Verfälschung von Produktionsdaten, unautorisierte Kontrolle von Sicherheitssystemen und Manipulation der Produktion nach sich ziehen kann, wobei entsprechende Abweichungen im Prozess zu gefährlichen Produkten oder physischer Zerstörung führen können. Durch die Kompromittierung vertraulicher Informationen kann ein Angreifer schließlich wertvolle Firmengeheimnisse entwenden oder Wissen über den Prozess erlangen, um damit industrielle Systeme gezielter angreifen zu können.

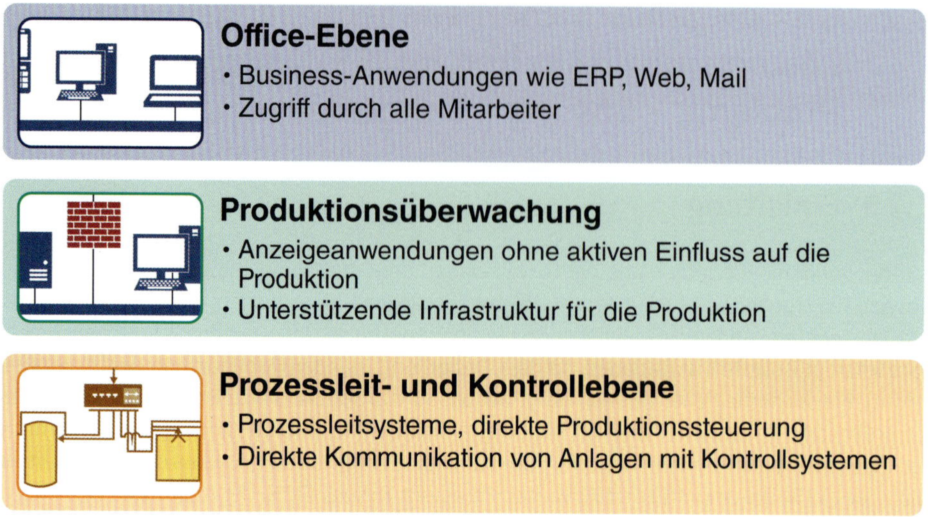

Bild C.2.1 *Schichtenmodell eines industriellen Netzwerks*

In diesem Abschnitt möchten wir die Motivation der Angreifer und die Bedrohungen und mögliche Auswirkungen getrennt nach den Technologiearten näher untersuchen.

C.2.2.1 Angriffe auf industrielle Kontrollsysteme

Die Motivation der Angreifer ist sehr vielfältig und geht weit auseinander. So kann man beispielsweise über https://www.shodan.io/ relativ einfach auch nach Industriesteueranlagen suchen, die über das Internet erreichbar sind. Damit liegt die Hemmschwelle für Script Kiddies nicht sehr hoch, diese Anlagen rein aus Neugier heraus anzugreifen. Professionellere Angreifer haben vermutlich eher Gewinnerzielungsabsichten hinter durchgeführten oder nur angedrohten Angriffen oder agieren im Auftrag eines Konkurrenzunternehmens. Staatliche Organisationen schließlich agieren nach politischen Maßstäben und wollen geheime Informationen ermitteln oder Anlagen tatsächlich zerstören.

Das beste Bild zum Vorgehen von Angreifern industrieller Kontrollsysteme zeichnet sich jedoch ab, wenn man einige tatsächliche und folgenschwere Vorfälle und Angriffe auf ICS innerhalb der letzten 10 Jahre betrachtet (Bild C.2.2).

Im Jahr 2007 demonstrierte das Aurora-Projekt, ein Forschungsprojekt der *__I__daho __N__ational __L__aboratories* (INL), dass ICS-Komponenten durch einen Cyberangriff zerstört werden können. Hier wurde eine SPS durch einen Angriff aus der Ferne übernommen und durch entsprechende Befehle ein Dieselgenerator zur Explosion gebracht [2].

Im Jahr 2008 infizierte der Wurm «Agent.btz» Rechner des US-Militärs und drang erfolgreich in das Rechnernetz des Zentralkommandos der Vereinigten Staaten, vermutlich über einen USB-Stick, ein [3]. Das US-Militär benötigte daraufhin mehr als ein Jahr, um den Wurm aus ihrem Netzwerk zu entfernen [4].

Im Jahr 2010 wurden 38 000 OT-Schwachstellen bei 100 Energieversorgern in den USA gefunden. Im Durchschnitt war die jeweilige Schwachstelle bereits seit fast 3 Jahren bekannt [5].

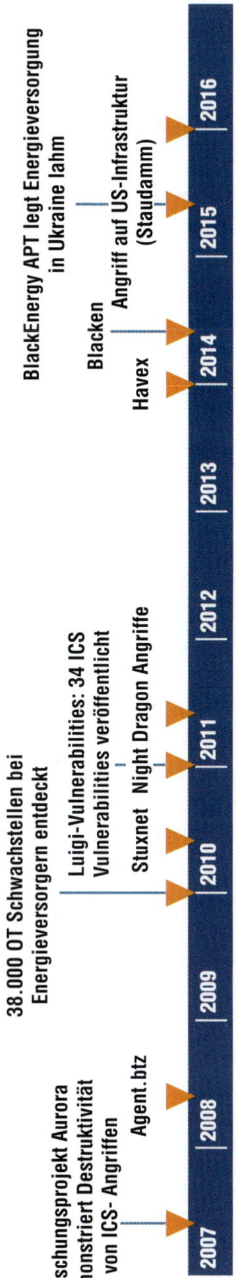

Bild C.2.2 *Zeitstrahl wichtiger Angriffe auf industrielle Kontrollsysteme*

Ebenfalls im Jahr 2010 demonstrierte die ICS-Schadsoftware Stuxnet eindrucksvoll, wie angreifbar selbst hochkritische Industrieanlagen waren. Stuxnet war bereits seit 2009 bekannt, jedoch kamen Angriffe erst im Folgejahr. Stuxnet nutzt 4 «Zero day»-Schwachstellen und greift SIMATIC WinCC und PCS 7 an [6].

Als Beispiel für die Technologie und Strategie hinter einem fortgeschrittenen Angriff wird im Folgenden die Angriffsstrategie von Stuxnet im Detail erläutert. Stuxnet verbreitet sich auch über ein Rootkit, das Standard-Logins von SQL-Servern auf Siemens-SPSen ausnutzt. Es nutzt auch hartcodierte Logins auf Siemens-Hardware, die zuvor nicht bekannt waren, sowie gestohlene Schlüssel, um sich per Signatur als legitim auszugeben. Stuxnet kann Logik-Code in SPSen injizieren, wodurch es sich u.a. selbst tarnen kann. Eine Infektion von Windows-Rechnern erfolgt mittels Zero-day-Schwachstellen und gestohlenen Zertifikaten. Stuxnet sucht nach Anti-IDS-Strategien und Antivirensoftware, bevor es aktiv wird. Sowohl Angriffe über das Netzwerk als auch entfernbare Medien (USB-Sticks, USB-Festplatten) werden für eine maximale Verbreitung im Netzwerk genutzt. Stuxnet injiziert auch Pakete in Profibus-Netzwerke und greift den Datenverkehr von SPSen an, um sich zu tarnen und die Kontrolle über Siemens-SPS zu übernehmen, das Profibus-Netzwerk zu überwachen und nach bestimmten Aktivitäten der Kontrollsysteme zu suchen. Stuxnet kann sich zudem selbst aktualisieren. Der Schadcode in Stuxnet sucht nach bestimmten Anlagen mit Frequenzwandlern, die die Geschwindigkeit eines Motors kontrollieren, und ändert hierüber die Motorengeschwindigkeit zeitweise (zyklisch von 1410 Hz auf 2 Hz). Dies kann z.B. Zentrifugen, wie sie in Kernkraftwerken bzw. zur Urananreicherung genutzt werden, schädigen oder ihre Lebensdauer deutlich verkürzen. So geschah dieses auch bei einem Angriff auf die iranischen Nuklearanlagen in Natanz durch Stuxnet, durch den geschätzte 20% der nuklearen Zentrifugen des Landes zerstört wurden.

Im März 2011 publizierte der italienische SCADA-Security-Forscher Luigi Auriemma 34 verschiedene Schwachstellen in SCADA-Equipment wie Siemens FactoryLink, Iconics Genesis oder RealFlex RealWin, die konkret durch einen Angreifer ausnutzbar sind (die sogenannten «*Luigi vulnerabilities*»). Im Herbst 2011 folgten dann weitere Schwachstellen von Auriemma zu HMI-Produkten, u.a. von Cogent, Progea und Rockwell [7].

Anfang 2011 wurden eine Reihe systematischer Angriffe auf Öl- und Energieunternehmen, darunter BP, Exxon und Shell, entdeckt. Diese stammten aus China und es wird vermutet, dass sie bereits seit zwei Jahren unentdeckt liefen. Im Rahmen dieser sogenannten «*Night Dragon*»-Angriffe wurde eine Vielzahl sensitiver Informationen von den betroffenen Firmen entwendet. «Night Dragon» bahnte sich seinen Weg sowohl über Schadsoftware, die mittels «Spear phishing» in das Unternehmen eingeschleust wurde, als auch über die Web-Server seiner Ziele, die mit SQL Injections angegriffen wurden. Von dort breiteten sich die Angreifer in sensitivere interne Netzwerke der Firmen aus. Durch ein Netzwerk von Rootkits und Trojanern wurde vor allem der Mailverkehr des höheren Managements abgefangen [8].

Im Jahr 2014 wurde der ICS/SCADA-Trojaner Havex entdeckt. Dieser wurde als angebliches Update von einer kompromittierten Vendoren-Webseite heruntergeladen. Havex sucht das gesamte LAN nach OPC-Servern ab und schickt alle gefundenen Daten an einen zentralen Kommandoserver. Die Auswirkungen von Havex sind daher Datenklau und Spionage, was weniger auffällig als der Schaden an Anlagen ist. Durch die enthaltenen Betriebsgeheimnisse in den Daten kann dies ebenso erhebliche wirtschaftliche Schäden für Unternehmen nach sich ziehen [9].

Im gleichen Jahr wurde der Trojaner «*Blacken*» vom Sandworm Team in Produktionsanlagen gefunden. Dieser wird per Fernzugriffstrojaner in Form eines Botnetzes gesteuert und greift die Nutzer der SCADA-HMI-Software «GE Cimplicity» an. Die Verteilung des Trojaners erfolgt in applikationsspezifischen Dateien [10]. Im Dezember 2015 fand ein erfolgreicher Angriff auf einen Stromanbieter in der Westukraine statt, der zu einem großflächigen Stromausfall auch in einer nahen Großstadt führte. Ermittlungen ergaben, dass sich die Malware «BlackEnergy» über Makros in Excel-Dateien einen Weg ins Unternehmen gebahnt hatte. Die schadhaften Makros stammten wiederum aus einem Spear-phishing-E-Mail-Angriff auf das Unternehmen [11].

Im März 2016 fand laut dem US-Justizministerium ein Angriff auf die Infrastruktur der Vereinigten Staaten statt, indem die ICS-Kontrollen in einem Staudamm im Staat New York übernommen wurden. Die Angreifer waren hier bereits drei Jahre zuvor über ein GSM-Modem eingedrungen und hatten sich im System etabliert [12].

Im Juni 2016 wurde ein Angriff durch die Windows-Schadsoftware SFG auf die Netze eines europäischen Stromunternehmens bekannt. SFG manipulierte ICS-Steuergeräte, um eine Backdoor für unautorisierten Fernzugriff zu etablieren. Das Hauptziel des Angriffs war das Mitlesen von Daten aus dem Energienetz, um dieses potenziell auch lahmlegen zu können. SFG enthielt Programmteile, um bekannte Antivirus-Software sowie auch Firewalls zu umgehen, und ist durch seine Komplexität und potenzielle Schadwirkung als APT einzustufen [13].

C.2.2.2 Advanced Persistent Threats

Der Begriff Advanced Persistent Threat (APT) hat sich sowohl in der IT- als auch in der ICS-Welt etabliert, um besonders hochentwickelte Cyberattacken zu beschreiben, auf die mehrere der folgenden Kriterien zutreffen:

- Nutzung mehrerer Angriffsvektoren (z.B. Exploits, Trojaner und Phishing),
- Nutzung von Zero-day-Exploits, d.h. bisher unbekannte Schwachstellen, gegen die Verteidigung nur schwer möglich ist,
- hochentwickelte Tarnung, z.B. Trojaner, die sich vor aktuellen Anti-Malware-Produkten tarnen können,
- strategisch geplante Verbreitung im Firmennetz: effizient, aber so, dass sie über lange Zeit möglichst nicht auffällt. Beispiel: nur ein Verbreitungsversuch am Tag, damit vom IDS kein Angriff vermutet wird;
- auf bestimmte strategische Ziele gerichtet: spezifischen Schaden zu verursachen, bestimmte Informationen zu entwenden oder zu manipulieren oder lange im Unternehmen zu bleiben,
- es werden mehrere Verbreitungs- und Tarnvektoren genutzt,
- die Vorgehensweise legt nahe, dass es sich beim Angreifer um feindliche Staaten, Geheimdienste, organisierte Kriminalität, Industriespionage oder Ähnliches handelt.

Neben den erwähnten Zero-day-Schwachstellen nutzen APTs als Einfallstor oft auch Social Engineering, d.h. gezielte Manipulation von Menschen, um sich Zugriff zu verschaffen. Ein solches Beispiel ist Spear Phishing, bei dem mit hohem Aufwand authentisch aussehende Mails mit schädlichen Inhalten oder Links speziell für die angedachten Empfänger aufbereitet und versendet werden, um eben diese Schlüsselpersonen in der Firma oder Organisation dazu zu bringen, bestimmte Sicherheitsmechanismen außer Kraft zu setzen oder eine Schadsoftware herunterzuladen und auszuführen. Auch wenn hier mit Awareness Trainings das Risiko reduziert werden kann, ist es nicht möglich, das Risiko durch ein menschliches Fehlverhalten auf Betrugs- und Manipulationsversuche völlig auszuschalten. Dies ist ein wichtiges Beispiel, da es zeigt, dass ein absoluter Schutz gegen den initialen Angriff – bei entsprechend hohem Aufwand durch den Angreifer – nicht möglich ist [14].

C.2.3 Standards und Richtlinien als Grundlage für erste Orientierungen

Es wurde bereits eine Reihe von Standards und Richtlinien zur Sicherheit von Industriesteueranlagen entwickelt. Dieser Abschnitt soll lediglich die wichtigsten dieser Vorgaben aufführen und einen kurzen Überblick dazu geben. Detaillierte Darstellungen finden sich im entsprechenden Kapitel dieses Buches.

Einer der wichtigsten wegbereitenden Sicherheitsstandards im ICS-Umfeld ist der ISA99-Standard der International Society of Automation. Er beschreibt den Schutz von SCADA-Infrastruktur mittels einer Unterteilung in einzelne Sicherheitsebenen («ISA Security Levels») [15], die von am ehesten zugänglich und am entferntesten von der Produktionssteuerung (ISA-Level 5) bis zu am stärksten zugriffsbeschränkt, kritisch und am produktionsnahesten (ISA-Level 1) geordnet sind. Innerhalb dieser einzelnen ISA-Levels kann eine weitere Unterteilung in Zonen erfolgen (z.B. um vollständig aktuelle und abgesicherte Prozessleitsysteme von solchen zu trennen, bei denen ein Restrisiko eines Angriffs besteht). Typischerweise wird das Office-Netzwerk als Level 5 gesehen, eine DMZ mit Zugriff auf Anzeigesysteme als Level 4 und die produktionssteuernden Netzwerke als ISA-Level 3-1 gesehen. Der ISA-Level 0 ist den Sensoren und Aktuatoren vorbehalten, die direkt die Produktionsmaschinen kontrollieren. Des Weiteren kategorisiert der ISA99-Standard die Sicherheitsanforderungen in sieben Grundbereiche (FR1-FR7) [15], und zwar:

- Zugriffskontrolle,
- Nutzungskontrolle,
- Datenintegrität,
- Vertraulichkeit,
- Beschränkung des Datenaustausches,
- zeitnahe Reaktion auf Vorfälle und
- Ressourcenverfügbarkeit.

Jede dieser Kategorien verfügt zudem jeweils über Systemanforderungen, u.a. Identitäts- und Zugriffsverwaltung, Integrität des Datenverkehrs, der Software und der Information, Verschlüsselung und Key-Management, Segmentierung von Anwendungen und das Konfigurations- und Netzwerkressourcenmanagement.

Basierend auf dem ISA99-Standard liefert die IEC-Norm IEC 62 443 [16] ein aktuelles und umfassenderes Regelwerk zur Sicherheit für Netze und Systeme von industriellen Kommunikationssystemen. Ein Kapitel beschreibt die Etablierung eines ICS-Sicherheitsprogramms inkl. Patch Management im ICS-Umfeld und Anforderungen für ICS Service Provider. Ein weiteres Kapitel definiert die Maßnahmen für Netzwerk und Systemsicherheit im ICS-Umfeld. Es beschreibt zum einen die für Automatisierungs- und Kontrollsysteme spezifischen Sicherheitstechnologien und legt zum anderen die grundlegenden Sicherheitsanforderungen und die erwähnten Schichten dar. Schließlich legt das dritte Hauptkapitel des IEC-62443-Standards die Systemanforderungen und verschiedenen Sicherheitsebenen analog zu ISA99 dar.

Im ICS-Umfeld kommen sowohl allgemeine Standards wie ISO/IEC 27 001 [17] und 27 002 [18] als auch spezialisierte Normen und Vorschriften wie NIST SP 800-82 [19], NRG 5.71 [20] und CFATS [21] zum Einsatz. Bei ISO 27 001 handelt es sich um den ISO-Standard, der Anforderungen für die Einrichtung, Umsetzung, Aufrechterhaltung und fortlaufende Verbesserung eines dokumentierten Informationssicherheits-Managementsystems (ISMS) für eine Organisation festschreibt. Hierzu gehören auch Anforderungen für die Beurteilung und Behandlung von Informationssicherheitsrisiken sowie für die Implementierung von geeigneten Sicherheitsmechanismen. Ergänzend hierzu spezifiziert ISO 27 002 Empfehlungen für diverse Kontrollmechanismen für die Informationssicherheit wie organisationsweite Sicherheitsrichtlinien, Asset Management, Zugriffskontrolle, Kommunikationssicherheit, Sicherheit bei Zulieferern usw.

NIST SP 800-82 hingegen zielt direkt auf das ICS-Umfeld ab und dient als Richtlinie zur systematischen Absicherung von industriellen Kontrollsystemen, SCADA-Systemen, verteilten Kontrollsystemen (DCS), Systemen mit PLCs usw. Er bietet eine Übersicht über typische ICS-Systemarchitekturen, identifiziert die häufigsten Bedrohungen und Schwachstellen und gibt Empfehlungen zu entsprechenden Gegenmaßnahmen zur Risikominimierung an.

Noch spezifischer ist der amerikanische Standard NRG 5.71, der sich auf die Cybersicherheit nuklearer Anlagen und Kraftwerke bezieht, hier insbesondere auf Sicherheitsfunktionalität, Notfallmaßnahmen und unterstützende Systeme im nuklearen Bereich. Analog hierzu dient der amerikanische CFATS-Standard (***C****hemical* ***F****acility* ***A****nti-****T****errorism* ***S****tandards*) zur Identifizierung und Absicherung von chemischen und elektrischen industriellen Anlagen, von denen ein besonders hohes Risiko ausgeht. CFATS schreibt dann eine Reihe von Sicherheitsmaßnahmen vor, um entsprechende Risiken zu minimieren.

C.2.4 Strategien zum Schutz

Viele der Ansätze zur ICS-Sicherheit basieren auf Enterprise-Security-Lösungen, die auf die Anforderungen und Risiken im ICS-Umfeld angepasst sind. Für spezifische Hardware, Software und Netzwerkprotokolle im Automatisierungsumfeld müssen jedoch weitergehende Lösungen anhand von Expertenwissen implementiert und ggfs. zuvor entworfen werden. Die technologiespezifischen Schwachpunkte und entsprechenden Empfehlungen zur Absicherung finden sich in diesem Abschnitt. Die Betrachtung dazu ist in die Themenblöcke Netzwerk, Maschinen und die umgebenden Sicherheitsprozesse gegliedert, um eine ganzheitliche Betrachtung zu bieten.

C.2.4.1 Netzwerksicherheit

Eine der ersten und grundlegenden Absicherungsmaßnahmen ist sicherlich die grundlegende Architektur der Netzwerke und der Netzübergänge. Aber auch die in diesen Netzen verwendeten speziellen ICS-Protokolle verdienen Beachtung, da diese oft genug eben das Mittel sind, wie Daten von einem Netzbereich in einen anderen transferiert werden. Schlussendlich wird noch auf die grundlegende Absicherung der einzelnen Maschinentypen eingegangen.

C.2.4.2 Netzwerkarchitektur

Im Folgenden wird eine sichere ICS-Netzwerkarchitektur beschrieben (Bild C.2.3), die analog zum ISA99/IEC-62443-Sicherheitsstandard die kritischsten Systeme im Netzwerk am besten schützt, um das Angriffsrisiko dort zu minimieren, wo der zu erwartende Schaden am größten ist.

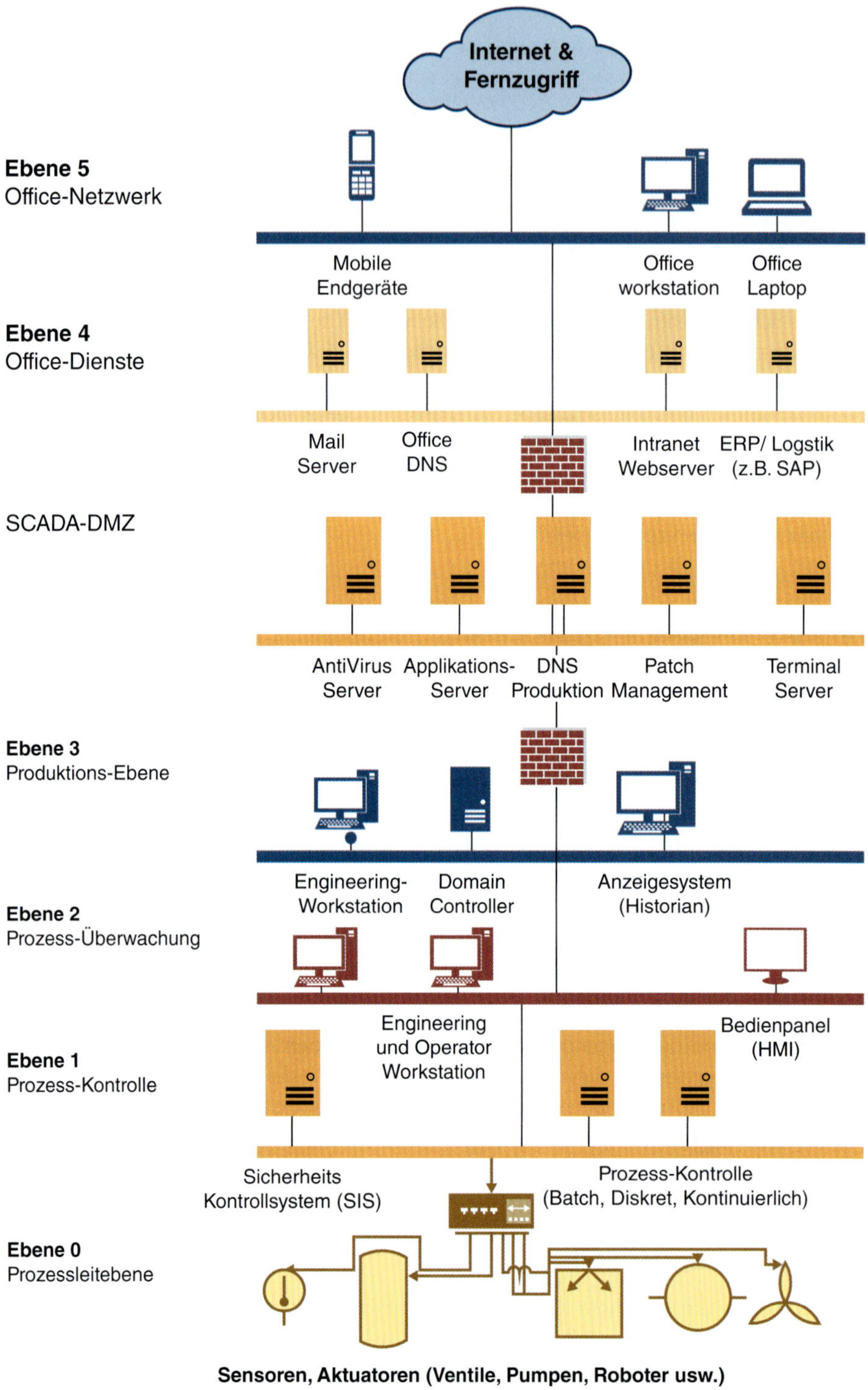

Bild C.2.3 *Schichtenmodell für sichere ICS-Netzwerke gemäß der ISA99/IEC-62443-Richtlinie*

In der Praxis ist das häufigste Problem, dass es auch in den am stärksten gesicherten ICS-Netzen der Kontrollebene Einfallstore gibt, durch die ein Angreifer das Konzept sicherer Zonen oder Schichten durchbrechen kann. Typische Einfallstore in die sicheren Netzwerke sind:

- Fernzugriff (Remote Access), z.B. auch durch GSM-Modems oder andere Kommunikationskanäle an industriellen Geräten,
- USB-Sticks und andere Wechselmedien,
- beabsichtigte Ausnahmen in der Firewall sowie
- Schwachstellen und Fehler in der Firewall-Konfiguration.

Direkt mit dem Internet und ggfs. anderen öffentlichen Netzwerken verbunden ist das Office-Netzwerk. Hier werden Geschäftsanwendungen benötigt und alle Nutzer besitzen Zugriff. Hier befinden sich auch die nötigen Ressourcen für Sales, Marketing, Buchhaltung, Logistik (z.B. SAP oder Microsoft Dynamics), Reporting, Mail, Web sowie ggfs. Cloud Computing und andere Internet-Dienste. Das Office-Netzwerk muss zumindest auch Informationen aus SCADA-/ICS-Netzen empfangen können, um diese für Reporting, Logistik und andere Zwecke aufbereiten zu können. Häufigste Angriffe hier sind nicht aktualisierte Software und nicht aktualisierte bzw. unsicher konfigurierte Web- und Internet-Services sowie auch Angriffe durch Phishing und über Wechselmedien.

Schutz: Patch Management auf Betriebssystem- und Anwendungsebene, Configuration Management, Identitäts- und Zugriffsmanagement, angemessenes und möglich restriktives Firewalling zum Internet und zu anderen externen Netzen (z.B. andere Firmenstandorte), Minimierung der angebotenen Netzwerkservices auf das absolut Nötige, Mitarbeiterschulungen im Hinblick auf Sicherheit und Kontrolle der Nutzung von Wechselmedien und Internet-Services durch Mitarbeiter. Die Entsprechung zum Office-Netzwerk sind die ISA99-Schichten 4–5. Die äußerste Schicht 5 nach ISA99 ist hier einer DMZ (demilitarisierte Zone) im Office-Netzwerk gegenüber dem Internet vorbehalten, in der Services wie Mail, Web und öffentliche DNS laufen, die direkt Daten vom Internet empfangen.

Getrennt vom Office-Netzwerk ist dann eine ICS-DMZ (Produktionsüberwachung), die das Office-Netzwerk vom eigentlichen Prozessleit- und Kontrollnetzwerk trennt. In der ICS-DMZ findet die geschützte und kontrollierte Datenübermittlung zwischen Office-Anwendungen und den SCADA/ICS-Anwendungen statt. Jeglicher Datenverkehr, der vom Office-Netzwerk ausgehend in die DMZ hinein erlaubt ist, sollte als potenzieller Angriffsvektor gesehen werden. Hier ist unter anderem ein besonders restriktives Firewalling unbedingt notwendig. Besonders schützenswerte Objekte in der DMZ sind sämtliche Verbindungen in das darunterliegende Kontrollnetzwerk, getunnelte Feldbus-Protokolle (der Begriff «Feldbus» beschreibt sämtliche Kommunikation zwischen Anlagen und Kontrollsystemen, darunter Protokolle wie Modbus, Profibus, ICCP usw.), direkte Verbindungen zu Kontrollsystemen, Authentifizierungs-Terminals, weitere Fernzugriffsmöglichkeiten und Infrastruktur, die ggfs. Dienste bereitstellt, die im Kontrollnetzwerk genutzt werden. Die ICS-DMZ entspricht dem Layer 3 gemäß ISA99.

Schließlich handelt es sich beim Prozessleit- und Kontrollnetzwerk um das Herz der ICS-Netzwerkarchitektur. Hier befinden sich die Kontrollsysteme, HMIs, SPSen und andere Bestandteile von Automatisierungssystemen, kommunizieren direkt mit den Prozessleitsystemen und steuern die industrielle Produktion. Der Zugriff auf das Kontrollnetzwerk muss sich auf das absolut notwendige Minimum zur Nutzung und zur Administration bzw. Wartung beschränken. Der potenzielle Schaden bei einem erfolgreichen Angriff ist hier am größten. Das Kontrollnetzwerk entspricht den Layern 0–2 gemäß ISA99, wobei Layer 0 den Prozessleitsystemen wie Sensoren, Motoren, Aktuatoren vorbehalten ist, die durch SPSen und andere Controller (Layer 1), HMIs und Automatisierungssysteme (Layer 2) gesteuert werden.

Um die Folgen eines erfolgreichen Angriffs im Kontrollnetzwerk auf möglichst wenige Systeme zu beschränken und so das Schadensrisiko zu minimieren, kann unterhalb der Ebenen der Kontrollnetzwerke eine weitere Segmentierung in einzelne geschützte Segmente (d.h. durch die Firewall getrennte Subnetze, VLANs, oder physisch getrennte Netzwerke) erfolgen. Hier sind verschiedene Segmentationsstrategien möglich. So kann z.B. das «Legacy Equipment», d.h. Systeme, die bald das Ende ihres Lebenszyklus erreichen oder bei denen aufgrund von Kosten oder anderen Beschränkungen nicht zeitnah ein ausreichendes Sicherheits-Upgrade möglich ist, in ein oder mehrere getrennte Segmente eingeordnet werden, die dann mit restriktivem Firewalling von der übrigen ICS-/SCADA-Landschaft weitgehend isoliert werden. Prinzipiell lassen sich Segmente bilden, in die logische Gruppen von ICS-Equipment in sinnvoller Weise gruppiert und dann innerhalb ihrer Gruppe gegen das restliche Kontrollnetzwerk abgesichert werden. Hier beispielhaft einige mögliche Kriterien für eine solche Gruppierung:

- Geräte, die die gleichen Aufgaben ausführen,
- Geräte, die ähnliche Dienste anbieten (z.B. ICS-Infrastruktur, ICS-Data Storage o.Ä.),
- Geräte, die zum selben ICS-System gehören (z.B. Automatisierungssystem für Produkt X),
- Geräte, die das gleiche SCADA-/Feldbus-Protokoll sprechen,
- Geräte im gleichen Produktionsgebäude bzw. Geräte, die gemeinsam dasselbe Produkt herstellen,
- Geräte eines Herstellers (wg. gemeinsamer Fernwartung).

C.2.4.3 Übersicht einiger relevanter Netzwerkprotokolle unter Sicherheitsaspekten

Dieser Abschnitt beschäftigt sich mit den Sicherheitseigenschaften einiger wichtiger Netzwerkprotokolle im ICS-Umfeld und gibt auch Empfehlungen zu ihrer Benutzung.

Die wichtigsten Anforderungen an die Sicherheit von Netzwerkprotokollen sind Verschlüsselung der Inhalte und manipulationssichere Authentifizierung, ggfs. mit Rechteverwaltung. Zudem sollten Netzwerkprotokolle allgemein immer so entworfen sein, dass ein Fälschen von Nachrichten oder von Absenderadressen im Protokoll durch Angreifer unmöglich ist. Viele Schwachstellen in Netzwerkprotokollen führten in den letzten 20 Jahren im Internet zu Angriffen, wo einige dieser Anforderungen nicht verlässlich implementiert waren. In gängigen Protokollen der ICS-Welt sind solche architekturellen Schwachstellen noch vermehrt vorhanden: So verfügen einige der im Folgenden vorgestellten Protokolle standardmäßig über keine Verschlüsselung oder keine Authentifizierung, wobei z.T. aber nachgerüstete Versionen der Protokolle verfügbar sind, die diese Lücken schließen.

C.2.4.3.1 OLEPC, Modbus, ICCP, DNP3

Das Protokoll OLEPC oder auch OPC steht für «***OLE*** *for **P**rocess **C**ontrol*» und baut auf dem OLE (***O**bject **L**inking and **E**mbedding*)-Protokoll von Microsoft Windows auf. OLE ist allgemein für RPC (***R**emote **P**rocedure **C**alls*, d.h. Fernausführung von Prozeduren) entworfen. Die Einsatzgebiete für OLEPC in der ICS- und SCADA-Welt sind breit gefächert. So kommt es oft zum Einsatz bei der plattform- und herstellerübergreifenden Kommunikation zwischen Systemen, bei denen permanent Produktionsdaten anfallen, wie z.B. Bedienpanels, Historians und anderen Anzeigesystemen, aber auch Sensoren und SPSen. Praktisch wird OPC am häufigsten genutzt, um im ICS-Umfeld eine Kommunikation von Windows-Rechnern mit anderen dezentralisierten Kontrollsysteme (DCS) zu ermöglichen. Es handelt sich um ein Client/Server-basiertes Protokoll auf Basis von TCP/

IP. Hierbei ruft die Applikation zur Kommunikation einen lokalen Prozess auf, der dann auf einem anderen Rechner ausgeführt und mit der Client-Applikation assoziiert und über RPC die nötigen Funktionen und Parameter liefert und den entsprechenden Objektwert über den RPC-Server zurück zum Client kommuniziert.

Klassischerweise basiert OPC auf den Windows-Standards OLE und DCOM. Hierbei handelt es sich um komplexe Protokolle, implementiert in sehr umfangreichen Softwarebibliotheken und einer Historie von bekannt gewordenen Schwachstellen. Die neueren Implementierungen OPC UA («*Unified Architecture*») [22] und OPC XI («*Express Interface*») [23] kommen ohne das ältere DCOM-Protokoll aus und bieten als zusätzliche Leistungsmerkmale stärkere Verschlüsselung, Authentifizierung und Codierung über andere Kommunikationskanäle (wie z.B. XML oder SOAP-HTTPS) an, die in Summe die Sicherheit von OPC erheblich verbessern.

OLEPC-Sicherheit und Schutzmaßnahmen: Kommunikation mit Windows-Systemen kann bedeuten, dass Kontrollsysteme mit Windows-Rechnern, die im Office-Netz beheimatet sind, kommunizieren. Normalerweise bedeutet dies eben eine Kommunikation über verschiedene Sicherheitsebenen hinweg, was sicherheitstechnisch als problematisch zu sehen ist. Auf keinen Fall sollte die Kommunikation mit Kontrollsystemen mittels OPC die durch eine Firewall bzw. NAT vorgegebenen Grenzen eines Netzwerkes überschreiten. Windows-Rechner, die mit Kontrollsystemen kommunizieren, sollten ebenfalls im Kontrollnetzwerk angesiedelt sein. Daten, die von kritischen Systemen mittels OPC empfangen werden, sollten bei Bedarf nur durch einfachere Protokolle mit einer geringeren Angriffsoberfläche in weniger sensible und geschützte Netzwerkebenen transportiert werden. Gerade ältere Legacy-Systeme auf Basis von Windows, die sich wegen ihrer Produktionskritikalität nur selten aktualisieren lassen, können hier Einfallstore für Angreifer darstellen, um über OPC Zugriff auf Kontrollsysteme zu erlangen.

Da die Nutzung von OPC impliziert, dass hier Windows-Rechner kommunizieren, gilt es auch, die entsprechenden Windows-Installationen zu sichern. Das umfasst regelmäßige Updates einer Windows-Version mit aktivem Support, Viren- und Malwareschutz, sichere Benutzerverwaltung, sicheren und restriktiven Umgang mit allen Windows-Services sowie sichere Konfiguration des jeweiligen Active Directory mit entsprechenden Gruppenrechten. OPC-Rechner sollten idealerweise in ein Subnetz segmentiert werden, in dem nur Rechner enthalten sind, die zwingenderweise per OPC kommunizieren müssen. Kommunikation mit Systemen außerhalb des Segments sollte restriktiv gehandhabt werden, d.h., es sollten nur unbedingt benötigte Services und Protokolle auf der Firewall erlaubt werden.

Anomaliedetektion kann Angriffsversuche auf OPC erkennen, darunter verdächtigen Outbound-Traffic von OPC-Systemen, OPC- oder RPC-Kommunikation von Systemen, die für diese nicht konfiguriert sind, erfolgreiche RPC-Anmeldungen von neuen Nutzern sowie fehlgeschlagene Anmeldungs- und RPC-Kommunikationsversuche.

Das **Modbus-Protokoll** [24] stellt die Grundlage vieler Automatisierungsnetzwerke dar, da detaillierte Logikprogrammierung, wie z.B. PLS, auf Kontrollsystemen vorgenommen wird, die am häufigsten Modbus zum Informationsaustausch nutzt. Es handelt sich um ein Anwendungsprotokoll, das z.B. auf TCP/IP aufsetzen kann. Modbus kennt nur drei Nachrichtentypen: Request, Response und Exception Response. Die Kommunikation wird über Senden eines «Request» initiiert, der einen «Function Code» enthält. Die Gegenseite antwortet mit einem Response, der wiederum einen «Function Code» enthält, oder mit einem Exception Function Code in einer «Exception Response». Function Codes können z.B. sein: Kontrolle einer Eingabe-Ausgabe-Schnittstelle, Auslesen einer E/A-Schnittstelle, Auslesen eines Registerwertes, Schreiben eines Registerwertes.

Die Protokollerweiterung Modbus+ nutzt die RS485-Schnittstelle und kann beliebig viele Geräte unterstützen. Sie wird für die Kommunikation zwischen Bedienpanel und SPS (speicherprogrammierbare Steuerung, engl.: PLC) genutzt. Oft kommt sie zum Einsatz, um mehrere SPSen mittels eines Bedienpanels zu steuern.

Modbus-Sicherheit: Das Protokoll besitzt keine Verschlüsselung oder Authentifizierung. Es ist nur eine gültige Modbus-Adresse nötig; diese kann erraten oder ermittelt werden. Das Protokoll besitzt ebenfalls keine Checksumme bei der TCP/IP-Implementierung und ermöglicht Spoofing (Fälschen der Absenderadresse). Broadcasts sind bei der seriellen Implementierung möglich. Mittels dieses Protokolls kann per Fernzugriff eine SPS programmiert und sie daher im Sinne eines Angreifers umfunktioniert werden.

Modbus-Schutzmaßnahmen: Es sollte ein SCADA-spezifisches Intrusion Detection System (IDS) verwendet werden, um die genannten Angriffe erkennen zu können. Zudem ist restriktives Firewalling / Segmentierung zu empfehlen sowie Kommunikation nur zwischen abgesicherten, bekannten Geräten zuzulassen. Unbekannte Function Codes sind explizit zu verbieten. Weiterhin kann mit Application Level Firewall die Paketgröße bei TCP/IP-Paketen überprüft oder schädliche / unbekannte Function Codes (z.B. *listen only*, Neustart, Löschen diagnostischer Information usw.) gefiltert werden.

Bei **ICCP** (***I**nter **C**ontrol **C**enter **P**rotocol*, auch bekannt unter dem Namen TASE.2) [25] handelt es sich um ein standardisiertes Client/Server-Protokoll auf TCP/IP-Basis, das vor allem für die Kommunikation zwischen Kontrollzentren von Kraftwerken (über WAN) bei Energieunternehmen zum Einsatz kommt. ICCP wird von einem Server genutzt, um Clients zu steuern: Der Server besitzt Applikationsdaten und definierte Funktionen, während der Client diese über eine Leseabfrage abruft / empfängt. Zusätzlich sieht das Protokoll die aktive Benachrichtigung über Änderungen, Alarme und Ausnahmen vom Client zum Server vor sowie die Konfiguration und Kontrolle von Geräten und Programmen im Netzwerk über Fernzugriff. Zugriffsberechtigungen erfolgen über Zugriffstabellen sowohl beim Client als auch beim Server.

ICCP-Sicherheit: Das Protokoll bietet keine Verschlüsselung und nur sehr grundlegende Zugriffskontrolle ohne echte Authentifizierung. Spoofing von Nachrichten (Vortäuschen einer Identität mittels einer gefälschten Anfrage oder Empfängeradressangabe) und MitM(***M**an **i**n **t**he **M**iddle*)-Angriffe sind daher möglich.

ICCP-Schutzmaßnahmen: Die Nutzung von Secure-ICCP-Varianten, die das Protokoll um verschlüsselte und kryptographisch authentifizierte Kommunikation erweitern, wird angeraten. Sorgfältige Zugriffsbeschränkungen sind notwendig. Das Segmentieren von ICCP-Systemen in eigene, besonders abgesicherte Netze und die Überwachung der ICCP-Verbindung z.B. mittels SCADA-IDS ist empfehlenswert.

Bei **DNP3** (***D**istributed **N**etwork **P**rotocol*) [26] handelt es sich um ein Protokoll, das ursprünglich für serielle Schnittstellen zwischen einer Master- und mehreren Slave/«Outstation»-Einheiten entwickelt wurde. Inzwischen wird es auch in TCP- oder UDP-Paketen über Port 20000 gekapselt. Es ermöglicht eine sehr verlässliche Kommunikation durch extensiven Einsatz von Checksummen im Protokoll. DNP3 dient dem Informationsaustausch zwischen Kontrollsystemen. Im Regelfall initiiert die Master-Einheit eine Kommunikation mit den Slave-Einheiten.

Das **Secure-DNP3-Protokoll** [27] ist eine Protokollvariante, die eine Authentifizierung mittels eines Sitzungsschlüssels bietet. Dieser wird auf Basis eines gemeinsamen geheimen Schlüssels und einer Challenge erstellt und gilt jeweils nur für eine kurze Zeit.

DNP3 wird typischerweise für die Kommunikation mit externen Steuereinheiten (RTU, Remote Terminal Unit) und IEDs (***I**ntelligent **E**lectronic **D**evice*) eingesetzt. Diese sammeln Daten von Sensoren und benachrichtigen über DNP3 ihre Master-Einheiten aktiv über Alarme und andere Events. Wie auch Modbus ist es daher somit ein Protokoll, das in erster Linie direkt der Kommunikation von Kontrollsystemen dient.

DNP3-Sicherheit: Für Implementierungen des DNP3-Protokolls von verschiedenen Herstellern existiert eine Historie mehrerer bekannter Schwachstellen, z.B. im Bereich einer unzureichenden Prüfung der Daten («*Input Validation*»), bei Deaktivierung nötiger Alarme, Fälschung von Sitzungsdaten durch Außenstehende zur Beeinträchtigung der Prozesse («*Spoofing*») sowie Denial-of-Service-Schwachstellen.

DNP3-Schutzmaßnahmen: Es sollte auf jeden Fall das Secure-DNP3-Protokoll verwendet werden, da nur dieses eine Authentifizierung und Zugriffsbeschränkung bietet. Notfalls ist ansonsten auch eine Kapselung des ursprünglichen DNP3-Protokolls über TLS (***T**ransport **L**ayer **S**ecurity*) möglich.

C.2.4.3.2 Spezialisierte Feldbusprotokolle

Profibus ist eine Kurzbezeichnung für das Process-Fieldbus-Protokoll, das in der ICS-Welt weit verbreitet ist. Von Profibus existieren viele Varianten und Versionen, die jeweils leicht unterschiedliche Features aufweisen. Das Protokoll lässt sich über direkte serielle Verbindungen in asynchronem oder synchronem Modus nutzen oder über Ethernet. Die Verwendung von Profibus über Ethernet wird üblicherweise als Profinet bezeichnet. Ähnlich wie z.B. bei DNP3 handelt es sich bei Profibus um ein Protokoll, bei dem typischerweise ein oder mehrere Master mit mehreren Slaves kommunizieren. In den meisten Anwendungsfällen handelt es sich bei den Slaves um Layer-1- und Layer-0-Equipment gemäß ISA99/IEC 62 443, darunter Sensoren und Aktuatoren, die Prozesse steuern. Bei Mastern handelt es sich oft um eine speicherprogrammierbare Steuereinheit (SPS, engl. PLC) oder eine externe Steuereinheit (RTU).

Profibus-Sicherheit: Dem Profibus-Protokoll fehlt Authentifizierung, was ein Session-Spoofing ermöglicht. Ein Angreifer ist damit in der Lage, einen Master vorzutäuschen und alle zugehörigen Slaves zu kontrollieren. Daher sollte Profibus nur über bereits authentifizierte und idealerweise verschlüsselte Kanäle verwendet werden. Ein TLS-Kanal im TCP/IP-Netz wäre z.B. ein geeigneter Tunnel. Geräte, die über Profibus ohne solche verschlüsselten Kanäle kommunizieren, sollten zumindest in einem eigenen abgesicherten Subnetz betrieben werden, um Angriffe aus dem Netz zu verhindern. Zudem ist eine Überwachung z.B. mittels Anomaliedetektion zu empfehlen.

Zu erwähnen sind noch einige spezialisiertere Feldbusprotokolle. **SERCOS III** (***S**erial **R**eal-time **C**ommunications **S**ystem **III***) ist ein Protokoll für digitale Bewegungskontrolle, das auf Ethernet basiert und vor allem für die Echtzeitkommunikation zwischen SPSen und IEDs zum Einsatz kommt. SERCOS III unterstützt zusätzliche Features wie eine Kapselung in TCP/IP, wodurch SERCOS III vielseitig anwendbar wird.

SERCOS-III-Sicherheit: Das Protokoll besitzt eine Schwachstellen-Historie, die von einem Angreifer weiter ausgenutzt werden kann. Es sollte daher nur dort eingesetzt werden, wo das Protokoll unbedingt benötigt und von anderen Netzen und Geräten abgeschirmt wird.

Das **AMI-Protokoll** (***A**dvanced **M**etering **I**nfrastructure*) ist ein spezialisiertes Protokoll für das «Smart Grid», ein weit gefasster Oberbegriff für alle Netzwerke, die der Übertragung, Messung und Kontrolle von Energie dienen. So wird AMI beispielsweise für Abrechnungszwecke in der Energiewirtschaft eingesetzt, für die Messung mittels Energie-Fernablesegeräten («Smart Meter») und für deren Steuerung für die Bereitstellung von Energie und für die industrielle Kontrolle von Energieversorgung aus der Ferne.

AMI-Sicherheit: Das Protokoll an sich bietet (bisher) keine bekannten Angriffspunkte. Die Netzwerke bestehen in der Regel jedoch aus Zehn-, wenn nicht Hunderttausenden von Clients. Ein möglicher Angriff hätte hier weitreichende Folgen. Beim Entwurf von Smart-Grid-Netzwerken, die bis dato typischerweise sehr viele Endgeräte umfassen können, gilt aus Sicht der Sicherheit, die

Größe solcher Netzwerke auf Basis einer Risikoanalyse möglichst zu beschränken oder entsprechend der restlichen OT-Welt mittels Layern, Subnetzen und Firewalls soweit möglich zu segmentieren.

C.2.4.4 Angriffserkennung und Anomalieerkennung

Um auffällige Aktivitäten zu erkennen, die von einem normalen Muster abweichen, ist auch in industriellen Kontrollnetzen der Einsatz von Software zur Angriffserkennung (engl.: ***I****ntrusion* ***D****etection* ***S****ystem*, IDS) wichtig. Es können verschiedene Techniken und Systeme zur Angriffserkennung gleichzeitig zum Einsatz kommen. Deren Informationen sollten dann zusammengeführt und korreliert werden, auch über die Grenzen von IT- und OT-Netzwerkumgebungen hinaus, um so ein genaueres Bild der aktuellen Gesamtlage des Unternehmens und eine empfindlichere Warnung vor Angriffen zu erhalten.

Prinzipiell unterscheidet sich Angriffs- und Anomalieerkennung in OT-Netzen nicht grundlegend von der in IT-Netzen. Es muss jedoch darauf geachtet werden, dass Sensoren für die entsprechenden Produkte in allen bestehenden Ebenen der industriellen Netzwerke eingesetzt werden und dass spezifische Angriffe auf Industriesysteme mittels geeigneter Signaturen bzw. speziell auf OT angepasster Produkte erkannt werden. Zudem muss im Produktionsnetzwerk, insbesondere auf der Prozessleitebene, wie auch bei allen anderen dort zum Einsatz kommenden Komponenten, darauf geachtet werden, dass die Aktivität der Angriffs-/Anomalieerkennung die Verfügbarkeit der Kontrollsysteme nicht beeinträchtigen kann.

Es ist zunächst eine Basisdefinition der gewöhnlichen und erlaubten Aktivitäten und Ereignisse im Netzwerk notwendig. Jede messbare Größe bzw. definierbare Aktion kann dann gegen diese Basis verglichen werden, um bei einer entsprechenden Abweichung eine Anomalie zu melden. Beim sogenannten Whitelisting werden alle ungefährlichen und notwendigen Aktivitäten im Netz und auf Systemen explizit erlaubt, wodurch dann alle anderen Aktivitäten verboten sind. Das sog. Blacklisting erfasst nur die explizit verbotenen Aktionen und erlaubt implizit alles andere.

Ein IDS überwacht sämtliche Aktivitäten im Netz, ggfs. auch lokal auf Systemen, und zeichnet alle Abweichungen von der gewählten Policy auf. Je nach Bedarf generiert es Warnungen in Echtzeit oder führt Aktionen aus, die die Ausführung der nicht erlaubten Aktivität direkt verhindern. In der Praxis kann das z.B. ein Login mit unbekanntem Nutzerkonto sein, der verhindert wird, was Backdoor-Logins sowie den Missbrauch von hardcodierten Wartungszugängen blockiert.

In Abgrenzung zur Angriffserkennung funktioniert die Anomalieerkennung (engl.: *Anomaly Detection*) hingegen ohne Regeln und Policies, sondern basiert alleine auf der Erkennung von deutlichen Abweichungen von üblichen Mustern, um ungewöhnliche Netzwerkaktivität, Bediensequenzen oder Häufungen technischer Probleme und Fehlermeldungen zu erkennen. Der Anomaly Detection kommt im ICS-Umfeld eine besondere Bedeutung zu, da sie auch unbekannte Bedrohungen (sowohl neue Arten von Angriffen als auch Angriffe auf Geräte und Netze im ICS-Umfeld, mit denen historisch noch kaum Erfahrung besteht) entdecken kann. Anomalieerkennung eignet sich zudem gut, um unabhängig von der Umgebung, in der sie eingesetzt wird, ungewöhnliches menschliches Verhalten bei Benutzung und Zugriff auf ICS-Systeme zu entdecken.

Sowohl bei IDS als auch bei der Anomalieerkennung ist eine Korrelation von Ereignissen (engl.: *Event Correlation*) für eine möglichst gute Erkennungsrate besonders wichtig. Die so gebildete «Summe» aller Ereignisse zeichnet ein Bild von ungewöhnlichen Aktivitäten bis hin zu einer konkreten Bedrohung, auch wenn alle einzelnen Ereignisse für sich genommen noch normal wären. Beispiel: Ein Angreifer versucht sich durch «*Brute Forcing*» von Nutzerkonten Zugriff zu schaffen, indem die 10 häufigsten Passwörter bei sämtlichen dem Angreifer bekannten Konten ausprobiert werden. Zur Tarnung findet aber pro Nutzerkonto und System nur 1 Login-Versuch pro Tag statt. Für das angegriffene System wäre ein fehlgeschlagener Login-Versuch nicht ungewöhnlich. Wenn aber für 100 Systeme 100 fehlgeschlagene Login-Versuche an einem Tag auftreten, kann dies schon erheblich vom gewöhnlichen Aktivitätenmuster abweichen, so dass ein Angriff erkannt werden kann.

Wichtig ist in jedem Fall zu berücksichtigen, dass Software niemals perfekt ist und in den kritischen Fällen alleine nicht perfekt schützen kann. Es benötigt in jedem Fall ausreichend menschliche Experten, beispielsweise in Form eines 24×7-betriebenen Security Operations Centers (SOC) oder eines entsprechenden Managed Services, um Ereignisse und Warnungen durch IDS und Anomalieerkennungssysteme zu erkennen, auszuwerten und sofort in geeigneter Weise reagieren zu können.

C.2.4.5 Sicherheit der Maschinen und Anlagen

Neben der sicheren Architektur des Netzes, dem Einsatz von sicheren Netzprotokollen und dem Überwachen des Netzwerkverkehrs spielt natürlich die sichere Konfiguration der einzelnen Maschinentypen eine wesentliche Rolle. Auf einige wichtige Typen soll hier eingegangen werden.

C.2.4.5.1 SPS / PLC

Bei einer SPS (speicherprogrammierbare Steuereinheit (engl.: ***P****rogrammable* ***L****ogic* ***C****ontroller*, PLC) handelt es sich um einen programmierbaren eingebetteten Rechner, der eine spezialisierte Funktion ausführt. Meist ist ein herstellerspezifisches Betriebssystem vorhanden, alternativ auch Microsoft Windows Embedded. Sie enthalten oft spezialisierte Echtzeitprozessoren und sind auf Geschwindigkeit, Verlässlichkeit und Effizienz im Hinblick auf einen bestimmten Prozess ausgelegt wie z.B. Steuerung von ein oder mehreren Motoren oder anderen vernetzten Geräten. Eine SPS kann programmiert werden und führt dann die entsprechenden Schritte in einem Produktionsprozess aus.

C.2.4.5.2 HMI

Bedienpanelen (engl. HMI für ***H****uman* ***M****achine* ***I****nterface*) können zur Kontrolle von Operationen von externen Steuereinheiten (RTU), SPSen und auch vernetzten Geräten (IED) genutzt werden. Die Kommunikation mit diesen Komponenten erfolgt meist über Modbus, OPC oder andere Feldbusprotokolle. Ein HMI kann eine integrierte Hardwarelösung sein oder ein Touchscreen mit PC, auf dem ein Betriebssystem und eine entsprechende Software laufen (z.B. Microsoft Windows und Siemens WinCC). Historisch sind HMIs entstanden, um physische Hebel, Knöpfe und Kontrollräder zu ersetzen, die den Produktionsablauf steuern. Diese sind daher häufig auf dem Panel noch digital als solche dargestellt. Auch entsprechende Prozessparameter werden oftmals in Echtzeit dort angezeigt. Mit HMIs können eine Vielzahl von Produktionskomponenten und -parametern wie Ventile von Behältern, Motoren, Produktionsgrenzwerte, Füllmengen u.v.m. gesteuert werden.

C.2.4.5.3 IEDs

IEDs (engl.: ***I****ntelligent* ***E****lectronic* ***D****evice*) ist der Oberbegriff für alle prozessnahen Geräte in Kontrollsystemen (Sensoren, Pumpen, Motoren, Aktuatoren usw., aber auch SPS), die an einem bestimmten Platz eine bestimmte Funktion erfüllen. Die Kommunikation findet zumindest über Feldbusprotokolle statt, wobei IEDs die Rolle von Slaves einnehmen, die beispielsweise von einer SPS, einem Bedienpanel oder einer Steuereinheit als Master kontrolliert werden.

C.2.4.5.4 RTUs

Eine externe Steuereinheit (RTU, ***R****emote* ***T****erminal* ***U****nit*) befindet sich meist direkt in der Produktion und überwacht Produktionsparameter in Echtzeit, um diese laufend zurück an ein Monitoringsystem, an eine HMI oder an eine SPS zu senden, wobei letztere dann ggfs. in Echtzeit auf die Daten reagieren kann. Diese Kommunikation geschieht in der Regel über ein Feldbusprotokoll wie Modbus, Profibus, DNP3 o.Ä. In Abgrenzung zu einer SPS übernimmt eine RTU jedoch keine aktive, in Abhängigkeit von ihrer Programmierung variable Funktion, sondern sammelt und kommuniziert vorrangig Produktionsparameter und -daten der untersten Schicht weiter.

C.2.4.5.5 Anzeigesysteme

Bei Data Historians handelt es sich um spezialisierte Datenbanksysteme, die Produktionsdaten in Echtzeit empfangen, diese langfristig speichern und oft auch in aufbereiteter Form visualisieren können. Beispiele sind OSI PI, das laufend Echtzeitdaten von Sensoren und anderen Geräten jeder Art aufzeichnen, archivieren und visualisieren kann, oder der Siemens Process Historian, der die Rohdaten aus dem Siemens-SIMATIC-System empfängt, archiviert und darstellt. Viele Hersteller haben ihre eigenen Historian-Lösungen. Als Anzeigesysteme gelten neben Historians prinzipiell alle Systeme, die industrielle Prozess- und Produktionsdaten empfangen, archivieren und bereitstellen. Sie können sowohl direkt an die Produktion angebunden sein, als auch eine aus einem Produktionsnetz stammende gespiegelte Datenbasis verwenden. Letzteres ist eine notwendige Maßnahme, wenn Anzeigesysteme sich außerhalb des Produktionsnetzes befinden, damit ein nach einem Angriff kompromittiertes Anzeigesystem keinen schädlichen Einfluss auf die Produktion nehmen kann.

C.2.4.5.6 Weitere Komponenten

Als wichtige Bestandteile der automatisierten industriellen Produktion ist oberhalb der hier beschriebenen Feld- und Steuerungsebene auch die Betriebs- und Unternehmensebene zu sehen. Zur Prozessleitebene zählen die *Management-Execution-Systeme* (MES), die oberhalb der SPSen und anderer Steuereinheiten operieren. Sie sollen auf übergeordneter Ebene Produktionsabläufe automatisieren, die einzelne Programme und Funktionen der Komponenten der Steuerungsebene in logischer Abfolge aufrufen, beispielsweise im Rahmen der Abarbeitung eines Rezeptes. MES haben in der Regel einen Vollzugriff auf Komponenten wie SPSen und sind daher als ebenso sensitiv wie diese zu betrachten. Zur logisch höchsten Ebene, der Office- oder Unternehmensebene, zählen Logistik- und Planungssysteme (engl.: ***E****nterprise* ***R****esource* ***P****lanning*, ERP), wie z.B. SAP, Microsoft Dynamics oder Oracle. Die ERP automatisieren logistische und unternehmensplanerische Aufgaben. Beispielsweise wird durch diese ein Verbrauch von Produktionsmitteln erfasst, um entsprechende Produktionskosten zu kalkulieren und zu planen und um direkt Verbrauchsmaterialien rechtzeitig nachbestellen zu können. Hier handelt es sich um Office-Systeme mit einer großen Komplexität und Angriffsoberfläche. Wichtig ist, dass die Produktionsdaten nach oben kommuniziert werden, d.h. von der Steuerungsebene (SPS/PLCs, RTUs, IEDs) über die Prozessleitebene (HMIs, SCADA) zur Betriebsleitebene (MES) bis hin zur Unternehmensebene (ERPs). Zum Zweck der Planung und Steuerung kann prinzipiell jedoch auch eine Kommunikation von der Unternehmensebene bis in die unteren, produktionsnahen Schichten erfolgen, beispielsweise zur vorausschauenden Rückmeldung an einen Produktionsprozess, ob und wann bestimmte Verbrauchsmaterialien zur Verfügung stehen. Aus dem Blickwinkel der Sicherheit ist diese Kommunikation von oberen in die unteren Schichten als besonders kritisch anzusehen und sollte sich nur auf Fälle beschränken, wo dies für die Produktion absolut notwendig ist, da hierdurch eine produktionsferne IT-Umgebung indirekt Einfluss auf die produktionsnahe, kritische OT- und Kontrollumgebung nimmt.

Auch einfacheren Geräten, die sich im Produktionsnetzwerk befinden, sollte Beachtung als mögliches Einfallstor für einen Angriff geschenkt werden. So können Drucker und Druckerserver sowohl im Produktions- als auch im Kontrollnetzwerk zum Einsatz kommen, wo sie für die Dokumentation der Produktion unabdinglich sind. Auch Zugangskontrollsysteme wie Kartenlesegeräte können vernetzt sein. Beispielsweise in der Pharmabranche ist zudem auch üblich, dass sich vernetzte Laborgeräte direkt im Produktionsnetzwerk befinden, wenn sie produktionsbegleitend genutzt werden müssen (z.B. Probenzug und Dokumentation im laufenden Rezept bei der Medikamentenherstellung). Als Geräte im weiteren Sinne sind auch Modems und austauschbare Speichermedien wie Disketten, CDs/DVDs, USB-Sticks und externe Festplatten zu betrachten. All diese Geräte, die in besonders abgesicherten Produktionsnetzwerken zum Einsatz kommen, sollten auch aus Sicherheitsaspekten betrachtet werden, und dies sollte bereits vor Inbetriebnahme bei Planung der jeweiligen Systeme und Netzwerke stattfinden (vgl. Abschnitt C.2 7.8).

C.2.5 Bedrohungsszenarien der Maschinen und Anlagen

Schäden beim Angriff auf ein HMI sind die falschen Anzeigen von produktionskritischer Information. Dies kann zu falschen Reaktionen in der Prozesskontrolle führen, zu Informationsdiebstahl oder zur Verschleierung schädlicher Angreiferaktivität. Auch wichtige Informationen wie Alarme und Störmeldungen könnten unterdrückt werden.

Die Erfahrung mit Angriffen (vgl. Stuxnet) zeigt zudem, dass Trojaner auf HMIs dazu geeignet sind, um dauerhaften unautorisierten Zugriffskanal für den Angreifer zu etablieren.

Analog zu den SPSen ist der mögliche Schaden auch bei IEDs ein Schaden an Maschinen und in der Produktion (Beeinträchtigung oder Verlust der Kontrolle über den Produktionsprozess, Prozessverzögerung oder -abbruch). Ggfs. können durch einen erfolgreichen Angriff auch Produktionsdaten wie z.B. Sensorwerte für Druck und Temperatur verfälscht werden, was im Nachhinein nur schwer zu entdecken ist.

Durch erfolgreiche Angriffe einer Steuereinheit (RTU) kann direkt Schaden an Maschinen und in den Produktionsabläufen entstehen. Es können über eine kompromittierte RTU ggfs. auch andere Produktionskomponenten wie IEDs, SPSen, HMIs vom Angreifer übernommen werden.

Schließlich können bei einem erfolgreichen Angriff auf Anzeigesysteme Produktionsdaten verfälscht werden, was z.B. auch zu einer Aufhebung vom GMP-Status oder von Produktfreigaben führen kann.

C.2.6 Sicherheitsmaßnahmen für Maschinen und Anlagen

Eine wichtige Grundlage zum Schutz der SPSen sind regelmäßige Firmware-Updates – zumindest dann, wenn im Rahmen eines Patch Managements sicherheitsrelevante Updates anfallen. Es sollten zudem keinerlei Fernzugriffe auf SPSen erfolgen. Idealerweise sollten diese nur vor Ort über «*Jump Stations*», d.h. lokal durch direkte Verbindung mit der SPS und nicht über ein Netzwerk verbundene Rechner, programmiert werden können. Schreibzugriffe auf die Programmierung von SPSen lassen sich ggfs. durch entsprechenden Schutz verhindern; so kann eine SD-Speicherkarte, die in einer SPS eingesetzt wird, physisch auf «*read only*» gesetzt werden. Am Beispiel von Stuxnet zeigt sich, dass ein Schaden in der Produktion auch in Gestalt einer subtilen Beeinträchtigung von Produkt und/oder Anlagen eintreten kann, wie z.B. eine verkürzte Lebensdauer von Anlagenbestandteilen oder ein schädliches oder gefährliches Produkt.

Die Maßnahmen zur Absicherung von IEDs sind ähnlich wie die für SPSen, da es sich hier, wie bereits erwähnt, um eine Oberkategorie handelt. Wenn es sich beim IED um ein Layer-0-Gerät (z.B. Aktuator) handelt, sollte dies nur durch die zuständige SPS / Controller geschaltet werden dürfen. Manuelle Eingriffe sollten nur ermöglicht werden, wenn dies im Notfall unbedingt notwendig ist und die Rechte hierfür äußerst restriktiv gehandhabt werden (nur für Benutzer mit Ausnahmerechten, die nur lokal, d.h. mit physischem Zugriff, Handeingriffe vornehmen dürfen). Es sollte in jedem Fall ein sicheres Netzwerkprotokoll für die Prozessleitebene verwendet werden, um eine Übernahme von IEDs über Protokoll-Lücken auszuschließen (siehe oben). Physische Sicherheit durch Zugangskontrollen sollte zudem eine Selbstverständlichkeit sein.

HMIs befinden sich in der Regel in einem physisch gesicherten Produktionsbereich, und eine Authentifizierung der Nutzer – meist inkl. elektronischer Erfassung der Login-Zeiten und ausgeführten Aktionen pro Nutzer – findet auch statt. Ein Fernzugriff auf einige HMIs von außerhalb des Produktionsnetzwerkes über Terminal-Services ist möglich und üblich, wobei Rechte zur aktiven Bedienung von Anlagen gegenüber der reinen Betrachtung der Anlagen für sämtliche Nutzer so restriktiv wie möglich vergeben werden sollten. HMI-Terminals außerhalb von Produktionsbereichen sollten auf jeden Fall physisch gesichert sein, indem sie sich zumindest in einem zutrittsbeschränkten Bereich befinden. Als weitere Schutzmaßnahmen für HMIs empfiehlt sich neben einem Patch Management in erster Linie ein physischer Schutz der Maschine gegen Manipulationen sowie eine einheitliche und sichere Identitäts- und Zugriffsverwaltung.

Zum Schutz von RTUs sind physische Sicherheit und die Verwendung sicherer Netzwerkprotokolle wichtig. Auf jeden Fall sollte die RTU sich in einem zugriffsgeschützten Bereich befinden und ein Login sollte nach Möglichkeit lokal erfolgen und nicht über das Netzwerk.

Schließlich ist eine wichtige spezifische Sicherheitsmaßnahme für Anzeigesysteme, dass es diesen technisch unmöglich sein sollte, Daten aus der Produktion zu ändern. Daher sollten auch keine gültigen Anmeldedaten für Produktionsanlagen auf einem Anzeigesystem hinterlegt sein, mit dem Schreib- oder Bedienrechte auf Produktionsequipment verbunden sind, wenn ein rein lesender Zugriff auf Produktionsdaten ausreicht.

C.2.7 Sicherheit im und durch den Prozess

C.2.7.1 Security by Design

Sichere Zugriffskontrolle bedeutet: einzelne Rollen für einzelne Services, eindeutige Nutzerkennung verpflichtend, Klassifizierung der Zugriffe auf Komponenten anhand deren funktionalen Rolle. Z.B. kann ein entsprechend authentifizierter Produktionsmitarbeiter in die Produktion eingreifen, wo er dies entsprechend muss. Ein Qualitätssicherungsbeauftragter kann Daten aus Anzeigeanwendungen abrufen, jedoch diese nicht manipulieren oder aktiv in die Produktion eingreifen. Sowohl der Fernzugriff als auch der direkte Zugriff in der Produktion z.B. über HMIs darf erst nach einer entsprechenden Authentifizierung eines Nutzers mit hierfür ausreichenden Berechtigungen erfolgen. Ein Fernzugriff auf die Produktion sollte eine Ausnahme sein und nur dann berechtigt werden, wenn aus besonderen Gründen ein Zugriff vor Ort, z.B. über ein HMI, nicht ausreicht.

C.2.7.2 Erkennung und Management von Schwachstellen

Die Identifikation und Beseitigung bekannter Schwachstellen nimmt in jedem Sicherheitskonzept eine zentrale Rolle ein, so auch im industriellen Umfeld. Auch ein Angreifer wird zumeist von außen versuchen, so viele Schwachstellen wie möglich zu identifizieren, um diese dann auszunutzen, um sich unautorisierten Zugriff zu verschaffen bzw. diesen auszuweiten. Zunächst muss eine Bestandsanalyse des gesamten Netzwerks im Hinblick auf bekannte Schwachstellen erfolgen. Im Hinblick auf SCADA/-ICS-Systeme kann das eine Herausforderung sein.

Zur Identifizierung von Schwachstellen (*Gap Assessment*) wird zunächst ein vollständiges und fehlerfreies Asset-Management-Konzept benötigt. Ziel vom Asset-Management-Prozess sollte sein:

- sämtliche sicherheitsrelevanten Komponenten zu identifizieren und genau (d.h. inkl. Version, Seriennummer, Netzwerk, physischem Standort usw.) zu beschreiben. Hier ist zu prüfen, ob innerhalb eines festgelegten Umfangs für ein Vulnerability Management auch Komponenten wie z.B. Laborgeräte, einzelne PLC-Controller, Gebäudeleitsysteme, Smart-Card-/Token-basierte Türsteuerungen für besonders geschützte Bereiche o.Ä. mit erfasst werden sollten;
- Integration der Assets in das bestehende Lifecycle-Management-Konzept, so dass neue Assets bereits in der Entwurfs-/Requirements-Phase erfasst werden, die Information für bestehende Assets bei größeren Updates / Upgrades aktualisiert wird und dass Assets bei einer geplanten bzw. durchgeführten Außerbetriebnahme entsprechend markiert und schließlich gelöscht werden;
- durch Qualitätssicherung eine Verlässlichkeit und Eindeutigkeit der gesammelten Daten sicherzustellen.

Im nächsten Schritt müssen entsprechend des geplanten Umfangs die möglichen Sicherheitsdefizite (*Gaps*) identifiziert werden. Hier können z.B. bestimmte Arten von Abweichungen einer definierten Sicherheitsrichtlinie gemäß ISO 27 001, IEC 62 443 / ISA99 oder anderen Richtlinien definiert werden. Alternativ kann festgelegt werden, dass für alle Assets bestimmte Punkte wie z.B. ausreichendes Firewalling / Netzwerksegmentation, Malwareschutz, Patch Management, Konfigurationsmanagement usw. abgedeckt sein müssen. Wo jeweils die Erwartungen nicht erfüllt sind, wird dies als Schwachstelle vermerkt.

Sowohl Assets als auch gefundene Schwachstellen sollten zentral verwaltet und den Systemen bzw. Applikationen und sonstiger Infrastruktur eindeutig zugeordnet werden, um sie koordiniert zu schließen. Dies kann direkt geschehen, z.B. durch einen Security Patch oder eine Konfigurationsänderung gegen eine unsichere Softwareversion oder -Konfiguration. Eine Schwachstelle kann auch durch das Fehlen einer Sicherheitskomponente (z.B. Verschlüsselung in der Kommunikation, standardisiertes Login o.Ä.) bestehen, so dass zur Behebung neue Infrastruktur oder Software nötig ist. Ebenso kann eine Schwachstelle in einer Richtlinie (Unternehmensrichtlinie, SOP, Betriebsanweisung o.Ä.) bestehen, wie z.B. keine Beschränkung der Nutzung von Wechselmedien, unzureichende E-Mail-Sicherheitspolicies oder eine unzureichende physische Zugriffsbeschränkung in Produktionsbereichen. Solche Schwachstellen müssen über eine entsprechende Anpassung von Unternehmensrichtlinien bzw. die Sicherstellung von deren Einhaltung geschlossen werden. Schließlich gehören auch Notfallaktionen wie (Hyper-)Segmentierung, Isolation von Systemen über Firewall-Regeln oder die Außerbetriebnahme von Systemen zum Arsenal der Optionen, falls keine sonstigen Maßnahmen möglich sind, um ein System abzusichern (z.B. bei

Systemen, die ihr «*end of life*» im Support-Lebenszyklus erreicht haben und für die somit keine Patches für existierende Schwachstellen zur Verfügung stehen).

C.2.7.3 Patch Management

Ein zentral verwaltetes Patch Management System ist die bevorzugte Option, um eine ICS-Serverlandschaft in sicherer und zuverlässiger Weise auf dem aktuellsten Stand zu halten.

Patches sollten idealerweise nicht direkt aus dem Internet bzw. von Vendoren, sondern erst nach Validierung und Prüfung bereitgestellt werden. Nicht zuletzt sollte auf Anzeichen einer Kompromittierung des Patches geprüft werden, da es selbst schon Fälle gab, wo Patches auf Vendor-Seiten von einem Angreifer so manipuliert waren, dass sich nach einem Einspielen auf ICS-Geräten auf diesen eine Backdoor für Angreifer öffnete (vgl. Abschnitte C.2.4.4 und C.2.5).

Zudem ist eine Testung und Validierung von Patches ohnehin meistens erforderlich, da auch nicht kompromittierte und korrekt eingespielte Patches prinzipiell die Funktionsfähigkeit von Anlagen und anderen ICS-Systemen im laufenden Betrieb stören oder den komplexen Gesamtproduktionsablauf in unvorhergesehener Weise beeinträchtigen können. Auch Prüfung auf Sicherheitsrelevanz ist sinnvoll; z.B. sollten nicht alle Windows Patches eingespielt werden, sondern nur die sicherheitsrelevanten.

Zudem müssen Patch Server vom Rest des Netzwerkes, in dem sie sich befinden, mit besonderer Sorgfalt isoliert sein, da eine Kompromittierung eines Patch Servers bedeuten würde, dass die Patches manipuliert werden und somit auch die im Betrieb laufenden Betriebssysteme, Applikationen und sonstigen Programme, auf die von dort Patches aufgespielt werden.

C.2.7.4 Konfigurationsmanagement

Konfigurationsmanagement dient einer zentralen Sicherung und Dokumentation der aktiven Konfigurationen aller Systeme, die sich in Betrieb befinden. Konfigurationen können zudem geprüft und validiert werden, so dass dann eine für sicher befundene Konfiguration für eine Applikation oder ein System standardmäßig auf baugleichen Systemen ausgerollt werden kann, die dann standardmäßig für maximale Sicherheit vorkonfiguriert sind. Idealerweise sollte ein neues System nach Anwendung eines entsprechend gesicherten Konfigurationsprofils direkt einsatzfähig sein. Jede Änderung einer etablierten Konfiguration bei sicherheitsrelevanten Systemen kann und sollte dann zunächst im Hinblick auf das Sicherheitsrisiko geprüft werden. Ein gutes Konfigurationsmanagement sollte eng mit dem Schwachstellen- und Patch Management verzahnt sein, so dass auftretenden Sicherheitslücken aufgrund von bestimmten Konfigurationsparametern gleich durch entsprechende Änderungen in den Konfigurationen von Applikationen oder Systemen begegnet werden kann.

C.2.7.5 Netzwerksegmentierung

Die Netzwerksegmentierung ist insbesondere im OT-Umfeld eine notwendige Maßnahme, die ergriffen werden muss, wenn trotz eines Schwachstellenmanagements ein Restrisiko besteht oder wenn aufgrund der Produktionsanforderungen an ICS-Systeme keine zeitnahe Behebung gefundener Schwachstellen notwendig ist. Hier geht es darum, Systeme durch möglichst restriktives Firewalling weitgehend so zu isolieren, dass ihre Zugriffsmöglichkeiten auf IT- und OT-Assets außerhalb ihres Segments sowie auch die Zugriffsmöglichkeiten von außen auf das Segment so sehr beschränkt werden wie möglich, während ihre Funktionsfähigkeit weiterhin noch gewährleistet ist. Damit werden sowohl ein initialer Angriff auf Assets mit verbleibenden Schwachstellen und Restrisiko minimiert als auch die Möglichkeit, dass sich nach einer Kompromittierung der Assets ein Angreifer auf weitere benachbarte Systeme ausbreiten könnte. Zur Vorbereitung einer Netzwerksegmentierung können Assets in funktionale Gruppen unterteilt werden (z.B. ein PLC und ein HMI, die gemeinsam ein System steuern) und/oder in Produktionseinheiten (z.B. sämtliche Komponenten eines Automatisierungssystems, die sich innerhalb eines ISA-Levels befinden). Auch Unterteilung nach Risiken bzw. Schwachstellenprofil ist möglich. Neben der Schaffung neuer physischer Segmente ist auch eine logische Segmentierung mit wenig Hardware mittels VLAN- oder Virtualisierungstechnologie möglich sowie eine vollständige physische Trennung vom Netz («*Air Gaps*») in Fällen, in denen Produktionsmaschinen nicht zwingend auf eine Netzwerkverbindung angewiesen sind.

Allgemein sind zudem folgende strategische Punkte bei Entwurf bzw. Umstrukturierung von ICS-Netzwerkumgebungen bewährt, um das Sicherheitsrisiko zu minimieren:

- Minimierung der nach außen verfügbaren Netzwerkoberfläche, um das Risiko zu vermindern, dass ein Zugang zu vorhandenen Schwachstellen für externe Angreifer besteht.
- In keinem Fall dürfen Kontrollsysteme eine Verbindung zum Internet haben.
- Durch Firewalls sollte eine Trennung zwischen Kontrollsystemen und Business-Anwendungen sowie sonstiger Infrastruktur bestehen.
- Alle Fernzugriffsmethoden müssen auf ihre Sicherheit hin überprüft sein. Sie sollten standardisiert sein (z.B. sicherer VPN-Tunnel) und nur abgesicherten Clients einen Zugriff auf sensitive Kontrollsysteme gestatten.
- Es sollten keinerlei nutzbaren Standard-Nutzeraccounts (z.B. Gast-Login, Admin-Standardpasswort) vorhanden sein.
- Das Identity-Access-Management-Konzept sollte sichere Passwörter verlangen und zudem das automatische Sperren von Konten umfassen, um Brute-Force-Passwortangriffe zu verhindern.
- Der administrative Zugriff durch Vendoren und andere Dritte muss überwacht werden.

Die genannten Maßnahmen basieren auf den Empfehlungen des ICS-CERT [28].

C.2.7.6 Detect

Das häufigste Problem in der Praxis, was aktive Scans und Penetrationstests angeht, ist, dass die in diesem Abschnitt auch beschriebenen ICS-Kontrollprotokolle zumeist Echtzeitprotokolle und somit sehr störanfällig sind; durch Scans können sich Verzögerungen in der Netzwerkkommunikation oder auch lokal auf Maschinen ergeben, beispielsweise wenn die Penetration-Test-Anfragen auf den Maschinen eine lokale Prozessorlast erzeugen, die unüblich hoch im Vergleich zum normalen Betrieb ist.

Das letztendliche Ziel, unsichere Netzwerkservices, Nutzerkonten, Softwareversionen und Konfiguration zu finden, lässt sich auch durch eine lokale Überprüfung bzw. durch Datenabgleich schonender erreichen. Hier kann auch entsprechend umfangreiches Asset Management helfen.

C.2.7.7 Respond & Recover

Zur geeigneten Reaktion auf die Bedrohung kritischer Systeme wird ein ***S**ecurity **O**perations **C**enter* (SOC), in dem in Echtzeit die Ergebnisse von Scans, Anomalierkennung und Protokolldateien aus den Kontrollnetzen eintreffen und auf potenzielle Angriffe ausgewertet werden. Bei einem vermuteten oder bestätigten Angriff ist es dann Aufgabe eines ***I**ncident **R**esponse **T**eams* (IRT), diesen in Echtzeit isolieren und stoppen zu können, um weiteren Schaden zu verhindern und zudem in alle Details entsprechender Logdateien vorzudringen (IP-Adressen, Nutzernamen, betroffene Netzwerke und die Korrelation zwischen Logdateien und weiteren Datenquellen) sowie ggfs. forensische Systemauswertungen vorzunehmen. Incident-Response-Aktivitäten können teilweise durch entsprechende Intrusion-Response-Systeme in Echtzeit unterstützt werden, die z.B. einfach ermöglichen, das Ausmaß der betroffenen Infrastruktur zu bestimmen und die Bedrohung einzugrenzen sowie Sofortmaßnahmen wie Zugriffsbeschränkungen auf System- und Netzwerkebene einzuleiten, um die Bedrohung so zu isolieren. Wichtig ist, dass nach einem tatsächlichen oder vermutlich erfolgreichen Angriff die notwendige sofortige Reaktion keiner Software und keinem automatisierten System alleine überlassen werden sollte. Denn ein solches wird nie sämtliche unerwarteten und ggfs. neuen Bedrohungen und Angriffsarten verlässlich abdecken können und kann zudem selbst ein Teil der Angriffsoberfläche sein (vgl. beispielsweise analog hierzu die heutzutage weit verbreiteten Techniken von Trojanern, Firewalls und Anti-Malwaresysteme systematisch zu umgehen).

Als erste Reaktion auf einen Angriff gilt, die Systeme vom Netz zu trennen bzw. ausgehende Verbindungen zu blockieren, um eine Verbreitung des APT zu verhindern, jedoch nicht die Systeme zu säubern, sondern stattdessen die Spuren des Angriffs nach dem aktuellsten Stand der forensischen Technik sicherzustellen:

- Überwachung aller Systemaktivitäten und -kommunikationsversuche,
- Sicherstellung von Daten aus Festspeichern und RAM, ggfs. auch aus der Firmware,
- Auswertung aller Logdateien auf einem sicheren Rechner,
- Entdecken von Rootkits und versteckten Daten,
- Bestimmung des Ausmaßes des Angriffs und Schadens.

Spätestens dann, wenn es als wahrscheinlich erscheint, dass es sich um einen koordinierten, anspruchsvollen Angriff im Sinne eines APT handelt, ist es ratsam, entsprechend auf APTs und Forensik spezialisierte Firmen zur Unterstützung zurate zu ziehen.

C.2.7.8 Lifecycle Management

Industrielle Kontroll- und Informationssysteme weisen eine im Durchschnitt sehr lange Lebenszeit auf. 10 bis 20 Jahre oder mehr sind keine Seltenheit. Deshalb ist es wichtig, die Sicherheit auch unter Gesichtspunkten des Lifecycle Managements zu betrachten. Die Sicherheit von industriellen Kontrollsystemen sollte kontinuierlich über die gesamte Lebensdauer des Systems hinweg sichergestellt werden.

Allgemein lassen sich die Lebensphasen eines Systems unterteilen in:

1. Entwurf (inkl. Anforderungsanalyse und -spezifikation)
2. Implementierung (inkl. Tests)

3. Betrieb (inkl. Wartungen, Upgrades und Updates)
4. Außerbetriebnahme

Innerhalb der Lebensdauer finden zudem Generalüberholungen, Wartungen, Anpassungen auf geänderte Umgebung und auch regelmäßige Software-Updates statt. Auch diese Ereignisse können einen Einfluss auf die Sicherheit des Systems haben. Sie sollten bereits zu Beginn des Lebenszyklus in Form von Sicherheitsanforderungen berücksichtigt werden, die vor der jeweiligen Produktivsetzung des neuen Releases auch getestet werden.

Eine Schlüsselfunktion spielt daher die Sicherheitsbetrachtung am Beginn des Lebenszyklus. Indem alle nötigen Sicherheitsanforderungen für die gesamte Lebensdauer des Systems hier den allgemeinen Anforderungen beigestellt werden, kann «Security by Design» und «Security per Default» erreicht werden. Dies spart auch Kosten, da alle Sicherheitsanforderungen direkt mit eingeplant und implementiert werden können und es so zu weniger Nachbesserungen und Änderungen am laufenden System aus Sicherheitsgründen kommt.

In Kürze

Die richtige (vollständige und fehlerfreie) Umsetzung der Sicherheitsanforderungen sollte durch die Implementationsphase hindurch von Experten begleitet und überprüft werden. Vor Inbetriebnahme sollten Sicherheitstests und ggfs. Validierungsschritte auch die korrekte und vollständige Umsetzung der Sicherheitsanforderungen prüfen.

Schließlich gilt es bei der Außerbetriebnahme u.a. alle anwendbaren Datenschutzvorschriften und Aufbewahrungsfristen für noch vorhandene Daten und Aufzeichnungen zu dem System einzuhalten, aber auch Betriebsgeheimnisse in Form von Software, Konfiguration oder Daten aus den Geräten rückstandsfrei zu löschen.

Zu den Anforderungen im Betrieb bis hin zur Außerbetriebnahme gehört auch die Festlegung eines Sicherheitsverantwortlichen für das entsprechende System, der sich laufend um die Einhaltung der Sicherheit im Betrieb kümmert. Dies schließt z.B. die regelmäßige Prüfung der Logdateien und der einzuspielenden sicherheitsrelevanten Patches mit ein. Die konkreten Sicherheitsaufgaben im Betrieb können entweder durch eine dedizierte Person umgesetzt oder auch schriftlich als Teil der Verantwortlichkeiten eines System- oder Applikationsmanagers aufgenommen werden.

C.3 Monitoring der Kommunikation im ICS – Transparenz und Anomalieerkennung

C.3.1 Einleitung: Einbindung des Monitoring in die Gesamtsicherheitsstrategie

Industrielle Produktions- und Steuerungsanlagen werden immer stärker vernetzt. Dies gilt sowohl für die Kommunikation der Komponenten untereinander als auch für die Anbindung an das Firmen-Intranet und das Internet, mit dem viele Anlagen zumindest mittelbar verbunden sind. Ermöglicht wird diese hohe Konnektivität durch die zunehmende Konvergenz von Industrieanlagen und klassischen IT-Systemen auf Basis von Ethernet. Mittels dieser Kommunikationstechnologie lassen sich auch große Anlagen sehr flexibel und kosteneffizient vernetzen.

Im Rahmen einer Gesamtsicherheitsstrategie spielt die Überwachung (*Monitoring*) dieser Steuerungs- und Prozesskommunikation in ICS (***I**ndustrial **C**ontrol **S**ystems*) ebenso eine zentrale Rolle wie etwa auch die Überwachung von Prozess-, Maschinen- oder Produktwerten. Um auf Störungen reagieren zu können, müssen sicherheitsrelevante und technische Abweichungen in der ICS-Kommunikation (sogenannte Anomalien) möglichst frühzeitig erkannt und gemeldet werden. Außerdem stellt ein Monitoring Informationen und Rohdaten für eine tiefere Aufklärung von Vorfällen und zur Planung organisatorischer und technischer Maßnahmen zur Verfügung (Bild C.3.1).

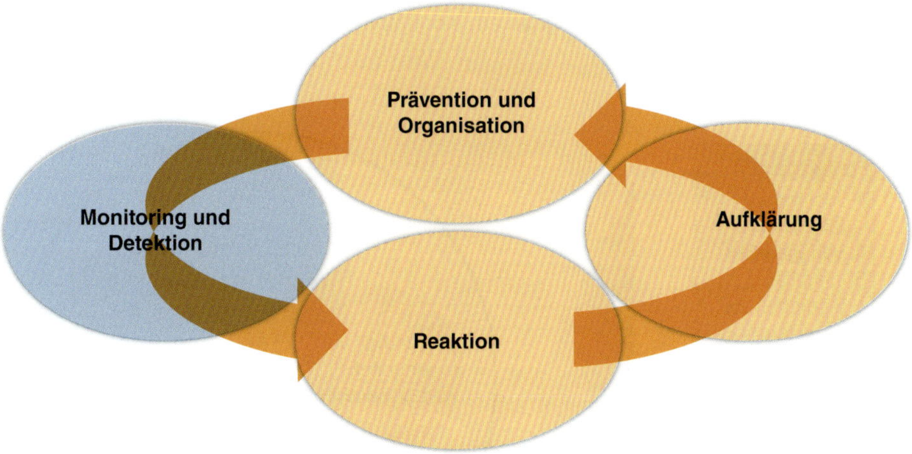

Bild C.3.1 *Einordnung des Monitoring in die Gesamtsicherheitsstrategie*

Im Zuge der geschilderten zunehmenden Vernetzung ist der Grad der Komplexität und Kompliziertheit ebenso wie die schiere Menge an Kommunikation in ICS stark gestiegen; das gilt sowohl horizontal als auch vertikal in der Automatisierungspyramide. Im Vergleich zur seriellen Kommunikationstechnologie, wie sie in der Vergangenheit überwiegend eingesetzt wurde, ist zudem die Ethernet-Technologie nicht nur leistungsfähiger, sondern auch intransparenter. Ihre inhärenten Kommunikationsmechanismen funktionieren quasi «von alleine» als Black Box. In dem von uns allen seit Langem in der täglichen Büroarbeit und im Privaten genutzten Internet funktioniert dies auch sehr gut. Im industriellen Umfeld jedoch gibt es einige Spezifika, auf die im Folgenden eingegangen wird. Danach werden die grundlegenden Typen von Anomalien mit jeweils einigen Praxisbeispielen aufgezeigt, um schließlich auf den Aspekt der Nutzung des Kommunikationsmonitoring in anderen Sicherheits- und Analysewerkzeugen einzugehen.

C.3.2 Spezifika im industriellen Umfeld

Die Überwachung der Kommunikation im IT-Umfeld wird schon seit längerer Zeit sehr umfassend und in vielerlei Hinsicht eingesetzt. Dies reicht vom Einsatz von Firewalls und Virenschutz bis hin zu speziellen Werkzeugen der Netzwerkmessung, z.B. von Latenzen. Eine einfache Übernahme dieser Techniken und Lösungen zur Überwachung in Kommunikationsnetzwerken im industriellen Umfeld ist jedoch nicht möglich. Es gibt eine Reihe von spezifischen Gegebenheiten und Anforderungen; die wichtigsten werden in diesem Abschnitt kurz angerissen.

Die Zielstellungen der Verantwortlichen für Produktions-IT (oder -OT – ***O****perational* ***T****echnology*) und für IT-Systeme im Verwaltungs- und Büroumfeld sind grundlegend verschieden. Insbesondere steht der Schutz vor Angriffen im Sinne von Vertraulichkeit für die OT nicht an erster Stelle wie bei der IT, da die Verfügbarkeit der Anlagen und Produktionsprozesse und die funktionale Sicherheit, also der Schutz der Personen und der Umwelt, wichtiger sind. Im Zuge der Konvergenz von OT und IT bewegen sich allerdings diese Zielstellungen immer mehr in Richtung einer eher ausbalancierten Zielverfolgung, wie in Bild C.3.2 dargestellt. Letztlich kann ein erfolgreicher externer Angriff – und Praxisbeispiele dafür gibt es bereits eine ganze Reihe, wie z.B. das schon im Jahr 2014 in einen katastrophalen Anlagenzustand gefahrene Stahlwerk in Deutschland [1] – auch die Verfügbarkeit, Kontinuität und funktionale Sicherheit negativ beeinflussen.

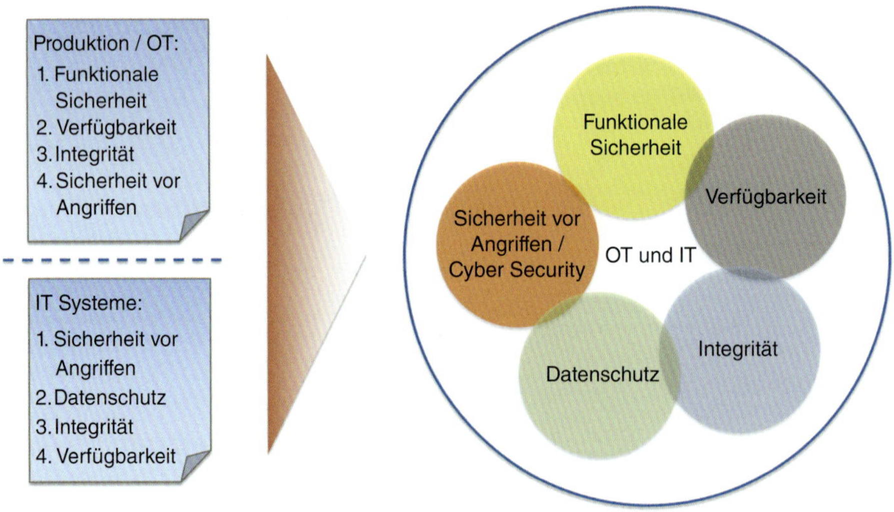

Bild C.3.2 *Konvergenz der Zielstellungen von OT und IT*

C.3.2.1 Aktion vs. Rückwirkungsfreiheit und Safety

Das Industrial Control System ist für Entwicklungen wie Industrie 4.0 und IIoT (***I**ndustrial **I**nternet **o**f **T**hings*) das Nervensystem, von dem die Kontinuität der Unternehmensprozesse abhängt. Selbst kurzzeitige Störungen des ICS können den Unternehmenserfolg signifikant schmälern. Denn die Unterbrechung laufender Produktionsprozesse hat in aller Regel sehr viel größere Auswirkungen als im Büro- und Verwaltungsumfeld. Dies geht von Kosten für Produktionsausfälle (auch indirekter Art in der Lieferkette), Wiederanlauf und evtl. Ausschuss bis hin zu möglichen katastrophalen Auswirkungen für Menschen und Umwelt (funktionale Sicherheit bzw. Safety). Deshalb können Reaktionen auf festgestellte Störungen nicht vergleichbar einfach durchgeführt werden wie in der IT. Die Auswirkungen von Maßnahmen sind möglichst genau und umfassend vorherzusehen und einzuplanen.

Insbesondere automatisch ausgeführte Aktionen, wie die Blockierung von Netzwerkverkehr, sind sehr genau zu betrachten. Ein plastisches Beispiel ist das Not-Aus-Signal an einer Produktionsanlage. Es wird im Normalbetrieb nie gesendet. In einem Notfall jedoch soll es natürlich gesendet werden. Falls nun ein Sicherheitssystem dieses Signal im Netzwerkverkehr als «Angriff» einstuft und automatisch blockiert, hätte dies potenziell tödliche Auswirkungen. Dieses Beispiel hinkt insofern, als dass Sicherheitssteuerungen eigentlich unabhängig funktionieren müssen. Es zeigt jedoch die deutlich höhere Relevanz von Falscherkennungen in der OT, insbesondere False-Positives (also valide Kommunikation, die falsch als Störung eingestuft wird). Falscherkennungen wirken zudem häufig direkt auf die in der Fertigung vorherrschenden Echtzeitprozesse. Selbst eine kurze Verzögerung dieser Prozesse durch ein False-Positive kann zu gravierenden Produktionseinbrüchen, Anlagenschäden und Qualitätseinbußen führen. Die IT ist in dieser Hinsicht robuster.

Diese Überlegungen sind vergleichbar denen aus der normalen Prozess- bzw. Parameterüberwachung und können durchaus zusammen mit diesen betrachtet werden.

Noch mehr als in der IT sind in der OT Netzwerksegmentierung und Perimeterdefinition mit entsprechenden Schutz- und Blockierungsmaßnahmen ein gutes Mittel, um zum einen die eigentlichen Produktionsnetzwerke nicht zu belasten (v.a. auch in Hinsicht von Echtzeitanwendungen, die eine zu hohe Netzwerkbelastung nicht vertragen) und auch nicht mit nicht notwendiger und evtl. schädlicher Kommunikation zu «verschmutzen». Denn es ist auf der anderen Seite ein Vorteil von Produktionsnetzwerken, dass die dort notwendige Kommunikation durchaus komplex sein mag, aber doch sehr deterministisch ist, da letztlich eine programmierte Kommunikation zwischen definierten Komponenten abläuft. Damit ist die Kommunikation in Hinsicht der Menge und Unterschiedlichkeit auch mit anderen, teilweise tieferen Ansätzen überwachbarer als in der IT.

Zum anderen sind aktive Maßnahmen, z.B. die Blockierung oder Quarantäne im Fall eines Angriffs, mit deutlich geringeren (geplanten und ungeplanten) Auswirkungen am Perimeter möglich als direkt im Produktionsnetzwerk. Auf die möglichen Verbindungen des Monitorings mit solchen Systemen wird im letzten Abschnitt eingegangen.

C.3.2.2 Verallgemeinerungen vs. Domänenbesonderheiten

Die jeweiligen produktionstechnischen Gegebenheiten und Anforderungen sind teils sehr unterschiedlich. Entsprechend sind auch die Anforderungen an die IT-bezogene Umsetzung unterschiedlich. Dies reicht von der Beachtung von Umweltbedingungen wie Temperaturen oder Erschütterungen in der Auswahl der Hardware bis zur Umsetzung von wiederum unterschiedlich hart definierter Echtzeitkommunikation. Jede Produktionsanlage ist zumindest ab einer gewissen Größe und Komplexität ein Unikum. Die deutlich längere Nutzungsdauer von Komponenten in der Industrie, verglichen mit dem Büro- und Verwaltungsumfeld, verstärkt dies. Die Herausforderungen, ein Patch Management ähnlich der IT auch in der OT zuverlässig umzusetzen, sind beispielsweise ein Ausdruck davon.

Dies hat auch Auswirkungen auf ein Monitoring. Ähnlich wie in einer Überwachung der Produktionsparameter müssen Anomalien je im Einzelfall (für eine spezifische Anlage) bewertet werden, ob sie gewollt oder tolerabel sind oder ob ihnen entgegengewirkt werden muss. Eine einfache Übertragung von Bewertungsalgorithmen zwischen verschiedenen Domänen (Branchen, Anlagen) ist nicht möglich. Auch der zuverlässige umfassende Einsatz von künstlicher Intelligenz oder ähnlichen automatisierten Ansätzen im industriellen Umfeld befindet sich häufig noch im Forschungsstadium.

C.3.2.3 Organisatorische Einbindung

Aufgrund der oben dargestellten mehrdimensionalen Zielstellungen der OT, die in Zukunft immer ausbalancierter beachtet werden müssen, ist auch die organisatorische Einbindung eines Monitoring im Bereich der OT deutlich anders zu bewerkstelligen als im Bereich der IT. Insbesondere hat die Organisation dafür zu sorgen, dass die Anlagen und Prozesse eine geplante Verfügbarkeit inklusive der Integrität (und ggf. des Datenschutzes) möglichst zuverlässig einhalten und stets funktional sicher sind. Entsprechend dient ein Monitoring dazu, mögliche Störungen, die zu einer Beeinträchtigung der Verfügbarkeit usw. führen oder führen können, möglichst frühzeitig zu erkennen. Eine Reaktion darauf, z.B. die Behebung einer Fehlkonfiguration, der Austausch defekter Komponenten oder die Eindämmung und Beseitigung eines Angriffs, ist ebenfalls immer unter dem Gesichtspunkt der notwendigen Verfügbarkeit, Integrität und funktionalen Sicherheit durchzuführen. In der IT ist dies im Gegensatz zur OT in der Regel deutlich weniger komplex, da hier Verarbeitungsprozesse meist nicht in Echtzeit ablaufen und meist auch ohne Weiteres für Reaktionsmaßnahmen unterbrochen werden können. Des Weiteren ist in der organisatorischen Ausgestaltung auch das jeweils notwendige Level an domänenspezifischem Wissen zu beachten, wie im vorherigen Abschnitt ausgeführt.

Als Best Practice bietet sich ein organisatorischer Ansatz in zwei Levels bzw. Aktivitätsschritten an. Das kontinuierliche Monitoring wird (neben oder zusammen mit der Prozessparameterüberwachung) an der Anlage durchgeführt, z.B. in einer Leitstelle oder dem Anlagenfahrstand. Dort können die meisten Arten von Anomalien mit dem vorhandenen (und nötigen) anlagenspezifischen Wissen bewertet werden, z.B. neu eingebaute Komponenten, Fehlkonfigurationen oder defekte Komponenten. Bei darüber hinausgehenden Anomalien und insbesondere auch bei einer starken Häufung von Anomalien werden in einem zweiten Level interne oder externe Experten wie z.B. in CERT / CSIRT (*__C__omputer __E__mergency __R__esponse __T__eams* / *__C__omputer __S__ecurity __I__ncident __R__esponse __T__eams*) hinzugezogen. Diese sollten dann ebenfalls auf das Monitoringsystem zugreifen können, um tiefer in die Analyse zu gehen und bei Bedarf sehr tiefgehend Logdaten und die Rohdaten der Kommunikation zu untersuchen sowie in Absprache mit den Anlagenbetreibern Maßnahmen durchzuführen. Gegebenenfalls ist dabei auf eine forensische (im Sinne von beweissicherer) Ermittlung von Vorfällen zu achten. Bei Betreibern kritischer Infrastrukturen kommt außerdem noch die Meldepflicht hinzu. Je mehr und bessere Analysemöglichkeiten eines Vorfalls dabei bestehen, umso besser können andere Betreiber gewarnt und dem Vorfall begegnet werden.

Je nach Kritikalität der zu überwachenden Prozesse und Anlagen, die sich z.B. aus einem Sicherheitsmanagement nach den einschlägigen Vorschriften wie ISO 27 001 ff. [2] oder IEC 62 443 [3] ergeben, sind die Häufigkeit und Tiefe der Analyse von Anomalien festzulegen. Ebenso sind im Einzelfall Melde- und Reaktionspfade mit etwaigen Schwellenwerten und Verantwortlichkeiten zu definieren und deren Einhaltung zu kontrollieren. Dabei spielt auch die Art der festgestellten Anomalie bzw. Störung eine Rolle, wie im nächsten Abschnitt an realen Vorfällen gezeigt wird. Letztlich sollte das Monitoring in einen kontinuierlichen Verbesserungsprozess eingebettet sein, z.B. in einem PDCA-Prozess (*Plan – Do – Check – Act*) [4].

C.3.3 Typen von Anomalien

Im folgenden Abschnitt werden Praxisbeispiele aus dem Monitoring von verschiedenen ICS in anonymisierter Form vorgestellt [5]. Dabei soll nicht nur die Anomalie technisch erläutert, sondern insbesondere auch in aller Kürze darauf eingegangen werden, wie im jeweiligen Beispiel damit umgegangen wurde. Es bietet sich hierbei der Übersichtlichkeit halber eine Einteilung in drei Gruppen an. Zunächst werden einige Angriffe aufgeführt. Auch wenn Cyberbedrohungen natürlicherweise sehr prominent in der öffentlichen Wahrnehmung – und häufig auch im obersten Management – sind, spielen «hausgemachte» Störungen bzw. Fehlkonfigurationen als zweite Gruppe in der täglichen Routine die größte Rolle. Derzeit häufig noch sehr unterschätzt ist die dritte Gruppe der Netzwerküberwachung.

C.3.3.1 Angriffe

Im ersten Beispiel wurde während des Monitorings im laufenden Betrieb eines Produktionsnetzes in einem automatisierten Prozess ein neues Gerät im ICS identifiziert. Dieses begann unerlaubterweise umgehend mit anderen Komponenten zu interagieren. Die vom Monitoringsystem bereitgestellten und vom alarmierten konzerneigenen CERT analysierten Datenpakete zeigten, dass sich der Nutzer verhielt, als sei er ein legitimer Controller für eine Reihe von Komponenten. Kurz nach der Verbindung mit dem Steuerungsnetz begann dieser Nutzer, Identitätsabfragen an E/A-Knotenpunkte (**E**ingabe / **A**usgabe) zu senden. Zwei Komponenten reagierten darauf mit der Zusendung ihrer Ebene-2-Identitäten (MAC-Adressen, ***M****edia-***A***ccess-***C***ontrol-Adresse* zur Identifikation in einem Netzwerk auf Ebene 2). Damit hatte der neue Netzteilnehmer zwei Netzwerkkomponenten identifiziert, die für eine weitere Penetration des Netzwerks zugänglich waren. Im nächsten Schritt fragte der neue Teilnehmer folgerichtig die IP-Adressen (***I****nternet-***P***rotocol-*Adresse zur Identifikation in einem Netzwerk auf Ebene 3) der zwei E/A-Knoten ab, die Steuerungsbefehle via TCP/IP (***T****ransmission* ***C****ontrol* ***P****rotocol* / ***I****nternet* ***P****rotocol*) akzeptierten. Damit hätte der Teilnehmer die Kontrolle über die Komponenten übernehmen können. Der Eindringling nutzte dabei Standardprotokolltypen wie DCP (***D****evice* ***C****ontrol* ***P****rotocol*) und ARP (***A****ddress* ***R****esolution* ***P****rotocol*), auf die IIoT-Geräte in der Regel ohne Verzögerung reagieren. Dabei umging der unbekannte Nutzer vollständig den eigentlich für die Steuerung autorisierten Controller. Das Monitoringsystem lieferte für diese Anomalien alle relevanten Metadaten sowie eine Inhaltskopie des gesamten Datenverkehrs als PCAP (***P****acket* ***C****apture*). Die Administratoren des Steuerungsnetzes reagierten nach der ersten Alarmmeldung, dass es einen neuen Nutzer gibt, sofort und blockierten den auffälligen Nutzer am Perimeter, bevor die Produktion betroffen war. Über das PCAP konnte der Vorfall nachfolgend detailliert ausgewertet und daraus folgende Sicherheitsmaßnahmen, insbesondere eine Verstärkung des Perimeterschutzes in den Firewalls, konnten implementiert werden. Bei der Analyse fiel übrigens auf, dass die Netzwerksegmentierung nicht wie geplant (und dokumentiert) umgesetzt war. Es gab ungewollte Netzwerkverbindungen, die in diesem Zuge gleich mit unterbunden wurden.

Im zweiten Beispiel wurde in der laufenden Überwachung in einem Kraftwerksnetz auffällig, dass eine Workstation immer wieder versuchte, einen DNS-Server (***D****omain* ***N****ame* ***S****ystem*) anzufragen, um einen Domainnamen in eine IP-Adresse aufzulösen. Dieser Server war dem Betreiber nicht bekannt. Bei genauerer Betrachtung zeigte sich, dass sich der Server seiner Top-Level-Domain zufolge in Russland befand. Die Vermutung, dass die Workstation mit einer Schadsoftware infiziert war, bestätigte sich durch eine gezielte Überprüfung mit einem Virenscan, die die IT-Abteilung nach Alarmierung durch die Leitstelle durchführte. Die angefragte Adresse gehörte offenbar zum entsprechenden Command&Control-Server dieser Schadsoftware. Über einen solchen Server werden die Aktionen des Schadprogramms gesteuert. Ein Steuerungsnetz kann so zum Beispiel ausgespäht werden. Die betroffene Workstation konnte durch die IT-Abteilung in Absprache mit den Verantwortlichen des Leitnetzes unter Quarantäne gesetzt und bereinigt werden, bevor Schaden eingetreten ist.

Im dritten Beispiel handelt es sich um WannaCry [6]. Der Angriff hatte im Frühsommer 2017 weltweit einen Kollateralschaden in Milliardenhöhe mit Ausfällen sowohl in Büroumgebungen als auch in industriellen Anlagen und der Logistik verursacht – obwohl der Angriff gar kein auf die Industrie gezielter Angriff war. In diesem Fall hatte ein im Einsatz befindliches Monitoringsystem, das eine Fertigungsanlage in der Automobilzuliefererindustrie überwacht, innerhalb weniger Minuten mehrere tausend Anomaliemeldungen angezeigt. In Bild C.3.3 ist das damals festgestellte Aufkommen verschiedener Protokolle in diesem ICS über die Zeit dargestellt.

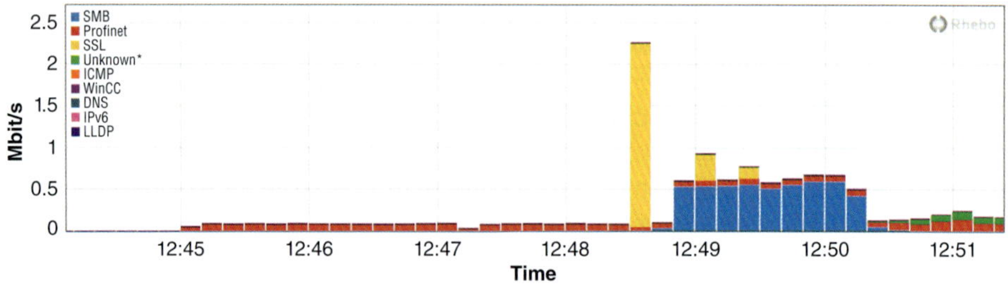

Bild C.3.3 *Kommunikationsaufkommen nach Protokollen im WannaCry-Beispiel mit auffällig erhöhter Kommunikation über das SMB-Protokoll (blau)*

Die Anlagenfahrer haben dieses massive Auftreten von Anomalien sofort an das unternehmensinterne Response Team (CERT) in der IT gemeldet und u.a. auch den oben dargestellten Screenshot beigefügt. Die Sicherheitsexperten konnten im Austausch mit den Kollegen vor Ort daraus erkennen, dass die Kommunikation über Profinet (rot – SPS-Steuerkommunikation über das Profinet-Protokoll) und SSL (gelb – Datenbank-Update über ***S**ecure **S**ockets **L**ayer*) auch in dieser Höhe erwartet und valide war. Auch SMB (blau – Dateidienste über ***S**erver **M**essage **B**lock*) war grundsätzlich valide, aber bei Weitem nicht in dieser Höhe. In der weiteren Analyse wurde schnell deutlich, dass ein Windows-Server im Produktionsnetz mit einem Virus (WannaCry) befallen war und versuchte, sich mit einer Vielzahl anderer Komponenten im eigenen und in fremden Netzwerken zu verbinden, um sich zu verbreiten. Daraus resultierte die sehr hohe Zahl von tausenden Anomalien in sehr kurzer Zeit. Das CERT hat daraufhin sehr schnell das befallene Netzsegment unter Quarantäne gestellt (die Produktion konnte eine gewisse Zeit weiterlaufen) und alle in Frage kommenden Windows-Server mittels Back-ups gesäubert. Die Sicherheitsexperten hätten sogar analysieren können, welche Verbindungsversuche des befallenen Servers tatsächlich erfolgreich waren. Damit hätten sie nochmals deutlich weniger Aufwand in der Behebung des Vorfalls erreichen können.

C.3.3.2 Fehlkonfigurationen

Schon in kleinen Fertigungszellen interagieren häufig mehrere Dutzend Komponenten von vielen unterschiedlichen Herstellern. In größeren Fertigungen gehen die Komponenten in die Tausende. Zusätzlich verbinden sich in unregelmäßigen Abständen Laptops oder Instandhaltungsgeräte mit dem Steuerungsnetz und nehmen Einfluss auf die Steuerungs- und Fertigungskomponenten. Einzelne Komponenten laufen häufig unter verschiedenen Betriebssystemen oder unter unterschiedlichen Betriebssystemversionen und es werden unterschiedliche Protokolle verwendet. Es treten relativ oft Kompatibilitätsprobleme auf.

Im ersten Beispiel wurden in der überwachten Netzwerkkommunikation eines Energienetzbetreibers zwei Switches entdeckt, die immer wieder versuchten, DHCP-Anfragen (***D**ynamic **H**ost **C**onfiguration **P**rotocol*) zu versenden. DHCP ist ein Kommunikationsprotokoll, das ermöglicht, neue Teilnehmer ohne manuelle Konfiguration der Netzwerkschnittstelle in ein bestehendes Netzwerk einzubinden. Nötige Informationen wie IP-Adresse, Netzmaske, Gateway, Name Server (DNS) und weitere Einstellungen werden automatisch vergeben. In einem Steuerungsnetz hat eine automatische Vergabe dieser Einstellungen im Regelfall jedoch nichts zu suchen. Sollte aus irgendeinem Grund ein DHCP-Server ins Netz eingebracht werden (unabsichtlich – z.B. über einen neuen Server oder Wartungslaptop – oder absichtlich von einem Angreifer), erhalten die Geräte IP-Adressen, die unter Umständen mit bereits vergebenen Adressen kollidieren. Dadurch ist ein anderes Gerät nur eingeschränkt im Netzwerk erreichbar. Störungen in Teilbereichen bis hin zu Ausfällen der gesamten Anlage können die Folge sein. Im Beispiel wurde der unabsichtlich laufende DHCP-Mechanismus schnell und ohne eingetretenen Schaden durch die OT-Abteilung abgestellt.

Das zweite Beispiel zeigt eine häufiger auftretende Art der Fehlkonfiguration, die jedoch meist sehr schnell auffällt, sobald ein Monitoring Transparenz schafft. Bild C.3.4 zeigt die Kommunikationsbeziehungen in einer Schweißzelle im Automobilbau. Die Komponente oben rechts ist die SPS, die mit den meisten anderen Komponenten verbunden ist. Augenfällig gibt es jedoch in den roten Kreisen Komponenten, die nicht mit der SPS kommunizieren und außerdem IP-Adressen eines anderen Netzwerkes aufweisen. Dies könnte zum einen der Hinweis auf einen Angreifer sein. Häufig jedoch sind es Fehlkonfigurationen im Netzwerk. Diese unnötige Kommunikation kann gerade bei geringeren Bandbreiten zu Problemen führen – so auch im vorliegenden Fall, bei der die Echtzeitkommunikation durch die Netzwerkbelastung zeitweise Probleme aufwies. Die OT-Abteilung konnte in diesem Fall innerhalb weniger Minuten die Fehler in der Netzwerkkonfiguration und damit auch die Folgeprobleme in der Echtzeitanwendung beheben.

Im dritten Beispiel wurde bei einem Controller im Produktionsnetz vergessen, die voreingestellte Konfiguration für automatische Updates zu ändern. Deshalb hat der Controller in regelmäßigen Abständen versucht, sich mit dem voreingestellten Server im Internet über das Protokoll HTTP zu verbinden. HTTP (***H**ypertext **T**ransfer **P**rotocol*) wird hauptsächlich zur Übertragung von Webseiten in Webbrowsern eingesetzt, es wird aber auch, wie im vorliegenden Fall, allgemein als Dateiübertragungsprotokoll verwendet.

Bild C.3.5 zeigt die zeitliche Verteilung der genutzten Protokolle. Es überwiegt bei Weitem Profinet (blau), aber auch WinCC (***W**indows **C**ontrol **C**enter*), LLDP (***L**ink **L**ayer **D**iscovery **P**rotocol*) und ARP (***A**ddress **R**esolution **P**rotocol*) werden (richtigerweise) genutzt. Das Auftreten von HTTP-Verkehr (rot) jedoch wurde als Anomalie gemeldet. Der OT-Verantwortliche für dieses Produktionsnetz hat daraufhin dieses Protokoll herausgefiltert und den einzigen Nutzer, den Controller, identifiziert. Bei der Überprüfung der Komponente fiel die noch vorhandene Voreinstellung auf. Die Konfiguration wurde entsprechend des geltenden Updateregimes geändert, so dass keine automatischen Updates mehr angefragt werden, sondern Updates nur nach Freigabe manuell aufgespielt werden können.

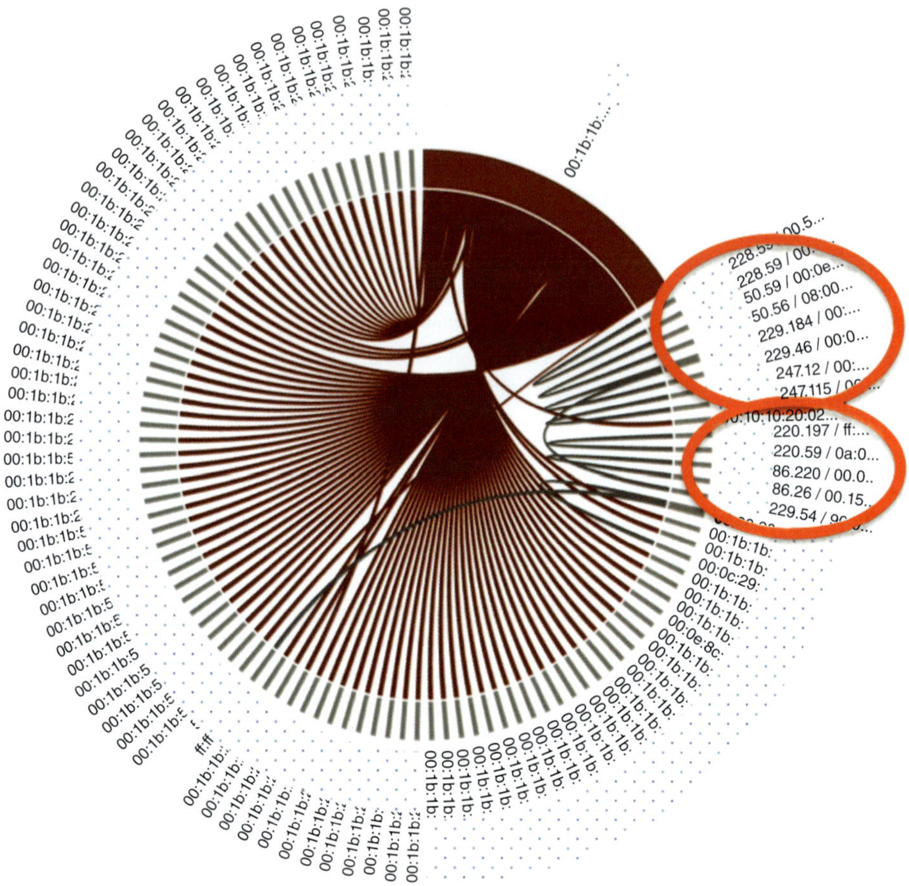

Bild C.3.4 *Fehlkonfiguration in einer Schweißzelle*

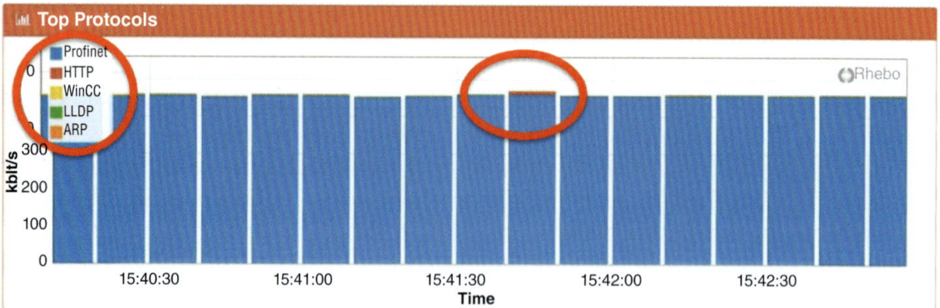

Bild C.3.5 *Unerwünschter HTTP-Verkehr im Produktionsnetz*

In einer weitergehenden Analyse des Vorfalls konnte man – in diesem Fall die OT-Abteilung, die über ausreichendes Expertenwissen verfügt – erkennen, dass die Verbindung zum Update-Server glücklicherweise nicht erfolgreich zustande gekommen war. Ungewollte bzw. ungeprüfte Updates können nicht vorhersehbare Folgen haben und zu Ausfällen führen. Allerdings konnte man auch erkennen, dass dies nicht durch interne Maßnahmen, wie z.B. Netzsegmentierung oder entsprechend konfigurierter Perimeterschutz mit Firewalls, sichergestellt war, sondern lediglich durch das nicht mehr Vorhandensein des adressierten Updateservers. Diese Erkenntnisse führten zu weiteren Maßnahmen im kontinuierlichen Verbesserungsprozess des bestehenden Informationssicherheitsmanagements nach ISO 27 001. Insbesondere wurden die Netzsegmentierung und der Perimeterschutz umfassend überprüft und angepasst.

C.3.3.3 Netzwerküberwachung

Zu klassischen Störungen in einem Netzwerk gehören z.B. zyklische Datenpakete, die außerhalb der vorgegebenen Sequenz versendet werden, gehäufte Paketwiederholungen oder Datenfragmente. Aber auch Ausfälle von Netzwerkkomponenten-Hardware oder die Degradation von Lichtwellenleitern gehören zu dieser Kategorie.

Im ersten Beispiel wurde der Steuerungsnetz-Administrator durch das Monitoringsystem auf eine Anomalie aufmerksam gemacht, bei der das TCP-Empfangsfenster (***T**ransmission **C**ontrol **P**rotocol*) bei einem Teilnehmer einer Verbindung bis auf den Nullwert (und damit keine Kommunikation) reduziert wurde, wie in Bild C.3.6 dargestellt. Das Empfangsfenster definiert die Datenmenge, die eine Netzwerkkomponente empfangen kann, ohne dass der Puffer des Speichers überläuft. Je kleiner das Empfangsfenster, desto unstetiger und stockender ist die Kommunikation zwischen zwei Komponenten. Wie die vom Monitoringsystem gespeicherten Daten zeigten, war der Auslöser eine Komponente, von der ein ERP-System periodisch Daten abforderte. Der entsprechende Host war in diesem Fall ein Backup-Server, der in einer virtuellen Maschine lief. Auf der verwendeten Hardware wurde noch eine weitere virtuelle Maschine betrieben. Aufgrund einer Fehlkonfiguration der Aufteilung der Ressourcen zwischen diesen beiden virtuellen Maschinen kam es zu einem Ressourcenengpass, so dass die Anwendung auf dem Server zeitweise keine Pakete mehr entgegennehmen konnte. Die IT-Abteilung konnte mittels einer geänderten Ressourcenzuteilung dieses Problem innerhalb kurzer Frist beseitigen.

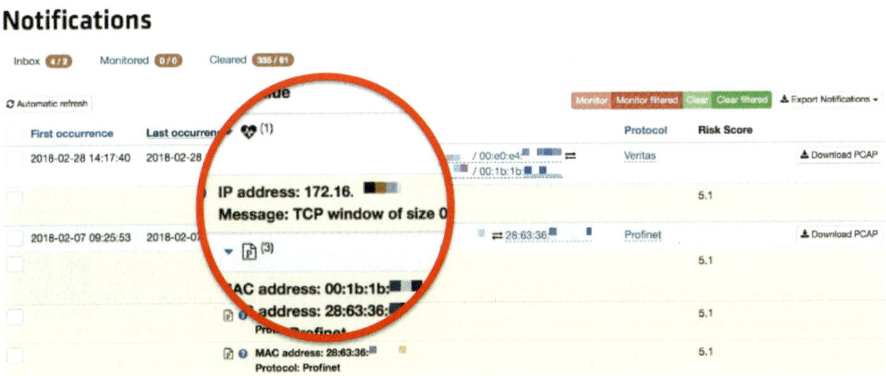

Bild C.3.6 *TCP-Empfangsfenster Null*

Ein relativ häufiges Beispiel für fehlerhafte Netzwerkkommunikation sind Wartungslaptops, die auf das Steuerungsnetz zugreifen. Wartungslaptops verhalten sich oft so, als würden sie auf ein klassisches IT-Netzwerk zugreifen. Sie suchen nach einem DHCP-Server, der ihnen eine IP-Adresse zuweist. Findet das System des Wartungslaptops keinen solchen Server, weist es sich häufig selbst eine IP-Adresse zu und nimmt mittels High-Level-Protokollen wie IGMP (***I**nternet **G**roup **M**anagement **P**rotocol*) oder Low-Level-Protokollen wie ARP (***A**ddress **R**esolution **P**rotocol*) Verbindung zu allen im Netzwerk ansprechbaren Komponenten auf. ARP ist jedoch eine Art «Freifahrtprotokoll». Abfragen via ARP werden in Steuerungsnetzen in der Regel ohne Beschränkung von den angesprochenen Endgeräten beantwortet, da in diesen in der Regel alle Endgeräte als vertrauenswürdig definiert sind und jede Kommunikation relevant ist – also beantwortet werden muss. Abgesehen von der Sicherheitsproblematik, die sich daraus ergibt, setzt dies auch die Kapazität des Netzwerks unter Druck. Die uneingeschränkte Kommunikation generiert übermäßigen Netzwerkverkehr und verbraucht die eher eingeschränkten CPU-Leistungen (interne Prozessorleistung der Komponente) der involvierten Geräte. Daraus entstehen schnell Kapazitätsengpässe in Hinsicht auf Bandbreite und CPU der Endgeräte, die sich insbesondere auf Echtzeitprozesse auswirken können.

Ein drittes Beispiel im Steuerungsnetz eines Energienetzbetreibers ist die Art der Protokolle, die im Netzwerk verwendet wurden. Durch das Monitoring ist im laufenden Betrieb aufgefallen, dass zwei Fünftel seiner Steuerungsnetzkapazitäten von einem ungewünschten Protokoll aufgebraucht wurden. Das sogenannte LLC-Protokoll (***L**ogical **L**ink **C**ontrol*) wird vereinzelt genutzt, um zwischen Protokollen zu vermitteln, die auf höheren Schichten liegen. Im konkreten Netzwerk war dies durch den Betreiber jedoch nicht beabsichtigt. Die Auslastung des Netzwerkverkehrs konnte durch entsprechende Konfiguration durch die IT-Abteilung (Abstellen der LLC-Kommunikation in den betreffenden Komponenten) maßgeblich verringert und damit stabiler gestaltet werden.

C.3.4 Kommunikationsmonitoring als Datenquelle für SIEM und Co.

Das Monitoring der Steuerkommunikation in ICS ist, wie oben dargestellt, ein eigenständiges Werkzeug in einer Gesamtsicherheitsstrategie. Die Nutzbarkeit geht aber darüber hinaus. Im folgenden Abschnitt werden zunächst die Typen von verfügbaren Daten im Allgemeinen und die Nutzungsmöglichkeiten der Kommunikationsdaten (z.B. im Rahmen der Datenintegration und Big-Data-Strategien) kurz dargestellt. Danach wird auf zwei Vorteile eingegangen, die die Verarbeitung solcher Daten erheblich erleichtern.

C.3.4.1 Datentypen und Nutzungsmöglichkeiten

Wie in den vorhergehenden Abschnitten vorgestellt, werden durch das Monitoring die Kommunikationsdaten in einem industriellen Steuerungssystem erfasst. Dies stellt neben den Maschinendaten (z.B. Achsenpositionen, Drehzahlen), den Prozessdaten (z.B. Druck, Temperatur) und den Produktdaten (z.B. Abmessungen, Oberflächenbeschaffenheit) eine vierte Kategorie von Daten dar, die in einem Produktionsprozess vorliegen und diesen entscheidend beeinflussen (Bild C.3.7).

Die Kategorie der Kommunikationsdaten wird in industriellen Umgebungen heutzutage noch kaum für weitere Auswertungen verwendet und häufig auch noch gar nicht erhoben. Dies ist in der Büro- und Verwaltungs-IT, z.B. für die Meldung, Analyse und das Management sicherheitsrelevanter Vorfälle, seit Langem anders. Im Zuge der Entwicklung neuer Prozess- und Geschäftsmodelle der Industrie 4.0, z.B. für vorausschauende Wartung oder Qualitätssicherung, beginnt jedoch derzeit eine weitaus umfassendere Erhebung und Nutzung von Daten vor allem

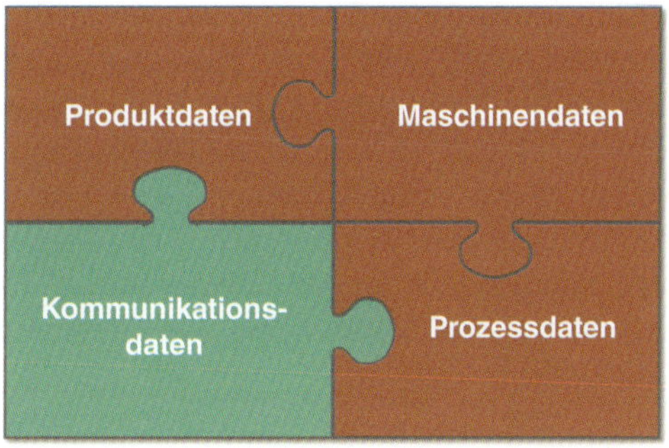

Bild C.3.7 *Datentypen in Produktionsprozessen*

aus den drei Kategorien der Produkt-, Maschinen- und Prozessdaten. Die Kommunikationsdaten stellen eine logische Ergänzung dieser gängigen Kategorien dar. Teilweise gibt es Überschneidungen. So sind z.B. Maschinendaten auch in der Steuerungs- oder Sensorkommunikation und damit in den Kommunikationsdaten enthalten. Es kann die jeweils effizienteste und effektivste Datenquelle genutzt werden.

Letztlich macht ein Aufbau verschiedener aufeinander abgestimmter Maßnahmen in der Gesamtsicherheitsstrategie die Nutzung von Kommunikationsdaten, wie im einleitenden Abschnitt dargestellt, sinnvoll und notwendig. Die durch das Monitoring erfassten Daten stellen eine sehr gut nutzbare und wichtige Quelle für andere Sicherheitswerkzeuge wie z.B. SIEM-Systeme (***S****ecurity* ***I****nformation and* ***E****vent* ***M****anagement*), Firewalls oder weitere IDS / IPS (**I**ntrusion **D**etection / **P**revention **S**ysteme) dar. Damit ist die Etablierung teil- oder vollautomatisierter Reaktionsabfolgen, z.B. die Pflege von Sperrlisten in Firewalls, möglich.

Der Austausch der Daten zwischen den Systemen kann in einer Vielzahl von herstellerspezifischen oder offenen Formaten erfolgen, die jedoch in der Regel einfach zu übersetzen sind. Häufig basieren sie auf Syslog, einem Standardprotokoll zur Übertragung von Protokoll- bzw. Logdateieinträgen, wie z.B. das weit verbreitete CEF (***C****ommon* ***E****vent* ***F****ormat*).

C.3.4.2 Normierung und Vollständigkeit

Kommunikationsdaten, insbesondere wenn sie durch ein permanentes Monitoring erfasst werden, weisen zwei große Vorteile auf, die ihre Verarbeitung in nachfolgenden Systemen erheblich erleichtern: leichtere Normierbarkeit bzw. Standardisierbarkeit und höhere Vollständigkeit.

Wie in jedem anderen Erfassungssystem lassen sich die Daten aus dem Monitoring der Kommunikation in einem ICS nach verschiedenen Kriterien systematisieren und damit abspeichern, verarbeiten und weitergeben. Solche Kriterien sind z.B. der einzelne Teilnehmer in der Kommunikation, die einzelne Verbindung zwischen zwei Endpunkten oder das genutzte Protokoll. Damit lassen sich aus den Einzeldaten laufend die Metadaten der Kommunikation auf den gewünschten Aggregationsebenen generieren, im Sinne von «Wer kommuniziert mit wem, wie viel, was und wann?». Dadurch lassen sich Kommunikationsdaten auch aus unterschiedlichen Monitoringsystemen relativ einfach vergleichen oder zusammenfassen und für eine weitere Verarbeitung normieren bzw. standardisieren. Für die meisten Anwendungen, z.B. in einem SIEM, reicht die immanent in einer (Ethernet-) Kommunikation gegebene Normierung sogar aus, so dass keine weitere Transformation notwendig ist. Dies gilt umso mehr, da die Abläufe und damit die Kommunikation in einem ICS, wie bereits weiter oben erwähnt, per se eher deterministisch sind.

Ein weiterer Vorteil ist die sehr vollständige Erfassung der gewünschten Daten. Dies geschieht in der Praxis meist durch die Nutzung von vorhandenen Datenabgreifpunkten z.B. an Spiegelports von Switches oder dem Einbau von Netzwerktaps (TAP, ***T**erminal oder **T**est **A**ccess **P**ort* zum passiven Kopieren der Kommunikation in einer Netzwerkverbindung). Ein Monitoringsystem überwacht damit an verteilten, sinnvoll ausgesuchten Punkten im Netzwerk den Kommunikationsstrom und gibt diesen an einen zentralen Ort zur Aggregation, Analyse und Darstellung weiter. Damit ist jegliche relevante Kommunikation auf Feld-, Steuer- und ggf. Prozessleitebene erfassbar und damit auch für weitere Systeme und Prozesse wie Qualitätssicherung, Prozessoptimierung und Netzwerksicherheit auswertbar.

C.4 Cyber Security im Lebenszyklus von automatisierten Sicherheitseinrichtungen

C.4.1 Automatisierte Sicherheitseinrichtungen

C.4.1.1 Zweck und Funktion

Um Gefahren, die von technischen Systemen ausgehen, auf ein akzeptiertes Maß zu reduzieren, wird vielfach programmierbare, sicherheitsgerichtete Leittechnik eingesetzt, im Folgenden als automatisierte Sicherheitseinrichtung oder ***S**afety **I**nstrumented **S**ystem* (SIS) bezeichnet. Automatisierte Sicherheitseinrichtungen haben eine beobachtende Funktion und greifen im Anforderungsfall durch Aktivierung von Stellorganen in den Betrieb technischer Systeme ein, um vorab identifizierte, gefährliche Ereignisse zu verhindern. Automatisierte Sicherheitseinrichtungen umfassen typischerweise mehrere automatisierte Sicherheitsfunktionen, die als funktionale Einheiten jeweils eine Sicherheitsschaltung realisieren. In zunehmendem Maß stellen automatisierte Sicherheitsfunktionen einen wichtigen Bestandteil des Sicherheitskonzeptes technischer Systeme dar. Dies zeigt sich insbesondere in der Absicherung chemischer Produktionen, aus deren Sicht der vorliegende Buchabschnitt geschrieben wurde. In Bild C.4.1 ist beispielhaft das Schema einer automatisierten Sicherheitsfunktion zur Begrenzung des Drucks in einem Behälter einer verfahrenstechnischen Anlage dargestellt. Die Sicherheitsfunktion (PZ+) besteht aus dem Sensorteil, der Verarbeitungseinheit und der Aktorik. Automatisierte Sicherheitsfunktionen kommen in zahlreichen weiteren technischen Bereichen zur Anwendung, z.B. in der Fertigung, in Transportsystemen oder in der Energieversorgung.

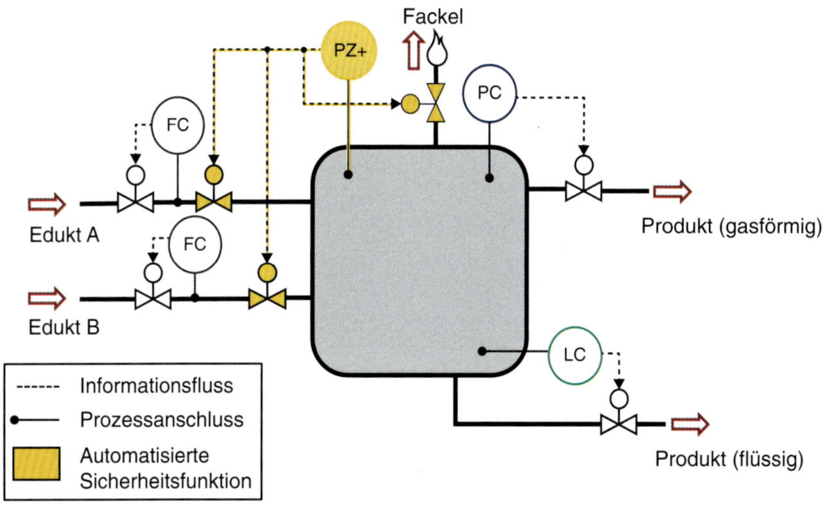

Bild C.4.1 *Beispiel einer automatisierten Sicherheitsfunktion*

Integrität

Die Integrität eines SIS bezeichnet dessen fehlerfreies, bestimmungsgemäßes Funktionieren. Planungs- und Umsetzungsfehler, technische Fehler oder aber Manipulation bzw. Kompromittieren, z.B. durch einen Cyberangriff, können zum Verlust der Integrität führen. Ein zentraler

Aspekt beim Betrieb von SISen ist das Sicherstellen der vorab festgelegten und bei der Umsetzung realisierten Versagensrate. Dabei wird zwischen sicheren und gefährlichen sowie zwischen erkannten und unerkannten Fehlern unterschieden. Sichere Fehler führen nicht zum Versagen einer Sicherheitsfunktion, d.h., das Überführen des technischen Systems in einen gefahrlosen Zustand bleibt gewährleistet. Gefährliche Fehler führen zum Versagen von Sicherheitsfunktionen, was im Anforderungsfall zu erheblichen Umwelt- und Personenschäden führen kann. Das Verhindern des gefährlichen Versagens von Sicherheitsfunktionen ist wesentliches Ziel im Lebenszyklus von SISen. Im Folgenden wird die Bezeichnung «gefährliches Versagen» von automatisierten Sicherheitsfunktionen verwendet, womit das Versagen von Sicherheitsfunktionen, z.B. durch Kompromittieren oder das Auftreten gefährlicher Fehler, bezeichnet wird, das nicht automatisch erkannt wird.

C.4.1.2 Functional Safety Management und SIS-Lebenszyklus

In der Europäischen Union ist die Verantwortung bzgl. der Sicherheit technischer Systeme z.B. durch Artikel 95 EG-Vertrag (freier Warenverkehr) [1] und Artikel 153 EG-Vertrag (Arbeitsschutz) [2] geregelt. Weiter konkretisiert wird dies z.B. durch die Niederspannungsrichtlinie (2006/95/EG) [3], die Maschinenrichtlinie (2006/42/EG) [4] oder die Rahmenrichtlinie für Arbeitsschutz (89/391/EWG) [5]. Durch sie sind Hersteller und Betreiber technischer Systeme verpflichtet, deren Sicherheit zu gewährleisten, d.h., bezogen auf das in diesem Abschnitt behandelte Thema, die Integrität von SISen sicherzustellen. Da Sicherheit von der Technologie, aber im erheblichen Umfang auch vom Umgang mit der Technologie abhängt, etablieren Betreiber in ihrem Verantwortungsbereich ein Management der funktionalen Sicherheit (engl.: ***F**unctional **S**afety **M**anagement, FSM*) als Teil der Betriebsorganisation. Für das Vermeiden von Fehlern in sicherheitsgerichteten Einrichtungen existieren weitreichende und umfangreiche Regelwerke und Normen, die im Rahmen des Functional Safety Managements zur Anwendung kommen. Sie regulieren Methoden und Organisationsstrukturen für den «SIS-Lifecycle-Support», der alle Aspekte und Phasen des SIS-Lebenszyklus umfasst. Speziell der Schutz von SISen vor Kompromittierung infolge von Cyberangriffen bedarf aufgrund der besonderen Anforderungen an SISen der Entwicklung dedizierter Konzepte, Methoden und Werkzeuge. Mit dem Verhindern des gefährlichen Versagens der automatisierten Sicherheitseinrichtung als primäres Ziel sollte der Cyberschutz von SISen als Teil des Functional Safety Managements realisiert werden (s. z.B. [6]: BSI, IT-Grundschutz, IND.2.7: Safety Instrumented Systems, Umsetzungshinweise Abschnitt 2.2, IND.2.7.M4 Verankerung von Informationssicherheit im Functional Safety Management, 25.4.2018). Sekundäres Ziel sollte das Verhindern des sicheren Auslösens von Sicherheitsfunktionen in Folge eines Cyberangriffes sein, um die Anforderungsrate der Sicherheitsfunktionen zu gewährleisten.

Der Lebenszyklus eines SIS umfasst die Phasen

- Gefahren- und Risikoanalyse des technischen Systems,
- Entwurf des SIS einschl. Spezifikation,
- Umsetzung (Detailspezifikation aller SIS-Elemente, Planung, Aufbau, Prüfung und Abnahme),
- Betrieb (Monitoring, Wiederholungsprüfung, Reparatur),
- Änderung (Umbau, Erweiterung, Modernisierung oder Migration),
- Stilllegung.

In jeder Phase stellen Verifikation aller Teilschritte sowie Validierung der jeweiligen Sicherheitsfunktionen wesentliche Elemente der Fehlervermeidung dar. Des Weiteren ist die Rückverfolgbarkeit der Funktionsanforderungen auf die Anforderungen aus der Risikoanalyse ein wichtiges Element u.a. zur Unterstützung der Prüfbarkeit und der Validierung (s. z.B. [7; 8]).

Das Functional Safety Management bildet den organisatorischen, technischen und methodischen Rahmen zur Umsetzung des SIS-Lifecycle-Supports. Zusätzlich zum rein sachlichen Sicherstellen der SIS-Integrität (u.a. anhand von Erst- und Wiederholungsprüfungen, Systemwartung, Change Management sowie der erforderlichen Methoden und Werkzeuge) sind neben der personell-organisatorischen Umsetzung auch Schulung und Qualifizierung, Ereignishandhabung und kontinuierliche Verbesserung wesentliche Elemente.

Wichtige methodische Aspekte sind

- Rollen- und Verantwortlichkeitskonzept,
- Sicherheitskonzept,
- Auditierung und Ereignismanagement,
- Standardisierung von Methoden und Werkzeugen,
- Qualifizierung und
- Lifecycle-Support der spezifischen Umsetzungen.

Grundsätzlich unterstützt die fachmännische Anwendung geltender Normen die Gewährleistung der Integrität von Sicherheitsfunktionen und schafft damit eine Basis für den sicheren Betrieb technischer Systeme. Je nach Anwendungsgebiet sind unterschiedliche Normen für Komponentenhersteller, SIS-Ersteller bzw. -Betreiber relevant (u.a. IEC 61 508 als grundlegende Norm für Funktionale Sicherheit [9], IEC 61 511 für die Prozessindustrie [10], EN ISO 13 849 und IEC 62 061 für Maschinensicherheit [11; 12], ISO 26 262 im Bereich Automobil [13] oder IEC 62 280 für den Bereich Railway [14]). Ziel der Normen ist es, Anforderungen und Konzepte zur Vermeidung des gefährlichen Versagens von SISen für alle Lebenszyklusphasen zu standardisieren. Die Normen sind auf das Vermeiden von Entwurfs-, Umsetzungs- und technischen Fehlern ausgerichtet. Dagegen beziehen sich Cyberrisiken auf gezielt herbeigeführtes Versagen von SISen unter Ausnutzung von IT-Sicherheitslücken, was sich bezüglich der Versagensursache grundsätzlich von Fehlern unterscheidet. Daher werden, um Kompromittierung zu verhindern, gezielt darauf ausgerichtete Methoden und Werkzeuge benötigt.

C.4.2 Cyberrisiko für automatisierte Sicherheitseinrichtungen

C.4.2.1 Betrachtungsgegenstand und funktionale Trennung der Automatisierung

Im technischen Aufbau umfassen automatisierte Sicherheitseinrichtungen folgende Teile (s. auch Bild C.4.2, nach [23]):

- automatisierte Sicherheitsfunktionen, bestehend aus Sensorik, Aktorik, Signalübertragung und -verarbeitung, sicherheitsgerichteter Steuerung und Funktionslogik,
- Bedien-, Wartungs- und Engineeringsysteme für die Komponenten der automatisierten Sicherheitsfunktionen,

- Bedien- und Beobachtungskomponenten der automatisierten Sicherheitsfunktionen, z.B. in nicht-sicherheitsgerichteten Automatisierungssystemen, sowie
- zugehörige Datenkopplungen.

Ein wesentliches Prinzip zur Gewährleistung der Integrität eines SIS ist die Trennung sowohl des funktionalen Aufbaus der Sicherheitsfunktionen und des SIS als auch der dazu erforderlichen Engineeringsysteme, von der nicht-sicherheitsgerichteten Automatisierung und deren Engineeringsystemen. Dies bezieht sich, über die technische Umsetzung hinausgehend, auch auf die Trennung der Tätigkeiten im Lifecycle-Support der Systeme. Die konsequente Anwendung dieses Prinzips führt in der Prozessindustrie zur weitgehenden physikalischen und funktionalen Trennung von Sicherheits- und Nicht-Sicherheitsfunktionen, wie z.B. in den Bildern C.4.1 und C.4.2 dargestellt.

Aufgrund einer zunehmenden Funktionalität können SISen allerdings nicht vollständig isoliert von der nicht-sicherheitsgerichteten Automatisierung aufgebaut werden. Vielmehr bestehen die wie in Bild C.4.2 dargestellten typischen, permanenten oder temporären Datenverbindungen der Elemente der automatisierten Sicherheitsfunktionen zu

- Konfigurationssystemen der Sensoren und Aktoren (**A**sset-**M**anagement-**S**ysteme, AMS),
- Engineeringsystemen der Sicherheitssteuerung und der Signalverarbeitung,
- Bedienstationen, u.U. mit sicherheitsrelevanten Funktionen (SIS-Bedienpanel),
- nicht-sicherheitsgerichteten Automatisierungssystemen (z.B. zum Bedienen und Beobachten des SIS sowie zur Langzeitarchivierung von Betriebsdaten für Monitoring- und Diagnoseaufgaben) und
- Elementen aus der IT-Infrastruktur (z.B. zur Nutzeradministration und der Versorgung mit Patches sowie zur Handhabung von Konfigurationen und Anwenderprogrammen).

Die Elemente der automatisierten Sicherheitseinrichtungen und des SIS-Lifecycle-Supports, deren Manipulation zum gefährlichen Versagen von automatisierten Sicherheitsfunktionen führen können, bilden den «Betrachtungsgegenstand» für eine Absicherung gegen Cyberangriffe (engl.: *System under Consideration*, im Folgenden auch als SuC abgekürzt). Ein SuC umfasst demnach einerseits den physikalischen Aufbau, Daten und Konfigurationen des SIS und andererseits Organisation, Personen, Prozesse sowie Methoden, Werkzeuge und Daten und Dokumente des SIS-Lifecycle-Supports.

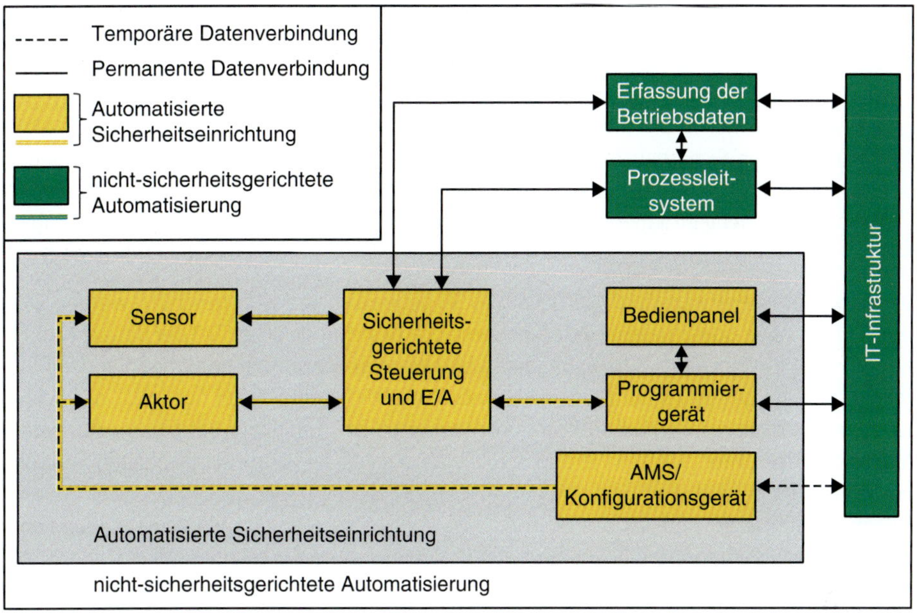

Bild C.4.2 *Automatisierte Sicherheitseinrichtung* (nach [23])

C.4.2.2 Bedrohung durch Cyberangriffe

Der zunehmende Einsatz von programmierbaren Komponenten und Datenverbindungen in SISen unterstützt Effizienzsteigerungen u.a. beim Betrieb der Systeme, z.B. im Bereich Bedienung, Wartung, Änderung, Wiederholungsprüfung, Monitoring und Diagnose. Allerdings können dadurch Cyber-Sicherheitslücken entstehen, wodurch das Risiko von Kompromittierungen durch Cyberangriffe zunimmt.

Manipulationen bzw. Kompromittierungen unterscheiden sich von unbeabsichtigt herbeigeführten oder zufälligen technischen Fehlern in mehreren Punkten:

- Ein gleichzeitiges gefährliches Versagen einer Vielzahl von Funktionen ist möglich – mit potenziell gravierenderen Auswirkungen als bei Einzelfehlern.
- Die Ursache des Versagens ist «intelligent», wodurch komplexe Versagens-Szenarien möglich werden.
- Bei gefährlichem Versagen eines SIS aufgrund von Cyberangriffen geht es hauptsächlich um den Verlust der Integrität von Daten und Software in programmierbaren und programmtechnisch konfigurierbaren Systemkomponenten einschließlich der Datenverbindungen.
- Sicherheitskonzepte und Sicherungsmaßnahmen gegen Cyberangriffe sind naturgemäß eher auf «IT-Aspekte» ausgerichtet und nur zum geringeren Teil von mechanisch-technischer Art.
- Für die Realisierung von Sicherheitskonzepten sind, neben einer Qualifikation im Bereich Functional Safety Management, Kenntnisse im Bereich IT Security erforderlich, um Cybersicherheit für SISen gewährleisten zu können.

Das Manipulieren bzw. Kompromittieren eines SIS kann das absichtliche Herbeiführen einer Gefahr darstellen. Veröffentlichte Ereignisse von erfolgreichen Cyberangriffen auf Automatisierungssysteme zeigen, dass die Bedrohung real ist [15–18]. Insbesondere für automatisierte Sicherheitseinrichtungen mit niedriger Anforderungsrate werden aus Betreibersicht folgende drei Auswirkungen von technischem Versagen durch Kompromittierung unterschieden (s. auch [23]):

- Auslösen der Sicherheitsfunktion (sicher, aber nicht erwünscht),
- Deaktivieren von Sicherheitsfunktionen (unsicher, da gefährliches Versagen),
- Deaktivieren von Sicherheitsfunktionen und anschließendes Herbeiführen des Anforderungsfalls (die gefährliche Situation tritt unmittelbar ein).

Zum Verhindern dieser Auswirkungen muss das SIS gegen Cyberangriffe geschützt werden. Dabei sind nicht nur neue oder modernisierte, sondern auch bestehende SISen Teil der Betrachtung. Für neue SISen ist es sinnvoll, Schutzmaßnahmen bereits beim Entwurf zu entwickeln und vor Inbetriebnahme umzusetzen (*Security by design*). Grundsätzlich sollte dabei bezüglich der Schwerpunkte der Maßnahmen zwischen Komponentenherstellern, Erstellern, Betreibern und Instandhaltern von SISen unterschieden werden, da sie unterschiedliche Verantwortlichkeiten, Aufgaben und Beiträge im Bereich der SISen und der SIS-Cybersicherheit haben.

Beim Identifizieren und Umsetzen von Cyber-Sicherungsmaßnahmen muss berücksichtigt werden, dass Cyberangriffe typischerweise in mehreren Schritten verlaufen, die in zwei Phasen eingeteilt werden können: Ausspähen des Systems sowie Planung und Durchführung des Angriffs (s. Bild C.4.3 und z.B. [19; 20]). Sicherungsmaßnahmen müssen so aufgesetzt sein, dass Ausspähen weitestgehend erschwert und ein erfolgreicher Angriff verhindert werden. Neben dem Schutz des SIS gegen Kompromittieren ist daher der Diebstahlschutz von Informationen über das SIS und von Daten aus dem SIS-Lebenszyklus ein wesentliches, präventives Element.

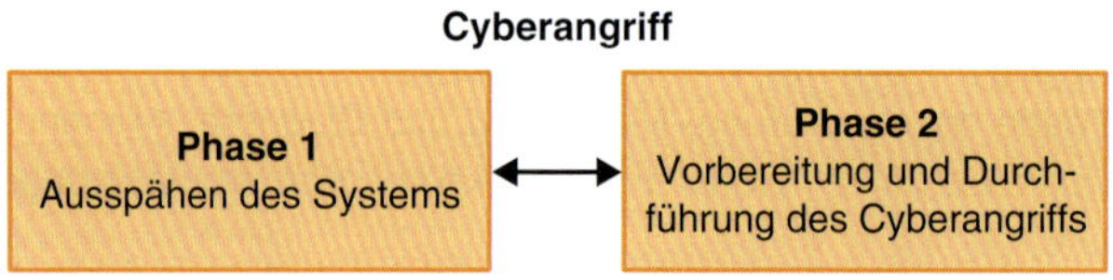

Bild C.4.3 *Phasen eines Cyberangriffs*

C.4.2.3 Grundsätzliches zur Cybersicherheit von SIS

Bestehende Normen und Regelwerke, z.B. IEC 62 443 [21], beschreiben das Vorgehen zum Cyberschutz von Automatisierungssystemen gegen Cyberbedrohungen. Die Regelwerke können dazu beitragen, Cyber-Security-Konzepte, -Methoden und -Werkzeuge speziell für SISen zu entwickeln und umzusetzen. Dabei steht ein wesentliches Ziel im Vordergrund: Die im Rahmen der Risikoanalyse des technischen Systems spezifizierte Funktion eines SIS muss auch bei Cyberangriffen erhalten bleiben, d.h., gefährliches Versagen muss verhindert werden.

Angriffspunkte bei Daten, Prozessen und Organisationen aus allen Phasen eines SIS-Lebenszyklus können unterschieden werden in direkt oder indirekt relevant bezüglich der SIS-Integrität. Direkt relevant für die SIS-Integrität bedeutet in diesem Zusammenhang, dass durch Kompromittierung direkt das gefährliche Versagen von Sicherheitsfunktionen erreicht werden kann. Direkt relevant bezüglich der Integrität eines SIS können Konfigurationen, Systemprogramme und Anwenderprogramme von SIS-Komponenten, Datenkopplungen, Engineering-, Bedien-, Beobachtungs- und Überwachungssysteme sowie Asset-Management-Systeme des SIS sein. Typische indirekt relevante Angriffspunkte sind Dokumente wie beispielsweise SIS-Spezifikationen, Prüfdokumente und Prüfprozeduren oder Zugänge zu Dokumenten und Unterlagen.

Ein SIS kann auf vielfältige Weise manipuliert bzw. kompromittiert werden. Durch Standardisierung bei gleichzeitiger individueller Sicherung der Systeme bietet sich die Möglichkeit, diese Vielfalt einzuschränken. Sicherheitslücken können anhand der Analyse des SIS-Lebenszyklus systematisch erfasst und geschlossen werden. Unter Abwägung der Kritikalität der Sicherheitslücken können Gegenmaßnahmen definiert, priorisiert und umgesetzt werden. In diesem Sinne lässt sich ein Management der Cybersicherheit für SISen ausgehend von einem bereits standardisierten SIS-Lifecycle-Support entwickeln und umsetzen.

C.4.3 SIS-Cyber-Security-Management

C.4.3.1 Grundkonzept und Kernelemente

Potenzielle Gefahren einerseits sowie die speziellen technischen Anforderungen an den Cyberschutz von SISen andererseits motivieren die Entwicklung und Umsetzung eines Cyber-Sicherheitsmanagements (engl.: *__C__yber __S__ecurity __M__anagement*, im Folgenden auch mit CSM abgekürzt) für automatisierte Sicherheitseinrichtungen. Für die Realisierung eines ***SIS**-**C**yber-**S**ecurity-**M**anagements* (im Folgenden auch mit SIS-CSM abgekürzt) spielt folgende Überlegung eine wesentliche Rolle. Wie in Abschnitt C.4.2.1 beschrieben, ist – als eines der zentralen Konzepte der funktionalen Sicherheit – eine ausreichende Trennung der nicht-sicherheitsgerichteten von der sicherheitsgerichteten Automatisierung umzusetzen. Technisch betrachtet wird dazu das SIS in die Cyber-Sicherheitszonen (s. z.B. [21]) des Automatisierungsnetzwerkes integriert, wodurch bereits ein gewisser Schutz vor Cyberangriffen erreicht werden kann. Da ein SIS innerhalb der Automatisierung eine funktional weitestgehend abgeschlossene Einheit mit hohen Anforderungen an die Integrität darstellt, sollte es mit einem dedizierten, entsprechend angepassten Cyber-Sicherheitskonzept geschützt werden. So wird gewährleistet, dass es zuverlässig bestimmungsgemäß funktionieren kann.

Im Grundsatz muss also, unabhängig von der realisierten Cybersicherheit der nicht-sicherheitsgerichteten Automatisierung, für die Widerstandsfähigkeit des SIS gegen Cyberangriffe gesorgt werden, insbesondere gegen Angriffe, die gezielt auf das SIS ausgerichtet sind. Dabei sollte die Realisierung von Fail-Safe-Ansätzen angestrebt werden, um unbeabsichtigtes Kompromittieren des SIS – mit gefährlichem Versagen als Folge – zu verhindern. Angriffshäufigkeiten und Erfolgswahrscheinlichkeiten von Angriffen sollten nicht betrachtet werden, da sie statistisch nicht belastbar ermittelt werden können [22]. Beim Entwickeln eines SIS-Cyber-Security-Managements kann, wie bereits beschrieben, auf bestehende Cyber-Security-Methoden und -Standards für Automatisierungssysteme aufgebaut werden. Deren Eignung und Wirksamkeit sollte in Bezug auf die Integritätsanforderungen der SISen geprüft werden. Folgende Elemente sollten im Rahmen eines SIS-CSM realisiert werden:

- SIS-Cyber-Sicherheitskonzept,
- Cyber-Risikoanalyse,
- Cyber-Risikohandhabung inkl. eines Incident Managements,
- personelle Organisation des SIS-CSM,
- Auditierung und kontinuierliche Verbesserung.

Dadurch werden wesentliche Kernelemente eines Cyber-Security-Managements abgedeckt. Ziel ist die Gewährleistung der Sicherheit des technischen Systems, d.h. der Integrität der automatisierten Sicherheitseinrichtung in den relevanten Phasen des Lebenszyklus. SIS-Cybersicherheit ist ein wichtiges Element zum Erreichen dieses Ziels – neben den Elementen des Functional-Safety-Managements. In den folgenden Abschnitten wird das SIS-CSM näher beschrieben.

C.4.3.2 SIS-Cyber-Sicherheitskonzept

Das SIS-Cyber-Sicherheitskonzept beschreibt das Ziel des SIS-CSM, den Anwendungsbereich und die Grundlagen für die Umsetzung eines Cyberschutzes für SISen. Dies schließt die Entwicklung, Anwendung und Pflege der dazu erforderlichen Methoden und Werkzeuge, auch bezüglich der Sicherung von Prozessen, Organisationsstrukturen und der ausführenden Personen im SIS-Lifecycle-Support, mit ein. Das SIS-Cyber-Sicherheitskonzept bildet damit ein wesentliches Element für die Entwicklung und Umsetzung des SIS-CSM. Wesentliche Punkte, die im SIS-Cyber-Sicherheitskonzept behandelt werden, können folgende sein:

- Eingrenzung des Anwendungsbereichs (betrachtete technische Systeme, betrachtete automatisierte Sicherheitssysteme),
- Beschreibung der Problemstellung (Verantwortung für die SIS-Integrität, betrachtete Gefahren durch Cyberangriffe, Begründung des Bedarfs eines Cyberschutzes),
- Einführen und Erklären der relevanten Themenfelder und Begriffe,
- Beschreibung der Lösung (Risikoanalyse und -handhabung, Maßnahmen, Auditierung und Verbesserung, Einbindung des SIS-CSM in das FSM),
- Organisation der ausführenden Personen,
- erforderliche Methoden und Werkzeuge.

C.4.3.3 SIS-Cyber-Risikoanalyse

Ziel der SIS-Cyber-Risikoanalyse ist das Identifizieren der potenziellen Gefahren, die z.B. durch Kompromittieren entstehen können, sowie die Identifikation der Cyber-Sicherheitslücken als mögliche Gefahrenquellen. Im Lebenszyklus des SIS erfolgt dies nach dem Allozieren von Sicherheitsfunktionen im Rahmen der Risikobetrachtung des abzusichernden technischen Systems als Teil der automatisierungstechnischen Umsetzung des SIS. Dabei sollten sich die Ersteller der Risikobetrachtung des technischen Systems darüber bewusst sein, dass eine automatisierte Sicherheitsfunktion einer Cyberbedrohung unterliegen kann, und dies beim Allozieren der Sicherheitsfunktionen berücksichtigen. Entwurf und Umsetzung der automatisierten Sicherheitsfunktion erfolgen durch entsprechend qualifizierte Automatisierungstechniker, die eine ausreichende Qualität bezüglich der geforderten Versagensrate der Sicherheitsfunktion realisieren.

Zu den Gefahren durch Cyber-Sicherheitslücken gehört, wie in Abschnitt C.4.2.2 beschrieben, das gefährliche Versagen einzelner oder mehrerer Sicherheitsfunktionen bzw. des gesamten SIS, ggf. bei gleichzeitigem Herbeiführen des Anforderungsfalls. Im Rahmen der SIS-Cyber-Risikoanalyse wird auf die daraus potenziell resultierenden, schweren Umwelt- und Personenschäden Bezug genommen, so dass darauf aufbauend im Rahmen der Risikohandhabung der Umfang der Cyber-Sicherungsmaßnahmen abgeleitet und bewertet werden kann. Die SIS-Cyber-Risikoanalyse kann als Fehleranalyse des umzusetzenden bzw. umgesetzten SIS in Bezug auf Cyberangriffe interpretiert werden. Die Prüfung des SIS-Cyberschutzes muss ein Teil der formalen Abnahme des SIS zur Erteilung der Betriebserlaubnis für das abgesicherte technische System werden.

Im Sinne der Cybersicherheit sind grundsätzlich dynamische und statische Daten manipulierbar. Daher sollten alle Elemente des SuC, also des SIS und des SIS-Lifecycle-Supports, bezüglich der

Daten, deren Kompromittierung direkt oder indirekt zum gefährlichen Versagen von Sicherheitsfunktionen führen kann, auf Möglichkeiten des Ausspähens und auf ihre Kompromittierbarkeit analysiert werden. Die Effektivität und Effizienz dieser Aktivität hängt u.a. vom Standardisierungsgrad des SuC ab. Wenn für ein Element des SuC festgestellt wird, dass eine implementierte Sicherheitsfunktion durch Manipulation direkt oder indirekt außer Kraft gesetzt werden kann, so müssen Sicherungsmaßnahmen dagegen umgesetzt werden.

C.4.3.4 SIS-Cyber-Risikohandhabung

Die Risikohandhabung zielt auf den Schutz des SIS und des SIS-Lifecycle-Supports vor Ausspähen und Manipulieren bzw. Kompromittieren ab. Den Rahmen dazu bilden folgende Elemente, die mittels des SIS-CSM entwickelt und aktiviert werden:

- allgemeine Cyber-Sicherheitsrichtlinien sowie allgemeines und anwendungsspezifisches SIS-Cyber-Sicherheitskonzept,
- Rollen und Verantwortlichkeiten,
- Qualifizierung sowie Bewusstsein für den Bedarf von SIS-CSM,
- Konzeption, Umsetzung, Prüfung und Verbesserung der Sicherungsmaßnahmen,
- Incident Management,
- Eingliederung in das Functional-Safety-Management.

Anhand der Risikoanalyse werden, ausgehend vom SIS-Cyber-Sicherheitskonzept, die Teilziele für die Sicherungsmaßnahmen konkretisiert. Dazu erfolgt zunächst die Bestandsaufnahme des SuC als Grundlage für die Analyse der Verwundbarkeiten. Das grundsätzliche Vorgehen zur Maßnahmenrealisierung und -wartung kann darauf aufbauend festgelegt und die abzudeckenden Maßnahmen-Kategorien sowie -Methoden, auch zur Gewährleistung der Wirksamkeit der Sicherung, können definiert werden.

Bezüglich der drei Kerneigenschaften Verfügbarkeit, Integrität und Grad des Informationsschutzes ergeben sich, im Vergleich zu anderen programmierbaren, vernetzten Automatisierungssystemen, folgende wichtigen Anforderungen für SISen:

- Realisierung von «Fail-safe»-Ansätzen (d.h. Anwendung robuster Konzepte und Technologien) zum Garantieren der SIS-Integrität in der Betriebsphase (im Vergleich zur nicht-sicherheitsgerichteten Automatisierung ist Verfügbarkeit auch wichtig, aber in diesem Zusammenhang zweitrangig),
- Schutz der Daten vor Diebstahl durch potenzielle Angreifer (zum Erschweren von Angriffen müssen Informationen zum SuC geschützt werden, IP-Schutz ist in diesem Zusammenhang zweitrangig),
- formales Prüfen und Dokumentieren der wesentlichen Schritte der Sicherungsaktivitäten,
- Favorisieren von Standardisierungen vor Individuallösungen (aufgrund der besseren Handhabbarkeit in Bezug auf die Langlebigkeit von SISen und den seltenen Möglichkeiten für Abschaltungen oder Neustarts der Systeme).

Alle Sicherungsmethoden, die zur Anwendung kommen sollen, müssen bezüglich ihrer Wirkung auf das SIS geprüft werden. Aufbauend auf diese Herangehensweise kann im Rahmen des SIS-CSM ein Rahmenwerk für Sicherungsmethoden und -maßnahmen erarbeitet und als Teil des SIS-Cyber-Sicherheitskonzepts realisiert werden.

C.4.3.5 SIS-Cyber-Sicherungsmaßnahmen

Im SIS-CSM stellen die Maßnahmen zur Sicherung des SIS sowie das Sicherstellen deren Wirksamkeit die zentralen und wesentlichen Elemente dar. Im Folgenden werden einzelne Sicherungsmaßnahmen auch als (Cyber-) Sicherungsmaßnahmen bezeichnet. Die Gesamtheit der Maßnahmen für ein konkretes SIS wird im Folgenden als «Realisierung der Sicherungsmaßnahmen» bzw. als «Realisierung des Cyberschutzes» bezeichnet.

Für SISen, die typischerweise in der Prozessindustrie umgesetzt werden, ermöglicht die Maßnahmen-Checkliste des Namur-Arbeitsblattes NA 163, Rev. 2017 [23], ein systematisches Ableiten des Bedarfs für Cyber-Sicherungsmaßnahmen. Die Checkliste unterstützt damit die Risikohandhabung im Rahmen des SIS-CSM für diese Systeme. Details hierzu sind im NA 163 sowie den Anhängen beschrieben.

Abhängig von den jeweils realisierten Architekturen und dem Lebenszyklus-Konzept in den unterschiedlichen Bereichen der technischen Anwendung kann geprüft werden, ob auf dieser Basis eine Bewertung und Anpassung der Maßnahmen zur Entwicklung und Umsetzung eines SIS-Cyber-Security-Managements erfolgen kann. Dabei dürfen sich Cyber-Sicherungsmaßnahmen nicht gegenseitig aufheben. Sie sollen lückenlosen Schutz des SIS gewährleisten und folgende weitere Eigenschaften aufweisen, die vom Grundsatz für gute Lösungen im SIS-Lifecycle gelten:

- ausreichend effektiv, um die identifizierten Gefahren abzuwehren,
- einschätzbar bezüglich des Umsetzungs- und Wartungsaufwandes,
- einfach umzusetzen und zu nutzen,
- möglichst geringe Auswirkungen auf den abgesicherten technischen Prozess,
- möglichst wartungsarm,
- untereinander unabhängig,
- in der Gesamtheit bezüglich Aufwand und Wirkung ausbalanciert.

Die Realisierung der Cyber-Sicherungsmaßnahmen für ein SIS sowie der Cyberschutz des SIS-Lifecycle-Supports können so durch zielgerichtete Verminderung der Möglichkeiten von Cyberangriffen erreicht werden. Folgende Schutz- und Überwachungskonzepte sollten bei der Realisierung berücksichtigt werden:

- Personenschutz,
- physischer Zugangsschutz,
- Netzwerksegmentierung und Schutz der Netzwerkzonen,
- Zugangskontrolle und -administration,
- Sicherung der programmierbaren und konfigurierbaren SIS-Komponenten gegen Datendiebstahl und Kompromittierung,
- Überwachen, Aktualisieren und Sicherstellen der Wiederherstellbarkeit der Sicherungsmaßnahmen.

Die Sicherungsmaßnahmen sollten regelmäßig geprüft werden. Eine Dokumentation aller durchzuführenden und durchgeführten Schritte unterstützt einerseits den Nachweis der Maßnahmenumsetzung und andererseits die Realisierung eines SIS-Cyber-Security-Managements.

C.4.3.6 Organisation, Auditierung und kontinuierliche Verbesserung

Die Entwicklung und Umsetzung des SIS-Cyber-Security-Managements bedarf des Aufbaus von Organisationen und Prozessen sowie der Qualifikation und Beauftragung von Personen zur Durchführung der Aufgaben. So kann der Cyberschutz einerseits umgesetzt und andererseits auditiert und kontinuierlich verbessert werden. Diesbezüglich empfiehlt die Checkliste im Anhang des NA 163 [23] eine Reihe von Maßnahmen und Aktivitäten. Dazu gehört u.a. die Schulung und Benennung eines Cyber-Security-Verantwortlichen für SISen, der über Grundkenntnisse der IT-Security und des Functional-Safety-Managements verfügt und der in die Organisation der IT-Security und des Functional-Safety-Managements eingebunden ist. Alle am SIS-Lebenszyklus beteiligten Personen sollen bezüglich SIS-Cyber-Security geschult sein und nach IEC 62 443-2-4 [21] arbeiten. Ein Ereignis-Management sollte umgesetzt und im Fall von aktuellen Bedrohungen sollen Abläufe geregelt sein (*Incident Management*). Änderungen sollten, geregelt durch ein Change Management mit Änderungsverfolgung und Rollentrennung, nur nach Prüfung und Freigabe umgesetzt werden. Ereignisse sollen kontinuierlich nachverfolgt werden. Als Teil eines Schwachstellen- und Bedrohungsmanagements sollte ein Sicherheits-Informations-Ereignis-Management (SIEM) umgesetzt sein, einschließlich der Überwachung und Auswertung cyber-sicherheitsrelevanter Meldungen. Meldungen von internen und externen Computer Emergency Response Teams (CERTs) sollten berücksichtigt werden.

Realisierungen von Sicherungsmaßnahmen sowie das SIS-CSM allgemein sollten regelmäßig auditiert werden. Eine jährliche Durchführung der Überprüfung des Cyberschutzes für operative SISen erscheint aufgrund der schnellen Entwicklungen im IT-Bereich sinnvoll. Auf dieser Basis und auf Basis der Auditierung des SIS-CSM sollten erkannte Schwachstellen identifiziert, dokumentiert und behoben werden.

C.4.3.7 Einbindung in den SIS-Lebenszyklus

Da der überwiegende Teil der Elemente des SIS-Lifecycle-Supports, direkt oder indirekt, Einfluss auf die Integrität von automatisierten Sicherheitseinrichtungen haben kann, ist es zweckmäßig, zunächst alle Elemente des SIS-Lifecycles (s. Bild C.4.4 und Abschnitt C.4.1.2) im Rahmen der SIS-Cyber-Risikoanalyse zu berücksichtigen.

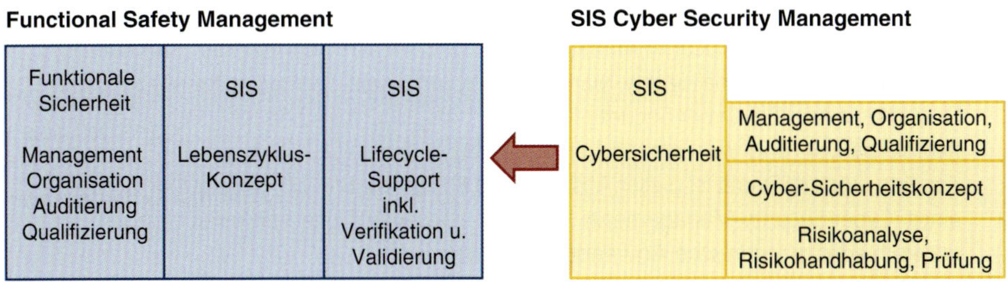

Bild C.4.4 *Cyber Security als Teil des Functional-Safety-Managements*

Die Einbindung des SIS-Cyber-Security-Managements in den SIS-Lebenszyklus kann schrittweise umgesetzt werden. Zunächst kann ein risikobasierter Ansatz angewendet werden, der sukzessive vertieft und systematisiert wird. Zur Abwägung des Umfangs der Maßnahmen kann z.B. eine dreigliedrige Risikoeinschätzung in hoch – mittel – niedrig erfolgen. Wesentliche Verbesserung können schrittweise umgesetzt und regelmäßig bezüglich des identifizierten Risikos bewertet und angepasst werden. Parallel dazu kann das SIS-Cyber-Sicherheitskonzept im Rahmen des Functional-Safety-Managements entwickelt und umgesetzt werden.

C.4.3.8 Praktische Anwendbarkeit der Methoden

Um die aufgeführten Anforderungen in ein praxistaugliches SIS-Cyber-Sicherheitskonzept umzusetzen, ist eine Bündelung in Handlungsanweisungen sinnvoll. Es geht darum, «anwendertaugliche» Methoden und Werkzeuge zur Umsetzung der SIS-Cybersicherheit zur Verfügung zu stellen und zur Anwendung zu bringen. In diesem Zusammenhang kann auf das NAMUR-Arbeitsblatt NA 163 [23], z.B. Teil 6, verwiesen werden, das auf SISen ausgerichtet ist, die in der Prozessindustrie nach IEC 61 511 aufgebaut und betrieben werden. Die Berücksichtigung der Eigenarten dieser SISen wird darin explizit hervorgehoben. Die Erfassung der Assets und die Risikoanalysen zum Identifizieren des Sicherungsbedarfs, d.h. der Sicherheitslücken und der Ausprägung vorhandener Sicherungsmaßnahmen, sollte vom Fachpersonal der Automatisierung in kurzer Zeit durchführbar sein. Die Werkzeuge zur Durchführung sollten vom SIS-Fachpersonal, das im Bereich IT-Sicherheit geschult ist, entwickelt und gepflegt werden können. Dabei sollte darauf geachtet werden, dass das SIS-Cyber-Security-Management immer kompatibel zu den Workflows und Prozessen des SIS-Lifecycles ist und diese nicht im Sinne der Erhöhung von Fehlerpotenzialen beeinflusst. Es muss möglich sein, trotz standardisierter Ansätze jede Realisierung von Sicherungsmaßnahmen auf den individuellen Lebenszyklus des jeweiligen SIS ausrichten zu können.

In Kürze

Hersteller und Betreiber technischer Systeme stehen vor der Herausforderung, einen wirksamen Schutz vernetzter, automatisierter Sicherheitseinrichtungen gegen Cyberangriffe zu entwickeln und umzusetzen. In diesem Abschnitt werden die Besonderheiten automatisierter Sicherheitseinrichtungen (SIS) aus Sicht der Manipulierbarkeit bzw. Kompromittierbarkeit durch Cyberangriffe dargestellt. Es wird argumentiert, dass aufgrund der besonderen Funktion und den daraus resultierenden Anforderungen ein dediziertes SIS-Cyber-Security-Management (SIS-CSM) im Rahmen der funktionalen Sicherheit, des Functional-Safety-Managements, umgesetzt werden sollte. Wesentliche Elemente eines SIS-Cyber-Security-Managements sind beschrieben. Bezüglich der Realisierbarkeit und der praktischen Umsetzung eines SIS-CSM werden wichtige Aspekte erörtert. Damit ist dieser Abschnitt ein Betrag zur Entwicklung und Umsetzung eines Cyber-Security-Managements für automatisierte Sicherheitseinrichtungen für unterschiedliche technische Anwendungsbereiche.

D Mobile und intelligente Komponenten / Smart Devices

D.1 Cybersicherheit für mobile und intelligente Komponenten – Einführung und Grundlagen

D.1.1 Einleitung

Industrie-4.0-Anwendungen versprechen mehr Flexibilität in der Produktion und eine stärkere Individualisierung der erzeugten Produkte. Ein wichtiger Bestandteil vieler Industrie-4.0-Anwendungen sind mobile und intelligente Komponenten. Diese Komponenten zeichnen sich dadurch aus, dass sie sich mit anderen Komponenten vernetzen und im Zusammenspiel mit Backend-Diensten die Industrie-4.0-Anwendungen realisieren. Oftmals kommunizieren die betrachteten mobilen und intelligenten Komponenten über Systemgrenzen hinweg, öffnen also vormals geschlossene Systeme nach außen (siehe z.B. [1]). Sie bewegen sich dabei in einem meist jahrzehntealten Umfeld mit Systemen, die niemals für eine Öffnung vorgesehen waren und nur allmählich erneuert werden, wobei die relevanten Innovationszyklen im Bereich von Jahrzehnten liegen können.

Als wesentliche Bestandteile einer Industrie-4.0-Anwendung und durch den hohen Grad der Vernetzung auch über Systemgrenzen hinweg haben mobile und intelligente Komponenten ein erhöhtes Risiko für Angriffe aus dem Cyberraum. Es ist zu beobachten, dass beim Entwurf von mobilen und intelligenten Komponenten aus Kostengründen bevorzugt herkömmliche IT-Komponenten eingesetzt werden, wodurch die Anfälligkeit für in der Office IT gängige Angriffe steigt. Durch die in typischen Industrieautomatisierungsnetzen oft nicht ausreichenden oder gar fehlenden Schutzmechanismen ist die Notwendigkeit der besonderen Sorgfalt bei der Betrachtung der Cybersicherheit von mobilen und intelligenten Komponenten gegeben.

D.1.2 Cybersicherheit in Industrie-4.0-Anwendungen

Die Cybersicherheit betrachtet alle Seiten der Informationssicherheit und Kommunikationssicherheit, wobei der in der IT-Sicherheit übliche Blick auf einzelne Systeme erweitert wird auf die Betrachtung des gesamten Cyberraums. Der Cyberraum umfasst dabei sämtliche mit öffentlichen Netzen wie dem Internet verbundene Systeme und deren Interaktion – sowohl extern als auch intern. Gerade in Industrie-4.0-Szenarien mit einer hohen Vernetzung der Komponenten untereinander ist eine Erweiterung des Fokus von IT-Sicherheit auf Cybersicherheit notwendig und nützlich.

Die Erfahrungen mit der Absicherung von komplexen Systemen haben gezeigt, dass diese nie vollständig und umfassend gegen Angriffe geschützt werden können, denn in der Cybersicherheit existiert ein Ungleichgewicht zwischen dem Aufwand des Angreifers und dem Aufwand des Verteidigers, dem Betreiber einer Industrie-4.0-Anwendung. Während ein Angreifer lediglich eine ausnutzbare Sicherheitslücke in einem Industrie-4.0-System identifizieren muss, um erfolgreich zu sein, muss der Verteidiger alle Sicherheitslücken schließen, um erfolgreich zu sein – ein sehr mühseliges Unterfangen, das selten von Erfolg gekrönt ist. Das Ungleichgewicht zwischen Angreifer und Verteidiger ist der Grund, warum es im letzten Jahrzehnt einen Paradigmenwechsel vom Ansatz «*Perimeterschutz*» hin zum Ansatz «*Defense in Depth*» gab.

Bild D.1.1 zeigt ein Beispiel für Perimeterschutz. Beim *Perimeterschutz* basiert die Sicherheit eines Systems darauf, dass der Perimeter, also die Systemgrenze, möglichst undurchlässig gestaltet wird und dort starke Sicherheitsmechanismen zum Einsatz kommen. Innerhalb des Perimeters wurden jedoch häufig Sicherheitsmechanismen vernachlässigt. Der Angreifer musste also für einen erfolgreichen Angriff lediglich den Perimeter überwinden. Mit stark vernetzten -Industrie-4.0-Systemen wird dieser Ansatz mehr und mehr wirkungslos, weswegen «Defense in Depth» eingesetzt wird.

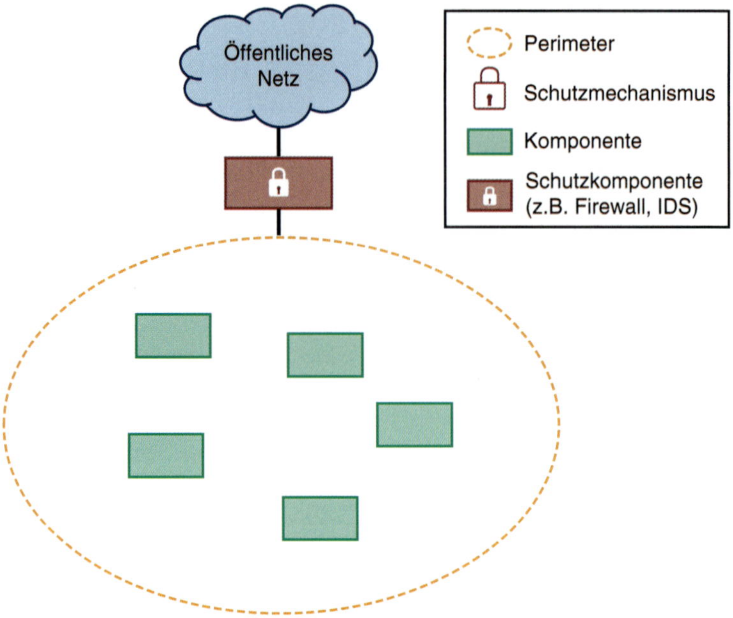

Bild D.1.1 *Perimeterschutz*

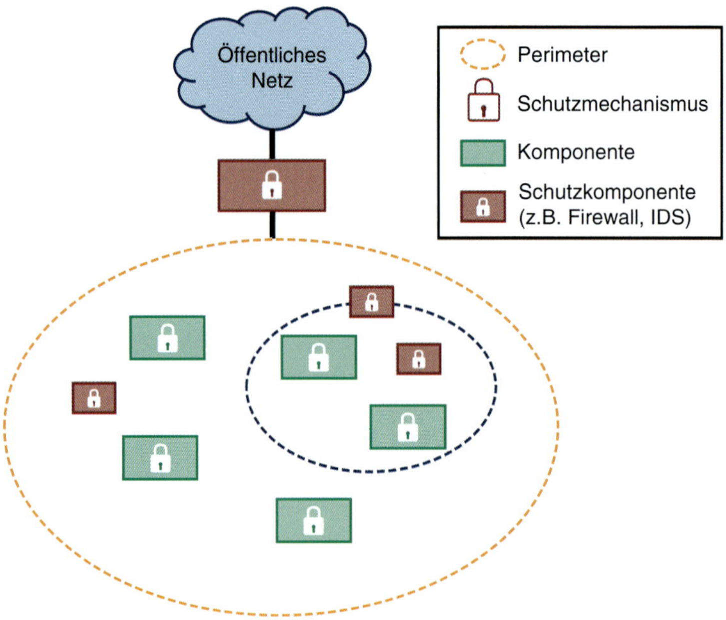

Bild D.1.2 *Defense in Depth*

Bild D.1.2 zeigt ein Beispiel für Defense in Depth. Die Schutzwirkung von «*Defense in Depth*» beruht auf vielen verschiedenen Sicherheitsmechanismen sowohl innerhalb des eigenen Systems als auch an den Systemgrenzen. Konzeptionell können auch innerhalb des eigenen Systems

Perimeter existieren, die Bereiche mit erhöhtem Schutzbedarf vom Rest des eigenen Systems trennen. Die in Defense in Depth verwendeten Sicherheitsmechanismen sind idealerweise so angeordnet, dass ein Angreifer sie nacheinander überwinden muss, um erfolgreich zu sein. Der Angreifer muss also eine größere Anzahl an Sicherheitslücken finden und ausnutzen und hat damit einen größeren Aufwand. Dem «Defense in Depth»-Ansatz liegt auch das Sicherheitsprinzip «Assume a state of compromise» zugrunde, das aussagt, dass man im Betrieb eines Systems immer davon ausgehen muss, dass zumindest ein Teil des Systems von einem Angreifer infiltriert ist. Deswegen setzt Defense in Depth Methoden zur Erkennung und Nachverfolgung von laufenden Angriffen ein, z.B. Intrusion-Detection-Systeme (IDS). In Bild D.1.2 sind die IDS als Schutzkomponenten dargestellt, die sich nicht auf einem Perimeter befinden (graues Rechteck mit Schloss ohne Verbindung zu einer gestrichelten Linie). Durch die Notwendigkeit zur sequenziellen Überwindung der implementierten Sicherheitsmechanismen steigt für den Angreifer die Gefahr einer Entdeckung, so dass die angewendeten Angriffserkennungsmethoden effektiv arbeiten.

Sowohl «Defense in Depth» als auch das Prinzip «Assume a state of compromise» rücken Schutzmaßnahmen für mobile und intelligente Komponenten in den Blickpunkt der Industrie-4.0-Sicherheit. Wenn Systeme zumindest zum Teil infiltriert sind, dann stellen mobile und intelligente Komponenten ein interessantes Einfallstor in Industrie-4.0-Anwendungen dar, zumal in bisherigen Systemen die IT-Sicherheit von mobilen und intelligenten Komponenten eher selten betrachtet wurde.

Ebenso wie bei vielen anderen Systemen stehen auch bei Industrie-4.0-Systemen die VIVA-Kriterien als Sicherheitsziele im Mittelpunkt der Betrachtungen: **V**ertraulichkeit, **I**ntegrität, **V**erfügbarkeit und **A**uthentizität.

Vertraulichkeit ist wie folgt definiert:

DEFINITION
Ein System oder eine Komponente eines Systems gewährleistet **Vertraulichkeit** (engl.: *confidentiality*), wenn kein unautorisierter Informationsgewinn möglich ist.

Der Begriff «unautorisiert» in dieser Definition bedeutet, dass keine Erlaubnis vorliegt. Die Unterscheidung von autorisiertem und nicht autorisiertem Zugriff auf Informationen ist notwendig, um sowohl Sender und Empfänger von Informationen die Wahrnehmung dieser Informationen zu ermöglichen und zusätzliche, berechtigte Aufgabenbereiche zu berücksichtigen, z.B. einen Systemadministrator. Der Begriff «Informationsgewinn» in der Definition bezeichnet durch den Angreifer gewonnenes zusätzliches Wissen über Informationen in dem betrachteten System oder in der betrachteten Systemkomponente. Es ist dabei zu beachten, dass dieser Informationsgewinn sowohl die geschützten Informationen betreffen kann als auch Metadaten über diese Informationen.

Das Sicherheitsziel Integrität hat einen Schutz vor Manipulationen zum Inhalt:

DEFINITION
Ein System gewährleistet **Integrität** von Daten (engl.: *integrity*), wenn es einer Entität nicht möglich ist, die zu schützende Daten unautorisiert und unbemerkt zu manipulieren.

Der Begriff «unautorisiert» ist genauso definiert wie in der Definition von Vertraulichkeit. Ebenso wie bei der Definition des Sicherheitsziels Vertraulichkeit wird auch für das Sicherheitsziel Integrität berücksichtigt, dass es berechtigten Entitäten möglich sein soll, Daten zu manipulieren. Die Definition von Integrität fordert nicht, dass Manipulationen verhindert werden sollen, sondern lediglich, dass die Daten nicht unbemerkt geändert werden können. Dies ist dadurch motiviert, dass es in vielen Fällen gar nicht möglich ist, eine Manipulation zu verhindern. So kann z.B. in der drahtlosen Kommunikation nicht ausgeschlossen werden, dass ein Angreifer die Funkkommunikation durch zeitgleiches Senden stört und damit die Kommunikation manipuliert. Dies ist durch die Eigenschaft des Funkmediums bedingt. Jedoch können solche Manipulationen erkannt werden. Die oben genannte Definition ist für die allermeisten Anwendungsfälle ausreichend. In wenigen Fällen ist starke Integrität notwendig.

DEFINITION

Ein System gewährleistet **starke Integrität** von Daten oder Systemen (engl.: *integrity*), wenn es einer Entität nicht möglich ist, die zu schützenden Daten / das zu schützende System unautorisiert zu manipulieren.

Diese Definition sagt aus, dass eine nachträgliche Manipulation von Daten nicht möglich ist. Anwendung findet das Sicherheitsziel starke Integrität dann, wenn es Gründe gibt, dass Daten über die gesamte Lebenszeit hinweg nachvollziehbar sein müssen oder wenn auch eine erkannte Manipulation von Daten größeren Schaden nach sich ziehen kann.

Das Sicherheitsziel Verfügbarkeit thematisiert die Erreichbarkeit und Reaktionsfähigkeit eines Systems. Von allen Sicherheitszielen ist Verfügbarkeit oft am schwersten zu realisieren. Gerade in Industrie-4.0-Systemen existieren jedoch Systembausteine, die hohe Anforderungen an die Verfügbarkeit haben (z.B. Echtzeitanforderungen). Aktuelle Distributed-Denial-of-Service-Angriffe wie z.B. Mirai [2] gefährden die Verfügbarkeit aller mit dem Internet verbundenen Systeme.

Verfügbarkeit ist wie folgt definiert:

DEFINITION

Ein System gewährleistet **Verfügbarkeit** (engl.: *availability*), wenn authentifizierte und autorisierte Entitäten in der Wahrnehmung ihrer Berechtigungen nicht unautorisiert beeinträchtigt werden können.

Der Begriff «autorisiert» ist analog zum Begriff «unautorisiert» in den Definitionen von Vertraulichkeit und Identität festgelegt. Der Begriff «authentifiziert» bezieht sich hier darauf, dass die Echtheit einer behaupteten digitalen Identität bereits sichergestellt ist. Wie auch schon bei Integrität wurde hier eine schwache Form des Sicherheitsziels definiert, da nur für authentifizierte Entitäten die Erreichbarkeit und Reaktionsfähigkeit sichergestellt werden müssen. Auch hier ist diese Definition der Praxis geschuldet, in der es sehr schwer – sogar nahezu unmöglich – ist, anonyme Benutzer von Angreifern zu unterscheiden. Wenn aber nur authentifizierte Benutzer von Angreifern sicher unterschieden werden können, dann macht es auch nur Sinn, Vertraulichkeit über diesen Weg zu definieren. Übrigens umfasst die hier vorgestellte Definition von Vertraulichkeit nicht nur die Verhinderung der Dienstnutzung, sondern stellt schon eine Beeinträchtigung als zu verhindernder Angriff dar. In diesem Sinne wäre also eine weitere, schwächere Definition von Verfügbarkeit möglich. Hier besteht jedoch das Problem, ein noch akzeptables Niveau der Dienstbereitstellung zu definieren.

Schließlich berücksichtigt das Sicherheitsziel Authentizität die Echtheit von digitalen Identitäten, also den Absender oder Besitzer von Daten.

DEFINITION

Unter der **Authentizität** (engl.: *authenticity*) eines Objekts bzw. Subjekts versteht man die Echtheit und Glaubwürdigkeit des Objekts bzw. Subjekts, die anhand einer eindeutigen digitalen Identität und charakteristischer Eigenschaften überprüfbar ist.

Das Sicherheitsziel Authentizität wird durch die Vorgänge Authentisierung (Echtheit nachweisen) und Authentifizierung (Echtheit überprüfen) realisiert. Der Besitzer einer digitalen Identität authentisiert sich also an einem Dienst, der entsprechende Dienst authentifiziert den Besitzer. Es soll an dieser Stelle darauf hingewiesen werden, dass selbst in der Fachpresse die Begriffe Authentifizierung und Authentisierung oft nicht korrekt verwendet werden, oft sogar als synonym angesehen werden.

D.1.3 Allgemeine Bedrohungen der Sicherheitsziele in Industrie-4.0-Anwendungen

Angriffe bedrohen die im letzten Abschnitt beschriebenen Sicherheitsziele von Industrie-4.0-Anwendungen.

Angriffe auf die Vertraulichkeit von mobilen und intelligenten Komponenten in Industrie-4.0-Systemen umfassen insbesondere das Abhören von Kommunikationsverbindungen und das Auslesen von Speichermedien, wenn ein Zugriff auf die mobile und intelligente Komponente möglich ist. Das Abhören von Kommunikationsverbindungen kann sowohl als passiver Angriff oder als aktiver Angriff realisiert werden.

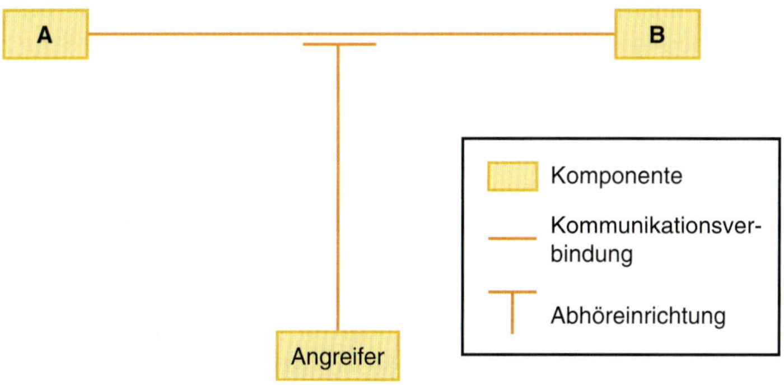

Bild D.1.3 *Abhören einer Kommunikationsverbindung*

Bild D.1.3 zeigt einen passiven Angriff: Die Komponenten A und B kommunizieren miteinander, der Angreifer hört diese Kommunikationsverbindung mittels einer Abhöreinrichtung ab.

Handelt es sich bei der Verbindung zwischen A und B um eine Funkstrecke, so ist – zumindest bei unverschlüsselten Verbindungen – lediglich ein Gerät zum Abhören notwendig, das den verwendeten Funkstandard implementiert. Passive Angriffe auf Kommunikationsverbindungen sind sehr schwierig zu erkennen, da ein Angreifer nicht aktiv in das Netzwerk eingreift, sondern passiv bleibt.

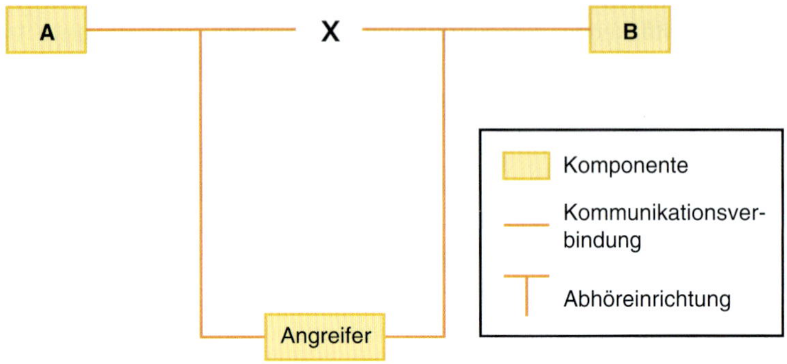

Bild D.1.4 *Man-in-the-Middle-Angriff auf eine Kommunikationsverbindung*

Bild D.1.4 zeigt einen aktiven Angriff zum Abhören auf eine Kommunikationsverbindung: einen so genannten **Man-in-the-Middle-Angriff**. Bei diesem Angriff unterbricht der Angreifer die Kommunikationsverbindung zwischen A und B und leitet diese Kommunikationsverbindung über sich selbst um. Dadurch kann der Angreifer den Datenstrom mitlesen und auch manipulieren. Angriffe auf die Vertraulichkeit können einerseits der Industriespionage dienen und andererseits der Erlangung von Zugriffsdaten auf andere Systeme. Der Angriff auf die Vertraulichkeit kann also sowohl das eigentliche Ziel des Angreifers sein als auch eine Vorstufe zum eigentlichen Angriff.

Angriffe auf die Integrität in Industrie-4.0-Anwendungen dienen meist zur Manipulation von Industrie-4.0-Anwendungen. Beispielsweise können einzelne mobile und intelligente Komponenten manipuliert werden. Sind diese Komponenten in Steuer- oder Regelkreisläufe eingebunden, so kann eine einzelne angegriffene Komponente dazu führen, dass die gesamte Industrie-4.0-Anwendung sich nicht mehr regelkonform verhält. Der Angriff kann z.B. wie oben erwähnt mit einem Man-in-the-Middle-Angriff durchgeführt werden. Ebenfalls ist es möglich, auf verwendeten Datenträgern (z.B. SD-Karten) gespeicherte Daten zu manipulieren.

Angriffe auf die Verfügbarkeit dienen oft der Sabotage von Industrie-4.0-Anwendungen. Die Angriffe können sich sowohl gegen Komponenten der Industrie-4.0-Anwendung richten als auch gegen die Netzwerkanbindung, über die die Komponenten der Anwendung kommunizieren. Man spricht in diesem Fall von einem **Denial-of-Service-Angriff**. Ein Denial-of-Service-Angriff (DoS-Angriff) ist ein Angriff, der es zum Ziel hat, durch den Verbrauch oder die Blockade von System- oder Netzwerk-Ressourcen die Reaktionsfähigkeit eines Systems einzuschränken. Ein Spezialfall von Denial-of-Service-Angriffen sind **Distributed-Denial-of-Service-Angriffe** (DDoS-Angriffe). Bei einem DDoS-Angriff erfolgt der Ressourcenverbrauch nicht durch ein einziges entferntes System, sondern durch eine Großzahl von Systemen. Die erschwert ganz erheblich die Abmilderung von Angriffen, da eine einfache Filterung der entfernten Angreifer nach Netzwerkadressen aufgrund der großen Anzahl von Angreifern nicht mehr möglich ist.

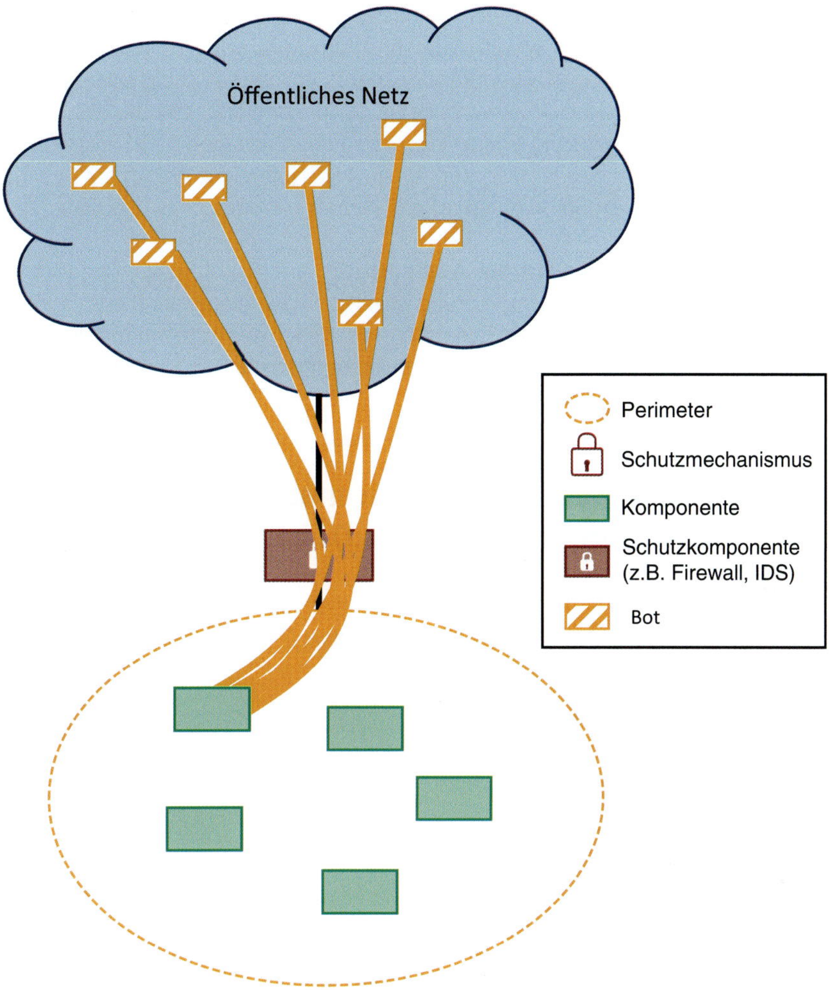

Bild D.1.5 *Distributed-Denial-of-Service-Angriff*

Mobile und intelligente Komponenten können auf zweierlei Arten durch Distributed-Denial-of-Service-Angriffe in Mitleidenschaft gezogen werden. Einerseits kann ein Angreifer Sicherheitslücken in der Implementierung einer mobilen und intelligenten Komponente nutzen, um die Komponente zu übernehmen und einem sogenannten **Botnetz** hinzuzufügen. Ein Botnetz ist eine Sammlung von gehackten IT-Systemen (sogenannte Bots), die durch einen Botnetzbetreiber, den eigentlichen Angreifer, gesteuert werden. Botnetze finden häufig Einsatz bei Distributed-Denial-of-Service-Angriffen, um die Angriffslast durch viele verschiedene Systeme zu erzeugen. Bild D.1.5 zeigt einen beispielhaften Angriff, bei dem mehrere Bots eine einzelne Komponente der Industrie-4.0-Anwendung angreifen. In der Abbildung ist der koordinierende Angreifer nicht dargestellt.

Ein aktuelles Botnetz, das Mirai-Botnetz [2], griff z.B. Internet-der-Dinge-Geräte an, indem es Default-Passwörter durchprobierte. Bei Erfolg übernahm Mirai die Kontrolle über das Gerät. Betroffen waren vor allem Überwachungskameras, Router und VoIP-Telefone. In Summe konnte das Mirai-Botnetz eine Angriffsbandbreite von mehr als einem Terrabit pro Sekunde erreichen und hat damit das Potenzial, die Netzwerk-Anbindung der allermeisten Industrie-4.0-Anwendungen überlasten zu können. Im Jahr 2016 demonstrierte Mirai seine Schlagkraft, indem es die Managed DNS Services der Firma Dyn erfolgreich angriff. Im Internet ist das DNS-System für die Übersetzung von DNS-Namen (z.B. www.thi.de) in IP-Adressen (z.B. 194.94.240.176) zuständig. Genau diese Namensauflösung lagern viele Firmen über Managed DNS Services an externe Firmen aus, wobei Dyn als einer der Marktführer gilt. Der erfolgreiche Angriff auf Dyn führte zu Beeinträchtigungen auch großer Webseiten, z.B. Airbnb, Amazon.com und somit zu einem Schaden in Millionenhöhe.

Schließlich können **Angriffe auf die Authentizität** eine Sabotage von Industrie-4.0-Anwendungen ermöglichen. Die Authentifizierung ist ein ganz grundlegender Dienst, auf dem jede weitere Rechtevergabe innerhalb eines Systems basiert. Neben der Authentifizierung kann auch die Authentizität von ausgetauschten Nachrichten angegriffen werden – mit denselben Auswirkungen.

D.1.4 Spezifische Bedrohungen für mobile und intelligente Komponenten in Industrie-4.0-Anwendungen

Nachdem oben allgemeine Angriffe auf Industrie-4.0-Anwendungen betrachtet wurden, widmet sich dieser Abschnitt spezifischen Bedrohungen für mobile und intelligente Komponenten. Die Bedrohungen betreffen die folgenden Bereiche:

- unsichere lokale Schnittstellen,
- unsichere Wartungs- und Administrationszugänge,
- unsichere Zugangskontrolle,
- unsichere Datenspeicherung,
- unsichere Netzwerkkommunikation.

Die einzelnen Bedrohungsbereiche werden im Folgenden beschrieben.

D.1.4.1 Bedrohungen durch unsichere lokale Schnittstellen

Lokale Schnittstellen zeichnen sich dadurch aus, dass sie nur über physikalischen Zugriff auf die mobile und intelligente Komponente oder in der unmittelbaren Umgebung der Komponente zugreifbar sind. Lokale Schnittstellen umfassen unter anderem

- serielle Schnittstellen,
- USB-Ports,
- JTAG-Schnittstelle,
- Nahbereichsfunktechniken, z.B. Bluetooth, Zigbee usw.

Oft wird beim Design von mobilen und intelligenten Geräte davon ausgegangen, dass ein Angreifer keinen physikalischen Zugriff auf eine Komponente hat. Es ist genau zu evaluieren, ob diese Annahme für eine konkrete Industrie-4.0-Anwendung auch wirklich hält. Selbst Komponenten, die auf einem geschützten Firmengelände eingesetzt werden, müssen vor physikalischem Zugriff geschützt werden, da heutzutage beim Design von Industrie-4.0-Anwendungen auch von Innentätern ausgegangen werden muss.

Angriffe auf die lokalen Schnittstellen nutzen meist eine fehlende oder schwache Authentifizierung an lokalen Schnittstellen aus, beispielsweise eine Standard-PIN 0000 bei einer Bluetooth-Schnittstelle. Oft verfügen mobile und intelligente Systeme über weitreichende Interaktionsmöglichkeiten über eine lokale Schnittstelle. Das Ziel des Angreifers ist es, über die lokale Schnittstelle einen Administrationszugang zum System zu erlangen, z.B. um die Komponente zu übernehmen, wie oben beim Botnet Mirai beschrieben. Dies ist oft möglich, weil die Industrie-4.0-Anwendung davon ausgeht, dass lokaler Zugang zu einer mobilen und intelligenten Komponente nur autorisiertem Personal möglich ist. Deswegen ist die Nutzung von privilegierten Command Line Interfaces oft nur lokal an der Komponente möglich. Eine weitere Angriffsmöglichkeit ist das Zurücksetzen der mobilen und intelligenten Komponente mit der Hoffnung, dass ein unsicherer Zustand eingenommen wird, der für Angriffe ausnutzbar ist. Bei vielen mobilen und intelligenten Komponenten ist es über physikalischen Zugriff auf die Komponente möglich, einen Reset oder eine Zurücksetzung der Komponente auf Werkseinstellungen auszulösen.

Schließlich kann durch physikalischen Zugriff oft auf Hardware-Debugging-Schnittstellen (z.B. JTAG) oder Hardware-Konfigurationsschalter (Jumper oder DIP-Schalter) zugegriffen werden. Auch für diese Zugangsmöglichkeiten zum System wird oft angenommen, dass sie nur von autorisierten Personen vorgenommen werden können.

D.1.4.2 Bedrohungen durch unsichere Wartungs- und Administrationszugänge

Viele Industrie-4.0-Anwendungen bieten heute ein Web-Interface – oftmals verfügen auch die mobilen und intelligenten Komponenten über ein eigenes Web-Interface, z.B. zur Konfiguration und Wartung. Verfügen Komponenten über ein Web-Interface, so sind prinzipiell alle Angriffe, die auf Web-Anwendungen anwendbar sind, auch auf den mobilen und intelligenten Komponenten durchführbar. Für eine Liste der zehn häufigsten Bedrohungen von Web-Anwendungen sei auf das OWASP Top 10 Web Application Security Risks Project hingewiesen [3]. Allerdings unterscheidet sich die Häufigkeit von Angriffsarten bei Industrie-4.0-Komponenten oftmals von Angriffen auf Web-Anwendungen. Bedingt durch die meist einfache Implementierung von Web Interfaces von mobilen und intelligenten Komponenten kommen dort oft keine Datenbanken zum Einsatz, so dass beispielsweise SQL-Injection-Schwachstellen seltener sind als in klassischen Web-Anwendungen. Allerdings werden bei Web-Interfaces von mobilen und intelligenten Komponenten oft CGI-Skripte eingesetzt, so dass Command Injection weitaus häufiger vorkommt als bei normalen Web-Anwendungen. Beim Angriff Command Injection gelingt es einem Angreifer, durch geschickte Wahl der Benutzereingabe (z.B. im Authentifizierungsdialog) einen Linux-Befehl auf der Kommandozeile zur Auswahl zu bringen.

Weitaus häufiger als bei normalen Web-Anwendungen werden bei Web Interfaces von mobilen und intelligenten Komponenten Default-Passwörter für den Zugang eingesetzt, also fest voreingestellte Passwörter. Diese Passwörter sind meist relativ schnell der Allgemeinheit bekannt. Einer der erfolgreichsten Botnetze der letzten Jahre, das Mirai-Botnetz, nutzte eine Liste von bekannten Default -Passwörtern für Default-Benutzeraccounts, um Hunderttausende von Internet-der-Dinge-Geräten zu übernehmen und mit diesen die bis zu diesem Zeitpunkt unerreichte Angriffsbandbreite für Denial-of-Service-Angriffe zu erreichen. Da Web-Interfaces von mobilen und intelligenten Komponenten oft über passwortbasierte Authentifizierung verfügen, sind sie auch für alle Schwachstellen von passwortbasierter Authentifizierung empfänglich. Dies bezieht sich auch auf die zugelassene Verwendung von schwachen Passwörtern, die mit Durchprobieren schnell erraten werden können.

Eine besondere Form der Wartungs- und Administrationszugänge ist die Funktionalität von Software- und Firmware-Update. Da Software in der Praxis nicht ohne Fehler entwickelt werden kann (siehe z.B. [4, 5]), sehen viele mobile und intelligente Komponenten von Industrie-4.0-Anwendungen eine Möglichkeit zum Software- bzw. Firmware-Update vor. Diese Update-Funktionalität kann meist aus der Ferne genutzt werden. Für einen Angreifer stellt die Update-Funktionalität einen interessanten Angriffsvektor dar. Dabei versucht der Angreifer, der Update-Funktionalität eigenen Angriffscode unterzuschieben, so dass dieser auf der mobilen und intelligenten Komponente installiert und ausgeführt wird. Besonders bedroht sind Update-Funktionen, die keinerlei kryptographische Sicherung von Updates vornehmen, also keine Signierung von Code verwenden.

Aber selbst bei der Verwendung von Code-Signaturen durch die Update-Funktionalität ist immer noch ein so genannter Downgrading-Angriff möglich. Bei diesem Angriff spielt ein Angreifer eine veraltete Softwareversion mit bekannten Sicherheitslücken in die mobile und intelligente Komponente ein. Das Update verfügt über eine gültige Signatur, da es sich ja um ein gültiges Update aus der Vergangenheit handelt. Anschließend nutzt der Angreifer die bekannten Sicherheitsschwachstellen der alten Software / Firmware aus.

D.1.4.3 Bedrohungen durch unsichere Zugangskontrolle

Angriffe auf Komponenten können auf die **Zugangskontrolle der Industrie-4.0-Anwendung** zielen, an deren Realisierung eine mobile und intelligente Komponente beteiligt ist. Typische Schwachstellen umfassen:

- implizites Vertrauen zwischen Komponenten,
- Enrollment,
- Außerbetriebsetzung,
- Widerruf von Zugangsberechtigungen.

Eine typische Schwachstelle in diesem Kontext ist implizites Vertrauen zwischen Komponenten. Implizites Vertrauen wird während des Designs der Industrie-4.0-Anwendung definiert. Probleme entstehen dadurch, dass durch das implizite Vertrauen die Angriffsoberfläche einer mobilen und intelligenten Komponente auf weitere Komponenten und die Kommunikation mit diesen erweitert wird. Verfügt die vertraute Komponente über eine ausnutzbare Schwachstelle, so ist auch die vertrauende Komponente von einem Angriff betroffen.

Eine weitere Schwachstelle ist oft das Enrollment von Komponenten.

DEFINITION
Mit **Enrollment** wird die Aufnahme von intelligenten und mobilen Anwendungen in die Industrie-4.0-Anwendung bezeichnet.

Die Aufnahme umfasst auch eine Konfiguration der Sicherheit. Ist das Enrollment nicht sicher gestaltet, so kann die Komponente durch einen Angreifer unsicher konfiguriert werden oder für den Schutz der Kommunikation genutzte geheime Schlüssel werden bekannt. Das Enrollment ist meist anwendungsspezifisch, so dass eine Anpassung für die jeweilige Industrie-4.0-Anwendung notwendig ist.

Auch der komplementäre Prozess zum Enrollment, die Außerbetriebsetzung einer mobilen und intelligenten Komponente, stellt oft eine Sicherheitsschwachstelle dar. Bei der Außerbetriebsstellung muss sichergestellt werden, dass die Industrie-4.0-Anwendung die außer Betrieb gestellte mobile und intelligente Komponente nicht mehr akzeptiert. Weiterhin sollten alle geheimen Daten sicher von der mobilen und intelligenten Komponente gelöscht werden.

Schließlich müssen auch Mechanismen vorgesehen werden, die es ermöglichen, bei verloren gegangenen Zugangsrechten die verwendeten Credentials (Schlüssel, Passwörter usw.) zu sperren und einen Zugang für einen legitimen Akteur wiederherzustellen.

D.1.4.4 Bedrohungen durch unsichere Datenspeicherung

Eine mobile und intelligente Komponente speichert üblicherweise sowohl vertrauliche Daten einer Industrie-4.0-Anwendung selbst als auch vertrauliche Daten wie Schlüssel, die zum Schutz der Kommunikationsbeziehungen verwendet werden. Diese Daten müssen sowohl im volatilen Speicher als auch auf persistenten Speichermedien dem Sicherheitsniveau der Industrie-4.0-Anwendung angemessen geschützt werden. Liegen diese Informationen unverschlüsselt im Speicher vor, so kann ein Angreifer nach einem erfolgreichen Angriff darauf zugreifen. Viele heutige Industrie-4.0-Anwendungen machen es erforderlich, dass eine mobile und intelligente Komponente Schlüssel für Dienste im Backend speichert. Der Diebstahl des Schlüssels führt dazu, dass ein Angreifer die Identität der bestohlenen Komponente übernehmen kann. Neben den im RAM gespeicherten Daten ist es notwendig, persistent gespeicherte Daten (z.B. Daten auf einer SD-Karte oder Daten im Flash-Speicher) auf mobilen und intelligenten Komponenten zu verschlüsseln und gegen Änderungen zu schützen. Ein besonderes Augenmerk liegt hier auch wieder auf für die IT-Sicherheit relevanten Daten wie Schlüsseln oder Passwörtern sowie auf sensitiven Informationen der Industrie-4.0-Anwendung. Durch physikalischen Zugriff kann ein Angreifer z.B. versuchen, die Firmware der mobilen und intelligenten Komponenten zu extrahieren. Dies ist z.B. möglich, wenn die mobile und intelligente Komponente eine Standard-SD-Karte als Speichermedium verwendet, wie dies oft bei Internet-der-Dinge-Geräten realisiert ist. Durch Analyse der extrahierten Firmware kann ein Angreifer Wissen über weitere Angriffsmöglichkeiten, z.B. Schwachstellen in der Firmware, erlangen. Ebenso kann er implizite Vertrauensbeziehungen erkennen und die durch diese mobile und intelligente Komponente genutzten Backend-Dienste identifizieren. Verfügt das Backend der Industrie-4.0-Anwendung nicht über geeignete Authentifizierungsverfahren, so kann ein Angreifer alleine durch das Wissen der genutzten Backend-Dienste die Identität der mobilen und intelligenten Komponenten übernehmen.

D.1.4.5 Bedrohungen durch unsichere Netzwerkkommunikation

Weitere Schwachstellen stellen die Netzwerkkommunikation und die im Netzwerk angebotenen Dienste dar. Unverschlüsselter Datenverkehr mit anderen mobilen und intelligenten Komponenten oder mit Backend Servern ermöglicht eine Offenlegung von sensitiven Informationen und ist deswegen unbedingt zu vermeiden. Netzwerkdienste können den Zugang zu einem Command Line Interface für Benutzer oder Administratoren über das Netzwerk anbieten. Hier ist insbesondere darauf zu achten, dass in diesem Fall unbedingt eine verschlüsselte Kommunikation verwendet werden und der Zugriff auf das Command Line Interface authentifiziert erfolgen muss.

Kommt passwortbasierte Authentifizierung zum Einsatz, so kann ein Angreifer durch Durchprobieren versuchen, verwendete Passwörter zu identifizieren.

Das Netzwerk in einer Industrie-4.0-Anwendung kann generell immer durch Denial-of-Service-Angriffe oder Distributed-Denial-of-Service-Angriffe in Mitleidenschaft gezogen werden. Entsprechende Angriffe sind auch auf einzelne mobile und intelligente Komponenten möglich. Ein Angreifer kann durch gezieltes Ausschalten von mobilen und intelligenten Komponenten versuchen, in einer Industrie-4.0-Anwendung einen Fehler zu erzeugen, der die ganze Anwendung lahmlegt.

Eine weitere Schwachstelle stellen unnötig aktivierte Dienste mit Netzwerkkommunikation dar – insbesondere, wenn diese ursprünglich dem Debugging dienten und in einer Produktivversion einer mobilen und intelligenten Komponente eigentlich deaktiviert sein sollte. Aus der IT bekannt ist der UPnP-Dienst (*Universal Plug and Play*). UPnP dient zur automatischen Konfiguration von Geräten und zur automatischen Nutzung von Diensten. Im Industrie-4.0-Kontext sollten UPnP und ähnliche Dienste unbedingt deaktiviert werden, da diese einfach von Angreifern ausgenutzt werden können.

D.1.4.6 Bedrohungen des Device-Managements

Eine weitere Angriffsoberfläche ist das Device-Management in einer Industrie-4.0-Anwendung. Übliche Funktionen sind z.B. eine Überprüfung des Gerätezustands von mobilen und intelligenten Komponente aus der Ferne (*health check*) und die Überprüfung des Vorhandenseins einer Komponente (*heartbeat*). Beide Funktionen sind anfällig für Angriffe; so kann ein Angreifer z.B. die für die Präsenzprüfung verwendeten regelmäßigen Heartbeat-Nachrichten unterdrücken, um der Industrie-4.0-Anwendung vorzutäuschen, dass ein Gerät nicht mehr vorhanden ist. Je nach Programmierung der Industrie-4.0-Anwendung kann er damit einen Denial-of-Service-Angriff durchführen oder auftretende Fehlzustände für weitere Angriffe nutzen.

D.1.5 Sicherheitsmaßnahmen

Die oben genannten Bedrohungen für mobile und intelligente Komponenten können durch den Einsatz verschiedener grundlegender Sicherheitsmechanismen auf den Komponenten verhindert oder zumindest abgeschwächt werden.

D.1.5.1 Schutz vor Manipulation von Software und Firmware

Ein grundlegender Schutzmechanismus für mobile und intelligente Komponenten ist der Schutz der ausgeführten Software und Firmware vor bösartiger Manipulation. Zum Schutz vor Manipulation kommt ein Verfahren zum Einsatz, das **Secure Boot** genannt wird. Secure Boot stellt sicher, dass nach dem Systemstart bis zum abgeschlossenen Start des Betriebssystems nur vertrauenswürdige Software ausgeführt wird, wobei vertrauenswürdige Software hier als Software definiert ist, die vom Hersteller der Komponente herausgegeben wurde. Um die Herkunft der Software zu überprüfen, wird **Code Signing** eingesetzt. Code Signing ist ein Prozess, in dessen Rahmen für eine oder mehrere Binärdateien eine digitale Signatur erstellt wird. Mittels der digitalen Signatur ist es möglich, während des Secure-Boot-Vorgangs die Authentizität und Integrität der Binärdatei zu überprüfen. Binärdateien werden für ein Software- oder Firmware-Update signiert übertragen und werden auch lokal signiert gespeichert.

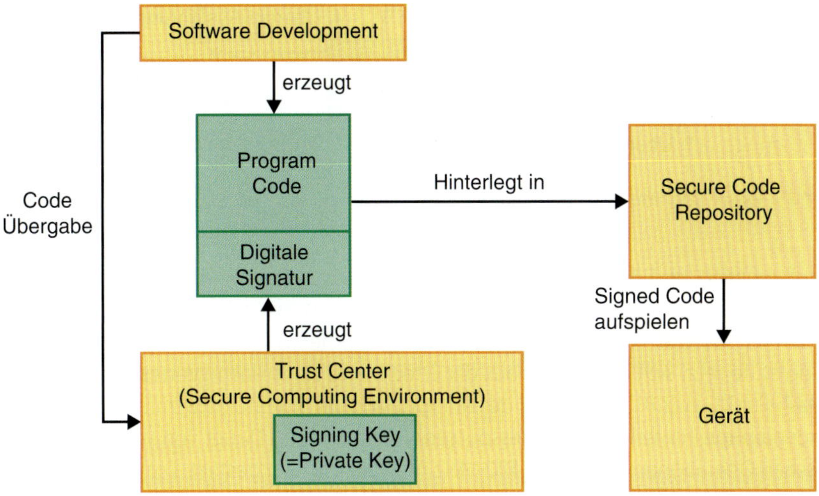

Bild D.1.6 *Prozess Code Signing*

Bild D.1.6 zeigt einen Überblick über die notwendigen Prozesse beim Einsatz von Code Signing in der Software-Entwicklung. Die organisatorischen Herausforderungen umfassen unter anderem den Betrieb eines Trust Centers, das die sichere Code-Übergabe zwischen den verschiedenen Instanzen organisiert, Freigabeprozesse steuert und mit sachkundigem Personal unterstützt. Im Trust Center müssen die für die Erzeugung der digitalen Signaturen verwendeten Signing Keys verwaltet werden einschließlich der Definition und Implementierung eines Lebenszyklus für Signing Keys und eventuell Aufbau einer Schlüsselhierarchie. Schließlich stellt auch die revisionssichere Vorhaltung von Code in einem Secure Code Repository eine große Herausforderung dar, gerade für Systeme mit langer Lebenszeit, wie sie üblicherweise in Industrie-4.0-Anwendungen eingesetzt werden.

Auf Seite der mobilen und intelligenten Komponente ist es notwendig, den oder die Schlüssel zur Überprüfung von Code-Signaturen authentisch und integer zu speichern, so dass es einem Angreifer nicht möglich ist, diese Schlüssel durch eigene Schlüssel zu ersetzen. Die Code-Signaturen werden beim Start der mobilen und intelligenten Komponente überprüft. Der Code, der diese Überprüfung vornimmt, ist meist im ROM hinterlegt und wird **BootROM** genannt. Dieser Code wird selbst nicht überprüft und alles Vertrauen in die Komponente basiert auf der Integrität und Fehlerfreiheit dieses Codes, weswegen er auch oft **Root of Trust** genannt wird. Bei der Entwicklung eines BootROMs sollten sicherheitsunterstützende Prozesse, z.B. [4; 5], eingesetzt werden. Ist die Überprüfung der Code-Signatur erfolgreich, so übergibt das BootROM die Programmausführung an den überprüften Code. Bei komplexeren Komponenten wird oft ein mehrstufiges Secure-Boot-Verfahren verwendet. Dabei startet das BootROM eine erste Bootstufe, die die Signatur einer weiteren Bootstufe überprüft und diese startet und so weiter. Dadurch sind einzelne Bootstufen voneinander unabhängig austauschbar, was unter anderem Software- und Firmware-Updates deutlich vereinfacht.

Bild D.1.7 zeigt einen Secure-Boot-Vorgang mit zwei Boot-Stufen: ***L****ow* ***L****evel* ***B****ootloader* (LLB) und Betriebssystem (OS). Das BootROM überprüft die Signatur des LLB-Codes. Ist diese Signatur korrekt, so übergibt das BootROM die Ausführung an den LLB. Der LLB setzt die Ausführung fort und prüft nach eigener Initialisierung die Signatur des OS. Ist diese korrekt, so übergibt der LLB die Ausführung an das OS, das den Secure Boot Vorgang abschließt. Bei der Realisierung von Secure

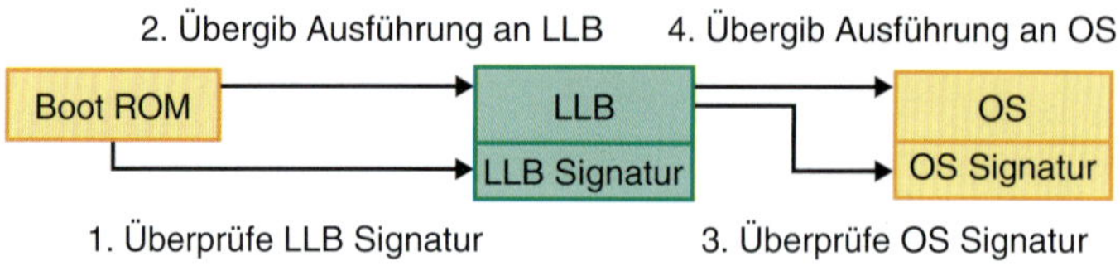

Bild D.1.7 *Secure Boot mit zwei Bootstufen*

Boot auf mobilen und intelligenten Komponenten von Industrie-4.0-Anwendungen müssen eventuell vorgegebene maximale Zeiten für den Systemstart sowie Begrenzung der zur Verfügung stehenden Ressourcen (RAM, Flash) berücksichtigt werden. Der Aufwand für die Überprüfung einer Bootstufe setzt sich zusammen aus der Errechnung eines Hash-Wertes der Software mittels einer Hash-Funktion (z.B. SHA-1) und der Überprüfung der Signatur, z.B. mittels RSA oder ECC. In [6] werden beispielhafte Werte für Ressourcen-Verbrauch und Dauer von verschiedenen kryptographischen Operationen auf einem 400 MHz ARM MPCore vorgestellt. Die Werte sind in Tabelle D.1.1 dargestellt.

Tabelle D.1.1 *Ressourcen-Bedarf und Dauer von kryptographischen Operationen auf einem 400 MHz ARM MPCore*

Algorithmus	Flash	RAM	Durchsatz bzw. Laufzeit
SHA-1 (Hash-Funktion)	898 Byte	352 Byte	3026 KB/s
RSA 1024 Signaturüberprüfung	1410 Byte	1136 Byte	2 ms
ECC 160 (ECDSA Signaturüberprüfung)	4244 Byte	1108 Byte	66 ms
AES-128 Verschlüsselung im Modus CBC	1410 Byte	236 Byte	661 KB/s

Beim Schutz vor Manipulation von Software und Firmware muss ein besonderes Augenmerk auf der Software- bzw. Firmware-Update-Funktion liegen. Insbesondere gilt es, hier einen Downgrading-Angriff zu verhindern, also einen Angriff, bei dem ältere Versionen der Software bzw. Firmware eingespielt werden, von denen die Schwachstellen bekannt sind. Um solche Angriffe zu verhindern bieten sich zwei Verfahren an: ein Online-Verfahren und ein Offline-Verfahren.

Beim **Online-Verfahren zur Vermeidung von Downgrading-Angriffen** wird davon ausgegangen, dass die mobile und intelligente Komponente eine sichere Verbindung (siehe Abschnitt D.1.5.3) zu einem Update-Server aufbauen kann. Beim jedem Software-Update wird die aktuelle Version vom Update-Server erfragt und andere Versionen werden nicht akzeptiert.

Beim **Offline-Verfahren zur Vermeidung von Downgrading-Angriffen** wird die aktuelle Softwareversion in einem sicheren Bereich auf der mobilen und intelligenten Komponente gespeichert, idealerweise in einem Trusted Platform Module oder einem Hardware Security Module. Gegen diese gespeicherte Versionsnummer vergleicht die Software-Update-Funktion jede einzuspielende Software. Die Versionsnummer sollte dabei im signierten Code enthalten sein. Gegenüber dem Online-Verfahren hat das Offline-Verfahren den Nachteil, dass nicht sichergestellt ist, dass nur die aktuellste Version der Software / Firmware eingespielt wird, sondern nur sicherstellt, dass eine Version eingespielt wird, die aktueller ist als die aktuelle Version. Jedoch kann gerade bei mobilen und intelligenten Komponenten nicht immer davon ausgegangen werden, dass der Update-Server erreichbar ist, weswegen auch das Offline-Verfahren seine Berechtigung hat.

D.1.5.2 Schutz kryptographischen Materials

Mobile und intelligente Komponenten von Industrie 4.0 benötigen kryptographisches Material wie z.B. Schlüssel, um sicher kommunizieren zu können oder um einen externen Datenträger (z.B. SD-Karte) zu verschlüsseln. Da eine mobile und intelligente Komponente üblicherweise nicht von einem Benutzer bedient wird, ist eine automatisierte sichere Speicherung bei gleichzeitiger Nutzbarkeit der kryptographischen Schlüssel notwendig. Um diese Funktionalität sinnvoll zu realisieren, bietet sich eine Hardware-Unterstützung an.

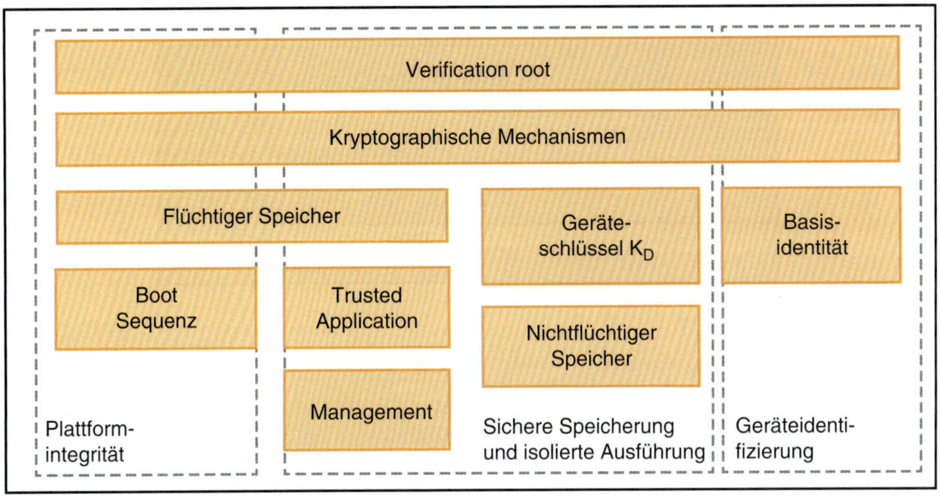

Bild D.1.8 *Beispiel Aufbau einer Hardware-Unterstützung für eine mobile und intelligente Komponente*

Bild D.1.8 zeigt ein Beispiel für den Aufbau einer Hardware-Unterstützung. In Hardware sind verschiedene kryptographische Mechanismen, z.B. Verschlüsselung, Hash-Funktionen und Signaturprüfung, implementiert, die von der mobilen und intelligenten Komponente genutzt werden können. Die Implementierung in Hardware bringt Performance-Vorteile und schont die Ressourcen auf der mobilen und intelligenten Komponente. Ebenfalls ist dort die Verification Root implementiert. Im Verification Root ist z.B. die Verifikationsroutine des BootROMs für Secure Boot integriert (siehe Abschnitt D.1.5.1). Die Hardware stellt eine gesicherte Identität zur Verfügung (siehe Abschnitt D.1.5.4). Im nichtflüchtigen Speicher der Hardware können Informationen zum Versionsstand der Plattform für Angreifer unveränderbar gespeichert werden ebenso wie Schlüssel, die zur Verschlüsselung von externen Speichermedien (z.B. SD-Karte) eingesetzt werden. Viele moderne Prozessorarchitekturen unterstützen das Konzept einer Hardware-Unterstützung von Security-Mechanismen, z.B. ARM TrustZone, TI M-Shield, Intel SGX, Smart Cards, kryptographische Coprozessoren und ***T****rusted* ***P****latform* ***M****odules* (TPM). Je nach Bedarf und Randbedingungen der jeweiligen Industrie-4.0-Anwendung muss eine geeignete Hardwarelösung für die mobilen und intelligenten Komponenten ausgewählt werden.

Die erwähnte Hardware-Unterstützung wird dann genutzt, um Security-Funktionalitäten auf den mobilen und intelligenten Komponenten zu implementieren. Ein Beispiel sind **Key Stores**. In Key Stores können kryptographische Schlüssel sicher abgespeichert werden. Dabei wird in Hardware meist nur ein einziger Schlüssel gespeichert, der dazu verwendet wird, andere Schlüssel zu verschlüsseln. Mit diesen wiederum werden dann z.B. einzelne Schlüssel des Key Stores verschlüsselt. Hierdurch entsteht eine Hierarchie von Schlüsseln.

D.1.5.3 Schutz der Kommunikation

Industrie-4.0-Anwendungen erbringen ihren Dienst meist durch eine komplexe Kommunikation zwischen mobilen und intelligenten Komponenten und Backend Services der Anwendung. Auch heute noch kommen viele Protokolle zum Einsatz, die keinerlei Sicherheitsmaßnahmen zur Verfügung stellen. Es ist dann notwendig, durch den Einsatz eines Sicherheitsprotokolls die Verbindung abzusichern. Im Umfeld Industrie 4.0 kommt oft SSL / TLS oder (seltener) IPSec zum Einsatz.

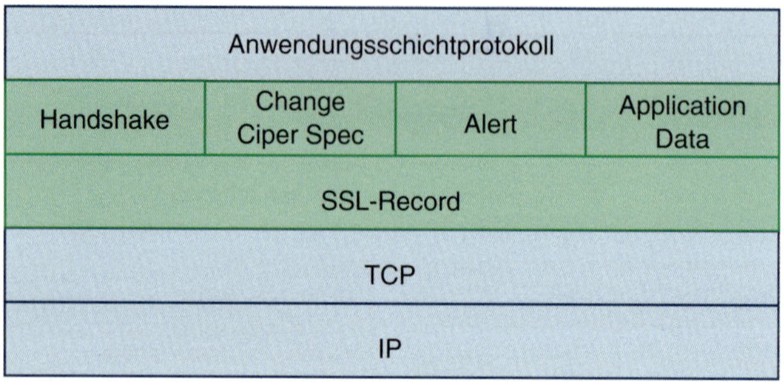

Bild D.1.9 *Aufbau SSL / TLS*

Transport Layer Security (TLS) oder veraltet Secure Socket Layer (SSL) ist ein Protokoll zur Realisierung von Ende-zu-Ende-Sicherheit. TLS gewährleistet Integrität und Vertraulichkeit von Daten und ermöglicht eine zertifikatsbasierte Authentifizierung. Bild D.1.9 zeigt einen Überblick zur Protokollstruktur und zum Einsatz von TLS. Der Handshake dient dabei der Authentifizierung, Aushandlung der kryptographischen Verfahren und dem eigentlichen Schlüsselaustausch. Mittels ChangeCipherSpec wird der richtige Record für die Kommunikation ausgewählt. Alert ermöglicht die Übermittlung von Fehlermeldungen und Application Data dient dazu, geschützte Daten aus dem Anwendungsprotokoll zu übermitteln.

TLS unterstützt die Aushandlung von kryptographischen Protokollen, die für den Schutz von Nachrichten verwendet werden. Dadurch realisiert TLS Crypto Agility.

DEFINITION
Crypto Agility ist ein Verfahren, um kryptographische Verfahren dynamisch austauschen zu können.

Gerade in Industrie-4.0-Anwendungen ist die Möglichkeit zum Austausch von kryptographischen Verfahren sehr wichtig, da diese Systeme oft eine lange Lebenszeit haben. Aktuell stellt z.B. der Quantencomputer eine große Unsicherheit für Industrie-4.0-Anwendungen dar. Für den Quantencomputer sind Algorithmen bekannt, die gängige kryptographische Verfahren brechen können. Bisher besteht diese Gefahr jedoch nur theoretisch, da noch kein Quantencomputer existiert, auf dem diese Algorithmen ausgeführt werden könnten. Das Bundesamt für Sicherheit in der Informationstechnik empfiehlt jedoch die Entwicklungen beim Quantencomputer genau im Blick zu halten bei Anwendungen, die über das Jahr 2024 hinaus betrieben werden sollen [7]. Crypto Agility ist eine Möglichkeit, schon heute auf die zukünftigen Herausforderungen durch einen zukünftigen Quantencomputer reagieren zu können. Für die Konfiguration von TLS sei auf die

Empfehlungen des Bundesamtes für Sicherheit in der Informationstechnik für Cipher Suites zum Einsatz mit TLS verwiesen [8].

Beim Einsatz von TLS in Industrie-4.0-Anwendungen ist auf die Randbedingungen zu achten. TLS erfordert einen aufwendigen Handshake zwischen den Kommunikationspartnern, so dass der Aufbau einer Verbindung eine gewisse Zeit dauern kann.

Neben den Standardverfahren TLS und IPSec zur Kommunikation gibt es eine Reihe von auf Industrie 4.0 spezialisierten Protokollen, die unter anderem sichere Kommunikation realisieren, z.B. [10]. Auf eine ausführliche Darstellung wird hier aus Platzgründen verzichtet.

D.1.5.4 Sichere Identitäten

Ein grundlegendes Problem in Systemen mit vielen dezentralen Komponenten oder mit vielen verschiedenen Akteuren stellt die Frage dar, wie sichere Identitäten zur Verfügung gestellt werden können. Sichere Identitäten von mobilen und intelligenten Komponenten dienen z.B. dazu, im Backend mit Sicherheit zu wissen, mit welchem Gerät aktuell kommuniziert wird. Für Industrie-4.0-Anwendungen eignen sich besonders digitale Zertifikate als sichere Identitäten. Genauer gesagt, kommen so genannte Identitätszertifikate zum Einsatz.

DEFINITION
Ein **Identitätszertifikat** ist eine Zuordnung einer Identität sowie optional einer Menge von Attributen und Metadaten zu einem Public Key. Die Zuordnung wird von einer Zertifizierungsstelle (*Certificate Authority*) durch eine digitale Signatur über den Zertifikatinhalt bestätigt.

Üblicherweise besteht eine Identität aus einem Bezeichner. Dieser Bezeichner kann für Server z.B. ein Hostname sein (z.B. industrie40.thi.de), in der E-Mail-Kommunikation kommt die E-Mail Adresse als Identität zum Einsatz (z.B. hof@thi.de). Die Identität kann durch Attribute ergänzt werden. Im Beispiel der E-Mail-Adresse hof@thi.de könnte ein Attribut «Funktion» den Wert «Professor» haben. Metadaten beschreiben die Randbedingungen des Zertifikats. Übliche Metadaten sind z.B. Beginn und Ende der Gültigkeit des Zertifikats. Über den dadurch definierten Gültigkeitszeitraum kann die Auswirkung eines Diebstahls einer sicheren Identität begrenzt werden. Identität und Metadaten werden einem Public Key durch das Zertifikat einem Public Key zugeordnet. Der zugehörige Private Key ist nur dem Besitzer des Zertifikats bekannt.

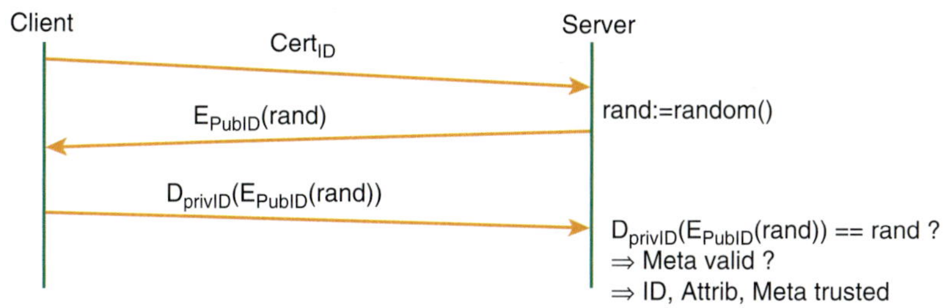

Bild D.1.10 *Überprüfung eines Zertifikats*

Zur Überprüfung eines Identitätszertifikats geht ein Server nun vor wie in Bild D.1.10 beschrieben. Der Server erhält ein Identitätszertifikat ($Cert_{ID}$) von einem Client (einer mobilen und intelligenten Komponente). Der Server ermittelt eine Zufallszahl rand. Er verschlüsselt die Zufallszahl mit dem Public Key aus dem Zertifikat $Cert_{ID}$ und sendet die verschlüsselte Zufallszahl E_{PubID} (rand) an den Client. Zur Entschlüsselung der Zufallszahl ist die Kenntnis des zum Public Key gehörenden Private Keys notwendig. Lediglich der legitime Client verfügt über diese Information, da Private Keys geheim gehalten werden müssen. Der Client entschlüsselt mit dem Private Key die Zufallszahl und sendet das Ergebnis der Entschlüsselung D_{privID} (E_{pubID} (rand)) wieder an den Server. Der Server überprüft, ob die vom Client gesendete Zufallszahl der vom Server gesendeten Zufallszahl entspricht. Falls dies der Fall ist, hat der Client erfolgreich nachgewiesen, dass er den Private Key zum Public Key im Zertifikat $Cert_{ID}$ kennt. Nun überprüft der Server, ob die Metadaten des Zertifikats anzeigen, dass das Zertifikat gültig ist. So wird z.B. überprüft, ob das aktuelle Datum und die aktuelle Uhrzeit innerhalb der Gültigkeitsdauer des Zertifikats liegen. Wurden die Metadaten erfolgreich validiert, wird anschließend die Signatur des digitalen Zertifikats überprüft. Die Signatur wurde von einer Zertifizierungsstelle erzeugt. Zur Überprüfung der Signatur ist es notwendig, den Public Key der Zertifizierungsstelle zu kennen. Der Server verfügt nur über Zertifizierungsstellen, denen er vertraut. Ist die Überprüfung der Signatur erfolgreich, so gilt als sicher, dass der Client die im Zertifikat angegebene Identität hat.

Ein gängiges Zertifikatsformat ist X.509 (auch bekannt als Standard ISO/IEC 9594-8). X.509 beschreibt Identität als String, bestehend aus Zuweisungen von Werten zu vorgegebenen Schlüsseln. Die Schlüssel sind CN (gebräuchlicher Name), O (Organisation), C (Land), ST (Bundesland) und L (Ort). Beispielsweise ist in X.509 der Bezeichner «CN=hof@thi.de, O=Technische Hochschule Ingolstadt, C= Deutschland, ST=Bayern, L=Ingolstadt» eine gültige Identität. X.509 kann flexibel um eigene Metadaten und Attribute erweitert werden. Der Erweiterungsmechanismus ermöglicht es auch festzulegen, welche Erweiterungen auf jeden Fall bekannt sein müssen, falls ein Zertifikat verwendet werden soll.

In Bild D.1.11 ist das X.509-Zertifikat des Webservers der Technischen Hochschule Ingolstadt zu sehen. Eingesetzt wird X.509 in der Version 3. Zur Signaturerzeugung kommen die Hash-Funktion SHA256 und der Signaturalgorithmus RSA zum Einsatz. Die Signatur ist am Ende des Zertifikats zu sehen und erstreckt sich über den gesamten Inhalt des Zertifikats. Der gebräuchliche Name (*Common Name*) des Webservers ist www.thi.de. Der Public Key hat eine Länge von 2048 Bit und wird für das Verfahren RSA verwendet. Es sind mehrere Erweiterungen enthalten, z.B. die Angabe, dass das Zertifikat zur Authentifizierung eines Servers über TLS verwendet werden soll (*X509v3 Extended Key Usage*). Darüber hinaus wird eine URL angegeben, an der eine ***C**ertificate **R**evocation **L**ist* (CRL) der Zertifizierungsstelle heruntergeladen werden kann (*X509v3 CRL Distribution Points*).

Zum Umgang mit dem Diebstahl von Zertifikaten mit zugehörigem Private Key gibt es zwei Sicherheitsmechanismen: begrenzte Gültigkeitsdauer und Certificate Revocation Lists. Die Gültigkeitsdauer eines Zertifikats gibt an, in welchem Zeitraum ein Zertifikat verwendet werden darf. Vor und nach diesem Zeitraum ist das Zertifikat ungültig und kann nicht verwendet werden. Nach dem Diebstahl eines Zertifikats und Private Keys kann ein Missbrauch der gestohlenen Informationen nur während der Gültigkeitsdauer erfolgen. Eine geringe Gültigkeitsdauer verringert also das Angriffsfenster. Allerdings ist in diesem Fall eine regelmäßige Erneuerung von Zertifikaten notwendig. Das in Bild D.1.11 dargestellte Zertifikat ist gültig vom 12. April 2017 10:00:25 Uhr bis zum 9. Juli 2020, 10:00:25. Um die Zeitspanne, in der ein gestohlenes Zertifikat eingesetzt werden kann, noch kleiner zu gestalten, kann von einer Zertifizierungsstelle eine Liste mit zurückgerufenen Zertifikaten gepflegt werden, eine so genannte Zertifikatswiderrufsliste (*Certificate Revocation List*). Alle Zertifikate auf dieser Liste werden als ungültig erklärt und können nicht mehr verwendet werden. Bei der Überprüfung von Zertifikaten sind die Überprüfer angehalten, die zugehörigen Zertifikatswiderrufslisten vor der Verwendung eines Zertifikats zu berücksichtigen.

```
Certificate:
    Data:
[       Version: 3 (0x2)
        Serial Number:
[           1d:0d:78:48:d7:35:c1:36:c1:df:93:5f
    Signature Algorithm: sha256WithRSAEncryption
        Issuer: C=DE, O=Verein zur Foerderung eines Deutschen Forschungsnetzes e. V., OU=DFN-PKI, CN=DFN-Verein Global Issuing CA
        Validity
            Not Before: Apr 12 10:00:25 2017 GMT
            Not After : Jul  9 10:00:25 2020 GMT
        Subject: C=DE, ST=Bayern, L=Ingolstadt, O=Technische Hochschule Ingolstadt, OU=Rechenzentrum, CN=www.thi.de
        Subject Public Key Info:
            Public Key Algorithm: rsaEncryption
                Public-Key: (2048 bit)
                Modulus:
                    00:a1:00:ef:df:36:41:da:07:c7:5b:b3:b5:90:4c:
                    7b:6a:6b:98:5e:f6:7c:74:53:f9:cb:f4:e1:ad:04:
                    08:fd:e0:31:b6:c7:f3:39:2e:40:7a:25:14:b9:0f:
                    15:aa:7d:26:e0:0c:55:23:2c:cd:7b:0f:fa:07:83:
                    3f:10:a5:fe:01:89:f0:86:57:80:d5:ad:24:28:9d:
                    b3:03:4b:21:13:38:19:ce:d6:7e:be:38:5f:fe:89:
                    35:ce:91:4e:00:14:20:6b:8c:f4:47:3d:89:97:b0:
                    1f:be:c1:6e:a6:64:e5:92:e8:95:2e:1c:e1:da:a7:
                    fb:1e:7f:ba:60:26:94:4c:11:31:9d:65:aa:a0:42:
                    ed:ab:d3:4e:e8:3b:01:df:b8:7e:bc:f4:ad:7e:35:
                    cf:26:cf:9e:ef:cd:1a:9f:99:72:f4:9b:dd:ca:55:
                    0a:34:cd:5f:74:53:b3:eb:cb:aa:c6:2e:54:f0:fd:
                    26:3c:62:be:26:1f:59:94:d7:1a:71:6d:25:7a:cd:
                    99:83:7d:83:49:d9:08:99:16:66:f4:3b:73:4a:af:
                    26:d0:21:e5:5e:4a:32:9d:9f:80:94:04:6b:a1:37:
                    40:1d:4b:c4:8e:2e:a1:28:bd:a6:db:24:96:3a:16:
                    8a:4c:90:22:e1:77:43:c5:c4:7d:91:f9:80:f3:0e:
                    14:a9
                Exponent: 65537 (0x10001)
        X509v3 extensions:
            X509v3 Certificate Policies:
                Policy: 1.3.6.1.4.1.22177.300.1.1.4.3.5
                Policy: 1.3.6.1.4.1.22177.300.2.1.4.3.1
                Policy: 1.3.6.1.4.1.22177.300.1.1.4
                Policy: 1.3.6.1.4.1.22177.300.30
                Policy: 2.23.140.1.2.2

            X509v3 Basic Constraints:
                CA:FALSE
            X509v3 Key Usage: critical
                Digital Signature, Key Encipherment
            X509v3 Extended Key Usage:
                TLS Web Server Authentication
            X509v3 Subject Key Identifier:
                C8:0E:E6:B2:E9:FA:68:50:97:48:FF:0A:15:9E:E7:B6:61:3B:AA:A0
            X509v3 Authority Key Identifier:
                keyid:6B:3A:98:8B:F9:F2:53:89:DA:E0:AD:B2:32:1E:09:1F:E8:AA:3B:74

            X509v3 Subject Alternative Name:
                DNS:www.thi.de, DNS:www.haw-ingolstadt.de, DNS:www.fh-ingolstadt.de, DNS:staging.thi.de, DNS:develop.thi.de
            X509v3 CRL Distribution Points:

                Full Name:
                  URI:http://cdp1.pca.dfn.de/dfn-ca-global-g2/pub/crl/cacrl.crl

                Full Name:
                  URI:http://cdp2.pca.dfn.de/dfn-ca-global-g2/pub/crl/cacrl.crl

            Authority Information Access:
                OCSP - URI:http://ocsp.pca.dfn.de/OCSP-Server/OCSP
                CA Issuers - URI:http://cdp1.pca.dfn.de/dfn-ca-global-g2/pub/cacert/cacert.crt
                CA Issuers - URI:http://cdp2.pca.dfn.de/dfn-ca-global-g2/pub/cacert/cacert.crt

    Signature Algorithm: sha256WithRSAEncryption
         90:71:19:02:a9:d9:f3:db:8a:f1:1b:6b:bb:5d:e3:ef:2c:61:
         eb:ee:0e:0b:c8:f4:79:12:88:de:bd:5d:4c:25:72:5e:d1:9c:
         b6:bd:7d:49:b0:68:6e:74:e9:a1:da:9b:25:9e:b3:c5:07:d4:
         85:78:0d:5b:f8:56:18:7d:9a:fe:bb:23:d2:38:00:e9:a5:30:
         a7:3a:39:81:f3:c2:6e:93:7c:36:82:1b:7f:70:03:15:9e:69:
         a7:e4:25:f1:21:2b:53:24:bc:d6:92:fe:f6:fb:04:27:72:e8:
         73:ab:0b:06:0a:e3:eb:ba:77:6e:ab:5a:18:bf:6a:53:12:dc:
         fa:65:07:2c:02:fd:4b:ef:76:4e:f3:96:2c:a2:05:12:75:2d:
         f2:6c:f5:c6:0a:4b:63:50:8d:24:d8:5e:34:80:b4:47:5b:75:
         c0:49:00:27:e9:ec:92:40:65:3c:24:37:5d:a1:8d:76:f1:4b:
         72:55:40:aa:92:0d:8c:01:83:5c:21:57:ab:36:a6:d9:20:eb:
         1f:34:76:a3:ab:19:fa:bd:0a:f8:9b:d8:11:6d:2e:23:67:5e:
         a2:07:2d:38:99:f4:ee:a2:0c:24:b2:a1:60:96:c3:2a:4e:41:
         e8:80:7b:f1:c3:a8:e1:35:dd:85:12:0d:20:32:f1:3a:11:1e:
         04:71:03:3e
```

Bild D.1.11 *Zertifikat des Webservers der Technischen Hochschule Ingolstadt*

Bisher wurden nur Fälle betrachtet, in denen Zertifikate für mobile und intelligente Komponenten direkt von einer Zertifizierungsstelle ausgegeben werden. Es ist jedoch auch möglich, Zertifizierungsstellen hierarchisch zu organisieren, so dass eine Zertifizierungsstelle die Erstellung von Zertifikaten an andere Zertifizierungsstellen delegiert. Man spricht dann von einer Root-CA

(Wurzelzertifizierungsstelle), die die Aufgabe der Zertifikatserstellung an Sub-CAs (Unterzertifizierungsstellen) delegiert. Die Root-CA kann einer Sub-CA auch das Recht einräumen, selbst Sub-CAs zu bestimmen.

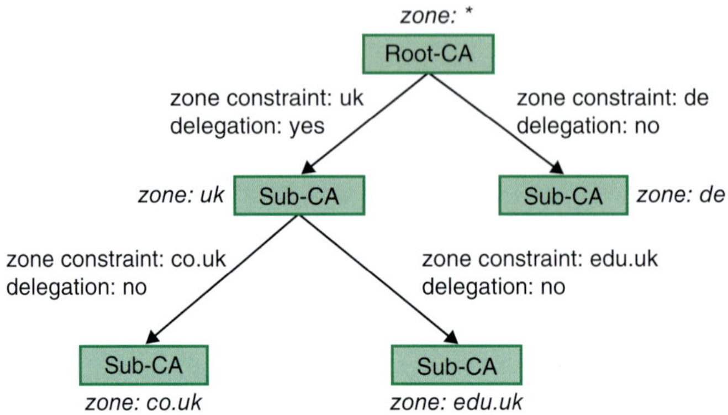

Bild D.1.12 *Beispiel hierarchisches Vertrauensmodell*

Bild D.1.12 zeigt ein Beispiel. In diesem Fall erfolgt die Delegation basierend auf DNS-Namen. Die Root-CA verwaltet alle DNS-Namen (zone:*). Sie delegiert alle DNS-Namen, die auf .uk enden (zone: uk), an die erste Sub-CA, und alle DNS-Namen, die auf .de enden (zone:de), an die zweite Sub-CA. Die de-CA hat dabei nicht das Recht erhalten, die Zertifikatserzeugung weiter zu delegieren. Die uk-CA hat das Recht zur Delegation erhalten und delegiert an eine Sub-CA für die DNS-Namen, die auf co.uk enden (zone:co.uk), sowie eine weitere Sub-CA für die DNS-Namen mit der Endung edu.uk (zone:edu.uk). Die Delegation wird jeweils in den Identitätszertifikaten der Zertifizierungsstellen dokumentiert, die von der übergeordneten Zertifizierungsstelle ausgestellt werden. Im Zertifikat ist verzeichnet, für welche DNS-Namen eine CA zuständig ist (zone constraint) sowie die Erlaubnis zur Delegation (delegation: yes). Bei der Zertifikatsprüfung müssen diese Einschränkungen überprüft werden. Ist einem Prüfer eines Zertifikats nur die Root-CA bekannt sowie ein Zertifikat, das eine Sub-CA ausgestellt hat, so muss der Prüfer einen Zertifikatspfad vom zu prüfenden Zertifikat über einen oder mehrere Sub-CAs bis zur Root-CA erstellen und überprüfen.

Die Verwendung von Zertifikatshierarchien wie in Bild D.1.12 zu sehen hat den großen Vorteil, dass damit sichere Identitäten bei einer Vielzahl von selbstverantwortlichen Teilnehmern an einer Industrie-4.0-Anwendung realisiert werden können. Das Delegationskonzept ermöglicht es, Industrie-4.0-Anwendungen über verschiedene Unternehmen hinweg bei maximaler Eigenständigkeit der einzelnen Unternehmen zu realisieren. Jedoch sind Zertifikatshierarchien in der Praxis meist schwierig zu verwalten. Die Tiefe der Hierarchie sollte auf ein absolutes Minimum reduziert werden. Da die Erstellung des Zertifikatspfades oft nicht ohne Weiteres möglich ist, sollten in Zertifikaten von mobilen und intelligenten Endgeräten auch die Zertifikate der Sub-CAs bis zur Root-CA enthalten sein. Selbst in diesem Fall ist die Überprüfung eines Zertifikats noch sehr aufwendig, da mehrere Zertifikate validiert werden müssen.

Zertifikate und die benötigten Private Keys müssen auf mobile und intelligente Komponenten installiert werden. Dies geschieht üblicherweise im Rahmen des Security Bootstrappings. Das Security Bootstrapping kann während der Herstellung geschehen, direkt auf dem Gerät erfolgen oder später über einen Verteildienst erfolgen. In der Praxis ist es oft aufwendig, ein geeignetes Security-Bootstrapping-Verfahren zu erzeugen.

Private Keys müssen auf einer mobilen und intelligenten Komponente sicher gespeichert werden (siehe dazu Abschnitt D.1.5.2). Da alle von einer bekannten Zertifizierungsstelle erzeugten Zertifikate akzeptiert werden, muss auch sichergestellt sein, dass ein Angreifer nicht die Liste der bekannten Zertifizierungsstellen und die zugehörigen Zertifikate manipulieren kann, d.h., die Integrität der Liste und der Zertifizierungsstellenzertifikate muss sichergestellt sein.

In Kürze

Dieses Kapitel gibt einen kurzen Überblick über Cyber Security für mobile und intelligente Komponenten von Industrie-4.0-Anwendungen. An den Komponenten sind insbesondere lokale Schnittstellen, Wartungs- und Administratorzugänge, die Datenspeicherung und die Netzwerkkommunikation zu schützen. Grundlegende Sicherheitsmaßnahmen umfassen den Schutz der ausgeführten Firmware und Software, den Schutz von kryptographischem Material, sichere Kommunikationsverbindungen sowie sichere Identitäten durch Identitätszertifikate. Eine große Herausforderung stellt eine effiziente und ressourcenschonende Implementierung von Sicherheitsmechanismen dar. Idealerweise wird zusätzliche Hardware, z.B. ein Trusted Platform Module, eingesetzt, um Sicherheitsmechanismen zu implementieren.

D.2 Cyber Security für Industrie-4.0-Komponenten

D.2.1 Gesichert in die digitale und vernetzte Produktion einsteigen

Unverzichtbare Grundvoraussetzung, Industrie 4.0 erfolgreich umzusetzen, sind der sichere und vertrauensvolle Umgang mit Daten sowie der verlässliche Schutz der unternehmensübergreifenden Kommunikation vor Angriffen von außen. Übergreifende Wertschöpfungsnetzwerke werden erst dann etabliert und gewinnbringend genutzt, wenn die notwendigen Datenströme eindeutigen und sicheren Identitäten zugeordnet sind [1].

Für den erfolgreichen Austausch von Information muss das Vertrauen in die Sicherheit der Kommunikationsbeziehung ebenso gegeben sein wie das Vertrauen in die weitere sichere Verarbeitung der Information beim Kommunikationspartner. Neben technischen Aspekten setzt dies eine belast- und bewertbare operative Verankerung von Security durch ein Information Security Management System (ISMS) bei den beteiligten Partnern voraus [2].

D.2.2 Kommunikations- und Vertrauensbeziehungen

Grundsätzlich impliziert Industrie 4.0 die unternehmensübergreifende Vernetzung auf allen Ebenen der klassischen Produktion [3]. Die Teilnahme an Marktplatzkonzepten und dynamischen Wertschöpfungsnetzwerken setzt die jederzeitige Bereitschaft zur elektronischen Interaktion voraus. Hierdurch ergeben sich zusätzliche Anforderungen an die Sicherheit von Kommunikationsbeziehungen bei Vertraulichkeit, Integrität und Verfügbarkeit.

Bild D.2.1 verdeutlicht, wie die autonome und automatisierte Kommunikation zwischen Unternehmen zugunsten einer höheren Agilität durch die direkte Kommunikation zwischen den Entitäten Menschen, Maschinen und Produkte der beteiligten Unternehmen. Das dargestellte Produktionsnetzwerk ist ein Modell eines Produktionssystems, das einzelne Produktionsprozesse sowie deren strukturelle Abhängigkeiten in Form eines Netzwerks abbildet. Es besteht als eine freiwillige, zwischenbetriebliche Zusammenarbeit von einer oder mehrerer Organisationen mit dem Ziel einer gemeinsamen Leistungserbringung zur Herstellung von Produkten unter Wahrung ihrer wirtschaftlichen und rechtlichen Unabhängigkeit und Selbstständigkeit. Dieses zeichnet sich durch Wertschöpfungsaktivitäten aus, die in unterschiedlichen Elementen des Netzwerks vollzogen werden.

Der Aufbau von Produktionsnetzwerken durch eine Segmentierung von Aufgabenstellungen heruntergebrochen auf einzelne funktionale Entitäten und Prozesse eines Unternehmens sowie deren Verflechtung der Industrie-4.0-Komponenten führt zur Bildung eines unternehmensübergreifenden Industrie-4.0-Systems. Gerade für kleine und mittelständische Unternehmen bieten solche Netzwerke verteilter Produktionen die Möglichkeit, spezifische Produkte und Dienstleistungen in nahezu beliebiger Menge und hoher Qualität am Markt konkurrenzfähig anzubieten. Dieses Konzept basiert darauf, dass alle relevanten Unternehmensbereiche – von der Produktion und Planung über die Logistik bis hin zum Lieferantenmanagement – intern und unternehmensübergreifend digital vernetzt sind.

Aus Sicht der IT-Sicherheit kommt der Authentifizierung der Kommunikationspartner und -systeme in der Industrie 4.0 besondere Bedeutung zu [1]. Es gilt sicherzustellen, dass der Absender derjenige ist, der er vorgibt zu sein, und dass die Informationen den gewünschten

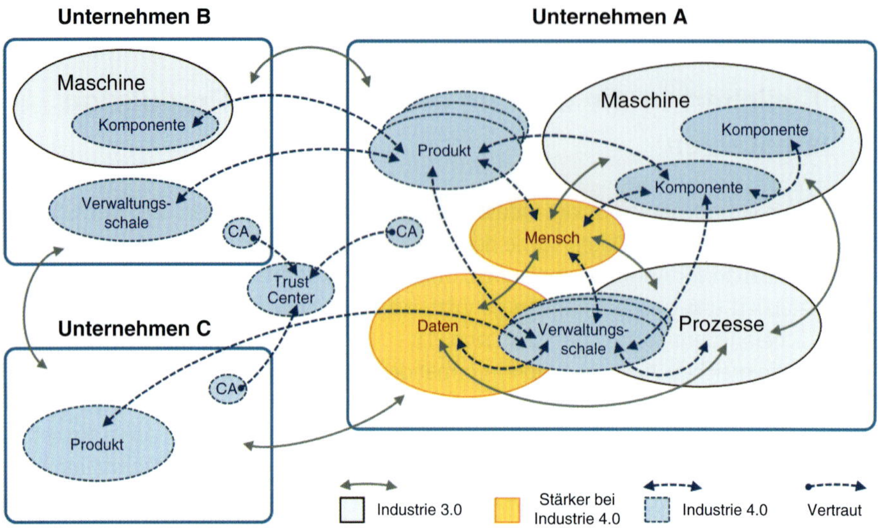

Bild D.2.1 *Kommunikations- und Vertrauensbeziehungen in der Industrie 4.0* [1; 4; 5; 6]

Empfänger erreichen: Lassen sich die erhaltenen Informationen eindeutig dem ursprünglichen Urheber zuordnen – und das auch in den voll automatisierten Kommunikationskaskaden der Industrie 4.0?

Mit der weitreichenden Vernetzung der Produktion im Kontext von Industrie 4.0 ergeben sich IT-Sicherheitsrisiken. Um die Auswirkungen der Vernetzung zu verstehen, wird zunächst auf die Besonderheiten der vernetzten Produktion in der Industrie 4.0 eingegangen. Ziel ist, ein möglichst einheitliches Bild der zu erwartenden Produktionslandschaft zu schaffen, auf dessen Basis nachfolgend Schutzmaßnahmen und Handlungsempfehlungen ausgesprochen werden. Drei konkrete Ausprägungen von Industrie 4.0 spielen dabei eine besondere Rolle: die auftragsgesteuerte Produktion in Wertschöpfungsnetzwerken, die Vernetzung der Produktionsanlagen sowie die Produkt-Maschine-Kommunikation [5].

D.2.2.1 Sicherheit im Referenzarchitekturmodell Industrie 4.0 (RAMI 4.0)

Security wirkt wie ein Gerüst, das alle Strukturelemente des RAMI 4.0 und damit auch das Design der Industrie-4.0-Komponente trägt und zusammenhält. Im Folgenden wird daher auf die Security-Aspekte des RAMI 4.0 eingegangen, um diese dem Leser deutlich zu machen. Konkrete Security-Maßnahmen werden anhand einiger Beispiele für alle drei Achsen des RAMI 4.0 beschrieben.

Bild D.2.2 zeigt die Einbettung der Security im RAMI 4.0 in allen drei Achsen und verdeutlicht den integralen Charakter der Security [7]. Sie stellt keine separate Schicht oder zusätzliche Hierarchie-Ebene dar, sondern ist über den gesamten Lebenszyklus auf allen Schichten und Hierarchie-Ebenen wirksam. Vergleichbar mit einem Gebäude, das mit Stahl armiert wurde, gewährleistet die Security damit die Stabilität von RAMI 4.0 und schützt gegen mögliche Angriffe.

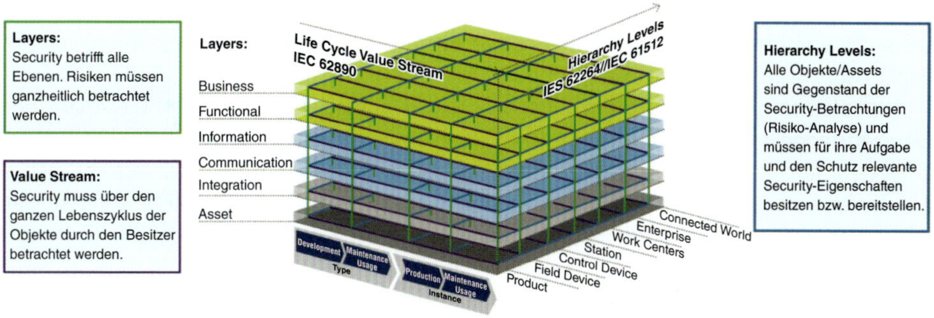

Bild D.2.2 *Referenzarchitekturmodell Industrie 4.0 (RAMI 4.0)* [7]

Hierarchy Levels

Die Hierarchie-Achse bildet im Kern die Automatisierungspyramide mit den unterschiedlichen Komponenten, dem Produkt und der Außenwelt (*Connected World*) ab. Sowohl in Bezug auf die einzelnen Aspekte als auch für das Gesamtsystem gilt es einen angemessenen Schutzbedarf zu ermitteln. Um dies gewährleisten zu können, muss zunächst eine Risikoanalyse durchgeführt werden. Dazu werden die Bedrohungen und deren Gefährdungspotenziale bestimmt. Aus den Ergebnissen lassen sich Security-Maßnahmen für die jeweilige Industrie-4.0-Komponente ableiten.

Exemplarisch sei eine Maschine (*station*) in einer Produktions- oder Prozessumgebung (*work unit*) genannt. Diese muss eine korrekte und störungsfreie Verarbeitung gewährleisten und die Möglichkeit zum Schutz der Prozesslogik vor unberechtigten Veränderungen, Zugriffen und Auslesen bieten.

Es müssen Bediener identifiziert und dafür ein Berechtigungskonzept mit unterschiedlichen Eingriffsmöglichkeiten spezifiziert werden. Auf Produktionsumgebungsebenen gilt es die Mitarbeiter und deren Berechtigungen oder aber auch mehrere Maschinen zu verwalten, entsprechende Aufträge sicher zu übermitteln und deren Abarbeitung zu überwachen.

Value Stream

Security betrifft den gesamten Lebenszyklus, dargestellt als Verlaufsachse innerhalb RAMI 4.0. Sie umfasst die Planung und Entwicklung und setzt sich über die Produktion bis hin zum Einsatz sowie zur Pflege und Wartung fort.

«Security by Design» betrifft alle Beteiligten: Hersteller, Integrator und Betreiber, je nach deren Verantwortlichkeit. Bei der Definition von Standards und bei der Entwicklung von Komponenten muss Security von Beginn an geplant und bedarfsgerecht realisiert werden. Dies betrifft sowohl technische als auch organisatorische Maßnahmen (Prozesse).

Bereits bei der Planung gilt es die notwendigen Security-Funktionen zu berücksichtigen, die aufgrund einer Risikobetrachtung oder als Anforderungen durch andere Komponenten erforderlich sind. Während der Entwicklung und Produktion gilt es konsequent Fehler zu vermeiden. Der *Security Development Lifecycle* (SDL) ist ein Beispiel für einen Software-Entwicklungsprozess, mit dem Entwickler sicherere Software erstellen und Sicherheitsanforderungen erfüllen können [8].

Beim Einsatz von Komponenten und Systemen geht es neben der Erfüllung der vorhandenen Security-Anforderungen auch um die Beseitigung von potenziellen Schwächen im laufenden Betrieb. Erforderliche Aktualisierungen müssen zeitgerecht entwickelt, an die Beteiligten verteilt und integriert werden.

Layers

Die sechs Schichten der Architekturachse ermöglichen eine systematische Betrachtung verschiedener Aspekte im Rahmen der Herleitung von Security-Anforderungen.

Exemplarisch gilt dies für Kommunikations- und Business-Schicht wie folgt: Die Analyse der Geschäftsmodelle auf der Business-Schicht liefert relevante Security-Bedrohungen und -Anforderungen. Auf der Kommunikationsschicht müssen dann ggf. Maßnahmen zur Verschlüsselung auf der Basis sicherer Identitäten ergriffen werden. Für die Entscheidung, welche Kommunikationsverbindungen schutzbedürftig sind, muss klar sein, welche Informationen darüber übertragen werden.

Zusammenwirken

An allen Schnittpunkten der verschiedenen Ebenen spielt Security eine Rolle. Das heißt, dass sich für jeden Punkt zunächst Anforderungen (*Requirements*) aus der Analyse ergeben, die auf Basis des konkreten Anwendungsfalls mit entsprechenden Funktionalitäten (*Capabilities*) seitens der involvierten Industrie-4.0-Komponenten zu beantworten sind. Hersteller, Integrator und Betreiber sind gemeinsam gefordert, um ein holistisches Security-Konzept umzusetzen, das technische und organisatorische Maßnahmen verbindet. Das Design von Security in RAMI 4.0 ermöglicht die Umsetzung jeglicher Security-Anforderung für alle denkbaren Anwendungsfälle.

RAMI 4.0 ermöglicht die Einbeziehung bereits existierender Security-Standards, insbesondere VDI/VDE 2182 [9] und IEC 62 443 [10]. In der VDI/VDE 2182 wird z.B. die Rückkopplung der Anforderungen von den verschiedenen Prozessbeteiligten bereits adressiert. Dort wird die Kommunikation zwischen Hersteller, Integrator und Betreiber als wesentlicher Bestandteil für Security beschrieben, so dass die jeweiligen Anforderungen weitergegeben und umgesetzt werden. IEC 62 443 skizziert ein Referenzmodell für industrielle Kommunikationsnetze und zeigt auf, wie auf dieser Basis Sicherheitsanforderungen erhoben und Sicherheitstechnologien identifiziert werden können. Sowohl VDI/VDE 2182 als auch IEC 62 443 unterstützen ein holistisches Security-Konzept, das sich mit den sogenannten Protection Levels bewerten lassen könnte.

D.2.2.2 Sicherheit in der Verwaltungsschale der Industrie-4.0-Komponente

Die in [11] für einen Use-Case beschriebenen Sicherheitsanforderungen können auf allgemeine Anwendungen übertragen werden. Diese Basissicherheitsanforderungen sind folgende:

Identitäten und Authentifizierung

Wie kann sichergestellt werden, dass die richtigen Komponenten und Benutzer miteinander interagieren?

Identifizierung und Authentifizierung beziehen sich auf unterschiedliche Ebenen. Wird eine Identität festgestellt, geht es umgangssprachlich um die Prüfung: «Wer bist du?». Eine Identität wird aus einer groben, allgemeinen Masse heraus kenntlich gemacht. Dieser Vorgang hat insofern noch nichts mit Security-Maßnahmen zu tun. Bei der Authentifizierung handelt es sich im Gegensatz dazu um eine dezidierte Security-Maßnahme. Es wird überprüft, ob die gegebene Information über die Identität «Der bin ich» tatsächlich stimmt. Dazu wird z.B. eine vertrauenswürdige (dritte) Stelle herangezogen, die die Angabe der Identität bestätigt. Dadurch soll die Frage «Kann ich der Identitäten-Angabe vertrauen?» adressiert werden.

Benutzer- und Rechteverwaltung

Wie kann der Zugriff auf die Verwaltungsschale und ihre Inhalte beschränkt und gesteuert werden?

Jede Verwaltungsschale wird mit einem Rechte- und Rollenmodell (noch zu detaillieren) von dem Komponentenhersteller ausgeliefert. Das Rollenmodell sollte den im Lebenszyklus einer Industrie-4.0-Komponente relevanten Interaktions- und Benutzerrollen entsprechen. Bezüglich der Mächtigkeit des Rollenmodells gibt es verschiedene mögliche Abstufungen, die sich in vier Kategorien untergliedern lassen.

Kommunikationssicherheit

Wie können Daten vertraulich und integritätsgesichert zwischen der Verwaltungsschale und ihren Kommunikationspartnern ausgetauscht werden?

Industrie 4.0 folgt einer serviceorientierten Architektur. Dazu müssen Dienste aufgerufen und Daten ausgetauscht werden können. Daher wurden generelle Anforderungen an die Nachrichtenübertragung zwischen zwei Industrie-4.0-Komponenten formuliert, die Industrie-4.0-Kommunikation. Die konkreten Anforderungen an die Industrie-4.0-Kommunikation werden zurzeit noch definiert. Die Kommunikation in industriellen Anlagen kann über verschiedenste Physical Layer und MAC Layer erfolgen. So ist eine Kommunikation über Funk genauso denkbar wie eine Kommunikation über kabelgebundene Netzwerke. Aufgrund der verschiedenen Eigenschaften dieser Netzwerkarten kann sich die Definition der Verwaltungsschale nicht auf die Sicherheitseigenschaften dieser Netzwerke stützen.

Daher müssen angemessene Sicherheitsmaßnahmen oberhalb der Schicht 3 im ISO/OSI-Schichtenmodell [12] bereitgestellt werden. Insbesondere müssen die von der Verwaltungsschale benötigten Sicherheitskernfunktionen Vertraulichkeit, Integrität und Authentifizierung durch die Verwaltungsschale selbst bereitgestellt werden. Da die Verfügbarkeit der Kommunikation nur schwer in den höheren Schichten eines Protokollstapels geschaffen werden kann, muss diese Sicherheitseigenschaft durch die unteren Schichten des Kommunikationssystems in einem für die Anwendung ausreichenden Maße bereitgestellt werden.

Die Industrie-4.0-Kommunikation soll nicht neu ausgearbeitet werden, sondern aus den vorhandenen und bereits in Entwicklung befindlichen Standards sollen Vorzugsstandards herausgefiltert werden, die sich für die Industrie-4.0-Kommunikation am besten eignen. Im RAMI 4.0 ist die Industrie-4.0-Kommunikation der Communication Layer. Alle anderen Kommunikationsarten und Protokolle sind dort im Integration Layer verortet.

Ereignisprotokollierung (Logging)

Wie kann nachvollzogen werden, wer wann welche Interaktion mit der Verwaltungsschale durchgeführt hat?

Zugriffe auf Funktionen und Werte – sowohl des Headers als auch des Bodys – werden bei Bedarf und in der entsprechenden Granularität mitprotokolliert. Die Ereignisprotokollierung bezieht sich auf sämtliche Zugriffe der Verwaltungsschale als Gesamtheit. Da jede Veränderung eines Wertes der Komponente Einfluss auf Security und Safety einer Komponente haben kann, wird eine gemeinsame Funktion für die Ereignisprotokollierung benötigt, so dass alle Informationen in allen Teilmodellen davon erfasst werden können. Anderenfalls bliebe es jedem Teilmodell und potenziell jedem Datum in der Verwaltungsschale selbst überlassen, für eine Protokollierung zu sorgen. Eine einheitliche Ereignisprotokollierungs-Funktionalität erleichtert hier die Erfassung relevanter Ereignisse.

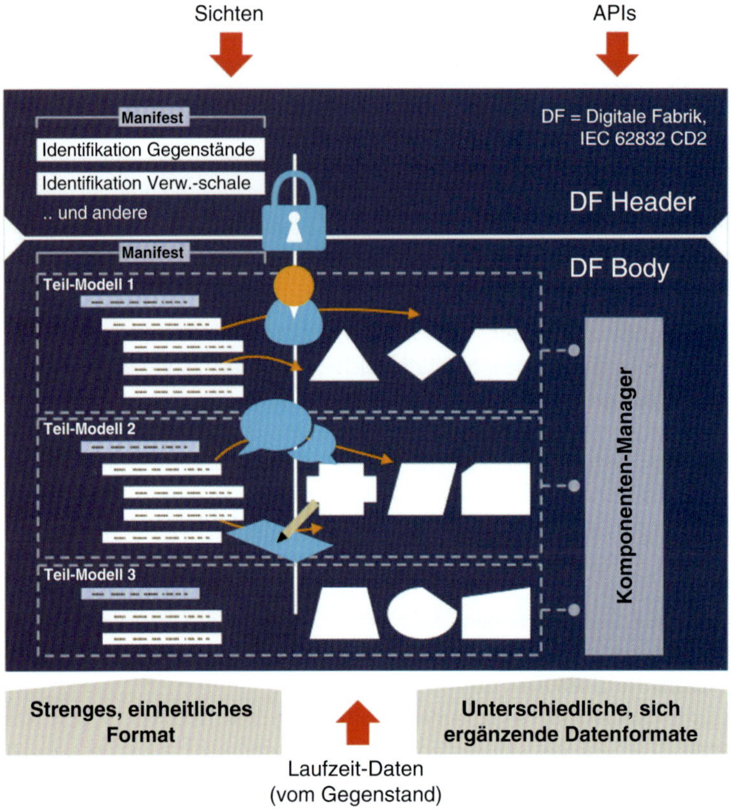

Bild D.2.3 *Dauerhafte Sicherheitsanforderungen für die Verwaltungsschale* [11]

Da diese vier Fragen und Anforderungen von essenzieller Bedeutung für den sicheren Betrieb einer Industrie-4.0-Komponente sind, wird die Verwaltungsschale der Industrie-4.0-Komponente um die Teile Authentifizierung der Identifikatoren, Benutzer- und Rechteverwaltung, Kommunikation und der Ereignisprotokollierung ergänzt (Bild D.2.3).

D.2.3 Sichere Kommunikation als Kernthema

Industrie 4.0 beschreibt die Möglichkeiten, die durch die Weiterentwicklung von Hard- und Software entstehen. Eine wesentliche Voraussetzung ist, dass Daten und Informationen zur Verfügung gestellt werden, um sie zu verarbeiten. In zukünftigen Szenarien eröffnet der direkte Austausch von Daten und Informationen über Unternehmensgrenzen hinweg neue Möglichkeiten. Als Kommunikationspartner sind dabei sowohl Menschen als auch Maschinen zu betrachten. Zudem wird nicht mehr nur über die Managementebene über Unternehmensgrenzen hinweg kommuniziert, sondern auch auf darunterliegenden Ebenen, zum Beispiel von einer Maschine oder einer Komponente direkt zu ihrem Lieferanten. Hierbei sind auch Ende-zu-Ende-Verbindungen zu berücksichtigen, die durch den Wechsel auf IPv6 skalierbar möglich werden [4].

Aus Sicht der Security sind Anforderungen aus vielen Bereichen wie Schutz von Know-how, Daten und Geschäftsgeheimnissen zu berücksichtigen, die immer durch die klassischen Schutzziele

- Vertraulichkeit,
- Integrität und
- Verfügbarkeit

abgebildet werden; da diese über organisatorische Grenzen wie auch über WAN-Verbindungen (***W**ide **A**rea **N**etwork*) stattfinden werden, steigen die Anforderungen an die Vertraulichkeit der Kommunikation. Im Kontext des Industrie-4.0-Geschäftsprozesses wird es zudem immer wichtiger, die Verfügbarkeit der Daten und der Kommunikationsverbindungen sicherzustellen.

Unternehmen, die sich an den unternehmensübergreifenden Wertschöpfungsnetzwerken beteiligen wollen, werden sich entsprechend dem Geschäftsmodell organisatorisch weiterentwickeln müssen. Technische Lösungen im Bereich IT Security alleine sind nicht ausreichend, wenn diese nicht durch entsprechende organisatorische Maßnahmen unterstützt werden. Die für den Vertrauensaufbau notwendige Bewertung der Security-Standards muss entsprechend dem Reifegrad bezüglich IT-Security etwa entsprechend dem ***C**apability **M**aturity **M**odel **I**ntegration* (CMMI) erfolgen [13].

D.2.3.1 Kommunikationsbeziehungen

Im Leitfaden für Geräteprofile in der Automatisierungstechnik IEC TR 62 390 [14] werden Profile für eine Geräteklasse (zum Beispiel Temperatursensor) mit einer gemeinsamen Menge von Funktionalitäten in einem vorgegebenen industriellen Gebiet definiert. In Anlehnung daran hat die Unterarbeitsgruppe Sichere Kommunikation für Industrie 4.0 der Plattform Industrie 4.0 das Verständnis für eine Sicherheitsrichtlinie (*Security Policy*) für Industrie 4.0 entwickelt (Bild D.2.3).

Die Security Policy spricht alle Beziehungsebenen zwischen Industrie-4.0-Komponenten an. Sie soll die Interoperabilität auf allen Ebenen, die der IEC TR 62 390 adressiert, sicherstellen. Beispielhafte Ausprägungen für diese Interoperabilität wären [6]:

- *Dynamic behavior*: Vertrauen in den gleichen neutralen Trustanker, Security-Profile,
- *Application functionality*: Rechte eines Tenants / Mandanten,
- *Parameter semantics*: Benutzer- und Rollenmodell,
- *Data types*: Zertifikate, Security-Token,
- *Data access*: rollenspezifischer Zugriff (Lesen, Lesen / Schreiben, Schreiben),
- *Communication interface* (Ebene 5–7): OPC UA,
- *Communication protocol* (Ebenen 1–4): TLS.

Für Industrie-4.0-Komponenten, die durch ihre Verwaltungsschalen abgebildet werden, ist es nicht mehr ausreichend, die Kommunikation auf Protokollebene abzustimmen (Bild D.2.4). Auch Vereinbarungen über Rechte (Wer darf was?), Vertrauensanker (zum Beispiel elektronische Schlüssel) und Security-Profile sind notwendig.

Um eine Kooperation starten zu können, muss die Verwaltungsschale Informationen über die Security-Fähigkeiten der Industrie-4.0-Komponenten bereitstellen. Nur so kann gegenseitig geprüft werden, ob eine Zusammenarbeit möglich ist (etwa bezüglich des noch zu definierenden Niveaus der Vertrauenswürdigkeit (*Trustworthiness*), wie im Dokument Security der Verwaltungsschale [11] diskutiert. Security-Anforderungen können technisch und soweit erforderlich auch auf organisatorischer Ebene, zum Beispiel durch Richtlinien, umgesetzt werden.

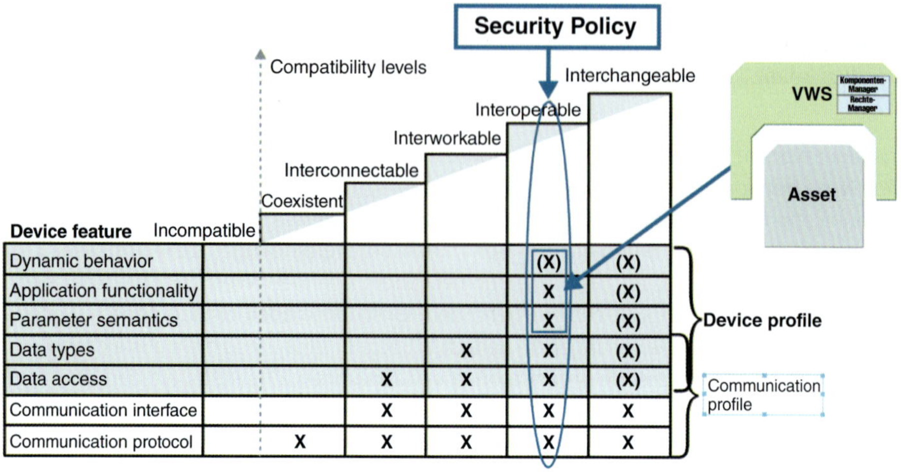

Bild D.2.4 *Security Policy für Industrie 4.0* [6]

Sobald eine Ende-zu-Ende-Verbindung auf Netzwerk- und Transportschicht besteht – indem TCP/IP und etwa OPC UA verwendet wurde –, können die logischen Schnittstellen der Industrie-4.0-Kommunikation – die Verwaltungsschalen – miteinander in Kontakt treten [15]. Auch hier muss ein Augenmerk auf Sicherheit und Effizienz gelegt werden. Wer auf die Angebote (Daten, Informationen und Services) der Verwaltungsschale zugreifen darf, wird durch ein Rechtemodell geregelt [11], das im Konzept der Verwaltungsschale enthalten ist. Dafür muss der Kommunikationspartner identifiziert und authentifiziert werden. Wichtig ist also, dass das zu verwendende Kommunikationsprotokoll und der einzusetzende Kommunikationsstack entsprechende Sicherheitsmechanismen bereitstellen.

D.2.3.2 Kommunikationsstrukturen

In der Praxis ergeben sich unterschiedlichste Strukturen, die die Kommunikation unterstützen muss – je nach Anforderungen und eingesetzten Anwendungen.

Ende-zu-Ende-Kommunikation

Im einfachsten Fall kommunizieren zwei Industrie-4.0-Komponenten direkt miteinander (Bild D.2.5). Dafür muss die notwendige Infrastruktur aus Netzwerk und unterstützenden Diensten bereitgestellt werden – etwa zur Namensauflösung in IP-Adressen oder zum Identitätsmanagement.

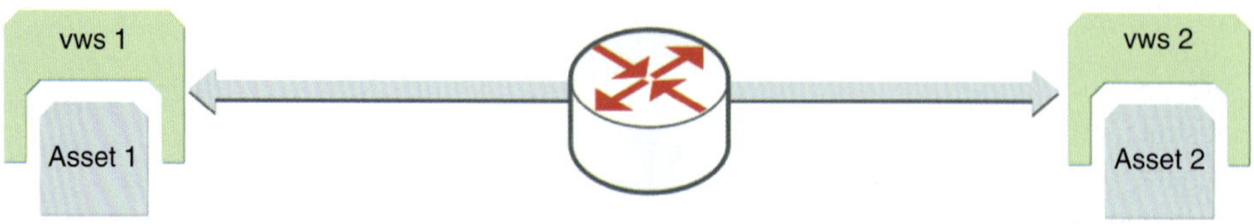

Bild D.2.5 *Industrie-4.0-Komponenten kommunizieren Ende-zu-Ende* [6]

Kommunikation über Gateways
In vielen Organisationen wird Kommunikation über Gateways geleitet, die ermöglichen, dass der Datenfluss kontrolliert und Domänen getrennt werden (Bild D.2.6).

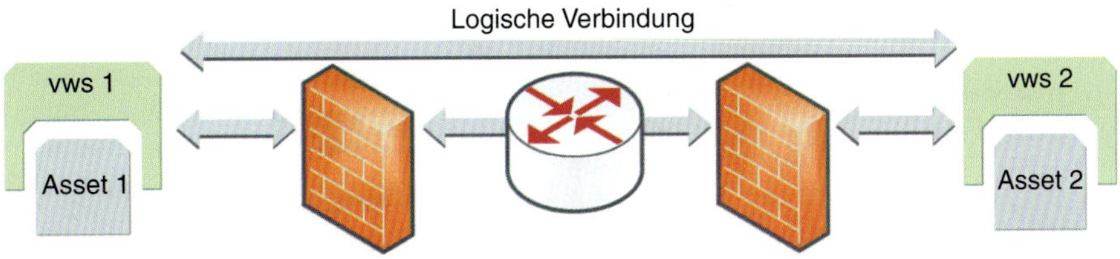

Bild D.2.6 *Industrie-4.0-Komponenten kommunizieren über Firewalls, Proxys oder Gateways* [6]

Komponenten oder Teilsysteme, die selbst nicht Industrie-4.0-konform kommunizieren, können über entsprechende Industrie-4.0-Gateways angebunden werden (Bild D.2.7). Diese Art der Anbindung ist notwendig, um bereits existierende Installationen in die zukünftige Industrie-4.0-Welt zu überführen.

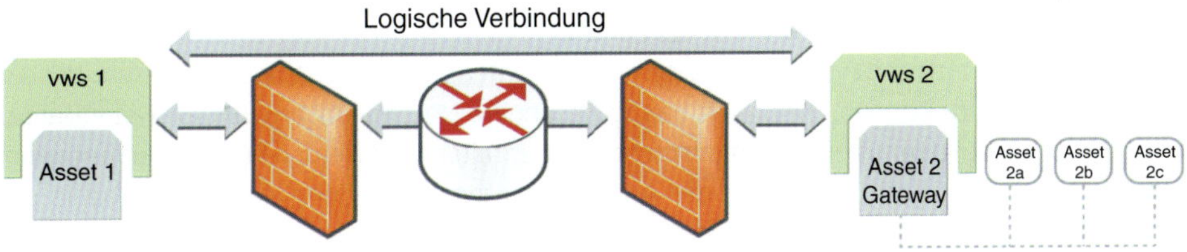

Bild D.2.7 *Anbindung weiterer Komponenten über Industrie-4.0-Gateways* [6]

Ein weiterer Fall: Es gibt Komponenten, die zu wenig Rechenleistung und Speicher haben, um selbst aufwendig zu kommunizieren. Speziell im lokalen Umfeld kann es hier sinnvoll sein, andere Protokolle zu nutzen. Dabei muss berücksichtigt werden, dass diese Komponenten in den Netzwerken vor einem entsprechenden Industrie-4.0-Gateway selbst keine oder nur eingeschränkte Eigenschaften einer eigenständigen Industrie-4.0-Komponente aufweisen.

Publish-Subscribe-Modell
Um Informationen an mehrere Partner zu verteilen, bieten sich Publish-Subscriber-Modelle an. Die Empfänger (*Subscriber*) melden sich beim Sender (*Publisher*) oder einem Verteildienst an, um am Informationsfluss teilzunehmen. Die Empfänger wählen die Nachrichtentypen aus, die sie empfangen möchten (Bild D.2.8). Durch die lose Kopplung zwischen Sender und Empfänger, bei dem es technisch keine Rolle spielt, wie viele Empfänger sich anmelden, lässt sich die Informationsverteilung gut skalieren. Entsprechende Modelle verwenden häufig Datentelegramme ohne Quittung (UDP) und sind daher entweder so gestaltet, dass verlorene Telegramme toleriert werden – wie bei Audio- oder Video-Anwendungen – oder dass sie eine sehr zuverlässige Netzwerk-Infrastruktur voraussetzen, wie sie in der Automatisierung häufig durch hohe Bandbreitenreserven geschaffen wird. Ergänzend gibt es einen sicheren Modus, in dem der Empfänger alle bisher nicht abgeholten Telegramme konsistent empfangen kann. Diese Kommunikationsmethode ist allerdings zeitaufwendiger und wird üblicherweise in echtzeitunkritischen Anwendungen genutzt, in denen allein die Datenkonsistenz von Bedeutung ist (Business-Prozesse, Verträge, Produktionsaufträge, Alarmmeldungen).

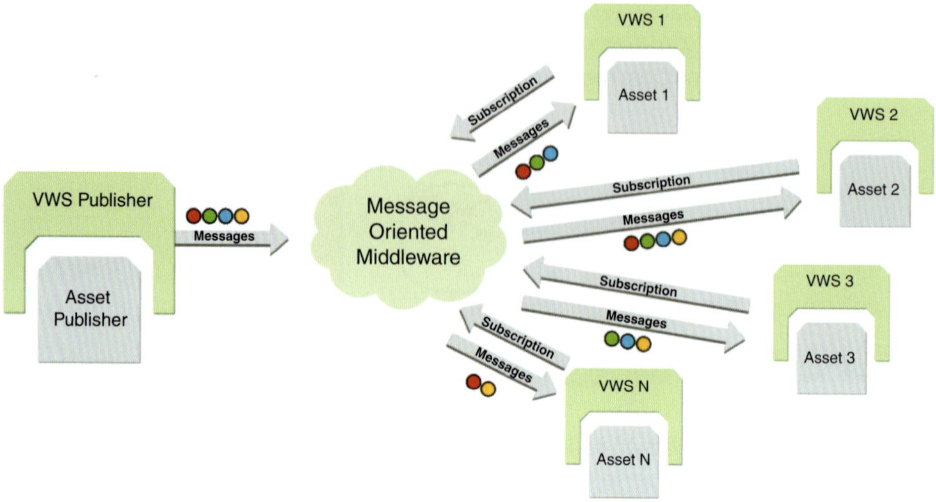

Bild D.2.8 *Publish-Subscribe-Modell* [6]

Kommunikation mit dem Netzwerk als Partner

Zeitkritische Automatisierungsanwendungen, die zum Beispiel synchron laufen müssen, um zusammenarbeiten zu können, verlangen häufig besondere Netzwerkeigenschaften wie etwa Latenz (Verzögerung) oder Jitter (deterministisches Zeitverhalten). Sie werden heute im Engineering, also in der Planung und Umsetzung der Automatisierungsanwendung, festgelegt und in alle Komponenten einschließlich der betroffenen Netzwerkkomponenten eingestellt.

Da Industrie-4.0-Konzepte hochflexibel sind, müssen Industrie-4.0-Komponenten die besonderen Eigenschaften beim Netzwerk anfordern können. Daher ist es sinnvoll, dass die Netzwerk-Infrastruktur eine eigene Industrie-4.0-konforme Schnittstelle in Form einer Verwaltungsschale bereitstellt (Bild D.2.9) [16].

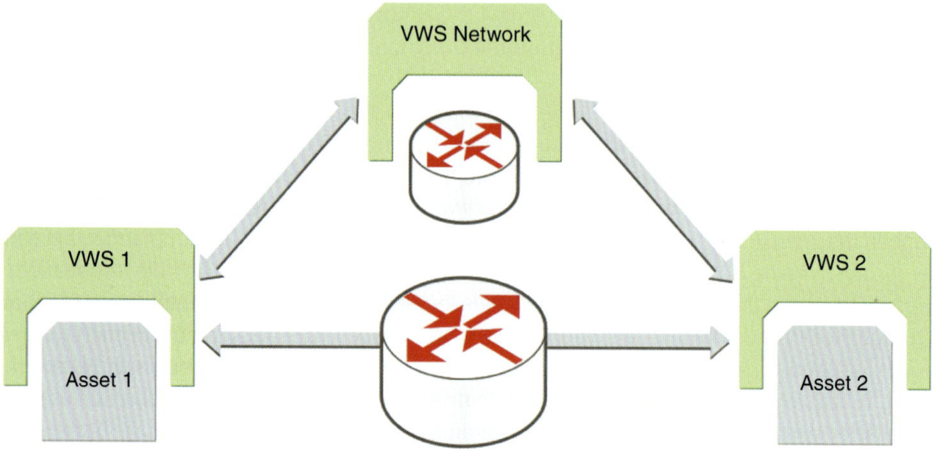

Bild D.2.9 *Industrie-4.0-Komponenten kommunizieren mit dem Netzwerk über erforderliche Eigenschaften* [6]

So kann die Infrastruktur vollständig in die Industrie-4.0-Welt integriert werden. Je nach Anwendungsfall können auch einzelne Netzwerkelemente, etwa Router oder Switches, durch eigene Verwaltungsschalen repräsentiert sein. Beispiele hierfür sind im Bereich von ***T**ime **S**ensitive **N**etwork* (TSN), ***S**oftware **D**efined **N**etworks* (SDN) oder ***N**etwork **F**unction **V**irtualization* (NFV) zu finden.

In Kürze

Die Industrie 4.0 ist geprägt durch die vertrauensvolle Zusammenarbeit mit vielen Partnern. Diese müssen sich dabei in zunehmendem Maße auf die Korrektheit, Vollständigkeit und Unverfälschtheit ihrer Daten, Systeme und Prozesse verlassen können. Insgesamt wird es für alle Beteiligten in einem Industrie-4.0-System entscheidend sein, die Integrität mit ihrer Dynamik (Technik- und Risikoentwicklung) entlang des gesamten Lebenszyklus von Produkten und Anwendungen über verschiedene Rollen hinweg beherrschen zu können.

In Zeiten von zunehmender Maschine-zu-Maschine-Kommunikation rückt aber auch mehr denn je der Mensch in den Mittelpunkt. Damit Industrie 4.0 gelingt und ihr Potenzial für den deutschen Mittelstand gehoben werden kann, ist es heute notwendig, das eigene Unternehmen auf einen Stand zu bringen, von dem aus die zukünftigen Sicherheitsanforderungen erfüllt werden können [17]. Die Qualifikation der Beschäftigten entwickelt sich dabei zum bestimmenden kritischen Pfad. Der Qualifizierungsbedarf erstreckt sich über alle Hierarchiestufen von der Leitungsebene bis hin zur Werkbank.

D.3 Wirksamer Schutz von Smart Devices mit Künstlicher Intelligenz (KI)

D.3.1 Einleitung

Im Zuge der Digitalisierung der Industrie, wie sie «Industrie 4.0» mit sich bringt, werden immer größer werdende Funktionalitäten der als «Smart Devices» bezeichneten elektronischen Geräte mit in Konzepte einbezogen [1]. Man verspricht sich dadurch ein enormes Optimierungspotenzial, sind doch solche Geräte in der Lage, eine Vielzahl von Aufgaben zu übernehmen: vom Ermitteln einfacher Sensorwerte bis hin zur Steuerung von produktiven Abläufen. Insbesondere die Möglichkeiten der Kommunikation untereinander oder mit der Außenwelt in einer hohen Geschwindigkeit erlauben neue Ansätze und versprechen eine hohe Effizienz der Prozesssteuerung und somit eine Senkung der Produktionskosten.

Es mag das einfache Auslesen von Daten aus Steuerungs- bzw. Kontrollsystemen auf den ersten Blick noch kein allzu großes Risiko darstellen. Sobald Smart Devices in der Lage sind, Aktionen durchzuführen und damit Produktionsprozesse zu beeinflussen, muss auch unweigerlich über die damit verbundenen Risiken nachgedacht werden. Wenn letztendlich dann sogar eine Gefahr für Leib und Leben besteht, wird der hohe Schutzbedarf an dieser Stelle offensichtlich.

Je größer der Einfluss solcher Geräte auf den Prozess ist, je mehr Daten und Informationen diese verarbeiten und je vielfältiger die technischen Möglichkeiten sind, desto attraktiver werden diese Geräte für potenzielle Angreifer. Generell sind aber jegliche digitale Systeme im industriellen Einsatz zum Steuern von Prozessen und zur Speicherung von Daten (SCADA-Systeme) für Angreifer interessant und die höhere Vernetzung der verschiedensten Komponenten untereinander bietet eine viel größere Angriffsfläche als noch vor einigen Jahren [2].

D.3.2 Verbesserung der Cyberabwehr durch Künstliche Intelligenz

Security-Lösungen, erweitert mit **K**ünstlicher **I**ntelligenz (KI), werden zukünftig die Erkennung von Angriffen effizienter und schneller machen, um somit die notwendigen Abwehrmaßnahmen zeitnah einzuleiten. Eine gute Übersicht und Marktbefragungen zum Thema, ergänzt durch Beispiele und Literaturverweise, gibt Oliver Schonschek in seinem Beitrag «Bessere und schnellere Cyber-Abwehr durch KI» [3].

D.3.3 Künstliche Intelligenz zum Schutz von Smart Devices

In den vorangegangenen Kapiteln dieses Buches wurde bereits beschrieben, die Herausforderungen durch Heterogenität und Komplexität darzustellen und Ansätze aufzuzeigen, wie man der Bedrohung einer Manipulation entgegenwirken kann. Will man nun unter diesen Rahmenbedingungen Schutzmechanismen einrichten, die immer noch mit mehr oder weniger starren Regelwerken arbeiten, so ist dieser Ansatz nicht nur mit sehr viel persönlichem und zeitlichem Aufwand verbunden. Er dürfte auch in kürzester Zeit aufgrund der mangelnden Flexibilität seine Wirkung verlieren, da es praktisch kaum möglich sein dürfte, die notwendigen Anpassungen an die Technik, die Umgebung, neue Bedrohungen usw. so schnell durchzuführen.

D.3.3.1 Künstliche Intelligenz (KI)

Nicht nur gemessen an der Anzahl der Google-Suchanfragen zu *Artificial **I**ntelligence* (AI) oder dem deutschen Begriff Künstliche Intelligenz (KI), die sich in den letzten drei Jahren mehr als verdreifacht haben, wird der derzeitige Stellenwert deutlich zunehmen. Mit ihrer Hilfe könnte die Erkennungsrate von Angriffen auf Smart Devices in einem industriellen Netzwerk verbunden mit dem Internet deutlich erhöht werden. Es ist aber ebenfalls anzunehmen, dass Cyberkriminelle auch entsprechend mit Künstlicher Intelligenz aufrüsten werden. So ist zu erwarten, dass Methoden der KI vermehrt auf Seiten der Angreifer eingesetzt werden.

Bevor auf die Frage eingegangen wird, welchen Zusammenhang die Künstliche Intelligenz für die Cybersicherheit spielen wird und wie Cybersicherheitssysteme mit Künstlicher Intelligenz in Zukunft helfen, deutlich besser die intelligenten Hacker und deren Angriffe zu entdecken, soll zuerst eine Übersicht der Begrifflichkeiten erfolgen. Trotz dieser Vielzahl von beschriebenen Ansätzen und Lösungen lässt sich jedoch ein zentraler Aspekt identifizieren, den alle als KI bezeichnete Systeme aufweisen: Es ist der Ansatz, ein System zu entwickeln, das die menschliche Intelligenz nachahmt und eigenständig komplexe Probleme bearbeiten kann. Die wichtigsten Bausteine der KI sind in Bild D.3.1 dargestellt.

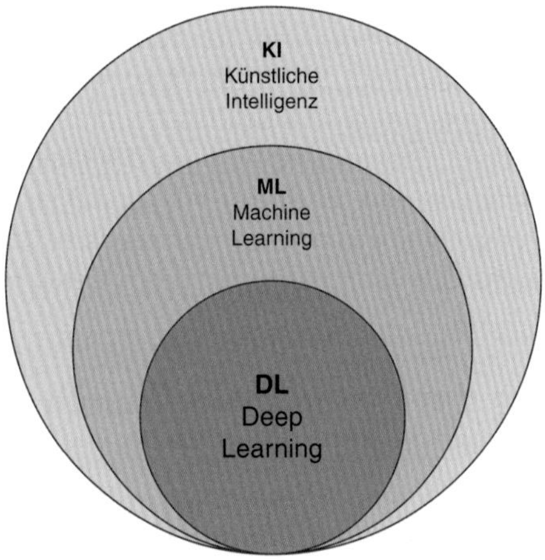

Bild D.3.1 *Bausteine der Künstlichen Intelligenz* (KI)

Künstliche Intelligenz (KI) löst eine Aufgabe, die in der Regel menschliche Intelligenz erfordert. Dieses geschieht durch Logik, regelbasierte Methoden und Entscheidungsbäume. ***M**achine **L**earning* (ML) ist eine spezifische KI-Aufgabe, die mit statistischen Methoden durch das Lernen von Daten verwendet wird, um Aufgaben durch Erfahrung besser lösen zu können. ***D**eep **L**earning* (DL) löst ein ML-Problem mit mehrschichtigen neuronalen Netzen, wobei seine Algorithmen der Software ermöglichen, selbst Aufgaben zu trainieren.

KI ist zu einem Thema geworden, das viele Interessierte und Anwender ähnlich wie Digitalisierung nicht vollständig greifen und einschätzen können. Doch KI ist kein Allheilmittel, es kann das Erkennen und Bekämpfen von Angriffen auf Systeme mit Smart Devices voraussichtlich nur ergänzen. Jedoch ist der Einsatz von KI in der Cybersicherheit schon etwas, das erhebliche Veränderungen innerhalb kürzester Zeit mit sich bringen kann.

D.3.3.2 Machine Learning (ML)

Sieht man sich die Top-Technologie-Themen der großen globalen Unternehmen aus allen Bereichen an, so steht auch hier das Thema Machine Learning (ML) immer ganz oder zumindest sehr weit oben auf der Agenda. Google, Microsoft, IBM, Amazon und viele mehr investieren dazu Milliarden in die Entwicklung und Forschung. Doch was steckt eigentlich hinter dem Begriff «Machine Learning» und wozu dient diese Technologie?

Mit Hilfe von Machine Learning ist es möglich, vorhandene Komplexität auf ein praktikables Maß zu reduzieren und wesentliche Informationen und Zusammenhänge aus einer großen Menge an Daten zu extrahieren. Bei ML wird versucht, aus bereits vorhandenem Wissen (Erfahrung) neues Wissen zu generieren [9]. Dazu werden mit Hilfe von Algorithmen bestehende Daten auf Gesetzmäßigkeiten und Zusammenhänge hin untersucht und künstliche Systeme (oft neuronale Netze) so trainiert, dass diese danach in der Lage sind, auch in neuen und noch unbekannten Daten diese Gesetzmäßigkeiten zu erkennen.

Für ein besseres Verständnis kann eine Unterscheidung in die folgenden beiden Ansätze hilfreich sein: die Klassifizierung und die Clusterbildung.

D.3.3.2.1 Klassifizierung und Supervised Learning

Mit Hilfe der Klassifizierung lassen sich einzelne Datensätze bestimmten Klassen zuordnen, die zuvor bereits definiert bzw. bekannt sind. Folgende Beispiele sollen das verdeutlichen.

Nehmen wir einmal an, wir sammeln über einen mehrmonatigen Zeitraum alle Sensordaten einer Produktionsmaschine. Gleichzeitig halten wir genau alle Zeitpunkte fest, zu denen die Maschine aufgrund eines mechanischen Defekts gestoppt werden musste. Für eine Vereinfachung reicht es aus, pro Minute genau einen Datensatz zu haben. Mit diesen Daten können wir nun rückwirkend feststellen, bei welchen dieser Minutendatensätze die Maschine fehlerfrei gelaufen ist und bei welchen sie gestoppt wurde. Somit haben wir eine binäre Klassifizierung in «In Betrieb» (0) und «Gestoppt» (1). Bei ML wird nun ein mathematisches Modell (neuronales Netz) so trainiert, dass es diese Kategorisierung mit einer bestimmten Wahrscheinlichkeit für neue, zukünftige Minutendatensätze durchführen kann. Dieses Training verwendet einen Teil gesammelter Daten und Ergebnisse und wird so lange durchlaufen, bis es angewendet auf die restlichen Daten mit ausreichend hoher Sicherheit zum korrekten überprüfbaren Ergebnis führt. Diese Art von Training wird überwachtes Lernen (engl.: *supervised learning*) genannt. Es kommt häufig bei der Klassifizierung zum Einsatz.

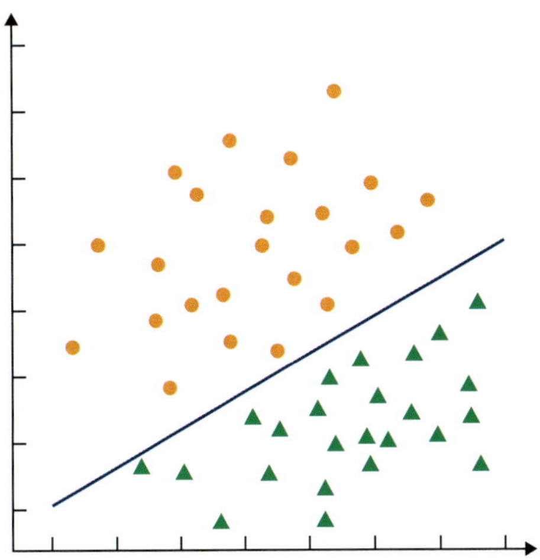

Bild D.3.2 *Lineare Klassifizierung von Ergebnissen*

Bild D.3.2 zeigt eine Klassifizierung mit Hilfe der sogenannten linearen Regression; dort werden die Ergebnisse genau zwei Klassen linear zugeordnet. Diese Klassifizierung kann auch mehrdimensional sein, zum Beispiel bei der Einordnung von Bildern, die verschiedene Früchte (oder Tiere, Gesichter usw.) zeigen. ML kann nun diese Bilder analysieren und bestimmen, ob es sich um eine Erdbeere, Kirsche, Traube oder einen Apfel handelt.

D.3.3.2.2 Clustering und Non-supervised Learning

Eine andere Form des Trainings ist das nicht-überwachte Lernen (engl.: *non-supervised learning*). Hierbei wird versucht, aus den vorhandenen Daten bisher nicht sichtbare Zusammenhänge zu ermitteln. Erinnern wir uns noch einmal an das Beispiel mit den Maschinendaten zuvor. Zwar ist es schön, dass minutengenau bestimmt werden kann, ob die Maschine nun gleich ausfällt oder nicht. Viel besser wäre es aber, im Vorfeld bereits zu erkennen, ob eine Maschine demnächst ausfallen wird und mit welcher Wahrscheinlichkeit dieses Ereignis eintreffen könnte.

Genau dies soll mit diesem Ansatz des nicht-überwachten Lernens erreicht werden, indem ML die vorhandenen Daten zu sogenannten Clustern zusammenführt.

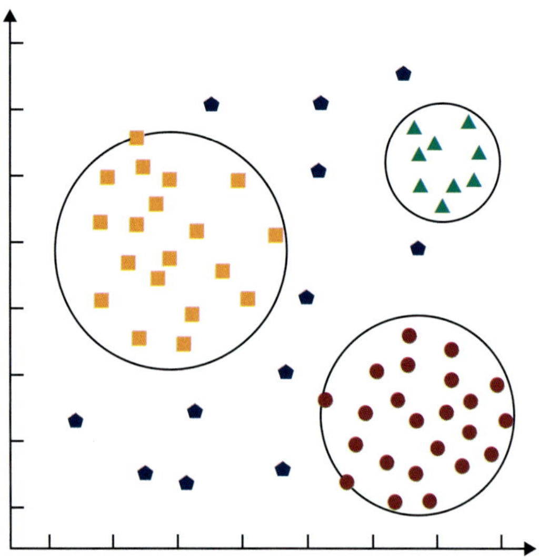

Bild D.3.3 *Clustering*

So könnten alle Minutenwerte mit völlig normalen Sensorwerten zu einem Cluster, solche mit leicht abweichenden zu einem zweiten und mit stark abweichenden Werten zu einem dritten Cluster zugeordnet werden. Bild D.3.3 zeigt grafisch eine derartige Clusterbildung. Beobachtet man nun, dass die Maschine immer zu einem Ausfall neigt, wenn die Werte aus dem zweiten in den Bereich des dritten Clusters kommen, so hat man ein Modell für die Vorhersage ermittelt, ohne bereits im Vorfeld eine Klassifizierung vorgenommen zu haben. Das gleiche Model kann nun auch dafür verwendet werden, um generell Abweichungen zu erkennen, die in keine der vorhandenen Cluster passen (sogenannte Anomalien). Diese wiederum können auch als Hinweis für eine Unregelmäßigkeit gedeutet werden und ein Wartungsintervall für eine Maschine auslösen, bevor es zu einem größeren Problem kommt (engl.: *predictive maintenance*).

D.3.3.3 Deep Learning (DL)

Der Begriff Deep Learning (DL) erfährt immer weitere Verbreitung. Der Grundbaustein einer Deep-Learning-Lösung ist das von Frank Rosenblatt vorgestellte Perzeptron, ein vereinfachtes künstliches neuronales Netz [10]. Dieses ist eine Konstruktion von mehreren künstlichen Neuronen, die mit gewichteten Verknüpfungen und einem gegebenen Schwellwert miteinander gekoppelt sind. Der Grundbaustein des Perzeptrons ist relativ leicht erweiterbar, indem man mehrere Schichten einzelner Perzeptronen mittels einer nichtlinearen Aktivierungsfunktion koppelt. Bild D.3.4 beschreibt exemplarisch ein einfaches zweilagiges Feed-forward-Perzeptron mit fünf Input-Neuronen (blau gekennzeichnet), drei Hidden-Neuronen (rot gekennzeichnet) und einem Output-Neuron (gelb gekennzeichnet) sowie zwei Bias-Neuronen (grün gekennzeichnet).

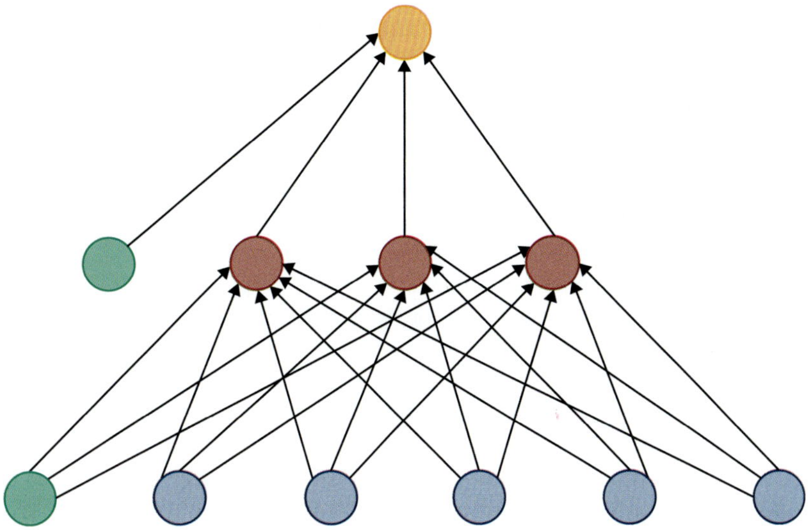

Bild D.3.4 *Beispiel eines einfachen Perzeptrons*

Oft bezeichnet Deep Learning eine Verkettung verschiedenster Lösungsansätze von Clustering und Klassifizierung und wird auch bei Bilderkennung eingesetzt, wo zunächst geometrische Strukturen und farblich zusammenhängende Objekte analysiert und extrahiert werden (*Clustering*) und anschließend diese abstrakteren Objekte mit Hilfe einer Klassifizierung die eigentliche Erkennung durchführen [11].

Diese Lösungsansätze und Werkzeuge dienen dem überwachten oder unüberwachten Lernen und komplexeren Berechnungen von insbesondere sehr großen Datensätzen. Diese können den geschichteten Aufbau hierarchischer Features automatisch sehr gut abbilden, weshalb ihre Hauptanwendung derzeit in der Bildverarbeitung liegt. Trotz wachsender Bedeutung des Deep Learnings löst dieser Ansatz jedoch nicht pauschal jedes ungelöste oder nur unzureichend gelöste Problem des Machine Learnings.

D.3.3.4 Ersatz regelbasierter Schutzsysteme durch ML-Modelle

In vielen Bereichen werden heute Lösungen eingesetzt, die aufgrund von vordefinierten Regeln gewünschte Sicherheitsmaßnahmen durchsetzen. Dazu gehören z.B. Firewalls, Schnittstellenkontrolle, Router-Konfigurationen o.Ä. Auch Antivirus-Lösungen basieren immer noch auf Regelwerken aus verschiedensten Regeln zur Erkennung von Schadsoftware, wenngleich hierbei schon seit geraumer Zeit versucht wird, diese Regeln so flexibel zu gestalten, dass eine hohe Anzahl an wahrscheinlichen Bedrohungen oder Permutationen ein und derselben Malware erkannt werden kann.

Solche Systeme haben jedoch nicht nur gravierende Nachteile hinsichtlich der Flexibilität und Anpassbarkeit, sondern sind bei zunehmender Komplexität der zu schützenden Umgebung schlichtweg nicht mehr administrierbar. Als Beispiel kann hier die Applikationskontrolle genannt werden, die in Microsoft Windows 7 vorhanden ist. Sie wäre in der Lage, die Ausführung von Programmen auf einem Rechner gezielt zu erlauben oder zu verbieten. Allerdings ist die Konfiguration von hunderten Regeln viel zu aufwendig und insbesondere für Systemumgebungen mit stark voneinander abweichenden Rechnersystemen – wie man es häufig auch in Produktionsumgebungen findet – schlicht nicht praktikabel.

Außerdem ist für die Erstellung und die Pflege der Regeln zum Teil ein technisches Wissen über die vorhandene Systemumgebung notwendig, das nicht nur mit viel Aufwand aufgebaut, sondern auch laufend auf den neuesten Stand gebracht werden müsste. Spätestens dabei wird die Grenze des noch Machbaren bei den meisten betroffenen Personen erreicht.

ML kann unter richtigen Voraussetzungen nicht nur ein komplexes Regelwerk aus einer Vielzahl von Regeln ersetzen, es ist sogar in der Lage, ähnliche Eingangsparameter bei Erweiterungen richtig zu interpretieren und anschließend die gewünschten Aktionen auszuführen. Damit ist ein solches Modell wesentlich flexibler und universeller einsetzbar.

Ein weiterer zu betrachtender Aspekt ist das zum Schutz einer Umgebung notwendige Wissen – sowohl über die Architektur des Systems an sich als auch über technische Angriffsmöglichkeiten und Schwachstellen. Nicht mehr die einzelne Person oder ein Personenkreis besitzt das gesamte Wissen zur Entscheidungsfindung, sondern das trainierte ML-Modell hat gelernt, Eingabewerte so zu verarbeiten und vorhandenes Wissen aus bestehenden Informationen so zu nutzen, um mit sehr hoher Wahrscheinlichkeit die richtigen Ausgabewerte für eine entsprechende Entscheidung oder Aktion zu berechnen.

Verwenden wir nun wieder das Beispiel einer Applikationskontrolle. Man könnte ein ML-Modell entwickeln und mit einer geeigneten Menge an Daten von in einem Unternehmen eingesetzten Anwendungen trainieren (indem man zum Beispiel einen anfänglichen Scan der Rechner durchführt und über einen Zeitraum hinweg die Verwendung protokolliert). Anhand verschiedenster Kriterien, wie zum Beispiel der Größe, verwendete Code-Zertifikate, enthaltene Funktionsroutinen, Aufruf weiterer Programmkomponenten usw. würde eine Kategorisierung und vielleicht sogar eine Klassifizierung möglich sein, um gewünschte Software von Malware oder anderen nicht erlaubten Applikationen zu unterscheiden.

Ein solches System wäre dann auch in der Lage, ohne Benutzerinteraktion eine zusätzliche Installation als Update eines bereits vorhandenen Programms zu erkennen und als vertrauenswürdig einzustufen. Die administrativen Tätigkeiten würden sich bei einer derartigen Lösung darauf beschränken, am Anfang die Daten zu ermitteln, danach das Modell zu trainieren und nur noch dann bei Entscheidungen einzugreifen, in denen das Modell eine eindeutige Einordnung nicht vornehmen kann.

D.3.3.5 Erkennen von Anomalien

Ein ganz anderes Szenario, in dem ML immer öfter zum Einsatz kommt, ist die Erkennung von Anomalien. Dabei wird versucht, aus dem normalen System- bzw. Anwenderverhalten diejenigen Aktivitäten herauszufiltern, die eine Bedrohung der Umgebung darstellen und möglicherweise die Folge eines Angriffs auf die Unternehmensdaten sind.

Das Thema «Predictive Maintenance» erlebt heutzutage einen enormen Aufschwung und auch dort kommt ML in seinen verschiedenen Formen zum Einsatz. Dabei dient die Künstliche Intelligenz dazu, mit Hilfe vorher gespeicherten Daten und aktuellen Messwerten eine Wartung so zu planen bzw. vorherzusagen, dass die Wartungsintervalle einerseits kostenoptimiert und andererseits aber auch rechtzeitig, d.h. bevor eine Maschine wirklich ausfällt, durchgeführt werden.

Bei solchen Szenarien kommen zum einen Clustering-Algorithmen zum Einsatz, um Abweichungen von einer zuvor trainierten Norm zu erkennen. Zum anderen wird mit Hilfe von Kategorisierung und Entscheidungsbäumen anschließend eine Bewertung der erkannten Anomalie durchgeführt.

Betrachten wir nun wieder die IT-Sicherheit, so sind die gleichen Ansätze wie schon bei der Vorhersage von Wartungsintervallen relevant. Mit Hilfe von ML wird das bisherige Benutzerverhalten oder werden bekannte Datenströmen bzw. -muster mit aktuellen Informationen verglichen, um mögliche Bedrohungen oder Manipulationsversuche zu erkennen. In diesem Zusammenhang werden auch immer häufiger die englischen Ausdrücke *behavior driven security* oder *people centric security* genannt, sobald das Verhalten von Benutzern im Mittelpunkt der Analyse steht.

Dabei sind aber ziemlich schnell auch rechtliche Aspekte zu berücksichtigen, die im folgenden Abschnitt näher betrachtet werden.

D.3.3.6 Berücksichtigung der gesetzlichen Anforderungen zum Datenschutz beim Einsatz von ML

Um mit Hilfe von künstlichen Algorithmen korrekte und nützliche Informationen ermitteln zu können, ist die Qualität der dafür zugrundeliegenden Daten von entscheidender Bedeutung. Je mehr Daten daher als Input für die maschinelle Verarbeitung zur Verfügung stehen, desto größer sind die Möglichkeiten, aus diesen Daten neue und sicherheitsrelevante Informationen und Zusammenhänge zu extrahieren und mit Hilfe von ML zu verarbeiten. Aus diesem Grund ist man in der Regel bemüht, möglichst umfangreiche und validierte Daten zu bekommen.

Um bei einem Sicherheitsvorfall die richtigen Maßnahmen an der richtigen Stelle zu treffen oder im Nachhinein eine vollständige Analyse des Vorfalls durchführen zu können, werden in der Regel durch die vorhandenen technischen Systeme auch solche Daten eingesammelt, die im Sinne der europäischen Datenschutzgrundverordnung (EU-DSGVO) als personenbezogene Daten einzuordnen sind [12]. Dazu gehören nach aktueller Rechtsprechung des BGH [13] nicht nur Benutzernamen oder E-Mail-Adressen, sondern auch technische Daten wie die IP-Adresse (siehe auch DSGVO Art. 4 §1).

Werden nun vor der Verarbeitung die Daten gemäß DSGVO Art. 4 §5 «pseudonymisiert» bzw. sogar anonymisiert, müssen die in diesem Abschnitt angesprochenen Richtlinien nicht mehr oder nicht in der gleichen Form berücksichtigt werden, da der Personenbezug nicht mehr hergestellt werden kann. Es ist ratsam, diesen Schritt bei der Vorbereitung der Daten für ML durchzuführen.

D.3.3.6.1 Einwilligung der betroffenen Person

Ansonsten kann die Verarbeitung eigentlich nur mit ausdrücklicher Einwilligung der betroffenen Person erfolgen (DSGVO Art. 6 § 1), da in den überwiegenden Fällen die weiteren in DSGVO Art. 6 genannten Bedingungen für eine rechtmäßige Vereinbarung nicht gegeben sein dürften.

Im produktiven Umfeld muss eine entsprechende Einwilligung zusammen mit der Einwilligung zur Verarbeitung von eigenen personenbezogenen Daten im Unternehmen im Kontext der Anstellung eingeholt werden. Entsprechendes gilt natürlich auch, wenn personenbezogene Daten von externen Dienstleistern oder Auftraggebern verarbeitet werden würden.

D.3.3.6.2 Zweckbindung

Eine weitere Schwierigkeit dürfte die Zweckbindung der Datenverarbeitung darstellen, die in DSGVO Art. 5 § 1b festgelegt ist. Diese Zweckbindung dürfte in der Praxis so weitreichend formuliert werden müssen, damit auch im Sinne der Rechtsnorm ein Einsatz von ML zum Gewinnen neuer Informationen und Zusammenhänge immer noch sinnvoll möglich ist – auch wenn zum Zeitpunkt der Datenerhebung vielleicht noch gar nicht im Detail dokumentiert werden konnte, welche Zusammenhänge und Ergebnisse das sein würden.

Hier besteht sicherlich noch ein gewisses Maß an Unsicherheit, da die Verordnung erst seit Kurzem in Kraft getreten ist und eine vergleichende Rechtsprechung noch fehlt. Man dürfte jedoch gut beraten sein, auch die Regelungen in DSGVO Art. 6 §4 im Auge zu behalten, die ein Verantwortlicher zu berücksichtigen hat, wenn der ursprüngliche Zweck sich verändert hat bzw. haben könnte.

D.3.3.6.3 Automatisierte Entscheidung

DGSVO Art. 22 enthält Regelungen zu automatisierten Entscheidungen im Einzelfall. Sehr wahrscheinlich ist eine Berechnung mittels ML und einer großen Datenmenge keine einzelne Entscheidung, jedoch könnte die Auswertung einer einzelnen Aktivität auf Basis zuvor antrainierter Entscheidungsmodelle durchaus als solche gesehen werden. Um sicher zu gehen, sollte auch für diesen Fall die ausdrückliche Einwilligung der betroffenen Person eingeholt werden (siehe auch DSGVO Art. 22 § 2c).

D.3.3.6.4 Verarbeitung von Daten in einem anderen Land

Bei der Verwendung von Machine Learning sind neben ausreichenden und qualifizierten Daten auch Ressourcen für die zeitnahe Berechnung sowie Wissen und Strukturen für das Trainieren der künstlichen Modelle notwendig. Beides dürfte in vielen Unternehmen bisher noch nicht vorhanden sein. Aus diesem Grund gibt es immer mehr Anbieter, die unterschiedlichste, bereits trainierte Modelle oder sogar ganze APIs zur Verfügung stellen, die nur noch mit wenigen Zeilen Code in eigene Applikationen eingebunden werden müssen.

Microsoft stellt mit seinen Cognitive Services [14] ebenso komplette Frameworks zur Verfügung wie Googles Cloud Machine Learning [15] oder Amazon Web Services Machine Learning [16]. Hier werden zum Teil schon komplett fertig trainierte Modelle für gezielte Anwendungsbereiche (zum Beispiel für Bilder- und Spracherkennung oder für das Sprachverständnis) angeboten, die Anwendung ist sogar für Nicht-Experten leicht und verständlich.

All diese Lösungen erfordern jedoch eine ständige Internetverbindung und die Übertragung von Daten zum jeweiligen Dienstleister, nicht immer erfolgt dabei die Verarbeitung der Daten in Deutschland bzw. der Europäischen Union – ein Aspekt, der aus datenschutzrechtlichen Gründen für viele Anwender nicht nur abschreckend, sondern auch nicht praktikabel ist. Es fehlt leider immer noch die Transparenz, was genau mit den übertragenen Informationen passiert, und es fehlen globale Regelungen für den Umgang mit den gewonnenen Informationen, die auch wirklich überprüft werden können. Auch wenn in der neuen DSGVO das Thema «Auftragsdatenverarbeitung» im Detail geregelt ist: Ob im industriellen Umfeld das notwendige Vertrauen in eine sichere Datenverarbeitung vorhanden sein wird, bleibt weiterhin fraglich.

D.3.3.6.5 Weitere rechtliche Aspekte

Die neue EU-DSGVO enthält noch eine Vielzahl weiterer Bestimmungen, die sicherlich auch im Bereich ML zu beachten sind, sobald nicht nur anonymisierte Daten für die Berechnung verwendet werden. Die bisher genannten Paragrafen sollten aber auf jeden Fall berücksichtigt werden, wenn man über die Möglichkeiten von ML und deren Einsatz nachdenkt.

Darüber hinaus gibt es auch noch betriebliche Mitbestimmungsregelungen, und Personal- oder Betriebsrat sollten und müssen mit einbezogen werden, wenn es um die Auswertung von verhaltens- und benutzerbezogenen Daten zur Anomalie-Erkennung geht.

D.3.4 Schlussfolgerungen und Ausblick

Im Zuge der Digitalisierung von Produktionsprozessen werden mobile Geräte oder Smart Devices eine zunehmend wichtige und tragende Rolle spielen. Neben den vielfältigen Möglichkeiten, die sich dadurch ergeben, müssen Verantwortliche aber auch die Bedrohungen und Risiken für deren Einsatz erkennen, verstehen und neu bewerten. Besonders die industriellen Steuerungssysteme und die mit ihnen vernetzten Komponenten können durch Angreifer bzw. Personen bewusst oder unbewusst manipuliert werden. Dadurch können immense materielle, aber auch gesundheitliche Schäden entstehen.

D.3.4.1 Wo gibt es heute schon effektive Lösungen?

Auch für den industriellen Fertigungsbereich ist ein umfassendes IT-Sicherheits- und Notfallkonzept inzwischen unerlässlich. Trotz der steigenden Komplexität und Vernetzung der Systeme gibt es bereits bewährte Schutzmaßnahmen, die jedoch in ihrer Summe und nicht einzeln für ein entsprechend hohes Schutzniveau sorgen können. Dieser Mix aus Maßnahmen sollte neben Mechanismen zu Abschottung und Berechtigungskonzepten auch Sicherheitskomponenten wie eine Schnittstellen- und Applikationskontrolle und eine kontinuierliche Schulung des IT-Sicherheitsbewusstseins enthalten.

Da im Produktionsbereich allerdings besondere Herausforderungen und Rahmenbedingungen gelten, ist die Wirksamkeit der vorgestellten Maßnahmen auch davon abhängig, wie praktikabel sich diese im industriellen Umfeld umsetzen lassen. Neue Ansätze und Technologien wie der Einsatz von Künstlicher Intelligenz bzw. Machine Learning können helfen, die Komplexität auf ein praktikables Maß zu reduzieren, und tragen somit zur Verbesserung der Wirksamkeit bei.

D.3.4.2 Was ist Stand heute noch nicht vollständig gelöst?

Zum jetzigen Zeitpunkt existiert leider noch keine ausreichende Standardisierung im Bereich der Smart Devices. Das betrifft insbesondere die IT-Sicherheit, die durch die Vielfalt und Komplexität einer ganzen Reihe von unterschiedlichen Bedrohungen ausgesetzt ist.

Eine Beseitigung von Schwachstellen durch ein ausgereiftes Patch Management bei Smart Devices ist, wenn überhaupt, nur mit hohem Aufwand sowie einem derartigen zeitlichen Abstand möglich, bei dem die Wirksamkeit von Schutzmaßnahmen möglicherweise nicht im gewünschten Umfang gegeben sein dürfte.

Je weiter sich der Einsatz von Machine Learning in den unterschiedlichsten Bereichen durchsetzen wird, desto wichtiger dürfte die Frage werden: Wer schützt denn eigentlich die KI selbst?

Schon heute gibt es erste Ansätze, wie durch gezielte Manipulation von Ausgangsdaten ein Machine-Learning-Algorithmus getäuscht bzw. in die Irre geführt werden könnte.

D.3.4.3 Wie könnte die zukünftige Entwicklung aussehen?

Künstliche Intelligenz und Machine Learning werden auch in der Produktion eine immer größere Rolle spielen, nicht nur beim Einsatz im Rahmen von Predictive Maintenance. Da gute Daten unerlässlich sind, wird die Überprüfung der Daten auf Inhalt, aber auch auf eine sichere Herkunft immer wichtiger (engl.: *data verification*). Moderne Verfahren wie zum Beispiel das Block Chaining, das man inzwischen aus dem Umfeld der Kryptowährungen her kennt, bieten hier vielversprechende Lösungsansätze.

Im Augenblick könnte der Eindruck entstehen, dass die Entwicklung und Umsetzung von Sicherheitskonzepten mit ausreichendem Schutzniveau hinter der Entwicklung von neuen, smarten Technologien herhinkt und dem jetzigen Tempo, mit denen Smart Devices im industriellen Umfeld Einzug halten, nicht Schritt halten kann. Dies dürfte sich erst dann wieder ändern, wenn IT-Sicherheit bereits beim Produktdesign ein zentraler und unerlässlicher Bestandteil ist und über Standards ein übergreifendes Sicherheitskonzept mit vertretbarem Personal- und Kostenaufwand auf praktikable Weise möglich wird.

D.4 Eine Analyse von Angriffen auf Smart Devices und der richtige Umgang mit Sicherheitslücken

D.4.1 Einleitung

Der sich ständig wandelnde und voranschreitende Fortschritt der Technik führt unter anderem zur Entwicklung neuer, häufig internetfähiger Geräte, die möglichst intelligent einen Nutzer in verschiedenen Aufgaben des Lebens unterstützen sollen – die sogenannten Smart Devices. Hersteller entsprechender Produkte versuchen, den wachsenden Bedürfnissen und Wünschen eines vereinfachten und komfortableren Lebens einer technikorientierten Gesellschaft nachzukommen. Als Beispiele sind Kühlschränke, die automatisch Lebensmittel nachbestellen könnten, oder Sprachassistenten, die per Sprachkommando Musik abspielen, online Käufe abwickeln oder das aktuelle Wetter nennen, schon zum Teil Realität. Aber auch Haussteuerungen, die der Außentemperatur entsprechend die Heizung anpassen oder je nach Tageszeit bzw. Sonneneinstrahlung Rollläden herunter- bzw. hochfahren, dürfen in der Kategorie der Smart Devices nicht fehlen.

Die folgenden Abschnitte werden mögliche Angriffe auf solche Geräte in praktischer Hinsicht analysieren und diskutieren. Ausgewählte Beispiele sollen veranschaulichen, an welchen Stellen bei Herstellern Implementierungsfehler bzw. Versäumnisse passieren, wie Angreifer diese ausnutzen können und welcher potenzielle Schaden denkbar wäre. Im Anschluss wird darauf eingegangen, wie sowohl Sicherheitsforscher, die Angriffsmöglichkeiten entdecken, als auch Hersteller mit entdeckten Sicherheitslücken umgehen sollten. Ziel dieses Artikels ist einen höheren Grad an IT-Sicherheit zu erreichen. Die daraus zu lernenden (Handlungs-) Regeln beschränken sich nicht nur auf Smart Devices, sondern können auch auf andere (IT-) Sicherheitsbereiche angewandt werden.

D.4.2 Praktische Angriffe auf Smart Devices an ausgewählten Beispielen

Fast jeden Tag werden Sicherheitslücken in Programmen und Softwarekomponenten entdeckt. Manche sind wenig schwerwiegend und nur mit viel Aufwand ausnutzbar, andere in weit verbreiteten, aus dem Internet erreichbaren Softwarepaketen, die vielen Administratoren schlaflose Nächte bereiten können [1]. Es gibt Mailinglisten [2; 3] und Konferenzen [4; 5], auf denen Sicherheitslücken veröffentlicht und mit der IT-Sicherheits-Community geteilt werden, damit die betroffenen Systeme aktualisiert und abgesichert werden können, aber dennoch können wir vermuten, dass viele Sicherheitslücken nicht veröffentlicht, sondern stattdessen für andere Zwecke verwendet werden – zum Beispiel von Geheimdiensten, um einen strategischen Vorteil zu erlangen [6]. Über Letztere lassen sich nur schwer Aussagen treffen, so dass wir auf veröffentlichte Sicherheitslücken zurückgreifen müssen. Haben Hersteller und Sicherheitsforscher erfolgreich zusammengearbeitet, so sind zum Zeitpunkt der Veröffentlichung die Sicherheitsprobleme behoben und ein Update steht den Kunden bereit oder wurde bereits automatisiert eingespielt, so dass keine Gefährdung der betroffenen Geräte mehr besteht. Auf diesen Aspekt der Sicherheitsforschung wird im zweiten Abschnitt genauer eingegangen. Vorerst wird der Fokus auf drei vom Autor gewählte Beispiele im Bereich der Smart Devices gelegt, denn eine Abhandlung des kontinuierlichen Stroms an Sicherheitslücken würde mehrere Bände füllen. Die ausgewählten Fälle umfassen smarte Türschlösser, die ohne Berührung des Angreifers aus einem Dutzend Meter

Entfernung geöffnet werden können, smarte Glühbirnen, die sich aus der Ferne schalten und sogar umprogrammieren lassen, bis hin zu Steuerungsoberflächen, die für intelligente Geräte genutzt werden und ungeschützt aus dem Internet bedient werden können. Damit wird nicht nur sichtbar, in welche Bereiche die vermeintlich intelligente Technik vordringt, sondern auch, welche realen Auswirkungen und Konsequenzen entstehen, wenn solche Probleme nicht entdeckt und behoben, sondern stattdessen von Kriminellen ausgenutzt werden würden. Die gezeigten Angriffe sind nicht nur theoretischer Natur, sondern konnten von den Entdeckern praktisch vorgeführt beziehungsweise ausgenutzt werden, um das Gerät zu ihren Gunsten zu manipulieren. Gleichzeitig können Sie als Leser sich in die Situation eines Sicherheitsforschers – eines «Hackers» – und der Gegenseite – eines Entwicklers – versetzen, um von beiden Perspektiven einen Einblick in die Implementierungsfehler und deren Auswirkungen zu erhalten. Sollten Sie bereits Hintergrundwissen aus dem IT-Sicherheits- bzw. Software-Entwicklungsumfeld besitzen, so wird Ihnen bereits bekannt sein, dass Angreifer häufig versuchen, Unachtsamkeiten, nicht durch Entwickler vorgesehene oder versteckte Eingabe- oder Nutzungsarten zu entdecken. Andernfalls sind Sie herzlichst eingeladen, die Funktionsweise eines Systems kritisch und neugierig zu hinterfragen. Bevor Sie in den folgenden Unterkapiteln den Abschnitt «Angriffe» lesen, überlegen Sie sich nach der Beschreibung der vorgesehenen «Funktionsweise», wie ein Angreifer vorgegangen sein könnte beziehungsweise in welcher Funktionalität sich ein ausnutzbarer Fehler eingeschlichen haben könnte.

D.4.2.1 Smarte Bluetooth(Tür-)-Schlösser

Schlösser, vor allem Türschlösser, dienen zumeist dazu, privates Eigentum, Wertgegenstände, Geheimnisse oder andere schützenswerte Objekte vor dem Zugriff oder Zugang Unbefugter zu bewahren. Schlösser haben sich im Laufe der Jahrhunderte in Form-, Art- und Sicherheitsaspekten weiterentwickelt. Heutzutage kann man hochmoderne Schlösser erwerben, die keinen physischen Schlüssel mehr benötigen, sondern stattdessen für sie ein digitaler Schlüssel (z.B. Passwort) eingesetzt werden kann [7]. Die Kunst des Schlossöffnens, ohne im Besitz eines passenden Schlüssels zu sein, wird als «Lockpicking» [8] bezeichnet. Diese dafür notwendigen Techniken, auf die unter anderem ein Schlüsseldienst zurückgreift, können mit etwas Fingerspitzengefühl, Geduld und günstig zu erwerbenden bzw. selbst herstellbaren Werkzeugen erlernt werden. Mit der Digitalisierung erweitert sich das bisher nur physisch durchgeführte Lockpicking um digitale Angriffswege. Auf der Konferenz «Defcon 24» [5] stellte der Sicherheitsforscher Anthony Rose in einem Vortrag [9; 10] vor, wie er mit Equipment für ungefähr 200 Dollar von 15 smarten Schlössern nahezu ein Dutzend aus bis zu 400 Meter Entfernung öffnen konnte.

D.4.2.1.1 Funktionsweise

Bevor wir die entdeckten Angriffsmethoden zum Entsperren der Schlösser analysieren, werfen wir erst einen Blick darauf, wie diese Schlösser funktionieren. Nicht-intelligente Schlösser lassen sich öffnen, indem ein zum Schlosskern passender Schlüssel eingeführt und dieser gedreht wird. Ein Schloss kann dabei von mehreren (identischen) Schlüsseln geöffnet werden, aber mit einem Schlüssel kann man nicht unbedingt mehrere (verschiedene) Schlösser öffnen. Als Nachweis zur Schließberechtigung dient ein physisch existierender Gegenstand, der vom Hersteller mit bestimmten Aussparungen versehen wird, die zum Schloss passen. Bei den untersuchten digitalen Schlössern ist die Funktionsweise ähnlich, allerdings wird zur Schlossöffnung nicht unbedingt ein physischer Gegenstand und eigene Kraft benötigt, sondern ein Passwort, das über einen digitalen Übertragungskanal an das Schloss übermittelt wird, und ein elektrischer Motor, der daraufhin öffnet. Diese Kommunikation geschieht unter anderem über den sogenannten «Bluetooth Low Energy»-Standard [11] zwischen smartem Schloss und beispielsweise einem Smartphone. Ein Nutzer installiert auf seinem Smartphone eine Applikation, mit der sich das Schloss öffnen lässt. Zuvor sollte nach der Installation des Schlosses ein Passwort konfiguriert werden, das daraufhin als digitaler Schlüssel fungiert und zum Öffnen übermittelt wird [9].

D.4.2.1.2 Angriffe

Für die Angriffe nutzte Herr Rose ein Gerät namens «Ubertooth One» [12], das zum Mitlesen von Datenverkehr zwischen zwei Bluetooth-Geräten genutzt werden kann, einen USB-Bluetooth-Adapter, um selbst Verbindungen aufbauen zu können, eine Richtantenne und einen Minicomputer namens «Raspberry Pi» [13]. Bevor die Details der Angriffe erläutert werden, möchte ich Sie an dieser Stelle dazu animieren, das Buch für 15 Minuten zur Seite zu legen, um selbst kreativ zu werden und über potenzielle Fehlerquellen beziehungsweise Angriffsmöglichkeiten nachzudenken. Vielleicht werden einige Ihrer Ideen in den nächsten Absätzen erwähnt?

Der erste und wahrscheinlich einfachste Angriff auf vier der untersuchten Schlösser ergab sich aus dem Umstand, dass die Bluetooth-Kommunikation zwischen dem Smartphone (App) und dem Schloss unverschlüsselt stattfand. Damit wurde unweigerlich das Passwort im Klartext versendet und passive Angreifer, die beispielsweise mit einem oder mehreren Ubertooth-Geräten die im Bluetooth-Frequenzbereich übertragenen Pakete aufzeichnen, können dieses auslesen und nutzen. Für diesen Angriff muss eine solche Verbindung zunächst mitgeschnitten werden, z.B. indem das Opfer ein Schloss öffnet. Bedenkt man aber, dass das verwendete Bluetooth-Low-Energy-Protokoll auf bis zu 100 Metern Reichweite ausgelegt ist und Rose mit seiner Richtantenne Verbindungen aus bis zu 400 Metern Entfernung mitlesen konnte, ist es nur eine Frage der Zeit, bis das Passwort ermittelt wird.

Bild D.4.1 *Die Datenübertragung zwischen Schloss und Nutzer kann von einem Angreifer mitgeschnitten werden.*

Wie in Bild D.4.1 verdeutlicht, kann die Datenübertragung zwischen Schloss und Nutzer von einem Angreifer mitgeschnitten werden. Weitere vier Geräte versuchten die verschlüsselte Übertragung des Passwortes zu verhindern, indem sie dieses kryptographisch unkenntlich machten. Das ist tendenziell der richtige Ansatz, denn der Angreifer kann das Passwort nun nicht mehr im Klartext erhalten. Das in Bild D.4.1 vom Angreifer aufgezeichnete Paket enthält dieses nur kryptographisch gesichert. Dennoch ist es für den Angreifer möglich, das komplette, mitgeschnittene «Öffnen»-Paket erneut an das Schloss zu schicken. Die verwundbaren Geräte erkennen das richtige Passwort, scheitern aber an der Unterscheidung des Absenders und erkennen nicht, dass das Paket vom Angreifer und nicht vom eigentlichen Nutzer stammt. Dieser Vorgang ist mit den gestrichelten Linien in Richtung Schloss in Bild D.4.1 verdeutlicht.

Bei der Analyse einer der Steuerungsapps ließen sich nach dem Dekompilieren im Quelltext die zur Verschlüsselung der Nutzerpasswörter genutzte Verschlüsselungsmethode und -passwort auslesen, was möglicherweise für die Speicherung des Passwortes auf dem Smartphone beziehungsweise zur Übertragung genutzt wurde. Die Preisgabe der verwendeten Verschlüsselungsmethode ist nicht primär als Sicherheitsproblem zu betrachten, denn nach Kerckhoffs' Prinzip [14] sollte eine kryptische Funktion auch dann Angriffen standhalten, wenn ihre Funktionsweise öffentlich geworden ist, sondern die Verwendung eines statischen Passwortes in der App für alle Kunden.

Gelingt es einem Angreifer mit diesen passiven Methoden nicht, das Schloss zu öffnen, so kann dieser auf eine der folgenden offensiven Angriffsmethoden zurückgreifen. Zum einen existiert das stumpfe Ausprobieren aller Passwortmöglichkeiten (engl.: *brute force* = rohe Gewalt). Die Anzahl aller Kombinationen lässt sich berechnen aus Anzahl der möglichen Zeichen potenziert mit der Passwortlänge. Einige Hersteller der smarten Schlösser beschneiden den Kunden in der Freiheit der Passwortwahl und limitieren dieses zum Beispiel auf eine Zahl mit maximal acht Ziffern. Die zehn Ziffern 0 bis 9 potenziert mit 8 möglichen Stellen ergeben $10^8 = 100\,000\,000$ mögliche Passwörter, die ein Angreifer durchprobieren muss, bis er auf das korrekte stößt. Nehmen wir 10 000 Versuche pro Sekunde an, so ist das Passwort nach maximal drei Stunden gefunden. Im Gegensatz zu physischen Schlüsseln, bei denen die Komplexität des Schlüssels den Nutzer nicht (geistig) belastet, ist ein weiterer Nachteil von digitalen Passwörtern, dass diese gemerkt und eingegeben werden müssen, was wiederum zu wenig komplex gewählten Passwörtern oder Passwortmustern (z.B. 12341234, 12345678) führen kann. Um dem entgegenzuwirken, versuchen einige Hersteller die Passwörter von einem Webdienst generieren zu lassen, was die Sicherheit durchaus erhöht. Allerdings gelang es dem Sicherheitsforscher in einem Fall, den dahinterliegenden Mechanismus auszuhebeln und somit an das Passwort zu gelangen. Grund dafür war unter anderem, dass die App im Hintergrund kontinuierlich über Bluetooth nach einem passenden Schloss suchte und er diesem Gesuch mit einem simulierten Schloss begegnete. In dieser Position war es ihm möglich, den geheimen Wert, der zwischen Schloss, Nutzer und Webdienst ausgetauscht wird, so zu manipulieren, dass die App des Opfers das Passwort nicht an das Schloss, sondern an ihn schickte.

Gelangt der Angreifer nicht an das Passwort, um es selbst verwenden zu können, so bleibt bei einem der Schlösser ein Angriff direkt auf das Gerät. Herr Rose fand heraus, dass wenn ein bestimmtes Byte im Datenbereich eines Pakets geändert wurde, das Schloss in einen Fehlermodus wechselte. Dieser Modus war so konzipiert, dass es sich daraufhin automatisch öffnete.

Nichtsdestotrotz waren unter den untersuchten (Tür-) Schlössern eine Handvoll Geräte, die keinen der oben beschriebenen Angriffsvektoren unterlagen und die entsprechenden Sicherheitsaspekte korrekt umsetzten.

D.4.2.2 Smarte Glühbirnen

Ein weiteres aus Angreifersicht interessantes Feld der intelligenten technischen Entwicklung ist das der smarten Glühbirnen. Die von Philips «Hue» [15] getaufte Produktreihe kam im Oktober 2012 auf den Markt und ließ sich mit Hilfe von Apples iOS-basierten Geräten oder über das WLAN steuern. Nicht nur für den privaten Bereich können über das Netzwerk schaltbare Lichtquellen brauchbar und sinnvoll sein, sondern ihre Berechtigung existiert auch in Unternehmen, beispielsweise um die Lichtanlangen großer (Büro-) Gebäude zentral steuern zu können. Ein physischer Lichtschalter könnte so der Vergangenheit angehören und ein vergessenes Ausschalten ebenfalls, wenn weitere Sensoren installiert werden, um einen leeren Raum zu erkennen und entsprechend abschalten zu können. Man muss nicht lange überlegen, um Gründe zu finden, warum Angriffe auf Lichtquellen ein durchaus attraktives Ziel sein können. Die biologische Entwicklung des Menschen sah nicht vor, dass unsere Augen bei Dunkelheit gut sehen können, was der Verteilung der Zäpfchen und Stäbchen auf der Netzhaut geschuldet ist. Nichtsdestotrotz ist gute Sicht in vielen Bereichen des Lebens notwendig, beispielsweise während einer Operation im Krankenhaus, während der Durchfahrt eines Tunnels, der Überwachung eines Grundstückes bei Nacht oder an Arbeitsplätzen unter der Erde. Angriffe auf die Lichtanlagen dieser und anderer Bereiche könnten mitunter zu erheblichen Schäden führen. Bereits im ersten Jahr nach der Markteinführung der smarten Lampen von Philips, fanden Sicherheitsforscher Wege, um Angriffe erfolgreich durchzuführen und die Lampen zu steuern. Zunächst lag der Fokus auf der Software der Steuerungseinheit, später rückte der Fokus weiter auf das verwendete Protokoll ZigBee beziehungsweise ZigBee Light Link, mit dem die Lampen untereinander kommunizieren können. Einige Jahre später gelang es weiteren Sicherheitsforschern mit geringem finanziellen Aufwand, einen wurmbaren Angriff zu entwickeln, mit dem – ausgehend von einer infizierten Glühbirne – alle weiteren unter Kontrolle gebracht werden konnten.

D.4.2.2.1 Funktionsweise

Die «Smartheit» lässt sich in vielen Fällen auf die erweiterte Steuerbarkeit eines Geräts und seiner Fähigkeit, sich mit anderen Geräten zu vernetzen, zurückführen. Das gewählte Beispiel ist keine Ausnahme: Als zentrales «Gehirn» und Steuerungseinheit wird ein Gerät namens *Bridge* (engl. = Brücke) benötigt, das eine Schnittstelle zwischen einer App auf dem Smartphone bzw. Tablet, dem Menschen mittels Sprachsteuerung und bis zu fünfzig Glühbirnen darstellt [16]. Die Bridge sollte dafür an das Heimnetz und Internet angeschlossen werden, damit sich die Lampen von überall und per Sprachbefehl steuern lassen. Laut dem Sicherheitsforscher Nitesh Dhanjani stellt die Bridge eine persistente Verbindung zu Philips-Servern her [17], um Anweisungen entgegenzunehmen, wenn man sich nicht im lokalen Netzwerk befindet oder die Lampen über eine speziell bereitgestellte Webseite steuert. Empfängt die Bridge einen Befehl, zum Beispiel zum Ausschalten der Lampen, so schickt sie eine entsprechende Anweisung an die Lampen. Dieser Kommunikationskanal nutzt nicht das TCP/IP-Protokoll, sondern setzt auf **Z**igBee **L**ight **L**ink (ZLL) [18], das auf dem ZigBee-Standard aufbaut und kabellose Kommunikation basierend auf IEEE 802.15.4 [19] implementiert. Dieses ist laut den Sicherheitsforschern Tobias Zillner und Sebastian Strobl mit den richtigen Sicherheitsaspekten im Hinterkopf entworfen worden [20; 21]: Die Kommunikation zwischen den Geräten ist verschlüsselt, wobei alle Geräte in einem Netzwerk einen «Netzwerkschlüssel» nutzen, aber für einzelne Verbindungen zwischen ausgewählten Geräten ein eigener «Verbindungsschlüssel» eingesetzt werden kann. Allerdings konnten sie feststellen, dass die in einem Standard theoretischen Vorgaben und Empfehlungen nicht immer mit einzelnen Implementierungen übereinstimmen.

D.4.2.2.2 Angriffe

Kurz nach der Markteinführung der Philips Hue fanden Forscher erste praktische Angriffe auf die Glühbirnen und ihre Steuerung. Nitesh Dhanjani fand einen Weg, wie ein Angreifer die Lampen nahezu dauerhaft ausschalten und damit einen Blackout auslösen könnte [22]. Schuld daran sei das Design des Authentifizierungsmechanismus gegenüber der Bridge. Dieser basiert auf einer Liste von Tokens, die Anfragen als vertrauenswürdig einstufen. Allerdings werden bei Steuerungskommandos, die über die Webseite oder die iOS-App gesendet werden, die Tokens aus dem MD5-Hash der MAC-Adresse des Endgeräts berechnet. Die MAC-Adressen aller Endgeräte im lokalen Netzwerk können zum Beispiel über das Address-Resolution-Protokoll (ARP) leicht herausgefunden werden, wenn der Angreifer sich bereits Zugriff auf das Netzwerk verschafft hat. Dies gelingt ihm zum Beispiel durch Infizierung eines Geräts in diesem Netzwerk mit Schadsoftware. Wie Dhanjani demonstriert, könnte eine solche Schadsoftware kontinuierlich das «Licht-aus»-Kommando an die Bridge schicken, sobald es ein passendes Token entdeckt hat. Ein «Licht-an»-Kommando des Opfers würde höchstens zu einem kurzen Flackern führen, bevor sich die Lampen wieder abschalten. Unglücklicherweise ist das Deaktivieren einzelner Tokens laut den Erkenntnissen des Sicherheitsforschers nicht vorgesehen oder nur eher technisch versierten Nutzern vorbehalten, die einen Debugger unter einer bestimmten URL aufrufen können.

Dass Schadsoftware Systeme in wichtigen Lebensbereichen befallen und diese lahmlegen kann, zeigt die Infizierungswelle im Jahr 2017 durch «WannaCry», bei dem unter anderem Krankenhäuser in England betroffen waren [23]. Hätte das Krankenhaus intelligente Lampen und die Schadsoftware die zuvor diskutierte Fähigkeit, diese abzuschalten, wäre der versuchte Schaden womöglich weitreichender. Zwei Jahre nach diesen Entdeckungen hielten die Sicherheitsforscher Zillner und Strobl auf der Konferenz «BlackHat» einen Vortrag [20], in dem sie die Stärken und Schwächen des für die Kommunikation der smarten Glühbirnen genutzten ZigBee-Standards analysierten. Die eingangs bereits beleuchteten Stärken der eingesetzten Verschlüsselung bringen einige Nachteile mit sich. Um nämlich die Verschlüsselung innerhalb eines smarten Netzwerks zu nutzen, muss jedes Gerät über den aktuellen Netzwerkschlüssel des Netzwerks verfügen. Damit stellt sich das Problem, wie dieser Netzwerkschlüssel sicher an ein neues Gerät übertragen beziehungsweise dieser beim Zurücksetzen auf Werkseinstellungen korrekt entfernt werden kann. Als Lösung für den Schlüsselaustausch wird eine sichere Verbindung mit dem öffentlich bekannten Verbindungsschlüssel zum «Trust Center» aufgebaut, wenn der Parameter «Default Link Key Join» gesetzt wird. Schafft es ein Angreifer, diesen ersten Schlüsselaustausch mitzuschneiden, so stellt die initiale Verschlüsselung nur eine kleine Hürde dar, weil der Schlüssel zum Entschlüsseln öffentlich bekannt ist. Ähnlich verhält es sich mit dem ZigBee-Light-Link-Protokoll, das vor allem von den smarten Lichtsystemen genutzt wird. Alle Geräte, die dieses implementieren, sind angehalten, einen bestimmten «MasterKey» installiert zu haben. Trotz Geheimhaltungsverträgen zwischen den zertifizierten Herstellern gelangte auch dieser Schlüssel an die Öffentlichkeit, so dass der damit symmetrisch verschlüsselte Netzwerkschlüssel entschlüsselt werden kann. Des Weiteren werden einige Sicherheitsfunktionen nicht umgesetzt beziehungsweise sogar deaktiviert. Nachdem die Sicherheitsforscher einige Implementierungen und Geräte inspiziert haben, fanden sie heraus, dass diese nur den öffentlichen «Trust Center»-Verbindungsschlüssel als Schlüssel nutzen, keine anderen Verbindungsschlüssel genutzt werden und keine ZigBee-Sicherheitskonfigurationsmöglichkeiten vorhanden sind. Insgesamt schließen sie ihr Fazit mit der Aussage, dass der Standard viele gute Empfehlungen im Bereich Sicherheit ausspricht, aber diese Maßnahmen selten bis gar nicht implementiert werden, weil sie für die Zertifizierung des Endproduktes nicht von Bedeutung sind und nur die grundlegenden Vorgaben erfüllt werden müssen.

Einige spezielle Implementierungsfehler machte sich eine Forschungsgruppe von der Dalhousie-Universität in Kanada zunutze, um zwei Angriffstechniken zu entwickeln, die zu einem Wurm hätten kombiniert werden können [24]. Sie entdeckten zwei separate Sicherheitslücken in den Philips-Hue-Glühbirnen. Mit Hilfe einer neuen Seitenkanal-Angriffstechnik ließ sich der kryptographische Schlüssel extrahieren, mit dem die sogenannten «Over-The-Air-Updates» signiert und verschlüsselt wurden. Diese Updatemöglichkeit erlaubt dem Hersteller, Software-Updates über das Internet («*the air*») bereitzustellen und auf dem Zielsystem einzuspielen. In diesem Fall wurden alle Updates für alle Glühbirnen mit demselben Schlüssel gesichert. Die Wiederherstellung des Schlüssels erlaubte den Forschern ein Update zu entschlüsseln, zu manipulieren, wieder zu verschlüsseln und auch erfolgreich wieder einzuspielen.

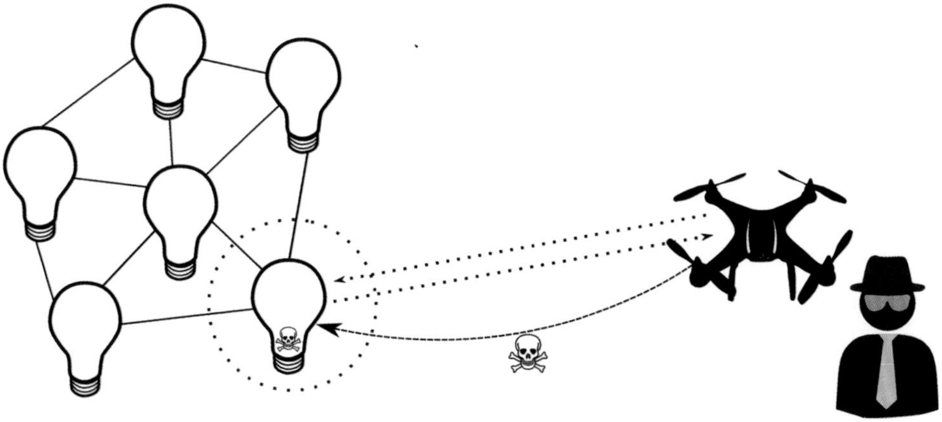

Bild D.4.2 *Zwei Fehler in der Firmware smarter Glühbirnen erlauben die Übernahme aus der Ferne.*

Damit war die Möglichkeit geschaffen, beliebigen (Schad-) Code (in Bild D.4.2 als Totenkopf dargestellt) auf den Glühbirnen auszuführen. Allerdings müssen zum Einspielen eines manipulierten Updates die Glühbirnen und der Angreifer im selben ZigBee-Netzwerk sein. In Bild D.4.2 ist ein kleines Netzwerk aus sechs Glühbirnen dargestellt, die jeweils mit einem durchgezogenen Strich verbunden sind. Der Angreifer hat keine solche Verbindung und muss demnach an den Netzwerkschlüssel des bereits bestehenden Netzwerks gelangen – zum Beispiel, indem er, wie zuvor bereits beschrieben, den Netzwerkverkehr mitliest, wenn eine neue Lampe hinzugefügt wird.

Alternativ kann er die Glühbirne dazu bringen, seinem eigenen Netzwerk beizutreten. Eine Abstandsprüfung der Glühbirne zum Absender einer solchen Aufforderung verhindert im Normalfall diesen Schritt, sofern der Absender sich nicht im Umkreis eines Meters befindet. Zwar ließe sich laut dem Forscherteam diese Prüfung mit teurer Hardware und starker Sendeleistung umgehen, aber ein Fehler in der Implementierung der Abstandsprüfung führte zum gewünschten Erfolg und dem zweiten Angriffsvektor. Der von dem Unternehmen Atmel entwickelte Softwarebestandteil prüfte nicht ausreichend, ob die empfangene Nachricht weiterarbeitet werden durfte, so dass einige vom Angreifer speziell präparierte Nachrichten verarbeitet und Befehle ausgeführt werden konnten. Unglücklicherweise wurden die Parameter in der Nachricht zur Teilnahme am Angreifer-kontrollierten Netzwerk korrekt geprüft, worauf die Sicherheitsforscher eine weitere Methode entwickelten.

Bild D.4.2 verdeutlicht, wie zwei Fehler in der Firmware smarter Glühbirnen die Übernahme aus der Ferne erlaubten. Sie konnten die Glühbirne auf Werkeinstellungen zurücksetzen, wodurch diese aus dem bestehenden Netzwerk (durchgezogene Linie) austritt und aus Kompatibilitätsgründen versucht, einem ZigBee-Netzwerk beizutreten. Diesen Umstand machte sich der Angriff zunutze: Zunächst schickte man eine Nachricht (obere gepunktete Linie mit Pfeil in Richtung Glühbirne), um die Glühbirnen auf Werkeinstellungen zurückzusetzen, um daraufhin die Suche der Glühbirne (untere gepunktete Linie mit Pfeil Richtung Drohne) nach einem ZigBee-Netzwerk mit dem Angreifer-kontrollierten Netzwerk zu beantworten. Sobald die Glühbirne im Angreifer-kontrollierten Netzwerk ist, lässt sich die manipulierte Firmware (dargestellt mit einem Totenkopf) auf der Glühbirne einspielen (gestrichelte Linie). Beide Angriffsvektoren kombiniert, erlauben es laut den Sicherheitsforschern, eine sich selbstständig verbreitende Schadsoftware zu schreiben, die ausgehend von einer einzelnen Glühbirne weitere umliegende zurücksetzt und sich als Update einspielt. Eine vereinfachte Situation ist in Bild D.4.2 illustriert.

Sie selbst sind aus ethischen Gründen diesen Schritt nicht gegangen, haben aber als Proof-of-Concept ein anschauliches Video veröffentlicht, wie eine Drohne aus einigen hundert Metern Glühbirnen in einem Bürogebäude zum SOS-Morsen bringt [25]. Diese Sicherheitslücken wurden im Oktober 2016 an Philips und Atmel gemeldet, so dass sie behoben werden konnten.

D.4.2.3 Human Machine Interfaces

Die letzten Beispiele der in der realen Welt entdeckbaren Sicherheitsprobleme beziehen sich auf Komponenten, die in enger Relation zu Smart Devices stehen beziehungsweise sogar selbst welche sein können. Es handelt sich um sogenannte «Human Machine Interfaces» (HMIs), also Geräte, die eine Schnittstelle zwischen Mensch und Maschine darstellen. Diese sind heutzutage häufig auch über das Internet erreichbar, so dass Angriffe aus dem Internet unter Umständen möglich werden. Problematisch wird es, wenn als kritisch einzustufende Infrastruktur davon betroffen ist. Sicherheitsforscher konnten so in den vergangenen Jahren zeigen, dass Zugriffe auf Wasserwerke, Ampelanlagen, Windkraftanlagen, eine Klinik und mehrere größere Gebäuden möglich waren [26; 27].

D.4.2.3.1 Funktionsweise

Die von den Sicherheitsforschern Tim Philipp Schäfers und Sebastian Neef entdeckten Systeme sind vermehrt im Industriebereich angesiedelt. Dies spiegelt unter anderem die ständige Weiterentwicklung und Digitalisierung der Industrie wider. Moderne Anlagen können mit internetfähigen Komponenten ausgestattet werden, um diese zum Beispiel nicht mehr physisch vor Ort steuern zu müssen, sondern diese Steuerung aus der Ferne durchzuführen. Das kann nicht nur Arbeitszeit und somit Geld sparen, sondern auch die Komplexität reduzieren, wenn mehrere Maschinen mit einer Schnittstelle überwacht und gesteuert werden können. Die HMIs können oftmals zum einen Daten aus den angeschlossenen (Industrie-) Anlagen auslesen, diese verarbeiten und dann dem Nutzer beispielsweise auf einer grafischen Oberfläche aufbereitet anzeigen. Zum anderen können die HMIs zumeist zum Steuern, also dem Verändern der Parameter der Anlage, verwendet werden, indem der Nutzer Einstellungen auf davor vorgesehenen Schaltflächen oder Eingabefeldern vornimmt. Die Schnittstelle wandelt daraufhin die Eingaben in entsprechende (Maschinen-) Kommandos um und schickt diese an die betroffenen Anlagen.

D.4.2.3.2 Angriffe

Wenn Human Machine Interfaces über das Netzwerk, beispielsweise mit einem Webbrowser, steuerbar sind, so besteht das große Fehlerpotenzial darin, dass der Zugang nicht auf ein abgesichertes Netzwerk limitiert ist, sondern die Schnittstelle aus dem öffentlichen Internet für jedermann erreichbar ist. Bild D.4.3 zeigt eine solche Situation schematisch. Der Zugang zu der Steuerung sollte nur für den Nutzer des Werkes möglich sein, aber dem Angreifer gelingt es aufgrund falscher Konfiguration den Schutz zu umgehen und ebenso Zugriff zu erlangen.

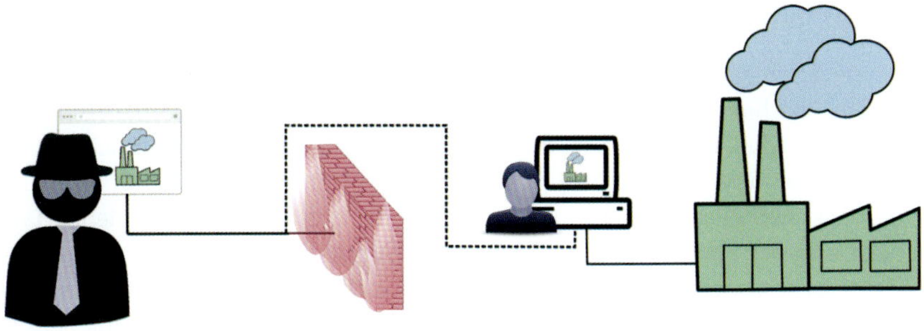

Bild D.4.3 *Human Machine Interfaces können aufgrund falscher Konfiguration von außen erreichbar sein.*

Die Sicherheitsforscher konnten im Rahmen des Projekts Internetwache.org [28] eben solche ungeschützten Systeme im Internet ausfindig machen [26]. Mit Hilfe von öffentlich vorhandenen Daten konnten sie die HTTP-Antworten von allen im Internet erreichbaren Webservern nach bestimmten Suchkriterien filtern und so potenziell ungeschützte HMIs aufspüren. Insgesamt ließen sich mit dieser Methode ungefähr 80 Systeme ausfindig machen, wovon allerdings nur etwa die Hälfte einen separaten Zugriffsschutz aufwies. Die verbleibende Hälfte ließ sich nur durch Eingabe der richtigen IP-Adresse (und teilweise Portnummer) im Webbrowser aufrufen, so dass die Steuerungsoberfläche geladen wurde und in Teilen sensitive Informationen anzeigte. Zwar bedurfte es in den meisten Fällen einer Authentifizierung gegenüber dem System auf der Steuerungsfläche, um Änderungen vorzunehmen, aber in zumindest einem Fall konnte der Gast-Account einen Administrator-Account erstellen. Außerdem konnten des Weiteren mit dem Gast-Account Fehlermeldungen quittiert werden, so dass diese nicht mehr prominent angezeigt wurden und somit den eigentlichen Techniker womöglich nicht mehr erreichten. Die betroffenen Systeme eines Herstellers kamen vorwiegend aus dem DACH-Bereich, waren aber ebenfalls in den USA, Frankreich oder Israel vertreten. Darunter befanden sich vier Wasserwerke, sieben Heizkraftwerke, ungefähr ein Dutzend Parkplatzanlagen und zumindest fünf intelligente Heim- bzw. Hotelsteuerungen. Von dem offensichtlichen Fehler abgesehen, dass diese Systeme im Internet exponiert wurden, konnten die Sicherheitsforscher zwei Sicherheitslücken in der Software selbst ausfindig machen, die für kriminelle Zwecke hätten missbraucht werden können. Die erste Sicherheitslücke war eine Cross-Site-Scripting-Lücke (CVE-2017-6029) [29], so dass mit einem präparierten Link einem Administrator eine andere Ansicht oder Funktionsweise der Steuerung vorgetäuscht werden könnte. Mit der zweiten Sicherheitslücke (CVE-2017-6031) [30] konnte mit einem präparierten Link ein Dateidownload imitiert werden, der so wirkt, als käme er von dem HMI. Der Inhalt und der Name der heruntergeladenen Datei konnte vom Angreifer selbst kontrolliert werden. Ein unachtsames Opfer könnte auf diesen Weg unwissentlich Schadsoftware in das Netzwerk einschleusen.

Ein weiteres Problem, das den zwei Sicherheitsforschern in einer weiteren Untersuchung auffiel, war, dass häufig veraltete Softwarekomponenten mit teilweise bekannten Sicherheitslücken genutzt werden [27; 31]. Es gelang ihnen, Windkraftanlagen und mobile Ampelsteuerungen im Internet ausfindig zu machen, bei denen dringende Update-Notwendigkeit bestand. Beispielsweise konnte bei der Remote-Desktop-Software der Ampelanlagen ein bekannter Fehler mit einem öffentlich verfügbaren Exploit ausgenutzt werden, um die passwortgeschützte Authentifizierung zu umgehen und direkten Zugriff auf den entfernten Bildschirm zu erlangen. In einem Fall war sogar eine Sitzung mit Administratorzugang noch aktiv.

D.4.2.4 Gemeinsamkeiten und Erkenntnisse

Nachdem wir verschiedene Fehler und deren Angriffsmöglichkeiten untersucht haben, können wir in diesem Abschnitt die Gemeinsamkeiten der Sicherheitslücken und die Fehlerursachen zusammenfassen. Zunächst lässt sich die These aufstellen, dass Sicherheitslücken potenziell dort entstehen, wo Menschen arbeiten. Das muss nicht nur die Software-Entwicklung umfassen, bei der sicherheitsbezogene Prüfungen nicht oder unzureichend implementiert werden, sondern erstreckt sich über die Konfiguration und den Betrieb eines Systems und verschiedener Geräte. Der Mensch selbst kann zur Angriffsfläche werden, wenn er aus Unachtsamkeit oder Unwissenheit Opfer von Social-Engineering-Angriffen wird. Ein großer Faktor bei der Entwicklung von Smart Devices kann das «Time to Market» sein, die sogenannte Zeitspanne zwischen der Idee eines Produktes und dessen Erscheinung auf dem Markt. Diese Zeitspanne soll möglichst klein sein, um keine Wettbewerbsvorteile zu verlieren. Ein Großteil der Ressourcen wird zumeist auf die Fertigstellung des Produktes und aller notwendigen Funktionalitäten gelegt. Somit ist der Anteil der Ressourcen, die für den Themenbereich Sicherheit nötig wären, häufig sehr gering oder gar nicht vorhanden. Damit sind nicht nur die finanziellen Mittel gemeint, die für eine Sicherheitsprüfung durch externe Experten nötig sind, sondern auch die Zeit für ein ausgereiftes Sicherheitskonzept und das damit verbundene Fachwissen. Der IT-Sicherheitsthemenbereich ist, wie man in den vorherigen Beispielen gesehen hat, durchaus weit gefächert und eine tiefe Kenntnis aller Aspekte sollte vielen Entwicklern nicht zugemutet werden, so dass ihre Design- bzw. Umsetzungsentscheidungen unter anderem nach ihrem besten Wissen und Gewissen getroffen wurden. Einige davon beleuchten wir folgend erneut: Das Mitlesen oder Manipulieren von Verbindungen zwischen mehreren Smart Devices oder zwischen Smart Devices und einem Server sind erheblich leichter, wenn der Kommunikationskanal nicht mittels Transportverschlüsselung gesichert ist. Zudem sollten Nutzer authentifiziert, autorisiert und unerlaubte Zugriffe auf die Geräte unterbunden werden. Die Authentifizierung sollte nach Möglichkeit starke Passwörter zulassen, fordern und diese als Hash abspeichern. Zudem sollte nach dem Prinzip «Don't roll your own crypto» (engl.: *crypto* = Kryptographie; nicht selbst erfinden) gehandelt werden. Das heißt, bestehende und renommierte kryptographische Bibliotheken verwenden, dessen kryptographische Funktionen von Experten auf dem Gebiet entwickelt wurden, und keine eigenen kryptographischen Algorithmen erfinden oder nachimplementieren, weil dies häufig mit Fehlern verbunden ist. Außerdem sollte darauf geachtet werden, dass die kryptographischen Methoden korrekt angewendet werden und die dafür benötigten Schlüssel geheim und nach Möglichkeit eindeutige Schlüssel pro Gerät verteilt werden. Globale und statische Schlüssel sollten vermieden werden, denn wie wir lernten, werden diese irgendwann (unweigerlich) öffentlich zugänglich, was alle Geräte verwundbar werden lässt. In diesem Zusammenhang sollte erwähnt werden, dass sicherheitstechnische Empfehlungen und Anmerkungen aus Standards implementiert und beachtet werden sollten; auch wenn für eine Zertifizierung des Geräts weniger notwendig wäre, so kann es durchaus die Sicherheit erhöhen. Das Beispiel der smarten Glühbirnen zeigte auf, dass einzelne, separat möglicherweise nicht sehr kritisch wirkende Sicherheitslücken zu einem kritischen Angriffsvektor kombiniert werden. Umso bedachter sollten Hersteller auf robuste Voreinstellungen achten, damit ihre Geräte beim Kunden nicht im Internet auffindbar werden. In den letzten Jahren haben sich spezielle Suchmaschinen wie zum Beispiel shodan.io [32] und censys.io [33] etabliert, die durch regelmäßige Scans des Internets das leichte Aufspüren von verschiedenen (smarten) Geräten ermöglichen.

D.4.3 Der richtige Umgang mit Sicherheitslücken

Die weite Verbreitung, die oftmals schlechte Sicherheit, leichte Auffindbarkeit der smarten Geräte im Internet und dessen Angriffsoberfläche können am besten eingeschränkt werden, wenn Sicherheitsforscher und Hersteller möglichst eng und offen miteinander zusammenarbeiten. Leider scheint diese Zusammenarbeit nicht immer reibungslos zu funktionieren, denn bei den zuvor vorgestellten Beispielen konnten einige Hersteller nicht kontaktiert werden oder sie zeigten kaum Interesse an den aufgedeckten Sicherheitsproblemen. Die Erfahrungen des Autors und vieler anderer Sicherheitsforscher zeigen, dass dies kein Einzelfall ist. Aus diesem Grund werden wir im folgenden Abschnitt die verschiedenen Perspektiven – zum einen eines Hackers und zum anderen eines Herstellers – betrachten und analysieren, welche Motive, Möglichkeiten und Probleme beide Parteien haben, wenn es um den richtigen Umgang mit Sicherheitslücken geht.

D.4.3.1 Perspektive eines Hackers

Bevor wir in die Perspektive eines Hackers eintauchen, müssen wir kurz definieren, was ein Hacker ist. Häufig wird das Wort Hacker in den Medien mit negativen Schlagzeilen über Angriffe auf populäre Webseiten, (kritische) Computersysteme oder Veröffentlichung von privaten Abbildungen in Verbindung gebracht. Leider wird durch solche illegalen und kriminellen Aktivitäten der Begriff «Hacker» negativ konnotiert. Stattdessen sollte man Hacker als interessierte und neugierige Menschen betrachten, die sich kritisch mit informationstechnischen Systemen auseinandersetzen und versuchen, diese im Detail zu verstehen. Sie stellen sich beispielsweise folgende Fragen: «Wie funktioniert dieses Gerät?», «Wohin und welche Daten werden übertragen?» oder «Sind dieses Gerät und meine Daten vor Zugriffen Dritter ausreichend geschützt?». Dabei kann es passieren, dass nicht vorgesehene Funktionsweisen oder Fehlfunktionen entdeckt werden, die unter anderem durch mangelnde Sicherheitsvorkehrungen des Herstellers, sprich Sicherheitslücken, entstehen. Als prominentester deutscher Hackerverein gilt der Chaos Computer Club e.V. [34], der durch seine Arbeit bereits mehrmals die Öffentlichkeit über erschreckende Umstände in der IT-Sicherheit informiert hat. Darunter fällt nicht nur die Untersuchung von (smarten) Ladesäulen für Elektroautos [35], sondern auch in der Politik genutzte Software, wie das Stimmenauswertungsprogramm der Bundestagswahl [36] oder der sogenannte Staatstrojaner [37]. Diese Hacker, die oftmals ihre Freizeit für die Untersuchung und Analyse solcher Systeme verwenden, lassen sich oft in die erste von drei Kategorien – der «White Hats» – einordnen. Ihre Motivation stammt häufig aus der zuvor angesprochenen Neugierde und dem Bedürfnis, sich neues Wissen anzueignen oder die Öffentlichkeit vor der Unsicherheit von Systemen und den daraus möglichen Konsequenzen zu warnen. Dabei versuchen sie mit dem Hersteller in Kontakt zu treten, ihm die festgestellten Sicherheitsprobleme zu schildern und ausreichend Zeit zur Behebung zu geben, bevor die Informationen veröffentlicht werden. Dieses Vorgehen wird im Security-Jargon als «*Responsible Disclosure*» (engl. = «verantwortungsvolle Enthüllung») bezeichnet. Bei besonders verheerenden Sicherheitslücken, wie beispielsweise «Heartbleed» in der Kryptographie-Bibliothek OpenSSL, können auf diese Weise Patches und Updates von Distributoren vorbereitet, getestet und zu einem bestimmten Stichtag und Uhrzeit angekündigt sowie veröffentlicht werden. Die Administratoren können anschließend zeitnah die verfügbaren Updates einspielen, und somit kann der Zeitraum zwischen Veröffentlichung der Sicherheitslücke und der Ausnutzbarkeit durch Angreifer verringert werden. In manchen Fällen kann es jedoch passieren, dass der Hersteller nicht erreicht werden kann oder der Entdecker einer Sicherheitslücke aus Angst vor rechtlichen Konsequenzen oder anderen Gründen nicht direkt an den Hersteller melden möchte. In diesem Fall haben die meisten europäischen Länder und manche private Unternehmen ein *Computer Emergency Response Team* (kurz: CERT / engl. = Computer-Notfall-Reaktionsteam) aufgebaut. In Deutschland heißt dieses «CERT-Bund» [38] und kann unter anderem als Vermittler zwischen Sicherheitsforscher und Hersteller dienen. Ein solcher Vermittler kann auch von Vorteil sein, wenn eine Reaktion vom Hersteller ausbleibt und das entdeckte Sicherheitsproblem mehrere (internationale) Unternehmen oder Organisationen betrifft. Bei dem Beispiel der Human Machine Interfaces waren CERTs verschiedener Länder maßgeblich an der Identifikation der Systeme und zuständiger Kontaktpersonen beteiligt, so dass diese aus dem Internet entfernt werden konnten. Ist auf keinem dieser Kommunikationswege eine Verbindung zum Hersteller aufbaubar beziehungsweise lässt dieser sich nicht von einer Behebung der Sicherheitslücke überzeugen, so bleibt eine letzte Methode: «Full Disclosure» (engl. = volle Enthüllung). Diese Strategie besagt, dass man alle Informationen zu der entdeckten Sicherheitslücke (und falls möglich mit einem Hinweis zur Behebung) veröffentlicht. Dies geschieht normalerweise auf einer der renommierten Mailinglisten Bugtraq oder FullDisclosure [2; 3]. Für die betroffenen Endnutzer hat dieser Weg den Nachteil, dass keine Updates vom Hersteller bereitgestellt werden und sie selbst auf die Veröffentlichung sowie die Schwachstelle aufmerksam und selbst tätig werden müssen. Im besten Fall haben sie das technische Know-how, um das Sicherheitsproblem zu beheben. Andernfalls bleibt oft nur der Verzicht auf das Gerät oder die Software übrig, um nicht einem Sicherheitsrisiko ausgesetzt zu werden. Im Gegensatz zu den «White Hat»-Hackern gibt es auf der anderen Seite des Spektrums die sogenannten «Black Hat»-Hacker, deren Motivation oftmals die Profilierung auf zwielichtigen Foren oder Profit aus den entdeckten Sicherheitslücken ist. Sie scheuen sich nicht, diese für kriminelle Zwecke einzusetzen oder auf dem Schwarzmarkt oder an Organisationen wie Zerodium [39] für hohe Beträge zu verkaufen. Eine möglichst lange Geheimhaltung der Sicherheitslücke ist dabei erwünscht, damit die Kunden den Angriff über einen weiten Zeitraum hinweg gegen (spezifische) Ziele einsetzen können.

Zwischen diesen beiden Extremen lässt sich die Gruppe der «Grey Hats» ansiedeln, die kein besonderes Interesse an der Motivation der Black Hats zeigen, aber ebenso keinen zusätzlichen Aufwand in Bezug auf die Kommunikation mit dem Hersteller betreiben möchten.

Auch wenn die Grenzen dieser Gruppen fließend ineinander übergehen können, so kann sich die Einstellung eines Hackers individuell pro Sicherheitslücke ändern.

D.4.3.2 Perspektive eines Herstellers

Aus der Perspektive eines Herstellers bzw. eines Unternehmens sollte einem klarwerden, dass jedes auf Informationstechnik basierende Produkt – sei es auch nur die Unternehmenswebseite – in den Fokus von White-Hat- als auch Black-Hat-Hackern geraten kann. Mit hoher Wahrscheinlichkeit werden diese in diesem Moment untersucht, auch wenn dies nur ein routinemäßiger, automatisierter Angriffsversuch eines infizierten Computers ist. Dieser wird in den meisten Fällen keinen Schaden verursachen, aber wenn man sich in dieser Perspektive befindet, muss man zunächst verstehen, dass eine 100%-Sicherheit nur selten existiert und Bedrohungen zu jeder Tageszeit aktiv sind. Existiert kein regelmäßiger Prozess, um die Sicherheit der Produkte zu warten, so könnte ein automatisierter oder gezielter Angriff verheerende Folgen haben. Einige Unternehmen wählen daher den offensiven Weg und schreiben ein sogenanntes «Responsible Disclosure»- oder «Bugbounty»-Programm aus. Beide Programme sind im Kern eine Erklärung gegenüber Sicherheitsforschern, dass sie die Untersuchung ihrer Produkte durch das Fachwissen dieser willkommen heißen und keine rechtlichen Schritte einleiten werden, sofern sich diese an bestimmte Vorgaben und Regeln halten. Diese Regeln schränken in beiden Fällen den zu testenden Bereich ein und fordern oftmals Verschwiegenheit über entdeckte Sicherheitslücken, bis das Unternehmen dieses behoben hat. Der Hauptunterschied zwischen einem Responsible-Disclosure- und einem BugBounty-Programm ist, dass bei Letzterem das Unternehmen dem ersten Entdecker eines Sicherheitsproblems eine Vergütung («Bounty») für seinen Fund verspricht. Dies kann die Sicherheitsforscher zusätzlich motivieren und so schreiben große Internetunternehmen wie Google bis zu 31 337 $ [40] pro Lücke aus oder sogar einen nach oben offenen Betrag bei Facebook, dessen Rekord aktuell anscheinend mit 40 000 $ gehalten wird [41]. Das Management und die Koordinierung solcher Programme können durch die Nutzung eines der etablierten Plattformen, wie Bugcrowd [42] und Hackerone [43] oder Synack [44], vereinfacht werden. Über die Plattform lassen sich empfangene Sicherheitsmeldungen sammeln, auswerten und verarbeiten sowie die Sicherheitsforscher bei Bedarf entlohnen. Sollte ein Unternehmen aus verschiedenen Gründen keines solcher Programme anbieten wollen oder können, so sollte zumindest darauf geachtet werden, dass eine Kontaktmöglichkeit in Bezug auf Sicherheitsmeldungen existiert. Dafür wurde vor kurzem die «security.txt» [45] spezifiziert, in der diese Informationen an einer bestimmten Stelle zugänglich gemacht werden sollten. Empfangene Sicherheitsmeldungen sollten nach Möglichkeit von einer mit dem Gebiet vertrauten Person bearbeitet und der Sicherheitsforscher in einer engen Kommunikationsschleife auf dem Laufenden gehalten werden. Keinesfalls sollte einem Sicherheitsforscher mit rechtlichen Schritten gedroht werden, sofern sein Verhalten nicht Erpressung oder ähnlichen Aktivitäten entspricht. Häufig sind diese Personen an einer besseren Absicherung des Produktes interessiert, weil sie es zum Beispiel selbst nutzen.

E Plattformen mit gehosteten Anwendungen / Cloud Computing

E.1 Einführung und Grundlagen der Cloud-Sicherheit

E.1.1 Cloud Computing

Der Begriff Cloud Computing bezeichnet die Bereitstellung virtualisierter IT-Ressourcen wie Rechenkapazität, Datenspeicher, Programmier-Plattformen und Software durch einen Service Provider über das Internet an ein oder mehrere Benutzer.

Historisch betrachtet reichen die Ideen und Konzepte des Cloud Computings bis in die 60er-Jahre zurück, scheiterten zur damaligen Zeit jedoch an den nicht vorhandenen technischen Voraussetzungen wie schnelle und stabile Internetverbindungen sowie der Mehrbenutzerfähigkeit von IT-Systemen. Inzwischen hat sich Cloud Computing zu einer der wesentlichen Technologien in der Informatik entwickelt, deren weltweite Verwendung immer mehr zunimmt. Laut einer Schätzung von Forrester [1] hatte der globale Cloud-Computing-Markt 2017 ein Volumen von 146 Milliarden US-Dollar, das aufgrund einer jährlichen Wachstumsrate von 22% in 2018 auf 178 Milliarden US-Dollar steigen wird.

E.1.1.1 Vor- und Nachteile

Der Erfolg des Cloud Computings beruht im Wesentlichen auf den Kostenersparnissen, die sich sowohl für Benutzer als auch Anbieter ergeben. Diese basieren auf den folgenden beiden Eigenschaften:

+ **Skalierbarkeit**: Der Benutzer hat die Möglichkeit, die Ressourcen in dem Umfang zu mieten, in dem sie benötigt werden. Insbesondere können je nach Bedarf mehr Ressourcen hinzugebucht werden, umgekehrt aber auch wieder reduziert werden. So ist sichergestellt, dass ein Benutzer einen Cloud Service genau in dem Umfang nutzen kann, in dem er notwendig ist.
+ **Elastizität**: Gleichzeitig hat ein Cloud-Service-Anbieter die Möglichkeit, dass die von ihm bereitgestellten Ressourcen möglichst optimal ausgenutzt werden. Deren Benutzung wird auf mehrere Kunden verteilt, dadurch wird das Risiko von «totem Kapital» im Sinne von brachliegenden Ressourcen minimiert.

Daneben gibt es noch eine Reihe weiterer wichtiger Vorteile:

+ **Ortsunabhängigkeit**: Dank der weltweiten Verbreitung des Internets kann ein Cloud-Computing-Anbieter seinen Service global anbieten – unabhängig davon, wo das System physikalisch verortet ist. Dies erlaubt es, einerseits einen größeren Kundenstamm aufzubauen, andererseits können regionale Vorteile wie beispielsweise geringere Stromkosten ausgenutzt werden. Gleichermaßen können Benutzer weltweit von den Vorteilen des Cloud Computings profitieren.
+ **Einfachere Wartung:** Benutzer des Cloud Computings müssen sich nicht um die Wartung des vollständigen Systems kümmern. Aspekte wie Austausch defekter Hardware und Installation von Updates werden vom Service Provider übernommen und bleiben dem Benutzer unsichtbar. Ein weiterer Grund, der die Wartung vereinfacht, ist die Tatsache, dass insgesamt weniger Systeme eingesetzt werden, da sich mehrere Benutzer ein System teilen. Somit steigt der Wartungsaufwand nicht mehr (unmittelbar) mit der Anzahl der Benutzer an.
+ **Zugänglichkeit**: Ein Benutzer ist in der Lage, Möglichkeiten von IT-Systemen wie Speicherung großer Datenmengen oder Durchführung aufwendiger Berechnungen zu nutzen, ohne die

entsprechende Hardware zu besitzen. Oftmals reichen ein einfacher Rechner und ein Webbrowser, um Cloud-Computing-Funktionalitäten verwenden zu können.

+ **Höhere Sicherheit:** Obwohl durch die Verwendung von Cloud Computing neue Sicherheitsrisiken hinzukommen (siehe Abschnitt E.1.3), ist es oftmals sicherer, Cloud-Computing-Systeme zu verwenden. Der Grund ergibt sich aus der zentralen Wartung (siehe oben). Bei Systemen, die privat von Benutzern oder Firmen gewartet werden (müssen), sind diese auf entsprechende Sicherheitskenntnisse angewiesen. Gerade bei Einzelpersonen als auch kleineren und mittelgroßen Firmen ist dies nur selten entsprechend gegeben. Ein (großer) Cloud-Computing-Anbieter hat aber üblicherweise die Kapazitäten und auch die Motivation, um sein System professionell warten und absichern zu lassen, wovon dann auch die Benutzer profitieren.

Es soll aber nicht verschwiegen werden, dass Cloud Computing auch eine Reihe potenzieller Nachteile mit sich bringt:

- **Abhängigkeit vom Internet:** Um Cloud Services verwenden zu können, ist offensichtlich eine zuverlässige und idealerweise auch schnelle Internetverbindung notwendig. Sollte diese ausfallen, ist der Benutzer von seinen Daten und dem System abgeschnitten. Auch bei langsamen Internetverbindungen können sich Nachteile ergeben, beispielsweise eine Beschneidung der Produktivität.
- **Abhängigkeit vom Cloud-Service-Anbieter:** Ein Benutzer macht sich unmittelbar abhängig vom Cloud-Service-Anbieter. So kann ein Benutzer beispielsweise nur Services in Anspruch nehmen, die vom Provider überhaupt angeboten werden. Ebenso ist er darauf angewiesen, dass die Services jederzeit verfügbar sind. Sollte ein Provider aus technischen Gründen ausfallen, betrifft dies den Benutzer unmittelbar. Weiterhin werden mitunter kritische Daten und/oder Berechnungen ausgelagert, so dass der Benutzer dem Provider vertrauen muss.

E.1.1.2 Technologie

Die wesentliche Technologie, die im Cloud Computing zum Einsatz kommt, ist die sogenannte *Virtualisierung*. Hierunter versteht man die Bereitstellung von virtuellen Ressourcen, ohne dass diese in der Art und Umfang vorhanden sein müssen. Tatsächlich begegnet man dieser Technologie tagtäglich auf modernen Rechnersystemen. Fast ausschließlich operieren diese als Multi-Tasking-Systeme, also als Systeme, die mehrere Aufgaben (Tasks) «parallel» ausführen können. In Wirklichkeit stehen diesen Systemen aber nur eine kleine Anzahl an Prozessoren zur Verfügung, so dass das Betriebssystem dafür Sorge trägt, dass der Zugriff auf diese Prozessoren sinnvoll verteilt wird.

Ein ähnliches Beispiel ist das Speichermanagement. Applikationen haben (virtuell) Zugriff auf den gesamten Speicherbereich, allerdings wird dies nur durch das Betriebssystem simuliert. Dieses entscheidet, welcher Teil des real vorliegenden physikalischen Speichers welcher Applikation zugeordnet wird. Sollte der Speicherbedarf einer Applikation über den physikalisch vorliegenden Speicher hinausgehen, wird auf externe Speicher wie Festplatten zurückgegriffen; auch hier bekommt die Applikation davon nichts mit.

Im Prinzip folgt Cloud Computing diesem Paradigma. Basierend auf den dem Service Provider zur Verfügung stehenden physikalisch vorliegenden IT-Ressourcen wie Speicher, Prozessoren, Betriebssystemen usw. erhält ein Benutzer Zugriff auf ein vollständiges, aber letztendlich virtuelles System – einer sogenannten virtuellen Maschine (engl.: *virtual machine*). Während im oben genannten Beispiel eines Multitask-Systems das Betriebssystem, wie zum Beispiel Windows, Linux oder macOS, die Virtualisierung übernimmt, ist es im Fall des Cloud Computings der sogenannte

Hypervisor (auch ***V**irtual **M**achine **M**onitor* (VMM) genannt). Man unterscheidet hierbei zwischen zwei Arten von Hypervisoren:

- Ein **Typ-1-Hypervisor** läuft direkt auf der Hardware, ohne dass ein entsprechendes Betriebssystem darunter benötigt wird. Dies setzt selbstverständlich voraus, dass der Hypervisor auf der bereitgestellten Hardware lauffähig ist, beispielsweise durch Zugriff auf entsprechende Treiber. Beispiele für Typ-1-Hypervisoren sind Oracle VM, Microsoft Hyper-V, VMware ESXi, Xen und RHEV.
- Ein **Typ-2-Hypervisor** setzt auf ein vollwertiges Betriebssystem auf, das auf dem Cloud-Computing-System installiert ist. Zwar hat der Hypervisor dann nur indirekten Zugriff auf die Hardware, ist aber dafür auf allen Systemen einsetzbar, auf denen die betreffenden Betriebssysteme laufen. Beispiele für Typ-2-Hypervisoren sind Oracle VM VirtualBox, VMware Server and Workstation, Microsoft Virtual PC, KVM, QEMU und Parallels.

In beiden Fällen laufen auf dem Hypervisor die Anwendungen, auf die der Benutzer zugreift. Hierbei kann es sich um Applikationen wie Microsoft Office, aber auch um ein gesamtes Betriebssystem handeln, welches man in diesem Fall als Gast-Betriebssystem bezeichnet. Hypervisoren sind in der Lage, mehrere Gast-Betriebssysteme zu virtualisieren, innerhalb derer dann wieder die Applikationen laufen können.

E.1.1.3 Servicemodelle

In den obigen Schilderungen klang bereits das Schichtenmodell an, das im Kontext des Cloud Computings betrachtet wird. Dieses umfasst drei Schichten, die unterschiedliche Komponenten enthalten:

- **Oberste Schicht:** Diese Schicht umfasst direkt verwendbare Anwendungen und Funktionalitäten wie Datenspeicherung.
- **Mittlere Schicht:** In dieser Schicht ist das Betriebssystem angesiedelt, aber auch Laufzeitumgebungen und Entwicklungsplattformen. Vereinfacht gesagt finden sich hier Komponenten, auf denen dann wiederum die oben genannten Anwendungen und Funktionalitäten bereitgestellt werden können.
- **Unterste Schicht:** Diese Schicht wird durch die (physikalische) IT-Infrastruktur charakterisiert wie beispielsweise die eingesetzte Hardware. Sie enthält aber auch Komponenten, die die Netzwerkkonnektivität ermöglichen.

Im Cloud Computing haben sich drei unterschiedliche Servicemodelle etabliert, die sich darin unterscheiden, welche der Schichten von dem Service Provider bzw. von dem Benutzer administriert werden. Da ein Anbieter in der Regel wenigstens eine Schicht administrieren wird (andernfalls würde man eher von der Anmietung kompletter Ressourcen reden als von der Bereitstellung eines Cloud Computing Services) und es nicht sinnvoll ist, dass ein Anbieter eine Schicht administriert, ohne Zugriff auf die darunterliegende Schicht zu haben, ergeben sich somit die folgenden drei Modelle (siehe auch Bild E.1.1).

- ***I*nfrastructure *as a S*ervice (IaaS):** In diesem Modell administriert der Anbieter nur die unterste Schicht, während der Benutzer direkten Zugriff auf die mittlere Schicht (und somit auch oberste Schicht) erhält. Der möglicherweise bekannteste Anbieter von IaaS ist Amazon Web Services (AWS) mit Produkten wie EC2 für Rechenleistung und S3 für Speicher.

- ***Platform as a Service* (PaaS):** Neben der Infrastruktur (untere Schicht) stellt der Anbieter eine integrierte Laufzeit- (und evtl. auch Entwicklungs-) Umgebung zur Verfügung (mittlere Schicht). Bekannte Beispiele dafür sind Microsoft Azure, SAP HANA Cloud Platform und die Google App Engine.
- ***Software as a Service* (SaaS):** Hier werden alle Schichten durch den Anbieter administriert und der zur Verfügung gestellte Service umfasst lediglich Anwendungen. Bekannte Beispiele sind Microsoft Office 365 und Google Apps wie GMail und Google Calendar.

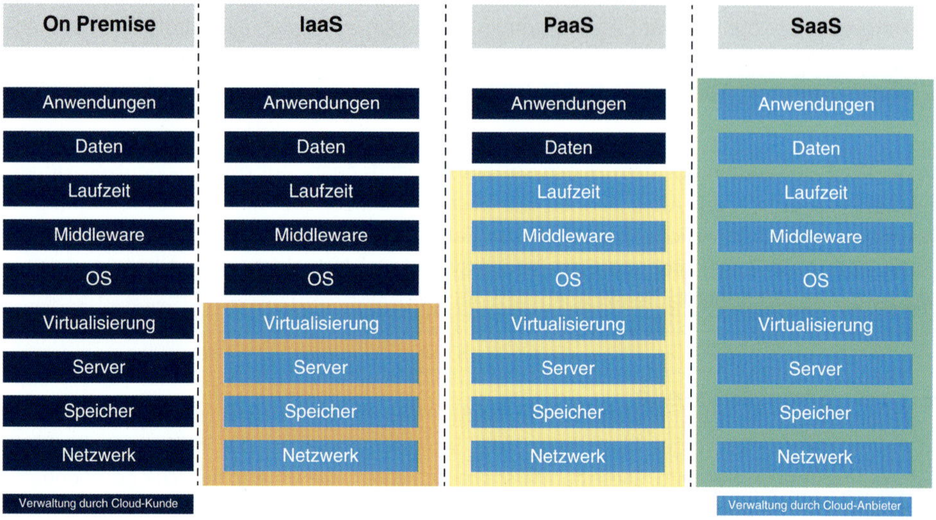

Bild E.1.1 *Vergleich der drei Cloud-Servicemodelle und On Premise mit diversen Schichten und Verwaltungsbereichen für Cloud-Kunde und Cloud-Anbieter*

E.1.1.4 Cloud-Modelle

Neben der Unterscheidung, *welche* Services ein Cloud-Anbieter zur Verfügung stellt, differenziert man auch, *wie* die Cloud verwendet wird. Im Wesentlichen betrachtet man folgende Cloud-Modelle [2]:

- **Public Cloud:** Bei einer Public Cloud macht der Anbieter seine Dienste offen über das Internet für jeden zugänglich. Die bei den Servicemodellen genannten Beispiele fallen allesamt unter dieses Cloud-Modell.
- **Private Cloud:** Dem gegenüber stehen Private-Cloud-Dienste, die nur einer einzigen Partei vorbehalten sind. Dies kann für Unternehmen interessant sein, die es aus Gründen des Datenschutzes und der IT-Sicherheit bevorzugen, ihre Dienste selbst zu betreiben und nur eigenen Mitarbeitern zur Verfügung zu stellen. Zwar können die einzelnen Mitarbeiter von Cloud-typischen Vorzügen wie skalierbare IT-Infrastruktur oder wartungsfreie IT-Anwendungen profitieren, für das Unternehmen selber, das das gesamte System administrieren muss, werden die Vorzüge einer Public Cloud jedoch nicht erreicht.
- **Hybrid Cloud:** Hybrid Clouds bezeichnen eine Kombination aus Public und Private Clouds. So laufen bestimmte Services bei öffentlichen Anbietern, während (tendenziell eher sicherheits- und datenschutzkritische) Anwendungen und Daten in der Private Cloud des Unternehmens

betrieben und verarbeitet werden. Die Herausforderung liegt hier in der Trennung der Geschäftsprozesse.

- **Community Cloud:** Als Community Clouds werden Cloud-Infrastrukturen bezeichnet, die von mehreren Unternehmen – z.B. im Kontext eines Projektes – genutzt und bereitgestellt werden, um gemeinsam auf bestimmte Dienste zugreifen zu können. Diese sind jedoch nicht öffentlich verfügbar, sondern beschränken sich auf einen definierten Nutzerkreis.

E.1.2 Interoperabilität und Datenaustausch

Cloud-Dienste aller Modelle lassen sich mit unterschiedlichsten Strukturen verbinden. Oft werden automatisiert Informationen zwischen verschiedenen Cloud Services ausgetauscht und kombiniert – zum Beispiel, wenn die Security-Information-and-Event-Management(SIEM)-Anwendung eines (privaten) Cloud Services die Daten verschiedener Public Clouds sammelt und auswertet, um festzustellen, ob eine Sicherheitslücke vorliegt.

Im alltäglichen Betrieb tauschen von Cloud-Anbietern bereitgestellte Cloud Services Daten mit den Cloud-Kunden aus, zum Beispiel bei der Verwendung von Cloud-Speicherplatz. Ebenfalls ist es möglich, dass kleine Endgeräte wie Temperatursensoren mit Cloud Services kommunizieren und so Strukturen wie das Internet of Things (IoT), Industrie 4.0 [11] und Smart Homes an die Cloud-Infrastruktur anbinden.

Unabhängig davon, ob ein Kunde, ein Endgerät oder ein anderer Cloud Service auf die bereitgestellten Ressourcen zugreift, erfolgt dies immer nach dem gleichen Schema: Zuerst wird zwischen zwei Parteien eine Verbindung aufgebaut und darüber beiden eine Schnittstelle zur Verfügung gestellt. Dann werden Nutzdaten in möglichst standardisierter Form über diese ausgetauscht, zum Beispiel die Startseite eines Webshops in HTML. Doch wie verbinden sich im Allgemeinen zwei Parteien und kommunizieren dann in einem standardisierten Format miteinander?

Um diese Frage zu beantworten, gehen wir zunächst auf die Interoperabilität zwischen verschiedenen Systemen mithilfe des OSI- und TCP/IP-Modells ein und erläutern, wie Netzwerkverbindungen über das Internet funktionieren. Damit auf der hergestellten Netzwerkverbindung Daten ausgetauscht werden können, bedarf es verschiedener Techniken und Standards. Wir stellen das Transportprotokoll HTTP sowie die darauf aufsetzende Übertragungsarchitektur REST und das Netzwerkprotokoll SOAP vor. Darüber werden schließlich direkt Daten ausgetauscht und wir definieren dazu die Standards JSON und XML. Zusammen liefern diese Komponenten den technischen Hintergrund für eine Cloud-Infrastruktur, wie sie in Abschnitt E.1.1 vorgestellt wurde, sowie deren Interoperabilität und ermöglichen den Datenaustausch mit anderen Computern und Netzwerken.

Selbstverständlich kann diese Darstellung nicht umfassend sein. Das Konzept des Cloud Computings bietet für nahezu jedes Problem diverse Lösungsstrategien, daher ist es nicht verwunderlich, dass auch proprietäre Lösungen und selten genutzte Verfahren existieren. Da diese jedoch nur im Einzelfall interessant sind, während standardisierte Verfahren es erlauben, dass Geräte, Daten und Strukturen austausch- und skalierbar werden, beschränken wir uns auf die standardisierten Verfahren.

E.1.2.1 OSI-Modell und TCP/IP-Modell

Um Daten zwischen Endpunkten wie Computern, Sensoren oder weiteren Netzwerken auszutauschen und eine Interoperabilität herzustellen, benötigen wir zunächst gewisse Modelle, auf die sich die Teilnehmer einigen. Grundlegende Standards sind hier das abstrakte OSI-Modell und das TCP/IP-Modell, das als Internetprotokoll bekannt ist.

E.1.2.1.1 Das OSI-Modell

Wenn Computer und Geräte zu einem Netzwerk verbunden werden sollen, entstehen komplexe Anforderungen und Aufgaben. Diese erstrecken sich nicht nur über die Software, sondern auch über die Hardware, die die angeschlossenen Geräte miteinander verbindet. So müssen nicht nur beliebig abstrakte Aufgaben zwischen verschiedenen Anwendungen möglich sein, sondern es muss auch die physische Datenübertragung geregelt werden.

Zu diesem Zweck wurde das OSI-Modell (***O**pen **S**ystems **I**nterconnection Model*) [52] entwickelt, das seit 1983 von der ***I**nternational **T**elecommunication **U**nion* (ITU) und seit 1984 auch von der ***I**nternational **O**rganization for **S**tandardization* (ISO) als Standard veröffentlicht wird. Das OSI-Modell bildet ein Referenzmodell für Netzwerkprotokolle und unterteilt ein System in sieben Schichten – von der physikalischen Schicht bis hin zur Anwendungsschicht. Daten werden zwischen unterschiedlichen Geräten auf der untersten Schicht ausgetauscht und dann auf den oberen Schichten weiterverarbeitet. Der Datenfluss erfolgt «vertikal», das heißt, Daten werden über Protokolle von einer Schicht zur nächsten weitergereicht und dann dort verarbeitet. Die Idee dahinter ist, dass Schichten getrennt voneinander betrachtet werden können, da sie verschiedene Aufgaben erfüllen und Anforderungen separat gelöst werden können. Letztendlich führt das zu einer einheitlichen und effizienteren Handhabung von kommunizierenden Systemen. Beispielsweise benötigt man zum Versenden einer Mail zwar ein Mailprogramm (oder bspw. einen Browser), muss sich dabei jedoch keinerlei Gedanken darum machen, wann und auf welche Art Strom durch die am Computer angeschlossenen Kabel fließt, um die Mail an andere Computer zu übertragen. Die sieben Schichten des OSI-Modells sind in Tabelle E.1.1 aufgeführt.

Tabelle E.1.1 *Die sieben Schichten des OSI-Modells. Daten werden von einer Schicht zur nächsten übergeben und darin entsprechend der jeweiligen Aufgabe verarbeitet.*

Schicht		Aufgabe
7	Anwendung	Programmierschnittstellen, Anwendungsfunktionen, Dateneingabe und -ausgabe
6	Darstellung	Überführung von Daten zwischen Netzwerk und Anwendung inklusive Verschlüsselung, Codierung und Kompression
5	Sitzung	Steuerung und Verwaltung von Kommunikation, Verbindung und Datenaustausch
4	Transport	Zuverlässige Datenübertragung zwischen zwei Netzwerkteilnehmern und Zuordnung der Daten zu Anwendungen
3	Vermittlung	Adressierung, Wegplanung und Zustellung von Daten zwischen Netzwerkteilnehmern
2	Sicherung	Segmentierung der Daten und zuverlässige Übertragung dieser
1	Bitübertragung	Umwandeln, Senden und Empfangen von Bits über ein physikalisches Medium

E.1.2.1.2 Das TCP/IP-Modell

Das TCP/IP-Modell ist eine Familie von über 500 Netzwerkprotokollen und wird oft auch als Internetprotokoll bezeichnet, da es die Basis für die Netzwerkkommunikation im Internet bildet. Als Grundlage diente ein Modell von Protokollen zur Datenkommunikation, das in den 1960er-

Jahren vom Verteidigungsministerium der Vereinigten Staaten entwickelt wurde. Das Hauptziel des TCP/IP-Modells ist der Datenaustausch in einem dezentralen Netzwerk, wie z.B. dem Internet, insbesondere über die Grenzen eines lokalen Netzwerks hinaus. Das bedeutet, dass Daten über mehrere Punkt-zu-Punkt-Verbindungen weitervermittelt werden können, wodurch wiederum die Basis für Verbindungen über mehrere Netzwerke und physikalische Entfernungen hinweg geschaffen wird.

Das Internet baut auf die TCP/IP-Protokollfamilie auf und ist somit im Grunde nichts anderes als ein aus Netzwerken bestehendes dezentrales Netzwerk. Dabei wird Information, die von einem Punkt zu einem anderen im Internet geschickt wird, in der Regel in sogenannte Pakete unterteilt. Das hat den Vorteil, dass keine dauerhaften und damit fehleranfälligen Verbindungen zwischen zwei Endpunkten bestehen müssen, wie es beispielsweise bei (traditionellen) Telefonverbindungen der Fall ist. Man spricht hier jeweils von *Paketvermittlung* und *Leitungsvermittlung*. Außerdem wird keine zentrale Einheit zur Koordination der Pakete benötigt. Zu beachten ist, dass Pakete in anderer Reihenfolge ankommen können, als sie abgeschickt wurden, zum Beispiel weil sie über verschiedene Wege innerhalb des Internets geleitet wurden. Im schlimmsten Fall können Pakete verloren gehen. Dies macht den Einsatz entsprechender Korrekturverfahren notwendig.

Gab es zunächst noch Konkurrenz zu TCP/IP mit proprietären Protokollen von beispielsweise Apple, Microsoft und Novell, so hat sich TCP/IP spätestens mit dem Internet durchgesetzt und sich aufgrund seiner Flexibilität und Routingeigenschaften bewiesen. Diese Entwicklung hat dazu geführt, dass heutzutage nahezu jedes netzwerkfähige Gerät TCP/IP unterstützt.

Das TCP/IP-Modell beschreibt, wie die Kommunikation zwischen Netzwerkteilnehmern in Pakete aufgeteilt, richtig zugestellt und wieder korrekt zusammengesetzt wird. Es fasst einige der sieben Schichten des OSI-Modells zusammen und besteht nur noch aus vier Schichten, die zusammen mit Beispielen und den zugehörigen OSI-Schichten in Tabelle E.1.2 aufgestellt sind. Dabei hat jede Schicht wie beim OSI-Modell separate Rollen und Funktionen, die unterliegende Schichten abstrahiert verwenden, wobei die Schnittstelle zwischen den Schichten (vertikal) durch sukzessive Kapselung der Daten erreicht wird.

Tabelle E.1.2 *Die vier Schichten des TCP/IP-Modells. Die vierte Schicht befindet sich nahe am Endnutzer, während die erste Schicht die physikalische Übertragung repräsentiert.*

TCP/IP-Schicht		OSI-Schichten	Beispielprotokolle
4	Anwendung	5, 6, 7	HTTP, FTP, OPC UA
3	Transport	4	TCP, UDP
2	Internet	3	IP (IPv4, IPv6), ICMP, IPSec
1	Verbindung	1, 2	Ethernet, WLAN, Satellit

Entscheidend ist, dass nun gleiche Schichten zweier Systeme miteinander kommunizieren können, ohne sich um die Aufgaben der anderen Schichten kümmern zu müssen. So übergibt eine Cloud-Anwendung Daten an ihre Anwendungsschicht, die diese über die TCP/IP-Protokolle weiterverarbeitet und schließlich der Anwendungsschicht des Empfängers wieder zur Verfügung stellt. Dies erlaubt eine elegante und effiziente Nutzung von Cloud-Diensten, da Anwendungen logisch direkt miteinander kommunizieren können und es zudem keine Rolle spielt, wie viele Netzwerke zwischen Nutzer und Cloud Service liegen. Wir werden die Schichten nun im Detail erläutern, der Datenfluss ist in Bild E.1.2 schematisch dargestellt.

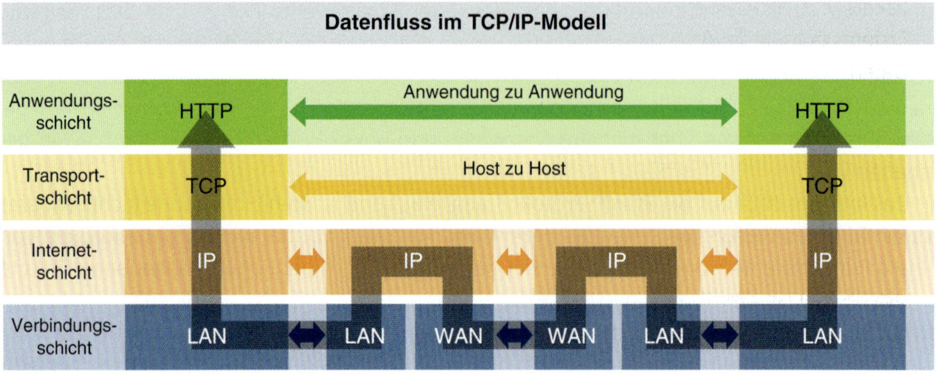

Bild E.1.2 *Schematische Darstellung des Datenflusses im TCP/IP-Modell. Farbige Pfeile repräsentieren die logische Schichtkommunikation, die ohne Sicht und Kenntnis der anderen Schichten stattfindet. Somit erscheinen beide Hosts direkt miteinander verbunden und können direkt miteinander kommunizieren, auch wenn dazwischen mehrere Router geschaltet sind. Der graue Pfeil zeigt den tatsächlichen Datenfluss. Die Richtung ist jeweils bidirektional, da beide Seiten sowohl senden als auch empfangen können. Cloud-Anwendungen und Nutzer können so direkt miteinander interagieren.*

- **Schicht 4 – Anwendung:** Die Anwendungsschicht umfasst alle Protokolle, um Daten abhängig von konkreten Anwendungen auszutauschen und darzustellen. Weiter wird hier definiert, wie Daten mit der unterliegenden Transportschicht ausgetauscht werden. Die folgenden Abschnitte E.1.2.2 und E.1.2.3 beschäftigen sich hiermit im Detail.
- **Schicht 3 – Transport:** Die Transportschicht ermöglicht die Host-zu-Host- bzw. Ende-zu-Ende-Kommunikation. Ein Host ist in diesem Fall definiert als ein Gerät mit einer IP-Adresse (z.B. 216.58.206.3 mit IPv4, siehe Schicht 2). Im Wesentlichen gibt es zwei Protokolle: das verbindungsorientierte TCP (*Transmission Control Protocol*) [34; 12] und das verbindungslose UDP (*User Datagram Protocol*) [44]. Letzteres wird vor allem für Echtzeit-Anwendungen wie VoIP-Telefonie (Voice over IP) verwendet, ist für uns hier aber von weniger Interesse.

  TCP ist das wichtigste Protokoll der Transportschicht und stellt den ersten Teil von «TCP/IP». Es ist ein zuverlässiges und verbindungsorientiertes Netzwerkprotokoll, das die Paketvermittelung umsetzt. Dazu teilt es die von der Anwendungsschicht kommenden Daten in Pakete (TCP-Segmente) ein und weist diesen einen (anwendungsspezifischen) Quell- und Zielport, eine Paketnummer und die Anzahl versendeter Pakete zu. Ebenso wird am Paket vermerkt, wie groß seine Nutzdaten sind. Zuverlässig bedeutet hier nicht nur, dass sichergestellt wird, dass alle gesendeten Daten vollständig und in der richtigen Reihenfolge (aufgrund der Paketnummer) ohne Duplikate ankommen, sondern auch, dass der Empfang eines Pakets beim Absender bestätigt wird. Verbindungsorientiert steht dafür, dass zwei über TCP kommunizierende Anwendungen zuerst eine gegenseitige Verbindung aufbauen müssen, bevor Daten ausgetauscht werden können. Nach der Datenübertragung wird die Verbindung beendet.
- **Schicht 2 – Internet:** Die Internetschicht besteht im Kern aus dem Internet Protocol (IP) [33] und liefert damit den zweiten Teil von «TCP/IP». Es wandelt die (TCP-)Pakete aus der Transportschicht wiederum in IP-Pakete und liefert diese als Paketzustelldienst aus. Das Zustellen der Pakete ist insbesondere über mehrere Netzwerke hinweg möglich; das Hindurchleiten und -führen der

Pakete wird als *Routing* bezeichnet. IP-Pakete bestehen aus einem Header und den Nutzdaten: Ersteres enthält die Absender- und Zieladresse, Letzteres die eigentlichen zu transportierenden Daten.

IP nutzt also auch die erwähnte Paketvermittlung und ist – anders als TCP – ein unzuverlässiges (bspw. wird der Absender bei Paketzustellung nicht benachrichtigt) und verbindungsloses (komplette Routing-Information steckt im IP-Paket) Protokoll. Neben der Paketzustellung werden auch Diagnoseprogramme zur Verfügung gestellt, zum Beispiel *ping* (Erreichbarkeitsprüfung eines Hosts) und *traceroute* (Protokoll der Route eines IP-Pakets). Die Adressierung funktioniert über die bereits genannte IP-Adresse und Erweiterungen (Subnetmask, Gateway), um außerhalb des lokalen Netzwerks Pakete zustellen zu können.

IPv4-Adressen [33] bestehen aus vier Blöcken, jeweils mit Werten zwischen 0 und 255, womit maximal etwa 4 Milliarden Adressen darstellbar sind. Große Teile des Internets laufen über IPv4, dessen Adressraum jedoch seit 2011 nahezu vollständig aufgebraucht ist. Die Umstellung auf IPv6 [14] löst dieses Problem, bietet noch weitere Vorteile und ist seit dem 14. Juli 2017 ein Internet-Standard. Allerdings wird es derzeit nur von etwa 23% aller Geräte verwendet [29].

- **Schicht 1 – Verbindung:** Die unterste Schicht repräsentiert die physische Datenübertragung zwischen zwei Parteien im Netzwerk, z.B. via Ethernet, Bluetooth oder WLAN, sowohl für lokale (LAN – ***L**ocal **A**rea **N**etwork*) als auch globale Netze (WAN – ***W**ide **A**rea **N**etwork*).

E.1.2.2 Datentransport via HTTP

Um nun Daten logisch direkt von Anwendungsschicht zu Anwendungsschicht zu übertragen, gibt es verschiedene Protokolle. Eines der am häufigsten verwendeten ist HTTP (Hypertext Transfer Protocol), zusammen mit TCP in der Transportschicht wird diese Kombination als *HTTP über TCP* bezeichnet. Es wurde von der ***I**nternet **E**ngineering **T**ask **F**orce* (IETF) und dem ***W**orld **W**ide **W**eb **C**onsortium* (W3C) standardisiert und es existieren drei Versionen: HTTP/1.0 [10] (1996–1998), HTTP/1.1 [16] (1999–2014) und HTTP/2 [9] (seit 2015). HTTP/2 ist derzeit vor allem in aktuellen Browsern im Einsatz, die meisten Anwendungen verwenden noch HTTP/1.1. HTTP skaliert hervorragend und bietet gleichzeitig eine enorme Flexibilität, denn es ist aufgrund des einfachen, textbasierten Aufbaus mit sehr vielen Anforderungen vereinbar. Zum Beispiel wird es zum Laden von Webseiten, Übertragen von Dateien und Ausführen von Webservices verwendet.

HTTP ist ein zustandsloses Protokoll, so dass verschiedene Kommunikationsanfragen unabhängig voneinander bearbeitet werden. Will man dies aber umgehen, um zum Beispiel Daten zur Wiedererkennung beim Kunden zu hinterlegen, muss die Endanwendung einen Zustand definieren. Das möglicherweise bekannteste Beispiel sind die sogenannten Cookies, die vom Browser gespeichert werden.

In HTTP wird zunächst immer eine Anfrage vom Client an den Server geschickt, der darauf mit einer Antwort reagiert. HTTP-Nachrichten bestehen aus zwei Teilen: einem *Header* und einem *Body*. Der Header enthält Informationen über den Body, unter anderem Codierung und Länge, während der Body die eigentlichen Nutzdaten enthält. Eine Beispielkommunikation über HTTP/1.1 wird in Bild E.1.3 gezeigt. Neben HTTP gibt es noch andere wichtige Protokolle über TCP, zum Beispiel FTP (***F**ile **T**ransfer **P**rotocol*) [45] und SSH (***S**ecure **Sh**ell*) [57].

```
1  GET /index.html http/1.1
2  Host: www.beispielcloud.de
3  Connection: Keep-Alive
4
5  HTTP/1.1 200 OK
6  Date: Tue, 29 May 2018 02:32:11 GMT
7  Connection: Keep-Alive
8  Content-Encoding: gzip
9  Content-Language: de
10 Content-Length: 2848
11 Content-Type: text/html; charset=UTF-8
12 Server: Apache/2.4.33 (Ubuntu)
13
14 <HTML>
```

Bild E.1.3 *Beispielkommunikation über HTTP/1.1 für einen Webseitenaufruf. Die Anfrage besteht aus den Zeilen 1 bis 4 und enthält den HTTP-Befehl GET mit Ressource index.html. Ebenfalls wird der Host www.beispielcloud.de angegeben, der noch zur entsprechenden IP-Adresse umgewandelt wird. Keep-Alive weist die Anwendung an, die Verbindung aufrechtzuerhalten. Der Antwort-Header startet in Zeile 5 mit dem HTTP-Statuscode 200 (OK) und gibt dann verschiedene Infos über den Body an, wie zum Beispiel Sprache, Codierung, Länge, Inhaltstyp und Datum. Zu beachten sind die doppelten Zeilenumbrüche am Ende eines Headers. Ab Zeile 14 startet der (in der im Bild gekürzte) Body mit Nutzdaten.*

E.1.2.3 Schnittstellen und Datendarstellung

Da wir im vorhergehenden Abschnitt die Interoperabilität zwischen Cloud und Kunde hergestellt haben, wollen wir uns nun der standardisierten Datendarstellung und den wichtigsten Schnittstellen zwischen Anwendungen widmen. Damit lassen sich dann Daten austauschen und Operationen ausführen, übertragen im HTTP-Body.

E.1.2.3.1 Standardisierte Datenformate

Will man Daten von einer Anwendung in eine andere transferieren – eventuell über ein Netzwerk wie dem Internet –, dann müssen beide Anwendungen die Daten auf die gleiche Art interpretieren. Datenformate für Anwendungen kann man sich als Sprache vorstellen. Wenn zwei Personen die gleiche Sprache sprechen, zum Beispiel Deutsch, können sie leicht miteinander kommunizieren. Haben zwei Personen jedoch keine gemeinsame Sprache, muss eine Übersetzung durchgeführt werden, was vergleichsweise aufwendig ist. Beim Austausch von Daten zwischen zwei Anwendungen verhält es sich analog: Beherrschen die kommunizierenden Anwendungen die gleiche Sprache, erspart dies eine zusätzliche Übersetzung und sorgt für eine schnelle Kommunikation bzw. Verarbeitung. Standardisierte Datenformate sind eine Art gemeinsame Sprache für Anwendungen.

Abhängig von den Aufgaben einer Anwendung sind verschiedene Standards notwendig, zum Beispiel werden für Bildinhalte andere Standards genutzt als für Webseiten. Im HTTP-Header wird die Sprache der Daten im Body festgelegt, damit eine Anwendung weiß, wie sie die Daten interpretieren muss (siehe Content-Type in Zeile 11 von Bild E.1.3). Bei Cloud Services werden neben Dateien auch Befehle übertragen, die den Cloud Service anweisen, Aktionen durchzuführen. Während große Datenmengen wie Bilder, Filme oder Back-ups ihre eigenen Sprachformate nutzen, wollen wir uns nun die wichtigsten standardisierten Datenformate für die Kommunikation mit Cloud Services anschauen: XML und JSON. Diese erlauben das Übertragen von einer einzelnen Zahl bis hin zu komplexen Strukturen und sind gleichzeitig sehr leicht für Maschine und Mensch zu verstehen. Daneben gibt es noch etliche weitere Formate, zum Beispiel durch Komma getrennte Werte oder Binärdaten.

- **XML:** Das Format XML (*e**X**tensible **M**arkup **L**anguage*) wurde 1998 veröffentlicht [53] und ist eine textbasierte Metasprache. Das bedeutet, dass XML zum einen dazu benutzt werden kann, direkt Daten zu übertragen, zum anderen jedoch weitere Datenformate definieren kann, die eigene Spezialaufgaben haben. Beispiele sind SVG (Grafiken) und MathML (Darstellung für mathematische Formeln), was sowohl im HTTP-Header als auch zu Beginn des XML-Dokuments gekennzeichnet wird. Neben Befehlen und Daten lassen sich auch Strukturen einfach in XML abbilden, allerdings hat jeder Inhalt einen eigenen Namen, der selbst bei Wiederholungen immer wieder vollständig angegeben werden muss, was entsprechend Speicherplatz benötigt. Ein Beispiel für ein Gästebuch mit zwei Einträgen ist in Bild E.1.4 (links) gegeben.
- **JSON:** Das Datenformat JSON (***J**ava**S**cript **O**bject **N**otation*) [35; 36] ist textbasiert und wird vor allem für den Datenaustausch zwischen Anwendungen und das Speichern von strukturierten Daten eingesetzt. JSON wird auch für Serialisierung verwendet, das heißt, es stellt Daten in einer sequenziellen Form dar, z.B. um Datenströme zu übertragen. Auch wenn im Namen JavaScript steckt, ist JSON unabhängig von dieser Programmiersprache und kann von nahezu jeder modernen Programmiersprache direkt verarbeitet werden. Inhalte werden entweder als Objekt oder Name-Wert-Paar gespeichert, also zum Beispiel `Ball:rund`, was JSON universell macht und andere Datenstrukturen leicht einbetten lässt. Auch aufgrund der leichten Lesbarkeit für Maschine und Mensch, der einfachen Struktur und dem geringen Speicherverbrauch (z.B. im Vergleich zu XML) hat JSON das Internet mitsamt Schnittstellen seit 2012 erobert [30]. Ein Beispiel für ein Gästebuch mit zwei Einträgen ist in Bild E.1.4 (rechts) gegeben.

```xml
<?xml version="1.0" encoding="UTF-8" standalone="yes"?>
<directory>
    <title>Gästebuch</title>
    <entry new="true">
        <user>Alice</user>
        <mail></mail>
        <text>Beispieltext steht hier.</text>
    </entry>
    <entry>
        <user>Bob</user>
        <mail>bob@beispiel.de</mail>
        <text>Hier steht Beispieltext.</text>
    </entry>
</directory>
```

```json
{
  "title": "Gästebuch",
  "entry": [
    {
      "-new": true,
      "user": "Alice",
      "mail": "",
      "text": "Beispieltext steht hier."
    },
    {
      "user": "Bob",
      "mail": "bob@beispiel.de",
      "text": "Hier steht Beispieltext."
    }
  ]
}
```

Bild E.1.4 *Direktvergleich von XML (links) und JSON (rechts) für die Datendarstellung eines Gästebuchinhalts mit zwei Einträgen*

E.1.2.3.2 Schnittstellen

Die Datenformate XML und JSON aus dem vorhergehenden Abschnitt werden nicht nur für die Datenübertragung eingesetzt, sondern auch direkt für Schnittstellen. Über eine Schnittstelle können Cloud-Dienst und -Kunde (oder weitere Dienste) miteinander kommunizieren, wobei der Inhalt der Kommunikation sowohl Daten als auch Befehle umfassen kann. Die drei Verfahren RPC, SOAP und REST sind am weitesten verbreitet und werden in der Regel zusammen mit XML oder JSON verwendet. Die von Facebook entwickelte Abfragesprache GraphQL [28], die Daten in der gleichen Struktur erwartet, wie sie angefragt wurden, findet auch häufig Verwendung. Im IoT-Bereich wird häufig die ressourcenschonende Schnittstelle OPC UA verwendet.

Generell spricht man hier von *Request-Response*-Verfahren, da eine Partei eine Anfrage (*request*) stellt und daraufhin von einer anderen Partei eine Antwort (*response*) erhält. In Sonderfällen, z.B. einer Benachrichtigung, kann aber auch nur eine der beiden Nachrichten geschickt werden. Eine Hauptaufgabe der Schnittstellen ist «CRUD», kurz für ***C**reate, **R**ead, **U**pdate, **D**elete* – Erstellen, Lesen, Aktualisieren, Löschen –; damit lassen sich die meisten Anforderungen umsetzen. Alle genannten Schnittstellen nutzen zum Datentransport HTTP (siehe Abschnitt E.1.2.2).

- **RPC:** Hinter dem Protokoll RPC (*Remote Procedure Call*) steckt die Idee, Funktionen einer Anwendung auf einem Computer mit entsprechenden Parametern aufzurufen, die Ausführung jedoch auf einem anderen Computer durchzuführen. Das Ergebnis wird danach wieder zum ersten Computer zurückgeschickt. Computer ist hier generisch, im Allgemeinen sprechen wir von Client und Server. CRUD lässt sich mittels RPC jedoch nur durch vom Server gewählte Funktionen umsetzen und ist nicht übergreifend standardisiert.

  RPC gibt es in verschiedenen Varianten. Bei XML-RPC [49] wird die Kommunikation zwischen Client und Server in das XML-Format überführt. JSON-RPC [25] funktioniert ähnlich, im Vergleich zu XML muss der Client jedoch nicht auf Antworten vom Server warten, sondern kann zeitgleich weiterarbeiten (asynchrone Kommunikation). Google hat gRPC [31] entwickelt, das ein Datenformat von Google nutzt und Daten über HTTP/2 austauscht. Auch das Netzwerk-Dateisystem NFS (***N**etwork **F**ile **S**torage*) baut auf RPC auf und es existieren proprietäre Umsetzungen, zum Beispiel von SAP [46]. Ein generischer RPC-Ablauf ist in Bild E.1.5 dargestellt.

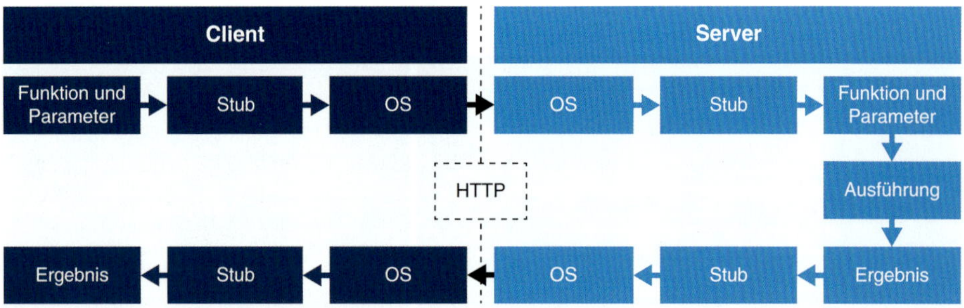

Bild E.1.5 *Generischer Ablauf des RPC Protokolls zwischen Client und Server über HTTP, wobei das Konvertieren der Funktionsparameter in das jeweilige Format durch einen sogenannten Stub durchgeführt und an das Betriebssystem (OS) weitergereicht wird*

- **SOAP:** Das Netzwerkprotokoll SOAP entstand 1999 als eine Weiterentwicklung von XML-RPC, ist standardisiert durch das W3C [54] und war bis Version 1.2 (2003) ein Akronym für «Simple Object Access Protocol». SOAP ist XML-basiert, das heißt, es sendet und empfängt XML-Daten und ist damit unabhängig von Plattform und Programmiersprache. SOAP erfüllt zwei Aufgaben: Dateiaustausch zwischen Systemen und Durchführung von RPC bei Webservices. Ein Webservice ist im Allgemeinen eine Software, die beim (Cloud-)Anbieter betrieben und über das Internet verwendet wird. SOAP hinterlegt Adresse und weitere Details des Services in einem Verzeichnis und schlägt diese bei Anfragen nach.

  SOAP-Nachrichten sind in einem Umschlag (*envelope*) eingebettet. Dort sind im Header Zusatzinformationen gespeichert und im Body entweder Funktionsname und Parameter für XML-RPC oder beliebiger XML-Inhalt für Dateien.
- **REST:** Neben SOAP ist REST (***Re**presentational **S**tate **T**ransfer*) [17] am weitesten verbreitet, jedoch handelt es sich hierbei nicht um einen Standard, sondern um eine abstrakte

Übertragungsarchitektur, die dann in verschiedene Systeme implementiert wird. REST legt den Schwerpunkt auf Interoperabilität von Maschinen, was optimal für den Einsatz im Cloud-Umfeld ist. Große Teile des Internet sind bereits (unabsichtlich) nach REST-Prinzipien ausgelegt, zum Beispiel viele Webshops oder Suchmaschinen.

Generell basiert REST auf zwei Konzepten: Ressourcen und Aktionen, über die eine Interaktion mit Ressourcen möglich ist. Interessant ist hierbei, dass jede Aktion auf jede Ressource anwendbar ist. Man kann sich das vorstellen, indem man Ressourcen als «Nomen» und Aktionen als «allgemeingültige Verben» einer Sprache interpretiert. Bei REST benötigt ein Client damit keine Informationen über die Programmierschnittstelle, abgesehen von der Zieladresse (URL – *Uniform Resource Locator*) und dem Datenformat, da mit einer REST-Nachricht alle weiteren möglichen Optionen übertragen werden. REST ist außerdem zustandslos, da alle notwendigen Informationen in einer REST-Nachricht enthalten sind, und kann Daten anweisen, im Zwischenspeicher beim Client zu lagern, so dass diese nicht erneut angefragt werden müssen.

BEISPIEL

Als Beispiel einer REST-Implementierung führt ein GET-Aufruf mit http://www.beispiel.de/personen/ zur Ausgabe einer Liste von hinterlegten Personen mit Links zu jeder einzelnen Person. Jedoch würde der GET-Aufruf mit http://www.beispiel.de/personen/5/ alle Details einer einzelnen Person (mit der Nummer 5) zur Verfügung stellen.

- **OPC UA:** Durch das Aufkommen von Industrie 4.0 und IoT werden kommunizierende Kleingeräte ebenfalls an Cloud-Dienste angeschlossen. Speziell für die Maschine-zu-Maschine-Kommunikation wurde die Spezifikation OPC UA (*Open Platform Communications Unified Architecture*) [20] entwickelt. Geeignet für Service-orientierte Architekturen, werden neben Netzwerken, in denen jedes Gerät mit einem anderen verbunden ist, auch Netzwerke unterstützt, die aus beliebigen Mess- und Endgeräten bestehen, wie beispielsweise Industrieroboter oder Gebäudeautomation. OPC UA enthält zwei Protokolle: Webservices (entspricht SOAP) und ein Protokoll auf Binärebene. Letzteres bietet eine sehr hohe Performance und niedrigen Ressourcenverbrauch.

Interoperabilität und Datenaustausch von Cloud-Diensten sind also durch Übertragungs- und Zustellungsprotokolle, standardisierte Datenformate sowie Schnittstellen gegeben. Am häufigsten verbreitet ist JSON in REST über HTTP über TCP/IP, beispielsweise bei den Cloud-Diensten von Amazon, Microsoft und Google. Implementierungsbeispiele stellen wir in Abschnitt E.1.5 vor.

E.1.3 Bedrohungsszenarien

Wie zu Beginn in Kapitel E.1 bereits angedeutet, besteht bei der Verwendung des Cloud Computings eine Reihe von Sicherheitsrisiken, auf die wir im Folgenden genauer eingehen werden. Während einige dieser Risiken allgemein gültig sind, also auch bei «klassischen» IT-Systemen vorliegen, gibt es einige Risiken, die sich erst aus der Natur des Cloud Computings ergeben. Im Wesentlichen gibt es hierbei zwei Aspekte, die sich direkt aus den beiden in Abschnitt E.1.1.1 beschriebenen Vorteilen Skalierbarkeit und Elastizität ergeben:

- **Kontrollverlust:** Der Kern eines Cloud Computing Services ist es, dass sich der Benutzer nicht oder kaum um das verwendete IT-System kümmern muss, sondern dieses entsprechend des eigenen Bedarfs (Skalierbarkeit) bei einem Anbieter anmietet. Die Aufgabe der Administration wird vollständig an den Cloud-Computing-Anbieter ausgelagert. Damit einhergehend ist jedoch ein unmittelbarer Kontrollverlust. Der Benutzer übergibt seine Daten und/oder Operationen in fremde Hände und ist damit darauf angewiesen, dass diese sorgfältig damit umgehen.
- **Geteilte Ressourcen:** Das Geschäftsmodell eines Cloud-Computing-Anbieters basiert auf der Elastizität, also der Möglichkeit, brachliegende Ressourcen zu vermeiden, indem diese gleichzeitig mehreren Benutzern zur Verfügung gestellt wurden. Dies bedeutet allerdings, dass letztendlich mehrere Parteien zur selben Zeit auf die gleichen Ressourcen wie Speicher und Recheneinheiten zugreifen. Dies kann dazu führen, dass gewollt oder ungewollt Daten innerhalb einer virtuellen Maschine zu einer anderen durchsickern.

Im Folgenden werden wir zunächst die wichtigsten Sicherheitsziele erklären, gehen dann auf die relevantesten Sicherheitsrisiken ein und erläutern anschließend exemplarisch Angriffe, die die beiden oben genannten Aspekte gezielt ausnutzen.

E.1.3.1 Die CIA-Sicherheitsziele

Mit zunehmender Durchdringung von IT-Systemen ergeben sich immer neue Anwendungsfelder, aber dadurch auch neue Sicherheitsziele, die zu erfüllen sind. Während eine umfassende Auflistung nicht machbar und auch nicht im Fokus dieses Textes steht, gibt es aber eine Reihe an Kernzielen, die fast immer erreicht werden sollten. Diese werden als die CIA-Sicherheitsziele bezeichnet, wobei CIA für die drei Ziele (C)onfidentiality, (I)ntegrity und (A)vailability stehen. Diese erklären wir kurz:

- **(C)onfidentiality – Geheimhaltung:** Hierunter versteht man, dass die Inhalte von Daten vor unbefugten Personen geheim gehalten werden. Oftmals wird dies durch Verschlüsselung der Daten erreicht.
- **(I)ntegrity – Integrität:** Dies bezeichnet den Anspruch, dass Daten nicht durch Unbefugte verändert werden können. Oftmals wird dies mit dem Anspruch der Authentizität verbunden, dass also auch die Herkunft der Daten sichergestellt ist. Mögliche Maßnahmen sind der Einsatz von digitalen Signaturen oder Message Authentication Codes.
- **(A)vailability – Verfügbarkeit:** Dies bedeutet, dass Daten und/oder Services verfügbar sein müssen. Gerade im Kontext des Cloud Computings, bei dem extern auf diese zugegriffen wird, ist Verfügbarkeit ein wichtiges Anliegen.

E.1.3.2 Die wichtigsten Sicherheitsrisiken

Aufgrund der vielfältigen Einsatzmöglichkeiten des Cloud Computings und der damit einhergehenden Komplexität steigt kontinuierlich die Anzahl der möglichen Sicherheitsrisiken. Einen guten Eindruck darüber, welche als die wichtigsten angesehen werden, bieten die von der Cloud Security Alliance (CSA) [3] regelmäßig veröffentlichten Berichte, die auf durchgeführten Studien und dedizierten Fragebögen basieren. In ihrem 2017 erschienenen Report werden die folgenden Sicherheitsziele als die wichtigsten charakterisiert:

1. **Datenverletzung:** Eine Datenverletzung ist ein Vorfall, bei dem sensible und geschützte Informationen veröffentlicht, gestohlen oder von einer nicht autorisierten Person benutzt werden. Sie kann das Ergebnis eines Angriffs oder von menschlichem Versagen sein.
2. **Unzureichendes Identitäts- oder Zugriffsmanagement:** Der Kern eines Cloud Computing Services ist es, dass ein Benutzer extern auf Ressourcen zugreifen kann. Dies macht es absolut notwendig, diese Zugriffe entsprechend zu organisieren und abzusichern, da sich andernfalls Unbefugte Zugriff verschaffen können.
3. **Unsichere APIs:** Cloud-Computing-Anbieter ermöglichen technisch den Zugriff auf die Ressourcen durch dedizierte Schnittstellen (***A**pplication **P**rogramming **I**nterface* – API) und stellen somit das Haupteinfallstor dar. Diese Schnittstellen müssen einerseits ausreichend flexibel sein, um alle notwendigen Services anbieten zu können, müssen aber gleichzeitig auch gegen Missbrauch abgesichert werden. Damit steht und fällt die Sicherheit und Verfügbarkeit von allgemeinen Cloud-Diensten mit der Sicherheit dieser zugrundeliegenden APIs.
4. **System- und Anwendungsverwundbarkeiten:** System-Sicherheitslücken sind Fehler in Programmen, die Angreifer ausnutzen können, um beispielsweise Systeme zu infiltrieren oder zu stören. Diese Art von Bedrohung ist nichts Neues und existiert letztendlich für alle IT-Systeme. In Cloud-Computing-Systemen, die von mehreren Parteien genutzt werden können, erhalten sie aber eine neue Dimension. Ein erfolgreicher Angriff kann nun eine Vielzahl an Opfern gleichzeitig treffen.
5. **Account Hijacking:** Die bezeichnet einen Angriff, bei der ein bestehender Account durch einen Angreifer übernommen wird. Während Sicherheitsrisiko Nummer 2 eher Angriffe bezeichnet, bei denen eine unzureichend abgesicherte Zugangskontrolle umgangen wird, geht es hier eher darum, den Besitzer eines Accounts auszutricksen. Typische Angriffsmethoden sind Phishing, also das Versenden gefälschter E-Mails oder Vorgaukelung falscher Tatsachen, als auch die Ausnutzung schwacher Passwörter. Sobald ein Angreifer die Zugangsdaten in Erfahrung gebracht hat, erhält dieser direkten Zugriff auf die Daten und Aktivitäten des Benutzers.
6. **Böswillige Insider:** Bei «klassischen Systemen» gilt es vorwiegend, Angriffe von außenstehenden Angreifern (*Outsider*) abzuwehren. Im Fall des Cloud Computings kommt ein weiteres Bedrohungsszenario hinzu: der böswillige Insider. Wie bereits erläutert, ist es hier unabdingbar, dem Anbieter in einem gewissen Umfang zu vertrauen. Dies mag nicht immer gerechtfertigt sein, so dass Situationen auftreten können, dass der Anbieter selber böswillig ist. Auch wenn dies nicht direkt der Fall ist, kann es passieren, dass aktuelle oder frühere Mitarbeiter des Anbieters ihre Zugriffsrechte missbrauchen. Selbst wenn diese allesamt mit bestem Wissen und Gewissen handeln, kann durch Nachlässigkeit in der Absicherung des Systems der Fall eines Insiders auftreten.
7. **Advanced Persistent Threats (APTs):** Advanced Persistent Threats sind eine Form des Cyberangriffs, die über einen längeren Zeitraum heimlich durchgeführt werden, beispielsweise um kontinuierlich Daten abzugreifen oder generell das System auszuspionieren.
8. **Datenverlust:** Bei in der Cloud gespeicherten Daten besteht immer das Risiko, dass diese vollständig verloren gehen können. Dies kann das Resultat eines Angriffs sein, aber auch durch eine versehentliche Löschung durch den Cloud-Service-Provider oder einen physikalischen Unfall wie Feuer oder Erdbeben entstehen.
9. **Unzureichende Sorgfalt:** Nicht nur der Anbieter ist angeraten, ein entsprechendes Maß an Sorgfalt walten zu lassen, sondern auch der Benutzer. Wenn Firmen sich dafür entscheiden, Cloud-Technologien zu verwenden, ist eine entsprechende Vorplanung und Entwicklung einer passenden Strategie notwendig. Durch eine übereilte Verwendung von Cloud Services können Sicherheitsrisiken entstehen, die nicht durch den Anbieter verschuldet sind.

10. **Missbrauch von Cloud Services:** Im Gegensatz zu den anderen Beispielen geht es hier nicht um Schwächen eines Cloud-Systems, sondern um Angriffe, die durch Cloud Services überhaupt erst ermöglicht werden. Beispiele für den Missbrauch der Cloud-Service-basierten Ressourcen umfassen das Starten von DDoS-Angriffen (siehe nächster Punkt), E-Mail-Spam, Mining von Kryptowährungen und das Knacken von Passwörtern.
11. **Denial-of-Service:** Denial-of-Service(DoS)-Angriffe haben das Ziel, die Verfügbarkeit von Services zu verhindern. Dies wird dadurch realisiert, dass ein Angreifer eine steigende Anzahl an Anfragen an den Cloud Service stellt, bis diese dessen Kapazitäten übersteigen. Dies führt oftmals zu einem Zusammenbruch des Systems oder zumindest zu der Situation, dass Anfragen legitimer Benutzer nicht mehr bearbeitet werden können. Eine Erweiterung dieses Konzeptes sind DDoS-Angriffe (Distributed Denial-of-Service), bei der der Angriff auf mehrere Angreifer / Systeme verteilt wird.
12. **Verwundbarkeiten resultierend aus geteilten Technologien:** Auf dieses Risiko sind wir oben bereits eingegangen. Aufgrund der Tatsache, dass die Ressourcen eines Cloud-Systems von mehreren Benutzern gleichzeitig geteilt werden, können sich Effekte ergeben, die in Sicherheitslücken resultieren. Das vermutlich vordringlichste Risiko ist das Durchsickern von Informationen; Benutzer können unter Umständen Rückschlüsse darauf ziehen, welche Daten ein anderer Benutzer verarbeitet. Da dies ein Risiko ist, das für Cloud Computing charakteristisch ist, gehen wir darauf im Folgenden genauer ein.

E.1.3.3 Seitenkanalangriffe

Um besser zu verdeutlichen, dass durch das Cloud Computing neuartige Angriffsszenarien entstehen können, werden wir uns exemplarisch sogenannte Seitenkanalangriffe anschauen. In der Kryptographie ist dieses Konzept schon seit den 90er-Jahren bekannt. Ein Seitenkanalangriff gegen ein kryptographisches Verfahren zielt darauf ab, Schwächen in deren physikalischen Implementierung auszunutzen. So hat Kocher [38] gezeigt, dass man bei bestimmten kryptographischen Verfahren den geheimen Schlüssel ableiten kann, indem man lediglich die Zeit misst, die dieser zur Durchführung benötigt. Eine praktische Einschränkung hierbei ist, dass ein Angreifer direkten Zugriff auf die Hardware des Opfersystems haben muss.

Beim Cloud Computing ist dies aber auf natürliche Art gegeben. Dadurch, dass sich mehrere Benutzer die gleichen Ressourcen teilen, können Aktionen eines Benutzers Effekte erzeugen, die durch einen anderen Benutzer beobachtbar sind. So ist der oben genannte Angriff prinzipiell auch auf einem Cloud-Computing-System möglich, falls der Angreifer die CPU-Auslastung des Systems bestimmen kann, auf dem er operiert. Sollte dies nicht möglich sein, kann er alternativ kontinuierlich die gleiche Art von Berechnung durchführen lassen, deren Zeitaufwand er auf einem Single-Task-System vorab bestimmt hat. Indem er den Zeitaufwand in der virtuellen Maschine misst, kann er Rückschlüsse darauf ziehen, wie die CPU-Auslastung des Cloud-Computing-Systems ist.

Eine andere Ressource, die zu diesen Zwecken missbraucht werden kann, ist der physikalische Speicher. Heutzutage setzen alle Rechner Speicherhierarchien ein. An der obersten Stelle der Hierarchie steht der sogenannte *Cache*. Hierbei handelt es sich um einen sehr schnellen, aber teuren Speicher, so dass dieser nur in kleinem Umfang zur Verfügung steht. Weiter unten in der Hierarchie ist der klassische Hauptspeicher (RAM) zu finden, der wesentlich langsamer, aber günstiger ist und dadurch in größerem Umfang verwendet wird. Die Idee ist nun, Daten, die mehrmals oder zeitnah verwendet werden, aus dem RAM in den Cache zu laden. Sollten diese mehrmals benötigt werden, würde man bei Folgezugriffen auf diese Daten einen enormen Geschwindigkeitszuwachs erleben. Hierbei hat sich heuristisch das Konzept der zeitlichen und örtlichen Lokalität bewährt. Damit ist gemeint, dass wenn Daten aus dem RAM benötigt werden, die Wahrscheinlichkeit groß ist, dass diese und benachbarte Daten kurz darauf (erneut) gebraucht werden. Daher werden bei RAM-Zugriffen standardmäßig die Daten nach einem festen Prinzip in bestimmte Bereiche des Caches geladen. Indem ein Angreifer einen solchen Prozess anstößt und kurz danach auf dieselben Daten erneut zugreift, kann er über Zeitmessung feststellen, ob diese noch im Cache vorliegen oder erneut aus dem RAM gelesen werden mussten. In beiden Fällen weiß ein Angreifer, ob ein anderer Benutzer in der Zwischenzeit auf bestimmte Teile des RAMs zugegriffen hat oder nicht. Daraus lassen sich Informationen über die Aktionen des anderen Benutzers ableiten.

In der Praxis sind die oben genannten Angriffe natürlich nicht einfach direkt durchführbar, da eine Reihe von Annahmen getroffen werden müssen und Seiteneffekte die Ergebnisse stören können. Sie zeigen allerdings, dass ein Durchsickern von Informationen prinzipiell möglich ist, und die Erfahrung zeigt, dass man sich nicht darauf verlassen kann, dass diese Effekte niemals ausgenutzt werden können. Tatsächlich basieren die beiden kürzlich veröffentlichten Angriffe Meltdown und Spectre auf ähnlichen Prinzipien und haben ein erhebliches Echo bei Experten und Medien hervorgerufen.

E.1.4 Datenschutz und Compliance

In diesem Abschnitt beschäftigen wir uns mit den Themen Datenschutz, IT-Sicherheit und deren vereinbarte Einhaltung (*Compliance*). Dazu schauen wir uns die Geschichte des Datenschutzes an und betrachten allgemein den Wert von Privatsphäre und Daten. Eine verbindliche Regelung zum Umgang mit Datenschutz und Privatsphäre lässt sich nur durch Gesetze erheben, weswegen wir einen Blick auf das Bundesdatenschutzgesetz (BDSG) und die seit dem 25. Mai 2018 geltende Datenschutzgrundverordnung der EU (DSGVO) werfen. Um diesen gesetzlichen Vorgaben zu entsprechen, geben wir praktische Schritte für dessen Compliance an. Schließlich stellen wir Standards zur IT-Sicherheit in der Cloud sowie die Idee hinter Cloud-Auditing vor.

E.1.4.1 Geschichte und Entwicklung des Datenschutzes

Normen zum Schutz der Privatsphäre existieren schon seit Jahrhunderten – zum Beispiel der hippokratische Eid zur Sicherung der ärztlichen Schweigepflicht, der bereits ca. 400 v. Chr. eingeführt wurde, oder auch das Beichtgeheimnis für Geistliche. Die juristische Auseinandersetzung mit dem Schutz der Privatsphäre begann bereits im 19. Jahrhundert. Im Jahr 1890 formulierten Samuel D. Warren und Louis D. Brandeis, zwei damals einflussreiche amerikanische Juristen, folgende Forderung: «The right to be let alone, the right to privacy, is indeed the beginning of all freedom.» – «Das Recht, alleine gelassen zu werden, das Recht auf Privatsphäre, ist tatsächlich der Anfang jeglicher Freiheit.»

Die Entwicklung des Datenschutzrechts im 20. und 21. Jahrhundert beginnt mit der Erklärung «Allgemeine Erklärung der Menschenrechte» durch die UN-Generalversammlung von 1948, die Konzepte zum Schutz der Privatsphäre enthält. Artikel 12 der Erklärung lautet: «Niemand darf willkürlichen Eingriffen in sein Privatleben, seine Familie, seine Wohnung und seinen Schriftverkehr oder Beeinträchtigungen seiner Ehre und seines Rufes ausgesetzt werden. Jeder hat Anspruch auf rechtlichen Schutz gegen solche Eingriffe oder Beeinträchtigungen.» In der Europäischen Menschenrechtskonvention des Europarats von 1953 regelt Artikel 8 die Achtung des Privat- und Familienrechts. Verstöße gegen diesen Artikel werden vor dem Europäischen Gerichtshof für Menschenrechte in Straßburg verhandelt.

In den 1960er-Jahren setzte die fortschreitende Entwicklung der Computertechnik ein. In der Folge entstand ein wachsendes Bewusstsein für eine mögliche Gefährdung der Privatsphäre durch Datenverarbeitung und -sammlung. In den USA kam es zu Protesten gegen die Erfassung aller Bürger in einer zentralen Datenbank, und Alan Westin, Juraprofessor an der Columbia University, schrieb 1967 in seinem Buch «Privacy and Freedom» [56]: «[Privacy is] the desire of people to choose freely under what circumstances and to what extent they will expose themselves, their attitude and their behavior to others.» – «Privatsphäre ist das Verlangen, sich frei entscheiden zu können, unter welchen Umständen und zu welchen Ausmaßen man sich selbst, seine Einstellung und sein Verhalten zu anderen preisgibt.» Dieser Gedanke liegt auch dem U.S. Privacy Act von 1974 zugrunde.

Das weltweit erste Datenschutzgesetz kommt jedoch aus Deutschland: das Hessische Datenschutzgesetz von 1970. Das Bundesdatenschutzgesetz (BDSG) trat dann 1977 in Kraft und 1980 verabschiedete die 1961 gegründete Wirtschaftsunion OECD (Organization for Economic Cooperation and Development, bestehend aus 35 Ländern) die länderübergreifenden Richtlinien «Guidelines on the Protection of Privacy and Transborder Flows of Personal Data», deren Grundsätze später zahlreiche Datenschutzgesetze beeinflusst haben (siehe Abschnitt E.1.4.3). Man muss sich bewusst machen, dass in dieser Zeit Daten in Deutschland nahezu ausschließlich auf Papier erhoben wurden, die digitale Datenverarbeitung folgte erst viele Jahre später.

1983 sollte in Deutschland eine Volkszählung durchgeführt werden, bei der in einer «anonymen» Befragung von Haushalten durch Beamte, die von Tür zu Tür gingen, unter anderem Folgendes dokumentiert werden sollte: Wie viele Zimmer hat die Wohnung / das Haus, wie viele Quadratmeter hat die Wohnung / das Haus, wie hoch ist das Einkommen, wie viele Kinder leben im Haushalt. Insgesamt sollten möglichst viele Daten erhoben werden, da eine Korrektur des Melderegisters geplant war. Es gab jedoch starke Gegenwehr von der Bürgerseite, da der Erfassungsbogen eine eindeutige Nummer aufgedruckt hatte und auf dem Mantelbogen sowohl diese Nummer als auch der Name des Befragten standen – eine Anonymisierung war somit nicht gegeben. Diese Befragung kam schließlich vor das Bundesverfassungsgericht und führte Ende 1983 zu dem sogenannten Volkszählungsurteil des Bundesverfassungsgerichts. Dieses erteilt jedem Bürger die Befugnis, grundsätzlich selbst über die Preisgabe und Verwendung seiner persönlichen Daten zu bestimmen. Das sogenannte «Allgemeine Persönlichkeitsrecht» wurde in dieser Rechtsprechung von Art. 1, Abs. 1, Art. 2, Abs. 1 des Grundgesetzes abgeleitet. Es stellt ein umfassendes Recht auf Achtung und Entfaltung der eigenen Persönlichkeit auf verfassungsrechtlicher Grundlage dar. Seitens des Bundesverfassungsgerichtes erfolgte folgende Urteilsbegründung zur Volkszählung in Hinblick auf die Sammlung von (digitalen) Daten: «Wer nicht mit hinreichender Sicherheit überschauen kann, welche ihn betreffenden Informationen in bestimmten Bereichen seiner sozialen Umwelt bekannt sind und wer das Wissen möglicher Kommunikationspartner nicht einigermaßen abzuschätzen vermag, kann in seiner Freiheit wesentlich gehemmt werden, aus eigener Selbstbestimmung zu planen oder zu entscheiden.» Wenn wir also nicht mehr wissen, was andere über uns wissen, ist die Freiheit nicht mehr gegeben. In der Folge wurde 1990 eine Neufassung des BDSG erlassen.

1995 wurde die EG-Datenschutzrichtlinie 95/46/EG zur Vereinheitlichung und Schaffung nationaler Datenschutzgesetze amtlich bekannt gemacht. Die EG-Datenschutzrichtlinie für elektronische Kommunikation 2002/58/EG von 2002 regelt unter anderem Vertraulichkeit von Informationen, Handhabung von Transportdaten, Spam und Cookies (Nutzer müssen über deren Verwendung informiert werden und dieses bestätigen). Schließlich wurde 2006 die EG-Richtlinie zur Vorratsdatenspeicherung erlassen, demzufolge Mitgliedsstaaten Telekommunikationsdaten (unter anderem IP-Adresse, Nutzungszeit, Mails, Telefonanrufe und Textnachrichten) zwischen sechs und 24 Monate lang speichern mussten. Ein Zugriff auf diese Daten erfolgte über richterlichen Beschluss. 2007 trat das Telemediengesetz als eine der zentralen Vorschriften des Internetrechts in Kraft und 2009 legte die EU die Charta der Grundrechte mit dem Vertrag von Lissabon vor, in der ein Grundrecht auf Datenschutz verbrieft ist (Art. 8 GR-Charta). Dieses leitet sich von den verfassungsrechtlichen Grundlagen ab, siehe z.B. Art. 1, Abs. 1, Art. 2, Abs. 1 des Grundgesetzes.

Die deutschen Regelungen zur Vorratsdatenspeicherung wurden 2010 durch das Bundesverfassungsgericht wieder aufgehoben und 2012 wurde ein Entwurf einer europäischen Datenschutzverordnung vorgestellt. Das öffentliche Bewusstsein für Datenschutz wurde stark durch Edward Snowden erweckt, der 2013 eine globale Spionage- und Überwachungsaffäre durch die NSA (***N**ational **S**ecurity **A**gency*) aufdeckte. Es entfachte sich eine öffentliche Diskussion über den Datenschutz durch die Offenlegung verschiedenster Überwachungsprogramme durch Staaten und Geheimdienste. Glenn Greenwald, der Journalist, der Edward Snowdens Arbeiten veröffentlichte, machte 2014, etwa 30 Jahre nach der Volkszählung, eine ähnliche Aussage wie die damalige Begründung zum Volkszählungsurteil: «When we're in a state where we can be monitored, the range of behavioral options that we consider is severely reduced.» – «Wenn wir in einer Situation sind, in der wir beobachtet werden können, dann reduziert sich drastisch das Verhaltensspektrum.» Dies betont nochmals, wie grundlegend Privatsphäre und Datenschutz sind. Im Jahr 2015 wurden neue deutsche Regelungen zur Vorratsdatenspeicherung festgelegt und 2016 die Datenschutzgrundverordnung (DSGVO) verabschiedet, auf die wir in Abschnitt E.1.4.5 im Detail eingehen werden.

E.1.4.2 Der Wert von Privatsphäre und Daten

Wir haben im vorhergehenden Abschnitt zur Geschichte der Privatsphäre und des Datenschutzes gesehen, wie wichtig diese beiden Grundsätze zur Entfaltung der Persönlichkeit sind. Der Kryptographie-Experte Bruce Schneier beschreibt diesbezüglich folgendes Szenario [47]: Werden Daten im Rahmen von Identitätskontrollen, Videoüberwachung, oder sonstigen Überwachungen oder Datensammeln erhoben – auch bei kommerziellen Internetdiensten –, fällt oft folgende Aussage: «Wenn Sie nichts Unrechtes tun, dann haben Sie auch nichts zu verbergen.» Darauf folgen dann Antworten wie: «Wenn ich nichts Unrechtes tue, dann haben Sie auch keinen Grund, mich zu beobachten.», «Der Staat definiert, was Unrecht ist – diese Definition ändert sich immer wieder.» oder «Wenn Sie meine Daten sammeln, können Sie damit etwas Unrechtes tun.» Diese realen Beispiele verfehlen jedoch die Bedeutung der Privatsphäre, indem sie Privatsphäre als Mittel zum Verbergen von Unrechtem verwenden. Wie in Abschnitt E.1.4.1 geschrieben, ist die Privatsphäre ein Menschenrecht und Teil des Grundrechts der Menschenwürde.

Zwei Sprichwörter regen hier zum Nachdenken an: «Wer überwacht die Wächter?» und «Absolute Macht korrumpiert absolut.» Der französische Kardinal Richelieu (1585–1642) sagte zum Thema Überwachung: «Man gebe mir sechs Zeilen, geschrieben von dem ehrlichsten Menschen, und ich werde darin etwas finden, um ihn aufhängen zu lassen.» [47] Wird eine Person lange genug beobachtet, findet man etwas, um diese festzunehmen oder zu erpressen. Ohne Privatsphäre werden gesammelte personenbezogene Daten ausgenutzt. Alltägliche Beispiele sind der Verkauf der Daten an Werbeunternehmen, politische Auswertung und Steuerung sowie intime Beobachtung.

Mit der Verbreitung des Internets hat der Stellenwert der Privatsphäre und des Datenschutzes im Gegensatz zu analogen Zeitaltern eine erheblich größere Relevanz erhalten. War man früher Herr über Haus und Grund und behielt dort seine eigene (Idee der) Freiheit, so besteht heute die Möglichkeit, dass jede unserer Handlungen überwacht und protokolliert wird. Damit einher geht die Gefahr einer Bewertung, Kritik, Korrektur und auch Nachahmung der eigenen Individualität und Person. Man muss sich auch bewusst machen, dass dies nicht nur heute gilt, sondern ebenfalls in Zukunft sowie rückwirkend.

Das erfolgreichste Geschäftsmodell im Internet ist allem voran personalisierte Werbung, beispielsweise als Text (z.B. Google, Bing), Grafik (z.B. Amazon, Facebook, Twitter) oder Video (z.B. YouTube). Damit diese Werbung personalisiert sein kann, müssen personenbezogene Daten gesammelt und entsprechend ausgewertet werden. Je besser dieser Algorithmus, umso höher fällt der kommerzielle Erfolg aus. Firmen legitimieren dieses Modell durch **A**llgemeine **G**eschäfts**b**edingungen (AGB), die Kunden bei der Anmeldung unterzeichnen müssen. Diese Konzepte stehen der Privatsphäre und dem Datenschutz gegenüber.

Der Profit mit Daten hat unter anderem auch zum Cambridge-Analytica-Skandal geführt [24]. Dabei wurde festgestellt, über welche Informationen Facebook von uns verfügt – wesentlich mehr, als wir ahnen: Daten unserer Beiträge, Likes, Fotos, Texte – auch solche, die wir schreiben und doch nicht absenden –, ebenso was wir tun, wenn wir nicht auf Facebook und sogar offline sind [50]. Ebenfalls kaufen sie Daten über ihre Nutzer bei anderen Firmen ein [7]. Die Menge an gesammelten Daten erlaubt ihnen dann, Rückschlüsse auf individuelle Personen zu ziehen, unter anderem sexuelle Orientierung, politische Einstellung, Beziehungsstatus, Medikamenten- und Drogenkonsum sowie weitere persönliche Werte [48]. Wir möchten betonen, dass wir Facebook hier nur stellvertretend nennen für eine ganze Industrie, die durch das Sammeln, Auswerten und Handeln von Daten profitiert. Harvard-Professorin Shoshana Zuboff hat dies treffend als «*surveillance capitalism*» – «Überwachungskapitalismus» bezeichnet [58].

Selbst wenn man die Privatsphäre seiner Nutzer schützen will und anonym Daten erhebt, lassen sich daraus konkrete Personen identifizieren. So schrieb Netflix 2006 einen mit einer Million Dollar dotierten Wettbewerb zur Verbesserung seines Empfehlungssystems für Filme aus [41]. Ziel war es, die potenzielle Filmbewertung und damit das Filminteresse eins Nutzers basierend auf vorherigen Bewertungen vorherzusagen. Die Datengrundlage bestand aus ca. 100 Millionen Filmbewertungen von ca. 480 000 Nutzern und einer Million Filmen. Dabei wurden Nutzer und Filme anonymisiert, indem sie durch zufällige Identifikationsnummern ersetzt wurden. Kurz darauf haben Forscher eine Möglichkeit der De-Anonymisierung aufgezeigt, indem sie die Filmbewertungen mit denen der öffentlichen Filmbewertungsseite IMDb verglichen haben [40]. Die Idee ist, dass ein Nutzer auf IMDb nur gewisse Filme bewertet, da er weiß, dass Bewertungen dort öffentlich sind. Bei Netflix sind Bewertungen jedoch privat, so dass der Nutzer zusätzlich Filme bewertet, die er öffentlich nicht bewerten würde. Durch Kenntnis von zwei Bewertungen und ungefährem Bewertungsdatum konnten 40% der Nutzer eindeutig identifiziert werden – trotz zuvor erfolgter Maßnahmen zur Anonymisierung.

Ebenso sind sogenannte «Data Breaches» – Datenpannen oder Datenlecks – brisant, bei denen (personenbezogene) Datensätze gestohlen oder öffentlich werden, die nicht öffentlich zugänglich sein sollten, z.B. durch Hackerangriffe. In den letzten zehn Jahren wurden über 260 Datenpannen registriert, sowohl bei kleinen als auch großen Unternehmen wie Yahoo oder Twitter – insgesamt sind über 10 Milliarden Datensätze publik geworden [32]. Diese enthalten oft private Daten wie Name, Passwort, Adresse, Mail und Abrechnungsinformationen.

Privatsphäre und Datenschutz können somit nur durch Regulierungen sichergestellt werden. In Deutschland erfolgt eine Regulierung durch das Bundesdatenschutzgesetz und die seit Kurzem geltende Datenschutzgrundverordnung der EU (DSGVO). Eine der ersten Auswirkungen der DSGVO ist eine höhere Transparenz im Handel mit Nutzerdaten – im Fall von PayPal mit über 600 Firmen [43].

E.1.4.3 Grundprinzipien des Datenschutzes

Nach den OECD-Richtlinien über Datenschutz und grenzüberschreitende Ströme personenbezogener Daten von 1980 [18] sind die folgenden Punkte die Grundprinzipien des Datenschutzes.

- **Grundsatz der begrenzten Datenerhebung:** Die Erhebung personenbezogener Daten darf nur mit rechtmäßigen Mitteln und Einwilligung des Datensubjekts erfolgen.
- **Grundsatz der Datenqualität:** Personenbezogene Daten müssen ihrer Zweckbestimmung entsprechen und notwendige Korrektheit, Vollständigkeit und Aktualität aufweisen.
- **Grundsatz der Zweckbestimmung:** Der Zweck für personenbezogene Datenerhebung muss spätestens zum Zeitpunkt der Erhebung festgelegt sein.
- **Grundsatz der Nutzungsbegrenzung:** Personenbezogene Daten dürfen nicht offengelegt oder für andere Zwecke verwendet werden als in der Zweckbestimmung angegeben. Ausnahmen sind möglich mit Einwilligung des Datensubjekts oder aufgrund gesetzlicher Grundlagen.
- **Grundsatz der Sicherung:** Personenbezogene Daten müssen durch angemessene Sicherheitsvorkehrungen gegen Risiken wie Verlust, Zugang, Zerstörung, Nutzung, Veränderung oder Offenlegung der Daten durch Unbefugte gesichert sein. Siehe dafür auch die Sicherheitsziele Vertraulichkeit, Integrität und Verfügbarkeit in Abschnitt E.1.3.1.
- **Grundsatz der Offenheit:** Transparenter Umgang mit Daten muss eingehalten werden, das heißt, dass das Vorhandensein, die Art und die Hauptverwendungszwecke der personenbezogenen Daten sowie Identität und Sitz des Datenverantwortlichen einfach festzustellen sind.
- **Grundsatz des Mitspracherechts:** Jede Person hat einen Anspruch darauf, vom Datenverantwortlichen zu erfahren, ob sie betreffende Daten erhoben wurden. Falls ja, müssen diese innerhalb einer angemessenen Frist in leicht verständlicher Form übermittelt werden und es ist der Forderung nach Löschung oder Änderung nachzukommen.
- **Grundsatz der Rechenschaftspflicht:** Der Verantwortliche für die Datenverarbeitung kann bei Verstößen gegen diese Grundsätze zur Rechenschaft gezogen werden.

E.1.4.4 Bundesdatenschutzgesetz (BDSG)

Das Bundesdatenschutzgesetz (BDSG) ist ein Bundesgesetz der Bundesrepublik Deutschland. Die ursprüngliche Fassung ist vom 27. Januar 1977 und trat am 01. Januar 1978 in Kraft. Die letzte Neufassung des BDSG wurde am 30. Juni 2017 festgelegt und trat zeitgleich mit der DSGVO (siehe Abschnitt E.1.4.5) am 25. Mai 2018 in Kraft [15]. Letzteres wird auch als BDSG-neu bezeichnet.

Das BDSG regelt gemeinsam mit den Datenschutzgesetzen der Länder den Umgang mit personenbezogenen Daten in Deutschland. Dazu gehören die Konkretisierung und Ausgestaltung des informationellen Selbstbestimmungsrechts sowie auch der Schutz vor Wirtschaftsunternehmen und dem Staat.

Sobald die Regelungen der DSGVO anwendbar sind, haben diese eine höhere Priorität als das BDSG. Dabei gibt es im Allgemeinen zwei Ausnahmen. Einmal erlaubt die DSGVO in gewissem Umfang nationale Regelungen (z.B. Altersgrenze für Einwilligung, Beschäftigtendatenschutz) oder erteilt Regelungsaufträge (z.B. zum Verhältnis zur freien Meinungsäußerung und Informationsfreiheit). Zum anderen unterliegen Bereiche außerhalb der Regelungskompetenz der EU weiterhin dem BDSG (z.B. nationale Sicherheit, Strafverfolgung).

E.1.4.5 Datenschutz-Grundverordnung (DSGVO)

Die Verordnung (EU) 2016/679 des Europäischen Parlaments und des Rates vom 27. April 2016 zum Schutz natürlicher Personen bei der Verarbeitung personenbezogener Daten, zum freien Datenverkehr und zur Aufhebung der Richtlinie 95/46/EG trägt den Namen Datenschutzgrundverordnung (DSGVO) oder General Data Protection Regulation (GDPR) [51]. Die unmittelbare Anwendbarkeit gilt seit dem 25.5.2018. Die DSGVO umfasst unterschiedliche Aspekte wie Grundsätze, Personenrechte, Übermittlung personenbezogener Daten an Drittländer oder internationale Organisationen, Unabhängigkeit der Aufsichtsbehörden, Rechtsbehelfe sowie Haftung und Sanktionen.

Die Prinzipien des Datenschutzes, die in der DSGVO angewendet werden, wurden von vorher gültigen Regelungen übernommen, es gibt keine grundlegende Änderung zu vorher geltenden Verordnungen. Im Allgemeinen lässt sich keine Aussage darüber machen, ob der Schutzstandard höher oder niedriger ist als bisher geltendes nationales Recht. Sie berücksichtigt jedoch aktuelle technische Entwicklungen, zum Beispiel muss die für personenbezogene Datenverarbeitung zuständige Person dem Datenschutzbeauftragten einer Firma innerhalb von 72 Stunden mitteilen, wenn eine Datenpanne stattgefunden hat. Weiter gibt es zwei interessante Neuerungen.

Eine Neuerung ist die explizite, ausgeweitete Regelung der Anwendbarkeit, insbesondere auch dann, wenn außereuropäische Personen oder Firmen Waren oder Dienstleistungen an Personen in der EU anbieten. Nach Art. 4 Abs. 1 DSGVO sind personenbezogene Daten alle Informationen, die sich auf eine identifizierte oder identifizierbare natürliche Person beziehen. Diese wird identifiziert durch Zuordnung zu einem Namen, Standortdaten, einer (Online-) Kennung (z.B. IP- oder Mail-Adressen) oder besonderen Merkmalen, zum Beispiel physische, genetische, psychische, wirtschaftliche oder soziale Eigenschaften. Wenn zum Beispiel ein Cloud-Anbieter einen Webshop via SaaS (Software as a Service, siehe Abschnitt E.1.3.1) vertreibt, ein Cloud-Kunde diesen Webshop mietet und wegen SaaS weiter beim Cloud-Anbieter betreibt, dann sind anfallende Daten von Besuchern dieses Webshops, also Kunden des Cloud-Kunden, ggf. für Cloud-Anbieter und Cloud-Kunde einsehbar – in diesem Fall müssen beide die DSGVO befolgen. Auch wenn ein Cloud-Anbieter außerhalb der EU einfachen Speicher zur Verfügung stellt, den ein EU-Cloud-Kunde mit Funktionen erweitert und wiederum seinen Kunden verkauft, müssen Cloud-Anbieter und Cloud-Kunde die DSGVO beachten.

Eine weitere Neuerung der DSGVO sind die im Vergleich zur bisherigen Rechtslage schärferen Sanktionen bei Verstößen – sowohl gegen natürliche Personen als auch gegen Unternehmen. Geldbußen müssen «in jedem Einzelfall wirksam, verhältnismäßig und abschreckend» sein (Art. 83 Abs. 1 DSGVO). Bei einem Verstoß gegen materielle Verarbeitungsregeln müssen bis zu 20 Millionen Euro oder 4% des weltweiten Jahresumsatzes des vorherigen Geschäftsjahres als Strafe gezahlt werden – es gilt der jeweils höhere Betrag.

E.1.4.5.1 Praktische Schritte zur DSGVO-Compliance

Um zu überprüfen, ob das eigene Produkt oder die eigene Firma die Vorgaben der DSGVO erfüllt, also «DSGVO-Compliance» gegeben ist, sollten juristische Experten herangezogen werden. Die folgenden Punkte bieten eine Orientierungshilfe bei der Überprüfung der DSGVO-Compliance [39].

- **Datenhandhabung**: Es muss klar sein, wann und wo persönliche Daten erhoben werden, wo und wie lange diese gespeichert werden und wer zu welchem Zeitpunkt darauf Zugriff hat.
- **Privacy Policy:** Die eigenen Privatsphäre- und Datenschutz-Regelungen (Privacy Policies) müssen überprüft und aktualisiert werden. Aus ihnen muss hervorgehen, dass sie der DSGVO

genügen und in welchem rechtlichen Rahmen Daten gespeichert werden. Der Kunde muss außerdem daraus erfahren können, dass persönliche Daten einsehbar sind und ebenfalls auf Wunsch geändert oder gelöscht werden können.

- **Privacy by Design:** Neue Arbeitsabläufe und Produkte sollten von Anfang an die Privatsphäre und den Datenschutz respektieren.
- **Aufgabenteilung der Verwaltung:** Datensicherheit sollte auch Teil der oberen Verwaltung einer Firma sein. Das heißt, dass Anforderungen bzgl. Datenschutz und -sicherheit schnell ermittelt und Umsetzungen zugeteilt werden können.
- **Schulungen:** Mitarbeiter müssen über ihre Datenschutzpflicht aufgeklärt und geschult werden. Dies schließt das Beobachten, Bewerten und Besprechen von datenverarbeitenden Prozessen ein.
- **Dateninhaberrechte:** Wie in der Privacy Policy formuliert, können Kunden als Dateninhaber die Änderung und Löschung ihrer Daten anfordern. Dafür sollten entsprechende Maßnahmen bereitstehen.
- **Rechtsgrundlage:** Vor dem Erheben von personenbezogenen Daten zur Verarbeitung dieser muss eine Zustimmung vom Dateninhaber eingeholt werden. Dieser muss hinreichend informiert werden und dann freiwillig zustimmen.
- **Verpflichtung gegenüber Dritten:** Verträge mit dritten Parteien müssen ausreichend die DSGVO reflektieren, so dass eine Datenweitergabe nur dann erfolgt, wenn dies notwendig ist und der Kunde zugestimmt hat. Diese Änderung kann abhängig vom Geschäftsmodell sehr umfassend werden.
- **Internationale Datenübertragung:** Bei grenzüberschreitenden Datenübertragungen muss nachweisbar sein, dass eine rechtliche Grundlage für die Übertragung personenbezogener Daten vorliegt.

E.1.4.6 Standards für Sicherheit und Datenschutz in der Cloud

Während BDSG und DSGVO die Regelungen für den Datenschutz und die Privatsphäre im Allgemeinen abdecken, bleibt offen, wie technische und sicherheitskritische Bereiche behandelt werden müssen. Für diesen Zweck gibt es diverse Standards und Normen, die IT-Sicherheit und deren Verwaltung in Bezug auf eine Person, Firma, Organisation oder Fachgebiet, spezifizieren. Dazu gehören die Einrichtung der IT-Sicherheitssysteme, die Umsetzung, der Betrieb und die Verbesserung dieser, was üblicherweise in dokumentierter Form festgehalten wird. In der Regel definiert ein Standard auch die Anforderungen für die Implementierung von verschiedenen Sicherheitsmaßnahmen sowie -algorithmen.

Üblicherweise sind sogenannte Sicherheitskontrollen in den folgenden drei Kategorien Teil eines Standards: (i) Administration und Organisation (Policies, Regulierungen und Planungsstrategien), (ii) logische und technische Sicherheitskontrollen (Hard- und Software), (iii) physikalische Sicherheitskontrollen (Überwachungskameras, befestigte Mauern). Ein weiterer Bestandteil ist der *PDCA-Zyklus*, kurz für Plan–Do–Check–Act – Planen–Umsetzen–Überprüfen–Handeln, zum Beispiel (P) Bedrohungsanalyse, (D) Implementieren von Sicherheitskontrollen, (C) Überprüfen der Sicherheit und (A) Risikoanalyse und Durchführen von möglichen Verbesserungen. Der PDCA-Zyklus wird verwendet, um Sicherheitskontrollen zu erreichen und die Qualität der IT-Sicherheit schrittweise zu verbessern.

Standards für IT-Sicherheit spielen eine wichtige Rolle in der Praxis. Anbieter, die diesen Standards genügen, können ihre Effizienz erhöhen und erhalten einen kompetitiven Vorteil gegenüber anderen Anbietern, da sie die Einhaltung der Standards mit Zertifikaten (siehe Abschnitt

E.1.4.7) belegen und publizieren können. Für den Cloud-Kunden verbessert sich die Nutzbarkeit, da weniger Anpassungen notwendig sind, um seine Technologien anzubinden oder auch den Cloud Service zu wechseln. Verträge mit einem Cloud-Anbieter können regelmäßige Prüfungen ausgestellter Zertifikate fordern. Nicht zuletzt sollen IT-Standards dem Kunden bei der Wahl des passenden Cloud-Anbieters helfen.

Ein Nachteil der aktuellen IT-Sicherheitsstandards ist allerdings, dass es mehr als 20 verschiedene davon gibt. Ebenso werden diese, bis auf wenige Ausnahmen, von verschiedenen Organisationen herausgegeben. Das führt dazu, dass die Standards aufgrund verschiedener Definitionen, Terminologien und Zielsetzungen nicht ohne Weiteres miteinander verglichen werden können. Unsere Recherchen haben ergeben, dass derzeit insbesondere die drei folgenden Standards in der Praxis Verwendung finden, wovon die ersten beiden in Deutschland verbreitet sind und der letzte speziell für den Cloud-Einsatz geeignet ist:

- **ISO/IEC 27000:** ISO/IEC 27000 [19] bildet eine Familie, bestehend aus etwa 20 Normen der IT-Sicherheit, und wird von der International Organization for Standardization (ISO) und der International Electrotechnical Commission (IEC) herausgegeben. Die in unserem Fall wichtigen Normen sind ISO/IEC 27001, 27002, 27005, 27017 und 27018. Diese beschäftigen sich mit ISMS (Information Security Management System, zentrales Kontrollsystem für IT-Sicherheit), PDCA, Sicherheitskontrollen und Risikomanagement in der IT-Sicherheit, Sicherheitskontrollen für Cloud Security und Schutz personenbezogener Daten in öffentlichen Clouds.
- **IT-Grundschutz:** Der IT-Grundschutz [22] ist eine Methodik zum Identifizieren und Umsetzen der IT-Sicherheit in Unternehmen und wird vom Bundesamt für Sicherheit in der Informationstechnik entwickelt. Das Ziel ist das Erreichen eines mittleren, ausreichenden Schutzniveaus für IT-Systeme, wofür technische Maßnahmen und auch organisatorische Schutzmaßnahmen in IT-Grundschutz-Katalogen empfohlen werden. Der IT-Grundschutz ist kompatibel mit ISO/IEC 27001.
- **CSA-STAR:** Dieser dreiteilige Standard, kurz für Cloud Security Alliance – Security, Trust & Assurance Registry [4], wird von der Cloud Security Alliance herausgegeben und legt den Schwerpunkt auf Cloud Security. Schritt eins besteht aus internen Selbst-Audits, bei Schritt zwei führt in 6 bis 12 monatlichen Zyklen ein externer Auditor eine IT-Sicherheitsprüfung anhand von ISO/IEC 27001 durch. Schritt drei besteht aus einem kontinuierlichen Audit in Form von Monitoring (siehe Abschnitt E.1.4.7) der Sicherheitsimplementierungen des Cloud-Service-Anbieters.

E.1.4.7 Cloud-Auditierung

Schließt ein Kunde einen Vertrag mit einem Cloud-Anbieter, einigen sich beide auf sogenannte Service Level Agreements (SLA), die die Rechte und Pflichten beider Seiten festhält. Der durchschnittliche Endnutzer verfügt jedoch nicht über das nötige Fachwissen, um Cloud Services hinsichtlich der Einhaltung der vereinbarten SLA oder IT-Standards (siehe Abschnitt E.1.4.6) zu überprüfen. Ebenfalls wollen Cloud-Anbieter womöglich nicht die Details ihrer Sicherheitsmaßnahmen preisgeben. Selbst wenn Kunden in der Lage sind, einen Cloud Service zu überprüfen, kann ein großer Aufwand bzgl. Kommunikation und Berechnungen bei beiden Parteien anfallen und damit das Cloud-Modell als solches uninteressant machen.

Die *Cloud **A**uditing **D**ata **F**ederation* (CADF) [13] ermittelte, dass Kunden der Cloud eine Absicherung benötigen und dass die vereinbarten Sicherheitsbedingungen der Services durchgehend verwaltet und durchgesetzt werden. Um dieses Problem zu lösen, setzt man eine dritte Partei neben dem Cloud-Anbieter und dessen Kunde ein: den Auditor. Der Auditor kann sogenannte *SAaaS* (***S**ecurity **A**udit **a**s a **S**ervice*) durchführen, überwacht damit den Cloud-Anbieter im Auftrag des Cloud-Kunden und meldet eventuelle Probleme, zum Beispiel wenn der Cloud-Anbieter die SLA verletzt und damit die Compliance bricht. Jede der drei Parteien unterliegt Verträgen (Policies), die klar regeln, welche Eigenschaften und Funktionen jeweils zu erfüllen sind. Eine Herausforderung ist hierbei, dass keine Partei die Geheimnisse oder Daten der anderen Partei lernt, zum Beispiel darf der Auditor beim Prüfen der Kundendaten beim Cloud-Anbieter nichts über deren Inhalt lernen. Diese Beziehung ist in Bild E.1.6 dargestellt.

Bild E.1.6 *Ein Auditor ermöglicht im Auftrag des Kunden Security Audits durchzuführen. Einfache Pfeile beschreiben die Vereinbarungen von Policies, z.B. SLA. Doppelte Pfeile bezeichnen die möglichen Kommunikationswege über authentifizierte und verschlüsselte Kanäle.*

Um zu überprüfen, ob Standards oder zugehörige SLAs vom Cloud-Service-Anbieter eingehalten werden, können verschiedene Techniken verwendet werden, die im Rahmen von vereinbarten Standards und Policies festgelegt sind.

- **Monitoring (Überwachung):** Dies bedeutet, dass Vorgänge eines Systems (durchgehend) überwacht werden. Bei einem Cloud-Anbieter bezieht sich das auf das Verhalten und die Kommunikation des Cloud-Systems. Monitoring kann zum Beispiel durch Beobachten, Überwachen, Protokollieren oder Messen eines Systems oder dessen Eigenschaften realisiert werden. Ein Beispiel ist das Überwachen des Netzwerkverkehrs eines Services.
- **Auditing (Überprüfung):** Die gezielte Untersuchung und Bewertung eines Systems, seiner Prozesse oder Richtlinien in Bezug auf geforderte Standards nennt man Auditing. Generell gibt es zwei verschiedene Arten des Auditings: Entweder es wird der aktuell gültige Zustand bewertet oder aber ein (vergangener) Zeitraum. Daten, die im Monitoring erhoben wurden, können als Grundlage zum Audit dienen.
- **Zertifizierung:** Das sind Verfahren, die nachweisen, dass bestimmte Anforderungen eingehalten wurden. Üblicherweise führt ein externer Auditor eine oder mehrere Audits durch und vergibt dann abhängig vom Ergebnis ein Zertifikat, das der Cloud-Service-Anbieter publik machen kann, zum Beispiel, dass Daten ausschließlich verschlüsselt übermittelt werden.

Weiter gibt es auch technische Hilfestellungen, die beim Auffinden von Fehlkonfigurationen oder Schädlingen nützlich sind. Ein Beispiel sind Security-Information-and-Event-Management(SIEM)-Anwendungen, die eine Echtzeitanalyse von Sicherheitsmeldungen aus dem angeschlossenen Netzwerk und darin ausgeführten Anwendungen durchführen – im Bedarfsfall wird eine entsprechende Warnmeldung an die Verantwortlichen gesendet.

E.1.5 Sicherheitsmaßnahmen und Implementierungen

In den vorhergehenden Abschnitten haben wir den Begriff Cloud Computing eingeführt, Interoperabilität und Datenaustausch in der Cloud beschrieben, in der Cloud auftretende Bedrohungsszenarien aufgelistet und Datenschutz und IT-Standards untersucht. Offen bleibt noch die Frage nach Implementierungen von Sicherheitsmaßnahmen und Cloud-Kommunikation, mit denen wir uns hier beschäftigen wollen. Zum Schluss geben wir einen Ausblick auf zukünftige Technologien.

E.1.5.1 Data in Transit

Wir beginnen damit, Data in Transit zu schützen. Hierbei bezieht man sich auf alle Daten, die Übertragen werden, zum Beispiel über das Internet. Wie in Abschnitt E.1.2 geschrieben, bauen die wesentlichen Strukturen der zugänglichen Cloud-Systeme auf TCP/IP als Datenübertragungsprotokoll auf. TCP kann zwar Datenpakete zuverlässig zustellen, bietet aber ansonsten – wie IP – keine Sicherheitsfeatures. So können Angreifer beispielsweise IP-Spoofing durchführen, also das Ändern von IP-Paketen, ohne erkennbare Spuren zu hinterlassen; somit gerät die Kommunikation außer Kontrolle. Außerdem können Absender und Ziel eines Datenpakets einfach abgelesen werden, da sie im Klartext vorliegen. Die Nutzdaten können zwar durch höhere Schichten geschützt werden, aber die Adressen bleiben weiterhin einsehbar.

Daher setzt man in der Regel die Protokolle IPSec und TLS ein, die im Folgenden genauer erläutert werden. Beide arbeiten direkt auf ihren unsicheren Vorgängern im TCP/IP-Modell und werden unter anderem von Cloud-Service-Anbietern verwendet, um die drei CIA-Sicherheitsziele (siehe Abschnitt E.1.3.1) zu erreichen.

IPSec

IPSec (IP Security) [37] wurde von der IETF (Internet Engineering Task Force) entwickelt und stellt eine Sammlung von Protokollen dar, um die CIA-Sicherheitsziele für Pakete auf IP Ebene zu gewährleisten – also Verschlüsselung, Integrität und Authentifizierung. Es definiert keine spezifischen Methoden für Verschlüsselung oder Authentifizierung, sondern überlässt die Wahl den teilnehmenden Parteien.

IPSec besteht aus drei Hauptkomponenten:

- dem Internet Key Exchange Protokoll, das die eingesetzten Protokolle und Algorithmen aushandelt und außerdem die Verschlüsselungs- und Authentifizierungsschlüssel generiert;
- zwei Sicherheitsprotokollen: Authenticiation Header zum Authentifizieren von IP-Verkehr und Encapsulating Security Payload zum Authentifizieren und/oder Verschlüsseln von IP-Paketen;
- zwei Betriebsmodi: Transport Mode, der lediglich die Dateninhalte, die Nutzlast (Payload), absichert, und Tunnel Mode, der das komplette IP-Paket schützt.

Implementiert ist IPSec üblicherweise auf der Betriebssystemebene.

TLS

Transport Layer Security, kurz TLS, ist der Nachfolger von Secure Sockets Layer (SSL) und ein kryptografisches Protokoll für die gesicherte Kommunikation über ein Netzwerk. Man findet es alltäglich, zum Beispiel im Browser, bei Mailprogrammen und auch bei Chatprogrammen.

TLS baut zunächst einen Kommunikationskanal zwischen den beiden Parteien auf. Danach wird die Identität des Servers und ggf. des Nutzers überprüft, indem deren Zertifikate validiert werden. Anschließend werden Schlüssel ausgetauscht und eine TLS-Suite für eine Sitzung gewählt. Eine solche Suite legt alle notwendigen kryptografischen Algorithmen und Eigenschaften fest, die für die sichere Kommunikation verwendet werden. Danach stehen alle Informationen fest, um eine verschlüsselte Kommunikation durchzuführen. Ab jetzt sind die Daten im Netzwerk weder von Dritten einsehbar noch können sie unbemerkt verändert werden. Das bezeichnet man als eine Ende-zu-Ende-verschlüsselte Kommunikation für beide Parteien.

TLS ist in jedem modernen Browser implementiert und oftmals wird grafisch signalisiert, sobald eine TLS-Verbindung besteht, zum Beispiel durch ein grünes Schloss in der Adressleiste des Browsers. Die Software-Bibliothek OpenSSL [21] enthält eine Open-Source-Implementierung von TLS und ist zeitgleich eine der verbreitetsten Implementierungen – unter anderem, weil sie für nahezu jedes Betriebssystem verfügbar ist. TLS in Kombination mit HTTP (siehe Abschnitt E.1.2.2) ergibt ein sicheres und zuverlässiges Transportprotokoll, das mit HTTPS (kurz für HTTP Secure) bezeichnet wird.

Dies kann dann als Grundlage verwendet werden, um anschließend REST (siehe Abschnitt E.1.2.3.2) über eine sichere Verbindung zu nutzen, da dieses selbst keine Sicherheitsverfahren enthält. Das sorgt dann dafür, dass bei der `GET`-Methode nur noch die Zieladresse offen kommuniziert wird, aber nicht deren Parameter. Zum Beispiel wird von `https://www.beispiel.de?kaufe=gold` durch HTTPS nur noch `www.beispiel.de` im Klartext übertragen.

Wie REST verfügen auch SOAP und OPC UA über keine Sicherheitsfunktionen, lassen sich jedoch um die Spezifikation WS-Security [42] erweitern. Diese beschreibt ein Kommunikationsmodell, das die SOAP-Nachricht um drei Eigenschaften erweitert: Authentifikation von Teilnehmern sowie Signatur und Verschlüsselung der Nachricht.

E.1.5.2 Data at Rest

Um die Vertraulichkeit und Integrität der Daten zu schützen, die nicht kommuniziert werden, sondern an einer Stelle «ruhen» (Data at Rest), bietet sich der Einsatz von symmetrischer Verschlüsselung an. Hierbei ist es sinnvoll, auf geprüfte und zuverlässige Software zurückzugreifen wie beispielsweise VeraCrypt [27].

Abhängig von den vertraglich vereinbarten SLAs (siehe Abschnitt E.1.4.7) und den aktuellen Datenschutzbestimmungen wird allerdings auch der Cloud-Service-Anbieter in der Regel motiviert sein, die Daten zu schützen, da ansonsten hohe Strafen drohen (siehe Abschnitt E.1.4.5). Das beginnt mit der Umsetzung des Prinzips der Kapselung oder Mandantentrennung der Hypervisoren (siehe Abschnitt E.1.1.2), die dafür sorgt, dass unterschiedliche Kunden auf getrennte virtuelle Maschinen zugreifen, so dass diese keine Daten untereinander austauschen oder fremde Daten löschen können.

Gegen ungewollten Datenverlust helfen sogenannte Erasure Correction Codes, die Redundanz in die Daten einbauen, so dass ein kleiner Datenverlust mit Hilfe der anderen Daten repariert werden kann. Eine weitere Maßnahme ist es, Kopien der vollständigen Daten auf mehreren, physisch getrennten Servern zu speichern.

Um das Anwachsen der zu speichernden Datenmenge abzuschwächen, setzen Cloud-Service-Anbieter oftmals Deduplikation ein. Dies bedeutet, dass selbst wenn verschiedene Nutzer die gleiche Datei speichern wollen, diese physikalisch nur einmal gespeichert wird. Ein weiterer Vorteil ist, dass Nutzer, die bereits gespeicherte Daten hochladen wollen, dies nicht mehr tun müssen. Allerdings lässt dies Rückschlüsse auf bereits verwendete Dateien zu und wirft damit neue Sicherheitsfragen auf.

Schließlich kann der Anbieter noch die gespeicherten Daten des Kunden regional abhängig speichern, was für personenbezogene Daten, wie zum Beispiel Gutachten aus der Medizin und Jura, sehr wichtig sein kann, falls diese das Land nicht verlassen dürfen. Grund kann sein, dass die Speicherung an einem Ort vom geltenden Recht des jeweiligen Staates abhängt.

E.1.5.3 Implementierungen bei Cloud-Anbietern

Da wir nun wissen, wie man sicher Daten in der Cloud austauscht, zum Beispiel REST über HTTPS, bleibt die Frage, wie dies konkret in der Praxis umgesetzt wird. Wir wollen uns das aus der Sicht eines Cloud-Kunden ansehen.

Amazon, Microsoft und Google sind drei große Cloud-Service-Anbieter mit jeweils sehr großen Portfolios. Sie alle bieten Zugriff auf Cloud-Services via REST über HTTPS. Zusätzlich bieten viele Services APIs, Schlüssel oder Token an, mit denen eigene Software-Entwicklungen sich dann gegenüber dem Cloud Service authentifizieren können.

Wir wollen nun anhand eines Beispiels zeigen, wie die REST-Schnittstelle bei Amazon verwendet wird, was bei Microsoft und Google analog funktioniert. Amazons Speicherdienst S3 (***S**imple **S**torage **S**ervice*) [5] nennt seine Speichereinheiten «Buckets» – man kann sich diese als Laufwerk oder USB-Stick vorstellen. Unser Ziel ist es nun, die Grafik `image.jpg` im Bucket `Bilder` mittels REST über HTTPS zu speichern. Zuvor besorgen wir uns einen der erwähnten Token, um uns gegenüber unserem Cloud Service zu authentifizieren. Dann senden wir eine Anfrage mit den in Bild E.1.7 links angegebenen Header-Informationen. Die Antwort enthält die Information, dass alles geklappt hat (`200 OK`), siehe Bild E.1.7 rechts, und das Bild gespeichert wurde. HTTPS wird implizit genutzt, da Amazon generell TLS für HTTP-Verbindungen verwendet – wir müssen also unsere Anfrage nicht speziell dafür anpassen und können direkt unser HTTP-Wissen verwenden.

```
PUT /image.jpg HTTP/1.1
Host: Bilder.s3.amazonaws.com
Date: Wed, 30 May 2018 12:00:00 GMT
Authorization: Token
Content-Type: text/plain
Content-Length: 11434
Expect: 100-continue

[123456 Bytes Bilddaten]
```

```
HTTP/1.1 100 Continue

HTTP/1.1 200 OK
x-amz-id-2: LriYPLd...3pt7
x-amz-request-id: 0A49CE4060975EAC
Date: Wed, 30 May 2018 12:00:00 GMT
ETag: "1b2cf535f27731c974343645a3985328"
Content-Length: 0
Connection: close
Server: AmazonS3
```

Bild E.1.7 *Speichern des Bildes `image.jpg` im Bucket `Bilder` mittels REST über HTTPS bei Amazon S3. Die Anfrage ist links abgebildet, die Antwort rechts.*

Alle drei Anbieter bieten viele weitere Funktionen über REST, wie zum Beispiel Versionierung [6], und empfehlen für eigene Projekte die jeweils angebotenen Implementierungskits. SOAP ist weiterhin verfügbar, wird aber in naher Zukunft eingestellt und Google bietet neben REST auch eine Schnittstelle für gRPC.

E.1.5.4 Ausblick: Verfügbarkeit und Anonymität in der Cloud

Zum Schluss dieses Abschnitts wollen wir noch einen Ausblick auf Verfügbarkeit und Anonymität in der Cloud werfen. Zwar stehen die Cloud-Anbieter in der Verantwortung, diese zu garantieren, aber es wäre wünschenswert, wenn dies auch im Rahmen von Audits überprüft werden könnte.

Proofs of Retrievability

Proofs **o**f **R**etrievability (PoR) erlauben es, für ausgelagerte Daten zu überprüfen, ob diese noch vollständig vorhanden sind, ohne auf diese komplett zugreifen zu müssen oder eine lokale Kopie vorhalten zu müssen. Die Grundidee ist, dass regelmäßig zufällig gewählte Blöcke der ausgelagerten Daten angefragt und ausgewertet werden. Im Fall eines signifikanten Datenverlusts würde dies mit hoher Wahrscheinlichkeit bemerkt werden. Um auch den Verlust von anteilig kleinen Datenmengen abzufangen, die eher nicht detektiert werden würden, werden die Daten vor dem Hochladen mittels der bereits erwähnten Erasure Correction Codes gegen Datenverlust robuster gemacht.

Inzwischen gibt es eine Reihe an erweiterten Konzepten wie beispielsweise PoR, die sicher an Dritte ausgelagert werden können [8], oder Erweiterungen [23], die konkretere Aussagen darüber machen, ob eine Datei im Fall einer Fehlermeldung noch reparierbar ist, und das Testen mehrerer Dateien gleichzeitig erlauben.

Proofs of Location

Proofs of Location [55] kombinieren PoR (siehe oben) mit weiteren Mechanismen, mit deren Hilfe man nicht nur feststellen kann, ob eine ausgelagerte Datei noch gespeichert ist, sondern auch an welchem Ort. Gelöst wird dies in der Regel durch Messung der Zeit, die eine Antwort benötigt. Zum Beispiel liefert die Latenz im Internet von mehreren Servern zum Zielserver einen hinreichend guten Anhaltspunkt für die Geoposition der Daten.

k-Anonymity

Ein Datensatz hat die Eigenschaft k-Anonymity, wenn die enthaltenen Informationen über eine Person nicht von mindestens k-1 anderen Personen unterschieden werden kann, deren Informationen auch Teil des Datensatzes sind. Es gibt im Allgemeinen zwei Arten, k-Anonymity in einem Datensatz zu erreichen: Streichung und Zusammenlegung von Informationen. Im ersten Ansatz würde man Dateneigenschaften, die sehr charakteristisch sind wie bspw. Namen, aus der Datenbank streichen bzw. durch Platzhalter ersetzen. Im zweiten Ansatz ordnet man Daten Datengruppen zu und gibt nur die zugehörige Datengruppe an. Ein Beispiel wäre das Ersetzten des Geburtsjahres durch das Jahrzehnt, in dem dieses liegt.

Diese Technik wird seit Februar 2018 genutzt, um bei der Wahl eines Passwortes vorab festzustellen, ob das Passwort Teil einer Datenpanne (siehe Abschnitt E.1.4.2) war und damit öffentlich bekannt ist. Genauer gesagt, werden in der Regel Passwörter nicht im Klartext gespeichert, sondern nur deren Hashwert. Die Idee ist, dass man aus einem Hashwert das Passwort nicht zurückrechnen kann, so dass die Kenntnis des Hashwerts keine hilfreiche Information liefert. Falls aber dieser Hashwert zusammen mit einem gültigen Passwort öffentlich bekannt ist, reicht es aus, das Passwort in Erfahrung zu bringen.

Um diesem vorzubeugen, sammelt die Seite «Have I Been Pwned» bekannt gewordene Passwörter und Accounts [26]. Diese bietet eine Schnittstelle an, der man nur die ersten fünf Zeichen des Hashwerts eines Passworts übermittelt. Als Antwort erhält man alle Hashwerte von Passwörtern zusammen mit der Häufigkeit, mit der diese bisher in Datenpannen vorgekommen sind. Dies erlaubt es abzuschätzen, ob ein gewähltes Passwort möglicherweise bereits verwendet bzw. geknackt wurde, ohne dass der genannte Service dabei das neue Passwort lernt.

E.2 Bedrohungsszenarien und Lösungsansätze für Industrie-4.0-Plattformen

E.2.1 Plattformen als Voraussetzung für Industrie 4.0

In den Endkunden-Märkten (B2C-Bereich) haben Plattformen das Zusammenfinden von Angebot und Nachfrage grundlegend verändert. Eine Plattform ist eine wiederverwendbare Basis an Technologien, Diensten und Realisierungen von Prozessen, auf denen aufbauend weitere Technologien, Dienste, Realisierungen von Prozessen und Anwendungen entwickelt werden können [1]. Durch das Internet der Dinge (IoT) gewinnt die Plattformökonomie auch in der Industrie zunehmend an Bedeutung.

Eine Plattform bietet einem kompletten Unternehmen standardisierte Möglichkeiten, um unternehmerische und operative Innovationen anzugehen. Mit der Verwendung einer Plattform, die nach dem wiederverwendbaren Baukastenprinzip auf der Grundlage von [2] funktioniert, können Entwickler:

- Anwendungen (Apps) schnell erstellen,
- Arbeit anderswo nutzen,
- Fehlerquellen minimieren,
- Best Practices entwickeln und austauschen,
- das Risiko von Kosten- und Terminüberschreitungen vermindern,
- Erstinvestitionen zukunftssicher gestalten.

Eine gemeinsame Cloud-Architektur ermöglicht auch verbesserte Systemverwaltung, standardisierte Prüfungen von Sicherheitsrisiken und Kontrolle und Konsistenz von Release Management.

Dabei sind IoT-Plattformen für die Industrie die Schaltzentrale für die digitale Transformation des Unternehmens. Sie verändern nicht nur die Kunden-Anbieter-Konstellation, sondern ermöglichen die Verbindung unterschiedlichster Maschinen, Anwendungen und Geräte mit dem Internet. Damit sind sie die Voraussetzung für die Kommunikation und Interaktion der angebundenen Dinge. Der Mehrwert einer IoT-Plattform entsteht nicht durch die Vernetzung selbst. Ähnlich wie in B2C-Märkten sammeln Plattformen in der Industrie Daten von vernetzten Geräten, analysieren sie und liefern damit die Basis für neue, datenbasierte Geschäftsmodelle sowie für erhebliche Effizienzsteigerungen. In manchen Branchen ist der Nutzen noch unklar oder es liegen keine konkreten Anwendungsfälle vor. Wollen Unternehmen ein mögliches Einsatzszenario für eine IoT-Plattform finden, ist es wichtig, den Nutzen einer Plattform aus der Perspektive der Kunden zu betrachten [3].

Eine Branche, die durch diese kundenorientierte Betrachtungsweise bereits zu erfolgreichen Einsatzmodellen von IoT-Plattformen gefunden hat, ist der Maschinen- und Anlagenbau. IoT-Plattformen kommen hier für die Optimierung der Instandhaltung zum Einsatz. Der Nutzen ist offensichtlich: Durch die Überwachung von Maschinenzuständen über das Internet und die Möglichkeiten der Fernwartung lassen sich die Reaktionszeiten senken und damit die Kundenzufriedenheit steigern. Während bislang regelmäßig Techniker zu den Kunden reisten, um Maschinen zu überprüfen und Maßnahmen durchzuführen, so übertragen jetzt vernetzte Maschinen Daten an eine zentrale IoT-Plattform. Laufen auf einer zentralen Plattform die Daten von vielen Maschinen aus global verteilten Standorten zusammen und ergänzt man sie um zusätzliche

Parameter, wie beispielsweise die Temperatur oder die Luftfeuchtigkeit, so lässt sich der ideale Betriebszustand einer Maschine, der sogenannte Golden Master, sehr präzise definieren. Weicht ein Wert von dem definierten Idealzustand ab, so ist es möglich einzugreifen, noch bevor eine Maschine ausfällt oder ein Schaden an der Maschine entsteht. Auch Vorhersagemodelle zur Ausfallwahrscheinlichkeit eines Bauteils werden möglich. Je breiter die Datenbasis und je länger der Beobachtungszeitraum, desto genauer werden die Vorhersagen. Durch die vorausschauende Instandhaltung, die sogenannte Predictive Maintenance, lässt sich das Servicepersonal deutlich effizienter einsetzen und Ausfallzeiten reduzieren, was wiederum zu einer höheren Produktivität führt.

E.2.2 Funktionen und Aufgaben einer IoT-Plattform

Eine IoT-Plattform kann mehrere Leistungen erbringen: Aus den Sensoren unterschiedlicher Geräte werden Daten an die zentrale Plattform übertragen und ausgewertet. Durch die Analyse der Sensordaten aus tausenden Geräten lassen sich Trends ableiten und sobald ein kritischer Wert überschritten ist, sendet die Plattform automatisiert einen Alarm an ein mobiles oder stationäres Endgerät, beispielsweise das Smartphone oder der Desktop-PC des diensthabenden Technikers.

Dafür muss eine IoT-Plattform drei Funktionen bieten:

- **Secure:** Eine Lösung, die tausende Anwendungen, Nutzer und Systeme miteinander verbindet, muss sämtliche Verbindungen und verbundene Dinge absichern.
- **Collect:** Über die IoT-Plattform müssen sich Daten aus den verbundenen Dingen ermitteln lassen. Für Industrie ist es ideal, wenn die Verbindungen der IoT-Plattform in beide Richtungen funktionieren. Damit bietet eine IoT-Plattform auch gleichzeitig die Möglichkeit zur Fernwartung.
- **Analyse:** Die Daten werden überwacht und zueinander in Beziehung gesetzt (Monitoring). Die gesammelten Daten bilden die Basis für intelligente und sinnvolle Analysen. Diese wiederum sind die Voraussetzung für neue Geschäftsmodelle und Predictive Maintenance.

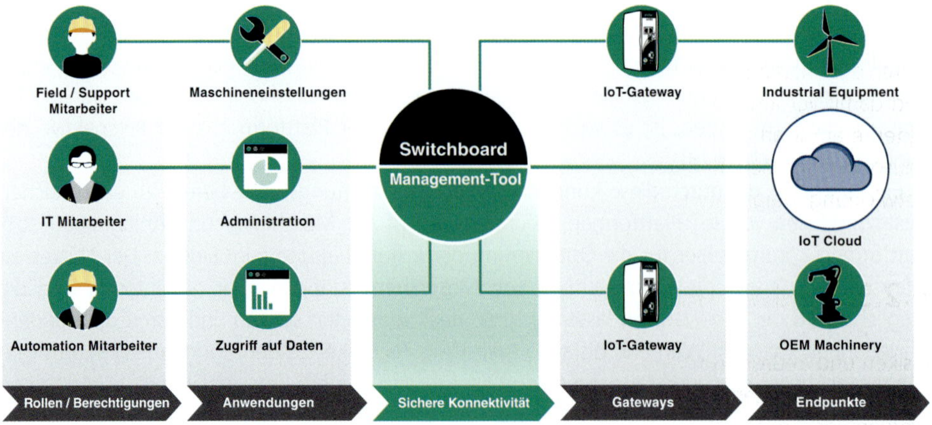

Bild E.2.1 *Prinzipieller Aufbau und Komponenten einer Plattform*

Die prinzipielle Übersicht einer Plattform ist in Bild E.2.1 dargestellt. Zur Erfüllung dieser Aufgaben sind mehrere Komponenten erforderlich:

- **Konnektivität:** Ein einheitlicher Kommunikationsstandard ermöglicht den Datenaustausch unter allen Geräten, die mit der IoT-Plattform verbunden sind.
- **Zentrales Management-Tool für Geräte- und Nutzerverwaltung:** Über ein zentrales Management-Tool lässt sich die Funktionalität aller angebundenen Geräte sicherstellen. Das ist ein kritischer Aspekt für die Sicherheit, denn es ermöglicht das schnelle und einfache Lifecycle-Management der Software: Eine IT-Sicherheitssoftware muss permanent aktualisiert werden. Es gibt keine Software, die, einmal angeschafft, hundertprozentige Sicherheit für immer garantiert. Vielmehr ist sie nur so lange sicher, bis die erste Schwachstelle gefunden wurde. Sobald eine Schwachstelle entdeckt ist, gilt es, alle Geräte möglichst schnell auf den aktuellsten Sicherheitsstand zu bringen. Sobald nicht nur ein paar wenige, sondern Tausende von Geräten mit der IoT-Plattform verbunden sind, bietet nur ein zentrales Management-Tool die erforderliche kurze Reaktionszeit für die Beseitigung einer Vulnerabilität. Gleichzeitig dient das Management-Tool zur Rechtevergabe für die verbundenen Anwender oder Anwendergruppen.
- **Monitoring:** Die IoT-Plattform ermöglicht die Überwachung der Sensordaten aller verbundenen Maschinen und Anlagen (Monitoring). Durch das zentrale Management-Tool lassen sich regelbasierte Aktionen aufgrund von Veränderungen in den Sensordaten festlegen. So weiß ein Ingenieur schon oft aus Erfahrung, dass beispielsweise die Erhöhung der Drehzahl in Kombination mit einer steigenden Temperatur zu einem Defekt führen wird. In dem Fall lässt sich über die IoT-Plattform ein Alarm auslösen und eine Warnung an das Smartphone eines Technikers übersenden.
- **Datenvisualisierung und Datenanalyse:** Die Daten aus den verbundenen Sensoren bilden die Basis für anschauliche Dashboards, so dass die Anwender Trends und Muster erkennen können. Die Analysefunktion ermöglicht die intelligente Auswertung der unterschiedlichen Datenströme, so dass sich darauf aufbauend neue Geschäftsmodelle entwickeln lassen.
- **Externe Schnittstellen:** Über Schnittstellen bieten IoT-Plattfomen die Möglichkeit, mit Drittanbietern zusammenzuarbeiten, wie beispielsweise über die Einbindung eines ERP- oder CRM-Systems. Nachdem innerhalb der einzelnen Abteilungen eines Unternehmens die Digitalisierung bereits Einzug erhalten hat, so ermöglicht die IoT-Plattform jetzt die Interaktion zwischen den einzelnen Bereichen.

Bei der Entwicklung einer IoT-Plattform steht oft die Funktionalität im Vordergrund. Wir positionieren das Thema Sicherheit jedoch ganz bewusst an erster Stelle. Das Konzept der Digitalisierung und damit verbunden von Industrie 4.0 kann nur erfolgreich sein, wenn die unterschiedlichen Akteure am Markt Vertrauen dazu aufbauen. Deshalb ist die Sicherheit einer IoT-Plattform genauso wichtig wie ihre Funktionalität und sollte von Anfang an per «Security by Design» in die Entwicklung integriert werden.

E.2.3 Risiken und Bedrohungsszenarien

Risiken und Bedrohungen im Kontext von Cybersicherheit für Industrie 4.0 ergeben sich sowohl aus der technischen, organisatorischen als auch aus der rechtlichen Sicht. In diesem Abschnitt werden Bedrohungen und Risiken hinsichtlich der Schutzziele identifiziert und beschrieben. Eine Bedrohung (*Threat*) nutzt Schwachstellen bzw. Verwundbarkeiten aus und richtet sich gegen die

Schutzziele eines Systems [4]. Das Risiko einer Cyberbedrohung ist die Wahrscheinlichkeit bzw. die Häufigkeit, mit der ein Schadensereignis eintritt, unter Berücksichtigung der Schadenshöhe bzw. des Schadensausmaßes [4].

Während bei Bedrohungen Aspekte wie potenzielle Angreifer (Mitarbeiter, Wettbewerber usw.), deren mögliche Angriffsvektoren sowie schützenswerte Betriebsmittel im Vordergrund stehen, wird bei den Risiken die Möglichkeit betrachtet, auf Basis gesetzter Parameter eines Szenarios (z.B. Exponiertheit einer Produktionsanlage, Bedingungen mit eventuellen finanziellen Folgen usw.) ein Gesamtrisiko abzuschätzen. Allerdings ist diese Materie zu komplex und die Anzahl an Möglichkeiten zu hoch, um diese umfassend in diesem Beitrag abhandeln zu können.

Allgemein lässt sich feststellen, dass Bedrohungen kontinuierlich vielfältiger und umfassender werden, Risiken sich hingegen erhöhen, verändern und auch durchaus vermindern können. In [5] wurden, basierend auf der Analyse von konkreten und relevanten Bedrohungen im Kontext von Industrie 4.0, diese Bedrohungen einer von sechs allgemeinen Bedrohungsklassen zugeordnet:

- Täuschung (Identitätsdiebstahl),
- Manipulation (von Daten),
- Leugnung (Abstreiten von Aktionen),
- Enthüllung (unberechtigte Informationsweitergabe),
- Dienstblockade (Denial-of-Service – DoS),
- Rechteausweitung.

Diese Einteilung hilft der Frage nachzugehen, welche Bedrohungen überhaupt absehbar sind. Darauf aufbauend können proaktive Cyber-Security-Maßnahmen zum Schutz vor diesen Bedrohungen oder reaktive Cyber-Security-Maßnahmen nach einem Vorfall bzw. Schadensfall eingeleitet werden.

Die Risiken und Gefahren in der vernetzten Produktion von Industrie 4.0 sind im Wesentlichen dieselben wie beim Betrieb von Servern oder ganzen Rechenzentren. Sicherheit ist auch immer eine Frage der Bereitschaft, Risiken einzugehen und liegt damit im persönlichen Ermessen und in der Risikobereitschaft der Entscheidungsträger. Welche konkreten Sicherheitsrisiken nun entstehen, sobald viele Geräte über eine zentrale IoT-Plattform verbunden sind, wird im Folgenden aufgelistet und beschrieben.

E.2.3.1 Datenschutz

Der Mehrwert von Industrie 4.0 und damit auch von IoT-Plattformen liegt nicht in der reinen Vernetzung von Maschinen, Anlagen und Applikationen, sondern entsteht durch die Gewinnung und die intelligente Analyse von Daten. Daten gelten als der neue zentrale Rohstoff im digitalen Zeitalter. Sie richtig zu erfassen und auszuwerten ist zukünftig entscheidend für Wettbewerbsvorteile und damit den Fortbestand eines Unternehmens. Der hohe Stellenwert der Daten führt dazu, dass Bedenken hinsichtlich des Datenschutzes nach wie vor der wichtigste Grund für Unternehmen sind, sich gegen den Einsatz einer IoT-Plattform zu entscheiden, wie eine Umfrage des Branchenverbandes Bitkom belegt [6]. Die Bedenken sind durchaus berechtigt: 7 von 10 Industrieunternehmen wurden in den vergangenen zwei Jahren Opfer von Sabotage, Datendiebstahl oder Industriespionage [7]. Geraten Daten an die falschen Akteure, so könnten die Innovationsleistung und der Wissensvorsprung eines Unternehmens empfindlich geschwächt werden. Damit ist es nachvollziehbar, dass Unternehmen die Hoheit über ihre Daten behalten wollen.

Neben Verlust oder Diebstahl stellt auch die Manipulation von Daten ein Risiko für die Industrie dar. Wenn Daten zukünftig die Basis für neue Geschäftsmodelle bilden sollen, muss sichergestellt sein, dass sie korrekt erfasst und an keinem Punkt verändert werden. Ansonsten besteht die Gefahr, dass aufgrund falscher Daten fehlerhafte Entscheidungen getroffen werden, was dann wiederum das gesamte Konzept von Big Data und Industrie 4.0 ad absurdum führt.

Eine IoT-Plattform erfasst jedoch nicht nur Maschinendaten, sondern auch die Daten von Personen. Sobald ein Anwender beispielsweise über sein Smartphone auf die Plattform zugreift, sendet es den Standort und weitere Details an die Plattform. Über die zentralisierte Verwaltung von Nutzer- und Geräteidentitäten lassen sich diese erfassen und auswerten. Durch die Erhebung personenbezogener Daten müssen IoT-Plattformen auch den Ansprüchen der Europäischen Datenschutzgrundverordnung (DSGVO) gerecht werden, die am 25. Mai 2018 in Kraft getreten ist. Die Artikel 33 und 34 regeln den Umgang mit Datenpannen [8]. Jeder Verlust von Daten ist binnen 72 Stunden an die zuständige Aufsichtsbehörde zu melden, ansonsten drohen empfindliche Strafen. Voraussetzung für eine Meldung ist, dass ein Datenverlust auch zeitnah bemerkt wird.

E.2.3.2 Hacking-Angriffe

In den letzten Jahren nahm die Zahl der Cyberattacken zu, die auf ein industrielles Umfeld abzielten. 2010 entdeckte man erstmals den Computerwurm Stuxnet, der Steuerungen und Motoren in Industrieanlagen manipulieren konnte. Den größten Schaden fügte Stuxnet iranischen Nuklearanlagen zu [9; 10]. Nur ein Jahr später tauchte Havex auf, eine Software, die über eine industrielle Schnittstelle Betriebsdaten und Prozesse ausspionierte [11].

Mit dem Aufkommen der Kryptowährungen sind Lösegelderpressungen über das Internet deutlich leichter geworden. Die Erpresser nehmen dabei die Daten eines Unternehmens als «Geiseln», indem sie sie verschlüsseln. Nach der Zahlung eines Lösegelds via Bitcoin oder einer anderen Kryptowährung wird im besten Fall ein Code zur Entschlüsselung übersendet. 2017 verursachte die Ransomware WannaCry [12; 13] und Petya [14] enorme Schäden in der Wirtschaft, nachdem Daten verschlüsselt und damit unbrauchbar gemacht wurden. Es gibt unterschiedliche Vermutungen darüber, wer hinter den Attacken steckt. Die Professionalität einiger Angriffe legt die Interpretation nahe, dass sie politisch motiviert sein könnten und von Staaten gesteuert, die das bestehende Wirtschaftssystem schwächen wollen.

Für den Zugang zu den kritischen Systemen werden in vielen Fällen Schnittstellen genutzt. IoT-Plattformen verfügen über eine hohe Zahl an Schnittstellen, um immer neue Geräte miteinander zu verbinden. Mit dem zunehmenden Vernetzungsgrad steigt dementsprechend auch das Risiko für Cyberattacken, denn jede Schnittstelle ist ein potenzielles Einfallstor für Hacker. Da das Thema Industrie 4.0 und damit die Vernetzung bei vielen Unternehmen erst am Anfang steht, wird die Zahl der Attacken in Zukunft vermutlich noch zunehmen.

E.2.3.3 Organisation

Die organisatorische Trennung von Produktionsebene (OT) und Informationstechnologie (IT) stellt in vielen Unternehmen ein zusätzliches Risiko für die IT-Sicherheit dar. Für die Wartung von Maschinen und Produktionsanlagen waren bislang Techniker verantwortlich. Diese Mitarbeiter verfügen meistens nicht über weitreichende Kenntnisse in Elektronik und Informatik, die für die Digitalisierung relevant sind. Sollte eine Maschine in Folge eines Hacking-Angriffs ausfallen, gehen sie oft mit den üblichen Strategien an die Behebung der Störung, bevor sie die Möglichkeit einer

Cyberattacke in Erwägung ziehen. Dadurch gewinnen die Angreifer Zeit und eine Schadsoftware kann sich unbemerkt weiterverbreiten.

Die getrennte Organisation führt auch dazu, dass die IT oft als «Flaschenhals» im Unternehmen gilt. Weil Verzögerungen befürchtet werden, sobald man die IT-Abteilung mit ins Boot nimmt, stimmen sich die Bereiche OT und IT in vielen Fällen nicht über mögliche IT-Risiken von Digitalisierungsprojekten ab. Verantwortliche wollen möglichst schnell ihr Projekt voranbringen und stellen sicherheitsrelevante Aspekte zunächst hinten an. Sie gehen davon aus, dass sich Sicherheitsmaßnahmen nachträglich installieren lassen, was aber nicht immer reibungslos möglich ist.

E.2.3.4 Risikofaktor Mensch

Der digitale Wandel legt ein immer höheres Tempo vor, während Menschen nach wie vor nach den gleichen Prinzipien funktionieren. Ganz egal, wie sehr Unternehmen in IT-Sicherheitsmaßnahmen investieren, die Mitarbeiter bleiben ein beliebtes Angriffsziel. Besonders der digitale Identitätsdiebstahl stellt ein Risiko dar. Betrüger täuschen dabei beispielsweise vor, ein höherer Vorgesetzter zu sein und erteilen einen angeblich vertraulichen Auftrag an einen «ihrer» Mitarbeiter. Dabei kann es sich um Datentransfers oder Geldüberweisungen handeln. Mit dieser Fake-President-Masche wurden Unternehmen in der Vergangenheit um beachtliche Summen betrogen. Angreifer nutzen dafür auch Social Engineering [15]. Dabei forschen sie ihre zukünftigen Opfer aus, analysieren ihr soziales Umfeld und ihre Aufgabe im Unternehmen, um einen möglichst gezielten Angriff vorzubereiten. Durch die immer schnellere Taktung in der digitalisierten Arbeitswelt wird ein Identitätsdiebstahl oft nicht erkannt. In Zeiten von Social Media haben es Angreifer besonders leicht, gezielt auf ihre Opfer einzugehen, denn viele Leute teilen sehr bereitwillig Informationen über die sozialen Netzwerke und liefern damit nebenbei eine breite Palette von möglichen Anknüpfungspunkten für Betrüger.

E.2.4 Ganzheitliches Sicherheitskonzept – Security by Design

Die digitale Transformation eines Industrieunternehmens und damit die Einführung einer IoT-Plattform lässt sich nicht mit der Anschaffung eines Tools umsetzen. Vielmehr ist sie ein Prozess, der sich in mehreren Einzelschritten vollzieht. Werden auf jeder Ebene entsprechende Sicherheitsmaßnahmen getroffen, so steht am Ende ein ganzheitliches Sicherheitskonzept, mit dem Unternehmen den unterschiedlichsten Risiken begegnen können. In den Industrieunternehmen muss sich das Bewusstsein durchsetzen, dass IT-Sicherheit nicht zum Nulltarif zu haben ist. Trotzdem ist sie notwendig – auch wenn sie auf den ersten Blick nicht zur Produktivitätssteigerung beiträgt und die Implementierung Arbeitszeit beansprucht. Es ist wie mit einer Versicherung: Im besten Fall braucht man sie nie. Sollte es aber tatsächlich zu einem Schaden kommen, kann sie Existenzen retten.

Unternehmen benötigen nun eine Strategie zur Einführung von Sicherheit, um sich besser zu positionieren und die Möglichkeiten von Industrie 4.0 zu nutzen. Dazu müssen sie IT und OT so verbinden, dass Sicherheit und Vertrauen durchgängig gewährleistet sind. Das betrifft alle Komponenten, beginnend in der Fabrikhalle bis hin zu den Benutzern auf ihren Geräten. Dazu ist eine umfassende Sicherheitsstrategie erforderlich, die Sicherheitszertifizierungen, Hardware, Software, Fachwissen und bewährte Verfahren kombiniert, um ein vertrauensvolles Umfeld für Industrieunternehmen zu schaffen. Diese Säulen des Vertrauens sind in Bild E.2.2 dargestellt.

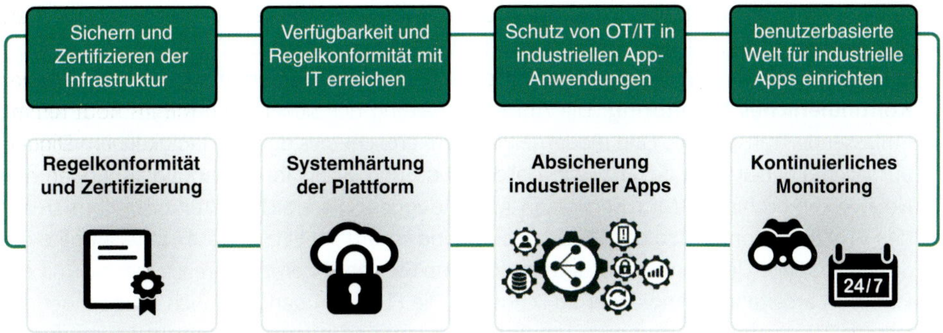

Bild E.2.2 *Umfassende Sicherheitsstrategie [2]*

- **Regelkonformität und Zertifizierung:** Regelkonformität (im Englischen als *Governance* bezeichnet) und Zertifizierung sind wesentliche Komponenten einer Industrie-4.0-Plattform. Sie befassen sich mit sensiblen Informationen. Industrielle Plattform müssen umfassende Funktionen zur Regelkonformität vom Endbenutzer bis zur betrieblichen Infrastruktur besitzen. Statt die Regelkonformität und die Zertifizierung auf vorhandene IT-Datenworkflows aufzuschichten, integrieren moderne Plattformen diese direkt in ihre Architektur. Um die Verfügbarkeit, Integrität und Sicherheit der Daten abzusichern und zu verwalten, muss eine gemeinsame Infrastruktur auf einem Regelkonformitätsmodell unter anderem auf der Grundlage von ISO 27 001 / ISO 27 002 [16; 17], NIST 800-53 [18] und FIPS 140-2 [19] und IEC 62 443 aufgebaut werden.
- **Systemhärtung der Plattform:** Bei der Bewertung und Auswahl von Cloud-Technologien sind Industrieunternehmen häufig besorgt über Verantwortungsebenen und Transparenz des ordnungsgemäßen Funktionierens des Systems. Wenn ein Problem auftritt, ist es wichtig, Klarheit darüber zu haben, was falsch gelaufen ist, wo es schiefgegangen ist und wie das Problem behoben werden kann. Zu diesem Zweck müssen Plattformanbieter Systemhärtung auf jeder Ebene und Verbindung implementieren. Dadurch können unnötige Dienste, Anwendungen und Netzwerkprotokolle sowie konfigurierte Betriebssystem-Benutzerauthentifizierung und Ressourcensteuerung entsprechend modifiziert bzw. entfernt werden. Automatisierte und manuelle Kontrollen sind bereitzustellen, um Systemschwachstellen zu erkennen und zu beheben. So werden eine gesamtheitliche, systemübergreifende Identität als auch spezielle Schichtidentitäten für Benutzer, Geräte, Software und Daten erreicht. Dies führt zu einheitlichen und bereinigten Laufzeitumgebungen.
- **Absicherung industrieller Apps:** Der Aufbau einer sicheren Software-Entwicklungsumgebung ist von entscheidender Bedeutung. Cyber-Schutzmaßnahmen für Sicherheit, Regelkonformität und Datenschutz müssen automatisch in eine IIoT-Plattform integriert werden, ohne dass dies Auswirkungen auf den Entwickler oder die Anwendung selbst hat. Für alle Anwendungssoftware für Mobilgeräte bzw. mobile Betriebssysteme (Apps und Microservices) muss ein vollständiger DevOpsSec-Prozess (***Dev****elopment* ***O****perations* ***S****ecurity*) durchgeführt werden. Als Teil von DevOpsSec sollte die Plattform über Tools verfügen, mit denen Entwickler sichere Workflows erstellen, Daten richtig verarbeiten, App-Benutzer bewerten und Anwendungen und APIs während des gesamten Entwicklungsprozesses dynamisch testen können. Dazu gehört die Möglichkeit, vor der Bereitstellung eine Grundlinie (Baseline) festzulegen und potenzielle Sicherheitsbedenken hervorzuheben.

  Durch die Kombination von DevOpsSec mit statischen und dynamischen, automatisierten Tests sollte die Plattform dazu beitragen, neuen Code so sauber wie möglich zu halten. Dabei muss sie auch neue Mikrodienste, die in der Entwicklungsumgebung eingegeben werden, überwachen, um auffälliges oder verdächtiges Verhalten zu erkennen. Dieser Ansatz reduziert die Möglichkeit, dass Malware in die Laufzeitumgebung gelangt, erheblich.

- **Kontinuierliches Monitoring:** Die Aufrechterhaltung der Sicherheit des Betriebs erfordert umfassende Transparenz. Eine moderne Plattform erreicht dies durch ständige Überwachung auf allen Ebenen: mit Schutz vor Datenverlust und Malware-Erkennung von externen Netzwerken bis hin zur Microservices in Anwendungen. Diese Sichtbarkeit erstreckt sich auf den Austausch von und zu der OT-Umgebung und schafft somit ein Heatmap-Dashboard der Sicherheitsziele. Dieses nutzt das interne Platform Security Operations-Team, um die mit der Plattform arbeitenden Anwender zu schützen. Die Plattform benötigt auch Anleitungen für externe Benutzerorganisationen zur Implementierung von Steuerelementen auf Anwendungs- und Datenschicht. Zusätzliche Funktionen umfassen:
  - Sicherheitsalarme und Berichtswesen,
  - Security-Device-Management,
  - Schadensbegrenzung bei DDoS(Distributed Denial of Service)-Attacken,
  - automatisierte Isolierung und Überwachung von Sicherheitsvorfällen,
  - Verhaltensbewertung der Kommunikation von Anwendungen untereinander (App-to-App Communication),
  - chronologische Dokumentation von Beweisen in einer Beweismittelkette (*__C__hain __o__f __C__ustody* – CoC) sichern,
  - Sicherheitsbewertungen (*Security Assessment*),
  - Technische Hilfe und Unterstützung.

Diese Funktionen sollten idealerweise von einem Dienstleistungs-Zentrum für IT-Sicherheit (Security Operations Center – SOC) zur proaktiven Analyse und Verwaltung der Systeme und Techniken der IT-Sicherheit abgedeckt werden.

Der koordinierte Einsatz mehrerer Sicherheitsmaßnahmen (*Defense in Depth*) verwendet mehrere unabhängige Sicherheitsschichten, um so Aufwand und Komplexität eines potenziellen erfolgreichen Angriffs für den Angreifer zu erhöhen. Für einen erfolgreichen Angriff auf ein System muss ein Angreifer nicht nur eine einzige Sicherheitsanfälligkeit finden und ausnutzen, sondern er muss Sicherheitsanfälligkeiten in jeder Verteidigungsebene zum Schutz von Assets überwinden. Wenn beispielsweise ein System in einem Netzwerk nur durch eine Firewall geschützt ist, muss der Angreifer nur diese Firewall umgehen, um nicht-autorisierten Zugriff zu erhalten. Zusätzliche Verteidigungsebenen mit ihren Maßnahmen für ein ganzheitliches Sicherheitskonzept sind im Folgenden aufgelistet und beschrieben.

E.2.4.1 Maschinen, Geräte und Anwender sicher vernetzen

Auf ihrem Weg zur Industrie 4.0 stehen Unternehmen immer wieder vor der gleichen Herausforderung: Weil die Digitalisierung nie bei «null» beginnt, also keine komplett neuen Maschinen dafür angeschafft werden können, gilt es, die bereits bestehenden Anlagen mit dem Internet zu verbinden. Zwar ist der Vernetzungsgrad innerhalb von Industrieunternehmen oft sehr hoch, eine Verbindung mit dem Internet war in vielen Fällen jedoch ursprünglich nicht vorgesehen.

Gleichzeitig waren die OT und die IT bislang zwei getrennte Welten, von denen jede nach ihren eigenen Gesetzmäßigkeiten funktionierte. So sind in der IT vergleichsweise kurze Lebenszyklen Standard: Ein System gilt in der Regel nach spätestens vier Jahren als überholt und wird ausgetauscht. In der Industrie hingegen haben Maschinen oder einzelne Komponenten darin durchaus eine Lebensdauer von zwanzig Jahren oder mehr. Maschinen, die heute in der Produktion im Einsatz sind, wurden demnach teilweise zu einem Zeitpunkt entwickelt, an dem das Thema Industrie 4.0 nicht relevant war. In den meisten Produktionsunternehmen stehen heute deshalb höchst heterogene Maschinenparks – darunter solche, die noch nicht einmal über eine IP verfügen, und andere, in denen womöglich schon Schnittstellen für die Fernwartung durch die Hersteller eingebaut wurden. Für eine reibungslose Vernetzung bei diesen Voraussetzungen tragen IoT-Gateways [20] eine Schlüsselrolle: Sie schlagen einerseits die Brücke zwischen der OT und der IT und gleichzeitig schützen sie Maschinen und Anlagen vor Cyberattacken.

IoT-Gateways stellen demnach die Konnektivität zwischen den Maschinen und der Plattform her bei gleichzeitiger Normalisierung der ausgelesenen Daten. Die Gateways können eine Vielzahl von Protokollen (z.B. S7Com oder Modbus) aus den unterschiedlichsten Maschinen auslesen und sie in ein einheitliches Protokoll für die Übertragung an die IoT-Plattform umwandeln. Für die Kommunikation mit den übergeordneten Mobil- oder Festnetzen kommt beispielsweise MQTT, optimiert für das Internet der Dinge, oder OPC UA zum Einsatz. Das ideale Gateway erfordert dabei weder eine Änderung der Maschinenkonfiguration noch Anpassungen der IT-Infrastruktur. Es lässt sich also additiv zu den bestehenden Voraussetzungen in das Unternehmen integrieren.

Die Informationen aus den Gateways in den dezentralen Niederlassungen laufen in der Plattform zusammen. Die Übertragung vom Gateway zur Plattform erfolgt verschlüsselt über eine VPN (vgl. Bild E.2.3). Dabei hat sich OpenVPN als Standard in der Industrie durchgesetzt. Alternativ kommt auch IPSec zum Einsatz, das aber wegen seiner Komplexität den Einsatz in bestimmten Szenarien erschwert, wie z.B. bei dynamischen IP-Adressen oder ***N**etwork **A**ddress **T**ranslation* (NAT).

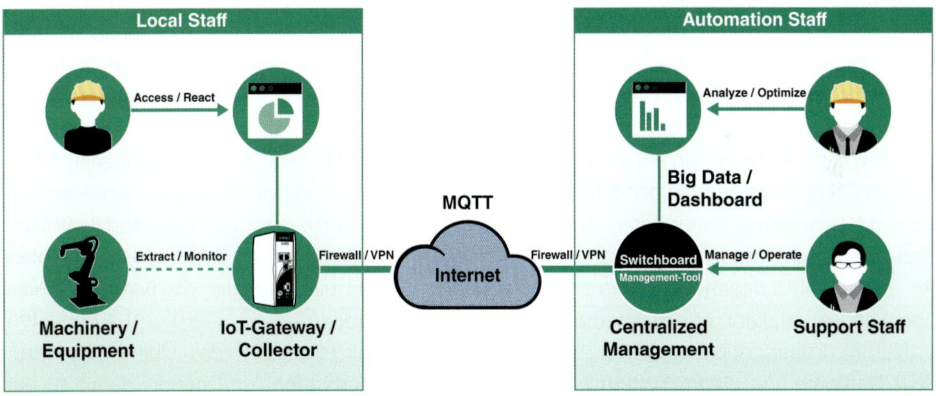

Bild E.2.3 *Absicherung der Übertragung*

Ein IoT-Gateway sorgt jedoch nicht nur für die Verbindung zum Internet, sondern leistet einen wesentlichen Beitrag zur Absicherung von Maschinen. Für diesen Zweck sind in innovativen Gateways eine Vielzahl von IT-Security-Features integriert. Für maximale Datensicherheit sorgt eine VPN-End-to-End-Verschlüsselung, also von der Maschine bis hin zur übergeordneten IoT-Plattform. So lässt sich verhindern, dass Daten während der Übertragung entwendet oder manipuliert werden. Für den Schutz der Maschinen und Anlagen kommt ein ***U**nified **T**hreat **M**anagement **S**ystem* (UTM) zum Einsatz. Diese Systeme kombinieren mehrere Sicherheitslösungen in einem einzigen Produkt und bieten nicht nur eine Firewall, sondern unter anderem auch ein Intrusion Prevention System (IPS) sowie moderne Antivirensoftware. Hersteller dieser IoT-Gateways kombinieren die verschiedenen Sicherheitslösungen so, dass sie sich optimal ergänzen und vielschichtige Bedrohungen aus dem Netz abwehren können. Außerdem bieten sie den Anwendern die Option, die Updates in vorab definierten Zeitfenstern durchzuführen, um das Lifecycle-Management zu vereinfachen.

Eine lokale Speicherungsmöglichkeit von Daten im Gateway erhöht die Sicherheit zusätzlich: Sollte durch einen Netzausfall eine Übertragung an die Analyseplattform für einen bestimmten Zeitraum unterbrochen sein, so lassen sich die Daten auch nachträglich übermitteln und synchronisieren. Filterfunktionen innerhalb eines Gateways sparen Rechenkapazität und erhöhen die Qualität der Daten. Anstatt permanent alle Daten an die IoT-Plattform zu übertragen ist es sinnvoller, die Daten lokal im Gateway zu normalisieren, zu filtern und erst dann wieder eine Meldung weiterzuleiten, wenn sich eine vorabdefinierte Messgröße, beispielsweise die Temperatur, verändert. Diese Funktion kann auch für gezielte Alarmierung eines Technikers vor Ort genutzt werden, zum Beispiel über eine App an seinem Smartphone.

Bei all den Möglichkeiten, die moderne Gateways für mehr Sicherheit im industriellen IoT (IIoT) bieten, sollten Unternehmen darauf achten, dass sie durch die Entscheidung für ein bestimmtes Gateway nicht gleichzeitig die Auswahlmöglichkeiten bei IoT-Plattformen begrenzen. IoT-Gateways müssen sich unabhängig von einer Plattform betreiben lassen, um zukünftigen Entwicklungen standhalten zu können.

E.2.4.2 Netzwerksegmentierung und Verschlüsselung

Mit dem IoT und dem Trend zu ***B**ring **y**our **o**wn **d**evice* (BYOD) steigt die Zahl der verbundenen Endgeräte innerhalb eines Netzwerks. Mit dem Konzept der Plattformökonomie öffnen sich gleichzeitig die Unternehmensnetzwerke hin zu Drittanbietern, beispielsweise beim Transfer von Maschinendaten an eine Cloud. Was den Unternehmen zu mehr Effizienz und Flexibilität verhilft, nutzen Hacker für ihre Angriffsstrategien. Zum einem bietet die ständig wachsende Zahl der Endpunkte eine breitere Angriffsfläche. Schadsoftware wird so konzipiert, dass sie sich über Vernetzungspunkte schnell von einem System in ein anderes ausbreitet. Bei vielen Attacken in den vergangenen Jahren wurden Computerviren über den E-Mail-Server eingeschleust, oft als Bewerbungsschreiben getarnt. Über die Vernetzung mit anderen Anwendungen konnte sich die Schadsoftware ausbreiten und einen immensen Schaden anrichten. Unternehmen konzipieren ihre IT-Sicherheitsmaßnahmen meist für einen Schutz gegenüber externen Bedrohungen. Sobald ein Angreifer die Barrieren einmal überwunden hat, kann er sich innerhalb des Netzwerks ausbreiten.

Netzwerksegmentierung bietet hier eine Lösungsmöglichkeit, um das Übergreifen einer Schadsoftware von einem System auf ein anderes zu unterbinden, und gehört damit zu den ältesten und bewährtesten Strategien, um Systeme sicherer zu gestalten. Das Bundesamt für Sicherheit in der Informationstechnik (BSI) hat dieses Thema deshalb als festen Bestandteil in den IT-Grundschutzkatalog mit aufgenommen [21].

Ausgangspunkt für eine effiziente Segmentierung ist die ganzheitliche Betrachtung des Netzwerks und seiner Kontaktpunkte nach innen und außen. Als Nächstes gilt es, Netzwerkbereiche mit vergleichbarem Schutzbedarf zu definieren, die dann über geeignete technische Maßnahmen, beispielsweise ein IoT-Gateway, voneinander abgetrennt werden. Für eine reibungslose Kommunikation zwischen den einzelnen Segmenten sind die Schnittstellen klar zu definieren und abzusichern [22].

Bislang standen vor allem die Übergänge von der Office-IT hin zu den unteren Ebenen der Produktion im Fokus der Netzwerksegmentierung und besonders sensible Bereiche wurden oft physikalisch von der Umgebung abgetrennt. Bei der Umsetzung von Industrie 4.0 ist das jedoch nicht mehr ausreichend, weil sich klar definierte Netzwerkbereiche zunehmend auflösen: Maschinen kommunizieren nicht mehr nur innerhalb einer Produktion untereinander, sondern auch standortübergreifend, unterschiedliche Akteure greifen von mobilen Endgeräten aus auf die Maschinen zu.

Mit der Digitalisierung von Industrieunternehmen gilt es, den Fokus bei der Netzwerksegmentierung zunehmend auf den OT-Bereich zu richten, denn Maschinenparks innerhalb einer Produktion sind oft hoch vernetzt. Eine einzige Öffnung des Systems über das Internet ist ausreichend, um im ungünstigsten Fall eine gesamte Fertigung zu schädigen. Je kleiner die Segmente, desto höher die Sicherheit. Um den reibungslosen Betrieb aufrechtzuerhalten, bietet sich beispielsweise eine Segmentierung der einzelnen Produktionslinien an. Sobald keine Echtzeitkommunikation unter den Maschinen vorgesehen ist, sind sogar die Abtrennung und Sicherung jeder einzelnen Maschine denkbar.

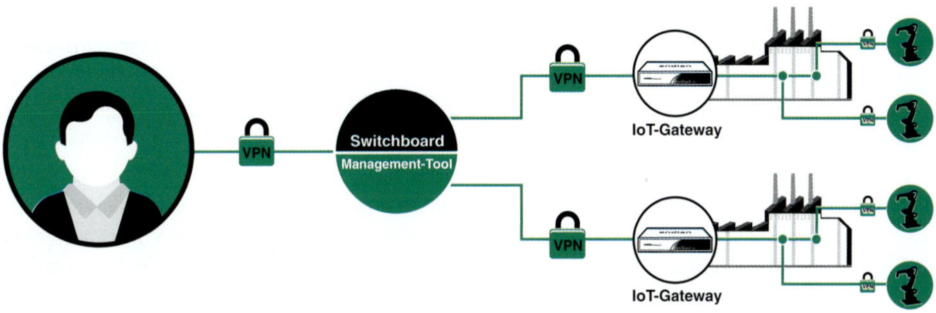

Bild E.2.4 *Absicherung und Remote-Zugriff*

Jede Datenübertragung aller mit der IoT-Plattform vernetzten Dinge muss verschlüsselt erfolgen, beispielsweise über eine VPN-Appliance (Bild E.2.4). Dass der Verschlüsselungsstandard aktuell gehalten wird, hat dabei höchste Priorität. In Anbetracht der ständig zunehmenden Rechenkapazitäten steigt auch die Erfolgswahrscheinlichkeit bei sogenannten Brute-Force-Angriffen. Hier versuchen Angreifer durch automatisiertes Durchprobieren aller möglichen Varianten Passwörter oder Schlüssel zu knacken. Die aktuell verwendeten Schlüssellängen von beispielsweise 128 oder 256 Bit erfordern einen zu hohen Rechenaufwand, als dass ein Brute-Force-Angriff Erfolg haben könnte. Wenn die Rechenkapazität steigt und womöglich auch Quanten-Computer Realität werden, sind heute verwendete Schlüssel in Zukunft nicht mehr sicher.

E.2.4.3 Mandantenfähigkeit, Berechtigungsmanagement, Protokollierung

Für die Entwicklung neuer Geschäftsmodelle ist die Mandantenfähigkeit der eingesetzten IoT-Plattform eine wichtige Voraussetzung. Der Begriff bezeichnet die Möglichkeit, Daten in einer Datenbank logisch voneinander zu trennen und zu verwalten. Jeder Nutzer der Plattform erhält damit nur Einblick in die Daten, die für ihn relevant sind. Damit lässt sich eine maximale Datensicherheit erreichen, obwohl nur eine Single-Platform-Architektur zum Einsatz kommt.

Wie die **Mandantenfähigkeit** in der Praxis genutzt wird, zeigt folgendes Beispiel: Ein Maschinenbauer hat seine Maschinen, die bei verschiedenen Kunden und an unterschiedlichen

Standorten stehen, über eine IoT-Plattform vernetzt, um Betriebsstunden, Fehlerzustände, Drehzahlen, Qualitätsdaten und viele andere Werte aus den von ihnen programmierten Anlagen zu ermitteln. Die gewonnenen Daten dienen der Berechnung der Kennzahl OEE (***O**verall **E**quipment **E**ffectiveness*), liefern Erkenntnisse über das Nutzungsverhalten und bilden die Basis für Predictive Maintenance. Durch den sicheren und skalierbaren Zugriff über das Management-Tool der IoT-Plattform kann mehreren Interessensgruppen der Zugang zu den Daten gewährt werden.

Viele mittelständische Unternehmen wollen ihre Daten trotz dieser Möglichkeiten nicht an eine externe IoT-Plattform transferieren. Obwohl der Trend aktuell deutlich in Richtung Cloud-Anwendungen geht, können diese Unternehmen eine IoT-Plattform als **On-Premises-Lösung** nutzen. Das bedeutet, dass das Anwenderunternehmen die Plattform im eigenen Rechenzentrum betreibt oder auf gemieteten Servern im Rechenzentrum seines Vertrauens.

Während die Mandantenfähigkeit und On-Premises-Lösungen die Datensicherheit erhöhen, steigert ein granulares **Berechtigungsmanagement** die Sicherheit der verbundenen Maschinen und Anlagen. Wird die Plattform gleichzeitig zur Instandhaltung und Fernwartung der Produktionsanalagen genutzt, ist dieses Tool unverzichtbar. Techniker von Maschinenbauern erhalten über die Rechtevergabe die Möglichkeit, Software-Updates auf mehrere Maschinen gleichzeitig aufzuspielen. Die Techniker beim Kunden dürfen nur lokale Maßnahmen durchführen.

Zur vereinfachten Integration in das Firmennetzwerk sollte die Plattform eine Möglichkeit zur externen Authentifizierung und Autorisierung bieten. Dafür haben sich als Standard die Dienste LDAP (***L**ightweight **D**irectory **A**ccess **P**rotocol*) in Linux- und Unix-Umgebungen und Active Directory in Windows-Umgebungen etabliert. Vor allem in größeren Umgebungen mit hunderten oder tausenden Benutzern ist eine zentrale Verwaltung der Benutzer, Identitäten und Passwörter wichtig. Darüber können einzelne Benutzer einfach zentral deaktiviert oder gelöscht werden, ohne dass man dies bei den einzelnen Anwendungen durchführen muss.

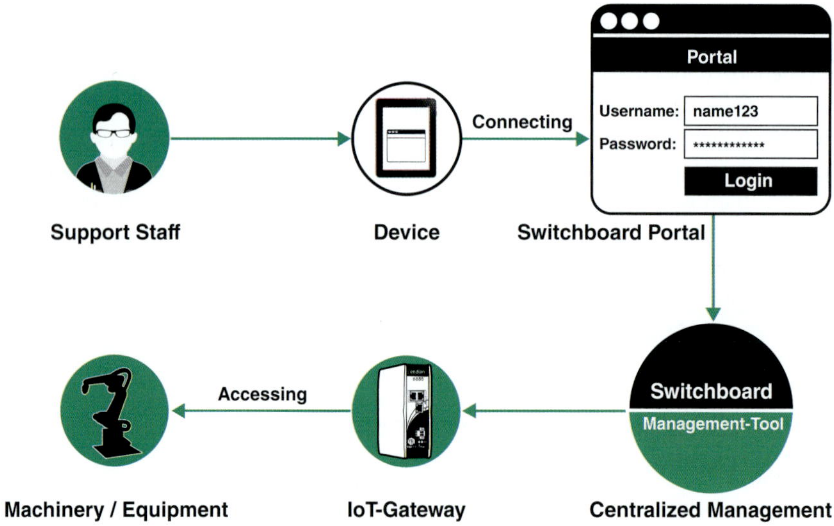

Bild E.2.5 *Sicherer Fernzugriff*

Der sichere Zugriff für die Fernwartung erfolgt wie in Bild E.2.5 dargestellt direkt über den Browser oder über eine native VPN. Moderne Plattformen bieten dabei die Unterstützung von HTML5-Browsern und ermöglichen so den Zugriff mittels der wichtigsten Protokolle für die

Fernwartung wie RDP (***R**emote **D**esktop **P**rotocol*), VNC, SSH, Telnet oder HTTP bzw. HTTPS. Dies ermöglicht auch den Zugriff über mobile Endgeräte mit beispielsweise iOS- oder Android-Betriebssystem. Bei der Verwendung von Automatisierungskomponenten mit proprietären Protokollen, wie z.B. die Siemens oder Beckhoff Software Suite, die für die Programmierung einer SPS nötig sind, lässt sich die Verbindung über eine VPN herstellen, die auf Layer-2-(Ethernet) oder Layer-3-(IP)-Ebene aufgebaut wird. Layer-2-(Ethernet)-Verbindungen sind in gewissen Fällen notwendig, da einige Softwarepakete einen Scan des Netzwerks mittels Address Resolution Protocol (ARP) durchführen, um die Automatisierungskomponenten zu finden. Die beiden möglichen Zugriffsmethoden über Browser oder native Applikation sind in Bild E.2.6 gegenübergestellt.

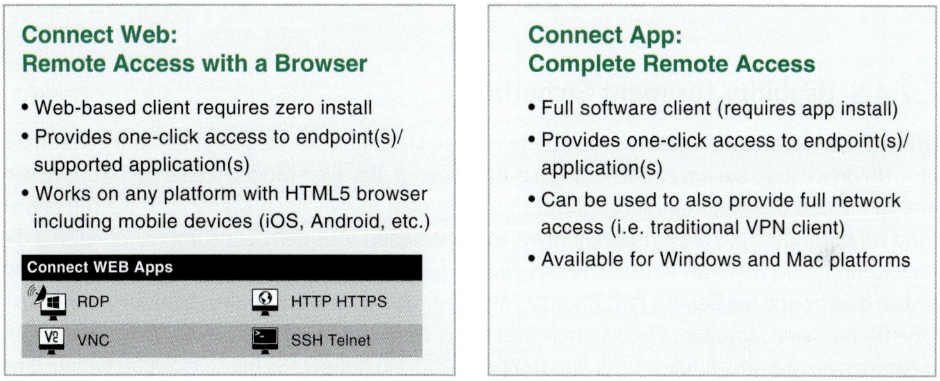

Bild E.2.6 *Zugriffsmethoden: Browser oder native Applikation*

Können Nutzer verschiedener Unternehmen auf dieselben Maschinen und Anlagen zugreifen, so ist es wichtig, jeden Zugriff zu protokollieren. Über die IoT-Plattform lässt sich erfassen, durch wen der Zugriff erfolgte, wann der Zugriff stattfand und welche Maßnahmen durchgeführt wurden. Damit ist jede Fernwartung einer Maschine für den Kunden transparent. Gleichzeitig protokolliert die Plattform alle Zugriffe und Wartungsmaßnahmen des Endkunden. Sollte es zu Ausfällen an der Maschine kommen, ist nachweisbar, ob eventuell ein Fehler des Anwenderunternehmens dafür verantwortlich ist.

E.2.4.4 OpenSource und Skalierbarkeit

Der Markt für IoT-Plattformen entwickelt sich aktuell sehr dynamisch [23]. Unternehmen stehen damit vor einer Herausforderung: Es gilt, eine Plattform auszuwählen, mit der sich bereits vorhandene Maschinen und Anlagen vernetzen lassen und die dabei gleichzeitig offen ist für alle weiteren technologischen Entwicklungen innerhalb und außerhalb des eigenen Unternehmens. Sollte die IoT-Plattform aufgrund mangelnder Skalierbarkeit an ihre Grenzen stoßen und keine neuen Geräte oder Technologien integrieren können, so muss sie im extremsten Fall ausgetauscht und die Vernetzung neu aufgesetzt werden. Da der Aufwand und die Kosten dafür sehr hoch sind, wird in der Praxis eher ein Programmierer eine individuelle Schnittstelle entwickeln, um das Problem zu umgehen. Damit wird ein ganzheitliches Sicherheitskonzept ausgehebelt und eine neue Schwachstelle geschaffen.

Bei den sehr kurzen Innovationszyklen in der IT ist es unmöglich genau voraussagen, welche Neuigkeiten der Markt in den nächsten fünf bis zehn Jahren hervorbringen wird. Trotzdem kann es erforderlich sein, diese Technologien über eine IoT-Plattform zu integrieren.

OpenSource-basierende Plattformen bieten für die unvorhersehbaren Zukunftsszenarien die notwendige Flexibilität. Die Architektur- und Quelloffenheit dieser Plattformen macht sie anpassungsfähig und garantiert Herstellerunabhängigkeit. Außerdem sind sie durch eigene Entwicklungen erweiterbar und lassen sich damit an die spezifischen Bedingungen im Unternehmen anpassen.

IoT-Plattformen als Schaltzentrale im digitalisierten Unternehmen müssen hochverfügbar sein. Um sicherzustellen, dass die Plattformen rund um die Uhr erreichbar sind, gilt es redundante Serverstrukturen einzurichten. Beim Ausfall eines Servers wird der Betrieb automatisch von einem anderen Server übernommen, wobei auch eine Übertragung der Daten gesichert sein muss. Dafür kommen meistens virtualisierte Umgebungen wie VMWare, XEN, KVM oder Hyper-V zum Einsatz, denn sie vereinfachen die Verwaltung und Skalierbarkeit der Infrastruktur.

E.2.4.5 Usability für mehr Sicherheit

Unter all den technischen Neuerungen und digitalen Lösungen der vergangenen Jahre waren die am erfolgreichsten, die am einfachsten zu nutzen waren. Bei allen Möglichkeiten der Künstlichen Intelligenz und der Automatisierung sind es im Moment immer noch Menschen, die Digitalisierung voranbringen und die entsprechenden Tools bedienen. Aus dem Consumer-Umfeld sind die Menschen mittlerweile an ein sehr hohes Niveau bei der Nutzerfreundlichkeit gewöhnt. Damit sinken gleichzeitig die Bereitschaft und die Fähigkeit, sich im professionellen Umfeld in komplexe Oberflächen einzuarbeiten. Der Mensch akzeptiert Dinge, die einfach funktionieren, und lehnt diejenigen ab, die umständlich sind, auch wenn sie ihm ein höheres Sicherheitsniveau bieten. Eine einfache und intuitive Handhabung einer IoT-Plattform erhöht das Sicherheitsniveau, weil die Mitarbeiter sie akzeptieren und gerne damit arbeiten werden (vgl. Bild E.2.7). Das verhindert, dass einfache Lösungen um die Plattform herum entwickelt werden, die dann wiederum nicht sicher sind.

Bild E.2.7 Beispiel einer einfachen und intuitiven Handhabung

Die Anwender sollten weiterhin die Möglichkeit haben, ihre eigenen Dashboards zu erstellen, und sich für die Analyse ihrer Daten nicht in die Abhängigkeit von Drittanbietern begeben. Nur so lässt sich sicherstellen, dass die Unternehmen die Hoheit über Ihre Daten und Anwendungen behalten.

In Kürze

Industrie 4.0 wird in deutschen Unternehmen immer mehr zur Realität. Voraussetzung für den dauerhaften Erfolg ist das Vertrauen aller Partner in die zunehmende industrielle Vernetzung. Das Thema IT Security avanciert damit zum Schlüsselfaktor für die Digitalisierung. IoT-Plattformen als Schaltzentrale vernetzter Unternehmen bieten die notwendige Sicherheit, wenn sie nach dem Prinzip Security by Design entwickelt wurden. Mandantenfähigkeit, Berechtigungsmanagement und Verschlüsselung verringern die Risiken durch Wirtschaftsspionage, Hackerangriffe und Datenverlust oder Datenmanipulation. Unternehmen sind gefordert, ein ganzheitliches Sicherheitskonzept zu etablieren, das die Organisation und die Segmentierung der Netzwerke berücksichtigt. Mitarbeiter sollten für die sich ständig wandelnden Cyberrisiken sensibilisiert werden.

E.3 Cybersicherheit am Beispiel einer Entwicklungsplattform für industrielle IoT-Anwendungen

E.3.1 Die Schlüssel zur Plattform-Sicherheit

Mit modernen IoT-Plattformen werden Entwicklung und Bereitstellung von Industrie-4.0-Anwendungen sehr viel einfacher. Wie ein Computer-Betriebssystem bietet eine IoT-Plattform mit ihren drei wichtigsten Komponenten – dem Server, auf dem die IoT-Plattform gehostet wird, dem Speicher, auf dem die Inhalte und Nutzerdaten gespeichert werden, und dem Netzwerk, über das auf die gespeicherten Daten und Services zugegriffen werden kann – ein Standardfundament für Anwendungen. Die IoT-Plattform dient dabei als Grundlage, auf der neue Services und Anwendungen entwickelt werden, ohne diese von Grund auf komplett neu zu programmieren. Für Plattformanbieter spielt das Thema des Datenschutzes und der Datensicherheit dabei eine herausragende Rolle. Bei der Konzipierung einer industriellen IoT-Plattform kann sich ein Plattformanbieter nach einer klaren, auf drei Kernprinzipien fußenden Sicherheitsphilosophie ausrichten [1]:

1. Sicherheitsmechanismen, die bereits bei der Konzipierung der Plattform integriert sind,
2. Sicherheitsstrategien im Prozess der Anwendungsentwicklung,
3. kontinuierliches Monitoring mit intelligenter Detektion und schneller Reaktion auf Systemanomalien.

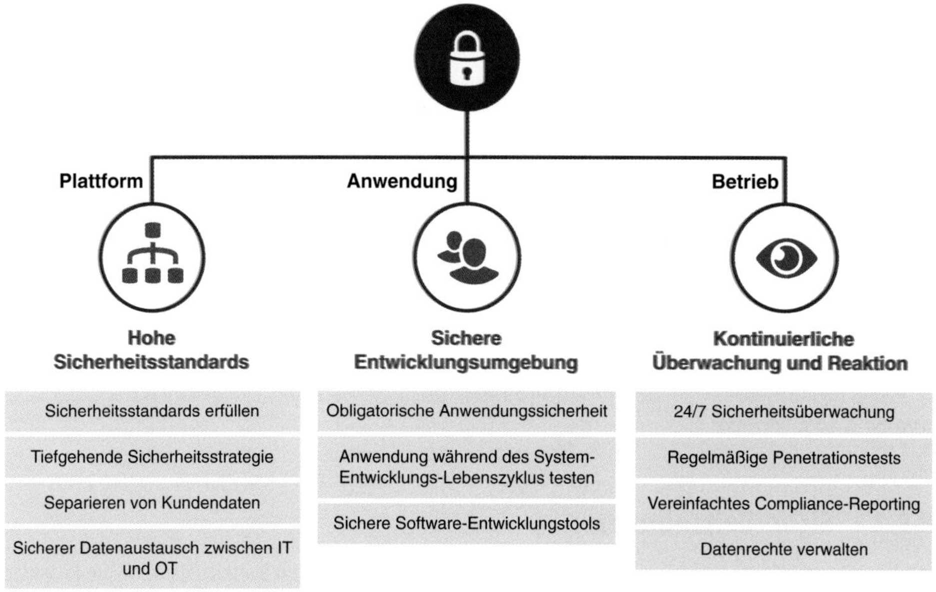

Bild E.3.1 *Sicherheit für industrielle IoT-Plattformen* [2]

Diese drei Prinzipien decken in ihrer Gesamtheit alle relevanten Bereiche einer industriellen IoT-Plattform ab und garantieren somit ein Höchstmaß an Sicherheit für das digitale Umfeld von Industrieunternehmen (Bild E.3.1).

E.3.2 Hohe Sicherheitsstandards von Plattformen

«Secure by Design» ist die Einbeziehung und feste Verankerung von sicheren Entwicklungsprinzipien, Technologien und Governance, beginnend in der Planungsphase, um Angriffsflächen zu reduzieren und Sicherheitslücken frühzeitig zu erkennen. Die Entwicklung vernetzter Technologien bedingt die Integration von Sicherheitsmechanismen in jede einzelne Komponente und jede einzelne Schicht der Anwendung. Anders lässt sich die Integrität einer komplexen IoT-Lösung nicht sicherstellen und so das Risiko durch Cyberbedrohungen mindern. Dieses erfordert umfassende Ressourcen, damit ein hohes Maß an Cybersicherheit erzielt werden kann. Zeitgemäße IoT-Plattformen bieten bereits zahlreiche integrierte Sicherheitsmechanismen wie Zugangskontrollen, sichere Netzwerkprotokolle und Datenverschlüsselung an [3].

Bild E.3.2 *Hohe Sicherheitsstandards industrieller IoT-Plattformen*

Bild E.3.2 umschreibt Entwicklungsprinzipien, Technologien und Governance nach dem Secure-by-Design-Ansatz.

E.3.2.1 Sicherheitsnormen

In einer Internetplattform im industriellen Einsatz, die sensible Daten für sicherheitsrelevante Prozesse und Abläufe verwaltet, sind Governance, Compliance und Zertifizierung wesentliche Bestandteile. Generell ist darauf zu achten, dass Governance von der Betriebsinfrastruktur bis hin zum Endanwender integriert ist. Dabei setzen Governance und Zertifizierung keine zusätzliche Schicht auf bestehende IT-Datenworkflows, sondern sind direkt in die Architektur der Plattform integriert. Bei der grundlegenden Konzipierung von industriellen IoT-Plattformen sind umfassende Sicherheitsstandards und Kontrollmechanismen zu berücksichtigen. Dadurch wird es Anwendern ermöglicht, diese zu übernehmen und zu adaptieren, statt sie von Grund auf neu zu implementieren [4; 5; 6].

E.3.2.1.1 ISO/IEC 27 001

ISO/IEC 27 001[7] ist eine Security-Management-Norm, die Best Practices des Security-Managements sowie umfassende Sicherheitskontrollen gemäß der Leitlinie ISO/IEC 27 002 [8] Best Practice definiert. Eine Zertifizierung nach ISO/IEC 27 001 ist ein Beleg dafür, dass Informationssicherheit auf jeder Ebene oberste Priorität hat. Ein unabhängiges Audit durch externe Gutachter hat bestätigt, dass den Vorgaben dieser international anerkannten Norm entsprochen wird.

E.3.2.1.2 ISO/IEC 27 017

ISO/IEC 27 017 [9] bietet Leitlinien für Informationssicherheitsaspekte des Cloud Computing und empfiehlt die Implementierung cloudspezifischer Informationssicherheitskontrollen, die die Vorgaben aus ISO/IEC 27 002 [8] und ISO/IEC 27 001 [7] ergänzen und abrunden. Eine Akkreditierung nach ISO/IEC 27 017 unterstreicht zum einen, dass sich nach international anerkannten Best Practices gerichtet wird, und zum anderen, dass die Plattformlösung über hochpräzise Kontrollmechanismen speziell für Cloud Services verfügt.

E.3.2.1.3 ISO 27 018

ISO/IEC 27 018 [10] formuliert Richtlinien für den Schutz personenbezogener Daten in der Cloud und basiert auf ISO/IEC 27 001 [7] und ISO/IEC 27 002 [8]. Eine Plattformlösung, die die Vorgaben aus diesen Richtlinien erfüllt, verfügt über Kontrollmechanismen speziell zum Schutz der enthaltenen Daten. Diese Zertifizierung erstreckt sich über die Plattformlösung, die entsprechende Infrastruktur und den Technologiebetrieb.

E.3.2.1.4 ISO 9001

Die Legacy-Anwendungen eines Industrial IoT-Plattformanbieters werden im Rahmen einer systematischen, unabhängigen Untersuchung des Qualitätssystems daraufhin geprüft, ob die Aktivitäten und die Ergebnisse dieser Aktivitäten den Anforderungen nach ISO 9001 [11] entsprechen. Eine Zertifizierung bestätigt, dass Quality-Management-Systeme für die im Rahmen der Registrierung beschriebenen Aktivitäten die Anforderungen nach ISO 9001 erfüllen. Diese Zertifizierung bezieht sich vordergründig nur auf Embedded- und On-Premise-Software.

E.3.2.1.5 AICPA SOC 2

Mit den SOC 2 Reports des amerikanischen Instituts für Wirtschaftsprüfer (AICPA) soll den Forderungen von Anwendern begegnet werden, detaillierte Angaben und Zusicherungen bezüglich der Kontrollmechanismen für Sicherheit und Verfügbarkeit des Dienstleisters zu belegen. Dies betrifft auch die Integrität der Systeme, die ein Dienstleister zur Verarbeitung der jeweiligen Nutzerdaten verwendet, sowie die Vertraulichkeit und den Schutz der in diesen Systemen verarbeiteten Daten [12]. Diese Reports spielen für folgende Bereiche eine wichtige Rolle:

- Aufsichtsführung eines Unternehmens,
- Vendor-Management-Systeme,
- unternehmensinterne Governance- und Risikomanagement-Prozesse,
- Regulierungsaufsicht.

Service-Organization-Control(SOC)-Prüfberichte für die Industrial IoT-Plattform müssen durch unabhängige Dritte erstellt werden und dienen dem Nachweis, dass die Plattformlösung den wesentlichen Compliance-Kontrollen und -Zielen entspricht. SOC 2 Reports geben Auskunft über interne Kontrollmechanismen und die Risiken für den Nutzer bzw. das Unternehmen aus den von einem externen Dienstleister erbrachten Services.

- AICPA SOC 2 Typ 1
  Berichte aus einer SOC-2-Typ-1-Prüfung liefern eine Zeitpunktbetrachtung zur Korrektheit der Management-Darstellung der Prozesse und eine Beratung zum Design der Kontrollmechanismen.
- AICPA SOC 2 Typ 2
  Berichte aus einer SOC-2-Typ-2 Prüfung beziehen sich auf die Korrektheit der Management-Darstellung der Prozesse und des Designs der Kontrollmechanismen (Prüfung der Wirksamkeit der Kontrollen) über einen definierten Zeitraum.

E.3.2.1.6 CSA CCM v3.0.1

Die ***C**loud **C**ontrols **M**atrix* (CCM) der Cloud Security Alliance (CSA) deckt grundlegende Sicherheitsprinzipien ab und unterstützt Cloud-Verkäufer (und potenzielle Cloud-Kunden) bei der Bewertung des Sicherheitsrisikos von Cloud-Anbietern. Die CCM ist ein Rahmenwerk und beschreibt Sicherheitskonzepte und –prinzipien, abgestimmt auf die Hinweise der Cloud Security Alliance in 16 Bereichen [13]. Die CCM berücksichtigt auch andere Branchenstandards, Regulierungsvorschriften und weitere rechtliche Rahmen, etwa ISO/IEC 27 001 [7] und ISO/IEC 27 002 [8], ISACA COBIT [14], PCI DSS [15], NIST 800 [16] und NERC CIP [17].

E.3.2.2 Defense in Depth

Das Konzept «Defense in Depth» beruht auf dem Aspekt, dass es schwieriger ist, mehrfache Verteidigungsmechanismen als nur einen einzelnen Mechanismus auszuhebeln. Selbst eine extrem robust ausgelegte einzelne «Festungsmauer» lässt sich überwinden. Wenn mehrere verschiedene Verteidigungsmechanismen implementiert sind, kann bei Ausfall eines Mechanismus ein anderer für den Schutz der Daten sorgen. Die Herausforderung bei «Defense in Depth» liegt darin, das erforderliche Maß an Sicherheit bei angemessener Komplexität sicherzustellen. Wenn ein neues Sicherheitsprotokoll hinzukommt, kann die gestiegene Komplexität neue Risiken zur Folge haben. Bei einer optimalen Sicherheitslösung besteht hier ein Gleichgewicht [18].

In einer Industrial-IoT-Plattform erstreckt sich «Defense in Depth» über die Infrastruktur, die Plattform, die Software und die Kommunikationsschichten des Ökosystems. Dies umfasst zahlreiche IT- und OT-Devices sowie Netzwerkverbindungen, über die die digitalen Ergebnisse für industrielle Anwendungen bereitgestellt werden (Bild E.3.3).

E.3.2.2.1 Schutz der Daten

Die Industrial-IoT-Plattform wendet Klassifizierungsrichtlinien für die Assets und Daten der Anwender an und stellt damit sicher, dass die Sicherheitsanforderungen und -prioritäten angemessen erfüllt werden. Darüber hinaus wird berücksichtigt, ob bestimmte Daten einen zusätzlichen Schutz oder eine besondere Behandlung erfordern. Die Daten der Nutzer werden zudem durch eine konsequente Trennung der Produktions- und Entwicklungsumgebungen zusätzlich geschützt. Auf mehreren Ebenen implementierte Sicherheitsmechanismen steuern auch die Zugriffsbeschränkungen für Mitarbeiter des Industrial-IoT-Plattformanbieters, die aus aufgabenbezogenen

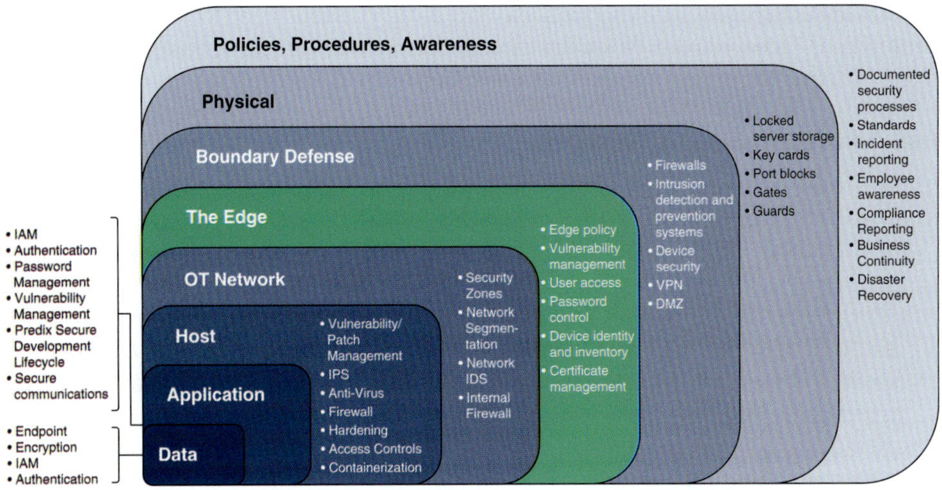

Bild E.3.3 *Mehrschichtiger Schutz einer Industrial IoT-Plattform durch «Defense in Depth»* [19; 20]

Gründen einen Zugriff benötigen. Die Daten werden darüber hinaus bei Bedarf anonymisiert und mittels Transport Layer Security (TLS) und Tokenisierung verschlüsselt übertragen.

E.3.2.2.2 Security by Design

Die Produktsicherheit einer Industrial-IoT-Plattform fundiert auf dem Schutz der Anwendungen und Dienste, die die Plattform und das Ökosystem bilden, sowie ihren vertraulichen Daten. Das Secure-Development-Lifecycle(SDL)-Framework gewährleistet den Schutz Ihrer Industrial IoT-Plattform-Anwendungen und -Dienste während des Entwicklungsprozesses und ermöglicht somit,

- die geeigneten Architekturen und Designs anzuwenden,
- Bedrohungen zu verstehen und angemessene Kontroll- und Schutzmechanismen auszuwählen,
- wirksame Security-Tests durchzuführen und
- Sicherheitslücken noch vor der Produktionsphase zu beheben.

Für sicherheitsbewusste Entwickler sind diese Eigenschaften für das Sicherheitskonzept der Industrial IoT-Plattform unverzichtbar.

E.3.2.2.3 Schutz von Plattform, Netzwerk und Infrastruktur

In Industrial-IoT-Plattformen werden branchenführende Kontrollmechanismen auf der Infrastruktur-, Netzwerk- und Plattformschicht eingesetzt. Dies gewährleistet, dass die Mechanismen zur Bedrohungsminderung die höchsten Anforderungen erfüllen und effizient arbeiten. Im Rahmen des Sicherheitskonzeptes ist zudem vorgesehen, dass Entwickler in voneinander isolierten Umgebungen arbeiten können. Auf bestimmten Ebenen kommen Virtualisierungstechnologien zum Einsatz, damit Anwendungen getrennt von Betriebskomponenten in einem Netzwerk ausgeführt werden können. Dank dieser Separierung lassen sich die Interaktionen von Nutzer und Anwendung durch die jeweilige Anwendungsinstanz und den Nutzer überwachen – innerhalb und außerhalb des Internets und über alle Dienste hinweg. Das Netzwerk-Sicherheitskonzept und die entsprechenden industriellen IoT-Plattformtechnologien werden in regelmäßigen Abständen einem Audit unterzogen, um sicherzustellen, dass sie den Vorgaben und technischen Standards entsprechen. Zudem wurden Penetrationstests implementiert, um die Wirksamkeit der eingesetzten Kontrollmechanismen zusätzlich zu validieren.

E.3.2.2.4 Governance und Compliance

Die Third-Party Security and Risk Management Services der industriellen IoT-Plattformen tragen dafür Sorge, dass Dienstleister strenge Sicherheitskontrollen implementieren, um die Plattform und ihre sensiblen Daten zu schützen. Die Grundlage für industrielle IoT-Plattformen ist ein gängiges Governance-Modell für Infrastrukturen, basierend auf ISO/IEC 27 002 [8], ISO/IEC 27 001 [7], NIST 800-53 [21] und FIPS 140-2 [22]. Diese gemeinsame Kontrollfunktions-Matrix wird auf der Cloud Controls Matrix der Cloud Security Alliance [13] abgebildet. Damit wird die Compliance der Plattform mit den Regularien aus mehr als 60 nationalen und internationalen Lenkungsgremien sichergestellt. Sicherheitsgutachter einer industriellen IoT-Plattform verwalten die IT-Sicherheitszertifizierungen wie CISSP, CISM, CISA, CRISC, CEH, CSOE, CHP, GPEN und CPT. Im Qualitätssicherungskonzept für eine industrielle IoT-Plattform wird kontinuierlich die Cyber-Hygiene bewertet, von den strategischen und technischen Sicherheitsstandards und Kontrollfunktionen über Anwendungs- und Serverkonfigurationen bis hin zu virtuellen Umgebungen, physikalischen Datencentern, Anwendungen, Datenbanken, Netzwerken und Host-Servern.

E.3.2.2.5 Schutz der Edge

Die Edge-to-Cloud-Strategie von industriellen IoT-Plattformen ist in skalierbare und stabile Architektur eingebettet, bei der Sicherheit in allen Phasen und auf allen Ebenen im Mittelpunkt steht. Sämtliche Embedded- oder On-Premise-Programme richten sich nach den «Security by Design»-Prinzipien und Entwicklungsmethoden; der Plattform-Schutz erstreckt sich jedoch auch auf Geräte jenseits der Cloud mit Anwendungen für Kommunikation und Datenaustausch für Instandhaltung der Assets oder der Wertschöpfung von Produkten oder zeitkritischen Echtzeitanalysen.

E.3.2.2.6 Identitäts- und Zugriffsmanagement

Sicherheit beginnt mit der Einrichtung von Identitäten für Objekte von besonderem Interesse wie Personen, Geräte, Applikationen und Daten. Für diese Objekte werden Beziehungen definiert und geeignete Kontrollmechanismen für den Zugriff dieser Identitäten auf Ressourcen implementiert. Industrielle IoT-Plattformen basieren auf diesem Prinzip – von der Konzeption her über die Kundenverwaltung bis hin zur Bereitstellung von Tools zur sicheren Anwendungsentwicklung. Sie enthalten komplexe Mechanismen, mit denen sich Identitäten nachweisen, Rollen im Ökosystem erzeugen und Zugriffe effizient authentifizieren und autorisieren lassen. Privilegierte Accounts werden dabei zusätzlich abgeschottet und verwaltet. Darüber hinaus schützt die Plattform Anwendungen und Dienste über Authentifizierungsfunktionen und Zugangskontrollen für Benutzerkonten.

E.3.2.2.7 Schlüsselmanagement und Verschlüsselung

Mit zuverlässiger Verschlüsselung wird sichergestellt, dass die Daten im Speicher und während der Übertragung geschützt sind (*Data at Rest* bzw. *Data in Motion*). Industrielle IoT-Plattformen können auf verschiedenen Plattformschichten eine Verschlüsselung vornehmen, so dass Daten nur dort zugänglich sind, wo dies erforderlich ist. Dabei werden Hardware-Sicherheitsmodule, Schlüsselmanagement sowie Public- bzw. Private-Key-Infrastrukturen für den wirksamen Schutz und die Verwaltung der Schlüssel unterstützt. Zudem können Programmierschnittstellen genutzt werden, die die Integration von Verschlüsselung und Datenschutz mit sämtlichen Diensten ermöglichen, die in den Plattformumgebungen entwickelt oder eingesetzt werden. Zum Schutz von Anwendungen und Diensten stellen Plattformen eine Verwaltung von Anmeldeinformationen bereit (*Credential Store*).

E.3.2.2.8 Kontinuierliche Bewertung

Alle Umgebungen von industriellen IoT-Plattformen müssen kontinuierlich bewertet werden. Damit wird sichergestellt, dass die Kontrollmechanismen für Sicherheit und Compliance effektiv funktionieren und das Risiko für Ökosystem und der Daten so gering wie möglich gehalten wird. In regelmäßigen Abständen finden automatische und manuelle Überprüfungen der Sicherheitskontrollen und -verfahren statt. Zusätzlich werden Penetrationstests durchgeführt, mit denen sich Schwachstellen und Compliance-Verstöße identifizieren lassen. Die Ergebnisse dieser Bewertungen werden in einem Governance-Risk-and-Compliance(GRC)-System erfasst. So können Risiken für das Ökosystem priorisiert und Abhilfeprogramme entwickelt und umgesetzt werden.

E.3.3 Sichere Entwicklungsumgebung von Anwendungen

Industrie-Anwendungen müssen Aspekte des Datenschutzes und der Datensicherheit berücksichtigen und dabei kontinuierlich Mehrwertfunktionen bieten. Bei einer Industrial-IoT-Plattform ist der Schutz der Anwendungen ein unumstößliches Erfordernis. Um das Plattform-Ökosystem, die zugehörigen Anwendungen sowie die über diese Anwendungen übertragenen Daten zu schützen, stellen IoT-Plattformanbieter sicherheitsbezogene Richtlinien, Prozesse und Tools für die Software-Entwicklung zur Verfügung. Entwickler können dabei auf eine zuverlässige und immer umfangreichere Bibliothek an Microservices zugreifen, die die Migration bestehender Anwendungen unterstützen und gleichzeitig eine ideale DevOps-Umgebung für die Entwicklung innovativer Tools und Dienste bieten. Durch die Verwendung von Microservices beschleunigen sich das Deployment und die Markeinführung der Anwendungen, und Industrieunternehmen können schneller von einer Neuentwicklung profitieren. Bild E.3.4 gibt einen Überblick über die Funktionen in einer sicheren Entwicklungsumgebung.

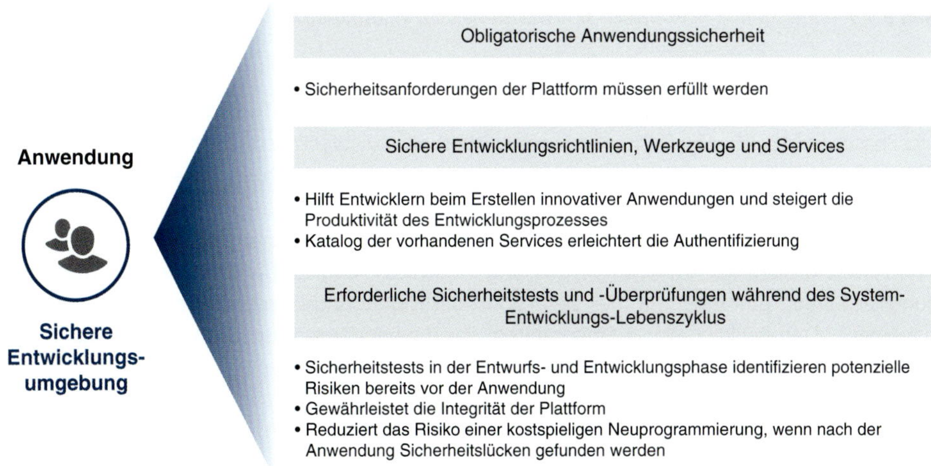

Bild E.3.4 *Sichere Entwicklungsumgebung industrieller IoT-Plattformen*

E.3.3.1 Sicherheitsreview-Richtlinien

Wenn Microservices oder Anwendungen als Katalog- oder Marketplace-Angebot für industrielle IoT-Plattformen veröffentlicht werden sollen, müssen sie regelmäßig einem Sicherheitsreview unterzogen werden. Dazu erarbeiteten Cybersicherheitsteams von Plattformanbietern Sicherheitsreview-Richtlinien zur Bewertung des Sicherheitsstatus von Microservices oder Anwendungen. Damit wird gewährleistet, dass diese auf Security Best Practices abgestimmt sind, die Sicherheitsanforderungen der Industrial Internet Standards erfüllt werden und Vertrauen in die digitalen Plattformen, Produkte und Services des industriellen IoT-Plattformanbieters erzeugt wird [23; 24].

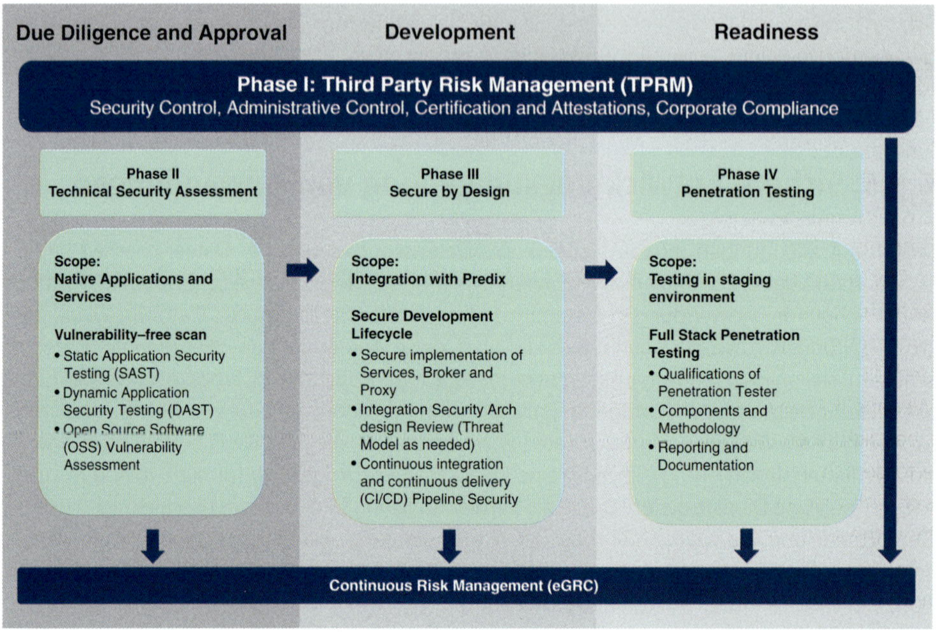

Bild E.3.5 *Katalog- und Marketplace-Sicherheitsreview für industrielle IoT-Plattformen* [23; 24]

Das Katalog- und Marketplace-Sicherheitsreview für industrielle IoT-Plattformen gliedert sich in vier Phasen (Bild E.3.5). Die Richtlinien für das Sicherheitsreview umfassen eine Analyse der für den Anwender unabdingbaren Komponenten sowie von dessen Unterstützungsleistungen. Die einzelnen Komponenten eines Microservices bis hin zur gesamten Anwendung, die geprüft werden sollen, enthalten meist auch u.a. nativen Code, Webservices, APIs, Integrationen sowie Funktionen zur Autorisierung, Authentifizierung und Verschlüsselung. Die entsprechenden Unterstützungsleistungen umfassen u.a. das Detection- und Monitoring-Framework bzw. das Codemanagement. Das Review aller Komponenten der Anwender erfolgt ausnahmslos durch das Cybersicherheitsteam des Plattformanbieters.

E.3.3.1.1 Phase I: Third Party Risk Management (TPRM)

Third **P**arty **R**isk **M**anagement (TPRM) steht für die Analyse und Kontrolle von Risiken, die für ein Unternehmen, seine Daten, betrieblichen Abläufe und Finanzen durch Dritte entstehen können. Eine Due-Diligence-Prüfung erfordert dabei eine eingehende und sorgfältige Überprüfung, ob sich ein externes Unternehmen oder sonstiger Dritter für eine bestimmte Aufgabe eignet. Diese Due-Diligence-Prüfung ist eine fortlaufende Aktivität; dazu gehören auch Review, Monitoring und Management-Kommunikation über den gesamten Angebots-Lebenszyklus.

Die Architektur und der Aufbau von IoT-Plattformen sind die Grundlage, um Microservices oder Anwendungen an externe Anbieter auszulagern. So können Effizienz und Qualität gesteigert und Kosten nachhaltig gesenkt werden. Unter diesem Aspekt kommt dem Third Party Risk Management (TPRM) eine sehr hohe Bedeutung zu. Dieses bietet viele Vorzüge, birgt aber auch Probleme und Risiken wie die stärkere Abhängigkeit von externen Produkten, die Cybersicherheit oder die Nichterfüllung regulatorischer Anforderungen. Generell liegt es im Ermessen des industriellen IoT-Plattformanbieters, welche Unternehmen als Partner oder Anwender Phase I, also ein Third Party Risk Management Assessment, durchlaufen müssen [23].

E.3.3.1.2 Phase II: Technical Security Assessment

Für Partner und Nutzer der Plattform ist es unabdingbar, sich mit sicheren Software-Entwicklungsmethoden vertraut zu machen. Hierzu stehen kostenfreie On-Demand-Seminare des **S**oftware **A**ssurance **F**orum for **E**xcellence in Code (SAFECode) [25] zur Verfügung. Mit dem Wissen aus den Lehrmaterialien lassen sich Kosten senken und Risiken einschätzen, ohne die Markteinführungszeit zu beeinträchtigen.

Der Testing Guide des **O**pen **W**eb **A**pplication **S**ecurity **P**roject (OWASP) [26] empfiehlt eine Sicherheitsbewertung über den gesamten Entwicklungsprozess hinweg. Der Testing Guide hilft Unternehmen, ein besseres Verständnis für die Bestandteile eines Testprogramms zu entwickeln und die notwendigen Schritte zu identifizieren, um ein solches Testprogramm basierend auf Webapplikationen zu erstellen und einzusetzen. Der Testing Guide liefert einen ausführlichen Überblick über die Elemente, die für die Erstellung eines umfassenden Sicherheitsprogramms erforderlich sind. Er dient sowohl als Nachschlagewerk als auch als Methodenbaukasten, mit dem sich ermitteln lässt, ob und inwiefern zwischen den eigenen Verfahren und Best Practices der Industrie eine Lücke klafft.

Erste Informationen geben die im Secure-Development-Lifecycle-Dokument aufgeführten kostenfreien Sources sowie im Speziellen die Inhalte im Bereich Design & Architecture Guidance. Die aktuelle Version der Top-Ten-Checkliste [27] des Open Web Application Security Projects dient als Basis und kann bei Bedarf durch Scanreports namhafter Provider ergänzt werden. Folgende Scanreports sind erforderlich: DAST- und SAST-Scan je nach Art des Services sowie Open-Source Vulnerability-Scan. Danach ist eine manuelle Prüfung der Anwendung notwendig. Diese stellt sicher, dass die Review-Anforderungen erfüllt werden und keine toolgestützt nicht zu ermittelnden Mängel vorhanden sind. Alle in den Scans aufgefundenen Mängel sind zu beheben und erforderliche Maßnahmen zu treffen, damit die finalen Scanergebnisse keine Sicherheitslücken mehr aufweisen.

E.3.3.1.3 Phase III: Secure by Design

Nach der Integration der Microservices oder Anwendungen in die Entwicklungsumgebung der IoT-Plattform führt das Cybersicherheitsteam des Plattformanbieters ein Review der Implementierung und eine Bewertung nach folgenden Aspekten durch:

- Authentifizierung und Autorisierung,
- Sicherheit von Webservices und APIs,
- Verschlüsselung,
- Bedrohungserkennung, Monitoring und Protokollierung,
- notwendige Bedrohungsmodellierung (siehe Abschnitt E.3.3.2.4).

Diese Sicherheits-Protokollierungsstandards des Cybersicherheitsteams eines Plattformanbieters legen fest, welche Sicherheitsvorfälle durch Anwendungen des Mandanten zu protokollieren sind. Diese Mandanten-Anwendungen müssen Service-Logs für die Identifizierung, Untersuchung und Behebung unerwünschter Sicherheitsvorfälle enthalten. Aus regelmäßigen Bewertungen können Standards abgeleitet werden. Darüber hinaus wird gefordert, dass die nachfolgend in Tabelle E.3.1 gelisteten Attribute in den Logs enthalten sind.

Tabelle E.3.1 *Protokollierungsattribute und Beschreibung* [28]

Attribute	Beschreibung
Was	Art des aufgetretenen Ereignisses
Woher	Quelle des Ereignisses (Details zu Quelle, Ziel und Protokoll)
Wer	Systembenutzer- oder Geräteidentifikation, die dem Ereignis zugeordnet ist
Wann	Zeitpunkt des Ereignisses (Datum und Zeitstempel)
Ergebnis	Erfolg oder Misserfolg des Ereignisses

Log-erzeugende Quellen sind so zu konfigurieren, dass die entsprechenden System- oder Dienste-Eigentümer bei Problemen bezüglich der Logerfassung und -verarbeitung gewarnt werden, beispielsweise wenn

- das System abstürzt,
- das System ältere Protokollaufzeichnungen überschreibt,
- die Logerfassung ausfällt oder
- die Speicherkapazität für Logs aufgebraucht ist oder überschritten wird.

Die folgenden in Logs identifizierten und in Tabelle E.3.2 aufgelisteten Sicherheitsvorfälle können Mandanten-Anwendungen und -Dienste betreffen. Der Anwendungsentwickler hat die Aufgabe, die für seine Anwendungen und/oder Dienste zutreffenden Eventkategorien zu identifizieren und dem Cybersicherheitsteam des Plattformanbieters die entsprechenden Logs zwecks Review, Behandlung und Monitoring zur Verfügung zu stellen.

Tabelle E.3.2 *Eventkategorie und Arten von Sicherheitsvorfällen* [28]

Nr.	Ereigniskategorie	Typen von Sicherheitsereignissen
1	Audit und Rechenschaftspflicht	Herunterfahren oder Nichtverfügbarkeit der «Protokollierungsfunktion» zum Sammeln, Speichern oder Analysieren von Protokollen
		Löschen, Deaktivieren oder Ändern von Protokolldateien in einer Anwendung und Anwandungsüberwachungstools
2	Sicherheitsmaßnahmen	Starten und Herunterfahren einer Anwendung
		Schwerwiegende Fehler (z.B. Absturz des Geräts oder Fehler beim Neustart), Nichtverfügbarkeit der Anwendung und Ausnahmefehler wie Kommunikationsfehler
3	Sicherheits-administration	Änderungen (erfolgreich und fehlgeschlagen)an Sicherheitskonfigurationen einer Anwendung (z.B. Aktivieren / Deaktivieren von Sicherheitsrichtlinien, Ändern von Benutzerrechten, Protokolleinstellungen, Zertifizierungsdiensten usw.)
		Hinzufügung eines Administrator oder einer Gruppe
		Änderung (Erfolg und Misserfolg) der Kontoberechtigungen
		Versuche (Erfolg und Misserfolg) das Anmeldekennwort zu ändern

***Tabelle E.3.2** Eventkategorie und Arten von Sicherheitsvorfällen* [28] – Fortsetzung

Nr.	Ereigniskategorie	Typen von Sicherheitsereignissen
4	Authentifizierung	Anmeldeversuche einschließlich Remote-Anmeldungen (Erfolg und Misserfolg) um Zugriff auf die Anwendung zu erhalten
		Kontosperrungen und andere Authentifizierungsfehlerereignisse für ein privilegiertes Konto
5	Autorisierung	Versuche wichtige Anwendungsdateien oder -ordner (z.B. Konfigurationsdateien, Installationsverzeichnisse usw.) und andere Ressourcen zu ändern
		Aktionen, die von einem privilegierten Konto ausgeführt werden
6	Systemadministration	Installation und Änderungen von Anwendungskomponenten (z.B. Installieren oder Löschen von Modulen)
7	API-Aufrufe	Erfolgreiche und erfolglose API-Anfragen
		Identität des API-Aufrufers
		Uhrzeit des API-Aufrufs
		Ursprungs IP-Addresse
		Angeforderte Parameter
		Antwortelemente

Das Cybersicherheitsteam des Plattformanbieters prüft die übermittelten Scan-Reports aus dem automatischen statischen Anwendungssicherheitstest (SAST), dem automatischen dynamischen Anwendungssicherheitstest (DAST) und der **O**pen-**S**ource-**S**oftware(OSS)-Vulnerability-Bewertung (siehe Abschnitte E.3.3.2.5, E.3.3.2.6 und E.3.3.2.7) und nimmt bei Bedarf eine oberflächliche Sicherheitsbewertung vor. Der Nutzer hat die vom Cybersicherheitsteam empfohlenen Abhilfemaßnahmen umzusetzen. Das Cybersicherheitsteam überprüft anschließend deren Implementierung.

E.3.3.1.4 Phase IV: Penetration Testing

Beim Penetrationstest wird das IoT-Plattformsystem mithilfe eines simulierten Angriffs mit Schadcode aktiv geprüft. Dabei wird versucht, unautorisiert in zugangsgeschützte Ressourcen, Systeme und Anwendungen einzudringen. Durch diesen Eindringversuch in das eigene System kann ermittelt werden, wie schwer oder einfach dies vonstattengeht. Der Penetrationstest liefert Einblicke in Zugriffsmethoden, die durch mutwillige Nutzer mit gängigen Tools und Methoden entwickelt wurden [29].

Mit einem Penetrationstest lässt sich

- bestimmen, ob und inwieweit ein mutwilliger Nutzer unautorisiert auf Komponenten zugreifen und damit die grundlegende Sicherheit des Systems, der Dateien, Logs und/oder Karteninhaber-Daten beeinträchtigen kann;
- bestätigen, dass die entsprechenden Kontrollmechanismen zur Verfügung stehen, z.B. Scope- und Vulnerability-Management und -Methodik sowie Segmentierung.

Für einen erfolgreichen Penetrationstest sind über die eigentliche Prüfung hinausgehende Aktivitäten und Vorgänge vonnöten. Dafür ist eine Leitlinie notwendig, die nach den typischen Phasen eines Penetrationstests gegliedert ist: Pre-Engagement, Engagement und Post-Engagement [30]. Nutzer von industriellen IoT-Plattformen stellten dafür dem Cybersicherheitsteam des Plattformanbieters die aktuellen Testumgebungsendpunkte zur Verfügung. Dieses Team unterzieht den entsprechenden Code einem ausführlichen Penetrationstest und informiert den Nutzer über die ermittelte Verletzbarkeit. Nun kann der Nutzer die empfohlenen Abhilfemaßnahmen umsetzen und das Cybersicherheitsteam des Plattformanbieters überprüft letztendlich weiterhin die korrekte Implementierung.

E.3.3.1.5 Continuous Risk Management (eGRC)

Kontinuierliches Risikomanagement muss Governance, Risk Management und Compliance in einem übergreifenden Programm zusammenführen. Der Begriff eGRC (***E**nterprise **G**overnance, **R**isk and **C**ompliance*) beschreibt dazu Prozesse zur Einhaltung von Vorschriften und Gesetzen, zur Identifikation von Risiken und zur Bewertung von Maßnahmen zur Risikobehandlung [31]. Dazu werden Ziele, Verfahren, Richtlinien und Standards festlegt. Eine Strategie für das Management der Enterprise Governance, Risk and Compliance Governance schafft Transparenz und Konsistenz, ermöglicht die Zusammenarbeit, fördert die operative Effizienz und gewährleistet so langfristigen Erfolg und Nachhaltigkeit.

eGRC ermöglicht durch die Anwendung technischer Werkzeuge und Ressourcen mit IT-gestützten Abläufen eine zielgerichtete und effiziente Umsetzung von Informationssicherheit, Datenschutz und Risikomanagement. Dieser ganzheitliche Prozessablauf ist skalierbar, greifbar und nachvollziehbar. Das Cybersicherheitsteam eines industriellen IoT-Plattformanbieters gibt üblicherweise Risikodashboards und Berichte mit relevanten Kennzahlen im Rahmen eines Agreement-on-Facts(AoF)-Meetings bekannt. Empfohlene Abhilfemaßnahmen und -termine werden dabei vereinbart und dokumentiert, um so schnell und flexibel auf Änderungen der Technologie, Gesetzgebung und Wirtschaft reagieren zu können.

E.3.3.2 Secure Development Lifecycle (SDL)

Secure Development Lifecycle (SDL) liefert Entwicklungsrichtlinien und -regeln für die Entwicklung sicherer Software. Die damit verbundenen Methoden bieten u.a. den Vorteil, dass Software-Entwicklern leicht zu befolgende Sicherheitsrichtlinien an die Hand gegeben werden. Diese Methoden gelten als die bekanntesten Verfahren zur Entwicklung sicherer Software [32].

Das Secure-Development-Lifecycle(SDL)-Rahmenwerk von IoT-Plattformanbietern für industrielle Anwendungen sollte entsprechende Softwarewerkzeuge, sicherheitsrelevante Richtlinien und Verfahren zum Schutz der plattformgestützten Anwendungen und Dienste während des Entwicklungsprozesses umfassen. Eine Funktionsübersicht ist in Bild E.3.6 dargestellt.

Das Rahmenwerk eines Secure Development Lifecycle (SDL) richtet sich an dessen Anwender, Partner und Entwickler im Allgemeinen. Es enthält Anforderungen und Anweisungen bezüglich Produktsicherheit, -qualität und -zuverlässigkeit und mindert somit das Sicherheitsrisiko für die industrielle IoT-Plattform und ihr kooperierendes Produkt- und Service-Ökosystem.

Das Rahmenwerk findet Anwendung bei allen selbst entwickelten Softwarediensten und Software-Anwendungen, aber auch bei der Integration von zugekauftem kommerziellen Softwarecode oder Open-Source-Software. Es ist zwingend notwendig, dass Anwender, Partner und eigene Entwickler vor der Veröffentlichung eines Dienstes oder einer Anwendung bei einem industriellen IoT-Plattformanbieter über die erforderlichen Ressourcen verfügen, die SDL-Vorgaben zwingend einzuhalten.

Der SDL des Plattform- und Produkt-Cybersicherheitsteams eines industriellen IoT-Plattformanbieters orientiert sich an herkömmlichen «SDL for Agile»-Frameworks; einige Bereiche sind jedoch mehr auf Entwicklungen für das Industrial Internet ausgerichtet (Bild E.3.7). Nicht jede Aufgabe im agilen Prozess wird hier als SDL-Track dargestellt, doch jeder Track entspricht einem

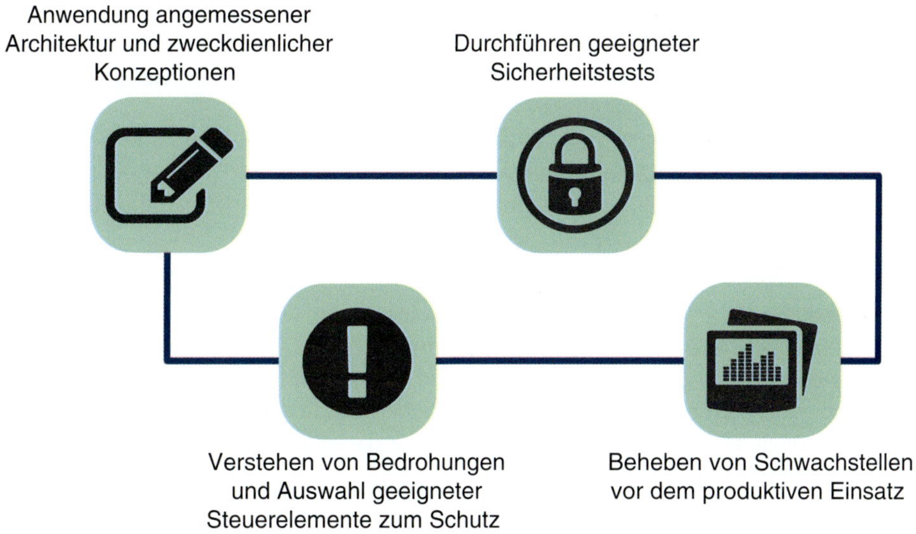

Bild E.3.6 *Funktionen eines Secure Development Lifecycle (SDL)* [33]

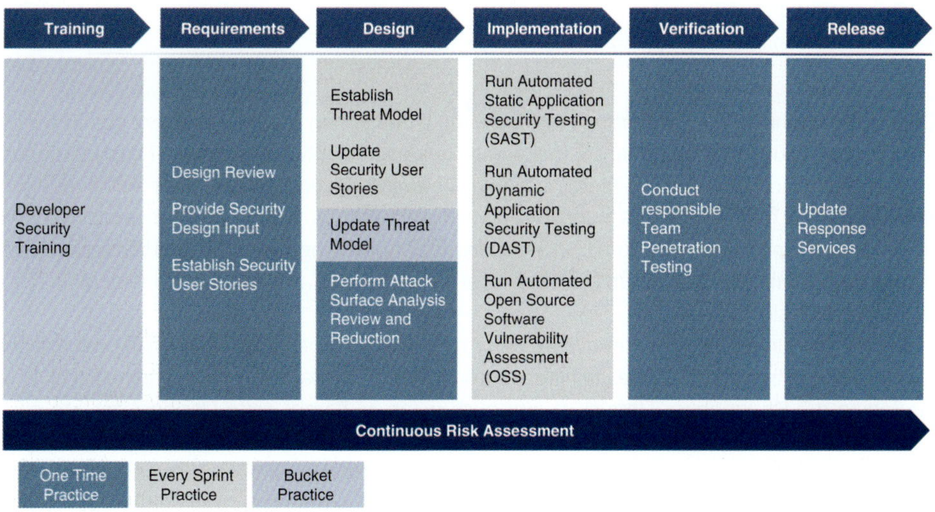

Bild E.3.7 *Industrial IoT-Plattform Secure Development Lifecycle (SDL)* [34; 35; 36]

Aktivitätenbereich aus dem agilen Prozess. Die Inhalte der nachfolgenden Abschnitte sind feste Bestandteile einer SDL-Implementierung und beschreiben diesen Prozess ausführlicher.

E.3.3.2.1 Sicherheitsschulungen für Entwickler

Sicherheitsschulungen für Entwickler sind fundamental wichtig und von grundlegender Bedeutung für alle im Folgenden beschriebenen Themen. Eine entsprechende Schulung ist – gepaart mit Erfahrung und Sicherheitsbewusstsein – für das Modellieren von Bedrohungen, das Erstellen präziser Security User Stories und die Auswertung von SAST-/DAST-Ergebnissen unverzichtbar.

Kontinuierliche Schulungen bringen den Entwicklern Verfahren zur Identifizierung und Behebung von Sicherheitsmängeln näher. Dabei stehen Themen wie Bedrohungsmodellierung, DAST-Tests und Programmiertechniken im Mittelpunkt. Damit lassen sich häufig auftretende Probleme, wie z.B. SQL-Injection, effektiv vorbeugen.

Anwender und Entwickler können aus zahlreichen kostenpflichtigen und kostenfreien Angeboten auswählen. Viele Unternehmen bieten eigene SDL-Lehrgänge und -Schulungen an. Darüber hinaus gibt es Online-Angebote sowie kostenfreies Training von Organisationen wie SAFECode [37].

E.3.3.2.2 Design- und Architektur-Review

Die Entwicklungs- bzw. Engineering-Teams von Partnern oder Anwendern bewerten und entwickeln gemeinsam mit dem Produktsicherheitsteam eines Plattformanbieters die Entwurfsmuster für Anwendungen und Dienste. Architekturen und Designs müssen dabei die gegebenen Sicherheitsvorgaben berücksichtigen, um so das Sicherheitsniveau der gesamten industriellen IoT-Plattform nicht zu gefährden und das Angriffsrisiko für die eingebundenen Anwendungen und Dienste zu senken. Wichtige Informationen hierbei sind:

- allgemeine Designprinzipien für die sichere Software-Entwicklung,
- Schutz von Webapplikationen,
- sicheres Session-Management,
- Transport-Layer-Schutz,
- Passwortschutz,
- Sicherheit von mobilen Applikationen.

Die nachträgliche Implementierung von Sicherheitsfunktionen nach Abschluss der Entwicklungsphase ist äußerst kostenintensiv. Im Rahmen eines Architektur- und Design-Reviews können Entwicklungs- und Engineering-Teams sicherheitsrelevante Designfeatures ihrer Anwendungen und Dienste noch vor der Entwicklungsphase validieren. Programmierer und Anwender können damit potenzielle Sicherheitslücken frühzeitig identifizieren und beheben. So wird verhindert, dass diese Sicherheitslücken ausgenutzt werden oder deren Behebung einen hohen Reengineering-Aufwand nach sich zieht.

Im Architektur- und Design-Review werden Architektur und Design unter dem Blickwinkel der Cybersicherheit analysiert. Im Idealfall leisten das Produktsicherheitsteam oder andere Fachkräfte zu Beginn der Designphase Unterstützung, auch wenn es bereits erste Design-Artefakte gibt. Selbst bei sehr umfangreicher Designdokumentation muss es den Entwicklungs- und Engineering-Teams möglich sein, die Dekomposition einer Anwendung vorzunehmen und so die wichtigsten Komponenten zu identifizieren, z.B. Vertrauensgrenzen, Datenfluss, Eintrittspunkte und privilegierten Code. Auch muss die physikalische Deployment-Konfiguration der Anwendung bekannt sein. Ein besonderes Augenmerk ist auf Designansätze zu richten, die speziell für Bereiche mit den häufigsten Sicherheitslücken angepasst wurden. Die Leitlinien unterstützen Programmierer und Anwender bei der Entwicklung und dem Schutz von Produkten und Diensten, die innerhalb der Industrial-IoT-Plattform eingesetzt werden.

E.3.3.2.3 Security User Stories / Sicherheitsanforderungen

Um Sicherheitsschwachstellen zu vermeiden, bedarf es einer Beschreibung der funktionalen und nichtfunktionalen Attribute eines Softwareproduktes und seiner Umgebung. Security User Stories bzw. Sicherheitsanforderungen werden wie die entsprechenden Beschreibungen für funktionale Anforderungen verfasst.

Eine Anforderungssammlung wird für jede Anwendung und jeden Dienst benötigt, um Security Stories für funktionale Sicherheit reviewen und entsprechende Security User Stories erstellen zu können. Bei einem Produkt, das z.B. eine Authentifizierungskomponente erfordert, würden sich die Security User Stories dieser Komponente unter anderem auf Aspekte wie Benutzerkontensperrung, Anzahl zulässiger Login-Fehlversuche und Passwortkomplexität beziehen.

Fachinstanzen außerhalb des Plattformanbieters reviewen in ihren Entwicklungsteams und/oder mit ihrem SDL-Partner die Security User Stories, nehmen gegebenenfalls Korrekturen vor und übertragen diese Stories dann in ein Issue-Tracking-Tool. Wenn funktionale Anforderungen hinzukommen, geändert oder gelöscht werden, werden auch die Security Stories aktualisiert.

Security User Stories werden grob in zwei Kategorien unterteilt:

1. **Evil User Story:** Beschreibt, wie ein Hacker eine Schwachstelle ausnutzt und so die Sicherheit eines Systems kompromittiert (Schilderung aus der Sicht des Hackers).
2. **User Story für nichtfunktionale Sicherheit:** Rundet die Funktionsbeschreibung eines Produktes ab und bietet einen Sicherheitsleitfaden an.

Es bietet sich an, dem Projektteam beispielhafte Security User Stories als Vorlage zur Verfügung zu stellen. Dieses trägt wesentlich zur Verbesserung der Produktsicherheit vor der eigentlichen Veröffentlichung in der industriellen IoT-Plattform bei.

E.3.3.2.4 Bedrohungsmodellierung

Mithilfe der Bedrohungsmodellierung (*Thread Modeling*) lassen sich potenzielle Bedrohungen, wie z.B. strukturelle Schwachstellen, identifizieren, quantifizieren und priorisieren – aus der Sicht eines hypothetischen Angreifers. Die Bedrohungsmodellierung liefert dem Verteidiger systematische Analysen des Profils eines möglichen Angreifers, der wahrscheinlichsten Angriffsvektoren und der beliebtesten Angriffsziele [38].

Die Bedrohungsmodellierung ist ein strukturierter Ansatz zur Analyse der Anwendungssicherheit. Dabei werden insbesondere die Grenzen zwischen logischen Systemkomponenten berücksichtigt, die über ein oder mehrere Netzwerke hinweg kommunizieren.

Mit der Bedrohungsmodellierung lässt sich auch die Sicherheit eines Produktes analysieren. Die verschiedenen Angriffsflächen des Produktes werden ausgewertet und Schwachstellen im Design identifiziert. Auf Basis dieser Informationen kann der Software-Architekt die Auswirkungen der Systembedrohung eindämmen.

Warum ist die Bedrohungsmodellierung wichtig?

Die Bedrohungsmodellierung deckt Sicherheitslücken schon während der Entwurfsphase auf; diese lassen sich dann einfacher und kostengünstiger beheben. Darüber hinaus wird gewährleistet, dass Sicherheit bereits von Anfang an in das Produkt integriert wird.

Die Sicherheit der erstellten und verwalteten Anwendungen liegt in der Verantwortung des jeweiligen Entwicklungsteams. In Abstimmung mit dem Cybersicherheitsteam des industriellen IoT-Plattformanbieters pflegt jedes einzelne Team selbst ein Bedrohungsmodell seiner Anwendung, Betriebsumgebung und Datenfluss-Vertrauensgrenzen.

Das Bedrohungsmodell sollte vor jedem Release mindestens einmal durch die Engineering- und Produktsicherheitsteams des Partners oder Anwenders überprüft und aktualisiert werden. Um Transparenz zu schaffen und eine Auditierung zu ermöglichen, sollten die Modelle zentral mit rollenbasierter Zugriffskontrolle gespeichert werden.

Vorzüge einer kontinuierlichen Bedrohungsmodellierung:

+ Sicherheitslücken lassen sich in der Entwurfsphase frühzeitig identifizieren und beheben, solange dies noch wirtschaftlich und schnell möglich ist.
+ Es gibt weniger gravierende, komplexe Mängel, die erst während der Sicherheitsprüfungen aufgespürt werden.
+ Innerhalb des Projekts wird Transparenz geschaffen und ersichtlich, welcher sicherheitsrelevante Planungs- und Entwicklungsaufwand erforderlich ist.
+ Systemsicherheitsrelevante Komponenten, Datenflüsse und Vertrauensgrenzen lassen sich visuell darstellen.
+ Ein aktuelles Risikoprofil wird geführt.
+ Das Sicherheitsbewusstsein innerhalb der Entwicklungsteams wird gestärkt; Sicherheit steht damit auf der täglichen Prioritätenliste und geht einher mit Funktionsentwicklung und -deployment.

Gibt es Tools für die Bedrohungsmodellierung?
Eine Empfehlung ist das Microsoft Threat Modeling Tool 2016, das kostenfrei zum Download zur Verfügung steht. Es hilft dabei, Bedrohungen in der Designphase eines Softwareprojekts aufzuspüren, ist einfach in der Anwendung und bietet folgende Funktionen [39]:

- Erstellung von **D**aten**f**luss**d**iagrammen (DFDs) für Produkte oder Dienste,
- Analyse von Datenflussdiagrammen für die automatische Erstellung potenzieller Bedrohungen,
- empfohlene Abhilfemaßnahmen für Design-Schwachstellen,
- Erstellung von Reports über identifizierte und behobene Bedrohungen,
- Erzeugung spezifischer Threat Modeling Templates.

Für die Installation des Tools ist eine Windows-Maschine / virtuelle Maschine für Windows erforderlich.

Wo wird das erzeugte Bedrohungsmodell gespeichert?
Das Threat-Model-Artefakt sollte auf einem sicheren und geschützten Speicherplatz abgelegt werden. Hier sollte auch das Cybersicherheitsteam des industriellen IoT-Plattformanbieters bei Bedarf Zugriff für notwendige Reviews haben, um zu untersuchen, ob das Artefakt die entsprechenden Cybersicherheitskriterien erfüllt. Jede Version eines Bedrohungsmodells sollte mit einer Commit Message versehen werden, um den Grund für eine Revision sowie das Release identifizieren zu können, mit dem das überarbeitete Design letztlich implementiert wird.

E.3.3.2.5 Automatische statische Anwendungssicherheitstests (SAST)

Statische Anwendungssicherheitstests (***S****tatic* ***A****pplication* ***S****ecurity* ***T****esting* – SAST) dienen der Analyse von Source-, Byte- und Binärcode für Programm- und Designzustände, die auf mögliche Sicherheitsmängel hindeuten. Die SAST-Lösung analysiert die Anwendung von innen nach außen; die Anwendung ist dabei inaktiv [40]. Bei diesem Verfahren wird eine Anwendung oder ein Softwareprodukt in inaktivem Zustand untersucht und der Sourcecode auf häufige Sicherheitsschwachstellen geprüft.

Partner, Anwender und Entwickler sollten gemeinsam mit den entsprechenden Produktsicherheitsteams SAST-Scanprofile in ihrem CI/CD-Buildtool (z.B. Jenkins) sowie im SAST-Scanner, auf den das Buildtool referenziert, konfigurieren. So lässt sich der Scanprozess automatisieren und ein möglicher DevOps-Entwicklungsansatz beim Partner oder Anwender unterstützen.

Wird eine Einzellösung für den SAST-Scan eingesetzt, muss diese auch die Anforderungen des Cybersicherheitsteams des industriellen IoT-Plattformanbieters erfüllen. Die nachfolgend exemplarisch aufgelisteten Produkte vereinfachen den SAST-Test:

- CxSAST [41]
- Fortify Static Code Analyzer [42]
- Veracode Static Analysis [43]
- Coverity Scan Static Analysis [44]
- SonarSource [45]

E.3.3.2.6 Automatische dynamische Anwendungssicherheitstests (DAST)

Mit dynamischen Anwendungssicherheitstests (***D****ynamic* ***A****pplication* ***S****ecurity* ***T****esting* – DAST) werden Zustände erkannt, die auf mögliche Sicherheitsmängel hindeuten; die Anwendung wird dabei ausgeführt. Die meisten DAST-Lösungen testen nur die exponierten HTTP- und HTML-Schnittstellen in webgestützten Anwendungen. Es gibt aber auch Lösungen speziell für fehlerhafte Protokolle und Daten in nicht-webgestützten Anwendungen (z.B. Remote Procedure Call, **S**ession **I**nitiation **P**rotocol Ø– SIP) usw. [46].

In diesem Verfahren wird eine Anwendung oder ein Softwareprodukt in aktivem Zustand mithilfe eines Web Application Security Scanners untersucht.

Partner, Anwender und Entwickler sollten gemeinsam mit ihren Produktsicherheitsteams DAST-Scanprofile in ihrem CI/CD-Buildtool (z.B. Jenkins) [47] sowie im Application Security Scanner, auf den das Buildtool referenziert, konfigurieren. Damit lassen sich der Scanprozess automatisieren und ein möglicher DevOps-Entwicklungsansatz bei einer Drittfirma unterstützen.

Wird eine SaaS-basierte Einzellösung für den DAST-Scan eingesetzt, muss diese die Anforderungen des Cybersicherheitsteams des industriellen IoT-Plattformanbieters erfüllen. Die nachfolgend exemplarisch gelisteten SaaS-basierten DAST-Tools erfüllen diese Anforderungen an die Cybersicherheit:

- Palo Alto [48]
- PortSwigger [49]

E.3.3.2.7 Vulnerability Assessment für Open-Source-Software (OSS)

Open-Source-Software (OSS) lässt sich meist aus Online-Repositories herunterladen. Jedoch haben nicht alle Produkte das gleiche Qualitätsniveau. Manche Versionen sind veraltet oder enthalten im schlimmsten Fall schädliche Komponenten oder Elemente, die die Rechte Dritter verletzen. Zur Bekämpfung von unautorisierter Verwendung oder Datenmissbrauch ist es unerlässlich, auch diese Softwareschwachstellen zu minimieren. Im Fall von Open-Source-Software sind mögliche Sicherheitslücken um ein Vielfaches ausgeprägter, so dass eine OSS-Sicherheitsbewertung unter Verwendung geeigneter Tools zwingend notwendig ist.

Die Tools zur OSS-Sicherheitsbewertung decken folgende Funktionen ab:

- Open-Source-Identifikation in der gesamten Codebasis des Produktes,
- Mapping bekannter Vulnerabilities auf die im Produkt verwendete OSS,
- empfohlene Abhilfemaßnahmen für identifizierte Schwachstellen in Open-Source-Komponenten.

Einige SAST-Produkte bieten auch Funktionen zum OSS-Scanning an. Die nachfolgend exemplarisch gelisteten Produkte vereinfachen OSS-Aktivitäten:

- WhiteSource Software [50]
- Checkmarx [51]
- Veracode [52]
- Black Duck Software [53]

E.3.3.2.8 Penetrationstest

Auch wenn alle hier beschriebenen Schritte befolgt wurden, kann es vorkommen, dass ein Sicherheitsmangel oder eine Schwachstelle bis zur Produktionsphase mitgezogen wird. Eine Ergänzung hierzu sind Hands-on Sicherheitstests an einem Laufzeitsystem. Sie decken komplexere Sicherheitsmängel auf, die von DAST- oder SAST-Tools womöglich nicht entdeckt werden können. Ein Penetrationstest kann also abschließend sicherstellen, dass nur sicherer Code in das eigentliche Softwareprodukt gelangt. Dazu ist es ratsam, diesen zusätzlichen Testschritt vor der endgültigen Produktionsfreigabe durchzuführen.

Die Penetrationstest-Bewertungsmethode wird anhand der wichtigsten Angriffsvektoren und Testszenarien definiert. Der Penetrationstest zielt nicht darauf ab, umfassende Abdeckung durch Codescans zu erreichen oder sämtliche Sicherheitsmängel in einem Produkt aufzuspüren; es werden eher Bereiche mit möglicherweise höheren Geschäftsrisiken abgedeckt. Sicherheitsmängel sollen identifiziert werden, in deren Folge sicherheitskritische Daten offengelegt, Zugangsdaten kompromittiert oder der allgemeine Ruf eines Unternehmens beschädigt werden könnten. Dazu setzen Penetrationstester verschiedene Scantools sowie manuelle Tests zum Identifizieren von Sicherheitslücken ein, die massive Auswirkungen auf ein Unternehmen haben können. Die Dauer eines Penetrationstests hängt davon ab, wie umfangreich der jeweilige Geltungsbereich und die zugewiesenen Ressourcen sind.

E.3.4 Kontinuierliche Überwachung und Reaktion im Betrieb

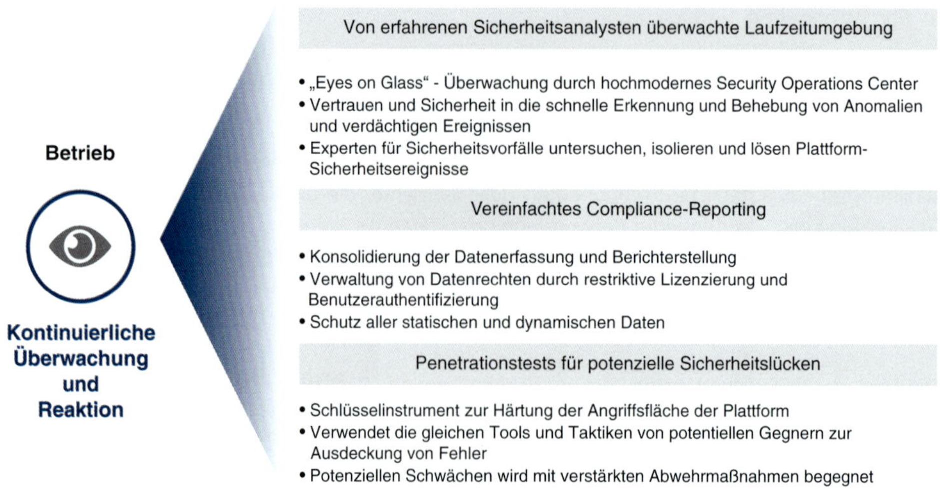

Bild E.3.8 *Überwachung und Reaktion industrieller IoT-Plattformen*

Um eine kontinuierliche Reaktion auf Ereignisse (*Incident Response*) sicherzustellen, wird die Laufzeitumgebung einer industriellen IoT-Plattformanwendung von professionellen Sicherheitsanalysten durchgängig auf Anomalien und verdächtige Vorkommnisse überwacht (Bild E.3.8).

Dank des ununterbrochenen Monitorings durch hochmoderne Security Operations Center können sich Entwickler und Nutzer darauf verlassen, dass Anomalien und verdächtige Vorfälle rasch identifiziert und zügig behoben werden. Bei einem Sicherheitsvorfall auf der IoT-Plattform greifen erfahrene Incident Response Teams ein, untersuchen den Vorfall, schotten ihn ab und beheben ihn.

Mithilfe regelmäßiger Penetrationstests lassen sich potenzielle Schwachstellen identifizieren und Abhilfemaßnahmen einleiten. Die Penetrationstests von industriellen IoT-Plattformen tragen maßgeblich dazu bei, die Plattform-Angriffsfläche zu härten. Im Allgemeinen arbeiten Penetrationstester mit den gleichen Tools und Vorgehensweisen wie die Angreifer und untersuchen damit unsere Verteidigungsmechanismen auf Schwachstellen. Wird eine potenzielle Schwachstelle gefunden, werden umgehend erforderliche Ressourcen für die Verteidigungsmaßnahmen zugeteilt.

Eine konsolidierte Datenerfassung und Reporterstellung vereinfachen das Security Compliance Reporting erheblich. In der Laufzeitumgebung werden Datenzugriffsrechte durch restriktive Lizenzierung, Benutzer-Authentifizierung und komplexe Datenverschlüsselung verwaltet. So werden die in Speichern abgelegten, sich in der Übertragung befindlichen oder aktuell verwendeten Daten der Anwender und Kunden geschützt.

Für die betrieblichen Abläufe vieler Industrieunternehmen gelten strenge Compliance-Anforderungen. Damit diese Anforderungen durch eine effektive Berichterstellung erfüllt werden können, ist eine flexible Erfassung der benötigten Daten und deren Bereitstellung sowie eine einfach zu handhabende Generierung der Berichte in der industriellen IoT-Plattform notwendig.

Mittels restriktiver Benutzer-Authentifizierung und Lizenzierung stellen industrielle IoT-Plattformen sicher, dass ein Nutzer tatsächlich derjenige ist, für den er sich ausgibt. Darüber hinaus gewährleisten die Entwickler mithilfe von speziellen Identitätsmanagement-Microservices die Identitäten der Nutzer. Heutige Plattformen verwenden komplexe Verschlüsselungstechniken für den zusätzlichen Schutz der Daten innerhalb der Plattform sowie bei der Übertragung vom Gerät zum Endanwender und wieder zurück.

E.3.4.1 Bedrohungsanalyse

Cyber Threat Intelligence entsteht aus den Daten einer Cyberbedrohung, nachdem diese Daten erfasst, im Kontext ihrer Quelle und Zuverlässigkeit ausgewertet und nach strengen und strukturierten Verfahren analysiert wurden. Dies erfordert tiefgehendes Fachwissen und den Zugriff auf eine Vielzahl von Datenquellen. Die Cyberbedrohungsanalyse spielt für den damit verbundenen Informationsgewinn eine wichtige Rolle. Für den Nutzer verringert sich die Unsicherheit und er bekommt Unterstützung beim Identifizieren von Bedrohungen und möglichen Maßnahmen [54].

Anbieter industrieller IoT-Plattformen haben oftmals strukturierte Programme erarbeitet, in deren Rahmen zahlreiche Streams mit Bedrohungsdaten untersucht und interpretiert werden können. Daraus lassen sich geeignete Maßnahmen zur Erkennung von bevorstehenden Angriffen frühzeitig in der «Kill Chain» ableiten. Dank ihrer ausgeprägten Fachkompetenz, weitreichender Anwendungserfahrung in der Industrie sowie der bestehenden vertrauenswürdigen Quellen können Bedrohungsanalysten dafür Sorge tragen, dass Bedrohungen vorbeugend identifiziert werden können. Dazu werden sämtliche Informationsquellen, wie beispielsweise Anbieter und Fachgremien, sowie Erfahrungswerte aus dem praktischen Einsatz herangezogen. Auf Basis der gewonnenen Erkenntnisse und Einsichten werden solche Incident-Response-Prozesse fortlaufend weiter verfeinert. Dieser Ansatz gewährleistet den zuverlässigen Schutz von Plattformen.

E.3.4.2 Monitoring

Heutige industrielle IoT-Plattformen werden kontinuierlich überwacht – 24 Stunden am Tag, 7 Tage die Woche, 365 Tage im Jahr. Im Rahmen eines Follow-the-Sun-Modells stehen in den ***S**ecurity **C**ommand **C**enters* (SCC) globaler Anbieter industrieller Industrial-IoT-Plattformen Sicherheitsanalysten in Nordamerika, Europa und dem Asien-Pazifik-Raum zur Verfügung. Diese auf der ganzen Welt verteilten Fachexperten überwachen, klassifizieren und verfolgen alle Sicherheitsvorkommnisse und entscheiden, ob diese tatsächlich als Incident gekennzeichnet werden müssen. Diese Sicherheitsanalysten von industriellen IoT-Plattformanbietern haben zudem spezielle Zugangsberechtigungen und unterstützen die globalen Aktivitäten der SCCs. Grundvoraussetzung ist die strikte Einhaltung von lokalen regionalen Regularien und Datenspeicherungsvorgaben zum Schutz der Datenhoheit.

Den Anwendungsentwicklern stehen dafür zahlreiche Microservices zur Verfügung. Ein Beispiel hierfür ist der «***C**yber **S**ecurity **A**nalytics and **M**onitoring*(CSAM)»-Service der Plattform Predix. Er liefert Informationen und Logdaten aus den IoT-Plattformservern an andere auf der Plattform ablaufenden Dienste und Anwendungen. Mit den vom CSAM-Service generierten Daten lassen sich Analysen des Systems und der Sicherheitsschwachstellen durchführen, Logs überwachen und Maßnahmen zum Schutz von wichtigen Assets treffen [54].

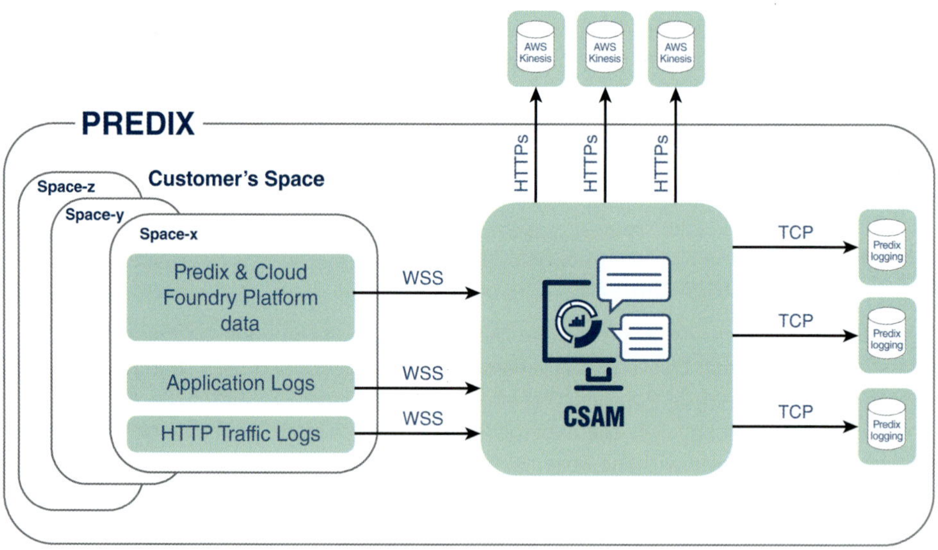

Bild E.3.9 *Architektur des Cyber Security Analytics and Monitoring Service* [55]

In Bild E.3.9 ist die Architektur des CSAM-Services dargestellt. Es handelt sich um eine sichere Multi-Tenant-Anwendung, die Logs von der Industrial-IoT-Plattform, Anwendungslogs und NW-Logs erhält, diese nach Tenant splittet und sie in Fast-Echtzeit an das Kunden-Repository überträgt. Damit erhalten Sie je nach Preismodell verschiedene relevante Daten.

Cyber Security Analytics and Monitoring bietet folgende Vorteile:

+ Unterstützung von Live-Streaming-Protokollierung,
+ Logs werden formatiert und in SysLog-Format an das Kunden-Repository übertragen,
+ Bereitstellung aussagekräftiger Daten, z.B. aus der Cloud- und PaaS-Schicht der Industrial-IoT-Plattform, Anwendungslogs aus dem Kundenbereich (Space), aus dem das CSAM stammt, sowie NW-Logs von eingehendem HTTP-Traffic, der zu Anwendungen innerhalb dieses Bereichs geleitet wird. So entsteht eine sichere Multi-Tenant-Umgebung. Über eine einzige Schnittstelle lassen sich gravierende Sicherheitsvorfälle über die Security- und Compliance-Bereiche hinweg identifizieren und geeignete Maßnahmen in die Wege leiten;
+ Bereitstellung ausführlicher Logs, Event-Aggregationen und Korrelationsfunktionen,
+ Unterstützung der Dienste UAA, ACS, Asset, Analytics und Audit.

E.3.4.3 Inspektion

Ausgehend von der Netzwerkschicht wird die Perimeterverteidigung über eine Deep Packet Inspection sämtlicher eingehender Daten umgesetzt. Alle Daten, verschlüsselt wie unverschlüsselt, werden auf schädliche Payloads oder anderweitig verdächtige Packets untersucht. Besondere regionale Regularien wie z.B. der Ausschluss der Inspektion verschlüsselter Daten werden dabei berücksichtigt. Ziel ist die Datenintegrität im Rahmen der Tenant-Separierung.

Für die Sicherheit der Plattformsysteme werden Logdateien erzeugt und in ein Standardformat umgewandelt, so dass sie vom SIEM-System (Security Incident and Event Management) direkt genutzt werden können. Dieser Schritt spielt eine entscheidende Rolle: Eine standardisierte Datenstruktur erlaubt systemübergreifend die schnelle Verwendung, Aggregation und Event-Korrelation. Ein Sicherheitsvorfall, der sonst vielleicht nicht entdeckt worden wäre, wird damit schneller ermittelt. Sicherheitsvorfälle in unzureichend überwachten Umgebungen werden manchmal tage-, wochen- oder sogar monatelang nicht entdeckt (das ist nicht ungewöhnlich). Unter diesem Aspekt stellt die Fähigkeit, Vorfälle schnell zu korrelieren, für sicherheitsbewusste Anwender einen echten Mehrwert dar.

In der Infrastrukturschicht verwenden heutige IoT-Plattformen unabhängig von der eingesetzten Cloud-Infrastruktur native Protokollierdienste zum Erfassen und Aggregieren kritischer Vorfälle. Dies vereinfacht die Inspektion und Detektion von Datenströmen zwischen ***V**irtual **L**ocal **A**rea **N**etworks* (vLAN) und ***V**irtual **P**rivate **C**louds* (VPCs). Eine industrielle IoT-Plattform korreliert die erfassten Daten mit speziellen Datenmodellen, bekannten Verhaltensmustern und anderen relevanten Logquellen und erzeugt daraus ein ganzheitliches Bild der Bedrohungslandschaft.

Die Datenhaltung über alle Schichten – Netzwerk, Plattform und Infrastruktur – unterliegt lokalen bzw. regionalen Gesetzen und Regularien. Für jede Organisation bestehen unterschiedliche Anforderungen, und im Rahmen der Plattformsicherheit wird in Abhängigkeit von Regionen, Branchen oder sonstigen Vorgaben für jeden einzelnen Tenant im Rahmen der Monitoring- und Inspektionsverfahren angemessen auf Datenhoheit und Datenhaltung geachtet.

E.3.4.4 Detektion

***I**ndicators **o**f **C**ompromise* (IOCs) sind Forensik-Daten, z.B. in Systemlog-Einträgen oder -Dateien, die auf böswillige Aktivitäten in einem System oder Netzwerk hindeuten. Anhand der Indicators of Compromise können Informationssicherheits- und IT-Mitarbeiter Datenmissbrauch, Schadsoftware und sonstige Bedrohungen erkennen. Ist das Monitoring auf solche Indikatoren ausgerichtet, lassen sich Angriffe schnell erkennen und gezielt bekämpfen, Datenmissbrauch verhindern und Schäden eindämmen, da die Angriffe frühzeitig unterbunden werden [56].

Indicators of Compromise können mithilfe umfassender Korrelationsregeln über die Netzwerk-, Plattform- und Infrastrukturschicht aufgespürt werden. Bei einer Multi-Tenant-PaaS-Umgebung ist die Fähigkeit, solche Indikatoren innerhalb der Tenants und über alle Tenants hinweg zu identifizieren und zu korrelieren, von entscheidender Bedeutung.

Der Tenant-ID-Indikator bzw. -Tag der industriellen IoT-Plattform macht dies möglich. Sicherheitsanalysten können schnell erkennen, ob das Ereignis oder der IOC auf einen oder mehrere Tenants begrenzt ist oder in der Plattform selbst vorliegt. Mit dieser wichtigen Information kann das verantwortliche Team zeitnah einen geeigneten Reaktionsplan anstoßen.

E.3.4.5 Incident Response

Zeitgemäße Incident-Response-Modelle von Anbietern industrieller IoT-Plattformen umfassen fortlaufende Schulungen, praktische Übungen, Penetrationstests und Vulnerability-Management und werden durch ein Threat-Intelligence-Programm abgerundet. Die mit der Incident Response betrauten Mitarbeiter werden über ernste Bedrohungen informiert und können sich mit diesem Wissen auf bevorstehende Vorfälle vorbereiten, diese schnell identifizieren und somit schnell beheben.

Die Incident-Response-Verantwortlichen für industrielle IoT-Plattformen übernehmen dabei die End-to-End-Koordination, z.B. Meldung des Vorfalls, Untersuchung, Forensik und Abschluss. Diese Mitarbeiter haben spezielle Vorgehensweisen, nach denen Stakeholder u.a. aus den Bereichen Recht, Kommunikation usw. involviert werden. Der Vorfall wird also reibungslos und strukturiert behandelt. Aus dieser methodischen Vorgehensweise ergibt sich eine intensive Abstimmung mit den Stakeholdern beim Kunden sowie die Einrichtung und bedarfsweise Aktivierung der erforderlichen Kommunikations- und Aktionskanäle.

Die Incident-Daten, also die Daten aus dem eigentlichen Vorfall, werden verschlüsselt beim jeweiligen Plattformanbieter gespeichert. Sie unterliegen einer strengen, rollenbasierten Zugangskontrolle (Role-based Access Control, RBAC) und regulatorischen Compliance-Vorgaben.

In Kürze

Zwischen vernetzten Maschinen, Anlagen und Betriebsstätten übertragene Daten sind hoch sensibel und extrem wertvoll für industrielle Unternehmen. Genau das verleiht dem Internet der Dinge ein so großes Potenzial – macht es aber auch äußerst anfällig für Cyberangriffe. Viele Unternehmen hegen deshalb noch Bedenken, was Cybersicherheit angeht, und schöpfen das volle Potenzial vernetzter Industrie-4.0-Anwendungen nur zögerlich und nicht vollständig aus.

Cybersicherheit für vernetzte Assets bedeutet nicht nur, dass Daten geschützt werden. Wenn Unternehmen die Gewissheit haben, dass ihre Daten sicher sind, können sie mithilfe der gewonnenen Informationen die Effizienz ihrer Abläufe und Prozesse steigern und eingesetzte Technologien nachhaltig verbessern. Aus diesem Grund steht beim Design, der Entwicklung und dem Betrieb industrieller IoT-Plattform Cybersicherheit im Mittelpunkt.

F Unternehmensorganisation

F.1 Unternehmensorganisation und Informationssicherheit – Einführung und Grundlagen

F.1.1 Einleitung

Der anonyme Hacker im Kapuzenpullover, der als hochintelligenter Nerd und Einzelgänger sämtliche Tricks und Kniffe des Cyber Crime beherrscht und damit seine Angriffe auf Daten, Server und Netze einfallsreich improvisiert, ist immer noch *die* Symbolfigur für alle Gefahren, die unsere zunehmend digitalisierte Welt bedrohen. Anders als es uns diese gesichtslose Chaos-Gestalt glauben lassen möchte, haben auf der dunklen Seite der Cyber-Macht allerdings längst Organisation, Planung und System Einzug gehalten. Aber auch in den Reihen derjenigen, die für die Informationssicherheit streiten, tricksen nicht nur hochspezialisierte High-End-Berater mit schicken Sicherheits-Gadgets im schnelllebigen Projektgeschäft aus: Das Fundament ihres Abwehr-Bollwerkes sind effektive Prozesse und ausgebildete Menschen, die in durchdachten organisatorischen Strukturen nach Maßgabe vernünftiger Regelungen zusammenwirken.

Technik allein bringt noch keine Sicherheit. Auch wenn man vielerorts auf der Suche nach der technologischen All-in-one-Lösung ist, mit der wir uns auf einen Schlag aller Cyberrisiken entledigen können, so bleibt es doch eine Binsenweisheit, dass auch die beste Hard- und Software allein nicht ausreicht, das gewünschte Sicherheitsniveau zu erreichen und langfristig beizubehalten. Technik ist stets nur ein Teil eines *Systems* zum Management der Informationssicherheit (Bild F.1.1).

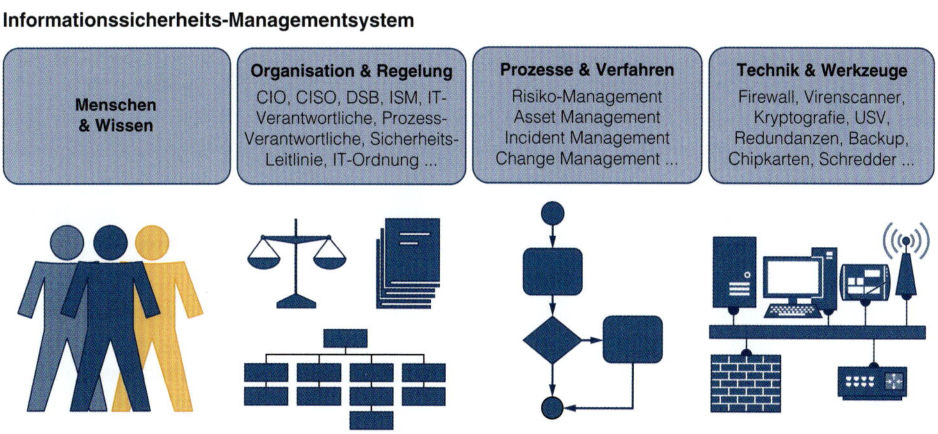

Bild F.1.1 *Ausgebildete Menschen, Organisation und Regelwerk, Prozesse und technische Hilfsmittel müssen in einem Informationssicherheits-Managementsystem in Einklang gebracht werden.*

Ein großer Teil aller Cyberbedrohungen kann schon mit gut koordinierten Methoden aus der «technisch-organisatorischen Schublade» abgewehrt werden. Der vermummte Hacker ist tatsächlich erst dann gezwungen, geistreiche neue Angriffsideen zu entwickeln, wenn diese Methoden systematisch implementiert sind. Zuvor reichen ihm bereits Schublade-Methoden aus, die sich jedermann in kurzer Zeit im Internet anlesen kann. Darüber hinaus werden Vertraulichkeit,

Integrität und Verfügbarkeit von Daten und Informationen nicht nur von Übeltätern bedroht, sondern auch von zufälligen Ereignissen, technischem Versagen und menschlichen Irrtümern. Auch diesen kann in routinierter Weise begegnet werden, sobald die organisatorischen Voraussetzungen dafür geschaffen werden. Das Management der Informationssicherheit wird damit zu einer Frage der **Unternehmensorganisation**.

F.1.2 Der Faktor Mensch in der Informationssicherheit

Neben technischen Sicherheitsmaßnamen, z.B. dem Einsatz kryptographischer Verfahren und Zugriffskontrollmechanismen, ist eine Vielzahl weiterer Instrumente zum kritischen Erfolgsfaktor für die Informationssicherheit im Unternehmenskontext geworden. Eine entscheidende Rolle nimmt dabei die **Security Awareness** – das Sicherheitsbewusstsein von Mitarbeitern und der Geschäftsführung hinsichtlich der Informationssicherheit – ein.

DEFINITION
Security Awareness bedeutet, dass die innere Einstellung, das Wissen und somit auch die Handlungsweise von Mitarbeitern und der Geschäftsführung eines Unternehmens fundamentale Faktoren der Informationssicherheit widerspiegeln und damit einhergehend zum Schutz von Informationen, physischen Wirtschaftsgütern – und letztendlich allen existenziellen Werten – maßgeblich beitragen.

Die entscheidende Bedeutung der Security Awareness ist auch im Kontext des Informationssicherheits-Risikomanagements ersichtlich: Risiken lassen sich nur auf ein tolerierbares Niveau senken, wenn die technischen und organisatorischen Sicherheitsmaßnahmen in einer bestimmten Umgebung realisiert sind. Der Mensch ist Teil dieser Umgebung und menschliches Verhalten hat damit einen essenziellen Einfluss auf die Effektivität von Sicherheitsmaßnahmen und das tatsächliche Risikoniveau. Die permanente Gewährleistung von Security Awareness ist dementsprechend ein zentrales Mittel des Risikomanagements im Kontext der Informationssicherheit von Unternehmen.

Der Faktor Mensch nimmt in der Informationssicherheit und insbesondere bei der Security Awareness eine Schlüsselrolle ein. Menschliches Verhalten lässt sich typischerweise nicht kontrollieren. Daher kann nur angenommen werden, dass sich Menschen auf eine bestimmte (notwendige) Weise verhalten. Der Mensch wird entsprechend als Schwachstelle angesehen und ist damit ein Angriffsziel. Angriffe auf den Faktor Mensch werden als Social-Engineering-Angriffe bezeichnet. Dabei werden menschliche Eigenschaften ausgenutzt, um Verhaltensweisen zu beeinflussen. Phishing ist ein Beispiel für eine Social-Engineering-Angriffsart: Mit Hilfe von gefälschten Webseiten und E-Mails versuchen Angreifer unter Ausnutzung der Gutgläubigkeit und Neugierde ihrer Opfer, geheime Zugangsdaten wie z.B. Passwörter herauszufinden. Social-Engineering-Angriffe sind typischerweise mit geringem Aufwand durchführbar und häufig erfolgreich.

Das Bundesamt für Sicherheit in der Informationstechnik (BSI) erstellt jährlich in Kooperation mit der Allianz für Cybersicherheit die Cybersicherheits-Umfrage. In dieser [1] zeigt sich, dass 2016 und 2017 ca. 70% der befragten deutschen Institutionen Opfer eines Cyberangriffs geworden sind. Fast die Hälfte aller Betroffenen beklagten dadurch einen Produktions- oder Betriebsausfall. Technische Schutzmaßnahmen sind bei den meisten Betrieben im Einsatz. Verbesserung der Security Awareness z.B. durch Schulung der Mitarbeiter ist jedoch nur bei 52% der befragten

Unternehmen im Einsatz, bei 19% in Planung und bei 29% weder geplant noch im Einsatz. Laut Proofpoint Inc. [2] ist der Faktor Mensch aktuell die größte Ursache für gelungene Cyberangriffe und nach Symantec [3] steigt die Anzahl erfolgreicher Angriffe auf den Faktor Mensch stetig an.

Erfolgreiche Social-Engineering-Angriffe führen zur Verletzung der klassischen Schutzziele: Vertraulichkeit, Integrität und Verfügbarkeit in der Informationssicherheit. Damit sind sie direkt verantwortlich für materielle und / oder monetäre Schäden und Datenverluste sowie direkt oder indirekt für Imageschäden. KMU sind prinzipiell ähnlichen Risiken wie große Unternehmen ausgesetzt, verfügen jedoch nur selten über vergleichbare Schutzmaßnahmen hinsichtlich Informationssicherheit [4].

Gesetze, Standards, Normen und branchenspezifische Regularien sind Treiber für Security Awareness im Unternehmenskontext [5]. Häufig wird Security Awareness indirekt über ein Informationssicherheits-Managementsystem gefordert. Als Beispiele seien hier das IT-Sicherheitsgesetz, das Telekommunikationsgesetz und die Europäische Datenschutz-Grundverordnung [6] sowie die ISO/IEC-27000-Familie [7] genannt. Dabei umfassen Informationssicherheits-Managementsysteme nicht explizit den Bereich der Security Awareness. Jedoch sind die Mitarbeiter eine der zentralen Komponenten eines Informationssicherheits-Managementsystems und müssen somit in den Sicherheitsprozess eingebunden werden. In der Regel werden dabei nur die Einarbeitung und Verpflichtung der Mitarbeiter angesprochen. Andere Regelwerke adressieren Security Awareness direkt, z.B. der IT-Grundschutz (vgl. [8] ab Seite 50) und das Produkt «Sicherer Betrieb» der SIZ GmbH – einem Unternehmen der Sparkassen-Finanzgruppe. Der Faktor Mensch und somit die Security Awareness werden direkt angesprochen und eine Sensibilisierung der Mitarbeiter wird gefordert.

Bei der Verbesserung der Security Awareness werden die Mitarbeiter und die Geschäftsführung eines Unternehmens in den Fokus jeglicher Maßnahmen für Informationssicherheit gerückt und tragen aktiv zur Verbesserung dieser bei.

F.1.2.1 Beispiele für Social-Engineering-Angriffe

Exemplarisch werden nun bekannte Beispiele für erfolgreiche Social-Engineering-Angriffe vorgestellt. Leyden berichtet in [9] über einen fortgeschrittenen Angriff (*Advanced Persistent Threat*, APT) auf RSA Security Inc. mithilfe von Phishing. Bestimmte Mitarbeiter von RSA Security Inc. erhielten eine E-Mail mit dem realistischen Betreff «2011 Recruitment Plan» und einem Tabellendokument «2011 Recruitment plan.xls» im Anhang. Das Tabellendokument nutzte eine bis dahin unbekannte Schwachstelle (*Zero-Day-Exploit*) in Adobe Flash aus und installierte eine Backdoor. Nach Öffnen dieses Anhangs durch die Mitarbeiter wurden die IT-Systeme der Firma entsprechend infiziert (*Lateral Movement*) und es gelang den Angreifern, an interne Informationen über das RSA-Security-Inc.-Produkt SecurID Token zu gelangen. Nachfolgend wurde die nun verwundbare SecurID-Token-Authentifikation ausgenutzt, um weitere Firmen und Organisationen anzugreifen, z.B. Lockheed Martin – einen amerikanischen Rüstungskonzern.

Nach Boie & Strunz [10] verlief der APT auf den deutschen Bundestag im Jahr 2015 ähnlich. Mittels Phishing konnte eine Backdoor installiert werden und letztlich kam es zu gezielten Zugriffen auf ausgewählte E-Mail-Postfächer durch die Angreifer.

Im Rahmen eines Experimentes gelang es mithilfe von gefälschten Profilen («Robin Sage»), auf Facebook, LinkedIn und anderen sozialen Netzwerken innerhalb eines Monats fast 300 Kontakte zu Sicherheitsspezialisten sowie Mitarbeitern des Militärs und von Geheimdiensten aufzubauen [11]. Im Fall der fiktiven Emily Williams wurde ebenfalls Facebook für einen erfolgreichen Angriff auf eine amerikanische Regierungsbehörde genutzt [12]. Long geht in [13] auf weitere konkrete Social-Engineering-Angriffe ein.

F.1.2.2 Social-Engineering-Angriffsarten

Social Engineering bezeichnet eine absichtliche Manipulation von Menschen, um gezielt Fehlverhalten hervorzurufen (primär extrinsisch) oder menschliche Versäumnisse (z.B. regelmäßige Überprüfung und Anpassung von Zugängen) oder Fehlhandlungen (primär intrinsisch) auszunutzen [14]. Die im Fall eines Angriffes gezielt herbeigeführte «Ausnahmesituation» verleitet Opfer typischerweise zu unterbewussten Handlungen. Die Ausnutzung dieser Situation bzw. menschlichen Eigenschaft ermöglicht die Erbeutung interner Informationen oder die Manipulation von z.B. Sicherheitsmechanismen, um einen weitergehenden externen Angriff zu ermöglichen. Angriffe erfolgen heute online (z.B. via E-Mail) sowie offline (z.B. via Telefon) und sind aufgrund der Vielfalt und hohen Frequenz besonders schwierig abzuwehren. Angreifer entwickeln stets neuartige Techniken, mittels derer der Faktor Mensch gezielt ausgenutzt wird.

Folgende Social-Engineering-Angriffsarten seien hier beispielhaft aufgeführt:

- **Phishing**: Erlangung von Informationen (z.B. Login-Daten) auf Basis der Fälschung von E-Mails oder Websites eines Unternehmens. Auf diese Weise kann auch Malware platziert werden.
- **Spear Phishing**: Zustellung von z.B. E-Mails an ein gezielt gewähltes Opfer, die durch das Öffnen eines Anhangs oder Links Malware installiert oder Informationen preisgibt. Siehe weiter oben vorgestellte Beispiele «RSA Security Inc.» und «Deutscher Bundestag».
- **Baiting / «Verlorene» Datenträger**: Auslegen vermeintlich verlorener Datenträger (z.B. USB-Sticks von konkurrierendem Unternehmen), die Finder zum Öffnen innerhalb des Firmennetzes verleiten.
- **Pretexting / Fake-IT-Support**: Anrufe durch angebliche Mitarbeiter aus der eigenen IT-Abteilung oder z B. von Softwaresupport. Ziel: Anleitung zur Installation von Malware oder Deaktivierung von Schutzmechanismen.
- **Soziale Netzwerke**: Übernahme von Identitäten (z.B. Freunden oder Arbeitskollegen) zur Ausnutzung von Vertrauen bzw. Erlangung von Insider-Informationen. Siehe Beispiele «Robin Sage» und «Emily Williams» oben.
- Weitere: **Dumpster Diving** (Müll durchsuchen), **Shoulder Surfing** («über die Schulter schauen»).

Dabei sind Angriffe via Phishing allgemein eher rückläufig. Gezielte Angriffe z.B. mittels Spear-Phishing haben jedoch klar zugenommen. Gleichzeitig ist eine Verlagerung des Kanals für z.B. Phishing-Angriffe von E-Mails hin zu Social Media erkennbar [3]. Weiterhin ist eine gezielte Ausrichtung der Angriffe auf den Sektor Banking & Finance feststellbar [2] und auch Angriffe mittels Spear-Phishing auf KMU sind besonders gestiegen [3].

Tabelle F.1 beschreibt, welche menschlichen Eigenschaften durch die zuvor beispielhaft aufgeführten Social-Engineering-Angriffsarten ausgenutzt werden. Neugierde kann zu kritischen Handlungen verleiten, die dann keinerlei äußere Einwirkung mehr benötigen. Angst wird häufig durch das Vortäuschen einer besonders kritischen Situation (Notfallsituation) hervorgerufen und verleitet z.B. zu schadhaften Handlungen von Angestellten. Untergebenheit bzw. Respekt können bei Einschüchterungsversuchen via Social Engineering – z.B. beim Vortäuschen einer übergeordneten eigenen Rolle im selben Unternehmen – gezielt ausgenutzt werden. Hilfsbereitschaft kann zur falschen Unterstützung durch Angreifer gezielt missbraucht werden. Das Aufbauen von Vertrauen (z.B. vorgetäuschtes Anvertrauen von Informationen) ist häufiges Element zur Erlangung von geschützten Informationen mittels Social Engineering.

Tabelle F.1 *Durch Social-Engineering-Angriffe ausgenutzte menschliche Eigenschaften*

	Neugierde	Angst	Untergebenheit / Respekt	Hilfsbereitschaft	Vertrauen
Phishing	x	x			x
Spear Phishing	x	x			x
Baiting	x				x
Pretexting			x	x	x
Soziale Netzwerke					x

F.1.2.3 Sicherheitsmaßnahmen zur Verbesserung von Security Awareness

Der Mensch stellt bei Angriffen mittels Social Engineering den maßgeblichen Faktor zur Verhinderung erfolgreicher Angriffe dar [15]. Die entsprechenden Sicherheitsmaßnahmen sind daher geprägt von didaktischen Methoden sowie soziologischen und psychologischen Überlegungen. Wilson und Hash schlagen in [16] dazu ein dreistufiges Modell vor:

- Aufmerksamkeit auf Informationssicherheit lenken,
- Training notwendiger Kompetenzen,
- Integration zu einem «common body of knowledge».

Angefangen bei organisatorischen Richtlinien und Verhaltensregeln (z.B. *Clean-Desk-Policy*), rangieren die eingesetzten Security-Awareness-Maßnahmen von Aufklärungskampagnen mithilfe von Postern und Give-aways sowie der Installation eines verantwortlichen ***C**hief **I**nformation **S**ecurity **O**fficers* (CISO) bis hin zu regelmäßigen Seminaren, Workshops und Penetrationstests. Entsprechende Maßnahmen tragen letztlich zu einer unternehmensübergreifenden IT-Sicherheitskultur bei.

Häufig sind Security-Awareness-Maßnahmen standardisiert und damit nicht individualisiert. Beispielsweise werden individuelle Besonderheiten von Menschen wie der Wissensstand hinsichtlich Informationssicherheit und der kulturelle Hintergrund nicht einbezogen. Zudem werden Sicherheitsmaßnahmen oft nur einmal, z.B. zum Einstellungszeitpunkt, oder zwar regelmäßig, aber in zu großen Zeitabständen durchgeführt. Gerade beim Faktor Mensch führt das dazu, dass die Sicherheitsmaßnahmen nur eine geringe Effektivität haben.

Ein in Bezug auf Individualisierbarkeit und adäquater Regelmäßigkeit vielversprechender Ansatz ist *Serious Gaming*, bei dem die Lerninhalte spielerisch vermittelt werden. Für Security Awareness existieren bereits einige Serious Games, z.B. The Weakest Link [17] und das Kartenspiel Control-Alt-Hack [18]. Das Serious Game What_The_Hack [19] ist spezialisierbar und richtet sich insbesondere an eine fortgeschrittene technische Zielgruppe. So lassen sich verschiedene Module z.B. zu den Themen Phishing und Nutzung kryptographischer Verfahren in der Software-Entwicklung einbinden. Eine Darstellung des Gameplays dieser Wirtschaftssimulation ist in Bild F.1.2 zu sehen.

Bild F.1.2 *Gameplay des Serious Game What_The_Hack*

Mithilfe von Penetrationstests für Security Awareness, Audits, durch die Erfassung von Sicherheitsvorfällen (z.B. via Logging) und deren statistische Auswertung, Fragebögen sowie mit Checklisten kann eine qualitative und quantitative Messung der Effektivität von Security-Awareness-Maßnahmen erreicht werden.

F.1.3 Organisation der Informationssicherheit

Die Organisation bzw. die Strukturierung eines Unternehmens, d.h. die Unternehmensorganisation, stellt einen maßgeblichen Baustein eines jeden Unternehmens dar. Gleichzeitig hat diese einen wesentlichen Einfluss auf die Entwicklung einer Informationssicherheitsorganisation. Modelle der Aufbau- und Ablauforganisation sollten hierbei eine solche zumeist rein interne Informationssicherheitsorganisation vorsehen bzw. berücksichtigen, um unter anderem erforderliche Rollen und Prozesse angemessen implementieren zu können. Im Allgemeinen muss die Unternehmensorganisation insbesondere für ein angemessenes Risikomanagement strukturiert sein.

Die zunehmende Abhängigkeit von Informationstechnologien – nahezu losgelöst vom Geschäftsfeld eines Unternehmens – macht eine tiefgreifende Integration von IT- bzw. Informationssicherheit in die Unternehmensorganisation erforderlich. Eine ganzheitliche Betrachtung bzw. Berücksichtigung von allen wesentlichen Bereichen der IT- bzw. Informationssicherheit setzt insbesondere die Erkennung inhärenter Spezifika voraus. So soll es vor allem im Rahmen der Informationssicherheit um jede Form der Information gehen – losgelöst davon, ob diese einen direkten oder indirekten Bezug zur Informationstechnologie (IT) bildet. Ob analog oder digital: Jede Form der Information muss angemessenen Kontrollen unterliegen, um ein ganzheitliches Risikomanagement und Schutzniveau gewährleisten zu können. Im Nachfolgenden findet Informationssicherheit als allumfänglicher Begriff Anwendung.

Anforderungen an die Organisation eines Unternehmens leiten sich teilweise aus gesetzlichen Rahmenbedingungen ab, so beispielsweise der Notwendigkeit einer Geschäftsführung und einer etwaigen Haftbarkeit [20]. Die Implementierung von Rollen und Verantwortlichkeiten, die im direkten Bezug zur Informationssicherheit oder des Datenschutzes stehen, unterliegt meist keiner allgemeingültigen Anforderung, sondern ist vielmehr branchen- bzw. bereichsspezifisch. Insbesondere in Branchen bzw. Bereichen, die einer gesetzlichen Regulierung unterliegen, so beispielsweise der Finanz- und Versicherungssektor, gilt es eine Vielzahl unterschiedlicher Anforderungen zu beachten, die einen direkten Einfluss auf die Organisation und Struktur eines Unternehmens haben. Unter anderem in Abhängigkeit der Größe und Branche eines Unternehmens sind die Schaffung und vollwertige Integration einer Rolle des Verantwortlichen für die Informationssicherheit empfehlenswert oder gar obligatorisch. Die Rolle kann – sollte keine rechtliche Anforderung vorliegen – auch durch externe Dienstleister übernommen werden. Dies entbindet die Geschäftsführung jedoch nicht von letztendlicher Verantwortung bzw. Haftbarkeit. Weitere Details zu Rollen und Verantwortlichkeiten sind in Abschnitt F.1.3.2 weiter unten beschrieben.

Insbesondere die Einführung der Datenschutzgrundverordnung (DSGVO bzw. engl.: ***G**eneral* ***D**ata* ***P**rotection* ***R**egulation* – GDPR) etablierte das strikte Erfordernis eines **D**aten**s**chutz**b**eauftragten (DSB, engl.: ***D**ata* ***P**rotection* ***O**fficer* – DPO) für öffentliche Stellen und teilweise auch für private Unternehmen in Abhängigkeit der Art der Datenverarbeitung und Unternehmensgröße. Dieses Erfordernis ist jedoch weitestgehend losgelöst von Rollen und Verantwortlichkeiten der Informationssicherheit zu betrachten. Insbesondere in großen Unternehmen sind die Bereiche des Datenschutzes und der Informationssicherheit teilweise klar voneinander getrennt.

F.1.3.1 Informationssicherheitsorganisation

Die Informationssicherheitsorganisation beschreibt eine Organisation als Teil der Aufbauorganisation eines Unternehmens, die dediziert für alle Bereiche der Informationssicherheit zuständig ist. Die Einrichtung und kontinuierliche Verbesserung einer solchen Organisation sind eine Grundvoraussetzung zur Gewährleistung eines adäquaten Sicherheitsniveaus. Diese Organisation ist somit ein Schlüsselelement zur Gewährleistung eines angemessenen Managements der Informationssicherheit und somit zum Schutz des Unternehmens. In Abhängigkeit der Unternehmensgröße kann eine solche Organisation aus einem einzelnen Verantwortlichen oder gar aus einer Vielzahl an Mitarbeitern bestehen. Wichtig ist eine ausreichende Ausstattung mit Ressourcen, um organisationsübergreifend Informationssicherheit zu gewährleisten.

Bei der Entwicklung und Einrichtung einer Informationssicherheitsorganisation können gängige Standards als Unterstützung bzw. Orientierung herangezogen werden, um gleichzeitig die Konformität mit etwaigen externen Anforderungen zu vereinfachen. Insbesondere die ISO/IEC-27000-Reihe, die diverse Standards zur Informationssicherheit umfasst, und die IT-Grundschutz-Kataloge des Bundesamtes für Sicherheit in der Informationstechnik (BSI) führen konkrete Modelle aus, die zertifiziert werden können. In diesem Zusammenhang sei auch die Möglichkeit einer Zertifizierung nach ISO/IEC 27 001 auf Grundlage des IT-Grundschutzes erwähnt. Da sowohl die ISO/IEC-27000-Reihe als auch die IT-Grundschutz-Kataloge nicht ausschließlich auf die Entwicklung einer Informationssicherheitsorganisation eingehen, sondern vielmehr die Entwicklung eines Managementsystems für Informationssicherheit (engl.: ***I**nformation* ***S**ecurity* ***M**anagement* ***S**ystem* – ISMS) beschreiben, kann die Informationssicherheitsorganisation als Voraussetzung zur Implementierung eines ISMS angesehen werden.

Bei der Entwicklung einer Informationssicherheitsorganisation gilt es eine Vielzahl sowohl externer als auch interner Anforderungen und Empfehlungen zu berücksichtigen, die im Gesamten maßgeblich zur Steigerung der Informationssicherheit beitragen. Solche Anforderungen und Empfehlungen umfassen beispielsweise:

- Eine Informationssicherheitsorganisation inkl. zugehöriger Rollen sollte sowohl unabhängig von operativen Bereichen (z.B. der IT-Abteilung) sein als auch eine direkte Berichtslinie in die Geschäftsführung besitzen. Auf diese Weise werden etwaige Interessenskonflikte minimiert und die Position der Informationssicherheitsorganisation bzw. der Stellenwert der Informationssicherheit gestärkt [20; 22; 23].
- In Abhängigkeit der Art des Unternehmens bzw. insbesondere auch der Branche und Größe kann eine Informationssicherheitsorganisation sowohl zentral als auch dezentral ausgelegt werden. Beide Formen bieten Vor- und Nachteile und sollten sich somit vor allem an der bereits etablierten Unternehmensorganisation und etwaigen externen Anforderungen orientieren. Auch eine Kombination beider Formen kann beispielsweise bei internationalen Unternehmen, die heterogener Regulierung unterliegen, zum Einsatz kommen [20].
- Vor allem in großen Unternehmen ist eine Trennung zwischen dem Verantwortlichen für Informationssicherheit und den Bereichen der operativen Informationssicherheit empfehlenswert.
- Etwaige rechtliche bzw. regulatorische Anforderung definieren zunehmend detailliert die Erwartungen an eine Informationssicherheitsorganisation und die darin zu implementierenden Rollen und Verantwortlichkeiten.

Neben der Informationssicherheitsorganisation selbst müssen zugehörige Rollen und Verantwortlichkeiten definiert und besetzt werden, die letztendlich maßgeblich zum Erfolg der Organisation beitragen.

Zu den wichtigsten Aufgaben der Informationssicherheitsorganisation zählt die Entwicklung einer Strategie für die Informationssicherheit des Unternehmens, die primär durch die Geschäftsleitung (Top-down-Ansatz) getragen bzw. unterstützt wird und das Unternehmen gleichzeitig bei der Erreichung der allgemeinen Unternehmensziele unterstützt. Dies umfasst die Definition von Sicherheitszielen und einer Leitlinie für Informationssicherheit im Unternehmen [40]. Die Geschäftsleitung muss Informationssicherheit selbstständig vorleben, um eine durchgehend funktionierende Informationssicherheitsorganisation und eine entsprechend erforderliche Priorisierung gewährleisten zu können. Weitere Details zu Aufgaben, Kompetenzen, Verantwortlichkeiten und Prozessen sind nachfolgend beschrieben.

F.1.3.2 Rollen und Verantwortlichkeiten

Die Informationssicherheitsorganisation eines Unternehmens und deren Effektivität sind stark von zugehörigen Rollen und Verantwortlichkeiten sowie deren individueller Besetzung abhängig. Die Rolle des Informationssicherheitsbeauftragten (engl.: *Chief **I**nformation **S**ecurity **O**fficer* – CISO – oder *auch **I**nformation **S**ecurity **O**fficer* – ISO) beschreibt den Gesamtverantwortlichen für Informationssicherheit eines Unternehmens. Die Anforderungen an diese Rolle variieren z.T. stark und können sowohl durch Standards, so beispielsweise der ISO/IEC-27000-Reihe und den IT-Grundschutz-Katalogen, als auch individuellen regulatorischen Anforderungen bestimmt sein. Diese Anforderungen reichen von einer freiwilligen Empfehlung bis hin zur regulatorischen Vorgabe, die eine Meldung der Person und etwaige persönliche Haftung einschließen kann. Die Rollen des ISO, CISO bzw. ***C**hief **S**ecurity **O**fficers* (CSO) werden nicht durchgehend konsistent in Unternehmen eingesetzt bzw. zugeordnet, ebenso wenig ist eine konsistente hierarchische Zuweisung bzw.

Trennung möglich. Insbesondere die Rolle des CSO kann sowohl eine untergeordnete Rolle unter dem CISO als auch eine Rolle mit Verantwortung für die physische Sicherheit darstellen [23].

Wie zuvor beschrieben, werden Rollen, die dem Bereich des Datenschutzes zugeordnet sind – so auch der Datenschutzbeauftragte –, vor allem in Abhängigkeit der Unternehmensgröße teilweise auch durch den Informationssicherheitsbeauftragten abgedeckt bzw. gänzlich unabhängig durch beispielsweise die Rechtsabteilung eines Unternehmens übernommen.

Der Informationssicherheitsbeauftragte sollte – entsprechend der eingerichteten Informationssicherheitsorganisation – unabhängig von operativen Bereichen des Unternehmens sein und eine entsprechende Berichtslinie in die Geschäftsführung besitzen. Aus diesem Grund kann es sinnvoll sein, die Rolle als Stabsstelle innerhalb der Aufbauorganisation zu implementieren [40]. Auf diese Weise werden nicht nur die Unabhängigkeit und der Stellenwert der Organisation gewährleistet, sondern vielmehr auch eine Funktion sichergestellt, die in relevanten Projekten, strategischen Entscheidungen und in Krisensituationen angemessen zu involvieren ist. Der Erfolg und das Durchsetzungsvermögen der Informationssicherheitsorganisation bzw. des Informationssicherheitsbeauftragten und somit letztendlich auch der Status der Informationssicherheit eines Unternehmens sind maßgeblich von der Unterstützung der Geschäftsleitung abhängig [23].

Vor allem aufgrund der stetig voranschreitenden technischen Fortschritte und einer erkennbaren Steigerung der Komplexität von Cyberangriffen sollten relevante Rollen mit angemessen qualifizierten Mitarbeitern besetzt werden. Neben der technischen Qualifikation sind insbesondere ein gutes Durchsetzungsvermögen (auch im Sinne einer internen Kontrollfunktion) sowie eine gute Koordinationsfähigkeit, inklusive der Fähigkeit, Entscheidungen und Statusinformationen für z.B. eine Geschäftsleitung «managementtauglich» aufzubereiten, von Bedeutung [40]. Die Koordination und Kommunikation mit der Geschäftsleitung kommen vor allem für den Informationssicherheitsbeauftragten eines Unternehmens infrage. Details zu gängigen Zertifizierungen im Bereich der Informationssicherheit sind in Abschnitt F.1.3.1 beschrieben.

F.1.3.3 Aufgaben, Kompetenzen, Verantwortlichkeiten und Prozesse

Die Aufgaben des Informationssicherheitsbeauftragten bzw. der Informationssicherheitsorganisation umfassen typischerweise ein breites Band technischer und nicht-technischer Bereiche, die zumeist im direkten Bezug zur Informationssicherheit stehen. Hierzu zählen insbesondere:

- Analyse der Anforderungen im Bereich der Informationssicherheit, die für das Unternehmen von Relevanz sind;
- Entwicklung einer Strategie für Informationssicherheit, die unter anderem in der strategischen Planung des Unternehmens und in relevanten Leitlinien Berücksichtigung findet;
- Erstellen einer Leitlinie für Informationssicherheit (eine sog. Sicherheitsleitlinie bzw. engl.: *Information Security Policy*), die alle wesentlichen Bereiche, Prozesse und Besonderheiten eines Unternehmens umfasst. Eine in Kraft getretene Sicherheitsleitlinie unterliegt im Weiteren einer regelmäßigen Überprüfung und fortwährenden Adaption;
- Verwaltung bzw. Implementierung der in der Sicherheitsleitlinie eingeführten Kontrollen zur Gewährleistung der Informationssicherheit. Diese stellen gleichzeitig ein wesentliches Element des Risikomanagements dar;
- Einführung und Kontrolle sowie Pflege eines Managementsystems für Informationssicherheit, wie beispielsweise im Rahmen der ISO/IEC 27 001 beschrieben;
- Entwicklung und fortwährende Pflege eines Management-Informationssystems für Informationssicherheit (engl.: *Management Information System for Information Security*), um auf

Grundlage aussagekräftiger Kennzahlen z.B. die Geschäftsleitung über den Status der Informationssicherheit zu informieren;

- Maßnahmen zur Erreichung bzw. Gewährleistung und Verbesserung der Security Awareness von internen und externen Mitarbeitern. Dementsprechend gilt es geeignete Maßnahmen, so z.B. interaktive Schulungen, zu entwickeln. Siehe dazu die Ausführungen weiter oben in diesem Abschnitt;
- Konzeption eines Prozesses zur Behandlung von Sicherheitsvorfällen (engl.: *Security Incidents*). Dies umfasst sowohl die Erkennung etwaiger Sicherheitsvorfälle als auch die entsprechende Reaktion inklusive erforderlicher Mechanismen zur Verwaltung;
- Beratungsfunktion für alle Themen im Bereich der Informationssicherheit, insbesondere für beispielsweise interne und externe Projekte oder gar avisierte Auslagerungen [20].

Der Informationssicherheitsbeauftragte bzw. die Informationssicherheitsorganisation ist verantwortlich für eine Vielzahl unterschiedlicher Aufgaben und Prozesse, die im Gesamten für ein akzeptables Maß an Informationssicherheit sorgen bzw. ein angemessenes Schutzniveau gewährleisten sollen.

Eine intakte Informationssicherheitsorganisation ist entsprechend von der Funktionsfähigkeit implementierter Prozesse abhängig. Wesentliche Prozesse einer Informationssicherheitsorganisation bzw. eines Unternehmens, die in direktem Zusammenhang zur Informationssicherheit stehen respektive einen wesentlichen Einfluss darauf haben, umfassen unter anderem die Bereiche:

- Veränderungsmanagement (engl.: *Change Management*) zur Überwachung, Kontrolle und Verwaltung von Änderungen an IT-Systemen, Prozessen usw. (siehe dazu die Ausführungen weiter unten in diesem Abschnitt);
- Firewall-Management zur Verwaltung des Regelwerks, um wesentliche Sicherheitskontrollen gewährleisten zu können;
- Zugriffskontrollen (engl.: *Access Controls*) zur Steuerung des Zugriffs auf Systeme bzw. Ressourcen;
- Identitäts- und Zugriffsverwaltung (engl.: *Identity and Access Management*) zur Verwaltung von Identitäten, Rollen und Berechtigungen;
- Management von Sicherheitsvorfällen (engl.: *Security Incident Management*) zur Sicherstellung der Schutzziele;
- Sicherheitsprotokollierung und -überwachung (engl.: *Security Logging and Monitoring*) zur Erkennung von beispielsweise Angriffen und nachträglichen Analyse von Geschehnissen.

Wesentliche Prozesse der Informationssicherheit werden durch die Implementierung eines Managementsystems für Informationssicherheit abgedeckt bzw. sind in diesem Rahmen zu implementieren. Mittels eines iterativen Prozesses – so beispielsweise dem PDCA-Zyklus (Plan – Do – Check – Act) – unterliegen Prozesse einer stetigen Kontrolle und Adaption bzw. Verbesserung.

F.1.3.4 Organisatorische und technische Maßnahmen

Im Allgemeinen gilt es zwischen organisatorischen und technischen Maßnahmen im Bereich der Informationssicherheit zu unterscheiden. Organisatorische Maßnahmen sind beispielsweise Handlungsanweisungen bzw. Prozessbeschreibungen, wie sie in einer Leitlinie für Informationssicherheit in einem Unternehmen Anwendung finden. Technische Maßnahmen beschreiben beispielsweise starke, technisch forcierte Kontrollen, die als Schutzmaßnahmen eingeführt werden [20; 21; 22]. Da technische Kontrollen niemals ohne die Berücksichtigung des «Faktors Mensch» entwickelt und implementiert werden sollten, kommt im Bereich der Informationssicherheit häufig eine Kombination beider Kontrollen zum Tragen.

Das Vier-Augen-Prinzip (engl.: *Four Eyes Principle* oder *Dual Control*) kann als typische organisatorische Kontrolle herangezogen werden, die sowohl technisch mittels geeigneter Systeme als auch organisatorisch über beispielsweise ein zerteiltes Passwort, das keiner der beiden Parteien vollständig bekannt ist, erreicht werden kann.

F.1.3.5 Fortbildung, Training und Schulung

Insbesondere im Bereich der Informationssicherheit sollten Verantwortliche regelmäßig an Maßnahmen zur Aus- und Weiterbildung teilnehmen können, um mit aktuellen Entwicklungen, Technologien und Trends mithalten zu können [23]. Auf diese Weise soll insbesondere gewährleistet werden, dass entwickelte Prozesse, Maßnahmen und Kontrollen im Rahmen interner Prozesse fortlaufend verbessert und an globale Entwicklungen angepasst werden.

Im Bereich der Informationssicherheit haben sich unterschiedliche Zertifizierungen etabliert, die häufig durch Informationssicherheitsbeauftragte bzw. Mitarbeiter der Informationssicherheitsorganisation wahrgenommen werden. Hierzu gehören z.B. der ***C**ertified **I**nformation **S**ystems **S**ecurity **P**rofessional* (CISSP), der ***C**ertified **I**nformation **S**ystem **M**anager* (CISM) und der ***C**ertified **I**nformation **S**ystems **A**uditor* (CISA).

Für alle Mitarbeiter eines Unternehmens, unabhängig vom eingesetzten Bereich, sollten regelmäßig Schulungen zur Gewährleistung eines angemessenen Sicherheitsbewusstseins durchgeführt werden. Vor allem Schulungen, die auf die Steigerung des Sicherheitsbewusstseins abzielen, sollten interaktiv und im besten Fall vor Ort ausgeführt werden. Schulungen im Kontext der Informationssicherheit können durch die interne Informationssicherheitsorganisation oder durch externe Anbieter ausgeführt werden.

F.1.4 Prozesse in der Informationssicherheit

Der Kernprozess der Informationssicherheit ist der *Risiko-Management-Prozess*. Er ist der zentrale Bestandteil der Norm ISO/IEC 27 001 [24], wird in ISO/IEC 27 005 [26] im Detail beschrieben und in der Fachliteratur wie zum Beispiel von Klipper [27] eingehend behandelt. Allerdings kann sich die Informationssicherheit weitere Prozesse operativ zunutze machen, die traditionell eher in anderen Bereichen des IT Managements beheimatet sind, insbesondere im *IT Service Management*. Streng genommen entscheidet der Risiko-Management-Prozess darüber, welche dieser anderen Prozesse nach Art und Umfang für die Belange der Informationssicherheit eingesetzt werden.

So finden sich unter den Referenzmaßnahmen der ISO/IEC 27 001 mit dem *Asset Management*, dem *Incident Management* und dem *Change Management* Aufgaben, die geradezu als Paradedisziplinen des IT Service Managements gelten können und zumeist als erste (manchmal gleichzeitig auch als letzte) realisiert werden, wenn es gilt, ein Service Management nach ISO 20 000-1 oder ITIL® aufzubauen.

Es ist also nur konsequent, dass in ISO/IEC 27 013 das Informationssicherheitsmanagement nach ISO/IEC 27 001 und das Service Management nach ISO 20 000-1 in einem gemeinsamen Standard zusammengefasst werden. Dort heißt es sinngemäß:

Die Beziehung zwischen Informationssicherheitsmanagement und Service Management ist derart eng, dass viele Organisationen die Vorteile erkannt haben, die die gleichzeitige Anwendung von ISO/IEC 27 001 und ISO/IEC 20 000 bieten.

Das COBIT-Framework geht noch einen Schritt weiter und verzichtet von vornherein auf eine grundsätzliche Unterscheidung zwischen IT Service und IT-Sicherheits-Management [30]. Stattdessen werden alle üblichen Teilaufgaben des IT Managements unter dem Oberbegriff der IT Governance in einem ganzheitlichen Prozess-Referenz-Modell zusammengefasst und auf gemeinsame Unternehmensziele ausgerichtet. Das Ergänzungswerk *COBIT 5 for Information Security* zeigt allerdings, dass auch in diesem Modell die Informationssicherheit als Schwerpunkt behandelt werden kann.

Das IT Service Management Framework ITIL® weist im Kapitel *Information Security Management* (Teil des *Service Designs*) darauf hin, dass der Erfolg eines Informationssicherheits-Managementsystems maßgeblich von der effektiven Umsetzung von Service-Management-Prozessen abhängt [28]. Dabei finden neben dem Incident, Problem, Change und Asset Management auch das Continuity, das Service-Level, das Availability, das Capacity, das Supplier, das Access, das Release und das Operationsmanagement eine explizite Erwähnung. Diese Serviceprozesse arbeiten der Informationssicherheit einerseits zu, lassen sich von ihr allerdings auch Vorgaben zur Gestaltung und zum Betrieb der IT-Services machen.

Eine entsprechende Untersuchung hat das BSI im Jahr 2005 veröffentlicht. Dort kommt man zu dem Schluss, «*[…] dass sich in der Praxis durch Zusammenspiel von ITIL und IT-Grundschutz merkliche Synergieeffekte erzielen lassen können. […]*» [31]

In ähnlicher Weise heißt es heute im BSI-Standard 200-1:

«*Übergreifendes Ziel (des Service Managements) ist die Optimierung beziehungsweise Verbesserung der Qualität von IT Services und der Kosteneffizienz. Informationssicherheit wird im Rahmen der betrachteten Services aus der operativen Perspektive betrachtet. Umgekehrt ist ein funktionierender IT-Betrieb ein wesentlicher Stützpfeiler für das ISMS, wodurch viele Disziplinen von ITIL sich in ähnlicher Weise, aber unter dem Fokus Informationssicherheit im IT-Grundschutz und anderen Sicherheitsstandards wiederfinden.*» [32]

In ISO/IEC 27 013 wird allerdings darauf hingewiesen, dass die Zielsetzungen von Informationssicherheitsmanagement («Schutz der Informationswerte») und IT Service Management («Erbringung optimierter IT Services») trotz aller Gemeinsamkeiten unterschiedlich sind [33]. Dies kann durchaus bedeuten, dass ein Prozess, der zunächst auf die Gestaltung und Erbringung von IT Services ausgerichtet ist, Ziele der Informationssicherheit verfehlt. Dies muss bei der gemeinsamen Nutzung der Prozesse und Prozesswerkzeuge stets bedacht werden.

Das Zusammenspiel von IT Service- und IT-Sicherheitsmanagement sowie die Kompatibilität der relevanten Standards und Frameworks ist Gegenstand zahlreicher Veröffentlichungen und Fachbücher (siehe z.B. [34; 35; 36; 37]).

F.1.4.1 Das Asset Management in der Informationssicherheit

Die initiale Erfassung der Informationswerte einer Organisation (engl.: *Information Asset*) ist eine der zentralen Aufgaben beim Aufbau eines ISMS. ISO/IEC 27 005 [26] unterscheidet dabei primäre und sekundäre Informationswerte: Bei den *primären* Werten handelt es sich um die zu schützenden Daten und Informationen selbst sowie um die Geschäfts- oder Verwaltungsprozesse, die auf die Verfügbarkeit, Vertraulichkeit und Integrität dieser Daten und Informationen angewiesen sind. Unter den *sekundären* Informationswerten versteht man alle Mittel, mit denen die Daten und Informationen den Prozessen zugeführt und ihnen nutzbar gemacht werden. Dies sind zunächst alle Formen der beteiligten Hard- und Software, weiterhin aber auch organisatorische Strukturen, Verfahren und Abläufe sowie die handelnden Personen und deren Fachwissen. Risiken für die primären Werte ergeben sich in der Regel aus Bedrohungen, die sich gegen Schwachstellen der sekundären Werte richten [27].

Aus Sicht der Informationssicherheit sind die wichtigsten Charakteristika eines Informationswertes seine Beziehungen zu anderen Werten und das Maß seiner Schutzbedürftigkeit. Dieses Maß leitet sich aus den geschäftlichen Zielsetzungen und rechtlichen Rahmenbedingungen ab, unter denen die Organisation agiert; es mündet in einer Sicherheitsklassifizierung des Wertes und ist Grundlage einer ihn betreffenden Risiko-Analyse und der Auswahl von Schutzmaßnahmen. Ein nachhaltiges Management von Informationsrisiken ist demzufolge nur dann möglich, wenn die Informationswerte über ihren gesamten Lebenszyklus hinweg vollständig erfasst und klassifiziert werden.

Gerade die Informationstechnologie ist ständiger Veränderung und Weiterentwicklung unterworfen; daher ist es mit einer reinen Bestandsaufnahme der Werte nicht getan. Stattdessen muss das Werteverzeichnis stetig aktualisiert werden. Aus der einmaligen Aufgabe wird somit ein dauerhafter Pflegeprozess, eben das Asset Management. Es steht in enger Beziehung zum Change und Incident Management.

F.1.4.1.1 Gefahren eines mangelhaften (Information) Asset Managements

Ein unzureichendes Asset Management kann sich auf vielerlei Weise negativ bemerkbar machen, z.B.

- Die Bedeutung von Warnungen des ***C**omputer **E**mergency **R**esponse **T**eams* (CERT) bleibt unklar, weil die Organisation nicht weiß, ob sie Geräte im Einsatz hat, die den anfälligen Softwarestand aufweisen.
- Sicherheitsrelevante Ereignisse können nicht behandelt werden, weil nicht bekannt ist, wer in der IT-Administration für die betroffenen Systeme zuständig ist.
- Sicherheitsrelevante Ereignisse können nicht korrekt priorisiert werden, weil unklar ist, welche Geschäftsprozesse und Datenkategorien betroffen sind.
- Bei Wartungsarbeiten werden scheinbar unbeteiligte Systeme in Mitleidenschaft gezogen, weil Abhängigkeiten nicht bekannt sind.
- Risikobewertungen eines Systems sind fehlerhaft, weil unbekannt ist, welche Sicherheitsmaßnahmen bereits implementiert sind.
- Asset-Informationen sind zwar vorhanden, verteilen sich aber unkoordiniert auf diverse Quellen; Recherchen sind zeitaufwendig, niemand verfügt über ein Gesamtbild.

F.1.4.1.2 Das Asset Management in Standards und Frameworks

Im Anhang A der ISO/IEC 27 001 findet sich das Asset Management in Abschnitt *A.8 Verwaltung der Werte* wieder, wo ihm zehn Maßnahmen bzw. Maßnahmenziele zugeordnet werden [24]. Schwerpunkt sind dabei die Zuweisung von Verantwortlichkeiten und die Klassifizierung von Informationen sowie ergänzend der Umgang mit Datenträgern. Im ergänzenden Leitfaden ISO/IEC 27 002 werden diese Maßnahmen im gleichnamigen Abschnitt 8 entsprechend ausgeführt [25]. In ISO/IEC 27 005 wird der Charakterisierung und Klassifizierung der Informationswerte der Anhang B gewidmet [26]. [29] behandelt das Asset Management in den Prozessen *BAI09* und *BAI10* in der Prozessdomäne «***B**uild, **A**cquire and **I**mplement (BAI)*» [30].

Im Service Management Framework ITIL® (V3) wird das ***S**ervice **A**sset & **C**onfiguration **M**anagement (SACM)* innerhalb der Service-Lebenszyklusphase *Service Transition* beschrieben. Ziel des SACM ist es, anderen Service-Management-Prozessen Informationen zu IT Services und Konfigurationselementen zu liefern, die diese als Prozess-Input benötigen. Im Gegenzug nimmt das SACM neue bzw. geänderte Informationen zu IT Services und Konfigurationselementen als Output der anderen Prozesse entgegen. Das SACM wird damit zum Dreh- und Angelpunkt des IT Service Managements. In ISO/IEC 20 000-1 gehört das *Configuration Management* zur Gruppe der Steuerungsprozesse.

Die Erfassung und strukturierte Darstellung der Informationswerte spielen im Grundschutz des BSI im Rahmen der Modellierung des Informationsverbundes und der Schutzbedarfsfeststellung eine entscheidende Rolle [30]. Es wird allerdings betont, dass die Detaillierung der Erfassung aus dem Blickwinkel des Informationssicherheitsmanagements weniger tief sein muss, als es für den IT-Betrieb erforderlich ist. Die operative Bestandsverwaltung ist Gegenstand der Anforderungen ORP.1.A7 *Geräteverwaltung* und ORP.1.A8 *Betriebsmittelverwaltung* im Baustein Organisation und Personal, sie tritt aber auch noch in anderen Anforderungen wie z.B. SYS.1.1.A21 *Betriebsdokumentation* in Erscheinung.

F.1.4.1.3 Das (Information) Asset Management in der Praxis

Bei der Erfassung der Informationswerte stellt sich zunächst die Frage nach dem Medium. In vielen Fällen wird dafür immer noch das Tabellenkalkulationsprogramm genutzt, was als pragmatische Lösung sicherlich besser ist als gar nichts. Bei der Verwaltung komplexerer Umgebungen stößt man dabei aber schnell an die Grenzen der Handhabbarkeit. Professionelle Lösungen stellen sich als Datenbank-basierte Webanwendungen dar, auf die die Nutzer flexibel mit dem Browser zugreifen. Diese Anwendungen erlauben frei konfigurierbare Abfragen und Auswertungen, regeln mit einem Berechtigungssystem den Datenzugriff und können in Prozess-Workflows eingebunden und über Schnittstellen automatisiert mit Daten gefüllt werden.

Mit Asset-Management-Werkzeugen, die speziell auf das Informationssicherheits- und Risikomanagement zugeschnitten sind, können den Objekten sicherheitsspezifische Attribute wie Schutzbedarf pro Schutzziel, vorhandene Bedrohungen, bekannte Schwachstellen und umgesetzte oder geplante Sicherheitsmaßnahmen zugewiesen werden. Auch die Berechnung von Risikokennzahlen ist mit diesen Werkzeugen möglich. Oft sind zusätzlich noch standardisierte Maßnahmenkataloge nach ISO/IEC 27 001 oder BSI-Grundschutz als Referenz hinterlegt. Umgesetzte oder geplante Sicherheitsmaßnahmen können den erfassten Informationswerten dann direkt zugewiesen werden.

Asset-Management-Werkzeuge, die in erster Linie das IT Service Management unterstützen sollen, fokussieren sich naturgemäß auf die Verwaltung von Informationen, die von den Betriebsprozessen (insbesondere im Incident, Problem und Change Management) benötigt werden. Dabei handelt es sich hauptsächlich um Informationen, die die *sekundären* Informationswerte (vor allem Hard- und Software) aus technischer, betriebswirtschaftlicher und organisatorischer Sicht charakterisieren. Ob ein solches Asset- bzw. Configuration-Management-Werkzeug auch für die Zwecke der Informationssicherheit einsetzbar ist, hängt davon ab, ob auch die *primären* Informationswerte mit ihren sicherheitsspezifischen Attributen erfasst und zu den sekundären Werten in Relation gesetzt werden können. Zur Optimierung ihres Produkt-Portfolios stellen die Hersteller dieser Werkzeuge allerdings vermehrt Module zur Verfügung (durchaus getrieben vom Inkrafttreten der DSGVO), die auch die Anforderungen der Informationssicherheit und des Datenschutzes erfüllen: Im besten Fall kann das Verzeichnis der Verarbeitungstätigkeiten nach Art. 30 DSGVO dann direkt im Asset Management geführt werden.

Nach der initialen Erfassung der Werte stellt sich stets die Frage, wie der Datenbestand langfristig aktuell gehalten werden kann. In den meisten Fällen ist die manuelle Aktualisierung einer Vielzahl technischer Parameter zu aufwendig und es bieten sich Inventarisierungs-Werkzeuge an («Netzwerk-Scanner»), die die Daten automatisiert erfassen und in die Datenbank schreiben. Zusätzlich bieten sie zumeist eigene Auswertungs- und Visualisierungsmöglichkeiten an. Allerdings ist vor dem Einsatz dieser Werkzeuge zu prüfen, ob die zu verwaltenden Systeme der automatisierten Erfassung überhaupt zugänglich sind. Denn gerade in sensiblen Bereichen ist der Betrieb lokaler Sammelagenten oder eine Datenübertragung zu zentralen Servern oft nicht gestattet. Darüber hinaus entziehen sich wichtige Informationen einer automatisierten Erfassung. Zu dieser Kategorie gehören auch die oben erwähnten Sicherheitsattribute. Die Aktualisierung dieser Attribute muss dann im Rahmen anderer Prozesse wie dem Risiko- oder Change Management erfolgen.

Aus der Perspektive des Informationssicherheitsmanagements gilt beim Asset Management oft: Weniger ist mehr! Die Kenntnis darüber, welchem Geschäftsprozess ein Server zuarbeitet und welche Datenkategorien er verarbeitet, ist für den **I**nformations**s**icherheits**m**anager (ISM) vermutlich wichtiger als eine detaillierte Auflistung aller seiner Netzwerkkabel und Ports auf Switchen und Patch-Panels – wobei die Ausnahme auch hier die Regel bestätigt.

Die im Folgenden betrachteten Prozesse zum Incident, Problem und Change Management dienen in erster Linie der Steuerung der Kommunikation auf dem Weg zur Lösung der eigentlichen Aufgabe. Die darin festgelegten Workflows und Verantwortlichkeiten fördern die Versachlichung der Aufgabenstellung, beschleunigen die Arbeitsschritte und machen sie nachvollziehbar und unmissverständlich. Allerdings können auch die besten Prozessstrukturen nicht die fachliche Qualifikation ersetzen, die zur (IT-) handwerklichen Lösung des Incidents, Problems oder Changes erforderlich ist.

F.1.4.2 Das Incident Management in der Informationssicherheit

Falls ein Ereignis dazu geführt hat oder mit hoher Wahrscheinlichkeit dazu führen wird, dass die Vertraulichkeit, Integrität oder Verfügbarkeit eines Informationswertes unerwartet beeinträchtigt ist und dadurch die Geschäftstätigkeit der Organisation gefährdet wird, so spricht man von einem *Informationssicherheits-Vorfall* («*Information Security Incident*»).

Es kann für die Organisation von entscheidender Bedeutung sein, ein solches Ereignis schnell zu erkennen und zu behandeln. Geschieht dies in organisierter Art und Weise, so spricht man von einem *Information Security Incident Management*.

F.1.4.2.1 Gefahren eines mangelhaften Information Security Incident Managements

Ein ungeregelter Umgang mit Informationssicherheits-Vorfällen kann Konsequenzen beinahe beliebigen Gewichtes nach sich ziehen. Typische Szenarien sind beispielsweise:

- Eine Ransom-Ware wird auf einem System aktiv und sie wird entdeckt. Es fühlt sich aber niemand befugt, das System abzuschalten und vom Netz zu trennen. Die Ransom-Ware verschlüsselt munter weiter und pflanzt sich auf weitere Systeme fort.
- Ein Nutzer stellt fest, dass ohne sein Zutun sein Passwort geändert wurde. Er findet per «Hey-Joe-Prinzip» aber keinen Ansprechpartner, der dies auf Sicherheitsrelevanz prüfen kann.
- In einer Abteilung müssen immer wieder Daten aus dem Backup restauriert werden, weil sie auf unbekannte Weise gelöscht wurden. Der Informationssicherheits-Beauftragte erfährt davon aber nichts, weil die Vorfälle nicht zentral aufgezeichnet und an ihn berichtet werden. Erforderliche Maßnahmen bleiben aus.

- Eine Datenbank kommt immer wieder zum Stillstand, weil die Tablespace- und Festplattenkapazität überschritten wird. Dies kann nur von den Benutzern festgestellt werden, weil es kein System-Monitoring gibt, das proaktive Maßnahmen auslösen könnte.

F.1.4.2.2 Das Incident Management in Standards und Frameworks

Im Anhang A der ISO/IEC 27 001 [24] wird das Incident Management in Abschnitt A.16 behandelt und in ISO/IEC 27 002 [25] erläutert. Ihm werden dort sieben Referenzmaßnahmen zugewiesen, die sich auf die Regelung von Verantwortlichkeiten, die Meldewege, die Einstufung eines Vorfalls, festgelegte Behandlungsroutinen, mögliche Lerneffekte und eine eventuell erforderliche Beweissicherung beziehen.

In COBIT 5 wird das Incident Management in der Prozessdomäne ***D**eliver, **S**ervice and **S**upport (DSS)* im Prozess DSS02 (Managen von Service-Anfragen und Störungen) behandelt. Im Prozess DSS05 (Managen von Sicherheitsservices) geht der Unterpunkt DSS05.07 auf das automatisierte Monitoring von sicherheitsrelevanten Ereignissen ein.

In ITIL®(V3) gehört das Incident Management zur Lebenszyklusphase *Service Operation* und wird dort durch das *Event Management* ergänzt. In ISO/IEC 20 000-1 ist es Bestandteil der Gruppe der *Lösungsprozesse.* ITIL® beschreibt zusätzlich alle relevanten Aspekte der zugehörigen Betriebsorganisation, insbesondere die Rolle des *Service Desk*.

Zwar heißt es in ISO/IEC 20 000, dass Informationssicherheits-Vorfälle im Rahmen des allgemeinen Incident Managements behandelt werden sollen, ISO/IEC 20 013 weist allerdings darauf hin, dass nicht jeder für die Informationssicherheit relevante Vorfall auch ein Incident im Sinne des IT Service Managements ist [38]. Als Beispiel mögen im Altpapier vorgefundene Geschäftsunterlagen dienen, die zwar keinen IT Service betreffen, aber sehr wohl als Informationssicherheitsvorfall gelten müssen. Weiterhin können sich Abweichungen von der gewöhnlichen Incident-Behandlung ergeben, falls zu Zwecken der Beweissicherung Informationswerte, die von kriminellen Aktivitäten betroffen sind, nicht sofort wieder dem Tagesgeschäft übergeben werden können.

Im neuen Grundschutz des BSI werden dem Incident Management zahlreiche Anforderungen im Baustein ***D**etektion und **R**eaktion (DER)* gewidmet [39]. Diese verteilen sich auf die Teilbausteine DER1 *Detektion von sicherheitsrelevanten Ereignissen*, DER 2.1 *Behandlung von Sicherheitsvorfällen*, DER 2.2 *Vorsorge für die IT-Forensik* und DER 2.3 *Bereinigung weitreichender Sicherheitsvorfälle.*

F.1.4.2.3 Das Security Incident Management in der Praxis

Beim Security Incident Management kommt es wie beim allgemeinen Incident-Management darauf an, Beeinträchtigungen der Geschäftstätigkeit zu vermeiden bzw. rasch wieder aufzuheben. Dabei sind Workarounds als behelfsmäßige Lösungen völlig legitim, eine Ursachenforschung wird nur so weit betrieben, wie sie der unmittelbaren Behebung des Incidents dienlich ist. Eine tiefergehende Analyse des Vorfalls ist Gegenstand des Problem Managements.

Eine schnelle Bearbeitung der Vorfälle setzt voraus, dass Meldewege und Zuständigkeiten definiert sind und kompetente Mitarbeiter kontinuierlich dafür zur Verfügung stehen, die Erstbearbeitung eines Vorfalls zu übernehmen und bei Bedarf weitere Schritte einzuleiten. Diese Mitarbeiter sind organisatorisch im *Service Desk* angesiedelt (*User Help Desk*, *IT-Hotline* o.Ä.).

Der (IT-) Service Desk ist für die Anwender die erste Support-Anlaufstelle. Er strebt eine hohe Eigenlösungsquote an, die er nur mit sehr gut qualifiziertem Personal erreichen kann. Er ist daher nicht mit einem *Call-Center* zu verwechseln! Vorfälle, die die Fach- oder Entscheidungskompetenz des Service Desk übersteigen, werden fachlich in den höheren (2nd) Level Support oder hierarchisch in die Führungsebene eskaliert. Zur Behandlung von wiederkehrenden Incidents kann der Service Desk auf einen Satz dokumentierter Standard-Handlungsanweisungen zurückgreifen.

***S**ecurity **I**ncident **R**esponse **T**eams* (SIRT) oder CERT sind im Prinzip auf Sicherheitsvorfälle spezialisierte Service Desks, die allerdings auch die höheren Supportstufen abbilden können. Zudem können für gewöhnlich nur größere Organisationen diese Spezial-Teams für eigene Zwecke aufbauen. Als erste Anlaufstelle sind sie für den Endanwender nur bedingt geeignet, weil dieser nicht immer erkennen kann, ob ein Vorfall tatsächlich sicherheitsrelevant ist. Diese Klassifikation bleibt dem gewöhnlichen Service Desk vorbehalten. SIRTs und CERTs können auch als externe Leistungseinheiten (z.B. als *Managed Security Service*) in die Abläufe eingebunden werden.

Wichtigstes Hilfsmittel des Service Desk ist ein *Ticket Tool* zur Verwaltung und Steuerung der Incidents. Jedem Incident wird eine eindeutige Kennung zugewiesen, unter der alle Aktivitäten zum Incident festgehalten werden. Aus dem Tool heraus können Nachrichten an weitere Bearbeiter und die betroffenen Anwender verschickt werden. Das Ticket Tool kann dabei Teil einer Komplettlösung für das Service Management sein, mit der auch die aus den Incidents hervorgehenden Problem-Tickets, Änderungsanfragen (*Change* bzw. *Request for Change*) und Bedarfsanfragen (*Service Request*) bearbeitet werden können. Häufig besteht auch eine Kopplung an die Asset-Datenbank, die einen direkten Zugriff auf alle relevanten Informationen ermöglicht. Erkenntnisse, die im Zuge der Incident-Bearbeitung gemacht werden, können oft ebenfalls im Ticket Tool festgehalten werden. Dieses fungiert dann auch als *Knowledge Base*.

Die in der Ticket-Datenbank festgehaltenen Informationssicherheits-Vorfälle dienen dem Risiko- oder Informationssicherheitsmanager als unverzichtbare *Risiko-Indikatoren*.

Auch die Leistungen des Service Desks unterliegen ***S**ervice **L**evel **A**greements (SLA)*, die maximale Antwort- und Reaktionszeiten (Zeit bis zum Beginn der Incident-Bearbeitung) vorgeben. Der einem Asset zugeordnete SLA entspricht dabei dessen Bedeutung für die Geschäftsabläufe und kann durchaus als Maß für seinen Informationswert herangezogen werden.

(Security-) Incidents sollten nicht nur von den Anwendern bemerkt werden. Überwachungssysteme können Anomalien schneller und oft so frühzeitig erkennen und automatisiert behandeln, dass Schäden gänzlich abgewendet werden können: Es bleibt dann bei einem Sicherheitsereignis (*Event*), bevor es zum Sicherheitsvorfall (*Incident)* kommt. Intelligente (*Next Generation*) Firewalls können Datenströme auf der Anwendungsebene auf Schadcode untersuchen und diesen blockieren, ***I**ntrusion-**D**etection*(IDS)- und *-**P**revention-**S**ysteme* (IPS) erkennen die Muster potenziell schädlicher Netzwerkaktivitäten und können deren Ursprünge blockieren. Systeme für das *Security Information and Event Management* (*SIEM*) sammeln und analysieren Informationen von anderen Systemen (z.B. Logfiles von Servern und Datenbanken) und lösen nach definiertem Regelwerk Alarmmeldungen aus, die dann vom Service Desk oder CERT weiterverarbeitet werden. Diese Werkzeuge sind Bestandteil jeder fortgeschrittenen Sicherheitsarchitektur.

F.1.4.3 Das Problem Management in der Informationssicherheit

Das Problem Management ist der geduldige und nachhaltige Bruder des Incident Managements. Hier steht nicht die schnelle Lösung im Vordergrund, sondern die Klärung der ursprünglichen Ursache des Vorfalls («Root Cause»), die Vermeidung einer Wiederholung und die Ableitung von Verbesserungsmaßnahmen.

F.1.4.3.1 Gefahren eines mangelhaften Problem Managements

Reboot tut zwar gut, hilft in vielen Fällen, löst aber nicht immer das eigentliche Problem: Wenig später hängt sich der Server erneut auf und der nächste Reboot steht an:

- Anwender öffnen immer wieder verseuchte Mailanhänge. Man verlässt sich auf den Virenscanner, verzichtet aber auf eine Sensibilisierungskampagne. Es ist nur eine Frage der Zeit, bis eine Malware unbekannter Signatur dem Scanner entgeht.
- Mitarbeiter verändern unabsichtlich immer wieder Dokumente, auf die sie nur lesend zugreifen müssen. Eine Restore aus dem Backup ist zwar die schnelle Lösung, nachhaltiger wäre aber eine Überarbeitung des Berechtigungskonzeptes.

Seltener kommt es vor, dass sich die Incident-Behebung verzögert, weil unnötig viel Zeit in die Ursachenforschung investiert wird, obwohl eine schnell wirksame Gegenmaßnahme bekannt ist.

F.1.4.3.2 Das Problem Management in Standards und Frameworks

ISO/IEC 27 001 sieht ein Problem Management nicht explizit vor. Allerdings wird in Abschnitt A.16 beschrieben, wie auf einen Incident reagiert werden soll. Dazu gehören auch die Ursachenforschung und eine nachgelagerte Analyse des Incidents, die der Behebung erkannter Schwachstellen dienen soll. Eine weitere Sub-Maßnahme betrifft den systematischen Gewinn von Erkenntnissen, die die Wahrscheinlichkeit von Wiederholungsfällen mindern soll. Dies sind alles Merkmale eines Problem Managements.

COBIT 5 räumt dem Problem Management den eigenen Prozess DSS03 ein (*Manage Problems*). In ebensolcher Weise ist das Problem Management Teil der *Service-Operations* in ITIL® und Teil der Lösungsprozesse in ISO/IEC 20 000-1. Eine nachhaltige Ursachenfindung ist auch Bestandteil des Bausteins *Detektion und Reaktion* im Grundschutz-Kompendium des BSI.

F.1.4.3.3 Das Problem Management in der Praxis

Ein «Problem» muss ebenso strukturiert behandelt werden wie ein Incident. Werden Incidents in einem Ticket-Tool verwaltet, so geschieht dies auch mit den Problem-Tickets. Denn diese entspringen in der Regel einem Incident und bleiben mit diesem in einer Art «Eltern-Kind-Relation» immer verbunden. Die Bearbeitung eines Problems kann naturgemäß länger dauern und größere Ressourcen binden: Die Analyse erfordert vertieftes Fachwissen und kann oft nur mit Testsystemen durchgeführt werden, die «Forschungsarbeiten» erlauben. Der erhöhte Ressourcenbedarf vergrößert die Gefahr, dass die Problembehandlung unvollständig abgeschlossen wird. Ein Problem-Ticket kann auch proaktiv angelegt werden, falls im Rahmen der kontinuierlichen Verbesserung der Service-Qualität und -Sicherheit Mängel erkannt werden, die im Rahmen des Problem Managements untersucht und behoben werden können.

Gerade aus dem Problem Management heraus ergibt sich häufig die Notwendigkeit, komplexere Änderungen an Systemen, Anwendungen und Verfahren durchzuführen. Diese Änderungen sind Gegenstand des **Change Managements**.

F.1.4.4 Das Change Management in der Informationssicherheit

Die verlässlichste Konstante der Informationstechnologie ist die stetige Veränderung. Dabei werden nicht nur Hard- und Software ausgetauscht, aufgerüstet und gepatched. Neue Technologien drängen auf den Markt, Geschäftsprozesse werden angepasst und organisatorische Rahmenbedingungen ändern sich. Kleine Änderungen wirken sich in komplexen Systemen oft drastisch aus, allein kann kaum jemand alle möglichen Auswirkungen überblicken. Das Change Management bietet den Rahmen, alle beteiligten Kräfte daran zu beteiligen, mit den Änderungen einhergehende Risiken rechtzeitig zu erkennen und möglichst auszuräumen.

F.1.4.4.1 Gefahren eines mangelhaften Change Managements

Eine klassische Fehlersituation in der Informationstechnik ist das misslungene System-Update: Die zentrale Anwendung wird um nützliche Features ergänzt, die neue Softwareversion ist aber nicht mehr mit anderen Anwendungen kompatibel, mit denen sie Daten austauschen muss. Mangels interner Abstimmung und Test wurde dies im Vorfeld nicht festgestellt, Daten und Informationen sind bis auf Weiteres nicht verfügbar, der Geschäftsprozess kommt zum Erliegen. Ähnliche Situationen sind:

- Es wird eine neue cloudbasierte Kollaborations-Plattform in Betrieb genommen. Da an den Planungen weder Verantwortliche für Informationssicherheit noch Datenschutz beteiligt waren, wurde übersehen, dass dabei personen- oder gar kundenbezogene Daten auch auf Servern in unsicheren Drittländern gespeichert werden.
- Der Informationssicherheitsbeauftrage lässt auf der Firewall ein vermeintlich ungenutztes Protokoll sperren. Mangels Abstimmung mit den Fachteams kann deswegen eine selten genutzte, aber produktive Anwendung einige Wochen später nicht mehr arbeiten. Weil die Änderungen nicht dokumentiert wurden, kann sich niemand mehr daran erinnern, wer und warum er das Protokoll gesperrt hat.
- Eine Anwendung mit hohem Schutzbedarf wird auf einem Server stillgelegt, weil sie für die Geschäftsprozesse nicht mehr benötigt wird. Der Informationssicherheitsbeauftragte wird darüber nicht informiert und behandelt den Server in seinen Risikobetrachtungen überflüssigerweise weiterhin als besonders schutzbedürftig.

F.1.4.4.2 Das Change Management in Standards und Frameworks

In Anhang A der ISO/IEC 27 001 finden sich mehrere Referenzmaßnahmen, die in Zusammenhang mit dem Change Management zu sehen sind [24]. So sieht die Maßnahme 12.1.2 *Änderungssteuerung* in Abschnitt 12 *Betriebssicherheit* vor, dass Änderungen an Organisation, Prozessen und Systemen zu *steuern* sind. Diese Steuerung zielt u.a. darauf ab, Änderungen unter Beachtung der Sicherheitsanforderungen zu planen, mögliche Risiken zu erkennen und zu bewerten, an alle Beteiligten und Betroffenen zu kommunizieren und nachvollziehbar zu dokumentieren. Daneben sind die Maßnahmen 14.2 *Sicherheit in Entwicklungs- und Unterstützungsprozessen* und 15.2.2 *Handhabung der Änderungen von Lieferantendienstleistungen* zu beachten. Erläuterungen enthält wie gewohnt ISO/IEC 27 002.

In COBIT 5 erscheint das Change Management in Form des Prozesses BAI06 *Manage Changes*. In ITIL® ist das Change Management in der Service Transition angesiedelt und in der ISO/IEC 20 000-1 wie das Configuration Management Teil der Gruppe der Steuerungsprozesse.

Im Grundschutzkompendium findet sich das Änderungsmanagement in Bezug auf Planung und Beachtung der Sicherheitsanforderungen in Anforderung OPS.1.1.3.A1 *Konzept für das Patch- und Änderungsmanagement* sowie im Hinblick auf die Dokumentation in Maßnahme OPS.1.1.2.A11 *Dokumentation von IT-Administrationstätigkeiten.*

F.1.4.4.3 Das Change Management in der Praxis

Changes sollten wie Incidents und Problems mit einem Werkzeug verarbeitet werden, das dabei hilft, Kommunikation und operativen Workflow in geregelte Bahnen zu lenken. Service-Management-Lösungen können die drei Ticket-Typen gemeinsam verwalten und in Beziehung setzen und durch Anbindung an eine Asset-Datenbank mit Informationen versorgen, die für die Bearbeitung erforderlich sind.

Formal beginnt der Change-Prozess mit einem Change-Antrag, dem sogenannten ***R**equest **f**or **C**hange (RfC).* Dieser enthält alle Informationen, die für eine initiale Bewertung erforderlich sind. Dazu gehören Angaben zum Change-Initiator, zu den betroffenen Konfigurationselementen, zu Art und Umfang der Änderung selbst, zu möglichen Auswirkungen und Risiken und möglichen Rückbaumaßnahmen (*Fallback*) für den Fall, dass der Change rückgängig gemacht werden muss. Wenn diese Informationen vollständig sind, wandelt der Change Manager den RfC in ein *Change-Ticket* um, das nun weiterbearbeitet werden kann. Im günstigsten Fall kann der Auflistung der betroffenen ***C**onfiguration **I**tems* (CI) entnommen werden, wer an der Change-Bewertung teilnehmen muss. Diesem Personenkreis wird der Change dann vorgelegt. Bei komplexen und besonders risikobehafteten Changes kann ein zusätzliches Entscheidungsgremium, das ***C**hange **A**dvisory **B**oard (CAB)* hinzugezogen werden, dem auch Mitarbeiter höherer Hierarchieebenen angehören. Dem CAB kann auch ein Vertreter des Informationssicherheitsmanagements angehören oder bei Bedarf hinzugezogen werden.

Das Change Management kann allerdings auch «über das Ziel hinausschießen» und mit einer Überstrukturierung der Change-Bewertung und Freigabe-Entscheidung lähmend auf die Abläufe wirken. So ist es nicht erforderlich, für jeden Change das CAB einzuberufen, sich wiederholende Änderungen können in Form eines Standard-Changes quasi automatisch freigegeben werden und Notfallsituationen müssen mit sogenannten *Emergency-Changes* mit extrem beschleunigter (oder auch nachgelagerter) Freigabe behandelbar sein.

Wie in den Fallbeispielen geschildert, nimmt das Informationssicherheitsmanagement nicht nur Einfluss auf die Planung und Bewertung von Changes anderer Parteien. Es kann und muss selbst Changes einbringen, um die von ihm selbst induzierten Änderungen zur Umsetzung zu bringen. So ist gewährleistet, dass die Sicherheitsanforderungen so weit wie möglich mit den betrieblichen Anforderungen verträglich bleiben und die Informationssicherheit nicht vergisst, dass auch sie den Geschäftsanforderungen dient.

In Kürze

Informationssicherheit zu gewährleisten bedeutet die drei wesentlichen Bereiche Organisation & Regelung, Prozesse & Verfahren sowie Technik & Werkzeuge zu beherrschen. Eine einseitige Auslegung, beispielsweise die Fokussierung allein auf technische Sicherheitsmaßnahmen, führt typischerweise zu unüberschaubaren und nicht beherrschbaren Risiken. Mithilfe technischer Sicherheitsmaßnahmen kann nur eine Basissicherheit gewährleistet werden. Ein holistischer Informationssicherheitsprozess umfasst unbedingt den Faktor Mensch. Nur so kann das Restrisiko und damit das Schadenspotenzial minimiert werden. Das Management von Informationssicherheit ist somit eine zentrale Aufgabe der Unternehmensorganisation.

F.2 Informationssicherheits-Managementsystem (ISMS) zur Aufrechterhaltung und kontinuierlichen Verbesserung der Informationssicherheit

F.2.1 Managementsysteme

Managementsysteme beschreiben sämtliche Aktivitäten, die die Unternehmensleitung plant, um die Unternehmung zu steuern, zu lenken und gesetzte Ziele zu erreichen. Eine besondere Bedeutung haben dabei Kontroll- und Rückkoppelungsschleifen, mit denen Managementsysteme internen und externen Veränderungen Rechnung tragen können. Ziele setzen, Maßnahmen umsetzen, deren Wirksamkeit kontrollieren und korrigierend eingreifen sind zentrale Aspekte von Managementsystemen. Der Aufbau und Betrieb von Managementsystemen verlangt unter anderem die Definition von Organisationsstrukturen und Prozessen, die Festlegung von Verantwortlichkeiten und die Dokumentation sämtlicher Bestandteile des Managementsystems. Jedes Managementsystem muss auf Wirksamkeit hin geprüft werden, weshalb regelmäßige Kontrollen (Audits) notwendig sind.

Die *International Organization for Standardization* (ISO) definiert in ISO/IEC 27 000 [1] den Begriff Managementsystem wie folgt:

DEFINITION

«2.46 **Managementsystem**: Satz zusammenhängender und sich gegenseitig beeinflussender Elemente einer Organisation (2.57), um Politiken (2.60), Ziele (2.57) und Prozesse (2.61) zum Erreichen dieser Ziele festzulegen.»

Oft stützen sich Managementsysteme auf das Plan-Do-Check-Act-Modell (PDCA-Modell) ab. Dieses zyklische Modell geht auf den amerikanischen Physiker Walter Andrew Shewhart zurück, der die erste Version des Modells in den 30er-Jahren des letzten Jahrhunderts entwickelt hat. Das damalige Modell bestand aus den drei Schritten Specification → Production → Inspection. Shewhart schrieb: «These three steps must go in a circle instead of in a straight line, as shown…» [2].

Deshalb wurden die drei Schritte als Kreis dargestellt, um damit die kontinuierliche Wiederholung der Schritte zum Ausdruck zu bringen (Bild F.2.1).

William Edwards Deming – ein Student von Shewhart – hat dessen Ideen aufgegriffen und weiterentwickelt [3]. Dabei hat er einen weiteren Schritt hinzugefügt und damit das heute bekannte vierstufige PDCA-Modell begründet (Bild F.2.2).

Definition der vier Schritte:

- **Plan (Planen):** In der ersten Phase des Zyklus steht die Planung der Aktivitäten im Zentrum. Zu dieser gehört eine Analyse der Ist-Situation mit den folgenden Elementen: Beschreibung des Problems, Bestimmung der Ursachen und Sammlung von weiteren Informationen. Darauf aufbauend folgt die Definition der Zielsetzung und der Maßnahmen zur Zielerreichung.

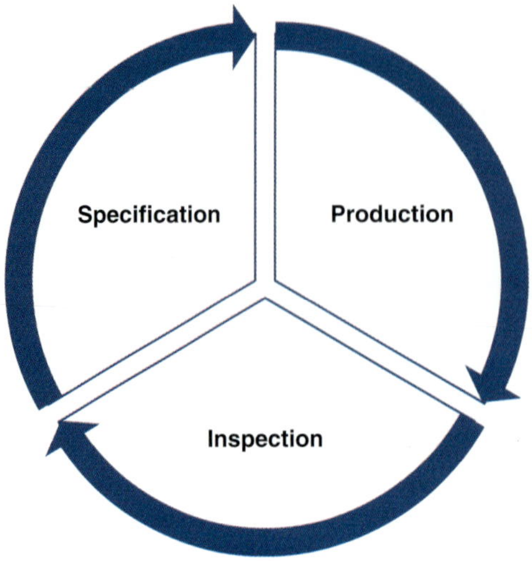

Bild F.2.1 Shewhart-Cycle

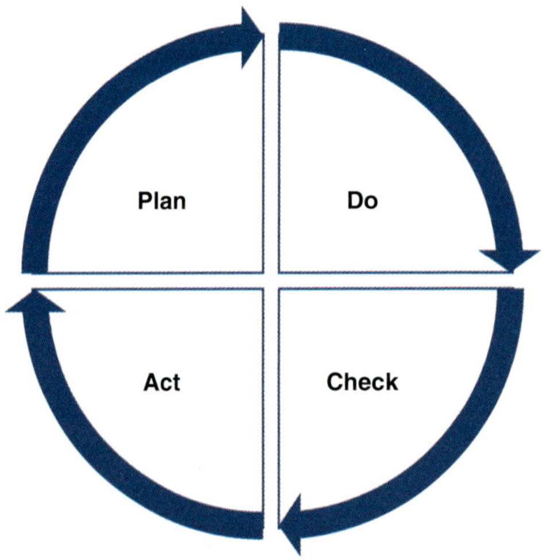

Bild F.2.2 PDCA-Zyklus

- **Do (Tun):** In der zweiten Phase werden die Maßnahmen zur Lösung des Problems umgesetzt – sehr oft jedoch erst mit einfachen Mitteln oder nur in einem kleinen Umfeld, da die Wirksamkeit der Maßnahmen noch nicht erwiesen ist und diese gegebenenfalls angepasst werden müssen. Zum zweiten Schritt gehört auch die Dokumentation der Maßnahmen, insbesondere der Termine und Verantwortlichkeiten.
- **Check (Prüfen):** In der dritten Phase werden die Ergebnisse der zweiten Phase (Do) ermittelt und bewertet. Es wird überprüft, ob die in der Planungsphase definierten Zielsetzungen erreicht wurden.
- **Act (Handeln):** In der vierten Phase werden bei einer Übereinstimmung von Soll- und Ist-Zustand die definierten Maßnahmen «großflächig» eingeführt und zum Standard erklärt.

Damit endet der Zyklus respektive beginnt wieder von vorne. Auf diese Art und Weise werden allfällige Abweichungen zwischen Soll- und Ist-Zustand beim nächsten Zyklus einer Behandlung zugeführt.

Häufig wird das PDCA-Modell auch als **Deming-Cycle** bezeichnet, mit dem William Deming das Qualitätsmanagement maßgeblich beeinflusst hat. Von ihm stammt der Ansatz der stetigen Verbesserungen in kleinen Schritten zur Steigerung der Wettbewerbsfähigkeit von Unternehmungen. Bestens bekannt ist dieser Ansatz unter der Bezeichnung **K**ontinuierlicher **V**erbesserungs**p**rozess (KVP), der auch als Grundlage des japanischen Kaizen gilt.

DEFINITION

Kaizen bezeichnet sowohl eine japanische Lebens- und Arbeitsphilosophie als auch ein methodisches Konzept, in dessen Zentrum das Streben nach kontinuierlicher und unendlicher Verbesserung steht [4].

Es gibt eine Vielzahl von Managementsystemen, die im Rahmen der Führung einer Unternehmung implementiert sein können. Zu vielen Managementsystemen existieren zudem Standardisierungen, zum Beispiel von der ISO. Am bekanntesten ist wohl das Qualitätsmanagementsystem nach ISO 9001 [5]. Weitere bekannte Managementsysteme sind:

- IT-Service-Managementsystem: ISO/IEC 20 000 [6],
- Business-Continuity-Managementsystem: ISO 22 301 [7],
- Risikomanagementsystem: ISO 31 000 [8],
- Umweltmanagementsystem: ISO 14 001 [9]

und schließlich das hier in Zentrum stehende

- Informationssicherheits-Managementsystem: ISO/IEC 27 001 [10].

F.2.1.1 Informationssicherheits-Managementsystem nach ISO/IEC 27 001

Ein ***I****nformations****s****icherheits-****M****anagementsystem* (ISMS) dient der Aufrechterhaltung und kontinuierlichen Verbesserung der Informationssicherheit in einer Unternehmung. Es hilft die Assets der Unternehmung (Vermögenswerte, Informationen usw.) angemessen zu schützen und rechtliche, regulatorische, aber auch Branchen- und Marktanforderungen zu erfüllen. Compliance-Aspekte spielen also beim Entscheid, ein ISMS einzuführen, oft auch eine wichtige Rolle. Dazu müssen die Risiken, die die Informationssicherheit bedrohen, identifiziert, bewertet und mit geeigneten Maßnahmen mitigiert werden. Die Wirksamkeit der implementierten Maßnahmen muss regelmäßig überprüft werden – gegebenenfalls ist danach eine Anpassung der Maßnahmen notwendig.

Häufig wird ein ISMS entsprechend dem Standard ISO/IEC 27 001 implementiert und eventuell zertifiziert. Nicht alle Firmen, die ein ISMS einführen, lassen dieses also auch zertifizieren. Die Verwendung von Standards beim Aufbau eines ISMS (oder eines anderen Managementsystems) hat aber auf jeden Fall viele Vorteile. Eine Zertifizierung, das heißt, beglaubigte Umsetzung eines Standards, bringt darüber hinaus gemäß [11] die folgenden Vorteile:

- «Zunehmend wird in Ausschreibungen von Unternehmen oder Behörden eine Zertifizierung gefordert, um die Gefahr zu minimieren, mit einem Partner mit hohen IT-Sicherheitsrisiken zusammenarbeiten zu müssen.
- Der Nachweis eines etablierten IT-Sicherheitsmanagements kann die Bereitstellung von Kapital bei Banken erleichtern oder die Prämie einer Cyberversicherung günstig beeinflussen, die von immer mehr Versicherungsunternehmen angeboten wird.
- Für Unternehmen aus dem Bereich **Krit**ischer Infra**s**trukturen (KRITS) wird spätestens mit der bereits heute absehbaren Verabschiedung eines «IT-Sicherheitsgesetzes» in der 18. Legislaturperiode in Deutschland die nachweisliche Nutzung von sektorspezifischen IT-Sicherheitsstandards verpflichtend. (...)»

Darüber hinaus können die weitern Vorteile aufgezählt werden: Nutzung von praxiserprobten Vorgehensmodellen, methodische Vereinheitlichung, Interoperabilität, Orientierung am Stand von Technik und Wissenschaft, Gewährleistung der Aktualität, Verbesserung des Unternehmensimages, Stärkung der Rechtssicherheit.

Aufgrund seiner großen Verbreitung stützen sich die Erläuterungen in diesem Kapitel auf ein ISMS nach ISO/IEC 27 001. Dieser Standard gehört zur sogenannten ISMS-Normenfamilie der ISO (Bild F.2.3).

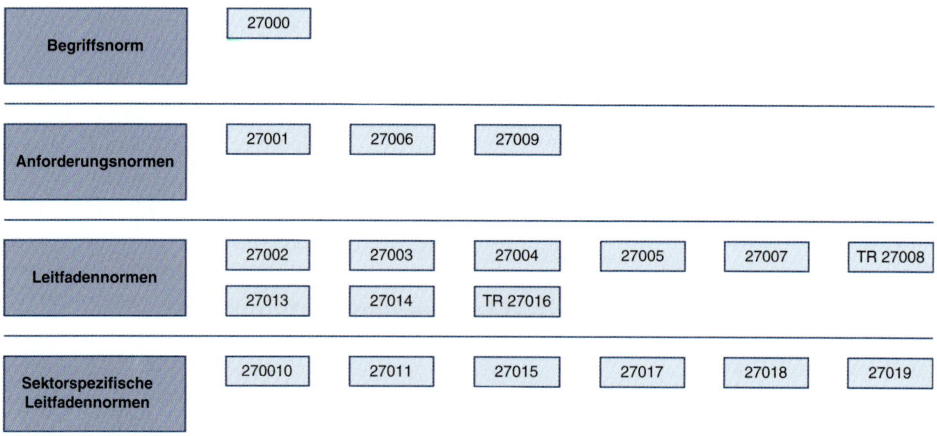

Bild F.2.3 *ISMS-Normenfamilie*

Neben ISO/IEC 27 001 sollen hier explizit nur ISO/IEC 27 002 [12], ISO/IEC 27 003 [13] und ISO/IEC 27 005 [14] erwähnt werden. ISO/EC 27 002 ist ein Maßnahmenkatalog mit 114 Informationssicherheitsmaßnahmen, die in einer Unternehmung zur Sicherstellung der Informationssicherheit umgesetzt sein sollten. Zu den 114 Maßnahmen gibt es jeweils ziemlich konkrete Handlungsanweisungen, die bei der Umsetzung der Maßnahmen helfen sollen. ISO/IEC 27 003 liefert Erklärungen und eine Hilfestellung zur Umsetzung von ISO/IEC 27 001. ISO/IEC 27 005 schließlich ist ein Leitfaden für das Informationssicherheits-Risikomanagement einer Unternehmung zur Unterstützung der Anforderungen eines ISMS nach ISO/IEC 27 001.

Zur weiteren Illustration und Vertiefung des Themas werden im Folgenden der Aufbau und Betrieb eines ISMS anhand der Kapitelstruktur von ISO/IEC 27 001 erläutert. Die Struktur der Kapitel 4 bis 10 des Standards und insbesondere deren Abbildung auf den PDCA-Zyklus sind in Bild F.2.4 dargestellt.

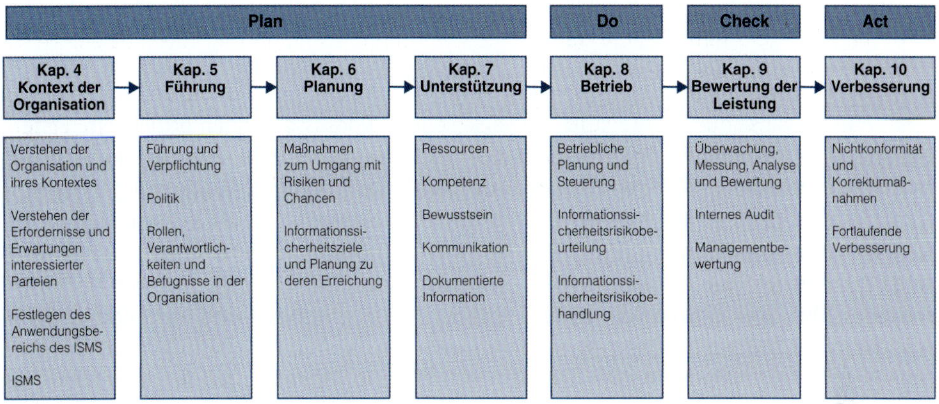

Bild F.2.4 *Kapitelstruktur von ISO/IEC 27 001* [10]

Kurze Zusammenfassung der Inhalte der Kapitel 4 bis 10 von ISO/IEC 27 001:

Kapitel 4 Kontext der Organisation: Bevor mit dem Aufbau eines ISMS begonnen werden kann, müssen grundlegende Fragen die Organisation betreffend geklärt werden. Es muss ein Verständnis für die Organisation geschaffen werden: Welchem Zweck dient sie? Welche Ziele hat sie? Wie ist sie aufgebaut? Welches sind die Kernprozesse? Welchen Wertbeitrag leistet die IT? usw. Zu diesem Zeitpunkt muss auch der Geltungsbereich (engl.: *scope*) des ISMS bestimmt werden: Welche Organisationseinheiten werden einbezogen? Welche Systeme? Welche Standorte? Ein ISMS muss also nicht für die ganze Unternehmung etabliert werden; es darf auch nur Teile davon umfassen.

Kapitel 5 Führung: Die Unternehmensführung muss ihre Unterstützung beim Aufbau und Betrieb des ISMS demonstrieren. Dies tut sie, indem sie eine Informationssicherheitspolitik verabschiedet. Dabei handelt es sich um ein strategisches Dokument, das die sicherheitsrelevanten Grundsätze der Unternehmung definiert und aufzeigt, welche Ziele bezüglich Informationssicherheit erreicht werden sollen und wer für die Umsetzung von notwendigen Maßnahmen zuständig ist. Aufgaben, Kompetenzen und Verantwortlichkeiten werden also definiert und benötigte Ressourcen müssen von der Unternehmensleitung bereitgestellt werden. Die Informationssicherheitspolitik legt die Rahmenbedingungen für die unternehmerische Informationssicherheit fest. Das Commitment der Unternehmensführung zur Informationssicherheit muss aus dem Dokument eindeutig hervorgehen und kann zum Beispiel durch Unterschriften der Geschäftsleitungsmitglieder auf dem Dokument bekräftigt werden.

Kapitel 6 Planung: Dieses Kapitel behandelt zentrale Aspekte des ISMS. Es befasst sich mit dem Management von Risiken. Im Gegensatz zum sogenannten Grundschutzverfahren des Bundesamts für Sicherheit in der Informationstechnik (BSI) verfolgt ISO/IEC 27 001 ein risikobasiertes Vorgehen, bei dem Informationssicherheitsrisiken bestimmt, bewertet und behandelt werden müssen. Im Rahmen der Risikobehandlung werden Maßnahmen definiert, die die

Auswirkungen oder die Eintrittswahrscheinlichkeit von Risiken reduzieren. Risiken können auch mitigiert werden, indem auf risikobehaftete Aktivitäten ganz verzichtet wird. Schließlich können Risiken auf Dritte abgewälzt (beispielsweise versichert) werden. Und zu guter Letzt können sie auch einfach akzeptiert werden, wenn die Akzeptanzkriterien erfüllt sind. Diese Ausführungen illustrieren, warum der Standard ISO/IEC 27 005 zur oben erwähnten Normenfamilie gehört. Er beschreibt ein mögliches Risikomanagement-Vorgehen. Es empfiehlt sich aus weiter oben bereits erwähnten Gründen, auch beim Risikomanagement sich auf eine Standardisierung abzustützen.

Kapitel 7 Unterstützung: Damit ein ISMS aufgebaut und auch zuverlässig betrieben werden kann, müssen hinsichtlich Unterstützung verschiedene Voraussetzungen erfüllt sein. Erstens müssen personelle und finanzielle Ressourcen bereitgestellt werden. Zweitens muss sichergestellt sein, dass die involvierten Personen über das notwendige Know-how verfügen. Ist diese Voraussetzung nicht erfüllt, müssen die Wissensdefizite eruiert und durch Ausbildungsmaßnahmen kompensiert werden. Und schließlich muss ein Bewusstsein für Fragen der Informationssicherheit bei den Mitarbeitenden vorhanden sein. Ohne dieses Bewusstsein (engl.: *awareness*) bei allen Stakeholdern sind Bestrebungen zur Verbesserung der Informationssicherheit in der Unternehmung zum Scheitern verurteilt, denn die zugehörigen Maßnahmen bedeuten für die Mitarbeitenden oft weniger effiziente Prozesse, die bei fehlendem Bewusstsein einfach umgangen werden (oder die Mitarbeitenden versuchen zumindest, dies zu tun). Schließlich gehören zum Thema Unterstützung auch noch die Aspekte Kommunikation und Dokumentation: Die Mitarbeitenden müssen über die Aktivitäten im Bereich der Informationssicherheit informiert werden und sämtliche zum ISMS gehörenden Prozesse müssen dokumentiert sein.

Kapitel 8 Betrieb: Zu den betrieblichen Aspekten des ISMS gehört die Planung, Implementation und Kontrolle von Prozessen, mit denen die definierten Sicherheitsmaßnahmen umgesetzt und die Informationssicherheitsziele erreicht werden können. Im Weiteren müssen Pläne für eine regelmäßige Risikoeinschätzung und die zugehörige Risikobehandlung erstellt werden, um auch auf Veränderungen in der Unternehmung oder deren Umfeld reagieren zu können.

Kapitel 9 Bewertung der Leistung: Die Unternehmensleitung muss das ISMS in regelmäßigen Abständen bewerten, um dessen Funktionieren und die Wirksamkeit sicherzustellen. Dazu muss die Unternehmung bestimmen, was überwacht und gemessen werden muss, mit welchen Methoden dies zu erfolgen hat, wann es passiert und wer dafür verantwortlich ist. Zu diesem Zweck werden in regelmäßigen Abständen interne Audits durchgeführt, die darüber Auskunft geben, ob die Anforderungen der Unternehmung an das ISMS und die Anforderungen von ISO/IEC 27 001 erfüllt sind. Die Auditresultate müssen zwingend aufbewahrt werden.

Kapitel 10 Verbesserung: In diesem Kapitel wird gefordert, dass die Unternehmung Nichtkonformitäten (Abweichungen) des ISMS zum Standard ISO/IEC 27 001 erkennt, umgehend korrektive Maßnahmen zur Behebung der Abweichungen einleitet und sicherstellt, dass die gleichen Abweichungen nicht an einem anderen Ort wieder auftreten. Dabei ist zu beachten, dass die Korrekturmaßnahmen den Auswirkungen der Nichtkonformitäten angemessen sind.

Im Rahmen der Einführung und des Betriebs eines ISMS nach ISO/IEC 27 001 muss zwingend *Anhang A Referenzmaßnahmenziele und -maßnahmen* des Standards berücksichtigt werden. Die dort definierten Maßnahmen (engl.: *controls*) dienen der Erfüllung der drei Schutzziele der Informationssicherheit: Vertraulichkeit, Integrität und Verfügbarkeit (engl.: ***c**onfidentiality* (C), ***i**ntegrity* (I), ***a**vailability* (A), oft auch CIA abgekürzt). Informationen sollen mithilfe dieser Maßnahmen in diesen drei Dimensionen geschützt werden. Die Maßnahmen haben einen direkten Bezug zu *Kapitel 6.1.3 Informationssicherheitsrisikobehandlung*: Dort wird gefordert, dass die im Rahmen der Risikobehandlung bestimmten Maßnahmen den in Anhang A definierten Maßnahmen gegenübergestellt werden. Dadurch soll sichergestellt werden, dass keine wichtigen Maßnahmen unberücksichtigt bleiben. Dabei wird aber explizit darauf hingewiesen, dass die Liste in Anhang A nicht abschließend ist und es durchaus sinnvoll sein kann, weitere Maßnahmen zu definieren und anzuwenden. Der Vergleich muss in der sogenannten Erklärung zur Anwendbarkeit (engl.: ***S**tatement of **A**pplicability* (SOA)) protokolliert werden. Dieses Dokument enthält alle vorgesehenen Sicherheitsmaßnahmen und zu jeder Maßnahme die Gründe für deren Einbezug. Ob die einzelnen Maßnahmen bereits umgesetzt sind oder nicht, spielt dabei keine Rolle. Bei jeder nicht berücksichtigten Maßnahme aus Anhang A muss dokumentiert sein, warum sie ausgelassen wurde. Neben dem in *Kapitel 4 Kontext der Organisation* erwähnten Anwendungsbereich stellt die Erklärung der Anwendbarkeit quasi den zweiten Freiheitsgrad bei der Einführung eines ISMS dar. Anwendungsbereich und Erklärung der Anwendbarkeit definieren den Umfang des ISMS.

Die in Anhang A definierten Maßnahmen sind von ISO/IEC 27 002 entlehnt, respektive identisch mit den in den Kapiteln 5 bis 18 von ISO/IEC 27 002 definierten Maßnahmen. In beiden Dokumenten wird zwischen Maßnahmenzielen und Maßnahmen unterschieden. ISO/IEC 27 000 [1] definiert die beiden Begriffe wie folgt:

DEFINITIONEN

«2.16 **Maßnahme** (engl.: *control*): Mittel zur Veränderung von Risiken (2.68)»

Maßnahmen umfassen Prozesse (2.61), Richtlinien, Geräte, Methoden oder anderweitige Handlungen, die Risiken (2.68) verändern. Maßnahmen haben nicht immer den erwünschten oder angenommenen Veränderungseffekt.

«2.17 **Maßnahmenziel** (engl.: *control objective*): Beschreibung dessen, was als Ergebnis umgesetzter Maßnahmen (2.16) erzielt werden soll.»

Maßnahmenziele beschreiben ganz allgemein, was mithilfe von einer oder mehreren Maßnahmen erreicht werden soll. Dementsprechend gibt es in jeder der 14 sogenannten Maßnahmenkategorien (vgl. [8] S. 1) ein oder mehrere Maßnahmenziele, zu denen es jeweils eine oder mehrere Maßnahmen gibt. In Bild F.2.5 sind die Zusammenhänge zwischen den 14 Maßnahmenkategorien, total 35 Maßnahmenzielen und insgesamt 114 Maßnahmen dargestellt. Im Unterschied zu Anhang A von ISO/IEC 27 001 liefert ISO/IEC 27 002 zu jeder Maßnahme eine Anleitung zur Umsetzung und weitere Informationen. Dies verleiht dem Standard einen großen Praxisbezug und macht ihn zu einem hilfreichen Instrument zur Umsetzung von Informationssicherheitsmaßnahmen. Dabei erreicht der Standard aber nie den Detailgrad des BSI-Grundschutz-Kompendiums, das aktuell über 700 Seiten umfasst. Die zugehörigen Umsetzungshinweise sind darin noch nicht eingerechnet. Unabhängig von der Implementation eines ISMS können die 114 Maßnahmen auch zur Beurteilung der Informationssicherheit einer Unternehmung herangezogen werden, indem sie als Grundlage für eine Gap-Analyse dienen. Dabei wird untersucht, welche der 114 Maßnahmen umgesetzt sind und welche nicht. Dadurch können die grundlegenden Defizite der Informationssicherheit einer Unternehmung identifiziert werden. Dies illustriert anschaulich, dass die Maßnahmen von ISO/IEC 27 001 respektive ISO/IEC 27 002 sowohl eine Hilfestellung zur Umsetzung von Informationssicherheit sind als auch Prüfpunkte zur Beurteilung der Vollständigkeit eines bestehenden Sicherheitskonzepts.

114 Maßnahmen

35 Maßnahmenziele

14 Maßnahmenkategorien

Kap. 5 **Informationssicherheitsrichtlinien**	Kap. 12 **Betriebssicherheit**
Kap. 6 **Organisation der Informationssicherheit**	Kap. 13 **Kommunikationssicherheit**
Kap. 7 **Personalsicherheit**	Kap. 14 **Anschaffung, Entwicklung und Instandhaltung von Systemen**
Kap. 8 **Verwaltung der Werte**	Kap. 15 **Lieferantenbeziehungen**
Kap. 9 **Zugangssteuerung**	Kap. 16 **Handhabung von Informationssicherheitsvorfällen**
Kap. 10 **Kryptographie**	Kap. 17 **Informationssicherheitsaspekte beim Business Continuity Management**
Kap. 11 **Physische und umgebungsbezogene Sicherheit**	Kap. 18 **Compliance**

Bild F.2.5 *Maßnahmenkategorien, Maßnahmenziele und Maßnahmen von ISO/IEC 27 002* [12]

F.2.1.2 Zertifizierung des Informationssicherheits-Managementsystems

Ein Managementsystem nach ISO/IEC 27 001 kann zertifiziert werden. Dies bedeutet, dass eine akkreditierte Organisation – zum Beispiel die **S**chweizerische Vereinigung für **Q**ualitäts- und Management**s**ysteme (SQS) – die korrekte Umsetzung des Informationssicherheits-Managementsystems auditiert und zertifiziert. Ausgestellte Zertifikate sind drei Jahre gültig, wobei jährlich Aufrechterhaltungsaudits durchgeführt werden und nach drei Jahren ein Rezertifizierungsaudit [15].

Die Vorteile einer Zertifizierung wurden im vorangehenden Abschnitt bereits erläutert, ebenso wie die beiden Hauptvoraussetzungen: die uneingeschränkte Unterstützung durch die Unternehmensleitung, das sogenannte Management Commitment, und – damit automatisch verknüpft – ausreichende personelle, finanzielle und zeitliche Ressourcen. Grundsätzlich muss zwischen einer klassischen Zertifizierung nach ISO/IEC 27 001 und der so genannten Zertifizierung nach ISO 27 001 auf der Basis von IT-Grundschutz ([16] S. 131) unterschieden werden. Bei beiden Prüfschemata müssen die Anforderungen an das Managementsystem gemäß ISO/IEC 27 001 erfüllt sein. Das Prüfschema nach BSI ist aber aufwendiger, weil neben der Erfüllung der eher allgemein gehaltenen Maßnahmen nach ISO/IEC 27 002 auch Anforderungen aus dem IT-Grundschutz-Kompendium [17] erfüllt sein müssen. Abgesehen von der hohen Anzahl, sind diese Anforderungen zum Teil sehr detailliert, was den höheren Aufwand erklärt. Zur Illustration dieses Sachverhalts sei hier auf den Baustein *SYS.1.1: Allgemeiner Server* aus dem IT-Grundschutz-Kompendium verwiesen. Dieser Baustein allein umfasst 25 Standardanforderungen und zusätzlich sechs Anforderungen bei erhöhtem Schutzbedarf.

Bleibt schließlich die Frage nach dem Aufwand für eine ISO/IEC-27001-Zertifizierung. Dieser lässt sich nur schwer beziffern, denn er hängt von ganz verschiedenen Faktoren ab, wie der Größe und Art respektive Komplexität der Unternehmung, der Reife von bereits umgesetzten Sicherheitsmaßnahmen oder eines bereits vorhandenen ISMS. Vor diesem Hintergrund können aber zumindest drei Kostenpositionen identifiziert werden:

1. Interne Kosten für die Erstellung, den Betrieb und die Weiterentwicklung des ISMS
2. Externe Kosten für Beratungsdienstleistungen von spezialisierten Beratungsunternehmen im Kontext der ersten Kostenposition
3. Externe Kosten für die vom Zertifizierungsunternehmen durchgeführten Zertifizierungsaudits

F.2.1.3 Integrierte Managementsysteme

Wie weiter oben erläutert, wird jede Unternehmung implizit oder explizit mithilfe von einem oder mehreren Managementsystemen gesteuert. Dies ruft nach einer Vereinheitlichung und Zusammenführung dieser Einzelsysteme mit dem Ziel, deren Aufgaben koordiniert anzugehen. Die Nutzung von Synergien hilft die folgenden aus der parallelen Führung von Managementsystemen hervorgehenden Probleme zu lösen:

- sich überschneidende Regelungen,
- unklare Verantwortlichkeiten,
- mehrfache Erhebung der gleichen Informationen,
- mehrfach geführte Dokumentationen,
- widersprüchliche Lösungsansätze und Maßnahmen,
- Verlust von Effizienz und höherer Kostenaufwand,
- Verschlechterung der Effektivität der einzeln geführten Systeme.

Die Überschneidungen von themenspezifischen Managementsystemen können zur Verbindung der Einzelsysteme und damit zum Aufbau eines integrierten Managementsystems genutzt werden. In [18] auf der Seite 148 wird ein integriertes Managementsystem wie folgt beschrieben:

DEFINITION
«Werden mehrere solche fachspezifischen Managementsysteme zusammengeführt und die Aufgaben und Aspekte ganzheitlich erfasst und umgesetzt, dann kann von einem «integrierten Managementsystem» gesprochen werden.»

Diesen Gedanken hat auch die ISO aufgenommen, indem sie allen neuen und überarbeiteten Managementsystemstandards eine einheitliche Struktur zugrunde legt. Diese Struktur ist in Annex SL der ISO/IEC Directive, Part I beschrieben ([19], S. 143–152). In den neuen ISO-Standards wird dabei der PDCA-Zyklus explizit nicht mehr erwähnt, so insbesondere auch nicht in ISO/IEC 27 001:2013. In der Vorgängerversion ISO/IEC 27 001:2005 wurde demgegenüber noch darauf abgestützt. Implizit ist die Idee des zyklischen Vorgehens aber immer noch vorhanden.

Mit dem Standard ISO/IEC 27 013 [20] hat die ISO im Weiteren einen Leitfaden hervorgebracht, der die integrierte Implementation des Informationssicherheits-Managementsystems nach ISO/IEC 27 001 und des IT-Service-Managementsystems nach ISO/IEC 20 000 beschreibt. Die Entstehung des Leitfadens geht auf die vielen Gemeinsamkeiten der beiden Managementsysteme zurück.

Neben der ISO hat sich auch die British Standards Institution (BSI) dem Thema der integrierten Managementsysteme angenommen. Mit PAS 99:2012 [21] hat sie eine Spezifikation für integrierte Managementsysteme geschaffen. Im Unterschied zum ISO-Leitfaden, der die Integration von zwei ausgewählten Managementsystemen beschreibt, bezieht sich die BSI-Spezifikation auf beliebige Managementsysteme, die integriert werden sollen.

F.3 Aufbau eines Identitäts- und Berechtigungsmanagements

F.3.1 Einleitung

Die immer zur Verfügung stehende Möglichkeit, fast überall auf der Welt Informationen zugänglich zu machen, ob visuell oder auditiv, ist der Garant für das Wachstum und die Verdichtung der weltweiten Globalisierung. Ein international agierendes Unternehmen kann in der heutigen Zeit kaum auf eine IT-Infrastruktur verzichten. Die Produkte und Dienstleistungen werden immer vielfältiger und komplexer und die Anzahl an Wettbewerbern immer größer. Täglich entsteht eine Vielzahl an innovativen Ideen und Lösungen – unabhängig von der Motivation der Entwickler und Investoren. Es ist daher nur eine logische Konsequenz, dass Unternehmer und Vorstände mit der Problematik konfrontiert werden, sensible Informationen ihrer Unternehmenssubstitutionen sowohl nach innen als auch nach außen abzuschirmen. Das Identitäts- und Berechtigungsmanagement oder auch Identity Access Management (IAM) setzt an dem Punkt an, ab dem der unkontrollierte Informationsfluss und der generelle Zugang zu Informationen unterbunden werden müssen und nur kontrolliert erteilt werden dürfen.

F.3.2 Identitätsmanagement

Der Begriff der Identität steht in der Informatik für die statische und einzigartige Zuordnung eines Objekts zu bestimmten Eigenschaften. Das Objekt muss physisch, kontextuell oder logisch existent sein. Eine Identität wird zusätzlich durch eine Rolle beschrieben, die definiert, in welcher Weise das Objekt agiert und interagiert. Es erfolgt demnach eine Differenzierung zwischen passiven Merkmalen (Eigenschaften) und der aktiven Interaktion (Rolle). Bei Identitäten mit gemeinsamen Eigenschaften erfolgt eine Bündelung in Gruppen, so dass eine Identität als Bezeichner für eine wohldefinierte Kombination aus Eigenschaften, Rollen und der Zugehörigkeit einer Gruppe aufgefasst werden kann. Rollen dürfen von beliebig vielen Identitäten gelebt werden, während eine Identität nur durch ein Subjekt repräsentiert werden darf (vgl. [1], Seiten 21–23). Mit dem Identitätsmanagement wird der Grundstein für Transparenz gelegt, um Aktivitäten einer Identität zuordnen zu können innerhalb eines IT-Umfeldes.

F.3.2.1 Identitätsarten

In der Fachliteratur wird in nachfolgende Arten von Identitäten unterschieden.

Physische Identität
Die einfachste Form der Identität ist die physische oder die personelle Identität [1]: eine Person mit körperlichen und charakteristischen Eigenschaften, die entweder angeboren, vererbt, erworben oder sozialisiert worden sind und verschiedene Rollen leben kann. Die personelle Identität stellt aus Sicht des Unternehmens eine unveränderliche Größe dar und ist der Ausgangspunkt der Anforderungen, auf denen Aufgaben, Funktionen, Rollen und spätere Berechtigungen zur Ausübung aufbauen – Beispiel: Max Mustermann.

Gelebte Identität

Das Aktivwerden einer personellen Identität zum Zwecke Erfüllung vorgegebener Anforderungen durch Rollen und Funktionen wird als gelebte Identität bezeichnet [1]. Diese kann somit genutzt werden, um eine Rolle oder eine Kombination von Rollen zu kapseln und im Anschluss einer personellen Identität zuzuordnen. Beispiele: Einkäufer, Verkäufer, Abteilungsleiter.

Kontextuelle Identität

Die Identität wird in einen Kontext gesetzt, so dass entscheidend ist, in welcher Beziehung oder in welchem Zusammenhang die Identität betrachtet wird. Bezeichnend dabei ist, dass nur der direkte Bezug relevant ist und übrige Umstände vernachlässigt werden [1]. Aufgrund dessen kann eine kontextuelle Identität von mehreren personellen Identitäten gleichzeitig, die synonym zur Rolle stehen, gelebt werden. Beispiele: Brandschutzbeauftragter oder Krisenmanager.

Logische Identität

Erfolgt eine Abbildung einer personellen oder kontextuellen Identität in eine nicht-reale oder virtuelle Umgebung, wird dies als logische Identität bezeichnet. Diese Identitäten existieren auf einer erzeugten, berechneten und logischen Ebene und werden von physischen Identitäten aus der realen Welt gesteuert. Aus Sicht der IT repräsentiert die logische Identität überwiegend personelle Identitäten in einem System oder innerhalb einer Anwendung. In diesem Bezug wird dann von einer technischen Identität gesprochen [1]. Die Verwaltung der technischen Identitäten erfolgt seitens des IT-Systems durch Konten, engl.: *accounts*. Wird dieses Konto ausschließlich von einer personellen Identität gesteuert, wird von einem Benutzerkonto, engl.: *user account*, gesprochen. Beispiele: Max.Mustermann@beispielAG, human.resource@beispielAG oder sekretariat@ beispielAG.

F.3.2.2 Identifizierung von Identitäten

Die rechtlichen und innerbetrieblichen Vorgaben machen Konzepte und IT-Mechanismen zur Zugriffskontrolle und Berechtigungssteuerung notwendig, um aufzeigen zu können, welche Accounts von welchen Identitätsträgern innerhalb der IT-Landschaft gelebt werden. Aus Sicht eines Unternehmens bedeutet dies, dass jederzeit ersichtlich sein muss, welcher Mitarbeiter oder Benutzer welche Befugnisse bzw. Berechtigungen besitzt und für welche Objekte diese Gültigkeit haben. Beispiele dazu sind [1]:

Technische Identität

- Natürliche Person
  Einem User Account kann direkt eine Person bzw. ein Mitarbeiter zugeordnet werden.

Logische Identität

- Funktionen (Rollen)
  Im Rahmen einer Funktion nimmt ein Mitarbeiter eine Rolle ein und erhält folglich für diese Befugnisse. Die Rolle ist somit ein Bindeglied zwischen personeller Identität und notwendigen Berechtigungen.
- Juristische Personen oder Organisationseinheit
  Die Erteilung von Befugnissen kann sowohl für juristische Personen (einem Unternehmen), für eine gesamte Organisationseinheit, einen Fachbereich oder eine ganze Abteilung erfolgen.

- IT-System
  Ein Server oder Client kann in einer definierten Umgebung eine eigenständige Identität annehmen, um Daten und Informationen verarbeiten oder übertragen zu können.
- IT-Anwendung
  Analog zu einem IT-System kann Software eine eigenständige Identität darstellen, um automatisierte Schritte im Hintergrund durchführen zu können. Hier ist eine Unterscheidung in zwei Berechtigungsebenen notwendig. Die erste bezieht sich darauf, welche Funktionen auf dem System oder im Netzwerk erlaubt sind, die zweite Ebene definiert einen Berechtigungsrahmen innerhalb der Anwendung. Wenn eine logische Identität, z.B. eine Organisationseinheit, ein IT-System oder eine IT-Anwendung, durch einen Account repräsentiert wird, dann wird in dieser Arbeit von einem technischen Dienstkonto gesprochen und die englische Bezeichnung *Service Account* zukünftig verwendet.

F.3.3 Zugriffskontrolle

F.3.3.1 Authentifizierung

Die Zugriffskontrolle durch Authentifizierung (vgl. dazu [1], Seite 127) prüft während einer Aktivität identitätsbezogene Informationen der Identität, um diese zu bestätigen, durch:

- Preisgabe von Wissen:
  Benutzername, Passwort, PIN,
- Benutzung eines Besitzes:
  Ausweis, Schlüssel, Token, der ein Code oder Passwort generiert,
- Benutzung des eigenen Subjekts:
  Fingerabdruck, Scan der Iris oder Retina, Stimmendiagramm.

Mit der Wiedergabe, Aushändigung oder Nennung identitätsbezogener Informationen werden die Identität des Subjekts und ebenfalls die Einzigartigkeit dieser bestätigt.

F.3.3.2 Autorisierung

Die Zugriffskontrolle durch Autorisierung prüft, ob eine Identität, die eine Aktivität vornehmen möchte, dazu berechtigt ist. Beispiel dafür ist: «*Der Sachverhalt der Autorisierung auf einem IT-System verhält sich ähnlich der Autorisierung bei einer Kreditkartenzahlung. Eine Karteninhaberin möchte z.B. eine Zahlung bei einem Kauf ausführen. Dazu wird ihre Kreditkarte durch das Lesegerät im Geschäft gezogen und die Daten werden an die Kreditkartenfirma übertragen. (...) Nachdem die Überprüfung stattgefunden hat und die von der Kreditkartenfirma in ihrem EDV-System vorliegenden Regeln die Transaktion erlauben würden, kann der mittels Kreditkarte gewünschte Kauf stattfinden.*» (Vgl. dazu [1], Seite 159/160).

Der Autorisierungsvorgang im IT-Umfeld besteht folglich aus mehreren Stufen (vgl. dazu [1], Seite 159/160):

1. Identifikation
2. Authentifizierung
3. Autorisierung
4. Durchführung Aktivität / Nutzung des Objekts

F.3.4 Berechtigungssteuerung

Die Berechtigungssteuerung befasst sich mit der konzeptuellen Struktur, wie Berechtigungen erteilt werden. Dabei erhalten Rollen im Rahmen bestimmter Vorgaben abgestimmte Berechtigungen auf notwendige Ressourcen und unterliegen einem Lebenszyklus.

F.3.4.1 Rollen

Eine Rolle stellt eine Instanz zwischen einem Subjekt dar, das mit einem Objekt interagiert. Daraus folgend ist die Rolle ein Werkzeug zum Abstrahieren eines allgemeinen Handlungsrahmens. Dieses formale Beschreibungskonzept [2] wurde im Jahr 1969 auf der ***A**merican **F**ederation of **I**nformation **P**rocessing **S**ocieties* (AFIPS) Spring Conference vorgestellt. Eine Rolle stellt damit eine Subjekt-Objekt -Beziehung dar und kann im mathematischen Sinne als Relation beschrieben werden [3]. Die Betrachtung einer Rolle steht immer im festen Zusammenhang eines Kontextes:

- Organisatorisch
  Im organisatorischen Sinne stellt die Rolle eine Funktion dar, die ein Subjekt innerhalb eines Unternehmens lebt, und wird als Unternehmens- oder Geschäftsrolle bezeichnet (engl.: *business or enterprise role*) [3]. Beispiele: Sachbearbeiter, Entwickler, Abteilungsleiter.
- Technisch
  Unter dem technischen Aspekt beschreibt eine Rolle die Interaktion eines Subjekts mit einem zu schützenden Objekt. Näher spezifiziert, fasst die Rolle den Umfang der Befugnisse auf das Objekt zusammen [1]. Folglich wird von einer IT-Rolle gesprochen, engl.: *It or system role* [3]. Beispiel: Befugnisse eines Benutzers zum Start eines Programms und welche Teile der Anwendung genutzt werden dürfen.

F.3.4.2 Berechtigungen

Interagiert ein anfragendes Subjekt mit einem zu schützenden Objekt, muss dieses dazu berechtigt worden sein. Eine Berechtigung stellt eine Befugnis auf das Objekt dar und ist ein zentrales Gestaltungselement zum Schutz von Objekten. Auf der einen Seite steht das Objekt, auf der anderen Seite eine angeforderte Operation [1].

Berechtigungen können physischer Natur sein oder sich auf die virtuelle Umgebung beziehen:

- Zutrittsberechtigungen:
  - stehen für die Art des physischen Zutritts in ein reales Objekt,
- Nutzungsberechtigungen:
  - regeln die physische Nutzung eines Objekts,
- Zugriffsberechtigungen:
  - bezeichnen den Sachstand, wenn Funktionen und Inhalte in der IT-Umgebung betroffen sind und somit Zugriff in einer virtuellen Umgebung erfolgt,
- Ausführungsberechtigungen:
  - bezeichnen die Nutzung einer bestimmten IT-Funktion, beispielsweise das Starten von einem Schreibprogramm.

Operationen

Aktionen mit Objekten im IT-Umfeld werden als Operation bezeichnet. Ein Subjekt kann für bestimmte Operationen zur Durchführung berechtigt werden. Der folgende Abschnitt stellt die grundlegenden Operationen vor (vgl. dazu auch [1], Seiten 3–5):

- Entdecken (engl.: *detect*)
  ermöglicht, dass die Existenz eines Objekts festgestellt werden kann. Zu beachten ist, dass das Objekt dennoch verborgen bleibt. Es ist möglich, dass 23 Dateien in einem Verzeichnis vorhanden, jedoch nur 21 Dateien sichtbar sind.
- Suchen (engl.: *search*)
  Diese Operation ermöglicht die Suche nach einem Objekt und schließt die Detect-Operation mit ein. Die Suche ist unabhängig davon, ob der Name des Objekts bekannt ist. Enthält das Objekt einen Teil der gesuchten Zeichenkette, wird es in den Suchergebnissen angezeigt.
- Vergleichen (engl.: *compare*)
  ermöglicht das Vergleichen des ausgewählten Objekts mit anderen. Die Detect-Operation muss eingeschlossen sein, um die Existenz des Objekts feststellen zu können.
- Darstellen oder Anzeigen (engl.: *show*)
  Mit dieser Operation wird das Objekt gegenüber einer Identität sichtbar. Eingeschlossen sind die Search- und Compare-Berechtigungen, die die Detect-Operation enthalten.
- Lesen (engl.: *read*)
  gestattet ein Objekt inhaltlich zu betrachten und setzt die Show-Operation voraus. Ausgeschlossen ist eine Veränderung des Objekts. Ebenfalls gestattet ist der Zugriff auf die Eigenschaften des Objekts.
- Hinzufügen (engl.: *add*)
  schafft die Möglichkeit zum Hinzufügen von neuen Objekten und Inhalten. Zu beachten ist, dass nur die Detect-Berechtigung mit eingeschlossen ist. Die Vergabe der Add-Berechtigung hat daher immer einen Bezug zur IT Security, da diese einem Angreifer bösartiges Verhalten ermöglicht.
- Ändern (engl.: *change or modify*)
  Die Operation zum Ändern von Objekten und deren Inhalten ist die erste kritische Operation. Diese ermöglicht das Manipulieren und Zerstören des Objekts und schließt die Read-Operation ein. Es gibt eine erweiterte Form des Schreibens (engl.: *write*). Die Write-Operation autorisiert zur Löschung, da die Delete-Operation enthalten ist. Damit ist diese Operation noch mächtiger und ebenfalls im IT-Security-Aspekt zu betrachten.
- Löschen (engl.: *delete*)
  Mit der Delete-Operation kann ein Objekt vollständig gelöscht werden und es enthält die Detect-Operation.
- Ausführen (engl.: *execute*)
  Die Execute-Operation ermöglicht das Starten von ausführbaren Objekten, wie z.B. Programme, Skripte oder Dienste. Folglich sind die Detect- und Show-Operation mit eingeschlossen. Es besteht die Möglichkeit, die Show-Operation auszuschließen, wenn im Hintergrund automatisierte Prozesse tätig sind.

Die formale Genauigkeit unterscheidet zwischen einer zur Verfügung stehenden Operation und der Autorisierung, die Operation ausführen zu dürfen. Zur Vereinfachung wird im übrigen Teil dieses Abschnittes eine autorisierte Operation auf ein Objekt als Berechtigung zusammengefasst.

Berechtigungsstufen

Einige der vorgestellten Berechtigungen implizierten weitere Berechtigungen und stellen damit eine erste Bündelung dar. Berechtigungsstufen setzen an diesem Punkt an und umfassen Sammlungen von Berechtigungen. Dies ermöglicht eine schnelle und übersichtliche Vergabe von Berechtigungen auf Objekte.

Gestaltung der Berechtigungsstufen

Die bisher vorgestellten Stufen lassen sich beliebig schwach oder stark granulieren und weiter anpassen:

- Nur lesen und ausführen
  Dadurch, dass die Execute- und Add-Berechtigungen voneinander unabhängig sind, lässt sich hier eine feinere Abstufung zwischen der Stufe 1 und der Stufe 2 vornehmen.
- Ändern ohne Löschen
  Diese Verfeinerung wird notwendig, wenn nur bestimmte Identitätsträger die Löschung von Objekten vornehmen sollen. Dies verhindert das versehentliche oder vorsätzliche Entfernen von z.B. Ordnern, Dokumenten oder andere Dateien.
- Verfeinerung Stufe 3–4
  Eine Unterscheidung innerhalb der Stufen kann das Erteilen zusätzlicher Operationen durch das Subjekt betreffen. Auf Stufe 3 dürfen nur Lese- und Ausführungsberechtigungen, ab Stufe 4 die Modify- und Delete-Berechtigungen erteilt werden.

Damit wird ersichtlich, wie fein sich Berechtigungsstufen granulieren lassen. Abschließend kann festgehalten werden, dass die Granulierung stark im Kontext des Objekts zu betrachtend ist. Gleichermaßen zu berücksichtigen ist das «Need-to-know-Prinzip» [4; 1]. Es schreibt vor, dass der Identitätsträger nur jene Berechtigungen erhält, die zur Erfüllung seiner Rolle benötigt werden – analog mit den verbundenen Anforderungen, Aufgaben und Funktionen.

F.3.4.3 Ressourcen

Bisher standen die Interaktionen von Subjekten im Vordergrund. Ressourcen stellen diese Inhalte und Funktionen zur Verfügung und werden unterschieden in [1]:

- Funktionsressourcen:
  - sie repräsentieren funktionale Aktivitäten,
  - Beispiel: Administrationstool oder Messenger-Dienst;
- Inhaltsressourcen:
  - ermöglichen Zugriff auf Inhalte,
  - Beispiel: Dokumentenverzeichnisse oder Kundendaten;
- Funktions- und Inhaltsressourcen:
  - gewähren Veränderungen von Inhalten,
  - Beispiel: Bedienungsoberfläche der Kundendatenbank oder ein Mailprogramm.

Obendrein wird die Umgebung, in der die Ressourcen existieren oder genutzt werden, differenziert:

- physische Umgebung:
  In diesem Bezug sind die Ressourcen Gegenstände, Räume oder andere Objekte in der realen Welt;

- nicht-reale bzw. virtuelle Umgebung:
  Die Ressourcen stehen im Kontext des IT-Umfelds: Desktop, Computer, Clients, Server, Betriebssysteme, Programme oder Dienste.

Schutzbedarf der individuellen Ressource

Der Schutzbedarf einer Ressource ist im Kontext mit dem Nutzungszweck und -umfang zu betrachten. Dabei werden der Umfang, die Notwendigkeit des Zugriffes und das damit verbundene Risiko geprüft. Ein Risiko ist die Mächtigkeit einer Bedrohung, die quantitativ oder qualitativ bestimmt werden kann [5]. Zwei Analysemethoden zur Bewertung von Bedrohungen sollen an dieser Stelle angeschnitten werden:

- Technische Sicherheitsanalyse
  Im Vordergrund stehen technische Sicherheitsmaßnahmen und Schwachstellen, die Einfluss auf Bedrohungen und die Ressourcen haben. Individuelle Sicherheitslücken, die in Verbindung mit einer einzelnen Ressource auftreten, sind zu beachten. Während der Durchführung der Analyse werden der Wert der Ressource und die Auswirkungen der Nutzung – sowohl die missbräuchliche als auch die reguläre – ermittelt. Gleichermaßen sind mögliche Einschränkungen aufzuspüren, die durch die Sicherheitsmaßnahmen hervorgerufen werden [6].
- Bedrohungsanalyse
  In dieser Analyse wird das Verhältnis zwischen potenziellen Angreifern und den Ressourcen betrachtet. Angreifer, die Bedrohungen ausüben und mögliches Wissen über vorhandene Schwachstellen haben, stehen im Vordergrund. Die Ressourcen können unabhängig ihres Wertes bereits genug Anreiz für einen Angreifer darstellen. Folglich ist der Einfluss der Ressourcen auf die Bedrohungen zu berücksichtigen. Die Ressourcen können während eines Angriffes Ziel und Schwachstelle zugleich sein. Dies ist zum Beispiel der Fall, wenn durch eine Funktionsressource Zugriff auf eine Inhaltsressource erlangt werden kann. Die Motive der Angreifer und die Werte und Abhängigkeiten der Ressourcen haben Einfluss auf die Art und den Umfang von Bedrohungen und die damit verbundenen Sicherheitsmaßnahmen [7].

Die Mitarbeiter eines Unternehmens benötigen unterschiedliche Ressourcen für die Erfüllung der gestellten Anforderungen an ihr Tätigkeitsfeld. Unter Verwendung der vorgestellten Analysen lassen sich mögliche Bedrohungen und deren Eintrittswahrscheinlichkeit ermitteln und bewerten. Dies ist die Grundlage zur Gestaltung von Berechtigungen und Stufen, um den Schutz der Ressourcen angemessen aufrechtzuerhalten.

F.3.4.4 Lebenszyklusphasen

Die bisher vorgestellten Elemente der Berechtigungssteuerung regeln den Zugriff von verschiedenen Identitätsträgern auf unterschiedliche Ressourcen. Es kann zum Beispiel ein häufiger Wechsel von Identitätsträgern durch Ein- und Austritt von Mitarbeitern in einem Unternehmen stattfinden. Weiterhin können Umstrukturierungen neue Organisationseinheiten im Unternehmen hervorbringen oder vorhandene verändern. Durch die Einführung neuer Software gelangen weitere Ressourcen in das Unternehmen und alte werden abgebaut. Da Veränderungen in jeden Unternehmensalltag gehören, sind wenige Elemente von dauerhafter und statischer Existenz.

Neue Anforderungen durch Gesetze, Kunden, dem Management oder Geschäftsprozessen erfordern Flexibilität im Unternehmensalltag. Dies bedeutet, dass in der Berechtigungssteuerung der Aufbau, Betrieb und Abbau der aufgeführten Elemente organisiert sein müssen:

- Aufbau
  Konzeption und Definition müssen geregelt und definiert sein.
- Betrieb
  Die Realisierung und der daraus resultierende dauerhafte Betrieb müssen dokumentiert und überwacht werden. Simultan zählen laufende Anpassungen hinzu, verursacht von neuen bzw. wechselnden Anforderungen oder Regularien.
- Abbau
  Wird eines der Elemente nicht mehr benötigt, ist die Aussonderung zu definieren und dokumentieren.

F.3.5 Role Based Access Control

Bisher wurde die Subjekt-Objekt-Relation konkretisiert und spezifiziert. Hinter jedem Subjekt verbirgt sich eine einzigartige Identität, die durch einen Account in der nicht-realen bzw. virtuellen Umgebung repräsentiert wird. Weitere Kapselung der Interaktion zwischen Subjekt und Objekt sind die technisch und organisatorisch ausgerichteten Rollen, denen Berechtigungsprofile zugeordnet werden. Die Berechtigungen auf ein Objekt repräsentiert zusammengefasst eine Ressource. Bild F.3.1 gibt einen Überblick über die fortwirkende Kapselung und Spezifizierung der Interaktion eines anfragenden Subjekts auf ein zu schützendes Objekt.

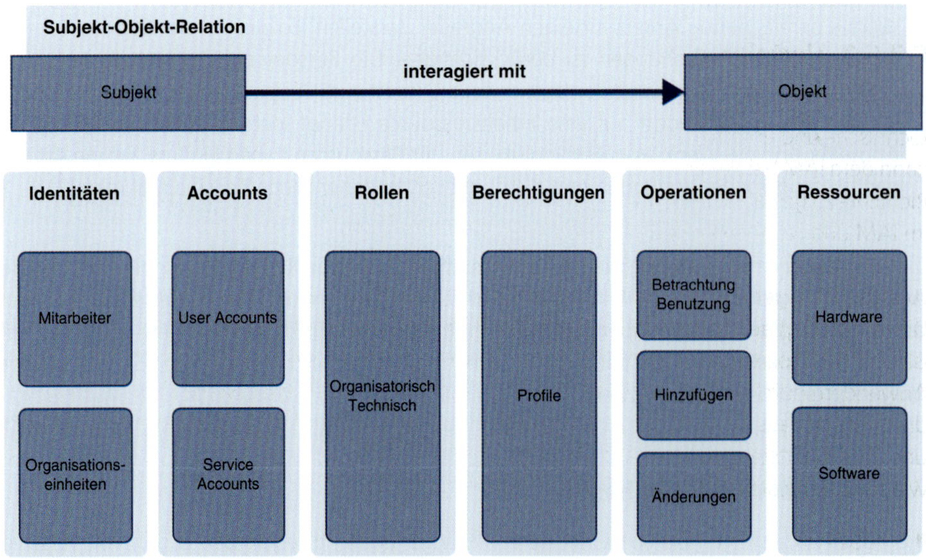

Bild F.3.1 *Subjekt-Objekt-Interaktionsstruktur*

Diese Elemente der Berechtigungsvergabe sind wiederzufinden im Entwurf aus dem Jahr 2000 für einen Standard der rollenbasierten Zugriffskontrolle, auch ***R****ole* ***B****ased* ***A****ccess* ***C****ontrol* (RBAC) genannt. Im Februar 2004 wurde dieser vom ***A****merican* ***N****ational* ***S****tandards* ***I****nstitute* (ANSI) zum ANSI INCITS 359-2004 erklärt [8]. Der Standard enthält im Wesentlichen die Beiträge von David Ferraiolo und Richard Kuhn [9; 10] sowie das an der Goerge University in Fairfox entwickelte Framework zur Zugriffskontrolle [11].

Role-Based Access Control beschäftigt sich mit der grundlegenden Systematik der Berechtigungsvergabe durch Rollen und der damit notwendigen Trennung einzelner Funktionen. Bild F.3.2 veranschaulicht das Modell [9].

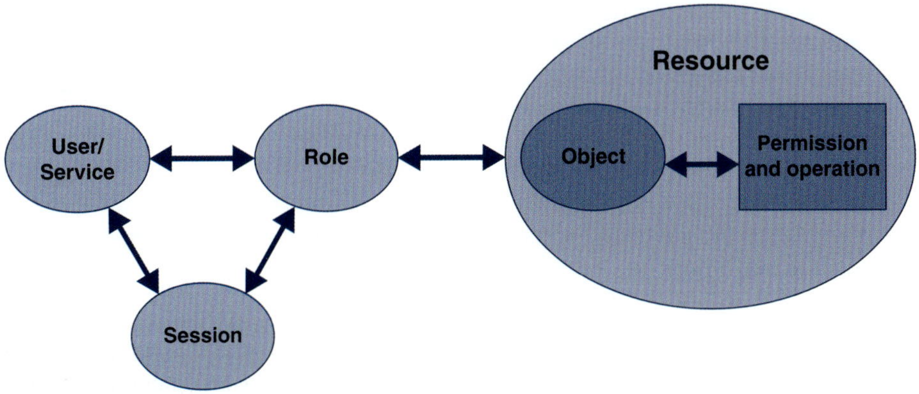

Bild F.3.2 *Core RBAC* ([1], adaptiert und erweitert)

F.3.6 Authentifikationsprozesse

F.3.6.1 Verteilung der Verantwortlichkeiten

Die Ermittlung der Zugriffskontrollanforderungen obliegt dem Fachbereich, während die formale, technische und unternehmensweite Einhaltung dem IAM unterliegt [12]. Eine beratende Aktivität kann dem IAM bei der Ermittlung zugeordnet werden, um die Erfüllung der Vorgaben aus der IS-Richtlinie zu gewährleisten. Folglich werden unterschiedliche Prozessrollen notwendig, die jeweils im IAM und Fachbereich angesiedelt sind.

Access Manager

Dieser bewilligt autorisierten Anwendern und Benutzern das Recht, einen Service zu nutzen, und ist eine ITIL-Prozessrolle [13]. Gleichzeitig unterbindet dieser den Zugriff von nicht autorisierten Anwendern durch Ablehnung unberechtigter Anträge. Hauptaufgabe ist die Sicherstellung, dass die Vorgaben aus der IS-Richtlinie eingehalten werden. Dies gilt für Vorgänge innerhalb des IAMs und für Schnittstellentätigkeiten zu anderen Organisationseinheiten. Der Access Manager kann wie folgt dargestellt werden [14]:

- Aufgaben:
  - Überwachung der Zugriffsvergabe,
  - Stichprobenkontrolle zur Überprüfung zwecks Einhaltung der Sicherheitsvorschriften,
  - Erstellung von Reports zur Kontrolle des IAMs;
- Besetzung:
  - Vorzugsweise durch einen Mitarbeiter aus dem IT-Security-Bereich. Die Erweiterung der Aufgaben um die Überwachung und Steuerung von Animositäten wirkt der einer möglichen beschriebenen Kommunikationslücke zwischen Fach- und IT-Seite entgegen. Dies ermöglicht eine proaktive Handlungsweise des Access Managers in den Teilprozessen bei auftretenden Problemsituationen.

Access Editor
Die Rolle ist zuständig für die Ausführung der operativen Aufgaben des IAMs und ist keine ITIL-Prozessrolle. Die Adaptierung der *Access Analysts* kann wie folgt beschrieben werden [14]:

- Aufgaben:
  - Analyse und Verifikation der Aufträge (Service Requests),
  - Umsetzung der Aufträge betreffend Anlegen, Ändern und Löschen für die Benutzer-, Rollen- oder Ressourcenverwaltung,
  - Initialisierung und Überwachung von Validierungen,
  - Einleitung von Eskalationsmaßnahmen bei Verzögerungen, Fehlern, Sicherheitsverstößen oder Animositäten bei Ausführung der Teilprozesse;
- Besetzung:
  - durch Mitarbeiter aus dem IT-Security-Bereich, wenn kritische Berechtigungen betroffen, oder aus dem Service Desk, wenn unkritische Rechte zu bearbeiten sind.

Die Erweiterung um diese Rolle ist für verschiedene Aufgabenschwerpunkte der Prozessrollen sinnvoll. Während der Access Editor auf die operative Umsetzung ausgerichtet ist, ausgehend davon seine Namensgebung erhält und über Detailtiefe verfügt, hat der Access Manager einen regulativen Schwerpunkt, um proaktiv und bereichsübergreifend agieren zu können. Da der Access Editor täglich mit der Umsetzung von Service Requests und dem Ist-Stand vergebener Berechtigungen in Berührung kommt, hat dieser eine fundierte Entscheidungsgrundlage, um regulativen Handlungsbedarf zu erkennen, der dann durch den Access Manager ausgeübt wird.

Schnittstellen zum Fachbereich
Die nachfolgenden Prozessrollen sind in den Fachbereichen der Organisationseinheiten angesiedelt und haben eine Schnittstellenfunktion zum IAM-Prozess. Dazu werden drei Rollen adaptiert und spezifiziert, um ein Kommunikationsmodell zwischen IAM und Fachbereich zu ermöglichen. Weiter spezifiziert werden die Prozessrollen durch die praktischen Erfahrungen des Autors.

Access Coordinator default (AC default)
Dieser hat zur Hauptaufgabe die Sicherstellung, dass ein Berechtigungskonzept und zwei Access-Coordinator-Rollen innerhalb seines Fachbereichs gelebt werden. Neben der Ernennung zweier Mitarbeiter zum AC1 und AC2 hat dieser Zugang zu allen Informationsobjekten, Artefakten und Schulungsunterlagen für diese herzustellen. Im laufenden Betrieb unterstützt der AC default den Genehmigungsprozess in Vertretung. Welcher Mitarbeiter in den Organisationseinheiten zum AC default ernannt wird, entscheidet sich in Absprache zwischen der IS, dem ERM, dem IAM und der Geschäftsführung. Verankert wird diese Regelung in der IAM-Richtlinie. Es empfiehlt sich, den Team- oder Gruppenleiter zum AC default zu ernennen, da auf diese Art eine «Vorab-Genehmigung» im Handlungsrahmen der Prozessrollen AC1 und AC2 erteilt wird. Demzufolge kann von einer im Prozess delegierten Verantwortung gesprochen werden, die Wartezeiten im Genehmigungsablauf verkürzt.

Access Coordinator First (AC1)
Der AC1 ist innerhalb seines Fachbereichs für die Sicherstellung verantwortlich, dass die Zugriffskontrollanforderungen eingehalten werden. Dieser entwirft auf Fachabteilungsebene Zugriffsprofile auf Ressourcen für die Mitarbeiter, die in Rollen gekapselt werden (Rollen und

Rechtemodell gemäß [15]). Hinzukommend betreut dieser die User und Service Accounts. Die Beauftragung von Accounts, Rollen und Zugriffsrechten durch Service Requests bei dem IAM obliegt dem AC1. Folglich ist dieser die erste prüfende Instanz im Genehmigungsprozess.

Access Coordinator Second (AC2)

Dieser vertritt und unterstützt den AC1 bei der Erfüllung der Aufgaben und ist im Genehmigungsprozess die zweite prüfende Instanz.

Resource Owner

Dieser ist Inhaber der Ressourcen, die dem Fachbereich zugeordnet sind, und definiert die Zugriffskontrollanforderungen. Für den Genehmigungsprozess bedeutet das, dass bei einer Beantragung von Zugriff auf Ressourcen eines anderen Fachbereichs der verantwortliche Resource Owner einzubinden ist. Es empfiehlt sich, den AC1 automatisch zum Resource Owner zu ernennen, da auf diese Weise sich Zugriffskontrollanforderungen und das Berechtigungskonzept in einer verantwortlichen Hand befinden. Parallel mindert dieser Ansatz, den Erfahrungen des Autors zufolge, die Anzahl von Ressourcen ohne verantwortlichen Besitzer.

Zusammenwirken Fachbereich und IAM

Die Rollen AC1 und AC2 in jedem Fachbereich bewirken eine Entlastung des Request Fulfilments und Incident Managements bei der Prüfung der Autorisierung des Antragsstellers dahingehend, dass nur autorisierte ACs Anträge stellen dürfen. Folglich verbleibt den genannten Schnittstellen eine Prüfung: die Ernennung der ACs, die durch den AC default bekanntgegeben worden sind (Bild F.3.3).

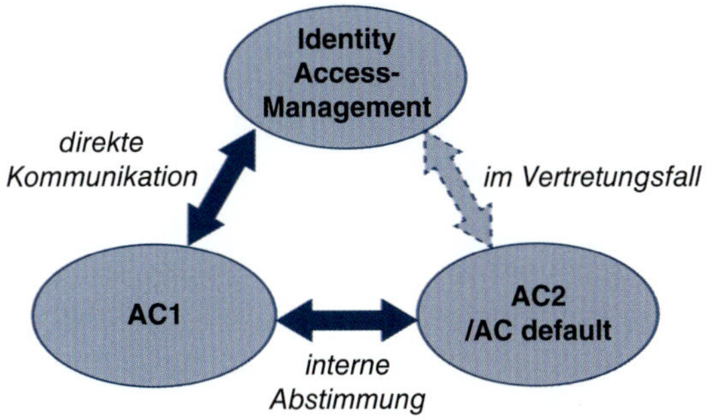

Bild F.3.3 *Kommunikationsmodell zwischen dem IAM und Fachbereich*

Dieses Verfahren ist besonders praktikabel, wenn die Fachbereiche eines Kunden oder externer Dienstleister eingebunden werden müssen, da hier die Autorisierung nur auf Sachstand der vorliegenden Aufbauorganisation geprüft werden kann. Fallbeispiele:

- Einbindung des Kunden:
  - Teile des IAM-Prozess werden durch den Kunden selbst gelebt.
  - Die Ausführung von Teilprozessen ist von der Genehmigung des Kunden abhängig.
- Einbindung des Dienstleisters:
  - Der Dienstleister verwaltet, unter der Kontrolle des Auftraggebers, seine Mitarbeiter und deren Berechtigungsprofile eigenständig.

Die eingeführten Prozessrollen der Fachabteilungen schaffen ein Modell, das organisatorische und fachliche Verantwortung integriert und Kommunikationsabläufe transparent und eindeutig regelt. Dieses liefert die Grundlage für einen prozessorientierten Genehmigungsablauf für die Benutzer- und Berechtigungsanträge. Darüber hinaus lassen sich mit dem Modell jederzeit Organisationseinheiten eines Kunden oder Dienstleisters, die sich eigenständig unter Einhaltung der Richtlinien verwalten, einbinden. Dieser Ansatz fördert ein mandantenunabhängiges IAM.

F.3.6.2 Genehmigungsprozess

Er bezieht sich auf die Bearbeitung und Umsetzung von Anträgen (*Service Requests*) betreffend der Elemente eines IAMs. Die Anträge sind der Auslöser für die in Tabelle F.3.1 aufgeführten Teilprozesse und umfassen Aktivitäten basierend auf [15] zum:

- Hinzufügen,
- Ändern oder
- Löschen.

Vor der Umsetzung werden durch das IAM die Autorisierung des Antragstellers und die Einhaltung des Genehmigungsprozesses geprüft, um die Zugriffskontrolle umzusetzen. Durch die Teilprozesse wird der Lebenszyklus gemäß IT-Grundschutz [15] und ISO 31 010 [16] gelebt.

Bevor neue Rechte durch das IAM erteilt werden, ist eine formale Beantragung notwendig. Die Prüfung umfasst:

- Authentifizierung / Autorisierung:
  - Antragsteller,
  - begünstigte Identität, die neue Rechte erhalten soll,
- Einbindung weiterer Kontrollinstanzen.

Der Genehmigungsprozess greift die Anträge zur Einrichtung von Benutzern und der Erteilung von Berechtigungen auf und verhindert damit, dass Mitarbeiter eigenständig Zugriffsrechte erlangen. Weiterhin wirkt der vorgestellte Genehmigungsprozess auf die Erfüllung der Anforderungen aus der IS-Policy ein [14]. Dieser erfüllt damit die Anforderungen zur Verifikation, bevor Zugriffsrechte erteilt werden. Den praktischen Erfahrungen des Autors der gegenständlichen Arbeit zufolge werden Beantragungswege in Zusammenarbeit mit dem Enterprise Risk Management (ERM), der Informationssicherheit (IS) und der Geschäftsführung gestaltet. Tabelle F.3.1 zeigt die Einbindung von IS und ERM als weitere Kontrollinstanz auf.

Dabei ist zu beachten, dass mehrere eingebundene Kontrollinstanzen Verzögerungen hervorrufen können. Dies ist dann der Fall, wenn leitende Geschäftsrollen in die Genehmigungskette eingebunden sind. Die genannten Rollen sind zeitlich stark ausgelastet, was dazu führen kann, dass Anträge mehrere Arbeitstage zur Genehmigung ausstehen können – Kontrollinstanzen, die eine Beantragung analog zur Aufbauorganisation durchläuft. Im Rahmen dieser Arbeit wird die am Prozess ausgerichtete Beantragung vorgestellt. Den Rückschlüssen des Autors zufolge wirken die eingeführten Prozessrollen AC1, AC2, AC default und Resource Owner Wartezeiten entgegen. Mit den Abbildungen in diesem Abschnitt werden die Beantragungswege grafisch verdeutlicht (Bilder F.3.4 und F.3.5).

Tabelle F.3.1 *Teilprozesse des IAMs analog zum Aufgabengebiet*

Teilprozess IS & ERM involviert	Teilprozess IS & ERM involviert
Benutzerverwaltung	
Account anlegen	X
Account deaktivieren	
Account löschen	
Rollenverwaltung	
Neue Rolle X	X
Rolle löschen	
Ressourcenverwaltung	
Ressource anlegen	X
Ressource löschen	
Zugriffsverwaltung	
Account eine Rolle zuweisen	
Account eine Rolle entziehen	
Berechtigungsprofile	
Rolle einer Ressource zuordnen	X
Rolle einer Ressource entziehen	
Validierung	
Benutzer validieren	
Rollen validieren	
Ressourcen validieren	

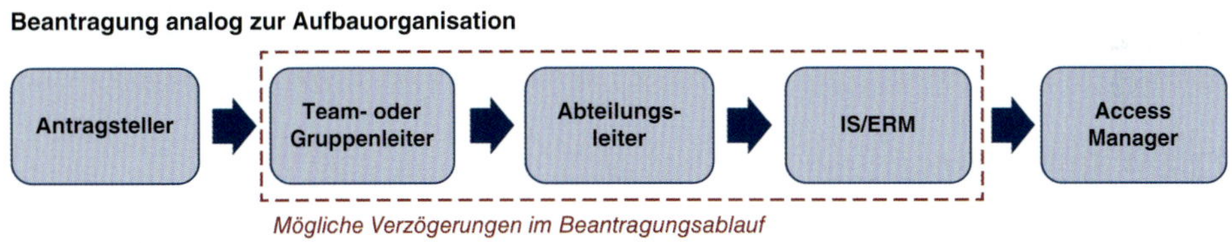

Bild F.3.4 *Kontrollinstanzen, die den Antrag genehmigen oder ablehnen*

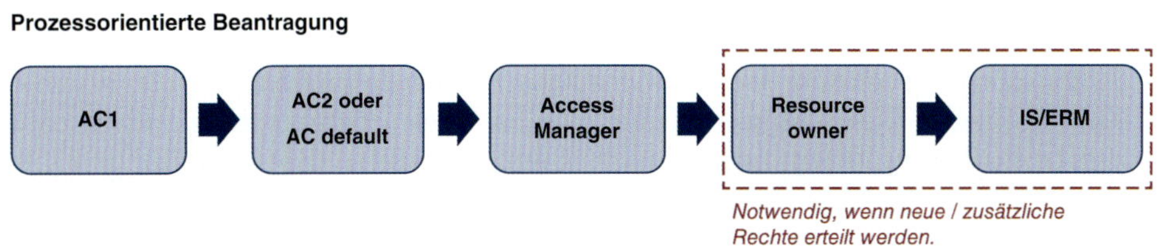

Bild F.3.5 *An den Fachbereich delegierte Verantwortung*

Ein Vergleich zwischen Tabelle F.3.1 und die grafisch visualisierten Beantragungswege in den Bildern F.3.4 und F.3.5 zeigt, dass IS und ERM in die Beantragung eingebunden werden, wenn neuer Zugriff im Unternehmen erteilt wird. Die Verwaltung von Rollen und Ressourcen und der Entzug von Zugriffsrechten verbleiben in eigenständiger Verantwortung des Fachbereichs. Mit jährlichen Validierungen wird die Ansammlung von Zugriffsrechten verhindert [15].

F.3.6.3 Benutzerverwaltung

Dieser Teilprozess regelt die Verwaltung von Accounts und die Überwachung des Identitätsstatus der Anwender. Weiter ist eine Abstimmung mit der Personalabteilung zum Zweck folgender Indikatoren notwendig [17]:

- Ein- und Austritte von Mitarbeitern,
- Veränderungen von Geschäftsrollen, Funktionen und Verantwortlichkeiten,
- Änderungen der Aufbauorganisation,
- disziplinarische Sachstände.

In [14] werden unterschiedliche Benutzer-IDs, die durch Accounts im System repräsentiert werden, definiert und anhand des Rechte- und Zugriffsumfangs differenziert. Darauf aufbauend und unter Berücksichtigung der Identitätsarten, werden folgende User und Accounts adaptiert:

- **H**och**p**rivilegierter **U**ser (HPU): Administrationskonten für Mitarbeiter innerhalb des Fachbereichs
- User Account: ein personalisierter Account für die Mitarbeiter des Unternehmens zwecks Erfüllung der täglichen Aufgaben
- Service Account: ein Account, der von mehreren Identitäten, z.B. einer Anwendung oder einem Service, genutzt wird und häufig über Administrationsberechtigungen verfügt. Folglich ist die Einbeziehung von IS und ERM besonders wichtig. Eine gesonderte Dokumentation der Service Accounts, unter Einbeziehung von Risikoaspekten, ist nach der Erfahrung des Autors eine übliche Anforderung des ERMs.

F.3.6.4 Rollenverwaltung

Die organisatorische Verwaltung von Rollen und die Ausarbeitung des Rollen- und Rechtemodells obliegen den Fachbereichen, da dort die Verantwortung über die Zugriffskontrollanforderungen liegt [12; 15]. Das IAM wirkt hier beratend und mit der Rolle eines Vermittlers zwischen Fachseite, IS und ERM, um einer Kommunikationslücke entgegenzuwirken.

- Neue Rolle
  Erstellung einer neuen Rolle, die auch ohne Account- oder Ressourcenzuordnung bestehen kann. Auf diese Art können Berechtigungsprofile und Rollenmodelle umgesetzt werden, ohne dass bereits Zugang auf Ressourcen ermöglicht wird. Leere Rollen können darüber hinaus als Quarantäne genutzt werden, wenn Mitarbeiter länger abwesend sind, ohne das Unternehmen zu verlassen.
- Rolle ändern
  Eine bestehende Rolle dahingehend ändern, dass der Name der Rolle angepasst wird.
- Rolle löschen
  Es erfolgt die Entkopplung aller zugewiesenen Accounts und Ressourcen, damit die Rolle gelöscht werden kann.

F.3.6.5 Ressourcenverwaltung

Dieser Teilprozess umfasst die Zuordnung in Bild F.3.6 von Berechtigungen auf Objekte. Jede Berechtigungsstufe wird mit dem Zielobjekt verknüpft und separat als Ressource abgebildet.

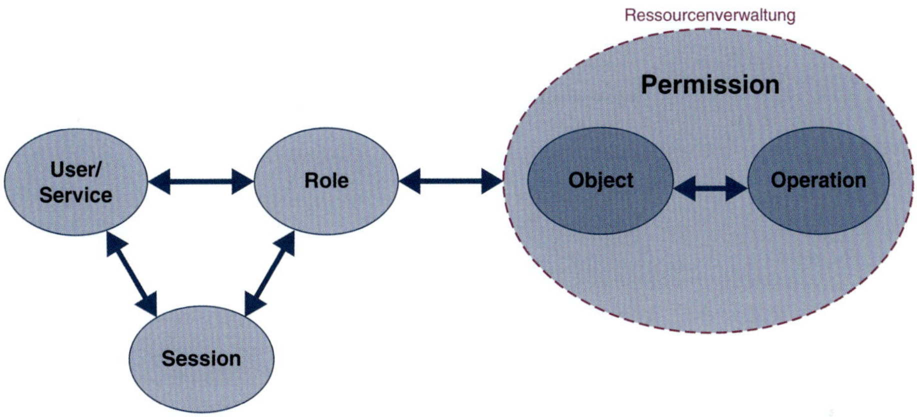

Bild F.3.6 *Zuordnung Ressourcenverwaltung zum RBAC-Modell*

Das bedeutet: Sollen vier verschiedene Berechtigungsstufen den Zugriff auf einen Server ermöglichen, werden vier verschiedene Ressourcen mit der jeweiligen Berechtigungsstufe, aber demselben Server angelegt. Dies führt zu folgenden Erleichterungen:

- weniger Komplexität im Berechtigungskonzept:
  - Berechtigungsprofile werden einmal mit den zugehörigen Operationen definiert und durch die Ressourcen den Objekten zugeordnet,
  - die Namen der Ressourcen werden selbstsprechend gehalten, um Objekt und Berechtigungen ablesen zu können,
  - keine Auflistung und Zuordnung von Einzelberechtigungen pro Objekt;
- einfache Verfahrensweise:
  - Die Berechtigungen auf Server, Anwendungen usw. lassen sich agiler und feiner abstimmen.
  - Ressourcen können in den Teilprozessen schneller geprüft werden.

Folgende Teilprozesse ergeben sich aus der Verwaltung von Ressourcen:

- Ressource anlegen:
  Die Anlage einer Ressource umfasst die Festlegung des Resource Owners und welches Objekt mit welcher Berechtigung verknüpft wird.
- Ressource löschen:
  Vor der Löschung müssen alle Verknüpfungen mit den Rollen aufgehoben werden. Grundlegend ist zu beachten, dass Anlage oder Löschung nur durch den Resource Owner durchzuführen sind.

F.3.6.6 Zugriffsverwaltung

Die Zugriffsverwaltung dient der Sicherstellung einer angemessenen Rechtevergabe und der laufenden Anpassung erteilter Zugriffsrechte, deren Häufung insbesondere zu verhindern ist.

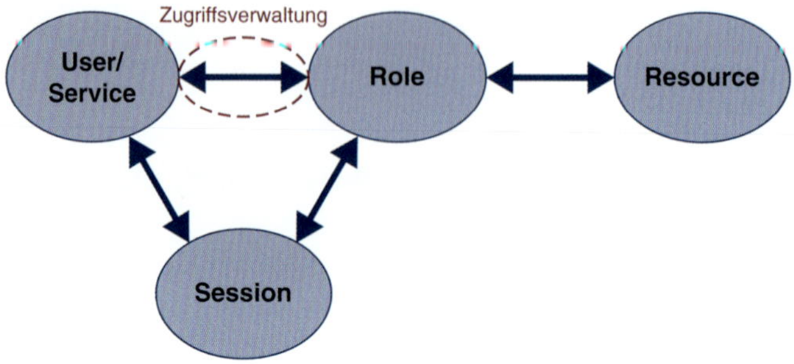

Bild F.3.7 *Zuordnung der Zugriffverwaltung zum RBAC-Modell*

Die Gefahr der Ansammlung besteht dann, wenn nicht mehr benötigte Berechtigungen nach Aktivitäten erteilt bleiben oder eine unregelmäßige bis seltene Überprüfung aller vergebenen Rechte erfolgt. Die Mitgliedschaft von Accounts in Rollen stehen im Mittelpunkt (Bild F.3.7). Nachfolgend ergeben sich Teilprozesse:

- Account eine Rolle zuweisen:
  Der Account wird zu einem Mitglied der Rolle bzw. Rollengruppe;
- Account eine Rolle entziehen:
  Diese Aktivität beendet die Mitgliedschaft eines Accounts in der Rollengruppe.

F.3.6.7 Berechtigungsverwaltung

Dieser Aufgabenbereich umfasst die Zuordnung von Ressourcen und Rollen (Bild F.3.8).

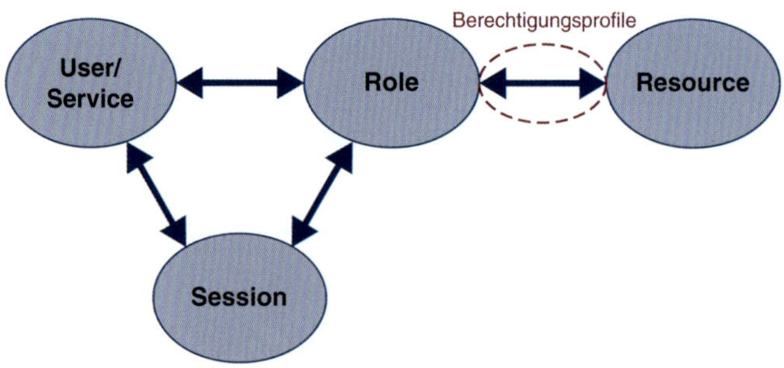

Bild F.3.8 *Zuordnung Berechtigungsprofil zum RBAC-Modell*

Folgende Teilprozesse sind zuzuordnen:

- Rolle einer Ressource zuordnen
  Rolle und Ressource werden einander zugewiesen. Ferner können alle Rollenmitglieder diese Ressource nutzen. Durch diese Verknüpfung wird Zugriff auf Ressourcen gewährt, weshalb die Einbindung der IS und dem ERM notwendig ist.
- Rolle einer Ressource entziehen
  Die Verbindung von Ressource und Rolle wird gelöst. Beide bleiben in ihrer Existenz unberührt.

F.3.6.8 Validierung

Aus den bisher aufgestellten Anforderungen an eine Validierung lassen sich verschiedene Schwerpunkte ableiten. Eine Validierung umfasst sämtliche Systeme, Software, Hardware bzw. Objekte der IT-Landschaft, auf die durch das IAM Zugriff erteilt worden ist [14]:

- User-Validierung
  Umfasst die Überprüfung von User Accounts. Dazu müssen alle existierenden Accounts auf sämtlichen Systemen in den Netzwerkumgebungen erfasst werden.
- Role-Validierung
  Erfassung und Zuordnung der vergebenen Rollen. Im Anschluss erfolgt die Prüfung der zugeordneten Ressourcen.
- Resource-Validierung
  Überprüfung des Resource Owners. Die Ressourcen werden hinzukommend auf Aktualität und erteilten Berechtigungen hin geprüft. Durch die verschiedenen Schwerpunkte ist die stufenartige Erfüllung dieser Forderungen möglich: «*Alle Benutzer-IDs mit ihren Rechten müssen einmal jährlich durch den zuständigen Vorgesetzten oder den Verantwortlichen des entsprechenden IT Services validiert werden. Dies kann eine Vorgabe aus der Security Policy sein.*» ([14], Seite 246)

Nach der Durchführung ist das IAM dafür verantwortlich, dass die Ergebnisse der Überprüfung durch die ACs der Fachabteilungen zur Umsetzung beauftragt werden.

F.3.7 Schrittweiser Aufbau eines Identity Access Managements

Die vorliegenden zehn Schritte für den Aufbau eines IAMs haben einen organisatorisch und ITIL geprägten Schwerpunkt und sind als Impulse für die konzeptuelle Vorgehensweise erdacht. Die Maßnahme *M 2.585 Konzeption eines Identitäts- und Berechtigungsmanagements nach IT-Grundschutz* [4] ist zusätzlich in die Schritte eingeflossen. Aufgebaut sind diese aus Best Practices von Unternehmen, die sich auf die IAM-Thematik spezialisiert haben, und die gewonnenen Erfahrungen des Autors im Rahmen des seines Arbeitseinsatzes in IT-Projekten [18; 19].

F.3.7.1 Schritt 1: Analyse der IT-Landschaft

Einbeziehung aller Interessengruppen

Das IAM fördert eine kontinuierliche und nachweisliche Compliance der unternehmensweiten IT Governance. Für Transparenz, Gewaltenteilung, ein Interessenausgleich und die Unabhängigkeit der Unternehmensorgane sind Kenntnisse über das Unternehmen und die internen Geschäftsprozesse essenziell, um die erforderlichen Informationen über folgende Aspekte zu erlangen: Rollenkonzepte, Genehmigungsprozesse, Erwartungen an das IAM oder die Barrieren zwischen Abteilungen. Das Projektteam muss demnach aus Kompetenzträgern der IT und der Unternehmenssubstitutionen bestehen:

- **H**uman **R**esource (HR),
- **E**nterprise **R**isk **M**anagement (ERM),
- **I**nformations**s**icherheit (IS),
- Vertreter der Fachbereiche.

In zeitlich regelmäßigen Abständen sind durch das implementierende Projektteam Kick-offs, Schulungen und Informationsveranstaltungen für die Unternehmenssubstitutionen zu organisieren. Dies fördert das Verständnis und den bewussten Umgang rund um die Zugriffskontrolle und Berechtigungssteuerung [18]. Alle Projektbeteiligten sollten mit den zuvor definierten Prozessrollen vertraut gemacht werden. Die frühe Benennung eines Access Coordinators vereinfacht die Zusammenarbeit zwischen Fachbereich und Projektteam und fördert die Kommunikation.

Erfassung der Systemvielfalt

Die System- und Applikationsvielfalt in Unternehmen kann sehr unterschiedlich sein. Daher ist die Erfassung aller Systeme, Applikationen und angeschlossener Hardware notwendig. Hinzukommend ist, welches Provisioning-System im Einsatz ist und in welchem Umfang die Systeme und Netzwerke bereits automatisch oder noch manuell gepflegt werden, zu dokumentieren. Zur Erfassung der Systemvielfalt empfiehlt sich die IT-Grundschutz-Vorgehensweise anzuwenden, um eine vollständige Analyse zu gewährleisten [20].

Definition eines Ist-Berechtigungsstands

Der derzeitige Stand der erteilten Berechtigungen ist aus allen System- und Netzwerkumgebungen auszulesen und nach Benutzer und Fachbereich aufzuschlüsseln. Aus dem vorliegenden Ist-Stand lassen sich Projektaufwand, -dauer und -kosten ableiten. Sofort erkennbare Sicherheitsverstöße und -risiken sind umgehend dem ERM und IS zu melden. Unter Umständen können Sofortmaßnahmen noch vor den unternehmensweiten IAM-Implementierungen notwendig werden.

F.3.7.2 Schritt 2: Festlegen von Anforderungen und Ziele

Ziele definieren

Eindeutig definierte Ziele und Aufgaben sowie ein strukturierter Rahmen zu deren Planung und Überwachung haben Einfluss auf den Projektverlauf. Dies erfordert eine Zusammenarbeit zwischen erfahrenen Mitarbeitern sowohl im Fachbereich als auch im implementierenden IAM-Projektteam. Da der Ursprung der Zugriffskontrollanforderungen der Ressourcen dem verantwortlichen Fachbereich obliegt, ist sicherzustellen, dass ein Interessenausgleich in Hinblick auf die Corporate Governance, zwischen den Anspruchsgruppen und den Projektbeteiligten geschaffen wird, bevor die Umsetzung beginnt [12]. Nachträgliche Anpassungen haben Einfluss auf die Projektdauer und die veranschlagten Kosten. Darüber hinaus gilt:

GRUNDSATZ
Ziele sind so zu gestalten, dass diese Fakten schaffen und messbare Erfolge hervorbringen.

- Beispielhafte Projektkennzahlen:
  - Anzahl abgebauter Benutzerkonten,
  - Anzahl erstellter Rollen und Ressourcen,
  - Auflistung identifizierter und behobener Risiken,
  - Auflistung manueller Verfahren, die abgelöst wurden.

Schrittweise Umsetzung
Ein IAM muss in alle IT-Systeme und Netzwerkumgebungen des Unternehmens integriert werden, um diese im operativen Betrieb steuern und verwalten zu können. Dabei müssen die Skalierbarkeit und Agilität im Mittelpunkt stehen. Weder die Anzahl der einzubindenden Benutzer noch die der Systeme und Netzwerkumgebungen dürfen auf ein Maximum beschränkt sein. Eine iterative Vorgehensweise und fein gesteckte Projektziele sorgen für ein stetiges Vorankommen und für regelmäßige Erfolge im Projektverlauf. Es gilt die Devise: «Nicht alles auf einmal!» Das bedeutet, ein Zielsystem nach dem anderen anzubinden und die Standardfunktionalitäten der Benutzer vorrangig herzustellen [18]. Die Feinabstimmung der Rollenmodelle und Berechtigungsstufen wird im Nachgang durchgeführt. Gleiches gilt für Teilprozesse, die vorrangig die am meisten frequentierten und störenden Verfahren ablösen, bevor spezielle Gegebenheiten aufgenommen werden.

Standardsoftware einsetzen
Statt vermehrt auf Customizing zurückzugreifen, ist der Einsatz von Standardsoftware zu prüfen, der den Implementierungsaufwand und spätere Wartungs- und Betriebskosten langfristig reduzieren kann. In Standardsoftware fließen Erfahrungen aus realisierten Projekten, langjährig erworbenes Wissen und vorkonfigurierte Rahmenbedingungen der IAM-Anbieter nach dem Best-of-Breed-Ansatz ein [18]. Das System individuell an die Gegebenheiten des Unternehmens anzupassen muss eine Ausnahme bleiben, denn dies bindet Mitarbeiter, Fachwissen und Flexibilität. Dazu ist der IT-Grundschutzkatalog M 4.499 als geeignete Auswahl von Identitäts- und Berechtigungsmanagementsystemen zu berücksichtigen [4].

GRUNDSATZ
Statt Software, Methoden und Werkzeuge vollständig den internen Prozessen, Terminologien und Verantwortungen anzupassen, sind Flexibilität und Agilität durch Standardsoftware zu fördern, um auf veränderte Rahmenbedingungen zeitnah reagieren zu können.

Realistisch bleiben
Die Ziele eines IAMs sind: eine am Geschäftsprozess ausgerichtete und verständliche Sicht auf die Identitäten, den Berechtigungsstand und die Zugriffsrechte im Unternehmen. Dies wird erreicht durch eindeutig definierte Ziele und die schrittweise Umsetzung von realistischen Zwischenzielen. Mit dieser Vorgehensweise wird das IAM zu einem unternehmensweiten Prozess, der die Strategien aus dem Governance-Prozess, dem ERM und der IS erfüllt und damit die Corporate Compliance fördert [18].

F.3.7.3 Schritt 3: Definition der Identitätsarten und -träger

Konsolidierung der Benutzerkonten

Der vorliegende Bestand an Benutzerkonten und erteilten Zugriffsrechten kann in unterschiedlichen Qualitäts- und Quantitätsstufen vorliegen. Die Gründe dafür sind vielfältig: Umstrukturierungen, Unternehmensfusionen oder Projekttätigkeiten können für ein «historisches Wachstum» der Zugriffsrechte und Benutzeraccounts verantwortlich sein. Folglich ist im ersten Schritt eine gründliche Konsolidierung mit der Devise: «Aufräumen!» durchzuführen [18].

Statt jedes Konto individuell zu prüfen, werden die Fachbereiche dazu aufgefordert, benötigte Benutzerkonten als «aktiv» zu melden und mit einer prägnanten, fachlichen Begründung zu versehen. Accounts, die von keinem Fachbereich beansprucht werden, können zur Sicherheit erst deaktiviert und nach der abgelaufenen Karenzzeit gelöscht werden. Für diese Vorgehensweise eignet sich die Erstellung von Listen, die den Ist-Stand der Benutzeraccounts aufzeigen und soweit möglich die darin enthaltenen Accounts in Abstimmung mit der HR einem Fachbereich zuordnen. Auf diese Weise werden verwaiste Benutzerkonten aufgespürt und bereinigt.

Schnittstelle zur Human Resource schaffen

Das IAM stellt sicher, dass nur autorisierten Benutzern die Nutzung von Ressourcen gestattet wird und die Vorgaben aus der IS-Richtlinie eingehalten werden. Dazu ist eine Schnittstelle zwischen dem HR-Team und IAM zu definieren. Werden Änderungen der Personalstruktur oder von Tätigkeitsbereichen aus der HR nicht weitergeleitet, können Personen Zugang zu Ressourcen erlangen, obwohl sie aufgrund ihrer neuen Geschäftsrolle keine Berechtigungen dazu haben. Verlässt ein Mitarbeiter das Unternehmen, muss das zugehörige Benutzerkonto mit allen Zugriffsrechten entfernt werden. Ein manueller, nicht automatisierter Informationsfluss und dezentrales Arbeiten trägt dazu bei, dass sich Fehler in den Berechtigungsstrukturen ausbreiten [4]. Folglich ist eine Schnittstelle zwischen HR und IAM zu implementieren, die für eine Automatisierung zwischen beiden Systemen sorgt und einen festen Kommunikationsablauf etabliert zum Zweck von Sicherheit und Kontrolle.

Aussagekraft durch Datenqualität

Für das IAM ist hohe Datenqualität essenziell, um der Dokumentationspflicht und Erhöhung von Transparenz im Unternehmen aus BDSG, GoBD, KonTraG und SOX gerecht zu werden. Die Verbindung zwischen der logischen Identität (Account) und dem personellen Identitätsträger (Mitarbeiter) ist durch das IAM zu dokumentieren und bildet z.B. für die Bestimmungen des BDSG eine wichtige Grundlage. Dies betrifft u.a. die Zugangs-, Zugriffs- und Eingabekontrolle.

F.3.7.4 Schritt 4: Bildung eines Rollenmodells

Rollen implementieren

Rollen werden als Sammlung einzelner Zugangsrechte, die für eine bestimmte Funktion oder Aufgabe im Unternehmen erforderlich sind, definiert. Das vorgestellte RBAC-Modell greift diese Thematik auf und bündelt Ressourcen mit den zugehörigen Zugriffsrechten in Rollen. Das Bündeln von Zugriffsrechten in technische Rollen verhindert den Administrationsaufwand von direkten Berechtigungen zwischen Benutzern und Ressourcen und ist folglich die Grundlage für eine automatisierte Rechtevergabe durch ein Provisioning-System. Im Rahmen dieser Arbeit wird folgende Vorgehensweise festgehalten:

- Zuordnung der Mitarbeiter nach Fachthema innerhalb der Abteilung,
- Erzeugung einer Rolle pro Fachthema,
- Zuordnung der erzeugten Rolle zum Fachbereich,
- Zusammenstellung der notwendigen Zugriffsrechte, um die technische Systemrolle abzubilden.

Diese Vorgehensweise steht analog zu: «Das Modell unterscheidet zwischen zwei verschiedenen Rollentypen: Geschäftsrollen werden durch die Fachabteilung genutzt, deren fachlicher Kontext darin abgebildet ist. Systemrollen werden innerhalb der Anwendungssysteme verwendet, sie sind technischer Natur und werden durch die IT-Abteilung verwaltet.» ([12], Seite 97)

Durch die Zuordnung eines Aufgabenthemas des Mitarbeiters wird der fachliche Kontext erfasst, damit das implementierende Projektteam die Systemrolle definieren kann. Alternativ können folgende Ansätze zur Rollenbildung in Erwägung gezogen werden [18, 21]:

- Top-down: Ausgehend von den Unternehmensstrukturen und Geschäftsfunktionen werden die Geschäftsrollen adaptiert und schrittweise verfeinert.
- Bottom-up: Bildung einer technischen Rolle ausgehend von den Zugriffsrechten durch schrittweise Zusammenfassung.
- Middle-out: Steht für einen hybriden Ansatz, der beide Vorgehensweisen kombiniert, und ähnelt der oben aufgeführten Vorgehensweise.

Rollenverantwortliche festlegen

Der vorgestellte Lebenszyklus nach ISO 31 010 IT-Risikomanagement kann auf die IAM-Elemente angewendet werden. Die definierten Rollen können folglich als dynamische Strukturen, die einem ständigen Überwachungs- und Anpassungsprozess unterliegen, betrachtet werden. Deshalb ist die Zuweisung eines Besitzers, der die Verantwortung der sauberen Ausgestaltung dauerhaft übernimmt, notwendig. Daraus folgt das regelmäßige Prüfen, ob aufgrund von Veränderungen in der Organisationsstruktur oder der IT-Landschaft Anpassungen vorzunehmen sind. Die behandelten Prozessrollen des AC1, AC2 und AC default eignen sich für die Überwachung und Durchsetzung des Lebenszyklus. Diese eignen sich ideal als Verantwortliche, da auf diese Weise Berechtigungskonzept und Kommunikation zum IAM im gleichen Mitarbeiterkreis verbleiben. Folglich sind für die Erzeugung und Implementierung der Rollen kleine Teilziele unter Einbeziehung aller relevanten Interessen- und Anspruchsgruppen zu bilden, um Teilerfolge durch wohldefinierte Rollen vorweisen zu können.

F.3.7.5 Schritt 5: Ressourcen überführen und konsolidieren

Ressourcen erfassen und zuordnen

Ressourcen stellen aus der IAM-Perspektive Inhalte und Funktionen in der zumeist virtuellen Umgebung dar. Durch die vorgestellten Sicherheits- und Bedrohungsanalysen wird der Schutzbedarf der Ressourcen definiert, die in die Zugriffskontrollanforderungen einfließen. Folglich kann dem implementierenden Projektteam eine koordinierende und vermittelnde Rolle zugeordnet werden, um über alle Fachbereiche hinweg die einheitliche Erfassung, Pflege und Dokumentation der Ressourcen im Unternehmen zu erreichen. Analog zur Konsolidierung der Benutzerkonten werden die bisher erfassten Ressourcen durch die Fachabteilungen geprüft und ergänzt. Dazu wird ein Ist-Stand der IAM-relevanten Ressourcen für jede physische oder virtuelle Umgebung durch das Projektteam erzeugt und im Anschluss an die Organisationseinheiten weitergeleitet. Verwaiste Ressourcen werden, in Abstimmung mit ERM und IS, abgebaut oder einem Fachbereich zugewiesen. Hier gilt die Devise: «Aufräumen und dokumentieren!»

Zugriffskontrollanforderungen umsetzen

Die dokumentierten und zugeordneten Ressourcen werden mit Berechtigungen (Operationen) oder Berechtigungsstufen verknüpft und als zusammengesetzte Ressource (Objekt und Operation) im Berechtigungskonzept hinterlegt. Die technische Umsetzung in den verschiedenen Netzwerkumgebungen erfolgt durch das Provisioning. Die Namen der Ressourcen sind so zu gestalten, dass diese selbsterklärend sind mit dem Ziel, die Prüfung im Genehmigungsprozess zu vereinfachen.

Virtuelle Ressourcen aufnehmen

Der Autor dieser Arbeit hat im Laufe seines Arbeitseinsatzes den Ansatz rund um die virtuelle Ressource kennengelernt. Betroffen sind Objekte, wie z.B. Server oder Clients, die von dem automatisierten Provisioning-System abgeschnitten sind. Für diese Objekte ist die in [1] auf Seite 119 und Seite 171 beschriebene dezentralisierte Verwaltung notwendig. Virtuelle Ressourcen werden analog zu den bestehenden gepflegt, dokumentiert und in der zentralen AC DB hinterlegt. Diese sind durch die Teilprozesse steuerbar. Durch die Dokumentation, dass es sich um virtuelle Ressourcen handelt, kann das IAM feststellen, dass die Berechtigung durch die Fachabteilung manuell eingerichtet werden muss. Dieses Verfahren hat den Vorteil, dass sämtliche, auch dezentral erteilte, Berechtigungen in der Access Control List einsehbar sind. Verlässt ein Mitarbeiter das Unternehmen und soll laut Auftrag «auf sämtlichen Systemen entfernt werden», erspart das Vorhandensein der virtuellen Ressourcen dem IAM das manuelle Durchsuchen der Systeme, auf die der Mitarbeiter Berechtigungen hat. Die Verantwortung, dass der Stand der virtuellen Ressourcen 1 : 1 auf den Systemen abgebildet ist, obliegt den verantwortlichen Fachabteilungen, die jederzeit den Soll-Stand abrufen können.

F.3.7.6 Schritt 6: Benutzer und Rollen zuordnen

Berechtigungskonzept gestalten

Das vorgestellte Berechtigungskonzept ist durch das implementierende Projektteam vorzubereiten, damit die zentralen Vorgaben Berücksichtigung finden und über jeden Fachbereich hinweg eine einheitliche Struktur entsteht. Die Vorlage wird in der Fachabteilung angewandt und durch die Access Coordinators ausgestaltet. Dabei muss dargestellt werden, welche Ressourcen der Fachbereich verantwortet, welche Berechtigungen darauf erteilt sind und durch welche Rollen diese genutzt werden. Bei der Erstellung sind die ACs durch das Projektteam zu koordinieren und zu unterstützen.

Umsetzung des Konzepts

Nach Vollendung erfolgt die Umsetzung im zentralen IAM-System.

- Verknüpfung: Accounts und Rollen
  Die konsolidierten und den Mitarbeitern zugeordneten Accounts werden den zuvor gebildeten Rollen zugeordnet.
- Verknüpfung: Rollen und Ressourcen
  Es erfolgt die Zuordnung zwischen den im fachlichen Kontext stehenden Ressourcen, die zur Ausübung der Tätigkeiten notwendig sind, und der Rollen, die für das Tätigkeitsfeld gebildet wurden.

Access Control List aufbauen
Die gebildeten Verknüpfungen werden in der Access Control List gepflegt, um ein zentrales Informationsobjekt zu schaffen, mit dem jederzeit die erteilten Zugriffsberechtigungen der Benutzer eingesehen werden können. Gleichzeitig liefert diese den Soll-Stand an das IAM-System, das dann die technische Umsetzung durchführt.

F.3.7.7 Schritt 7: Einführung der Teilprozesse

Schnellere Erfolge auf Fachabteilungsebene
Für eine Akzeptanz über alle Unternehmensbereiche hinweg sollten die Anwender bereits im frühen Projektstadium die Teilprozesse evaluieren, die noch mit geringem Aufwand an die Wünsche und Bedürfnisse der Fachabteilungen angepasst werden können. Bereits verfügbare Abläufe lassen sich im operativen Betrieb anbieten, anstatt die vollständige Lösung zum Projektende in einem Atemzug aktiv zu setzen. Dabei ist zu beachten, dass vorzugsweise bereits im Unternehmen eingesetzte Tools und Verfahren zur internen Beauftragung verwendet werden sollten. Wird ein externer Dienstleister oder ein Kunde eingebunden, so sind Schnittstellen zwischen den internen und externen Tools zu schaffen. Mit diesem Ansatz wird der Nutzen des IAMs im Arbeitsalltag für die Beteiligten schneller sichtbar; dies fördert den Gesamterfolg des Projekts.

Ausarbeitung der Teilprozesse
Die Teilprozesse sind schematisch so auszuarbeiten, dass diese als Workflows und Arbeitsanweisungen implementiert und zentral hinterlegt werden können. Dazu eignen sich grafische Diagramme, ergänzt durch schriftliche Ausführungen. Parallel dazu sind Arbeitsanweisungen für die Mitarbeiter des IAMs zu erstellen, damit diese das IAM-System bedienen und die Verfahrenseinhaltung gewährleisten können. Dabei ist die Maßnahme *M 2.587 Vorgehensweise und Konzeption der Prozesse* beim Identitäts- und Berechtigungsmanagement zu berücksichtigen [4].

Technische Umsetzung
Es erfolgt die technische Umsetzung von Datenbereinigungen, Provisioning und Implementierung der Funktionalitäten, Workflows für Anträge, Genehmigungsabläufe, Eskalationen und die Anbindung der Quell- und Zielsysteme an das IAM-System [18]. Weiter ist ein Verfahren umzusetzen, das die Access Control List mit allen Informationen versorgt und an das System koppelt, so dass diese als Grundlage für Artefakte, Informationsobjekte und Teilprozesse genutzt werden kann.

Konsolidierung auf Fachabteilungsebene
Sind Teilprozesse bereit für die Auslieferung in den operativen Betrieb, sollten diese nach der ersten Anwendung durch die Fachbereiche konsolidiert werden. Umständliche oder zeitintensive Verfahren verbreiten schnell Unmut bei den Beteiligten und können für Verzögerungen der Arbeitsabläufe sorgen. Daher sind Schulungen der Beteiligten und Workshops mit Fachabteilungen unerlässlich. Es gilt die Devise: «Ein abgestimmtes Miteinander fördert die Akzeptanz neuer Verfahren und Prozesse.»

F.3.7.8 Schritt 8: Schaffung von Kontrollmöglichkeiten

Die Gestaltung der Projektziele steht unter dem Aspekt, Fakten zu schaffen und messbare Erfolge hervorzubringen. Dieser Schritt befasst sich mit der Definition von Kennzahlen, um den langfristigen Erfolg im operativen Betrieb und im ITIL Lifecycle messbar zu machen. Dazu stellt der Autor mit seinen praktischen Erfahrungen folgende Kennzahlen und Kontrollen auf:

- IKS-Kontrollen:
  - Prüfung zweier Aufträge wöchentlich auf Einhaltung des Genehmigungsprozesses,
  - Überprüfung eines Benutzer-Löschen-Auftrags wöchentlich auf vollständige Bereinigung in allen Umgebungen,
- Kennzahlen für das IKS und den operativen Betrieb zur Überwachung des IAMs,
- weitere Kennzahlen für die Rapportierungsperiode in Tabelle F.3.2.

Tabelle F.3.2 *IAM-Kennzahlen für die Rapportierungsperiode* ([14], modifiziert und erweitert)

Kennzahl	Beschreibung	Definition Grün	Definition Gelb	Definition Rot
Aktualität der Validierung	Das Alter der zurückliegenden Validierung der Einträge in der Access Control List kann ins Gesamtverhältnis gesetzt werden	<5% sind älter als 1 Jahr	5...15% sind älter als 1 Jahr	>15% sind alter als 1 Jahr
Einhaltung der Sicherheitsvorgaben	Der Access Manager prüft die Einhaltung von Sicherheitsvorgaben innerhalb der Aufträge zur Berechtigungssteuerung	Alle wurden eingehalten	-	>0 wurden eingehalten
Anzahl durchgeführter Stichproben	Durchgeführte Stichproben, die auf Einhaltung der Sicherheitsvorgaben hin prüfen	>2 Stichproben pro Woche	>1 Stichproben pro Woche	= oder <1 Stichproben pro Woche
Anzahl Aufträge bei der Rechtevergabe	Durchgeführte Aufträge bei Anlage, Änderung oder Löschung von Benutzern, Rollen oder Ressourcen	Informative Kennzahl		
Aufwand Access-Manager-Rolle	Kumulierter Aufwand in Stunden der ausgeführten Access-Manager-Rolle			

F.3.7.9 Schritt 9: Inbetriebnahme

Nach der Implementierung aller technischen Funktionalitäten und organisatorischen Artefakten und Teilprozessen steht die Überwachung des laufenden IAM-Systems im Vordergrund, und ein Coaching der Mitarbeiter, die dauerhaft den Prozess leben, ist durchzuführen. Ziel ist es, die letzten speziellen Gegebenheiten und Abläufe in das IAM zu integrieren, so dass ein einheitlicher Ansatz dauerhaft angewendet wird.

Validieren und Konsolidieren

Es gilt, den neuen Stand von Accounts, Rollen, Ressourcen und Berechtigungen durch die Fachabteilungen validieren zu lassen unter Anwendung und Einhaltung der eingeführten Teilprozesse. Dabei ist die Durchführung speziell aus Sicht des IAM-Teams zu konsolidieren, so dass letzte Mängel und Schwachstellen optimiert werden können, um die vollständige Inbetriebnahme abzuschließen.

F.3.7.10 Schritt 10: Kontinuierliche Verbesserung

Die ISO-9000-Serie stellt die Phasen der Entwicklung, Produktion, Einführung und Betreuung in den Mittelpunkt, um eine Leistungsverbesserung voranzutreiben. Dies bedeutet, dass im IAM der Aufbau, Betrieb und Abbau der Methoden, Werkzeuge und Artefakte organisiert sein müssen. Analog dazu stehen die zu erfüllenden Vorgaben der ISO-20000-Serie, die den Plan-Do-Check-Act-Zyklus integrieren und für eine gleichbleibende Servicequalität gemäß KVP Sorge tragen. Dazu folgen Ansätze, unter diesen die kontinuierliche Verbesserung gefördert wird.

Weiterentwicklung des Prozesswissens und des fachlichen Know-hows:

- Kennzahlen, die realistische Messwerte schaffen, um Zahlen, Daten und Fakten des IAMs abzubilden zum Zweck von Eigenkontrolle und Reporting gegenüber dem Management, IS und ERM,
- Verminderung von Ausfallzeiten und Verzögerungen,
- Integration von Weiterentwicklungen und Trends,
- Regelmäßiges Anpassen der Zugriffskontrollanforderungen durch Sicherheits- und Bedrohungsanalysen gemäß IT-Grundschutz-Katalog [4].

G Risikomanagement

G.1 Risikomanagement – Einführung und Grundlagen

This is not the elimination of risk,
because without risk,
we are out of business
(Thomas Schmidheiny)

G.1.1 Einleitung

Die Rahmenbedingungen unternehmerischen Handelns haben sich für Großunternehmen, für mittelständische Unternehmen, aber auch für Kleinbetriebe wie innovative Start-ups in den vergangenen Jahren fundamental verändert. Stetig wächst die Zahl der Einflussfaktoren, die auf geschäftliches Handeln Einfluss nehmen und Entscheidungen über Investitionen, das Produkt- und Servicespektrum, die Wettbewerbsfähigkeit oder die operative Aufrechterhaltung des Geschäftsbetriebs unsicherer machen.

Die fundierte Planung strategischer Entscheidungen sowie die Kalkulierbarkeit und Prognostizierbarkeit möglicher Ergebnisse nimmt somit stetig ab. Faktoren wie der globale Handel sowie internationale Absatz- und Beschaffungsmärkte mit volatilen Rahmenbedingungen, die von offenen Handelsbeziehungen bis hin zu Embargos und Strafzöllen reichen, stellen eine enorme Herausforderung für Unternehmen dar. Der Brexit mag hier stellvertretend als Beispiel gelten, unter welchen unsicheren Rahmenbedingungen über längere Zeiträume nachhaltig wirkende Entscheidungen getroffen werden müssen.

Hinzu kommt eine aktuell wahrnehmbare Ressourcenverknappung an Fachkräften, Roh-, Hilfs- und Betriebsstoffen und in einigen Branchen auch bei den Produktionskapazitäten. Längst ist die Gewinnung dieser «Ressourcen» zu einer (über-)lebensnotwendigen Frage für viele Unternehmen geworden. Nicht wenige, gerade kleine Unternehmen offenbaren eklatante Lücken in der Unternehmensnachfolge, was in der Konsequenz zur Aufgabe erfolgreicher und wirtschaftlicher Geschäftsmodelle führen kann.

Im digitalen Raum wächst zudem gerade die Abhängigkeit zu den GAFA-Playern (**G**oogle, **A**pple, **F**acebook und **A**mazon, vgl. hierzu [1]). Letztere definieren Handelsmärkte und Handelsbeziehungen neu, bieten eine Vielzahl von Absatzmärkten und erhöhen die Reichweite vieler Unternehmen zum Preis einer hohen Abhängigkeit dieser Absatzkanäle.

Ein weiterer Faktor, der die Unsicherheit unternehmerischen Handelns erhöht, ist die Zerlegung von Wertschöpfungsketten und damit die Konzentration der Wertschöpfung vieler Unternehmen auf die eigenen Kernkompetenzen. Wertschöpfung findet über komplexe Lieferanten und Sourcing-Beziehungen in digitalen Ökosystemen statt, zu klassischen Pipeline-Unternehmen mit innerbetrieblichen und «sequenziellen» Wertschöpfungsprozessen in Konkurrenz treten.

Als letzter und (mit-)entscheidender Treiber aktueller Umbrüche und dynamischer Entwicklung sei hier die Digitalisierung aufgeführt. Technologische Innovationen wie Künstliche Intelligenz (engl.: *Artificial Intelligence*, AI), das Internet der Dinge (engl.: *Internet of Things*, IoT), Big Data oder etwa die Potenziale der Blockchain verändern nachhaltig Produkt- und Servicespektren der Unternehmen – aber auch die Geschäftsbeziehungen zu Kunden und Lieferanten [2]. Der Einfluss dieser Technologien reicht so weit, dass diese für einzelne Branchen disruptiv wirken und Geschäftsmodelle zerstören können.

Für innovative und agile Unternehmen, die bereit sind, selbst langjährig erfolgreiche Produkte und Services sowie Geschäftsprozesse in Frage zu stellen, bietet die Digitalisierung ein großes Portfolio an neuen Möglichkeiten. Die digitale Anreicherung von Produkten und Services sowie der mutige Einsatz und explorative Einsatz moderner digitaler Technologien sichert gerade im globalen Umfeld Marktanteile und Wettbewerbsvorteile.

Volatile Rahmenbedingungen für Unternehmen erzwingen einen neuen, modifizierten Managementansatz, der sowohl geeignet ist, die Chancen unternehmerischen Handelns zu bewerten, aber auch gleichzeitig in der Lage ist, das entsprechende Risikopotenzial abschätzen zu können. Das unternehmerische Risikomanagement als Funktionsbereich mit strategischen, operativen und methodischen Aufgaben gewinnt dabei sehr stark an Bedeutung.

Die Risikomanagementfunktion in Unternehmen hat sich in den vergangenen Jahren – über die Branchen hinaus, die diese Aufgabe bereits von Gesetzes wegen (etwa in der Kreditbranche) erfüllen – zu einem wichtigen Instrument gerade für die Unternehmensführung entwickelt. Insbesondere bei mittelständischen Unternehmen ist ein starker Bedeutungszuwachs dieser Funktion zu beobachten. Dies manifestiert sich einerseits in der Schaffung konkreter Stellen zur Durchführung des Risikomanagements, andererseits aber auch in der verstärkten methodischen und systematischen Durchführung der Risikomanagementaufgaben mit Unterstützung geeigneter Tools zur Steuerung von Risiken.

Versierte Anwender des Risikomanagements treffen längst Entscheidungen im Kontext quantifizierter Risikoszenarien. Sichere Entscheidungen mit einer geringeren Renditeerwartung werden systematisch gegen unsicherere Entscheidungen höherer Renditeerwartungen abgewogen und in Risikoportfolios abgebildet. Eine strukturierte Herangehensweise an das Risikomanagement schafft für diese Unternehmen einen ganz eigenen Wertbeitrag und sichert somit die erfolgreiche Fortführung der Unternehmenstätigkeit.

Einer Herausforderung allerdings haben sich aktuell Unternehmen zu stellen, die eine hohe digitale Vernetzung aufweisen, Produkte und Services durch digitale Technologien, Funktionen und unter Verwendung digitaler Devices anreichern und somit eine digitale Wertschöpfung betreiben: Cyberrisiken!

G.1.2 Grundlegende Begriffe und Definitionen des Risikomanagements

Die Behandlung des Risikos und des unternehmerischen Risikomanagements bedarf vorab eines stabilen und konsistenten Begriffssystems.

Folgende Systematisierung mag bei der späteren Einordnung und Bewertung der Risikobegrifflichkeiten hilfreich sein (Bild G.1.1).

Den Ausgangspunkt des Begriffssystems bildet der Begriff der **Ungewissheit**. Dieser Zustand repräsentiert ein Umfeld, das keine Einschätzung möglicher künftiger Entwicklungen erlaubt und insofern auch keine Abschätzung möglicher **Eintrittswahrscheinlichkeiten** erfordert. Ungewissheit stellt aus der Perspektive eines systematischen Risikomanagements den am wenigsten wünschenswerten Zustand dar, der im Grunde keinerlei ordentliche Steuerungsmöglichkeiten erlaubt. Oder vereinfacht ausgedrückt – der berühmte Blick in die Glaskugel.

Eine erste Differenzierung kann in die Begriffe **Unsicherheit** und **Risiko** vorgenommen werden, wobei sich die Unsicherheit vom Risiko davon unterscheidet, dass dessen Eintrittswahrscheinlichkeiten nicht abschätzbar oder systematisch erfassbar und damit bewertbar sind. Man versucht über ein Risiko mögliche Zustände eines Systems (z.B. der Unternehmung) oder von Entscheidungen

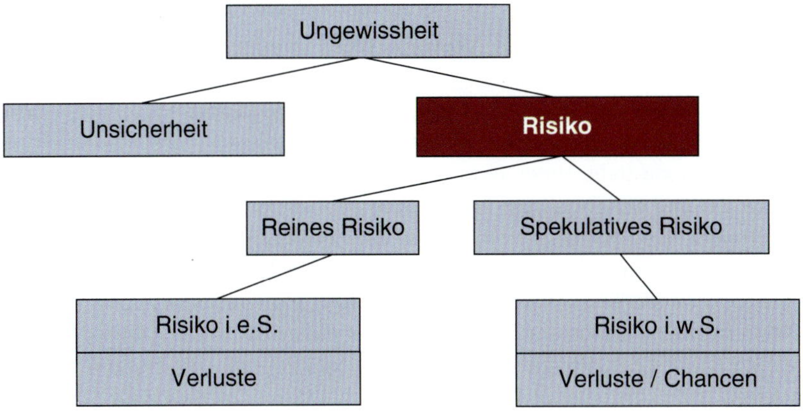

Bild G.1.1 *Systematisierung des Risikobegriffs*

(z.B. einer Investition in ausländische Märkte) hinsichtlich möglicher Szenarien sowie deren Eintrittswahrscheinlichkeiten möglichst präzise abzuschätzen oder zu prognostizieren und damit bewertbar machen zu können. Risiken beziehen sich dabei stets auf zukünftige und noch nicht eingetretene Systemzustände. Risiken werden messbar, sofern die beiden zentralen Determinanten, wie die Eintrittswahrscheinlichkeit und das Schadensausmaß, quantifiziert werden können.

Unter einem Risiko im engeren Sinne werden Systemzustände verstanden, die in der Konsequenz zu negativen Folgen, etwa zu Verlusten, führen können. Risiken im weiteren Sinne betrachten auch die möglichen **Chancen** – etwa einer unternehmerischen Entscheidung.

Häufig sind Chancen und Risiken aber in einem Bewertungskontext zu sehen, so dass eine Differenzierung der Begriffe in der betrieblichen Praxis unter Umständen nicht leicht fällt. So bietet etwa die Entscheidung zum Einsatz Künstlicher Intelligenz bei der Entwicklung eines Chatbots für den Kundenservice die Chance zur Automatisierung und Effizienzsteigerung von Serviceprozessen. Andererseits droht die Gefahr, dass Kunden oder Interessenten durch die verstärkte technologische Form der Interaktion abgeschreckt werden, eine individuelle Betreuung vermisst wird und sich diese Zielgruppe dem Wettbewerb zuwendet.

Eng im Kontext des Risikobegriffs (i.e.S.) stehen die Begriffe **Bedrohung**, **Gefährdung**, **Verwundbarkeit** und **Schaden**. Im Kontext von Cyberrisiken können diese Begriffe etwa wie folgt systematisiert werden (vgl. hierzu auch [3]): Durch Bedrohungen, etwa höhere Gewalt, vorsätzliche oder fahrlässige menschliche Handlungen sowie technisches Versagen (etwa von IT-Systemen) kann ein Schaden entstehen. Schäden können etwa bei Vermögen, Infrastrukturen, Wissen, Gesundheit oder der Reputation auftreten. Die Schadenskompensation ist nicht immer möglich und je nach Schadenshöhe nur mit erheblichen Ressourcenaufwänden wieder zu korrigieren.

Bedrohungen werden dann für Unternehmen relevant, wenn sie auf Schwachstellen oder Verwundbarkeiten treffen. Trifft also ein Hackerangriff auf IT-Infrastrukturen, die etwa durch nicht aktualisierte und gepatchte Betriebssysteme, fehlende oder falsch konfigurierte Firewalls und unzureichende fachliche Administration gekennzeichnet sein könnten, so steigt die Eintrittswahrscheinlichkeit eines erfolgreichen Angriffs und je nach Intention des Hackers auch das Schadenpotenzial.

Nachfolgende Risikobetrachtungen und Risikomanagementansätze beziehen sich fokussiert auf den **Cyberraum**. Dieser Raum umfasst alle IT-Anwendungen, IT-Systeme, IT-Infrastrukturen, Kommunikationstechnologien und Informationen, die insbesondere durch digitale Netzwerke wie dem Internet verbunden sind. Die Gewährleistung von Cybersicherheit im Rahmen des unternehmerischen Risikomanagements fokussiert insofern immer auf die Betrachtung dreier wesentlicher Schutzziele: **Verfügbarkeit**, **Vertraulichkeit** und **Integrität** von Informationssystemen und Informationen.

Das Schutzziel der Verfügbarkeit stellt sicher, dass der uneingeschränkte Zugriff, – die Nutzung von Informationssystemen und der Zugriff auf Daten und Wissen – uneingeschränkt und performant zur Verfügung steht. Unter Vertraulichkeit werden der systematische Einsatz von Informationssystemen und der Zugriff auf Informationen so verstanden, dass Persönlichkeitsrechte, wie die informationelle Selbstbestimmtheit, jederzeit gewährleistet und der Zugriff auf Informationen nur dem dazu berechtigten Nutzerkreis möglich sind. Die Integrität sichert die fehlerfreie, konsistente sowie verlässliche Verarbeitung und Speicherung von Informationen. Eine bewusste Manipulation der Informationsverarbeitung oder eine unbewusste bzw. fahrlässige Einflussnahme auf die Korrektheit der Informationsverarbeitung gefährdet dieses Schutzziel.

Cyberrisiken gefährden aber regelmäßig diese Schutzziele. Der finanzielle Schaden von Cyberrisiken für die deutsche Wirtschaft bewegt sich signifikant im zweistelligen Milliardenbereich [4]. Nur wenige Unternehmen registrieren keine oder nur wenige Attacken auf ihre Informationssysteme. Die Attraktivität der Angriffsziele korreliert positiv mit der Anzahl systematischer und dedizierter Attacken. Beunruhigend ist, dass Cyberattacken häufig sehr spät entdeckt werden und somit eine systematische Risikovorsorge nicht durchgängig festgestellt werden kann.

G.1.3 Unternehmerisches Risikomanagement

Das unternehmerische Risikomanagement stellt ein komplexes Zusammenspiel einer Vielzahl von Akteuren auf unterschiedlichen Kompetenz- und Hierarchiestufen dar. Dabei definiert die Unternehmensführung die Risikostrategie sowie Risikopolitik und gibt die strategischen Risikoziele vor. Sie definiert etwa den Risikoappetit und definiert Leitlinien und Grenzen der Risikotragfähigkeit. All diese Determinanten bilden die strategischen Vorgaben für Risikocontroller und Risikomanager des Unternehmens. Letztere weisen bei Durchsicht der wissenschaftlichen und praxisorientierten Literatur keine konsistenten und eindeutig abgrenzbaren Aufgabenprofile auf. In Bild G.1.2 bilden beide Rollen einen Funktionsbereich ab, der die systematische und methodische Planung, Steuerung und Überwachung von Risiken (bereichsübergreifend) umfasst.

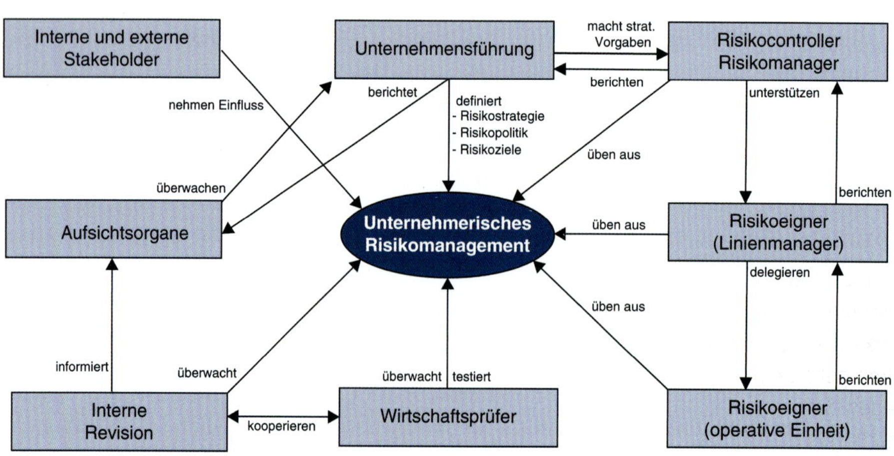

Bild G.1.2 *Akteure des unternehmerischen Risikomanagements*

Die effektive Erfassung und nachhaltige Steuerung von Risiken gelingt regelmäßig, wenn die Verantwortungsbereiche bzw. konkreten Funktionsbereiche in den Risikomanagementprozess systematisch eingebunden werden. Linienmanager in der Produktion, im Einkauf oder im Vertrieb verantworten konkret die Risiken, die in diesen Bereichen entstehen können. Üblicherweise erfolgt eine Einbeziehung operativer und nachgelagerter Einheiten, wie etwa einzelner Betriebsstätten.

Interne Revision und Aufsichtsorgane überwachen die Funktionsfähigkeit des unternehmerischen Risikomanagements. Aus externer Sicht erfolgt die Einbindung von Wirtschaftsprüfern, die – je nach Gesellschaftsform – verbindliche Regelungen zur Ausübung des Risikomanagements überwachen und testieren.

Übertragen auf das Risikomanagement von Cyberrisiken, werden regelmäßig folgende Akteure in den Managementprozess einbezogen: Zunächst ist die Unternehmensführung gefragt, die das Management der Informationssicherheit verantwortet und durch die Entwicklung einer Informationssicherheitsleitlinie eine eindeutige Position bezieht und so die Bedeutung der Informationssicherheit für die Unternehmung schriftlich dokumentiert. Die Unternehmensführung zeichnet für die Schaffung ausreichender personeller und finanzieller Ressourcen verantwortlich, um ein Informationssicherheitsmanagementsystem (ISMS) implementieren zu können [5].

Auf dieser Basis erfolgt im Regelfall die Ernennung eines **I**nformations**s**icherheits**b**eauftragten (ISB). Diese Funktion ist häufig direkt der Geschäftsführung unterstellt und berichtet weisungsungebunden an diese. Der ISB verantwortet die systematische Umsetzung des ISMS, er definiert die besonderen **Schutzziele** (Vertraulichkeit, Verfügbarkeit und Integrität) und das **Schutzniveau** (hoch, mittel, gering) der Informationssicherheit für die Unternehmung. Wichtig ist dabei die Abgrenzung der Informationsverbünde. Dies bedeutet, dass der Schutzbereich, auf den sich die Cybersicherheit beziehen soll, eindeutig abgegrenzt wird. So sind Fragen zu beantworten, ob etwa alle Betriebsstätten und Funktionsbereiche oder auch internationale Standorte in die Sicherheitsstrategie mit einzubinden sind oder nicht.

G.1.4 Normatives Risikomanagement im Kontext der Cyberrisiken

Wesentliche externe Rahmenbedingungen und in der Folge auch die Unternehmensführung determinieren die normativen Vorgaben für das Risikomanagement von Cyberrisiken. Als externe Faktoren können etwa einschlägige Gesetzgebungen und Vorgaben gelten, die Verbindlichkeit, Art, Form und auch Methodik eines systematischen Risikomanagements von Cyberrisiken vorschreiben.

Als Beispiel sei hier das Gesetz zur Erhöhung der Sicherheit informationstechnischer Systeme (IT-Sicherheitsgesetz) genannt [6]. Dieses 2015 in Kraft getretene Gesetz basiert auf einer durch das Bundesinnenministerium beschlossenen Cyber-Sicherheitsstrategie. Ein wesentlicher Kernpunkt dieses Gesetzes sieht vor, dass Betreiber kritischer Infrastrukturen, zu denen etwa Unternehmen der Energieversorgung, der Telekommunikation, der Informationstechnik und Telekommunikation, aber auch des Gesundheits- und Finanzwesens zählen können, besondere Vorkehrungen gegen Cyberangriffe zu treffen haben. So sind die Betreiber kritischer Infrastrukturen gehalten, IT-Systeme, IT-Infrastrukturen und informationstechnische Prozesse systematisch gegen Störungen zu sichern. Darüber hinaus müssen erhebliche Beeinträchtigungen, die zu Störungen oder Ausfällen dieser Systeme führen, unmittelbar an eine Kontaktstelle im Bundesamt für Sicherheit in der Informationstechnik gemeldet werden.

Die Unternehmensführung setzt ebenfalls durch seine Risikopolitik und Risikogrundsätze normative Rahmenbedingungen für das Management von Cyberrisiken. Durch die Bereitstellung adäquater Ressourcen für das Risikomanagement determiniert sie bereits ein gewisses Schutzniveau. Weitere normative Vorgaben reichen von Risikohinweisen bis hin zu Vorgaben, wie der Einsatz von Informationstechnologie im Unternehmen zu erfolgen hat. So kann etwa die Geschäftsführung bereits frühzeitig auf den Hinweis der Gefahren durch den Einsatz individueller und im Regelfall weniger geschützter Informationstechnologie hinweisen oder dies gar ganz verbieten. Als Beispiel wären hier der Einsatz eigener mobiler Endgeräte («bring your own device») und der Einsatz in der Unternehmenskommunikation, etwa für das Verfassen oder den Abruf von Mails, zu nennen.

Von zentraler Bedeutung sind Selbstverständnis und Governance der Cyberrisiken in der Unternehmensführung. Einen Einblick in die gegenwärtige Governance und das Selbstverständnis zeigen etwa Fragestellungen wie: «Wie oft wird das Thema Cybersicherheit in Vorstandssitzungen diskutiert?». Die NACD-Erhebungen von 2017 zeigen hierzu ein differenziertes und interessantes Bild [7].

Wichtig sind der Vorbildcharakter und die Leitbildfunktion der Unternehmensführung sowie generell des Managements. Erfolgt hier ein adäquater und wahrnehmbar sensibler Umgang mit Informationstechnologie und Cyberrisiken, so strahlt dies auf nachgelagerte Einheiten und erzeugt Wirkung.

G.1.5 Strategisches Risikomanagement im Kontext der Cyberrisiken

Zu den wesentlichen strategischen Aufgaben des Risikomanagements und damit auch des Cyberrisikomanagements zählt die aufbau- und ablauforganisatorische Ausgestaltung im Unternehmen. Wesentliche Akteure des Cyberrisikomanagements sind zu benennen und zu installieren sowie mit den entsprechenden Kompetenzen und Ressourcen auszustatten. Wie bereits adressiert, spielt hier die Funktion des Informationssicherheitsbeauftragten eine zentrale Rolle. Darüber hinaus implementieren Unternehmen häufig zwei weitere Gremien, die das Schutzniveau des Unternehmens operativ und strategisch anheben können.

Ein ***I****nformationssicherheits-****M****anagement****t****eam* (ISMT) ist ein Gremium strategischer Berater der Unternehmensführung und des ISB. Es setzt sich aus internen und externen IT-Experten zusammen, die über strategische Fragestellungen der Cybersicherheit diskutieren und Ratschläge aussprechen. So können etwa in diesem Gremium Fragestellungen bewertet und Entscheidungen vorbereitet werden, ob und wie der Einsatz von Cloud-Computing im Unternehmen stattfinden soll. Ein weiteres Beispiel wäre die unternehmensweite Festlegung des Sicherheitsniveaus und etwaiger Schutzmaßnahmen zu Cyberrisiken an den immer häufiger anzutreffenden Heimarbeitsplätzen. Hierzu können Richtlinien und Arbeitsanweisungen entworfen werden, die verbindlichen Charakter für alle Mitarbeiter des Unternehmens aufweisen können.

Ein weiteres Gremium mit hoher Bedeutung für die Cybersicherheit stellt das **Computer Emergency Response Team** (CERT) dar. Dieses Team sichert die operative Handlungsfähigkeit des Unternehmens im Fall kritischer Cyberattacken. Das CERT hat Kenntnis über alle kritischen IT-Systeme des Unternehmens sowie die Informationslogistik. Im Angriffsfall beurteilt das CERT die Kritikalität der Attacke und ist über seine Kompetenz in der Lage, entsprechende Schritte einzuleiten. Diese reichen über eine unmittelbare Information der Belegschaft über die akute Gefahrensituation, verbunden mit der Information über Handlungsanweisungen (etwa bestimmte Anhänge nicht zu öffnen), bis hin zur Deaktivierung ganzer IT-Systeme zur Vermeidung der Ausbreitung von Angriffen. Wichtig dabei ist die unmittelbare Handlungskompetenz dieses Teams, um Entscheidungen ohne weitere Rücksprache treffen zu können.

Ein weiterer Aspekt stellt die organisationale Verzahnung der Cybersicherheit in Unternehmen mit den Prozessen und Funktionen des Datenschutzes vor. Nicht zuletzt durch das Inkrafttreten der EU-Datenschutzgrundverordnung hat dieses Thema nochmals deutlich an Stellenwert gewonnen. Gerade beim Schutzziel der Vertraulichkeit decken sich technische und organisatorische Schutzmaßahmen des Datenschutzbeauftragten häufig mit den Vorkehrungen, die ein Beauftragter für die Informationssicherheit zu treffen hat. Dennoch sind die Zielvorstellungen des **Datenschutzbeauftragten** (DSB) und des ISB nicht immer deckungsgleich. Der DSB fokussiert primär auf die Einhaltung der informationellen Selbstbestimmung und damit die Einhaltung einschlägiger Gesetzgebungen. Der ISB ist diesem Schutzziel gleichermaßen verpflichtet, seine Maßnahmen und Prozesse haben allerdings immer auch die Notwendigkeit der Aufrechterhaltung des operativen Geschäftsbetriebs im Blick.

Beim organisationalen Entwurf des Cyberrisikomanagements ist in jedem Fall darauf zu achten, dass kein größerer Gap zwischen den strategisch und taktisch Verantwortlichen der Cybersicherheit und der operativen Ebene entsteht. Überformalisierte, schwer verständliche und komplizierte Maßnahmen der Cybersicherheit – lanciert durch die o.a. Gremien und Verantwortlichen – erreichen häufig nicht die Mitarbeiter und konkreten Risikoorte, an denen Cyberrisiken ansetzen und erfolgreich sind. Eine regelmäßige Information zum Aufbau von Cyber-Risk-Awareness der gesamten Belegschaft erscheint hier zielführend. Eine Vielzahl von Medien sowie Kommunikationsformen (Schulung, Webinar, Informationsflyer) kann hier zum Einsatz gebracht werden. Insbesondere eine Information der Mitarbeiter über die gefährlichen Folgen von Cyberattacken, wie etwa die nachhaltige Störung von Geschäftsprozessen, den Abfluss von wichtigem Know-how oder die Publikation von Geschäftsadressen, Arbeitszeugnissen oder Gehältern, zeigen häufig Wirkung und sensibilisieren im Umgang mit Informationssystemen.

G.1.6 Operatives Risikomanagement von Cyberrisiken

Das operative Risikomanagement von Cyberrisiken wird häufig über einen Regelkreis zentraler Aufgaben implementiert, die sich zyklisch wiederholen. Dieser vierstufige Prozess ist mit in den operativen Einheiten der Unternehmung zu implementieren und hat unter Einbeziehung der dortigen Experten und Prozessverantwortlichen in den Fachbereichen zu erfolgen.

Die erste und grundlegende Funktion stellt die unternehmensweite bzw. auf den Informationsverbund abgegrenzte Erfassung von Cyberrisiken dar. Durch diese *Cyberinventur* wird eine möglichst vollständige Erfassung der Risiken sichergestellt. Der ISB kann die Inventur der Risiken an die operativen Einheiten delegieren. In jedem Fall ist die Unterstützung der Fachexperten auf der Arbeitsebene zielführend. Sie kennen im Regelfall den spezifischen Einsatz der Informationstechnologie und können Risiken häufig sehr gut erkennen.

In keinem Fall sollte die Cyberrisiko-Inventur auf die zentrale IT-Abteilung reduziert werden. Richtig ist, dass hier ein Großteil informationsverarbeitender Prozesse organisiert wird und damit eine hohe Kompetenz bei der Erfassung von Cyberrisiken gegeben ist. Allerdings kann immer noch ein hoher Anteil individueller Informationssysteme festgestellt werden, die von Fachbereichen selbstständig erworben und auch betrieben werden. Nicht selten werden bei einer Inventur IT-Systeme identifiziert, die längst nicht mehr dem aktuellen Stand entsprechen, aber in Produktionsumgebungen zum Betrieb unternehmenskritischer Prozesse immer noch im Einsatz sind.

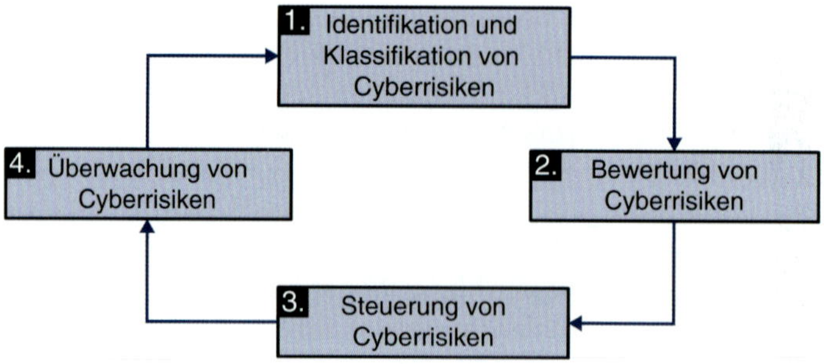

Bild G.1.3 *Operativer Regelkreis des Cyberrisikomanagements*

Die Inventur von Cyberrisiken erfolgt zyklisch und typisch für mittelständische Unternehmen in einem jährlichen oder halbjährlichen Turnus. Dieser Turnus kann selbstverständlich bei volatilen Risiken und hohem Schadenspotenzial deutlich verkürzt werden.

Im Folgenden ist eine systematische Darstellung und Klassifikation von Cyberrisiken zielführend. Die Klassifikationsmerkmale können durch die Unternehmen frei bestimmt werden, müssen jedoch systematisierenden Charakter aufweisen und stabil gehalten werden. So kann etwa die Klassifikation von Cyberrisiken nach den entsprechenden Funktionsbereichen eines Unternehmens vorgenommen werden – etwa die Klasse der Cyberrisiken in der Produktion, im Einkauf oder im Vertrieb. Cyberrisiken können, um einen weiteren Systematisierungsansatz zu nennen, auch auf deren Zielwirkung hin geordnet werden. So können alle Cyberrisiken, die auf Know-how, informationsverarbeitende Prozesse, IT-Infrastrukturen oder Kompetenz- und Aufgabenträger wirken, entsprechend klassifiziert werden.

Im nächsten Schritt hat die Bewertung der Cyberrisiken zu erfolgen. Hier können regelmäßig die Determinanten des Risikos, deren **E**intritts**w**ahrscheinlichkeit (EW) sowie deren **S**chadens**h**öhe (SH) herangezogen werden. Ein geringer «Wert» eines Cyberrisikos wäre z.B. bei einem Risiko gegeben, das als Ereignis sehr selten und nur in sehr unwahrscheinlichen Konstellationen auftreten kann und zudem bei Eintritt nur einen geringfügigen Schaden verursacht, der die Risikotragfähigkeit des Unternehmens nicht annähernd in Frage stellt. Ein derartiges Risiko könnten Angriffsversuche auf eine «isolierte» Cloud-Anwendung zur Speicherung unkritischer und nicht vertraulicher Informationen einer Tochtergesellschaft mit geringfügigem Umsatz und geringfügiger Wertschöpfung sein. Bedeutende Risiken könnten beispielsweise sogenannte konzentrierte «Advanced Persistent Threads» sein, also komplexe dauerhafte und zielgerichtete Angriffe auf kritische Infrastrukturen – mit dem Ziel, diese unter Kontrolle zu bringen oder nachhaltig sabotieren zu können.

Cyberrisiken können in Risikoportfolios visualisiert werden (Bild G.1.4). Die Lokalisierung der Risiken anhand deren Eintrittswahrscheinlichkeiten und Schadenshöhen erleichtert eine Einschätzung der aktuellen Risikolage. Darüber hinaus können die Zusammenhänge von Risiken dargestellt werden, da sich diese häufig bedingen oder sich gegenseitig noch verstärken.

So sind die Risiken R8 bis R10 durch eine hohe EW und SH gekennzeichnet und verdienen eine besondere Beachtung. Risiken R4, R5 bzw. R6 und R7 zeichnen sich durch eine überdurchschnittliche EW bzw. SH aus und müssen daher differenziert behandelt werden. Risiken im grünen Quadranten können gegebenenfalls aufgrund geringer SH und EW vernachlässigt werden. Das Portfolio skizziert ferner Abhängigkeiten zwischen den Risiken. So beeinflusst R2 etwa das Risiko R1. Die Risiken R4, R5, R3 und R6 bilden eine Risikokaskade. Zudem beeinflussen sich die Risiken R8 und R9 gegenseitig.

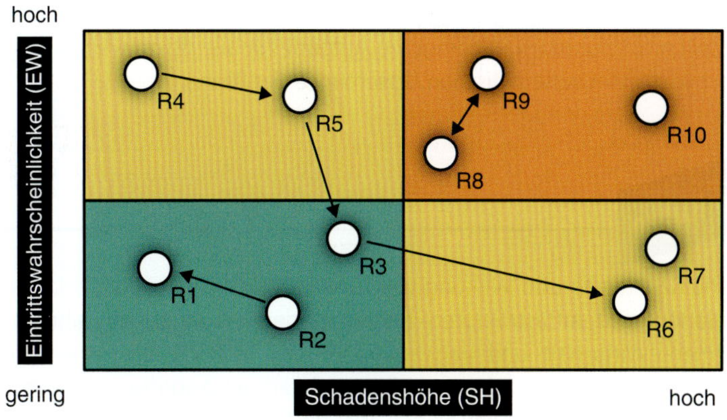

Bild G.1.4 *Risikoportfolio für Cyberrisiken*

Risiken bedürfen je nach Lokalisierung im Risikoportfolio einer Steuerung. Normstrategien für die präventive oder korrektive Steuerung von Risiken zeigt Bild G.1.5. Ausgehend von einer bestehenden Risikosituation können Risiken im Idealfall durch geeignete Maßnahmen gänzlich vermieden werden. Ist eine vollständige Risikovermeidung nur durch Inkaufnahme hoher Aufwände bzw. durch Verlust von Geschäftschancen zu «erkaufen», sind Maßnahmen zur Verminderung oder Diversifikation von Risiken zielführend. Regelmäßig vermindern oder diversifizieren Maßnahmen zur Errichtung redundanter IT-Systeme und IT-Prozesse mögliche Risiken. Ein Transfer erfolgt üblicherweise durch IT-Outsourcing oder den Abschluss von Versicherungen, die im Schadensfall eingreifen. Risiken mit geringer EW und SH können über die Risikotragfähigkeit eines Unternehmens getragen und «ungesteuert» akzeptiert werden.

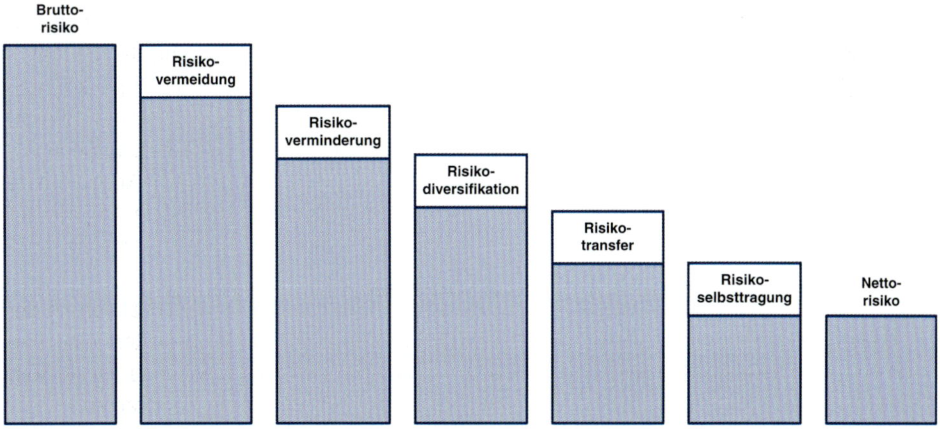

Bild G.1.5 *Risikosteuerungsmaßnahmen für Cyberrisiken*

Eine möglichst lückenlose Überwachung von Cyberrisiken, aber auch der entsprechenden Steuerungsmaßnahmen, bilden den vierten Schritt des operativen Regelkreises. Risiken verändern sich im Zeitablauf genauso wie auch die Risikosteuerungsmaßnahmen, deren Wirkungsumfang sich durch interne und externe Einflussfaktoren bereits sehr kurzfristig verändern kann. Die systematische Dokumentation der regelmäßigen Identifikation, Steuerung und Überwachung von Cyberrisiken stellt nicht nur eine unabdingbare Aufgabe für alle risikoverantwortlichen Einheiten dar. Sie ist Nachweis einer systematischen Governance der Risiken.

In Kürze

Die Anzahl, Reichweite und Wirkung von Cyberattacken auf nationale Unternehmen, Organisationen und Infrastrukturen haben in den vergangenen Jahren erheblich zugenommen. Wirtschaft und Verwaltung müssen sich diesen Herausforderungen stellen und können sich den negativen Folgen derartiger Angriffe nicht entziehen. Die gravierenden Folgen und Schäden zeigen aber die Notwendigkeit der Implementierung eines systematischen Risikomanagementsystems.

Dieses Risikomanagementsystem für Cyberrisiken ist in Wirtschaft und Verwaltung auf Basis einer zentralen Governance und stets unter Mitwirkung der Managementebene zu implementieren. Sie ist keinesfalls auf die Einheiten mit zentraler Verantwortung für IT-Systeme zu reduzieren.

Durch systematische Risikomanagementprozesse sowie die Bereitstellung geeigneter Ressourcen für die Cyberabwehr können die Gefahren von Cyberangriffen bzw. mögliche Verwundbarkeiten systematisch reduziert werden. Analog der Bedeutungszunahme des Cyberraumes sowie der dadurch verbundenen unternehmens- und grenzüberschreitenden Arbeitsteilung und Zerlegung von Wertschöpfungsketten haben Anstrengungen zur Bewältigung von Cyberrisiken zu erfolgen.

G.2 Integration der operativen Cybertechnologien in das Risikomanagement des Unternehmens

G.2.1 Beschreibung des Geltungsbereichs

Die digitale Transformation bietet Unternehmen die Chance, ihren Kundenservice weiter zu verbessern, das geschäftliche Wachstum anzukurbeln und die operative Effizienz zu steigern. In vielen Fällen liegen hier die größten Potenziale im Bereich *Operational Technology* (abgekürzt OT – steht hier für digitale Betriebs-, Steuer- bzw. Automatisierungstechnik in industriellen Anwendungen). Die technischen Aspekte zum Schutz der Steuerungs- und Leittechnik wurden bereits ausführlich im Teil C «Fabrik als Anwendungsdomäne / Industrial Control Systems» beschrieben. Gleichzeitig muss aber festgestellt werden, dass aktuelle Geschäftsmodelle und bestehende Technologieplattformen oft noch nicht für die neuen digitalen Technologien, wie sie Industrie 4.0 mit sich bringt, ausgelegt sind.

Im Rahmen dieses Kapitels sollen die Anforderungen an das Risikomanagement, die sich aus der Digitalisierung der OT ergeben, beleuchtet werden. Ziel ist es, die sich ergebenden Anforderungen effizient in existierende bzw. aufzubauende Risikomanagementsysteme (RMS) einpassen zu können. Das Risikomanagement für operative Cybertechnologien wird hier von den Konzepten «*Security Information and Event Management*» (SIEM), «*Cyber Security Management System*» (CSMS) bzw. «*Information Security Management System*» (ISMS) abgegrenzt.

G.2.1.1 Risikomanagement vs. OT-Cyberrisiko

Das Risikomanagement ist Teil der GRC-Suite (hier als Bezeichnung für Verfahren, Programme und Organisationsstrukturen zum Lösen von «Governance, Risk and Compliance»-Aufgaben genutzt), deren Funktion abhängig von der Unternehmensgröße als eigene Einheit aufgesetzt oder aber bei den Leitungsfunktionen eines Unternehmens integriert zu finden ist (vgl. auch [1; 2; 3 und 4]). Abhängig vom Anbieter werden in den am Markt verfügbaren Systemen die folgenden Managementfunktionen unterstützt (Bild G.2.1).

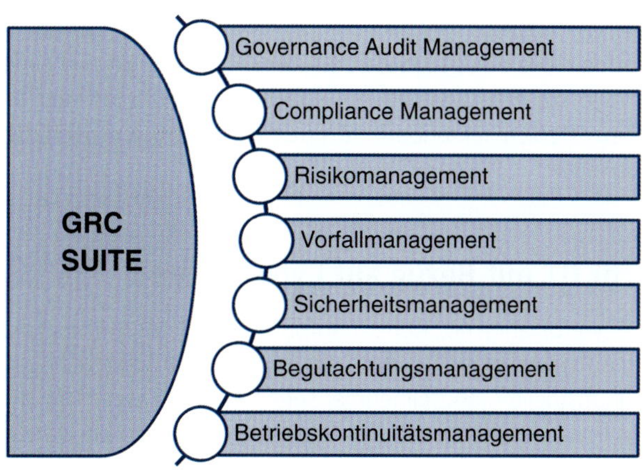

Bild G.2.1 *Elemente der GRC(Governance, Risk and Compliance)-Suite*

In industriellen Unternehmen aller Größen wird Risikomanagement in der einen oder anderen Form betrieben. Das systematische Herangehen an die damit verbundenen Fragestellungen führt regelmäßig zum Aufbau eines dedizierten Risikomanagementsystems – RMS (vgl. hierzu [5]).

Die in industriellen Systemen gleichzeitig notwendige Berücksichtigung der spezifischen Anforderungen der funktionalen Sicherheit und der Cybersicherheit hat zu neuen Rahmenbedingungen geführt, die u.a. auch im Risikomanagement betrachtet werden müssen.

Die über Jahre gewachsenen Verfahren der Erfassung, Beurteilung und Behandlung von Gefahren der Informationssicherheit im administrativen Bereich stehen im Einklang mit der Priorisierung der primären Schutzziele dieses Umfelds: Vertraulichkeit, Integrität und Verfügbarkeit. Existierende RMS haben dementsprechend Methoden entwickelt und appliziert, die eine Erfassung, Einschätzung und Priorisierung von Risiken ermöglichen, die sich aus der Nutzung von Informations- und Kommunikationstechnologie ergeben.

Die Digitalisierung von OT hat schnell gezeigt, dass bei gleicher oder ähnlicher Technologiebasis ein signifikanter Unterschied zum IT-Umfeld besteht. Dieser liegt in der unterschiedlichen Priorisierung der Schutzziele – mit höchstem Fokus auf Verfügbarkeit und erst nachfolgend Integrität und Vertraulichkeit. Im Rahmen des Risikomanagements müssen demnach andere Ansätze genutzt werden, um die Digitalisierung von OT adäquat abzubilden.

RMS mit Fokus auf OT-spezifische Ausprägungen erfordert auch ein verändertes Herangehen an die Dauer der Betrachtungszyklen. Nachdem die Verfügbarkeit der operativen Systeme höchste Priorität hat, müssen auch neu erkannte Risiken schnellstmöglich bewertet und priorisiert werden, um – bei Bedarf – deren zeitnahe Behandlung zu ermöglichen. Während jedoch andere Risikoursachen oft mit Mitteln der Statistik ausreichend (und damit vorausschauend) beschrieben werden können, so ist es eine Eigenheit der digitalen Technologien, dass sich unbekannte Bedrohungsszenarien teilweise sehr kurzfristig manifestieren.

Mit Bezug auf die sich ändernden Anforderung an RMS wird schnell klar, welche zentrale Stellung bei deren Erfüllung Entscheidern auf Unternehmens- und Betriebsführungsebene zukommt, die die Ergebnisse der Risikobetrachtung nutzen. Das RMS muss ihnen zeitnah übersichtliche und verständliche Entscheidungsgrundlagen liefern. Gleichzeitig muss das RMS die Umsetzung der gefällten Entscheidungen durch die betroffenen Gremien und Personen bestmöglich unterstützen. Letztlich ist es auch wichtig, dass das RMS den betrieblichen Möglichkeiten entspricht und flexibel mit dem Unternehmen wachsen kann.

Dreh- und Angelpunkt für ein angemessenes Management von Cyberrisiken im OT Umfeld ist jedoch der Mensch. Die involvierten Parteien müssen die dedizierten Anforderungen verstehen können. Es ist daher von höchster Wichtigkeit, den involvierten Entscheidungsträgern des Unternehmens die zentrale Rolle eines RMS darzustellen, die die Realitäten einer digitalisierten OT abbildet. So lassen sich die notwendigen Aufwände im personellen und technischen Umfeld begründen, die ihnen letztlich faktenbasierte Entscheidungen und Richtungsweisung für die Umsetzenden ermöglichen.

G.2.1.2 Wo steht OT mit Bezug auf Cyberrisiken?

Faktoren wie Wettbewerbsfähigkeit, Kundenanforderungen, Innovation und nicht zuletzt gesellschaftliche Rahmenbedingungen fördern die Suche nach höherer Qualität, Effizienz und Produktivität. Viele industrielle Marktteilnehmer sehen in dem Thema Digitalisierung eine Möglichkeit, ihre eigene Position zu stärken. Der Weg zur Digitalisierung der OT ist zwar für alle Unternehmen ein individueller, mit Bezug auf Cybersicherheit kann man jedoch die Strukturen oft wie in Bild G.2.2 modellieren.

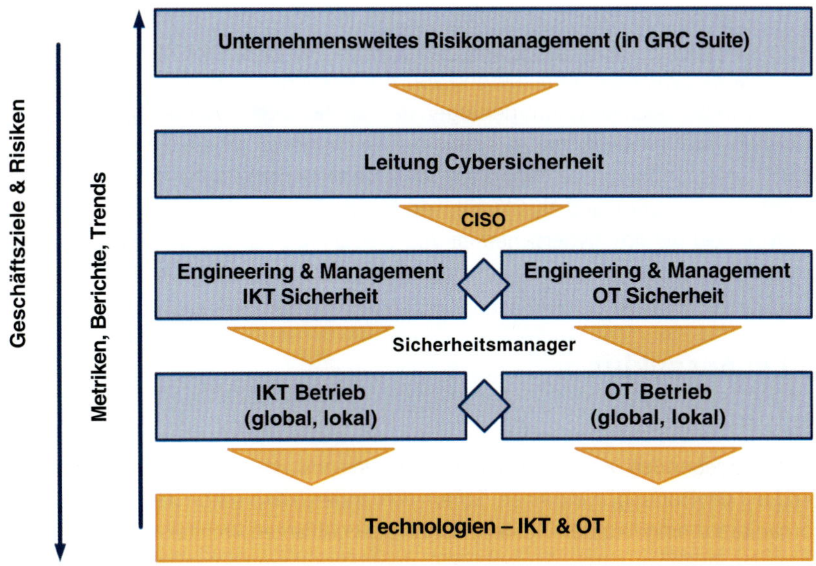

Bild G.2.2 *Betriebsmodell Cybersicherheit*

In vielen Fällen existiert ein über lange Jahre gewachsenes Verständnis von digitaler IKT und deren Möglichkeiten. Diese ist inzwischen im beruflichen Umfeld so allgegenwärtig, dass man sich die meisten Abläufe ohne deren Verfügbarkeit (trotz bekannter Risiken) nicht mehr vorstellen kann.

Entsprechend ist auf dem Wege der Industrieautomatisierung nach der allgemeinen Verfügbarkeit von SPS, Feldbussystemen und elektrisch betriebenen Sensoren und Aktoren der nächste logische Schritt die weitere Effizienzsteigerung durch cyberphysikalische Systeme, wie sie Industrie 4.0 und das Industrial Internet of Things (IIoT) mit sich bringen [6]. Gleichzeitig ist aber auch klar, dass man das vorhandene Sicherheitsniveau mindestens erhalten, wenn nicht sogar erhöhen will. An dieser Stelle wird es also wichtig, sich mit dem Sicherheitsbegriff in der Industrie auseinanderzusetzen, der zum einen durch funktionale Sicherheit und zum anderen immer mehr durch Cybersicherheit geprägt wird.

DEFINITIONEN

Funktionale Sicherheit bezeichnet Maßnahmen zur Vermeidung von zufälligen und systematischen technischen Ausfällen zum Schutz des Lebens und der Umwelt.

Cybersicherheit ist dagegen die Abwehr von fahrlässigen und vorsätzlichen Angriffen mit dem Ziel, Geräte und Einrichtungen zu schützen (vgl. hierzu [7 und 8]).

Darin, dass bei OT beide Aspekte (funktionale und Cybersicherheit) gleichzeitig zu beachten sind, besteht der wesentliche Unterschied zu IT-Systemen, die sich ausschließlich auf Cyberrisiken konzentrieren.

Bestehende Risiken werden als Funktion von Bedrohung, Schwachstelle und Auswirkung ermittelt. Im IT-Umfeld erfolgt das Management der sich ergebenden Cybersicherheit üblicherweise über individuelle oder organisationsweite Maßnahmen der Reduzierung bekannter Schwachstellen.

Im OT-Umfeld kann es extrem schwierig sein, die in der IT üblichen Korrekturmethoden unverändert anzuwenden. Daher gilt es hier, durch Methoden des Risikomanagements eine anwendbare Balance zwischen Verminderung von Auswirkungen und Schwachstellen zu bestimmen, die gleichzeitig noch den Anforderungen der funktionalen Sicherheit genügt.

Zusätzlicher Druck entsteht hier, da sich in den vergangenen Jahren die Zwischenfälle in OT-Netzwerken branchenübergreifend häuften. Detaillierte Berichte dazu finden sich u.a. in den Jahresreports des ICS CERT und NCCIC [9], von ENISA [10], des BSI [11] und bei diversen Spezialisten im Umfeld der IIoT-Cybersicherheit wie CISCO [12], Kaspersky [13], McAfee [14], RSA [14], u.v.a.m.

G.2.2 Lebenszyklus

Um ein RMS für ein IAS anzuwenden, sollte es idealerweise in allen Abschnitten des Lebenszyklus (Bild G.2.3) eingebunden werden. Für neu zu erstellende IAS kann dies vollumfänglich, also beginnend mit der Planung, stattfinden. Sofern vorhanden, kann schon das Risikoverzeichnis der Projektorganisation eingebunden werden. Anhand der geplanten Architektur lässt sich ein Teil der zu erwartenden Risiken ermitteln. Sobald die für deren Umsetzung notwendigen Systeme, Geräte, Netzwerke usw. inklusive ihrer gegenseitigen Beziehungen feststehen, kann das Gros der für das RMS notwendigen Detailbetrachtungen erfolgen. Nach Abschluss der Systemintegration / Errichtung sind auch Informationen zu letzten Anpassungen sowie realisierten Systemgrenzen verfügbar, die zusammen mit den Betreiberinformationen zur Bewertung in das RMS einfließen.

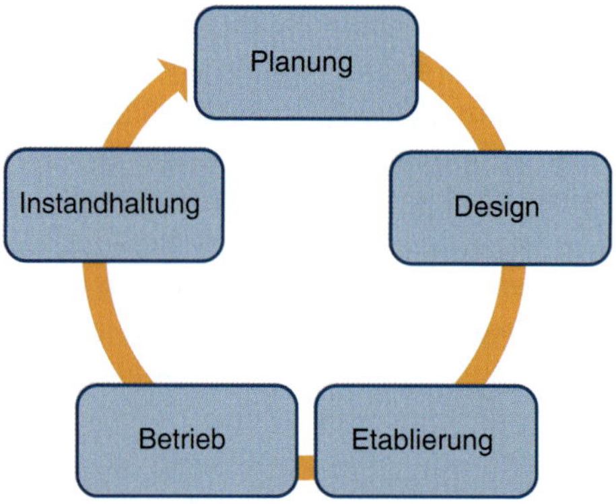

Bild G.2.3 *IAS-Lebenszyklus*

Das Begleiten der IAS-Erstellung bietet die Chance, über das Risikomanagement des Projektes schon frühzeitig erkannte Probleme zu erfassen und zu behandeln.

Bei etablierten IAS ist der Regelfall eine Erweiterung / Anpassung von Subsystemen, Geräten bzw. Netzwerken. Falls hier noch kein RMS existiert (aber für nötig erachtet wird), muss es zunächst erstellt werden. Damit ist das IAS neu für das RMS und durchläuft den vollen Prozess der Ausarbeitung.

Ein schon vorhandenes RMS wird um die Risiken erweitert, die die neu hinzugefügten Elemente und deren Einfluss auf die gegenseitigen Beziehungen aller Systemkomponenten ausüben. Da dies ein komplexes Unterfangen ist, wird in der Praxis gern auf Werkzeuge zur automatischen

Erkennung von Netzwerkkomponenten zurückgegriffen. Darüber hinaus sind zumindest Risiken zu betrachten, die mit den Zugriffen durch Betreiber und ggf. Lieferanten / Kunden entstehen können. Die konkrete Umsetzung der Anforderungen der Systemarchitektur, von Schutzmechanismen und -strukturen ist ebenfalls zu bewerten. Schlussendlich ist auch hier das Verhältnis der betreibenden Personen zu den neuen Systemkomponenten ein wichtiger Punkt der Risikoanalyse.

Nach der Initialisierung / Adaption des RMS folgt dessen Nutzung im Betrieb. Erkannte Veränderungen der äußeren Bedrohungslage wie auch Anomalien im betrieblichen Ablauf werden gegen die im RMS gelisteten Risiken geprüft, priorisiert und den zugeordneten Anweisungen entsprechend behandelt.

Eine Anpassung des RMS kann von verschiedenen Vorfällen getriggert werden. Im Lebenszyklusabschnitt «Instandhaltung» werden von den OT-Betreibern u.U. Änderungen vorgenommen, die eine Neubewertung bzw. Neuaufnahme von Risiken erfordern. Ein weiterer Auslöser kann die reguläre RMS-Überarbeitung im initial festgelegten Rhythmus sein. Dies geschieht üblicherweise, um auch langsame Änderungsprozesse im Bereich der OT-Cyberbedrohungen erfassen zu können. Darüber hinaus werden eventuelle Unstimmigkeiten in den regulären Prozessen erkannt und können daher behandelt werden. Letztlich spielt hier auch die Aufrechterhaltung des Bewusstseins zum Thema RMS eine Rolle.

Ein weiterer Trigger sind signifikante Cybervorfälle (intern / extern), die durch ein CSMS behandelt werden. Hier werden Erkenntnisse gewonnen, die es ermöglichen, die im RMS gesammelten Daten zu Schwachstellen, Einflüssen und Maßnahmen zu verifizieren und ggf. anzupassen.

Die GRC-Suite muss mit anderen Managementsystemen verzahnt werden, um effektiv nutzbar zu sein. Es sollte z.B. möglich sein, (natürlich DSGVO-konform) über das Personalsystem zu erfahren, welchen nachgewiesenen Ausbildungsstand die Belegschaft im OT-Bereich mit Bezug auf Cybersicherheit hat, um entsprechende Aus- und Weiterbildung zu planen. Im Risikomanagement fließen solche Aktivitäten in den Katalog möglicher Maßnahmen mit ein.

Das Betriebsmittelmanagement sollte es den Verantwortlichen im OT-Umfeld ermöglichen, den Zustand ihrer Systeme mit Relevanz für Cybersicherheit zu erfahren. Das erfordert (nahe) Echtzeit-Informationen zu aktueller Vernetzung (physisch, virtuell, protokollseitig, ...) und zum Zustand von Hard- und Software der Geräte / Systeme in den Netzwerkknoten und -ästen. Verbunden mit aktuellen Aussagen zur Kritikalität der bezogenen Systeme, können eintretenden (Cyber-) Vorfällen geeignete RMS-basierte Aktionen zugeordnet werden.

Bei einem Cybervorfall sollte es das BCM [16] ermöglichen, auf den Planungen des RMS aufsetzend zu einer Lösung mit möglichst geringen negativen Auswirkungen zu gelangen. Speziell für solche kritischen Situationen sollte es neben Planungen auch regelmäßige Übungen geben, deren gewonnenen Erkenntnisse im Anschluss in die Systeme übernommen werden.

Der Prozess der Beurteilung von Risiken folgt einer allgemeinen Methodik, die nach ISO IEC 31 010 – Verfahren zur Risikobeurteilung [17] – die Elemente Ermittlung, Analyse und Bewertung der Risiken umfasst. Der Prozess ist nach ISO 31 000 – Risikomanagement- Leitlinien – [5] im Ablauf zwischen die Risikomanagementprozesse Kontextermittlung und Risikobehandlung eingebettet, deren Nutzung auf die Ausarbeitung der Prinzipien und nachfolgenden Etablierung des Rahmenwerks für Risikomanagement folgt.

Diese Methodik wird im Rahmen von IEC 62 443 – IT-Sicherheit für industrielle Automatisierungssysteme – mit spezifischen Anpassungen für IAS dargestellt. Von besonderem Interesse sind hier die Teile IEC 62 443–2-1:2010-11 – Establishing an industrial automation and control system security program – [18] und IEC 62 443–3-2 – Sicherheitsrisikobeurteilung und Systemgestaltung – [19] des Standards. Der Teil 2-1 der IEC 62 443 wird überarbeitet und voraussichtlich mit dem Titel *Security program requirements for IACS asset owners* veröffentlicht werden, der Teil 3-2 der 62 443 liegt als Entwurf in der Version von 2018-10 vor.

Interessant ist, dass der Entwurf von Teil 3-2 bei der ausführlichen Risikobeurteilung auf Standards wie ISO 31 000 [5], NIST SP 800-39 [20] und ISO/IEC 27 005 [21] verweist. Diese Standards haben jeweils ihren Bezug auf generische IT-Systeme. Damit bleibt es Aufgabe des RMS-Teams, die spezifischen Risikoausprägungen für OT (mit der Priorität des Sicherheitsziels Verfügbarkeit) auszuarbeiten bzw. zu adaptieren und im Umfeld der Konvergenz von IT und OT einzuführen.

G.2.2.1 Cyberrisiken im Vorfeld der OT-Nutzung

Regulär kann man davon ausgehen, dass Industrieunternehmen mit einer existierenden IT-Landschaft arbeiten. In vielen Fällen gibt es dann auch schon ein etabliertes ISMS (inklusive der entsprechenden Organisationsstrukturen).

Initiativen zur Digitalisierung der OT gründen zum einen oft aus der Anforderung heraus, die Details und Resultate aus dem Produktionsumfeld dem Management zeitnah zu präsentieren. Ein anderer wichtiger Grund ist die Forderung der Effizienzsteigerung an die Produktion, für die sich digitalisierte Lösungen anbieten.

Parallel zur Etablierung / Erweiterung digitaler Technologien in der Produktion sollte das RMS mit Bezug auf OT aufgebaut bzw. erweitert werden. Zunächst ist dazu eine entsprechende Rollenstruktur festzulegen.

Falls im Unternehmen schon die Stabsstelle eines CISO besteht, sollte hier auch die Verantwortlichkeit für Cybersicherheit im OT-Bereich verortet werden. Dies ist der Anlaufpunkt für OT-bezogenes Risikomanagement.

Eine ähnliche Struktur kann bei größeren Unternehmen im GRC-Management erwartet werden (Unternehmensweites Risikomanagement – Betriebsrisiken – Technologie / IT / OT / Logistik / …). In KMU wird man dafür weniger detaillierte Strukturen bzw. Hierarchien haben oder benötigen.

Beim Auf-/Ausbau des OT-bezogenen Teils des RMS sollten die vorhandenen OT-Betriebsstrukturen in Bezug auf ihre Risiken (einzeln bzw. als Teil von Systemen) erfasst werden. Im einfachsten Fall steht dafür schon ein Risikoverzeichnis zur Verfügung.

Anderenfalls können folgende Quellen im OT-Umfeld herangezogen werden:

- Mitarbeiter / Kompetenzzentren
- Interne Wissensbasis (Risiken speziell mit Bezug auf digitale Technologien)
  - Prozesse
  - Architekturen
  - Betriebsmittel (Systeme, Geräte, Komponenten)
  - Netzwerke (Feldbus, IP-Anbindung, …)
  - Betriebssystem(e)
  - Software (embedded, App, Tools, …)
  - Updatefähigkeit
- Externe Wissensbasis
  - Verfügbare Datenbanken (ICS CERT, TIP, …)
  - Foreninhalte
  - F&E-Veröffentlichungen
  - Herstellerinformationen
  - Berater

Besonderes Augenmerk sollte darauf gerichtet werden, inwiefern Cyberschwächen der vorhandenen Betriebsstrukturen bekannt sind und im RMS schon erfasst und behandelt werden. Zur Vermeidung von Mehrfachaktivitäten sollte auch geprüft werden, ob weitere Pläne zur Änderung / Anpassung der vorhandenen Betriebsstrukturen existieren, und wenn ja, ob diese im RMS erfasst sind.

Für (im eigenen Umfeld) völlig neue OT-Betriebsstrukturen sollte geklärt werden, ob anhand eventuell verfügbarer Referenzimplementierungen Erfahrungswerte zur Risikoeinschätzung genutzt werden können. Wenn diese Strukturen in ein vorhandenes Umfeld integriert werden sollen, sollten die so entstehenden Risiken ebenfalls untersucht werden.

In die Risikobetrachtung einzelner Geräte / Subsysteme können dabei folgende Faktoren aufgenommen werden:

- Betriebsbewährtheit,
- Updatefähigkeit,
- Standard Compliance,
- Härtung,
- Interoperabilität,
- Performanz,
- HW- und SW-Parameter / -Funktionen:
  - Unterstützung der Architekturanforderungen,
  - frei von bekannten Schwachstellen,
  - Erweiterbarkeit.

Die spezifischen Anforderungen an die Erfassung und Behandlung technischer Risiken im Rahmen funktionaler Sicherheit werden exemplarisch in Kapitel C.4 «Cyber Security im Lebenszyklus von automatisierten Sicherheitseinrichtungen» dieses Buches behandelt.

Mit Bezug auf die Systemeigenschaften ist zu klären, ob die Risiken zentraler Elemente der Systemarchitektur den Anforderungen sicherer IAS entsprechen, wie:

- Rechtemanagement (Identität, Zugriff, Session),
- physisch abgesicherte Perimeter,
- Aufteilung in Zonen und Conduits (Gruppen logischer Kanäle),
- möglichst geringe Anzahl von Elementen je Zone,
- Anbindung von separaten Anlagen / Geräten (intern / extern, temporär / permanent).

Generisch ist die Frage zu beantworten, ob Abweichungen von Best Practices im RMS erfasst und behandelt worden sind. Es ist weiterhin wichtig zu klären, ob das RMS die aktuell bekannten und für das Unternehmen relevanten OT-Cyberrisiken abbildet.

Um dem Bereich OT-Risiken einen angemessenen Platz im unternehmensweiten RMS zukommen zu lassen, empfiehlt es sich, die Risiken mit Kennzahlen zu bemessen, die in ggf. vorhandene Systeme übernommen werden können.

G.2.2.2 Souveränes Risikomanagement im OT-Betrieb

Auf Unternehmensebene werden Risiken wie folgt kategorisiert (nach [22]):

- Strategische Risiken
  - Marktumfeld (Wettbewerb, Technologieentwicklung, Lieferkette, An-/Verkauf, Bedarfsentwicklung)
  - Transaktionen (M&A, Spin-off, Allianzen, JV)
  - Investorenbeziehungen
- Finanzrisiken (Strukturen, Transaktionen)
- Rechtliche Risiken (Gesetze und Regelungen)
- Betriebsrisiken (Betriebsabläufe, Administration)
- Andere Risiken (Naturgewalten, soziales Umfeld, Betriebsgröße usw.)

Hier lassen sich die generischen Betriebsrisiken (nach [23]) wie folgt ordnen:

- menschliches Versagen,
- Prozess- und Verfahrensfehler,
- Systemfehler,
- inadäquate Kontrollmechanismen,
- Managementfehler.

Es ist also notwendig, die eben genannten Risiken im RMS entsprechend einzuordnen. Mit Hilfe der Übersicht (Bild G.2.4) lässt sich die Position des OT-Risikomanagements im unternehmensweiten RMS darstellen.

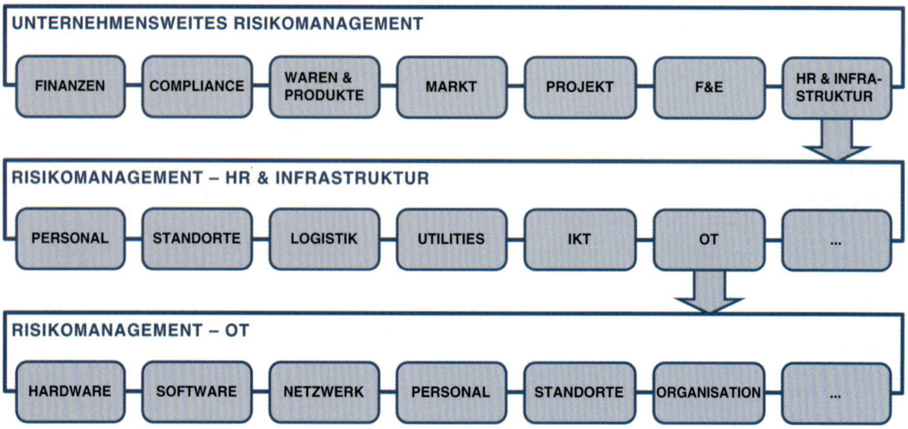

Bild G.2.4 *OT im RMS* [21; 24]

Bei der Umsetzung des OT-Risikomanagements kann man verschiedene Standards bzw. Richtlinien zurate ziehen. So beschreibt IEC 62 443-2-1:2010 [18] in Tabelle 2 die Anforderungen an Identifizierung, Klassifizierung und Abschätzung von Risiken, und in Tabelle 14 die Anforderungen an Risikomanagement und Implementierungen.

Nach der Überarbeitung des Teils IEC 62 443-2-1:2010 [18] wird das Thema im (informativen) Anhang B behandelt. Dabei werden diese Informationen mit dem neuen Teil IEC 62 443-3-2 des Standards [19] angepasst, der eine wesentlich detailliertere Beschreibung der Durchführung des zweistufigen Verfahrens liefert.

Auch im Vergleich mit anderen Dokumenten (wie z.B. dem BSI-ICS-Kompendium [25]) erkennt man, dass sich folgende Schritte in jeder Beschreibung wiederfinden:

- Aufbau der (bzw. Nutzung vorhandener) Rahmenstrukturen des RMS,
- Identifikation von Elementen der OT (Systeme / Netzwerke / ...),
- Zuordnung von Attributen (Kritikalität, ...),
- allgemeine Risikobeurteilung der Cybersicherheit,
- Beurteilung Architekturanforderungen vs. Etablierte Zonen- und Conduit-Struktur,
- Risikovergleich,
- detaillierte Risikobeurteilung der Cybersicherheit,
- Dokumentieren der Beurteilungen (inkl. Erstellen / Überarbeiten des Risikoverzeichnisses).

Sofern das RMS nicht nur als Mittel zur Erreichung regulatorischer Anforderungen verstanden wird, sondern seine Rolle als ein zentrales Element zur Erhaltung und Verbesserung der Betriebsfähigkeit lebt, wird es auch einem kontinuierlichen Verbesserungsprozess unterworfen. Mit den notwendigen personellen Mitteln und Strukturen, einer der Unternehmensgröße entsprechenden Finanzierung und Integration in die GRC-Systeme wird das RMS nicht nur aktuellen Anforderungen gerecht, sondern kann auch neue Herausforderungen angehen.

Dabei zeichnet sich schon ab, dass moderne IAS anspruchsvolle Lösungen zum Thema Flexibilität der Produktion bieten, bei denen naturgemäß auch die darunterliegenden Netzwerke nicht mehr statisch sind. Zusätzlich beginnen sich IP-basierte Funkstandards in diesen Netzwerken zu verbreiten. Als Folge werden sich geplante Zonen und Conduits im laufenden Betrieb ändern (müssen). Damit ändern sich nicht nur Kommunikationsverbindungen, sondern auch potenzielle Angriffsvektoren und damit ggf. die entsprechende Risikoabschätzung.

Um also die Flexibilisierung der Produktion auch im RMS effizient abbilden zu können, wird dieses nicht nur im GRC integriert werden müssen, sondern auch (zumindest in Teilen) statische durch dynamische Verfahren ersetzen müssen. Dies wird dann auch einen gewissen Grad an Automatisierung nach sich ziehen, den RMS heute vielfach noch nicht anbieten.

G.2.2.3 Wie bleibt das Rad am Rollen?

Im Fall von akuten Cybervorfällen im Betrieb kann das Funktionieren des OT-RMS direkt eingeschätzt werden. Wenn die OT entsprechend gehärtet aufgesetzt wurde und betrieben wird, stehen die Chancen gut, dass das OT-RMS selten aktiv herangezogen werden muss. Daher ist es wichtig, vorab festzulegen, welche Kriterien berücksichtigt werden müssen, um die Weiterentwicklung bzw. Erhaltung eines OT-RMS zu begründen. Somit lässt sich die Funktionalität des OT-RMS über direkte Bewertung oder über Vergleich mit ähnlichen Ansätzen in der Industrie einordnen.

Wenn dabei zusätzlich monetäre Bewertungen herangezogen werden, sollte die Berechnungsgrundlage eindeutig festgelegt werden. Damit werden unterschiedliche Auslegungen vermieden oder zumindest erschwert.

Eine funktionierende Vergleichsbasis zu Cybervorfällen im IAS-Umfeld hilft sehr, das Bewusstsein für die Notwendigkeit des RMS zu erhalten bzw. zu schärfen. Wenn dabei noch das eigene Industrieumfeld verfolgt werden kann, wird die Nachvollziehbarkeit erleichtert. Sofern regulatorische Vorschriften die Offenlegung von Cybervorfällen (und deren Folgen) fordern, stehen auch entsprechende Informationsquellen gesichert zur Verfügung.

Ein regelmäßiger Austausch in Industrieforen bzw. bei einschlägigen Veranstaltungen zu IAS-Risiken unterstützt ebenfalls die korrekte Einordnung der RMS-Aktivitäten des eigenen Unternehmens.

Sofern also die Entscheider eines Unternehmens das OT-RMS erhalten / vorantreiben möchten, sollte sichergestellt werden, dass die Beteiligten über Training, Erfahrungsaustausch o.Ä. an der vorhandenen Wissensbasis und deren Entwicklung teilhaben. Die benötigte Personaldecke und eine im Unternehmen harmonisierte Toollandschaft sind genauso wichtig. Ebenso wichtig ist das regelmäßige Informieren aller am RMS Beteiligten – besonders der im OT-Umfeld tätigen Mitarbeiter. Funktion und zentrale Inhalte des RMS sollten allen Beteiligten präsent sein.

Die Ausprägung des RMS startet allgemein als Checkliste, findet sich danach im Tabellenformat und wird dann in ein dediziertes Programm (Datenbank) überführt. Führende Unternehmen nutzen schon RMS-Module in ihren **I**ntegrierten **R**isiko**m**anagementsystemen (IRM).

Industrievergleiche bzw. Begutachtungen können helfen, den Reifegrad des eigenen RMS einzuschätzen und ggf. den Aufwand für gewünschte Verbesserungen zu ermitteln. Sobald das RMS eine gewisse Größe erreicht hat, sollte geklärt werden, inwiefern diese Funktion intern weitergeführt oder als externer Service genutzt wird.

G.2.3 Tragende Säulen – mehr als Tools

G.2.3.1 Personen im Zentrum

Wenn auch im Rahmen der Risikobehandlung oft die Rede von Managementsystemen und Tools ist, so steht doch auch hier der Mensch im Zentrum des Geschehens.

Zum einen ist es das Bewusstsein für vorhandene und aufkommende Risiken, das bei allen Beteiligten vorhanden sein sollte. Zum anderen ist es essenziell zu wissen, dass es aktiver Teilnahme bedarf, diese Risiken einzudämmen.

Speziell mit Bezug auf die Digitalisierung des OT-Umfeldes müssen sich alle Beteiligten darüber im Klaren sein, dass das RMS die Rahmenbedingungen zum Erhalt einer sicheren Produktion vorgibt. Daher sollte es möglich sein, jede im CSMS verankerte Schutzmaßnahme auf die ursächlichen Einträge im Risikoverzeichnis zurückzuführen. Im Rahmen von Trainings und Weiterbildungsmaßnahmen sollte allen im OT-Umfeld tätigen Personen das notwendige Verständnis zu Rolle und Inhalten des RMS vermittelt werden. Darauf aufbauend kann man eine aktive Beteiligung an der kontinuierlichen Verbesserung des RMS erwarten.

Nachdem Personen auch Risiken verursachen können, ist es ebenso wichtig, diesen Faktor bei der Risikobeurteilung mit in Betracht zu ziehen. Vielfach gibt es hier auch schon bewährte Mittel zur Behandlung erkannter Risiken, neben technischen oft eben auch Maßnahmen der Aus- und Weiterbildung.

G.2.3.2 Gemeinsames Vokabular

Gerade im Umfeld der RMS herrscht ein geradezu babylonisches Sprachgewirr, das regelmäßig erweitert und mit einer großen Menge von Akronymen gewürzt wird.

Um also das Cyberrisikomanagement im OT-Umfeld etwas zu erleichtern, ist es hilfreich, sich mit allen Beteiligten auf ein gemeinsames Vokabular zu einigen. So können die Cybersicherheitsexperten sicherer auf die Fragen mit Finanzbezug eingehen, die mit Bestimmtheit aufkommen werden. Entscheider sollten es so leichter haben, die allgemeinen technischen Hintergründe zu verstehen, die mit der Digitalisierung einhergehen. Letztlich wird auch die Beschreibung der Risiken, deren Priorisierung und die Festlegung entsprechender Maßnahmen in den Abschätzungen und Risikoregistern für alle Beteiligten einheitlich und eindeutig. Dies ist vor allem dann wichtig, wenn diese Dokumente bei aktuellen Vorfällen herangezogen werden müssen und die Zeit zum Klären von Begrifflichkeiten nicht zur Verfügung steht.

Ein regelmäßiger Austausch (z.B. im Rahmen von Fallübungen) ist wichtig und sollte proaktiv gefördert werden. Dabei auftretende offene Fragen sollten umgehend geklärt und die Antworten den beteiligten Parteien mitgeteilt werden.

G.2.3.3 Vom GRC zum IRM

Wie schon beim Thema Lebenszyklus erwähnt, ist eine bewusste Verzahnung der Managementbereiche des GRC ein Ansatz, diese komplexe Materie auch zukünftig zu beherrschen. Gerade im Risikomanagement wird dies immer mehr als Anforderung wahrgenommen werden.

Viele Unternehmen wählen dabei zunächst Lösungen, die sie auf Basis der vorhandenen Tabelleninhalte erstellen lassen. Meist entstehen jedoch dabei Lösungen, die vorhandene Abgrenzungen für weitere Jahre zementieren. Stattdessen kann man an dieser Stelle (speziell für große bzw. komplexe Unternehmensstrukturen) auch Angebote in Betracht ziehen, die Integriertes Risikomanagement (IRM) bereitstellen.

Vergleiche solcher IRM finden sich z.B. in folgenden Dokumenten: «Risk-Management-Benchmarking 2015» [24], «Magic Quadrant for Integrated Risk Management» [26] und «OG-0086 Cyber Security for IACS and SIS» [27].

Grundsätzlich sollte das Risikomanagement dabei Informationsschnittstellen zu folgenden Unternehmensbereichen zur Verfügung stellen:

- Planung
  - strategisch, operativ
- Management
  - Finanzen, Versicherung, Compliance, HSE, Qualität, Projekte, IT, OT
- Controlling
  - M&A, Beteiligung, Investition
- Reporting / Berichterstattung
  - Board, öffentlich, Finanzmarkt

IRM zeichnet sich weiterhin dadurch aus, dass es die verschiedenen regulatorischen und standardbasierten Anforderungen der Risikobeurteilung darstellt und deren Veränderungen leicht integrieren kann. Gemeinsame Datenformate sollten genauso dazugehören wie die weitgehende Automatisierung der Arbeitsabläufe und flexibel anpassbare Berichts- und Dashboard-Funktionen.

IRM bietet dabei für OT spezielle Funktionen, wie die zeitnahe Übernahme von Informationen zu Strukturänderungen im Betriebsumfeld (Netzwerk, Geräte, Systeme, Position, ...), Auswertung des Einflusses auf schon bewertete Risiken und Vorschläge zur Anpassung des Risikoverzeichnisses bei Überschreiten von Schwellenwerten.

G.2.3.4 Standards im Praxisumfeld

Wenn es auch ohne weitere Vorarbeit möglich wäre, Risiken zu erfassen, darzustellen und entsprechende Maßnahmen zu definieren, so hat doch gerade die Standardisierung dafür gesorgt, dass man heute regulatorischen und geschäftlichen Anforderungen mit Hilfe einheitlicher Werkzeuge nachkommen kann. Neue technische Entwicklungen sorgen dafür, dass neue Risiken entstehen und der Behandlung bedürfen. Durch den Bedarf für ein effizientes Risikomanagement ist auch die Standardisierung im IIoT-Umfeld alles andere als abgeschlossen.

In einem vorausgehenden Abschnitt dieses Buches wurden entsprechende Standards bereits detailliert behandelt. Daher werden an dieser Stelle nur Standards / Richtliniendokumente erwähnt, die den Betreiber eines OT-RMS betreffen bzw. ihn unterstützen.

RMS für IAS (in CSMS):

- DIN EN 62 443-3-2 Sicherheit für IAS – Sicherheitsrisikobeurteilung und Systemgestaltung [19]
- IEC 62 443-2-1 Establishing an industrial automation and control system security program [18]
- CEN-CENELEC-ETSI Smart Grid Information Security [28]
- NIST SP 800-82 Guidelines for ICS Security [29]
- NIST IS 7628 Guidelines for Smart Grid Cyber Security [30]
- UK HSE OG-0086 Cyber Security for IACS and SIS [31]
- BSI ICS-Kompendium]25]
- ZVEI Orientierungsleitfaden für Hersteller zur IEC 62 443 [32]

RMS Generisch:

- ISO 31 000 Risk Management – Principles and guidelines [5]
- ISO 31 010 Risk Management – Risk assessment techniques [17]

RMS in ISMS:

- ISO 27 005 Information Security Risk Management [21]
- NIST SP 800-37 Risk Management Framework for Information Systems and Organizations [33]
- NIST SP 800-39 Managing Information Security Risk [20]

KMU-ISMS mit Bezug auf RM:

- VdS 3473 Cyber Security für KMU [34]
- ENISA Risk Assessment + Risk Management for SMEs [35]

Es gibt (soweit bekannt) kein spezielles OT-RMS für KMU. IEC 62 443-3-2 ist jedoch auch in diesem Umfeld ein hilfreiches Dokument (zumal DIN eine deutschsprachige Version veröffentlicht).

G.2.3.5 Effizientes Risikomanagement

Die Effizienz eines OT-RMS bestimmt sich zunächst aus dem Verhältnis der vermiedenen / reduzierten Mittel im Rahmen der Risikobehandlung gegenüber den Kosten seiner Erstellung bzw. Betriebs. Es sollte also sichergestellt werden, dass das Team des unternehmensweiten RMS eine korrekte finanzielle Bewertung unterstützt. Hier ist es insbesondere wichtig, vermiedene / verringerte Risiken den unternehmens- und regulatorischen Vorschriften entsprechend korrekt zu bewerten. Dies erlaubt zum einen eine transparente Priorisierung der Risikobehandlung und zum anderen eine nachvollziehbare Argumentation mit Bezug auf die Weiterentwicklung eines OT-RMS.

Nachdem im Betriebsumfeld Effizienz praktisch immer den Faktor Zeit betrifft, wird ein OT-RMS auch daran gemessen, wie schnell es für Zwecke des CSMS verfügbar ist und sich an veränderte Umstände anpasst. Das bedeutet auch, dass es in der Lage sein muss, Informationen zu veränderten OT-Strukturen und Bedrohungslagen zeitnah aufzunehmen, sie in den Kontext zu setzen, die entsprechenden Risiken zu beurteilen und letztlich Methoden für deren Behandlung festzulegen. Unter Umständen bedeutet das auch, dass bestimmte Ad-hoc-Maßnahmen temporär angewendet und nachfolgend zurückgesetzt werden – sofern diese dokumentiert sind – und akzeptable Risikoniveaus nicht überschritten werden.

Je mehr mobile und kabellos angebundene Elemente im Betrieb teilnehmen, umso mehr gilt, dass statische Verfahren der Risikobeurteilung nur für Einschätzungen auf allgemeiner Ebene geeignet sind. Detaillierte Risikobeurteilung ist in diesem Umfeld dann möglich, wenn das OT-RMS auf Änderungen der Zuordnung zuvor erfasster Elemente zu Zonen und Conduits eingehen kann. Speziell das Beurteilen von Risiken, die sich aus der Vernetzung von Geräten und Systemen ergeben, kann durch deren Mobilität hochkomplex werden.

Daher werden für effizientes Risikomanagement u.a. folgende bewährte Verfahren angewandt:

- Passive vs. aktive Scans
  - Soweit möglich, werden Netzwerkzustände automatisch mittels passiver Scans ermittelt. Aktive Scans können im OT-Umfeld Falschalarme zur Folge haben, die sich wiederum (abhängig von den CSMS-Vorgaben) direkt auf Verfügbarkeit und damit Produktivität auswirken können.
  - Die automatische Geräteerkennung der Scans muss mit regelmäßig nicht verfügbaren IIoT-Geräten (z.B. Sensoren im Sleep-Mode) umgehen können.
  - Scans liefern Daten zur interaktiven, zeitnahen Darstellung der Netzwerke (vorzugsweise maschinenverarbeitbar) als Input des RMS.
- Das RMS wird auf die Vermeidung / Reduktion von Alarmwellen ausgelegt
  - Mehrfache Beziehungen betrachteter Elemente werden hervorgehoben, um die Betrachtung als unabhängige Risiken zu vermeiden.
  - Die entsprechenden Informationen werden auch an das CSMS übermittelt.
- Priorisierung von Sicherheitsvorfällen
  - Das RMS liefert dem CSMS Prioritäten zum Behandeln von Cybervorfällen. Es ist darauf ausgelegt, bei unbekannten Risiken eine zeitnahe Beurteilung zu erstellen, um eine adäquate Behandlung (inkl. Priorität) zu bestimmen.
- Feststellung des Reifegrades
  - Durch interne oder externe Begutachtung wird in regelmäßigen Abständen der Reifegrad des OT-RMS festgestellt. So kann ermittelt werden, ob bzw. welche Maßnahmen im Rahmen der kontinuierlichen Verbesserung anzuwenden sind.

- GIS-Integration
  - Die Nutzung geografischer Informationssysteme zur Unterlegung der Netzwerkanalyse kann die Visualisierung spezifischer Risiken unterstützen (speziell im Fall mobiler und kabellos angebundener Elemente (Position) bzw. bei weit verteilten Netzen (Lokation)).
- Offenheit für zukünftige Entwicklungen
  - Eine modulare Struktur des OT-RMS kann Anpassungen unterstützen, die durch veränderte regulatorische oder unternehmerische Anforderungen entstehen.
  - Die Nutzung unternehmensweit einheitlicher Datenformate erleichtert regelmäßig die Weiterentwicklung gemeinsamer Systeme.
- Vermeidung von Interessenskonflikten
  - Dazu werden solche Konflikte bei Erstellung / im Betrieb eines OT-RMS bestimmt, reduziert und eliminiert, um sie letztlich zu vermeiden.

G.2.4 Ausblick

Die Basis für ein erfolgreiches OT-Risikomanagement bleibt eine ergebnisorientierte Kommunikation zwischen allen Beteiligten im OT-Umfeld. Besonders wichtig ist der regelmäßige Austausch zwischen Prozessbeteiligten und Entscheidungsträgern.

Die fortschreitende Digitalisierung des industriellen Umfeldes sorgt dafür, dass sich traditionelle Methoden des Risikomanagements anpassen werden. Tabellenbasiertes Risikomanagement wird absehbar IRM-Systemen Platz machen. Speziell die Anforderungen des OT-Umfeldes befördern eine Automatisierung in RMS.

Die reibungslose Interaktion mit anderen Elementen der GRC-Suite wird absehbar ein wichtiges Thema werden. Zusätzlich muss der Austausch mit den Systemen der anderen Unternehmensbereiche (allen voran dem CSMS) verzögerungsfrei und ungestört vonstatten gehen.

Nachdem viele industrielle Prozesse direkt oder indirekt mit kritischer Infrastruktur verbunden sind (sei es als Lieferant oder als Nutzer), werden die hier geltenden hohen Anforderungen an das Risikomanagement nicht ohne Auswirkungen auf die Unternehmen bleiben. Die entsprechenden Rahmenwerke auf Ebene von Recht und Standards entstehen bzw. verbreiten sich heutzutage. Es ist sicher ein guter Ansatz, diese Entwicklungen zeitnah zu verfolgen bzw. aktiv zu beeinflussen.

In Kürze

Dieses Kapitel beschreibt das OT-Risikomanagement als Teil des GRC. Wichtiges Thema ist dessen besondere Rolle im RMS des Unternehmens als tragendes Element der Absicherung der Digitalisierung von Produktionsprozessen.

Die am OT-Risikomanagement beteiligten Personen nehmen eine zentrale Position in Aufbau, Betrieb und Weiterentwicklung des RMS ein. Hier wird ihr Verhältnis zu anderen Stakeholdern im Produktionsprozess, dem GRC und anderen Unternehmensfunktionen mit Bezug auf Risikomanagement beschrieben.

Das Kapitel verweist auf weitergehende Literatur, in denen Methoden und Tools des Risikomanagements in IAS beschrieben werden.

Auf dem Weg zur Digitalisierung der Industrie hat das Risikomanagement eine wichtige Rolle. Daher sollte es bei den Initiativen der Unternehmen so früh wie möglich in den Lebenszyklus eingebunden werden.

G.3 Cyberversicherungen als Element eines ganzheitlichen Risikomanagements

G.3.1 Einführung: Sinn und Zweck einer Cyberversicherung

G.3.1.1 Schadenbeispiele

Typische Schäden an Elektronik werden verursacht durch Überspannung, Überhitzung und Verschmorung, ggf. auch durch Fehlbedienung oder andere Einwirkungen. Diese Schadenarten betreffen zunächst die Hardware und sind schon seit vielen Jahren durch entsprechende Sachversicherungen versicherbar, insbesondere in der Elektronikversicherung.

Im Laufe der Zeit setzte sich aber die Erkenntnis durch, dass Schäden allein an der Software bzw. an Daten bei Unternehmen zu erheblichen Problemen führen können – und das auch ohne einen kausalen Hardwareschaden. Dadurch stellte sich die Frage nach einer Versicherungslösung für dieses Problem. Neben den Bedienungs- und Softwarefehlern rückte schnell das Thema der Hackerangriffe über das Internet in den Vordergrund. Diese Angriffe sah man zunächst vor allem auf Windows-Rechnern und damit in der sogenannten Office-IT.

Noch relativ neu ist die Erkenntnis, dass Software auch von Industriesteuerungen manipuliert werden kann [1]. Hier hatte man sich bis vor wenigen Jahren noch sicher geglaubt, da eine Verbindung zum Internet ja nicht gegeben war. Bekanntestes Beispiel war Stuxnet, ein Schadprogramm, das auf intelligente Art und Weise in eine Prozesssteuerung von Uranaufbereitungsanlagen eingeschleust wurde und dort zu Fehlsteuerungen von Zentrifugen geführt hatte, wodurch diese physikalisch beschädigt wurden [2].

Obwohl diese Anlagen nicht im Internet zu finden waren, konnten die Schadsoftware Stuxnet und seine Ableger durchaus Karriere machen. Diese Programme fanden sich in den folgenden Jahren noch auf einigen anderen Systemen, fast weltweit. Entweder wurden sie durch Servicetechniker verbreitet, die sich mit ihren verseuchten Laptops auf die Anlagen aufgeschaltet hatten, oder dadurch, dass der Code in falsche Hände gelangt ist und dort weiterentwickelt und verbreitet wurde.

Ein weiterer interessanter Fall, der sich auf SCADA-Systeme bezogen hatte, war 2013 der Schadcode Dragonfly [3]. Hier handelte es sich um eine Schadsoftware, die sich auf PLS insbesondere von Kraftwerken in den USA, Spanien und anderen Ländern befand. Aufgespielt wurde sie durch manipulierte Software-Updates von ICS-Equipment-Herstellern. Hierdurch wurde eine Backdoor (***R**emote* ***A**ccess* ***T**ool* – RAT) auf den Systemen geöffnet und weitere Schadsoftware aufgeladen. Der Zweck dieser Schadsoftware war nicht exakt bekannt, aber offensichtlich sollte sie Steuerbefehle mitlesen und damit ggf. einen Angreifer in die Lage versetzen, weiteren Schaden zu verursachen.

Der Angriff auf eine Keksproduktion in Kanada 2015 stellt einen weiteren kuriosen Fall dar. Hierbei wurden Rezepturen so verändert, dass es zu Stockungen im Betrieb kam. Die Anlage wie z.B. Rohrleitungen mussten aufwendig gereinigt bzw. ausgetauscht werden, um den Betrieb wieder aufnehmen zu können.

Einen hohen Bekanntheitsgerad erreichte auch die Beschädigung eines deutschen Stahlhochofens durch einen Hackerangriff im Jahr 2014.

Hiermit wird deutlich, dass allein das Auffinden einer solchen Schadsoftware in einem IT-Netzwerk zu einem Schaden führen kann. Neben den Kosten für die Untersuchung der Systeme kann es zu Betriebsunterbrechungen und damit Ertragsausfall kommen, wenn z.B. aus Sicherheitsgründen zumindest Teile der EDV abgeschaltet werden müssen.

Tatsächlich sind die häufigsten Schäden in industriellen Steuerungen dadurch verursacht, dass durch auffälliges Verhalten von Steuerungen und Computern oder Auswertung von Logfiles auf ein Einwirken von außen bzw. eine Schadsoftware geschlossen wird und dann Kosten für Forensik, also Schadensuchkosten, entstehen. Hierbei wird untersucht,

- was die Ursache für das Verhalten ist,
- wie eine Beeinflussung von außen überhaupt möglich war,
- wie die entsprechende Schwachstelle geschlossen
- und natürlich wie die Schadsoftware vollständig beseitigt werden kann.

Da währenddessen in der Regel nicht der komplette Betrieb stillgelegt werden kann, können sich solche Untersuchungen über Wochen und Monate hinziehen. Diese Untersuchungskosten liegen damit schnell im sechsstelligen Bereich.

Weitere Kosten können durch daraus folgende Sachschäden sowie Ertragsausfall durch Betriebsunterbrechungen, auch nur Einschränkungen der Produktion oder durch Fehlproduktion entstehen. Die Schäden durch WannaCry und NotPetya in 2017 haben gezeigt, dass solche Betriebsunterbrechungen in produzierenden Unternehmen über einige Tage bis hin zu Wochen andauern können und einen Schaden bis in den dreistelligen Millionenbereich verursachen können.

Nicht nur die Office IT, sondern auch insbesondere ICS sind somit heute nicht mehr vollständig sicher gegenüber Cyberangriffen.

G.3.1.2 Versicherungsmanagement – Einordnung in das Portfolio

Natürlich stellt sich im Risikomanagement die Frage nach einer möglichen Kompensation der Kosten durch Übertragung auf einen Versicherer. Hierbei ist zunächst zu prüfen, ob die vorhandenen Versicherungen ausreichen oder ggf. eine zusätzliche Cyberversicherung abgeschlossen werden sollte.

Im Fall der **Elektronikversicherung** handelt es sich um eine All-Gefahren-Deckung. Cyberschäden sind hierbei in der Regel nicht ausgeschlossen. Allerdings greift diese Deckung in der Regel nur, wenn es zu einem Sachschaden an der Hardware gekommen ist. Daten und Software auf den Maschinen gelten dabei zunächst nicht als Sache im Sinne der Versicherungsbedingungen. Hierfür werden dann Software-Versicherungen angeboten, die die Wiederherstellungskosten für das Einspielen von Datensätzen, Neukauf von Lizenzen für Software usw. umfassen. Diese gehen über den klassischen Sachschaden hinaus, haben dann aber in der Regel einen Ausschluss für Hackerangriffe bzw. für Schadsoftware als Schadenursache.

Kommt es zu einer Betriebsunterbrechung als Folge eines Sachschadens (siehe Stuxnet), steht die **Elektronik-Betriebsunterbrechungs-Versicherung** zur Verfügung. Schwierig wird es aber dann, wenn nur die Software betroffen ist und es noch zu keinem Sachschaden an der Hardware oder den Produktionseinrichtungen gekommen ist. Hier fehlte es in der Vergangenheit an einer Software-Betriebsunterbrechungs-Versicherung. Diese Lücke wird nunmehr durch die **Cyberversicherung** geschlossen.

Weitere Versicherungen, die in die Bewertung des eigenen Versicherungsportfolios mit einbezogen werden sollten, sind:

- die Vertrauensschadenversicherung – eine Versicherung gegen Betrugsschäden und Manipulation durch eigene Mitarbeiter. Diese enthält in der Regel ebenfalls Cyber-Deckungselemente;
- Haftpflichtversicherungen,

- Transport- und Warenversicherungen,
- Rechtsschutzversicherung.

Eine Hilfe zur Überprüfung der eigenen Risiken und der entsprechenden Versicherungsmöglichkeiten bietet der Risiko-Check der AXA Versicherung AG [4].

G.3.1.3 Lösung: Cyberversicherung

Tatsächlich bietet die Cyberversicherung drei wesentliche Lösungen:

a) Hilfe im Notfall: Es werden über den Versicherer diverse Dienstleistungen dem Versicherungsnehmer zur Verfügung gestellt, wie z.B. eine 24/7-Schaden-Hotline und der Kontakt zu entsprechenden Sachverständigen und IT-Beratern/-Forensikern. Diese begleiten dann das Unternehmen im Schadenfall, führen Untersuchungen durch und zeigen Lösungsmöglichkeiten auf. Der Versicherer übernimmt die Kosten hierfür, auch wenn nur ein begründeter Verdacht eines entsprechenden Schadens vorliegt.
b) Übernahme der Kosten durch den Ertragsausfall (Software-Betriebsunterbrechungs-Versicherung) sowie der damit verbundenen Mehrkosten wie Sonderschichten, Vertragsstrafen, Ersatzkäufe usw.
c) Übernahme von möglichen Haftpflichtansprüchen, die nicht bereits über bestehende Haftpflichtversicherungen abgedeckt sind. Dies spielt insbesondere dann eine Rolle, wenn Unternehmen EDV-technisch mit anderen Unternehmen vernetzt sind bzw. vertrauliche Daten ausgetauscht werden.

Aufgrund der rasanten Entwicklung der Cyberversicherung in Deutschland in den letzten Jahren erweitert sich diese Deckung ständig und bildet eine sinnvolle Ergänzung gerade für produzierende Betriebe, Versorger und Logistiker bzw. übernimmt Risiken aus anderen Versicherungen, die sich auf das Thema Cyber- und IT-Schäden beziehen. Sach- oder Personenschäden sollten allerdings mit den klassischen Versicherungssparten auch künftig ausreichend abgedeckt sein.

G.3.2 Cyberversicherung

Cyberversicherungen werden seit ca. 2012 auf dem deutschen Versicherungsmarkt angeboten. Die rasante technische Entwicklung und der Fortschritt sowie der daran angepasste Bedarf an Versicherungsschutz haben dafür gesorgt, dass inzwischen verschiedenste Versicherungslösungen in Deutschland angeboten werden. Dabei ist in der Anfangsphase zu beobachten gewesen, dass insbesondere angloamerikanische Versicherer die Cyberversicherung aus den USA nach Deutschland gebracht haben.

Elemente der Cyberversicherung sind bereits seit vielen Jahren unter anderem in der Betriebshaftpflichtversicherung, Sachversicherungen wie der Elektronikversicherung oder in der Betriebsunterbrechungs-Versicherung enthalten. Ein entscheidender Unterschied zur Cyberversicherung: Versichert sind hier Sach- oder Personenschäden bzw. Schäden, die hieraus folgen. Insbesondere die Definition eines Sachschadens ist für die klassischen Versicherungen elementar für die Versicherungsfalldefinition, da Sachen im Sinne des § 90 BGB nur körperliche Gegenstände sein können. Bei Daten oder Programmen handelt es sich jedoch nicht um körperliche, sondern vielmehr um virtuelle Gegenstände. Ihnen fehlt das entscheidende Merkmal der Körperlichkeit [5;

6]. Eine Veränderung von Daten oder Programmen, wie bspw. eine (ungewollte) Verschlüsselung oder eine Zugriffsblockade, stellen folglich keinen Sachschaden dar. Diese Deckungslücke wird nunmehr durch die Cyberversicherung ausgeglichen.

Cyberversicherungen werden in unterschiedlichen Varianten auf dem Versicherungsmarkt angeboten:

- als Zusatzbaustein zu einer bestehenden Versicherung wie bspw. der Betriebshaftpflichtversicherung (sog. Annexprodukt) oder
- als Stand-alone-Lösung.

Im Folgenden wird die Stand-alone-Lösung näher vorgestellt, da diese im Vergleich zu anderen Absicherungsmöglichkeiten die umfangreichste ist und dabei die Elemente der Cyber-Annexprodukte berücksichtigt.

G.3.2.1 Inhalt und Aufbau einer Cyberversicherung

Die Cyberversicherung umfasst sowohl eine Eigen- als auch eine Drittschadendeckung. Der gewünschte Versicherungsumfang kann bei vielen Versicherern in Form eines Baukastenprinzips individuell zusammengestellt werden.

G.3.2.1.1 Drittschadendeckung

Über die Drittschadendeckung kann der Ausgleich von Haftpflichtansprüchen gegenüber der Versicherungsnehmerin abgesichert werden. Der Drittschaden ist meistens als alleinstehende Komponente in den Versicherungsbedingungen enthalten. Dieser Teil des Versicherungsschutzes umfasst die Prüfung der Haftpflichtfrage, die Abwehr unberechtigter Schadenersatzansprüche und die Freistellung der Versicherungsnehmerin von berechtigten Schadensersatzverpflichtungen.

Dem Haftpflichtversicherungsbaustein lassen sich bei diversen Versicherern optionale Deckungserweiterungen hinzufügen. Die gängigsten Erweiterungen sind dabei die zusätzliche Übernahme von Vertragsstrafen, die durch die ***P**ayment **C**ard **I**ndustry* (PCI) bei einem Verstoß gegen deren **D**aten**s**icherheits**s**tandards (DSS) verhängt werden, sowie die Absicherung von bestimmten vertraglichen Schadenersatzansprüchen.

In diversen Versicherungsbedingungen können auch Bußgelder und andere Vertragsstrafen in den Versicherungsschutz integriert werden. Es sollte jedoch berücksichtigt werden, dass zum jetzigen Zeitpunkt nicht abschließend geklärt worden ist, ob das Versichern von behördlich erlassenen Bußgeldern überhaupt rechtlich zulässig ist. Eine entsprechende Entscheidung seitens des BGH hat es hierzu noch nicht gegeben. Kritisch zu sehen ist hierbei, dass der Gesetzgeber mit den Bußgeldvorschriften eine abschreckende Wirkung intendiert, die durch eine Versicherbarkeit unterlaufen werden könnte.

G.3.2.1.2 Eigenschadendeckung

Mit den Eigenschadenbausteinen können Kosten abgesichert werden, die der Versicherungsnehmerin durch einen Cybervorfall entstehen. Dabei ist es zunächst gleichgültig, ob dieser Vorfall auch eine Auswirkung auf einen möglicherweise geschädigten Dritten haben könnte. Mögliche Schadenkonstellationen sind vielfältig, so dass sich die Absicherung von Kosten in eine Reihe unterschiedlicher Bausteine unterteilt. Diese Aufteilung ist sinnvoll, da nicht alle Schadenkonstellationen auf jedes Unternehmen zutreffen müssen. Folgende Bausteine als zentrale Absicherungsmöglichkeiten werden von den Versicherern angeboten:

- Betriebsunterbrechung,
- Mehrkosten,
- Wiederherstellungskosten (Daten, Software, Systeme),
- Untersuchungskosten (IT-Forensik),
- Rufschädigung / Krisenmanagement,
- Datenschutzverletzung,
- Internet-Betrug,
- Erpressung.

Insbesondere die sogenannten Assistance-Leistungen stellen das Charakteristikum der Cyberversicherung dar. Klein- und mittelständische Unternehmen können hierdurch einen enormen Mehrwert für sich generieren, da häufig die finanziellen Mittel fehlen, um eigenes Know-how dauerhaft vorhalten zu können oder entsprechende Verträge mit Dienstleistern zu schließen.

Tabelle G.3.1 *Von der Cyberversicherung abgedeckte Kosten*

Versicherte Gefahr	Kostenabsicherung
Betriebsunterbrechung	Mehrkosten und Ertragsausfall (fortlaufende Kosten und Betriebsgewinn)
Sachverständige / IT-Forensiker	Schadenermittlungskosten, Beratungskosten für die Schadenabwendung und -minderung, Identifizierung betroffener Personen
Datenwiederherstellung	Wiederbeschaffung der Daten
Rufschädigung / Krisenmanagement	Beratung durch Krisen- und Kommunikationsexperten, gerichtliche Maßnahmen, externe Kommunikation (Schaltung von Werbeanzeigen, Callcenter)
Datenschutzverletzung	Beratungskosten, Informations- und Benachrichtigungskosten, gerichtliche Kosten, Kreditkartenüberwachungskosten
Internet-Betrug	Kosten für die interne und externe Rechtsverfolgung, abhanden gekommenes Geld
Erpressung	Krisenberatung, Erpressungsgeld, Belohnungsgelder

G.3.2.2 Marktüberblick

Auf dem deutschen Versicherungsmarkt wird eine Vielzahl von Cyberversicherungen angeboten. Etwa 40 Versicherer bieten entsprechende Produkte für Unternehmen an. Die Gründe für die Produktvielfalt sind unterschiedlich. So ist dies zum einen darauf zurückzuführen, dass es bis dato aufgrund der Neuheit des Produkts keine standardisierten Bedingungswerke und zum anderen keine gesetzlichen Regelungen dieses Versicherungstyps gibt.

Im Gegensatz zu anderen Versicherungssparten kann bei der Cyberversicherung in keiner Weise von einheitlichen Bedingungswerken gesprochen werden, was vor allem der jungen Geschichte der Cyberversicherung geschuldet ist. Die Uneinheitlichkeit wird bereits im Fehlen einer einheitlichen Definition des Begriffs «Cyberversicherung» und der unterschiedlichen Verwendung von Fachbegriffen wie z.B. Hackerangriff innerhalb der Bedingungen im Speziellen deutlich. Auch die in 2017 durch den **G**esamtverband der **d**eutschen **V**ersicherungswirtschaft (GDV) veröffentlichten Musterbedingungen [7] konnten diesbezüglich noch keine Abhilfe schaffen.

G.3.2.3 Auswahlkriterien

Bei der Auswahl des passenden Versicherungsschutzes sollte zunächst das eigene Risikomanagement eine wichtige Rolle spielen (siehe dazu auch Kapitel G.1). Es sollte im Rahmen des Risikomanagementprozesses in Bezug auf Cyberrisiken geprüft werden, welche Prozesse / Abläufe geschäftskritisch und von der Ressource Internet bzw. von der eigenen IT-Verfügbarkeit abhängig sind. Diese Bewertung sollte nicht nur qualitativ, sondern auch quantitativ / monetär erfolgen (Bild G.3.1).

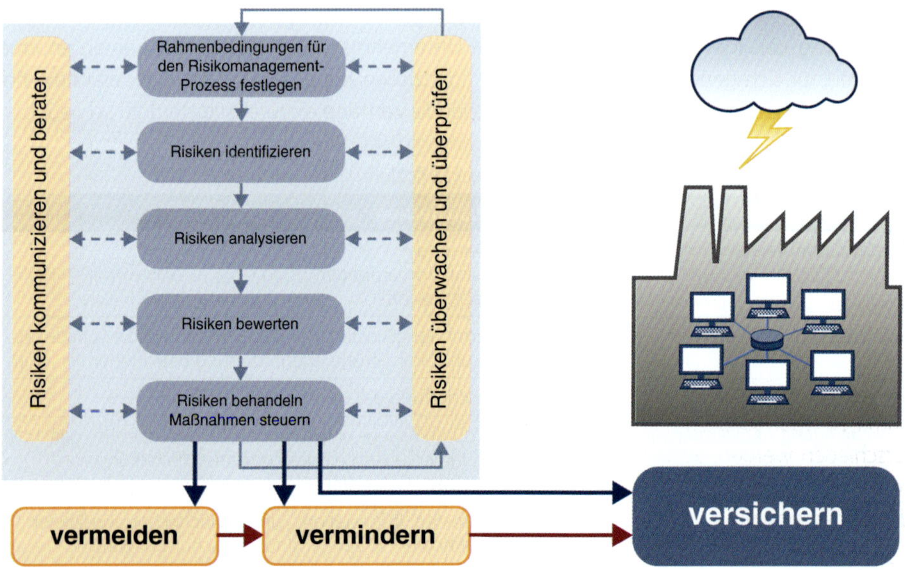

Bild G.3.1 *Ganzheitliches Risikomanagement auch für Cyberrisiken* [8]

Folgende Fragen sind zu stellen: Welche dieser Risiken können im Schadenfall selbst organisiert und gesteuert werden und wann wird externe Hilfe benötigt? Ab wann besteht die Gefahr schwerer finanzieller Belastungen für das Unternehmen? So sollte beispielsweise ein Onlineshop oder ein produzierenden Unternehmen unbedingt die Absicherung der Betriebsunterbrechung in Betracht ziehen, da jede Stunde, in der der Shop nicht zur Verfügung oder die Produktion stillsteht, ein Vermögensschaden entstehen kann. Dabei sollte in den Versicherungsbedingungen darauf geachtet werden, dass der Versicherungsschutz auf **Erstes Risiko** besteht, da ansonsten im Fall des Schadens die Gefahr der Unterversicherung bestehen kann, die dem Versicherer ein Quotelungsrecht (Recht auf Leistungskürzung) einräumt.

Unternehmen, die mit vielen personenbezogenen Daten arbeiten, sollten bei der Absicherung insbesondere auf den Versicherungsschutz bei der Verletzung von Datenschutzgesetzen achten.

Der Vergleiche von Cyberversicherungen ist aktuell noch sehr komplex. Ein Grund hierfür ist, dass es noch keinen einheitlichen Cyberversicherungsmarkt gibt. Gerade die unterschiedliche Verwendung von Begrifflichkeiten als auch der sehr unterschiedliche Aufbau der Bedingungswerke bereitet bei einem tiefergehenden Vergleich erhebliche Probleme. Werden beispielsweise bei einigen Versicherern auch die abhanden gekommenen Gelder beim Internetbetrug gedeckt, tragen andere nur die Schadenermittlungskosten. Die Überschrift der jeweiligen Klausel lässt dies bei einem oberflächlichen Vergleich jedoch nicht erkennen. Ein anderes Beispiel zeigt die Absicherung der Betriebsunterbrechung durch den Ausfall eines externen IT-Dienstleisters (bspw. eines Cloud-Dienstes). So muss dieser bei einigen Versicherern namentlich benannt werden, um Versicherungsschutz zu genießen, bei anderen ist diese namentliche Benennung nicht erforderlich oder es ist überhaupt nicht versichert. Die Versicherungssumme steht bei der nicht namentlichen Benennung dann meist jedoch nur mit einem Sublimit (Begrenzung der Entschädigungshöhe) zur Verfügung, das einem Betriebsunterbrechungsschaden häufig nicht gerecht wird.

Wesentliche Unterschiede gibt es auch in Bezug auf das Verhalten des Kunden im Schadensfall. Zwingen diverse Versicherer ihre Kunden dazu, einen vorgeschriebenen IT-Dienstleister im Schadensfall zu beauftragen, stellen andere Versicherer den versicherten Unternehmen neben einer 24/7-Hotline eine Auswahl an unterschiedlichen IT-Dienstleistern zur Verfügung. Diese können, müssen aber nicht genutzt werden. Sofern ein bereits durch ein versichertes Unternehmen mit IT-Dienstleistungen beauftragtes Unternehmen für die VN tätig ist, bieten Versicherer an, auch auf diese im Versicherungsfall zurückgreifen zu können.

GRUNDSATZ

Bei der Wahl des Versicherungsumfangs sollte ein ausführlicher Blick in die Bedingungen geworfen werden. Der ausschließliche Vergleich über den Preis ist nicht zu empfehlen.

Bei der Auswahl des Versicherungsschutzes sollte zum einen auf die Absicherung mittels einer primären oder subsidiären Deckung, zum anderen hinsichtlich des abzusichernden Risikos unterschieden werden. So geht der Versicherungsschutz einer **primären Deckung** anderen ggf. vorhandenen Versicherungen vor. Durch die bereits zuvor aufgezeigten Unterschiede zwischen der Cyberversicherung und anderen Versicherungslösungen sollte insbesondere im Bereich der Eigenschadenabsicherung darauf geachtet werden, dass primärer Versicherungsschutz eingekauft wird. Anders verhält es sich bei der Absicherung der Haftpflichtansprüche aus den ebenso vorher genannten Gründen. Hier sollte aufgrund der Überschneidung zu bereits bestehenden Haftpflichtkonzepten darauf geachtet werden, dass die **Deckung subsidiär** ist, d.h. der Versicherungsschutz über die Cyberversicherung erst bei einer Deckungslücke in den anderen Haftpflichtversicherungen zur Verfügung steht.

Bei der Wahl des Versicherers sollte zudem auf dessen Erfahrung in der Cyberversicherung geachtet werden. Auch wenn es die Cyberversicherung noch nicht lange auf dem deutschen Versicherungsmarkt gibt, konnten Versicherer in der Vergangenheit bspw. durch das Angebot der Elektronik-, Software- oder Vertrauensschadenversicherung viel Erfahrung sammeln. Gerade im Schadensfall ist ein kompetenter Versicherer von erheblichem Vorteil.

Sofern Risiken auf eine Versicherung übertragen werden sollen, stellt sich stets die Frage nach der Höhe der Jahreshöchstentschädigung sowie die Wahl der **S**elbst**b**eteiligung (SB). Durch eine geeignete Bewertung der Cyberrisiken kann nunmehr die passende Summe ausgewählt werden. Dabei sollte berücksichtigt werden, dass Haftpflichtansprüche unbegrenzt sein können. Die Abschätzung des Schadenbedarfs in Bezug auf Eigenschäden – insbesondere des eventuellen Ertragsausfalls – ist hingegen zu einem wesentlichen Teil möglich. Dies erlaubt dann die Auswahl der entsprechenden Versicherungssummen.

G.3.2.4 Nutzenbewertung

Der Nutzen einer Cyberversicherung liegt in der Absicherung von Unternehmen vor finanziellen Verlusten (Vermögensschäden), die durch Cyberrisiken hervorgerufen werden. Die einzelnen Kostenarten wurden in den vorangegangenen Abschnitten bereits behandelt. Die größten Kosten entstehen dabei meist im Bereich Ertragsausfall, Betrug und Haftpflicht. Eine Gesamtkostenbewertung ist jedoch letztlich immer erforderlich. Häufig wird die Cyberversicherung auch als die Feuerversicherung des 21. Jahrhunderts bezeichnet. So kann sich ein Unternehmen die Frage stellen, warum eine Feuerversicherung abgeschlossen und diverse Sicherheitsvorkehrungen getroffen wurden, in Bezug auf Cyberrisiken aber häufig an Versicherungsschutz gespart wird. In Anbetracht der rasanten Entwicklung des Cyber-Crime-Marktes ist die Wahrscheinlichkeit eines Cybervorfalls vermutlich wesentlich höher als die eines schädigenden Feuers, wenn auch im Ausmaß möglicherweise nicht so dramatisch. Während allerdings ein Feuer lokal begrenzt sein kann, kann ein Cyberangriff ein Unternehmen weltweit lahmlegen.

Die Cyberversicherung wird häufig auch als **Assistance-Versicherung** bezeichnet, mittels der sich die Versicherungsnehmerin im Schadensfall eines Expertennetzwerkes bedienen kann, um den entstandenen Schaden zu minimieren bzw. zu egalisieren. Diesem Expertennetzwerk gehören neben IT-Spezialisten auch Krisen- und Reputationsberater sowie diverse Rechtsexperten an. Wird im Schadensfall auf diese Spezialisten und Experten zurückgegriffen, ist die Versicherungsnehmerin für den Versicherungsfall exzellent aufgestellt.

Weiter stellt sich im Rahmen der Nutzenbewertung die Frage, ob die Cyberversicherung lediglich das Worst-case-Szenario abdecken oder auch bei einfachen Cybervorfällen eingesetzt werden soll. Dies kann durch Auswahl einer entsprechend hohen Selbstbeteiligung (SB) gesteuert werden. Bei einer niedrigen SB-Variante ist der Versicherungsschutz teurer, leistet aber im Schadensfall schon bei geringem Kostenaufwand und damit ggf. schadenverhütend. Wird die Wahl eines hohen SB präferiert, macht dies den Versicherungsschutz günstiger und der Versicherer leistet erst nach Verbrauch des erhöhten SB. Unabhängig von der gewählten SB-Variante können versicherte Unternehmen jedoch von der ersten Sekunde des Versicherungsfalls an auf das Expertennetzwerk des Versicherers zurückgreifen.

Ebenso sollte auch eine **Kosten-Nutzen-Bewertung** für den Abschluss der Cyberversicherung durchgeführt werden. Bild G.3.2 zeigt eine Risikomatrix, die auf der Y-Achse die Eintrittswahrscheinlichkeit und auf der X-Achse das mögliche Schadensausmaß beschreibt. Schäden in den grünen Feldern können in der Regel selbst getragen werden. Hingegen können Schäden aus den gelben und roten Feldern ein Unternehmen in eine existenzgefährdende Lage bringen.

Unternehmen bewerten Cyberrisiken häufig in den Bereichen kritisch und entfernt vorstellbar bzw. gelegentlich, d.h. in einem gelben bzw. roten Feld. Liegen Cyberrisiken in einem gelben oder roten Feld, kann deren Absicherung über eine Cyberversicherung im Schadensfall sowohl einen organisatorischen (Zugriff auf ein Expertennetzwerk) als auch finanziellen (Ausgleich des Vermögensschadens) Vorteil bieten.

Sofern ein potenzieller Cyberschaden mit eigenen Mitteln gesteuert werden kann, da beispielsweise IT-Experten vorgehalten werden können, sollte bei der Auswahl des Versicherungsschutzes insbesondere auf die Regelungen zum Einsatz von IT-Experten geachtet werden, ob diese der Versicherungsnehmerin vorgeschrieben oder ob auch auf eigene (beauftragte) IT-Experten zurückgegriffen werden kann.

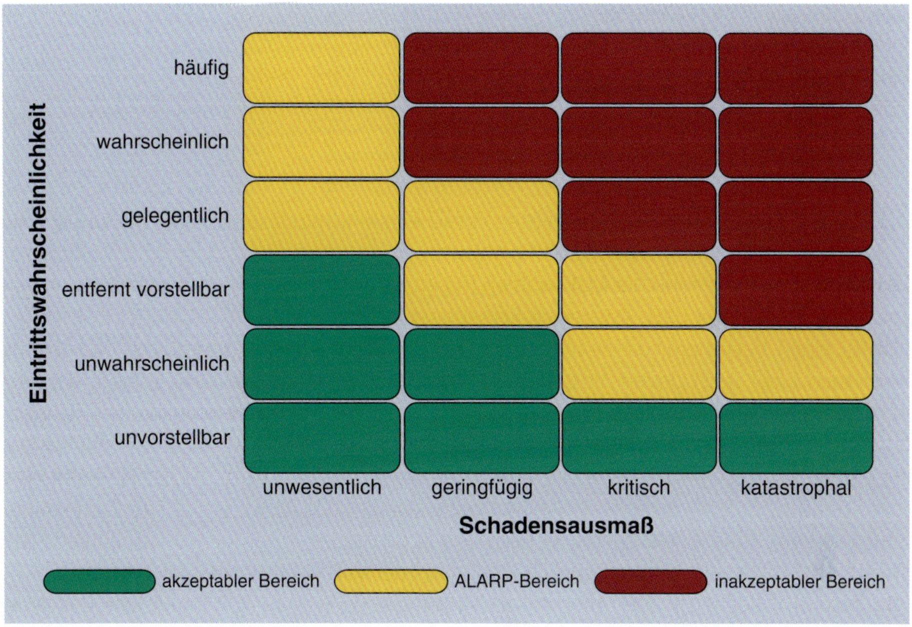

Bild G.3.2 *Risikomatrix zur Risikoanalyse und -bewertung* [9]

G.3.3 Der Weg zum Abschluss einer Cyberversicherung

Um im Rahmen des ganzheitlichen Risikomanagementprozesses Cyberrisiken abzusichern, sind je nach Versicherer entsprechende Voraussetzungen und ggf. das Einhalten von Obliegenheiten erforderlich. Daher sollten Unternehmen einige wichtige Aspekte vor und mit Abschluss einer Cyberversicherung berücksichtigen.

G.3.3.1 Technisch-organisatorische Voraussetzungen

Zum jetzigen Zeitpunkt werden keine Zertifikate oder Zertifizierungen wie bspw. die ISO-27000er-Reihe [10] oder TÜV-Zertifikate [11] von den Versicherern vorausgesetzt, um entsprechenden Versicherungsschutz zu erhalten. Sie können aber hinsichtlich der Prämie und möglichen Auflagen im Versicherungsschein von Vorteil sein. Eine Neuheit stellt die VdS-Richtlinien-Familie 10 000 dar, die speziell für kleine und mittelständische Unternehmen Vorgaben zur Informationssicherheit formuliert. Hierzu gehören u.a. die VdS 10 010 (DSGVO) oder die VdS 10 020 (ICS), die im Rahmen eines Audits überprüft und ggf. zertifiziert werden können. Für die Versicherer ist das Vorliegen eines Zertifikats oder die Umsetzung der VdS 10 000 hilfreich bei der Bewertung des Cyberrisikos.

Sofern keine Zertifikate, Auditberichte oder Vergleichbares vorgehalten werden, bedient sich der Versicherer zwei unterschiedlicher Wege, um sich über die Cybersicherheit des zu versichernden Unternehmens zu informieren:

Zum einen wird auf **Risikofragebögen** zurückgegriffen. Hierin formulieren die Versicherer ihre Erwartungen an die technischen und organisatorischen Vorkehrungen in einem Unternehmen, wie z.B.:

- Verfahren zur Datensicherung,
- Patch-Management,
- Sicherheitspolitik,
- Datenschutzvorkehrungen,
- Schutz sensibler Daten.

Bei der Datensicherung erwarten die meisten Versicherer eine mindestens werktägliche Sicherung mit der Sicherstellung der Rücksicherbarkeit.

Hinsichtlich organisatorischer Maßnahmen fragen viele Versicherer nach der Umsetzung eines Cyber-Notfallplans oder nach Awareness-Schulungen für Mitarbeiter.

Ist für einen Versicherer die Beantwortung einer Frage zwingend erforderlich oder werden Risikofragen nicht nach dessen Vorstellungen beantwortet, kann dies dazu führen, dass kein verbindliches Angebot erstellt werden kann bzw. in einem ersten Schritt nur eine unverbindliche Anhaltsquotierung (auch Indikation genannt) zur Verfügung gestellt wird. Diese Anhaltsquotierung enthält dann die noch offenen erforderlichen Fragen, um ein verbindliches Angebot abzugeben.

Zum anderen führen Versicherer, je nach Größe des zu versichernden Unternehmens bzw. Schwere des Risikos, ein **Risikogespräch** vor Ort bei der Versicherungsnehmerin durch.

Bei beiden Vorgehensweisen möchte der Versicherer in Erfahrung bringen, wie das Unternehmen mit Cyberrisiken umgeht – organisatorisch und technisch. Aufgrund der vorgenannten Erläuterungen sollte klar sein, dass Cyberrisiken nicht nur die IT-Abteilung betreffen, sondern auch ein Aufgabenfeld der Geschäftsführung / Vorstände ist.

Von einigen Spezialmaklern wird die Möglichkeit der Erarbeitung von Cybergutachten angeboten. Auch diese können den Abschluss einer Cyberversicherung ermöglichen und stellen den Versicherern alle erforderlichen Risikoinformationen zur Verfügung. Gerade ein entsprechend spezialisierter Makler kann den Abschluss einer Cyberversicherung gut steuern.

Um dem Versicherer insgesamt einen guten Risikoeindruck zu verschaffen, ist an erster Stelle eine partnerschaftliche Kommunikation erforderlich. Dabei sollte deutlich erkennbar sein, dass Cyberrisiken auch im Bewusstsein der Geschäftsleitung und im Risikomanagement etabliert sind.

Sofern ein Unternehmen zunächst ohne die Angabe von ausführlichen Risikoinformationen in Erfahrung bringen möchte, was eine Cyberversicherung unter Annahme einer positiven Risikobewertung kosten würde, besteht meist die Möglichkeit, mit Angabe des konsolidierten Jahresumsatzes und Beschreibung der Unternehmenstätigkeit eine erste unverbindliche Indikation (Anhaltsquotierung) zu erhalten.

GRUNDSATZ

Es gilt zu beachten, dass die gemäß § 19 VVG (**V**ersicherungs**v**ertrags**g**esetz) durch den Versicherer in Textform gestellten Risikofragen wahrheitsgemäß zu beantworten sind. Andernfalls droht die Gefahr, dass der Versicherer von einem auf unwahrheitsgemäß beantworteten Risikofragen geschlossenen Versicherungsvertrag zurücktreten kann.

G.3.3.2 Obliegenheiten

DEFINITION
Obliegenheit: Pflicht / Aufgabe, die routinemäßig zu erledigen ist

Neben den Voraussetzungen zum Versicherungsschutz gibt es sogenannte Obliegenheiten, die durch die Versicherungsnehmerin zu beachten sind. Sie lassen sich zwischen Obliegenheiten vor und nach Eintritt des Versicherungsfalls unterscheiden. Die Versicherungsnehmerin kann zur Befolgung von Obliegenheiten nicht verpflichtet werden. Im Schadensfall besteht bei Missachtung jedoch die Gefahr, dass bei deren schuldhafter Verletzung der Anspruch auf Versicherungsschutz ganz oder teilweise verloren geht. Im Folgenden soll im Speziellen ausführlicher auf Obliegenheiten vor Eintritt des Versicherungsfalls hinsichtlich von Maßnahmen zur Minderung des Risikos, die teilweise in den Bedingungen enthalten sind, eingegangen werden.

Die Beschreibung dieser Obliegenheiten erfolgt in den Versicherungsbedingungen auf unterschiedliche Art und Weise – zum einen unterscheiden sich diese Obliegenheiten inhaltlich, zum anderen verzichten Versicherer teilweise gänzlich auf eine konkrete Beschreibung von Obliegenheiten.

In der Vergangenheit häufig, doch mittlerweile immer seltener, wurde der Passus «Stand der Technik» verwendet, wonach das versicherte Unternehmen dafür sorgen muss, dass die organisatorischen und technischen Präventionsmaßnahmen immer auf den aktuellen Stand der Technik gehalten werden. Aufgrund der Schnelllebigkeit der IT ist dieser Stand der Technik aber oft strittig und auch rechtlich nicht eindeutig zu definieren. Es lässt somit die Versicherungsnehmerin im Unklaren, welche Erwartungen der Versicherer an seine Versicherungsnehmerin konkret stellt. Andere Versicherer sowie der GDV präzisieren die Obliegenheiten in den Versicherungsbedingungen. So werden beispielsweise als Mindestmaßnahmen Datensicherungen (inkl. Offlinesicherung) mit der Sicherstellung der Rücksicherungsmöglichkeit sowie ein Patch-Management-Prozess vorausgesetzt. Teilweise werden zudem ein Berechtigungsmanagement sowie ein Notfallplan erwartet.

Auf den ersten Blick können diese Mindestmaßnahmen im Vergleich zu Bedingungswerken, in denen keine Mindestmaßnahmen gefordert werden, nachteilig für die Versicherungsnehmerin wirken, da diese dem versicherten Unternehmen keine Vorschriften zu machen scheinen. Dass keine Obliegenheiten in dieser Form in den Versicherungsvertrag aufgenommen werden, hat jedoch nicht zur Folge, dass im Schadensfall durch den Versicherer nicht überprüft wird, welche Maßnahmen zur Minderung des Risikos durch das betroffene Unternehmen ergriffen worden sind. Grob fahrlässiges oder vorsätzliches Verhalten würde sich auch hier negativ auswirken. Die Formulierung von konkreten Obliegenheiten in Form von Maßnahmen zur Minderung des Risikos stellt folglich keine Bevormundung der Versicherungsnehmerin dar. Vielmehr schaffen sie Transparenz, um der Versicherungsnehmerin schon vor Versicherungsfall zu verdeutlichen, welches Mindestmaß an Risikoprävention betrieben werden sollte, um im Schadensfall nicht für ein böses Erwachen zu sorgen [13].

G.3.4 Ausblick

G.3.4.1 Künftige Entwicklung der Cyberversicherung

Wie bereits an anderer Stelle ausgeführt, erscheint heute insbesondere für Produktionsbetriebe die Cyberversicherung aus kaufmännischen Gesichtspunkten als sinnvolle Ergänzung des bestehenden Versicherungsportfolios. Dabei sind die verschiedenen Angebote auf dem Markt allerdings kritisch zu prüfen.

Zunehmend gelangen Elemente in die Cyberversicherung, die bislang nur aus klassischen Sachversicherungen (z.B. Feuer-Betriebsunterbrechung) bekannt waren, für Produktionsbetriebe aber besonders interessant sind. Hierzu gehören insbesondere:

- Mehrkosten z.B. durch Transportaufwendungen, Ersatzproduktion oder -einkäufe, Mehrarbeit, Reinigung von Anlagen,
- Rückwirkungsschäden durch Ausfall von Lieferanten durch Cyberangriffe,
- Vertragsstrafen durch Lieferverzögerung oder -ausfall.

Weiterhin ist die Frage zu stellen, ob die Cyberversicherung auch Sachschäden übernimmt, die von anderen Deckungen nicht umfasst sind. Hierzu gehört z.B. der Schaden an Betriebsstoffen oder Hilfsmitteln durch einen Betriebsstillstand, Warenverderb usw. ohne vorausgehenden kausalen Sachschaden an der Anlage.

Welche Position die Cyberversicherung auch in Abgrenzung von klassischen Versicherungsprodukten wie insbesondere die Elektronik- und Softwareversicherung künftig einnehmen wird, bleibt abzuwarten. Unternehmen sollten die Entwicklung hier beobachten und entsprechend den Versicherungsschutz regelmäßig anpassen. Es kann aber davon ausgegangen werden, dass insbesondere die aktuelle Verschärfung der Datenschutzgesetze, aber auch der IT-Sicherheitsgesetzgebung das Versicherungsthema weitertreiben wird.

G.3.4.2 Silent Cover

DEFINITION
Silent Cover: stillschweigende Deckung; gängige Versicherungsdeckung

In der Versicherungswirtschaft stellt sich zunehmend die Frage, ob nicht bereits die bestehenden klassischen Versicherungssparten ein mögliches Kumulrisiko enthalten, das aber bislang weder bewertet noch bepreist wurde.

DEFINITION
Mit **Kumulrisiken** sind solche Risiken gemeint, bei denen ein Ereignis viele Versicherungsverträge treffen kann.

Dies ist eigentlich ein typisches Kennzeichen von Cyberangriffen, bei denen die gleiche Software-Schwachstelle ausgenutzt und mit der gleichen Methodik in ein System eingegriffen wird. Da die überwiegende Zahl der Sach- und Haftpflichtversicherungen bis heute keinen Cyberausschluss enthalten, wären entsprechende Schäden wie z.B. die reihenweise und globale Zerstörung von Turbinen oder Getrieben in Kraftwerken durchaus versichert.

Getrieben von den Rückversicherungsunternehmen werden aktuell solche Szenarien diskutiert und bewertet. Ggf. könnte dies in einen Ausschluss für Cyberschäden führen. Entweder muss hier dann die Cyberversicherung einspringen oder die Ausschlüsse werden im Einzelfall wieder eingeschlossen.

G.3.4.3 Kumulbetrachtung

Solche Kumulbetrachtungen stellen demnach die größte Herausforderung bei der Bewertung und Versicherung von Cyberrisiken dar. Ein gutes Beispiel waren die Schäden durch WannaCry [14] und NotPetya [15] im Jahr 2017. Mit einer Schadsoftware wurden durch ein manipuliertes Update einer Software an einem einzigen Tag Hunderte von Unternehmen befallen. Bei vielen davon kam es zu massiven Störungen und Ausfällen. Der Gesamtschaden für die Wirtschaft dürfte sich im Milliardenbereich abspielen.

Weitere Kumulszenarien müssen allerdings betrachtet werden: So können z.B. eine Vielzahl von Unternehmen betroffen sein, die gleiche externe IT-Ressourcen verwenden, also Cloud-Dienste, Web-Services oder externe Datenverarbeitung z.B. zur Personalabrechnung. Kommt es in diesen externen Diensten bzw. bei deren Anbietern zu Ausfällen oder Störungen oder auch Datenschutzverletzungen, können gleich alle an diesem System angebundenen Unternehmen einen Schaden erleiden.

Solche Überlegungen können auch für das innerbetriebliche Risikomanagement eine Rolle spielen. Ggf. sind Abhängigkeiten zu prüfen und zu bewerten und alternative Ressourcen und Redundanzen aufzubauen.

In Kürze

Die Cyberversicherung hat inzwischen ihren Platz im Versicherungsportfolio gefunden, auch wenn viele Unternehmen noch beim Abschluss zögerlich sind. Voraussetzung für den Abschluss einer Cyberversicherung ist, dass sich die Geschäftsleitung über die Risikosituation und die wesentlichen Risikofaktoren im Klaren ist, eine Bewertung durchgeführt hat und so die Deckungsangebote entsprechend gezielt und angemessen auswählen kann. Hierbei müssen Entscheidungen auch über die Höhe von Versicherungssummen und Selbstbeteiligungen sinnvoll getroffen werden. Insgesamt sollte dabei klar sein, dass eine Cyberversicherung nicht die eigene IT-Sicherheit ersetzen kann. Sie bietet vielmehr die komplementäre Möglichkeit, verbleibende Restrisiken finanziell abzusichern.

Spannend bleibt die künftige Entwicklung. Getrieben von Datenschutz- und IT-Sicherheitsgesetzgebung, dürfte die Bedeutung dieser Versicherungssparte weiter steigen. Aber auch die zunehmende Digitalisierung und damit verbundene Abhängigkeit von IT und Daten wird dazu führen, dass die Cyberversicherung eine immer wichtigere Rolle im Risikomanagement von Unternehmen spielt.

Resümee

Schlusswort des Herausgebers

Industrie 4.0 mit ihrer Hyperkonnektivität bringt neue Flexibilität und erweiterte Leistungsfähigkeit. Doch je mehr Assets in einem Unternehmen vernetzt sind, desto anfälliger und gefährdeter wird das gesamte System für Cyberangriffe. Chancen und Risiken liegen also eng beieinander. Die Digitalisierung mit Industrie 4.0 befindet sich in einer Phase der Neuausrichtung. Die Voraussetzung für eine erfolgreiche Digitalisierung ist eine von vornherein mitzuplanende Cybersicherheit. Ohne diese wird es nicht funktionieren.

Große Herausforderungen für die Cybersicherheit werden sich somit aus der sich verändernden Systemlandschaft ergeben. In den letzten Jahren wurde ersichtlich, dass sich durch die Professionalisierung von Cyberkriminalität und Cyberspionage die Angriffslandschaft dramatisch verändert hat. Die finanziellen Möglichkeiten der Angreifer werden auch zukünftig weiter wachsen und die Angriffe werden sich zunehmend auch auf industrielle Ziele richten. Was heißt das für Industrieunternehmen? Sie müssen in der Lage sein, tatsächlich allen Bedrohungen und Risiken gleichzeitig in Echtzeit zu begegnen und diese zu bearbeiten. Neue Ansätze werden also benötigt.

Netzsicherheit und neue Verschlüsselungstechnologien

Aus der zunehmenden Vernetzung ergeben sich neue Anforderungen für Schutz und Sicherheit der Systeme. Viele bestehende mobile und intelligente Komponenten besitzen derzeit weder eine Authentifizierung der Geräte noch können sie eine Verschlüsselung der Datenübertragung sicherstellen. In der Folge können solche Geräte als Teil dieses Netzes von Schadsoftware befallen werden.

Der Schutz der Konnektivität und die Verfügbarkeit der Kommunikation gewinnen in dynamischen Gruppen eine immer größere Bedeutung. Es sind eine systematische Beobachtung, Überwachung, Erfassung, Protokollierung von Netzwerk und Infrastrukturkomponenten notwendig. Dazu werden neue Methoden zur formalen Beschreibung physikalischer und logischer Komponenten und deren grundlegende Vertrauensbeziehungen als Kooperationspartner in vernetzten Industrie-4.0-Systemen benötigt.

Zukünftige neue Verschlüsselungstechnologien oder Sicherheitslösungen werden auf Basis völlig neuer Technologien bereits in der Hardware verankert sein. Solche zukünftigen Lösungen zur Sicherheit vernetzter Systeme betreffen mobile und intelligente Komponenten sowie industrielle Steuerungssysteme ebenso wie Plattformen mit gehosteten Anwendungen. Gegenstand von Forschung und Entwicklung sind neue Methoden, die die Sicherheit auf der physikalischen Schicht ausnutzen. Das sind unter anderem Verfahren in IoT-Netzwerken für Integrität und Authentizität, zur sicheren Kommunikation, zum geheimen Schlüsselaustausch und gegen aktive Angriffe.

Informationstechnik-Frühwarnsysteme

Ein neuer Ansatz, vernetzte industrielle Anwendungen rechtzeitig über neue Bedrohungen informieren und schützen zu können, ist der Einsatz von IT-Frühwarnsystemen. Diese werden eingesetzt, um bereits während eines Sicherheitsvorfalls zu warnen, noch bevor mögliche Auswirkungen spürbar sind. So können andere Systeme so früh wie möglich über erkannte oder sich abzeichnende sicherheitsrelevante Vorfälle informiert werden. Wichtig ist, dass die Daten solcher Systeme rechtzeitig und korrekt beim Empfänger ankommen.

Der Forschungs- und Entwicklungsbedarf zukünftiger IT-Frühwarnsysteme erstreckt sich auf die Weiterentwicklung kollaborativer Ansätze sowie der sensorbasierten und quellbasierten Datengewinnung. Neue Verfahren zur Bestimmung eines Gesamtlagenbildes bezüglich Schadsoftware, krimineller Gruppen und daraus resultierender aktueller Bedrohungen werden eine solide Grundlage für die Frühwarnung gezielter Angriffe bilden. Neue heuristische Prognoseverfahren und adaptive Strategien ergänzen zunehmend die Risikoerkennung.

Die Bedeutung des Themas Frühwarnung wird mit steigender komplexer Vernetzung und hoher Datensensitivität in Industrie 4.0 zukünftig eine zentrale Rolle einnehmen. Eine zunehmende Herausforderung für die Anwender ist die Beherrschung dieser Systeme auf inhaltlicher Basis. Dazu müssen solche zukünftigen Lösungen neben dem zu gewährleistenden erforderlichen Maß an Schutz auch eine einfache und leicht verständliche Bedienung und Interaktion ermöglichen. Nur so kann sichergestellt werden, dass sie von Anwendern nicht gemieden, umgangen oder versehentlich fehlgenutzt wird.

Maschinelle Lernverfahren und Künstliche Intelligenz

Die fortschreitende Entwicklung auf dem Gebiet maschineller Lernverfahren (ML) und Künstlicher Intelligenz (KI) birgt ein großes Potenzial zur Verbesserung der Cybersicherheit. Der Einsatz dieser Technologien kann dazu dienen, dass vernetzte Industrie-4.0-Systeme sich in Zukunft eigenständig auf neue Bedrohungen einstellen und Angriffe in Echtzeit erkennen, um rechtzeitig auf sie zu reagieren. Der Einsatz solcher Verfahren ist jedoch sehr anspruchsvoll und mit der Inbetriebnahme derartiger Systeme ist oftmals ein hoher zeitlicher Aufwand verbunden.

Neben der Auswertung von Kommunikationsdaten besteht mittels selbstlernender maschineller Lernverfahren durch intelligentes automatisiertes Testen die Möglichkeit der Bewertung der Sicherheitsqualität von Soft- und Hardware. Allerdings ist die Sicherstellung der Verfügbarkeit der teilweise sensiblen Daten zum Trainieren der Modelle mit großen Herausforderungen verbunden und die Zuverlässigkeit und Qualität der beim Training erlernten Sicherheitsmodelle nur schwer einzuschätzen.

Zukünftiger Forschungsbedarf besteht bei der Entwicklung von Verfahren, die eine robuste und schnelle Erkennung von ähnlichen Daten, eine schnelle Klassifikation von großen Datenmengen, eine Abstraktion zur Reduktion der existierenden Komplexität und eine effiziente automatische Erkennung von verbotenen Inhalten für verschiedene Medientypen ermöglichen. Weiterhin ist zu klären, ob und inwieweit Sicherheitspersonal in solche Erkennungs- und Abwehrprozesse zukünftig noch eingreifen soll.

Forensische Untersuchungen in der Informationstechnik

Die IT-Forensik ist ein Teilgebiet der Forensik. Sie hat nach einem Sicherheitsvorfall die Identifikation der Methode oder der Schwachstelle, die zum Systemeinbruch geführt haben könnte, die Ermittlung des entstandenen Schadens, die Identifizierung der Verursacher und die gerichtsverwertbare Sicherung der Beweise als Ziele.

IT-Forensik ist also letztendlich eine methodisch vorgenommene Datenanalyse auf Datenträgern und Computernetzen der vorverarbeiteten Daten, insbesondere deren Korrelation aus unterschiedlichen Datenquellen. Dabei soll die Frage beantwortet werden, ob die gefundenen Beobachtungen zusammenpassen und einen schlüssigen Gesamtüberblick eines Systems ergeben. Dabei werden Big-Data-Technologien mit forensischen Datenanalyseverfahren (FDA) immer wichtiger, um sicherheitsrelevante Informationen zu erfassen und auszuwerten.

Es ist anzunehmen, dass mittels neuer Software eine forensische Sicherung unter Wahrung der Integrität und Authentizität der Datenobjekte und zusätzlicher Dokumentation einfacher und leistungsfähiger möglich sein wird. Eine große Herausforderung für die Datenanalyse ergibt sich in der Cloud-Forensik mit ihrer Diversität der Datenarten sowie der Datenquellen. Zukünftig müssen

IoT-Plattformanbieter derartige Techniken in ihre Cloud-Infrastruktur integrieren, um das Problem der Identifikation und Sammlung forensischer Informationen zu verbessern.

Eine zukünftige Entwicklung kann ohne Zweifel angenommen werden: Cyberangriffe werden nicht nur häufiger, sondern auch immer raffinierter. Die Entwicklung neuer Cyber-Sicherheitslösungen ist ein nie endender Prozess – ein nationaler wie internationaler Wettlauf. Dieses Buch soll Unternehmen dabei unterstützen, bestehende und zukünftige Bedrohungssituationen frühzeitig zu erkennen, richtig einzuschätzen und entsprechend zur Erhöhung der Sicherheit handeln zu können. Die beteiligten Autoren machen deutlich, was aus ihrer jeweiligen Sicht erforderlich ist, um diesen bestehenden Herausforderungen zu begegnen.

Wir hoffen, Ihnen mit dem in diesem Buch akkumulierten Wissen einen verständlichen und hilfreichen Beitrag geliefert zu haben.

THOMAS SCHULZ

Management-Statement

Die Bedrohungslage für industrielle Steuerungssysteme wird sich weiter zuspitzen – wirtschaftliche und trotzdem sichere Lösungen zur Gefahrenabwehr sind aber vorhanden

JENS SPARMANN, Systemspezialist Security bei WAGO

Jens Sparmann, 33 Jahre alt, arbeitet seit April 2018 bei WAGO. Er unterstützt als Systemspezialist Security den Vertrieb Automation, hilft insbesondere den Systemberatern bei der Umsetzung und Planung moderner Automatisierungsanlagen. Mit seiner langjährigen Erfahrung als Informationselektroniker und seinem Master-Studium mit dem Schwerpunkt Informations- und Kommunikationstechnik hat er sich eine grundlegende Expertise erarbeitet. In einer immer mehr verschmelzenden Welt der Office-IT und Automatisierungstechnik sind Spezialisten wie Jens Sparmann sehr gefragt, Kundenwünsche zu erfüllen.

Herr Sparmann, die Digitalisierung und Industrie 4.0 sind in aller Munde. Aber auch Hackerangriffe sorgen immer mehr für Schlagzeilen. Wie sicher sind denn Unternehmen heutzutage noch vor Cyber-Kriminellen?

JENS SPARMANN: Cyber Security ist Voraussetzung für eine erfolgreiche Digitalisierung. Mit einer gut strukturierten Gefahrenabwehr lässt sich das auch erreichen. Aber klar ist, dass die Unternehmen bei ihrer Digital-Strategie der IT- und Cybersicherheit auch eine entsprechend hohe Priorität einräumen müssen. Das gilt nicht nur für den Schutz konventioneller IT-Systeme, sondern auch für die Absicherung industrieller Steuerungssysteme (Industrial Control Systems – ICS). Darauf hat auch das Bundesamt für Sicherheit in der Informationstechnik (BSI) in seinen sicherheitsspezifischen Empfehlungen für Maschinenbauer und Integratoren hingewiesen. Durch die zunehmende Vernetzung von Maschinen und Anlagen in Anwendungsbereichen wie in der Fabrikautomation sind diese inzwischen den gleichen Bedrohungen ausgesetzt wie konventionelle IT-Systeme.

Welche Vorfälle sind denn bei den industriellen Steuerungssystemen bekannt?

SPARMANN: Was direkte Angriffe auf industrielle Steuerungssysteme betrifft, so ist der bekannteste Fall der jüngeren Vergangenheit ein Angriff auf ein Triconex SIS (Safety Instrumented System) im Dezember 2017 im Mittleren Osten. In der Medienberichterstattung wurde diese Malware auch als Triton bezeichnet. Dabei handelte es sich um eine Schadsoftware, die es speziell auf industrielle Kontrollanlagen eines international agierenden Steuerungsherstellers abgesehen hatte. Mit der Malware sollte die Kontrolle übernommen werden. Laut Unternehmen nahm die betroffene Anlage keinen Schaden, sondern schaltete sicher ab. Der Angriff sorgte dennoch für einigen Wirbel, denn zum ersten Mal war eine Sicherheitssteuerung betroffen.

Triton ist bisher erst die dritte bekannte Art von Malware dieser Art. Die erste war Stuxnet vor neun Jahren, von der viele glauben, dass sie damals von der NSA und dem israelischen Geheimdienst entwickelt worden war, um Urananreicherungsanlagen im Iran zu sabotieren. Und Ende 2016 hatte der Trojaner Industroyer die Stromversorger in der Ukraine attackiert. Dabei wurden Leistungsschalter im Energieversorgungsnetz durch Remote-Zugriff unkontrolliert bedient und gleichzeitig auf Steuerungsrechnern Datenbestände gelöscht. Die Folge dieses Angriffs war, dass in Kiew für kurze Zeit die Lichter ausgingen.

Daneben sind weitere Vorfälle dokumentiert, die aber keiner staatlichen Intervention zugeordnet werden können. Das BSI erwähnte zum Beispiel in einem seiner IT-Lageberichte einen Angriff auf einen Hochofen in Deutschland, der zu dessen Havarie führte. Darüber hinaus existiert inzwischen Schadsoftware, die gezielt Komponenten von Automatisierungssystemen angreift. Das ICS-CERT beschreibt zum Beispiel eine Schadsoftware, die OPC-Server befällt.

JENS KRAKE, Product Manager bei WAGO
Jens Krake, 51 Jahre alt, ist seit Januar 2000 bei WAGO beschäftigt. Er arbeitet als Produktmanager in der Produktlinie Controller und HMI, den programmierbaren WAGO-Produkten. Seit 2012 ist er zuständig für Steuerungen und Security der ICS (Industrielles Steuerungssystem). Als gelernter Betriebselektriker mit anschließendem Studium der Elektrotechnik mit Schwerpunkt Nachrichtentechnik bringt er die idealen Voraussetzungen für diesen Bereich mit. Ebenso ist seine siebenjährige Erfahrung als SPS-Programmierer im Maschinenbau ein wichtiger Grundstein seiner Expertise, die er für die WAGO-Lösungen einbringt.

Herr Krake, was raten Sie mittelständischen Unternehmen, wie sie sich am besten vor Cyberangriffen schützen können?

JENS KRAKE: Als Basis sollte der IT-Grundschutz des BSI dienen. Dieser wurde vor zwei Jahren überarbeitet, so dass nun auch speziell kleine und mittelständische Unternehmen mit begrenzten Budgets mehr Berücksichtigung finden. Und die Themen Detektion und ICS wurden ergänzt. Die Empfehlungen des BSI reichen von standardisierter Hardware und Prozessen über die Nutzung ausschließlich etablierter Protokolle bis hin zur Begrenzung von Zugängen auf bestimmte Zeitfenster.

Unternehmen sollten einen koordinierten Einsatz mehrerer Sicherheitsmaßnahmen nutzen, den so genannten Defense-in-Depth-Ansatz. Denn klar ist, dass ein Eindringen in ein komplexes und vielschichtiges Abwehrsystem schwieriger ist als nur eine einzige Barriere zu überwinden.

Neben den technischen Lösungen und der sicheren Gestaltung der Netzwerkkommunikation müssen aber auch organisatorische und soziale Gesichtspunkte wie das Verhalten der Mitarbeiter berücksichtigt werden. Unternehmen sollten daher interne Prozesse und Abläufe auf mögliche IT-Gefahrenstellen durchleuchten und neu justieren. Das heißt, sie müssen auch potenzielle neue Einfallstore beachten, wie zum Beispiel das Smartphone oder das Phishing mittels Social Engeering. Jedoch dürfen sie auch altbekannte Gefahren nicht vernachlässigen, etwa den USB-Stick. Man darf nicht vergessen, dass PC-basierte Systeme über USB-Schnittstellen verfügen. Diese sind sicherheitstechnisch besonders sensibel. Salopp gesagt, es muss dort nur jemand einen infizierten USB-Stick reinstecken und sofort kann sich ein Virus ausbreiten. So gelangte übrigens auch der Computerwurm Stuxnet über einen USB-Stick ins Netz und manipulierte weltweit Steuerungscomputer von Industrieanlagen. Mit den richtigen Sicherheitsfeatures ließen sich solche Probleme vermeiden.

Die Implementierung und der dauerhafte Betrieb eines Defense-in-Depth-Konzepts ist für mittelständische Unternehmen sicher keine leichte Aufgabe. Wenn dann die Unternehmensführung zum Schluss kommt, dass es an Know-how und Ressourcen mangelt, werden die Projekte oftmals geschoben. Das ist ein fataler Fehler. Denn wirtschaftliche und trotzdem sichere Lösungen sind vorhanden. Den Rahmen dazu bieten eine Reihe von Normen.

Welche Normen meinen Sie und was bringen diese?

KRAKE: Im Bereich der IT-Sicherheit stehen Unternehmen eine ganze Reihe von Normen zur Verfügung. Sie definieren den Stand der Technik und ermöglichen es den Unternehmen, standardisiert vorzugehen in Bezug auf Auslegung, Implementierung, Betrieb und Zertifizierung von IT-Sicherheitssystemen. Man muss allerdings unterscheiden zwischen Normen für die IT-Sicherheit im Office-Bereich und für die Produktion. Letztere hat eine etwas andere Priorisierung, was die Anforderungen betrifft. Zu den wichtigsten zählt die IEC 62 443. Dabei handelt es sich um eine internationale Normenreihe über industrielle Kommunikationsnetze und IT-Sicherheit für Netze und Systeme. Aber auch die Normen aus der Normenfamilie ISO/IEC 27 00x sind wichtig. Sie spezifizieren die Anforderungen für die Einrichtung von Informationssicherheits-Managementsystemen, befassen sich aber auch mit der Aufrechterhaltung und der laufenden Verbesserung. Dabei berücksichtigen sie die jeweilige Organisation dahinter, ob es sich also um Strukturen in einem Handelsunternehmen, einer staatlichen Organisation oder eine Non-Profit-Organisation handelt. Ergänzend verdeutlicht die Normenreihe VDI/VDE 2182 das Thema Cyber Security an praktischen Beispielen für die Fertigungs- und die Prozessindustrie.

Herr Sparmann, welche Anforderungen an künftige Automatisierungssysteme gibt es vor dem Hintergrund von Industrie 4.0?

SPARMANN: Die Interessengemeinschaft Automatisierungstechnik in der Prozessindustrie (NAMUR) hat in ihrer Empfehlung Ne 153 «Automation Security 2020» Anforderungen für künftige Automatisierungssysteme beschrieben. Der wesentliche Grundgedanke darin ist der so genannte Security-by-Design-Ansatz. Dabei werden Sicherheitsmechanismen bereits bei der Entwicklung der Geräte berücksichtigt. So lässt sich auch die Komplexität von Automatisierungslösungen erheblich reduzieren und eine sichere Kommunikation unter Echtzeitbedingungen realisieren. Es zeigt sich bereits heute, dass die Unternehmen bei ihren Automatisierungslösungen immer mehr auf offene und vernetzte Systemarchitekturen sowie Komponenten der Standard-IT setzen – häufig mit direkter oder indirekter Verbindung zum Internet. Von daher ist die Integration von IT Securitiy, der Security-by-Design-Ansatz, unumgänglich.

Welche künftigen Herausforderungen an die IT-Sicherheit gibt es in der Produktion?

SPARMANN: Es ist davon auszugehen, dass sich die Bedrohungslage für Automatisierungssysteme weiter zuspitzen wird. Darauf weist schon die Entwicklung der dokumentierten Angriffe hin. Die mit Industrie 4.0 einhergehende Vernetzung der Produktionsprozesse eröffnet grundsätzlich weitere Angriffsmöglichkeiten. Das wissen und fürchten die Unternehmer. In einer repräsentativen Umfrage des Allensbacher Instituts hatten 88 Prozent der befragten Führungskräfte angegeben, dass für sie die größte Herausforderung bei der Einführung von Industrie 4.0 ein wirksamer Schutz gegen Cyberangriffe ist.

Herr Krake, kann ein Maßnahmenplan Unternehmen helfen? Wenn ja, wie kann dieser aussehen?

KRAKE: Da die Normenwerke umfangreich und teilweise auch noch unvollständig sind, fällt es mittelständischen Unternehmen häufig schwer, zu einer Beurteilung des eigenen Unternehmens zu kommen. Daher ist ein Maßnahmenplan sinnvoll. WAGO hat einen Zehn-Punkte-Plan gegen Cyberangriffe für sein Whitepaper «Etablierung der IT-Sicherheit im Produktionsbereich» erstellt. In diesem Zehn-Punkte-Plan wird etwa beschrieben, wie die IT-Sicherheit im Unternehmen als übergreifender Prozess etabliert werden kann und eine Gesamtverantwortung in Form eines IT-Sicherheitsbeauftragten definiert werden sollte. Oder ein weiterer Punkt ist die Erstellung einer internen Richtlinie. Darin werden etwa grundlegende Verhaltensregeln für die Mitarbeiter festgelegt. Nur wenn das Personal weiß, was von ihm in Bezug auf die IT-Sicherheit erwartet wird, kann es sich entsprechend verhalten. Weitere Punkte sind etwa die IT-Schulung oder die Regelung des externen Zugriffs auf Produktionsanlagen. Zur Errichtung solcher Remote-Zugänge hat übrigens auch das BSI einen Leitfaden herausgebracht.

Welche Möglichkeiten bieten WAGO-Produkte, um sensible Daten zu schützen?

Krake: WAGO zählt zu den Anbietern von offenen Automatisierungslösungen, bei denen ein Datenaustausch mit der Cloud vorgesehen ist. Und dennoch ist man mit den WAGO-Controllern PFC100 und PFC200 jederzeit auf der sicheren Seite, denn alle IT-Security-Mechanismen sind bereits fest in die WAGO-Controller integriert und können nicht durch Fremdzugriff ausgekoppelt werden. Die Steuerungen verfügen mit ihrem Linux®-Betriebssystem über Verschlüsselungsstandards gemäß TLS1.2 (SSH, FTPS, HTPS usw.) und bieten Onboard-VPN-Funktionalität, basierend auf der Strongswan-IPsec-Implementierung und dem OpenVPN-Paket – beides sichere Kommunikationslösungen für Linux®-Betriebssysteme. Bei der Kommunikation mit einem Controller wird eine verschlüsselte LAN/WLAN-Verbindung aufgebaut, deren Inhalt nur die beiden Endpunkte verstehen können. Verbindungen werden nur nach erfolgter Authentifizierung aufgebaut.

Mit dieser Lösung kann man von überall her auf die Anlagendaten zurückgreifen. Dennoch werden Sicherheit und Integrität gewährleistet. Das entspricht den Anforderungen an Sicherheitskonzepte für Produktionsanlagen von morgen.

Abkürzungen

AC	Access Coordinator
AFIPS	American Federation of Information Processing Societies
AGB	Allgemeine Geschäftsbedingungen
AI	Artificial Intelligence
AICPA	American Institute of Certified Public Accountants
AMI	Advanced Metering Infrastructure
AMS	Asset Management System
ANSI	American National Standards Institute
AoF	Agreement on Facts
API	Application Programming Interface
APT	Advances Persistent Threat
ARP	Address Resolution Protocol
AWS	Amazon Web Services
B2C	Business to Customer
BAI	Build, Acquire and Implement
BCM	Business Continuity Management
BDSG	Bundesdatenschutzgesetz
BIA	Business-Impact-Analyse
BSI	British Standards Institute / Bundesamt für Sicherheit in der Informationstechnik
BYOD	Bring your own device
CAB	Change Advisory Board
CAD	Computer Aided Design
CADF	Cloud Auditing Data Federation
CAIS	Cyberattack-Informationssystem
CCM	Cloud Controls Matrix
CEF	Common Event Format
CERT	Computer Emergency Response Team
CFATS	Chemical Facility Anti-Terrorism Standards
CGI	Common Gateway Interface
CI	Configuration Item
CIA	Confidentiality, Integrity, Availability
CIIS	Cyber Incident Information Sharing
CIP	Critical Infrastructure Protection – Cyber Security
CISA	Certified Information Systems Auditor
CISM	Certified Information System Manager
CISO	Chief Information Security Office
CISSP	Certified Information Systems Security Professional
CMMI	Capability Maturity Model Integration
CoC	Chain of Custody
COTS	Commercial OFF the Shelf
CPS	Cyber Physical System
CRL	Certificate Revocation List
CRUD	Create, Read, Update, Delete

CSA	Cloud Security Alliance
CSAM	Cyber Security Analytics and Monitoring
CSIRT	Computer Security Incident Response Team
CSM	Cyber Security Management
CSMS	Cyber Security Management System
CSO	Chief Security Officer
DACH	Deutschland, Österreich, Schweiz
DAST	*Dynamic* Application Security Testing
DCOM	*Distributed Component Object Model*
DCP	Device Control Protocol
DCS	Distributed Control System
DDoS	Distributed Denial of Service
DER	Detektion und Reaktion
DevOpsSec	Development Operations Security
DFD	Datenflussdiagramm
DHCP	Dynamic Host Configuration Protocol
DIP	Dual In-line Package
DL	Deep Learning
DMZ	Demilitarized Zone
DNP	Distributed Network Protocol
DNS	Domain Name System
DoS	Denial of Service
DPI	Deep Packet Inspection
DPO	Data Protection Officer
DRM	Digital Rights Management
DSB	Datenschutzbeauftragter
DSGVO	Datenschutzgrundverordnung
DSS	Deliver, Service and Support / Datensicherheitsstandard
DTI	Department of Trade and Industry
E / A	Eingabe / Ausgabe
EA	European Accreditation
eGRC	Enterprise Governance Risk and Compliance
ENISA	European Network and Information Security Agency
ERM	Enterprise Risk Management
ERP	Enterprise Resource Planning
EW	Eintrittswahrscheinlichkeit
FDA	Forensische Datenanalyse
FR	Foundational Requirement
FSM	Functional Safety Management
FTP	File Transfer Protocol
GAFA	Google, Apple, Facebook und Amazon
GDPR	General Data Protection Regulation
GDV	Gesamtverband der deutschen Versicherungswirtschaft
GIS	Geographisches Informationssystem

GoBD	Grundsätze zur ordnungsmäßigen Führung und Aufbewahrung von Büchern, Aufzeichnungen und Unterlagen in elektronischer Form sowie zum Datenzugriff
GRC	Governance, Risk and Compliance
GSM	Global System for Mobile Communications
HMI	Human Machine Interface
HPU	Hochprivilegierter User
HR	Human Resource
HSE	Health Safety Environment
HTTP	Hypertext Transfer Protocol
IaaS	Infrastructure as a Service
IACS	Industrial Automation and Control System
IAM	Identity Access Management
IAS	Industrielles Automatisierungssystem
ICCP	Inter Control Center Protocol
ICS	Industrial Control System
IDS	Intrusion Detection System
IEC	International Electrotechnical Commission
IED	Intelligent Electronic Device
IETF	Internet Engineering Task Force
IGMP	Internet Group Management Protocol
IKT	Informations- und Kommunikationstechnologie
IIoT	Industrial Internet of Things
INL	Idaho National Laboratories
IOC	Indicators of Compromise
IoT	Internet of Things
IP	Internet Protocol
IPS	Intrusion Prevention System
IPSec	Internet Protocol Security
IRM	Integriertes Risikomanagementsystem
IRT	Incident Response Team
IS	Informationssicherheit
ISA	Industry Standard Architecture
ISB	Informationssicherheitsbeauftragter
ISM	Informationssicherheitsmanager
ISMS	Information Security Management System / Informationssicherheits-Managementsystem
ISMT	Informationssicherheits-Managementteam
ISO	International Standard Organization
IT	Informationstechnik
ITU	International Telecommunication Union
JSON	JavaScript Object Notation
JTAG	Joint Test Action Group
KI	Künstliche Intelligenz
KMU	Kleine und mittlere Unternehmen

KonTraG	Gesetz zur Kontrolle und Transparenz im Unternehmensbereich
KPI	Key Performance Indicators
KRITS	Kritische Infrastrukturen
KVP	Kontinuierlicher Verbesserungsprozess
LAN	Local Area Network
LDAP	Lightweight Directory Access Protocol
LLB	Low Level Bootloader
LLC	Logical Link Control
LLDP	Link Layer Discovery Protocol
M&A	Mergers & Acquisitions
MAC	Media Access Control
MES	Management Execution System
MitM	Man in the Middle
ML	Machine Learning
MQTT	Message Queuing Telemetry Transport
NA	NAMUR-Arbeitsblatt
NAC	Network Access Control
NACD	National Association of Corporate Directors
NAMUR	Interessengemeinschaft Automatisierungstechnik der Prozessindustrie (abgeleitet von «Normenarbeitsgemeinschaft für Mess- und Regeltechnik»
NAT	Network Address Translation
NCCIC	National Cybersecurity and Communications Integration Center
NERC	North American Electric Reliability Corporation
NFS	Network File Storage
NFV	Network Function Virtualization
NIS	EU-Richtlinie für Netz- und Informationssicherheit
NSA	National Security Agency
OECD	Organization for Economic Co-operation and Development
OEE	Overall Equipment Effectiveness
OLE	Object Linking and Embedding
OLEPC	OLE for Process Control
OPC UA	Open Platform Communications Unified Architecture
OPC XI	Open Platform Communications Express Interface
OSI	Open Systems Interconnection
OSI PI	Plant Information System der Firma OSIsoft für die Echtzeitdarstellung von Produktionsdaten
OSS	Open-Source-Software
OT	Operational Technology / Operative Technik
OWASP	Open Web Application Security Project
PaaS	Platform as a Service
PAS	Public Available Standard
PCAP	Packet Capture
PCI	Payment Card Industry

PDCA	Plan – Do – Check – Act
PKI	Public-Key-Infrastruktur
PLC	Programmable Logic Contoller
PLS	Prozessleitsystem
PLT	Prozessleittechnik
PoR	Proofs of Retrievability
RAT	Remote Access Tool
RBAC	Role Based Access Control
RDP	Remote Desktop Protocol
RE	Requirement Enhancement
REST	Representational State Transfer
RfC	Request for Change
RMS	Risikomanagementsystem
RPC	Remote Procedure Call
RTP	Risk Treatment Plan
RTU	Remote Terminal Unit
S3	Simple Storage Service
SAaaS	Security Audit as a Service
SaaS	Software as a Service
SACM	Service Asset & Configuration Management
SAFE	Software Assurance Forum for Excellence
SAST	Static Application Security Testing
SB	Selbstbeteiligung
SCADA	Supervisory Control and Data Acquisition
SCC	Security Command Center
SDL	Security Development Lifecycle
SDN	Software Defined Networks
SERCOS III	Serial Real-time Communications System III
SH	Schadenshöhe
SIEM	Security Information und Event Management
SIF	Safety Instrumented Function
SIL	Safety Integrity Level
SIP	Session Initiation Protocol
SIRT	Security Incident Response Team
SIS	Safety-Integrated System / Safety Instrumented System
SIS-CSM	SIS-Cyber-Security-Management
SL	Security Level
SLA	Service Level Agreement
SMB	Server Message Block
SOA	Statement of Applicability
SOAP	Simple Object Access Protocol
SOC	Security Operations Center
SOX	Sarbanes-Oxley Act of 2002 (US-Bundesgesetz)
SPS	Speicherprogrammierbare Steuerungen
SQL	Structured Query Language
SQS	Schweizerische Vereinigung für Qualitäts- und Management-Systeme

SR	System Requirement
SRA	Safety, Reliability, Availability
SSH	Secure Shell
SSL	Secure Sockets Layer
STAR	Security, Trust & Assurance Registry
SuC	System under Consideration
SW	Software
TAP	Terminal / Test Access Port
TCP	Transmission Control Protocol
TCP / IP	Transmission Control Protocol / Internet Protocol
TIP	Threat Intelligence Platform(s)
TISAX	Trusted Information Security Assessment eXchange
TLS	Transport Layer Security
TPM	Trusted Platform Modules
TPRM	Third Party Risk Management
TRE	Timely Response to Events
TSN	Time Sensitive Network
UDP	User Datagram Protocol
UPnP	Universal Plug and Play
URL	Uniform Resource Locator
USP	Unique Selling Proposition
UTM	Unified Threat Management System
VIVA	Vertraulichkeit – Integrität – Verfügbarkeit – Authentizität
vLAN	Virtual Local Area Network
VMM	Virtual Machine Monitor
VoIP	Voice over Internet Protocol
VPC	Virtual Private Cloud
VPN	Virtual Private Network
VVG	Versicherungsvertragsgesetz
W3C	World Wide Web Consortium
WAN	Wide Area Network
WinCC	Windows Control Center
XML	eXtensible Markup Language
ZLL	ZigBee Light Link
ZVEI	Zentralverband Elektrotechnik- und Elektronikindustrie

Lebensläufe

Dipl.-Ing. Heiko Adamczyk

Heiko Adamczyk studierte Elektrotechnik an der Otto-von-Guericke-Universität Magdeburg. Nach seiner Tätigkeit am ifak e.V. in Magdeburg und bei Knick Elektronische Messgeräte in Berlin ist er seit September 2016 ist er für die KORAMIS GmbH tätig und für den neu eröffneten Standort Potsdam/Berlin verantwortlich. Seine Aufgaben fokussieren dabei auf die Themen Security und Industrie 4.0. Herr Adamczyk leitete verschiedene Forschung- und Entwicklungsprojekte und hat darüber hinaus zahlreiche Publikationen herausgegeben. Er ist in der Arbeitsgruppe UK931.1 der DKE tätig. Im ZVEI gehört er dem Lenkungsausschuss «Security» an. Zudem er seit 2006 Obmann des Fachausschusses 5.22 «IT-Security» innerhalb der VDI/VDE-GMA und seit 2012 in dessen Beirat tätig.

Dr. rer. nat. Kemal Akman

Dr. Kemal Akman studierte Bioinformatik an der Ludwig-Maximilians-Universität. Nach seiner Promotion arbeitete er mehrere Jahre im Bereich Application Management in der Produktion bei Roche in Penzberg. Bereits vor dem Studium besaß er langjährige Berufserfahrung in den Bereichen IT-Sicherheit, sichere Softwareentwicklung und Kryptographie. Zu diesen Themenbereichen hat er bereits einige Artikel im c't Magazin sowie Whitepaper veröffentlicht. Nach seiner Tätigkeit als Manager bei Ernst & Young Deutschland im Bereich Cybersecurity, wo er schwerpunktmäßig Kunden im Bereich der Industrial Control Security beraten hat, wechselte er 2019 zur KPMG Deutschland Wirtschaftsprüfungsgesellschaft AG.

Prof. Dr. rer. nat. Frederik Armknecht

Prof. Dr. Frederik Armknecht studierte Mathematik an der Technischen Hochschule Karlsruhe. Nach seiner Promotion in Kryptographie über die Sicherheit bestimmter Verschlüsselungsverfahren arbeitete er bei NEC Europe Ltd. an der Sicherheit in unterschiedlichen Arten an Netzwerken. Später kehrte er an die Universitäten zurück und nach Zwischenstationen an der Ruhr-Universität Bochum und der Technischen Universität Darmstadt hat er nun einen Lehrstuhl für Dependable Systems Engineering an der Universität Mannheim inne. Sein Forschungsgebiet ist die Wahrung der Sicherheit und Privatsphäre im Kontext von sowohl bewusst als auch unbewusst herausgegebenen Daten.

Johannes Beckers, LL.B., M.Sc.

Johannes Beckers studierte Wirtschaftsrecht an der Rheinischen Fachhochschule in Köln und Versicherungswesen an der Fachhochschule Köln. Er schrieb seine Masterarbeit zum Thema Cyber-Versicherungen. Im Anschluss an sein Studium begann er als Financial Lines Underwriter und Produktentwickler für Cyber-Versicherungen bei einem Versicherungsassekuradeur. Seit 2017 arbeitet er beim AXA-Konzern als Cyber-Spezialist und -Underwriter. Im Rahmen seiner Cyber-Tätigkeit stand Herr Beckers bereits für diverse Interviews und Veröffentlichung zur Verfügung.

Daniel Conta, B.Sc.

Daniel Conta studierte Wirtschaftsinformatik an Hochschule für angewandte Wissenschaften Hamburg und Informatik an der Universität Hamburg. Über fünf Jahre wirkte er bei dem IT-Dienstleiser Diebold Nixdorf für die Finanzbranche am Aufbau eines hochpriviligierten Access Managements mit. Seit Beginn 2017 ist er als IT-Berater in der Gesundheitsbranche tätig und berät Kliniken, Praxen und Einrichtungen mit pflegerischem Schwerpunkt im Bereich Reputationsmanagement und bei der Digitalisierung von Arbeitsabläufen im organisatorischen und formalen Arbeitsalltag. Als Referent hält er für den Berufsverband für Orthopädie und Unfallchirurgie (BVOU) Vorträge auf Ärztekongressen (z.B. DKOU 2018 Berlin) und Webinars für den BVOU-Study Club.

Dipl.-Math. David Fuhr
David Fuhr studierte Mathematik, Informatik und Politikwissenschaft an der Freie Universität Berlin. Anschließend forschte er am Fraunhofer ISST und Fraunhofer IPK zu Wissensmanagement, Bilderkennung und digitaler Fälschungssicherung. Als Head of Research beim Berliner Security-Beratungsunternehmen HiSolutions verantwortet er Forschungsprojekte in Bereichen wie kritische Infrastrukturen, Incident Response, Industrie 4.0 und Katastrophenvorsorge. Seine Arbeitsgebiete umfassen Kryptographie, Standardisierung, Risikomanagement, maschinelles Lernen und die Vermittlung von Security-Fachwissen über Expertenkreise hinaus. David Fuhr ist Gestalt-Trainer und -Berater und als CISSP, CISA sowie ISO 27 001 Lead Auditor zertifiziert.

Dr. Dipl.-Phys. Christoph Glowatz
Dr. Christoph Glowatz studierte Physik an der Heinrich-Heine-Universität in Düsseldorf und promovierte dort in experimenteller Festkörperphysik. Im Anschluss trat er in die Dienste der Westdeutschen Landesbank und spezialisierte sich dort auf Planung und Aufbau hochverfügbarer Banken-Systeme unter UNIX. Später wechselte er in die Finance-Sparte von T-Systems, war dort mehrere Jahre im Bereich Security & Process-Management tätig und verantwortete Aufgaben im Operational Risk Management IT. Danach leitete er im Service Management der Bechtle AG den Aufbau und den Betrieb von Secured Managed IT Services für mittelständische Unternehmen und Behörden. Zuletzt übernahm er die Position des CISO an der Hochschule Düsseldorf.

Christian A. Gorke, M.Sc.
Christian Gorke studierte Mathematik an der Justus-Liebig-Universität Gießen. Praktische Erfahrung sammelte er während des Studiums bei Infineon Technologies AG in der Abteilung ChipCard & Security, wo er auch seine Masterarbeit mit Schwerpunkt Kryptographie und Security erarbeitete. Seit Abschluss des Studiums promoviert Christian Gorke an der Universität Mannheim bei Prof. Armknecht am Lehrstuhl Praktische Informatik: Dependable Systems Engineering. Dort forscht er in den Bereichen Cloud Security, Mobile Security, Web Security sowie angewandter IT-Security.

Dr.-Ing. Christian Haas
Dr. Christian Haas studierte Informatik an der Universität Karlsruhe (TH). Anschließend promovierte er am Karlsruher Institut für Technologie (KIT). Seit 2015 leitet er die Gruppe «Sichere vernetzte Systeme» in der Abteilung «Informationsmanagement und Leittechnik» am Fraunhofer IOSB. Seine wissenschaftlichen Schwerpunkte umfassen die Konzeption und Entwicklung von IT-Sicherheitsmechanismen für industrielle Produktionssysteme, die Weiterentwicklung des IT-Sicherheitslabors für die industrielle Produktion am Fraunhofer IOSB sowie die Projektleitung und Mitarbeit in industriellen Entwicklungs- und Forschungsprojekten im Themengebiet IT-Sicherheit für industrielle Produktionsanlagen/kritische Infrastrukturen.

Dipl.-Inf. Mark Hartmann
Mark Hartmann studierte Informatik an der Technischen Universität München. Durch unterschiedliche Tätigkeiten in den Bereichen Softwareentwicklung sowie Projekt- und Produktmanagement und als Datenschutzbeauftragter in kleinen, mittelständischen und großen Unternehmen verfügt er über eine mehr als 20-jährige Erfahrung zu unterschiedlichsten Aspekten der

IT-Sicherheit. Er arbeitet derzeit als Program Director IIoT & AI bei der Firma DriveLock SE an der Produktintegration von Machine Learning und Data Verification in Lösungen zum Schutz von Industrial-IoT-Systemen.

Peter Haufs-Brusberg, M.Sc.

Peter Haufs-Brusberg studierte Medieninformatik an der Hochschule Düsseldorf. Nach Abschluss des Bachelorstudiengangs, in dem er stark auf den Bereich der Informationssicherheit fokussierte und eine Bachelorarbeit in Kooperation mit einem Unternehmen erstellte, setzte er das Studium im Masterstudiengang fort. Nach Erstellung der Masterarbeit, in der ein Management-Informationssystem für Risiken der Informationssicherheit im Finanzsektor theoretisch entwickelt wurde, arbeitete er als wissenschaftlicher Mitarbeiter im Bereich der Informatik und IT-Sicherheit der Hochschule Düsseldorf. Bereits während des Studiums ging er einer selbstständigen Tätigkeit nach. Mit dem Wechsel zur Deutschen Bank Luxembourg arbeitete Peter Haufs-Brusberg anfangs als Risikoanalyst und hält heute die Rolle des Chief Information Security Officers.

Dipl.-Ing. Jens Hempel

Jens Hempel studierte Elektrotechnik an der Technischen Universität Budapest. Anschließend war er in verschiedenen mittelständischen sowie Großunternehmen in Deutschland und Asien tätig, zuletzt seit über 10 Jahren in der TÜV Rheinland Gruppe. Hier liegt sein Fokus derzeit auf der Entwicklung neuer Dienstleistungen und Projektleitung für Kommunikation und deren Sicherheit. Die bezogenen Themenfelder sind neben Smart Grid, Smart City, Smart Home, IIoT auch DSGVO, OT Cyberrisk und ISMS. Neben verschiedenen Arbeitskreisen der IEC und IECEE ist er auch bei der DKE tätig. Darüber hinaus wirkt er in der Wirtschaftsinitiative Smart Living des BMWi mit.

Prof. Dr. Nils Herda

Prof. Dr. Nils Herda studierte Wirtschaftsinformatik an der Otto-Friedrich-Universität Bamberg an der er anschließend promovierte. Nach einer beruflichen Karriere als Vorstandsassistent und Direktor für Direktbanking war er zehn Jahre bei der Excelsis Business Technology AG als Geschäftsführer für die deutsche und die Schweizer Ländergesellschaft tätig. Seit 2013 ist er als Professor für Wirtschaftsinformatik an der Hochschule Albstadt-Sigmaringen tätig und Co-Leiter des Instituts für IT-Governance, Risk and Compliance Management. Im Rahmen der angewandten Forschung hat er sich auf das Risikomanagement in IT-Anwendungssystemen sowie auf Digitale Plattformen in digitalin Ökosystemen spezialisiert.

Prof. Dr.-Ing. Hans-Joachim Hof

Prof. Dr. Hans-Joachim Hof studierte Informatik an der Universität Karlsruhe (TH). Nach seiner Promotion über Sicherheit für das Internet der Dinge führte Ihn sein beruflicher Werdegang über die Siemens AG (Research Scientist in der Corporate Technology) und die Hochschule München (Professor für Sichere Softwaresysteme) an die Technische Hochschule Ingolstadt, wo er als Professor für IT-Sicherheit eine Forschungsgruppe zur Sicherheit für Embedded Systems leitet. Professor Hof ist Vorsitzender des German Chapter of the ACM und Präsidiumsmitglied der Gesellschaft für Informatik.

Dr.-Ing. Lutz Jaenicke

Dr. Lutz Jaenicke studierte Elektrotechnik an der Technischen Universität Berlin. Anschließend promovierte er dort. Ab 2002 leitete er als CTO die Entwicklung der Innominate Security Technologies AG, jetzt Phoenix Contact Cyber Security AG. 2016 wechselte er in den Bereich Corporate Technology & Value Chain der Phoenix Contact GmbH & Co. KG und ist seitdem als

Product & Solution Security Officer tätig. In der Plattform Industrie 4.0 ist er Gründungsmitglied der Arbeitsgruppe «Sicherheit vernetzter Systeme» und mehrerer Unterarbeitsgruppen, von denen er zwei zum Thema «Sichere Kommunikation für Industrie 4.0» leitet. Er vertritt das Thema in verschiedenen Arbeitskreisen im ZVEI und VDMA. Darüber hinaus ist er stellvertretender Obmann der DKE Arbeitsgruppe DKE UK 931.1.

Dipl.-Inf. Michael Jochem

Michael Jochem studierte Informatik an der TU Darmstadt. Er startete seine berufliche Karriere bei der Robert Bosch GmbH in der Softwareentwicklung für CNC-Steuerungen. Über Fach- und Führungsaufgaben in der Entwicklung und dem Produktmanagement hat er viele Facetten der Automationsbranche kennengelernt. Seit 2016 ist er bei der Robert Bosch GmbH im Bereich Industrial Technology für IT-Security Governance & Services zuständig Er ist Leiter der Arbeitsgruppe «Sicherheit vernetzter Systeme» der Plattform Industrie 4.0 und Mitglied im Lenkungskreis der Plattform Industrie 4.0. Im ZVEI ist er als Vorsitzender des AK Cybersicherheit und Leiter der SG Sicherheit tätig. Darüber hinaus ist er im DKE Mitglied der Arbeitsgruppe UK 931.1.

Dipl.-Ing. (FH) Dirk Kalinowski

Dirk Kalinowski studierte Anlagen- und Verfahrenstechnik an der Fachhochschule Köln. Danach war er als Auditor für Verwertungs- und Entsorgungsbetriebe, QM- und UM-Systeme beim TÜV Rheinland tätig. 1999 wechselte er zur AXA Versicherung als Technischer Risikoberater im Bereich Haftpflicht und beschäftigte sich insbesondere mit Produktrisiken. Er arbeitete an verschiedenen Projekten im Bereich Risikomanagement mit u.a. in einer Arbeitsgruppe bei der DGQ. Seit 2015 arbeitet Herr Kalinowski als Senior Produktmanager im Bereich IT- und Cyber-Risiken im Industriekundengeschäft der AXA Versicherung. Er ist fachlicher Leiter der Kompetenzstelle Cyber und arbeitet in Arbeitsgruppen zur Informationssicherheit des eco Verbandes sowie der nrw-units mit.

Dr.-Ing. Tobias Kleinert

Dr. Tobias Kleinert studierte Maschinenbau an der Rheinisch-Westfälisch Technischen Hochschule Aachen. Seit der Promotion an der Ruhr-Universität Bochum arbeitet er für BASF u.a. in den Bereichen Advanced Process Control, Produktionstechnologie HPPO und der Technischen Expertise Automatisierung. Im Arbeitskreis 4.18 Automation Security der NAMUR Interessengemeinschaft Automatisierungstechnik der Prozessindustrie e.V. arbeitete er aktiv an der Entwicklung des Arbeitsblattes NA 163 Security for Safety mit.

Michael Krammel

Michael Krammel absolvierte eine Ausbildung zum Prozessleittechniker. In der Zeit von 1989 bis 1999 war er in einem Unternehmenskonzern verantwortlich für den Aufbau einer zentralen Leittechnik- und Automatisierungsabteilung. Nach seinem Wechsel 1999 zur KORAMIS GmbH übernahm er das Business Development «Digitale Fabrik» mit Schwerpunk Industrial Automation und seit 2005 auch Industrial Security (OT Security). Seit 2008 als Geschäftsführer steuert er diese nationale und internationale Geschäftsentwicklung, wirkt aktiv in Gremien, Fachverbänden und in der Arbeitsgruppe «Sicherheit vernetzter Systeme» der Plattform Industrie 4.0 mit. Dort leitet er eine eigene Unterarbeitsgruppe, welche sich mit den Herausforderungen der Industrie 4.0 Security für Mensch, Organisation und Qualifikation auseinandersetzt.

Erwin Kruschitz, M.Sc.

Erwin Kruschitz absolvierte eine Ingenieurausbildung in Klagenfurt und studierte Engineering Management an der TU Wien und der Oakland University. Vor der Gründung der anapur AG arbeitete er als Automatisierungsingenieur für petrochemische und biopharmazeutische Prozesse. Seit 2006 befasst er sich mit OT-Security. Er leitet die Automation Security Arbeitskreise in NAMUR und DKE 931.1.

Dipl.-Ing. Thomas Leifeld

Thomas Leifeld studierte Elektrotechnik an der Technischen Universität Kaiserslautern und der University of Edinburgh. Im Anschluss forschte er an der Technischen Universität Kaiserslautern am Lehrstuhl für Automatisierungstechnik. Im Rahmen seiner Forschungstätigkeiten war er Mitglied der Ad-hoc-Arbeitsgruppe Security for Safety im Namur Arbeitskreis 4.18 Automation Security und wirkte unter anderem an der Entwicklung der Arbeitsblattes NA 163 IT-Risikobeurteilung von PLT-Sicherheitseinrichtungen mit. Nach seiner Tätigkeit als Automation Engineer im Fachzentrum Automatisierungstechnik in der Fachgruppe Control Systems and Business Integration der BASF SE ist er seit 2019 wissenschaftlicher Mitarbeiter an der Technischen Universität Kaiserslautern.

Dipl.-Ing. Helmut Leopold, PhD

Helmut Leopold studierte Informatik an der Technische Universität Wien und absolvierte seinen Doktor an der Universität Lancaster in England. Anschließend war er 10 Jahre bei Alcatel-Lucent und weitere 10 Jahre bei Telekom Austria in verschiedenen Managementfunktionen tätig. Seit 2009 führt er am AIT Austrian Institute of Technology das Center for Digital Safety & Security. Aktuell leitet er verschiedene Cyber Security Expertengruppen wie die Task Force der Cyber Security Plattform (CSP) Austria des Österreichischen Bundeskanzleramtes als auch der Industrie 4.0 Plattform Austria und ist Präsident der Gesellschaft für Informations- und Kommunikationstechnik (GIT) im Österreichischen Verband für Elektrotechnik (OVE).

Dipl.-Inf. (FH) Jens Mehrfeld, M.Comp.Sc.

Jens Mehrfeld studierte Angewandte Informatik an der Hochschule Fulda und Fernhochschule Hagen. Seit 2007 ist er beim Bundesamt für Sicherheit in der Informationstechnik. Dort hat er sich unter anderem mit der Kommunikationssicherheit in Geschäftsprozessen beschäftigt. Derzeit ist er im Bereich Cybersicherheit in industriellen Anlagen. Er arbeitet dort Empfehlungen für Hersteller, Integratoren und Betreiber um sich vor Angriffen zu schützen. Er ist Mitglied der Arbeitsgruppe Sicherheit vernetzter Systeme der Plattform Industrie 4.0.

Sebastian Neef, B.Sc.

Sebastian Neef studiert gegenwärtig Informatik an der Technischen Universität Berlin. Seit seinem Abitur berät und hilft er unzähligen Unternehmen, wie z.B. Google, Facebook und Paypal, Sicherheitslücken aufzudecken und ihre Sicherheit zu verbessern. Als Mitbegründer des Internetprojekts «Internetwache.org» deckt er im Internet Schwachstellen und unsichere Systeme auf, um betroffene Betreiber zu informieren. Diese Arbeit, wie z.B. die Aufdeckung von ungesicherten Wasserwerken in Deutschland, wurde von diversen Behörden (BSI, US-Cert) und Medien (ARD, ZDF) aufgenommen. Seit 2018 ist er im Vorstand der studentischen Vereinigung AG Rechnersicherheit der Technischen Universität Berlin.

Prof. Dipl. El.-Ing. ETH Armand Portmann

Prof. Armand Portmann studierte Elektrotechnik an der Eidgenössische Technische Hochschule in Zürich. Danach arbeitete er als Entwicklungsingenieur und Projektleiter bei einem namhaften Schweizer Hersteller von Verschlüsselungsprodukten. Seit 2002 ist er im Bereich Informationssicherheit an der Hochschule Luzern – bis 2007 als wissenschaftlicher Mitarbeiter und danach als Dozent – tätig. Neben seinen Forschungsprojekten kamen später Unterrichtstätigkeiten im Bereich

Informationssicherheit in der Aus- und Weiterbildung dazu. Seit 2006 leitet er die Zertifikatslehrgänge Certificate of Advanced Studies in Information Security und seit 2013 auch den Master of Advanced Studies in Information Security.

Dipl.-Inf. (FH) Peter Rehäußer

Peter Rehäußer studierte Informatik an der Georg-Simon-Ohm Fachhochschule Nürnberg. Nach dem Studium begann er als IT-Sicherheitsberater bei CSC Ploenzke und übernahm später auch die Leitung der Cybersecurity Beratung für Zentral- und Osteuropa. Heute verantwortet er als Executive Director bei Ernst & Young die Beratungsleistungen für technische Cybersicherheit für den D-A-CH-Raum. Er berät nun seit fast 20 Jahren Großkonzerne und Bundesbehörden zu unterschiedlichsten Fragestellungen der Cybersicherheit.

Prof. Dr. Stefan Ruf

Prof. Dr. Stefan Ruf studierte Wirtschaftsinformatik an der Georg-August-Universität Göttingen und promovierte an der Eberhard-Karls-Universität Tübingen über Risikomanagementsysteme im Multi-Channel-Umfeld. Berufliche Stationen waren die Boston Consulting Group sowie die Landesbank Baden-Württemberg. Im Jahr 2010 erfolgte der Ruf als ordentlicher Professor für Betriebswirtschaftslehre an die Hochschule Albstadt-Sigmaringen mit dem Schwerpunkt Informationsmanagement. Aktueller Forschungs- und Lehrschwerpunkt ist die digitale Transformation von Wirtschaftsunternehmen im Kontext komplexer Anforderungen der Cybersicherheit.

Prof. Dr.-Ing. Holger Schmidt, Dipl.-Math.

Prof. Dr. Holger Schmidt studierte Mathematik an der Westfälischen Wilhelms-Universität in Münster. Anschließend arbeitete er an der Fakultät für Ingenieurwissenschaften der Universität Duisburg-Essen, wo seine Promotion zum Dr.-Ing. im Februar 2010 erfolgte. Neben seinen Lehr- und Forschungstätigkeiten an der Technischen Universität Dortmund und der Universität Duisburg-Essen folgten Beschäftigungen unter anderen bei der TÜV Informationstechnik GmbH, einem Unternehmen der TÜV Nord Group, in Essen. Seit August 2015 ist Holger Schmidt Professor für Informatik, insb. IT-Sicherheit am Fachbereich Medien der Hochschule Düsseldorf sowie freiberuflicher Berater für IT-Sicherheit. Seine Forschungsinteressen sind geprägt von der Integration der Informationssicherheit, des Faktor Mensch und Verfahren und Methoden des Software Engineering.

Dipl.-Ing. Thomas Schulz

Thomas Schulz studierte Maschinenbau an der Technischen Universität Budapest. Danach war er in verschiedenen mittelständischen sowie Großunternehmen tätig. Er verfügt heute über langjährige Erfahrung in Digitalisierungsprojekten bei der Einführung industrieller Software in der Fertigungs- und Prozessindustrie sowie der Cyber-Sicherheit zum Schutz von Maschinen und Anlagen. Als langjähriges Mitglied der Plattform Industrie 4.0 ist er Autor und Mitautor zahlreicher Publikationen. Derzeit zeichnet er verantwortlich für das Mittelstands- und Partnergeschäft in Mittel- und Osteuropa im Bereich GE Digital im Unternehmen General Electric (GE).

Dr. rer. pol. Frank Stummer

Dr. Frank Stummer studierte Wirtschaftswissenschaften an der Technischen Universität Bergakademie Freiberg. Anschließend promovierte er am Fraunhofer Institut für System- und Innovationsforschung FhG-ISI in Karlsruhe. Er ist Mitgründer mehrerer Unternehmen im Hochtechnologiebereich und arbeitet derzeit für die Rhebo GmbH und die Digital Forensics GmbH im Bereich von Sicherheitslösungen für industrielle Steuerungssysteme und der Analyse von Sicherheitsvorfällen. Frank Stummer ist aktiv in verschiedenen Arbeitskreisen u.a. zum Informationssicherheitsmanagement in Energieversorgungsunternehmen und Autor einer Reihe von Veröffentlichungen in diesem Bereich.

Paul Trompisch, MPP

Paul Trompisch studierte Wirtschaftswissenschaft an der Wirtschaftsuniversität Wien und Politikwissenschaft an der Hertie School of Governance in Berlin. Er arbeitete als Referent in der European Chamber of Commerce in Singapur und im Brüssel Büro der österreichischen Industriellenvereinigung. 2016 wurde er kurz nach der Gründung der Plattform Industrie 4.0 Österreich Teil der Geschäftsstelle und trug zur strategischen Konzeption, Aufbau und Etablierung der Plattform als zentraler Netzwerkknoten und Wissensträger im Bereich Industrie 4.0 bei. Als Senior Advisor ist er für die Themenbereiche Normen und Standards, Security und Safety und Mensch in der digitalen Fabrik verantwortlich.

Raphael Vallazza

Raphael Vallazza studierte Informatik an der Università dei Studi Milano-Bocconi. Durch seine Tätigkeit als Web-Entwickler während und nach dem Studium erkannte er den stetig wachsenden Bedarf an Security-Lösungen. 2003 gründete er Endian mit dem Ziel, ein virtuelles Open Source Unified Threat Management (UTM) zu entwickeln. Für diese Security-Lösung erhielt er 2008 den ersten «South Tyrol Free Software Award» (SFS Award) der Stiftung Südtiroler Sparkasse. Die prämierte UTM ist die Basis für die wegweisenden Industrie 4.0-Lösungen des Unternehmens. 2017 wurde Endian mit dem Digital Transformation Award der WEKA Fachmedien GmbH ausgezeichnet.

Prof. Dr.-Ing. Oliver Weissmann

Prof. Dr.-Ing. Oliver Weissmann studierte Technische Informatik an der Universität Siegen. Danach war er als Lehrbeauftragter für angewandte Kryptographie sowie für die Forschung und Lehre der Vorlesungen «Information Security Management» und das Praktikum «Kryptographische Verfahren und Anwendungen» dort tätig. In der Internationalen Standardisierungsorganisation wirkte er seit 1998 als Editor und Projektverantwortlicher. Die ISO/IEC 17799:1999, später ISO/IEC 27002:2005, betreute er als Editor bis hin zur letzten Überarbeitung im Jahr 2013 mit der Veröffentlichung als ISO/IEC 27002:2013. Er ist geschäftsführender Gesellschafter der xiv-consult GmbH und hält seit 2015 an der Hochschule Darmstadt die Professur für Informationssicherheit und lehrt in den Bereichen Security Management, sichere Software und IT Compliance.

Quellenverzeichnis

zu Themenblock A – Cybersicherheit

A.1

[1] *Was ist Industrie 4.0?* Berlin: Geschäftsstelle Plattform Industrie 4.0.

https://www.plattform-i40.de/I40/Navigation/DE/Industrie40/WasIndustrie40/was-ist-industrie-40.html (abgerufen am 15.02.2019).

[2] *Cyber-Sicherheit*. Bonn: Bundesamt für Sicherheit in der Informationstechnik (BSI).

https://www.bsi.bund.de/DE/Themen/Cyber-Sicherheit/cyber-sicherheit_node.html (abgerufen am 15.02.2019).

[3] *Cyber-Sicherheits-Umfrage 2017*. Cyber-Risiken, Meinungen und Maßnahmen. Bonn: Bundesamt für Sicherheit in der Informationstechnik (BSI), 23.01.2018.

https://www.allianz-fuer-cybersicherheit.de/SharedDocs/Downloads/ACS/cyber-sicherheits-umfrage_2017.pdf (abgerufen am 15.02.2019).

[4] *BSI warnt Unternehmen gezielt vor akutem Risiko durch CEO Fraud*. Bonn: Bundesamt für Sicherheit in der Informationstechnik (BSI), 10.07.2017.

https://www.bsi.bund.de/DE/Presse/Pressemitteilungen/Presse2017/CEO_Fraud_10072017.html (abgerufen am 15.02.2019).

[5] *Register aktueller Cyber-Gefährdungen und -Angriffsformen*. Bonn: Bundesamt für Sicherheit in der Informationstechnik (BSI), 11.07.2018.

https://www.allianz-fuer-cybersicherheit.de/ACS/DE/_/downloads/BSI-CS_026.pdf (abgerufen am 15.02.2019).

[6] *Industrial Control System Security*. Top 10 Bedrohungen und Gegenmaßnahmen 2016. Bonn: Bundesamt für Sicherheit in der Informationstechnik (BSI), 01.08.2016.

https://www.bsi.bund.de/ACS/DE/_/downloads/BSI-CS_005.pdf (abgerufen am 15.02.2019).

[7] *ICS-Security-Kompendium*. Bonn: Bundesamt für Sicherheit in der Informationstechnik (BSI), 2013.

https://www.bsi.bund.de/SharedDocs/Downloads/DE/BSI/ICS/ICS-Security_kompendium_pdf.pdf (abgerufen am 15.02.2019).

[8] *IT-Grundschutz*. IND: Industrielle IT. Bonn: Bundesamt für Sicherheit in der Informationstechnik (BSI).

https://www.bsi.bund.de/DE/Themen/ITGrundschutz/ITGrundschutzKompendium/bausteine/IND/IND_Uebersicht_node.html (abgerufen am 15.02.2019).

[9] *Ergebnispapier: Fortschreibung der Anwendungsszenarien der Plattform Industrie 4.0*. Berlin: Bundesministerium für Wirtschaft und Energie (BMWi), Oktober 2016.

https://www.plattform-i40.de/I40/Redaktion/DE/Downloads/Publikation/fortschreibung-anwendungsszenarien.html (abgerufen am 04.12.2018).

[10] *Ergebnispapier: Aspekte der Forschungsroadmap in den Anwendungsszenarien*. Bundesministerium für Wirtschaft und Energie (BMWi), April 2016.

https://www.plattform-i40.de/I40/Redaktion/DE/Downloads/Publikation/anwendungsszenarien-auf-forschungsroadmap.html (abgerufen am 04.12.2018).

[11] Himmelein, Gerald: Lücke im Magento-Shopsystem seit November ungestopft. *heise online*, Hannover: Heise Medien, 15.04.2017.

https://www.heise.de/security/meldung/Luecke-im-Magento-Shopsystem-seit-November-ungestopft-3686247.html (abgerufen am 15.02.2019).

[12] Bayer; Martin: *Die Cloud wird gesellschaftsfähig*. München: IDG Business Media, 06.02.2013.

https://www.computerwoche.de/a/die-cloud-wird-gesellschaftsfaehig,2532192 (abgerufen am 15.02.2019).

[13] Makrushin, Denis: *Was kostet eine DDoS-Attacke*. Ingolstadt: Kaspersky Labs, 23.03.2017.

https://de.securelist.com/the-cost-of-launching-a-ddos-attack/72496/ (abgerufen am 15.02.2019).

[14] *Anforderungskatalog Cloud Computing* (C5). Kriterien zur Beurteilung der Informationssicherheit von Cloud-Diensten. Bonn: Bundesamt für Sicherheit in der Informationstechnik (BSI), September 2017.

https://www.bsi.bund.de/DE/Themen/DigitaleGesellschaft/CloudComputing/Anforderungskatalog/Anforderungskatalog_node.html (abgerufen am 15.02.2019).

[15] Hypponen, Mikko: *How We Found the File That Was Used to Hack RSA*. Helsinki: F-Secure, 26.08.2011.

http://www.f-secure.com/weblog/archives/00002226.html (abgerufen am 15.02.2019).

[16] *IT-Grundschutz.* G 3.90 Fehlerhafte Administration von VPNs. Bonn: Bundesamt für Sicherheit in der Informationstechnik (BSI).

https://www.bsi.bund.de/DE/Themen/ITGrundschutz/ITGrundschutzKataloge/Inhalt/_content/g/g03/g03090.html?nn=6604950 (abgerufen am 15.02.2019).

[17] *Ergebnispapier: Technischer Überblick: Sichere Identitäten.* Berlin: Bundesministerium für Wirtschaft und Energie (BMWi), April 2016.

https://www.plattform-i40.de/I40/Redaktion/DE/Downloads/Publikation/sichere-identitaeten.html (abgerufen am 04.11.2018).

[18] *Ergebnispapier: Technischer Überblick: Sichere unternehmensübergreifende Kommunikation*. Berlin: Bundesministerium für Wirtschaft und Energie (BMWi), April 2016.

https://www.plattform-i40.de/I40/Redaktion/DE/Downloads/Publikation/sichere-unternehmensuebergreifende-kommunikation.html (abgerufen am 04.11.2018)

[19] *International Data Spaces*. Dortmund: International Data Spaces Association.

http://www.industrialdataspace.org (abgerufen am 15.02.2019).

[20] Briegleb, Volker: Ransomware WannaCry befällt Rechner der Deutschen Bahn. *heise online*, Hannover: Heise Medien, 04.11.2018.

https://www.heise.de/newsticker/meldung/Ransomware-WannaCry-befaellt-Rechner-der-Deutschen-Bahn-3713426.html (abgerufen am 15.02.2019).

[21] 450 Computer der Bahn von «WannaCry»-Virus betroffen. Hamburg: *Spiegel Online*. 16.05.2017.

http://www.spiegel.de/netzwelt/web/wannacry-450-bahn-computer-von-cyber-attacke-betroffen-a-1147921.html (abgerufen am 15.02.2019).

[22] Nickel, Oliver: *Timeline bringt wohl Windows Explorer zum Absturz*. Berlin: Golem Media, 07.05.2018.

https://www.golem.de/news/april-2018-update-timeline-bringt-wohl-windows-explorer-zum-absturz-1805-134256.html (abgerufen am 15.02.2019).

[23] Johnson, Blake; Caban, Dan; Krotofil, Marina; u.a.: *Attackers Deploy New ICS Attack Framework TRITON and Cause Operational Disruption to Critical Infrastructure*. Milpitas, CA: FireEye, 14.12.2017.

https://www.fireeye.com/blog/threat-research/2017/12/attackers-deploy-new-ics-attack-framework-triton.html (abgerufen am 15.02.2019).

[24] *Freie Software* (FLOSS: Freie, Libre und Open Source Software). Strategische Position des BSI zu Freier Software. Bonn: Bundesamt für Sicherheit in der Informationstechnik (BSI).

https://www.bsi.bund.de/DE/Themen/DigitaleGesellschaft/FreieSoftware/freiesoftware_node.html (abgerufen am 15.02.2019).

[25] Rashid, Fahmida Y.: *Malicious code in the Node.js npm registry shakes open source trust model.* Framingham, MA: IDG Communications , 08.08.2017.

https://www.csoonline.com/article/3214624/security/malicious-code-in-the-node-js-npm-registry-shakes-open-source-trust-model.html (abgerufen am 15.02.2019).

[26] Nach weltweitem Cyberangriff. Die Gefahr ist noch nicht gebannt. Hamburg: *Spiegel Online*. 05.07.2017.

http://www.spiegel.de/netzwelt/netzpolitik/notpetya-ukrainische-firma-warnt-vor-backdoor-in-medoc-a-1156078.html (abgerufen am 15.02.2019).

[27] Schrade, Karl; Augsten; Stephan: *Industrielle Kontrollsysteme im Fokus eines Trojaners – Hintergründe zu Dragonfly und Havex*. Würzburg: Vogel Communications Group, 2014.

https://www.security-insider.de/hintergruende-zu-dragonfly-und-havex-a-453704/ (abgerufen am 15.02.2019).

[28] Koebler, Jason: *Why American Farmers Are Hacking Their Tractors With Ukrainian Firmware*. Montreal: Vice Media, 21.03.2017.

https://motherboard.vice.com/en_us/article/xykkkd/why-american-farmers-are-hacking-their-tractors-with-ukrainian-firmware (abgerufen am 15.02.2019).

[29] *iuno*. Nationales Referenzprojekt IT-Sicherheit Industrie 4.0. Darmstadt: TU Darmstadt.

https://iuno-projekt.de/sites/default/files/downloads/iuno_visueller_security_leitstand.pdf (abgerufen am 15.02.2019).

[30] Reimann, Guido: *Trendstudie: IT und Automation in den Produkten des Maschinenbau bis 2015*. Frankfurt/Main: Verband Deutscher Maschinen- und Anlagenbau e.V. (VDMA), 2015.

https://itatautomation.vdma.org/article/-/articleview/792227 (abgerufen am 15.02.2019).

[31] *Ergebnispapier: Industrie 4.0-Security in der Aus- und Weiterbildung: Neue Aspekte für Unternehmensorganisation und Kompetenzen*. Berlin: Bundesministerium für Wirtschaft und Energie (BMWi), 15.11.2016.

https://www.plattform-i40.de/I40/Redaktion/DE/Downloads/Publikation/i40-security-aus-und-weiterbildung.html (abgerufen am 15.02.2019).

A.2

[1] Leopold, Helmut: *Der digitale Wandel – alles wird anders; Der digitale Wandel unserer Gesellschaft verlangt Mut, Vision und eine gemeinsame Anstrengung*. Policy Brief der Österreichische Gesellschaft für Europapolitik (ÖGfE), Wien, 14. Dezember 2015.

https://oegfe.at/2015/12/der-digitale-wandel-alles-wird-anders/ (abgerufen am 20.7.2019).

[2] International Telecommunication Union: *ICT Facts & Figures 2015*. Mai 2015.

https://www.itu.int/en/ITU-D/Statistics/Documents/facts/ICTFactsFigures2015.pdf (abgerufen am 20.7.2019).

[3] Newman, Peter: *The Internet of Things 2018 report: How the IoT is evolving to reach the mainstream with businesses and consumers*. Karlsruhe: finanzen.net, 12.01.2017.

https://www.businessinsider.de/the-internet-of-things-2017-report-2017-1?r=US&IR=T (abgerufen am 20.7.2019).

[4] Schäfer, Annette: *Die Kraft der schöpferischen Zerstörung: Joseph A. Schumpeter. Die Biografie*. Frankfurt am Main: Campus Verlag, 2008.

[5] Leopold, Helmut: *Cybersicherheit – eine Grundlage für unsere gesellschaftliche Entwicklung*. in: Androsch, Hannes; Hlava, Michael H.; Kugler, Martin [Hrsg.]: Technologie im Gespräch 2017 – Digitalisierung. Wien: Amalthea Signum, 2017, S. 67–75.

[6] Lassnig, Markus; Stabauer, Petra; Günther, Georg; u.a.: *Industrie 4.0 in Österreich. Kenntnisstand und Einstellung zur digitalen Transformation durch Industrie 4.0 und neue Geschäftsmodelle in österreichischen Unternehmen*. Band 2, Wien: Bundesministerium für Verkehr, Innovation und Technologie (bmvit), 2016, S. 16–17. https://www.ffg.at/sites/default/files/allgemeine_downloads/thematische%20programme/Produktion/i40-transform_band2_industrie40-in-oesterreich.pdf (abgerufen am 20.7.2019).

[7] Fun, Brian: *Equifax's massive 2017 data breach keeps getting worse*. Washington Post. Arlington, VA: Graham Holdings Company, 1. März 2017. https://www.washingtonpost.com/news/the-switch/wp/2018/03/01/equifax-keeps-finding-millions-more-people-who-were-affected-by-its-massive-data-breach/?noredirect=on&utm_term=.4b42f6d7eab8 (abgerufen am 20.7.2019).

[8] Volz, Dustin: *Uber says hackers behind 2016 data breach were in Canada*. Florida. London: Reuters, 6. Februar 2018.

https://www.reuters.com/article/us-uber-cyber-congress/uber-says-hackers-behind-2016-data-breach-were-in-canada-florida-idUSKBN1FQ2YO (abgerufen am 20.7.2019).

[9] Graham, Chris: NHS cyber attack: Everything you need to know about 'biggest ransomware' offensive in history. London: Telegraph Media Group, 20 Mai 2017.

https://www.telegraph.co.uk/news/2017/05/13/nhs-cyber-attack-everything-need-know-biggest-ransomware-offensive/ (abgerufen am 20.7.2019).

[10] Matthews, Kayla: *Deep Root Analytics Is in Deep Trouble With Voter Data Breach*. IT Security Guru, 29. Juni 2017.

http://www.itsecurityguru.org/2017/06/29/deep-root-analytics-deep-trouble-voter-data-breach/ (abgerufen am 20.7.2019).

[11] Bundeskriminalamt: *Cybercrime Bundeslagebild BKA 2016*. Wiesbaden: Bundekriminalamt, 2016.

https://www.bka.de/SharedDocs/Downloads/DE/Publikationen/JahresberichteUndLagebilder/Cybercrime/cybercrimeBundeslagebild2016.html (abgerufen am 20.7.2019).

[12] BITKOM: *Befragung der deutschen Unternehmen 2017 – Wirtschaftsschutz in der digitalen Welt*. Präsentation von Achim Berg und Hans-Georg Maaßen. Berlin: Bundesverband Informationswirtschaft, Telekommunikation und neue Medien e.V. (BITKOM), 21. Juli 2017.

https://www.bitkom.org/Presse/Anhaenge-an-PIs/2017/07-Juli/Bitkom-Charts-Wirtschaftsschutz-in-der-digitalen-Welt-21-07-2017.pdf (abgerufen am 20.07.2019).

[13] Ball, Tom: *Ransomware downtime costs European SMBs £71 million*. London: Computer Business Review, 12. Februar 2018.

https://www.cbronline.com/news/ransomware-costs-smbs-71-million (abgerufen am 20.7.2019).

[14] Kearney, A.T.: *Information Security: It's All About Trust*. Chicago, IL: A.T. Kearney, 2015, http://www.atkearney.de/documents/856314/5891973/Information+Security-+It%27s+All+About+Trust.pdf/83fc5e88-4fdb-4f53-8380-9b7d56a432d9 (abgerufen am: 20.7.2019).

[15] Leopold, Helmut: *Next Generation Cyber Security – an imperative for tomorrow's media enterprises*. in: Proceedings of the 13th European Forum of Official Gazettes conference, Vienna, 15.–16.9.2016,

https://circabc.europa.eu/webdav/CircaBC/OPOCE/ojf/Information/prod/html/about-library.htm (abgerufen am 20.7.2019).

[16] Yadron, Danny: *Symantec Develops New Attack on Cyberhacking*. The Wallstreet Journal, New York, NY: Dow Jones & Company, 4. Mai 2014, https://www.wsj.com/articles/symantec-develops-new-attack-on-cyberhacking-1399249948 (abgerufen am 20.7.2019).

[17] European Union: *Serious and Organised Crime Threat Assessment (SOCTA). Threat Assessment. Crime in the age of technology*. The Hague: Europol, 2017,

https://www.europol.europa.eu/activities-services/main-reports/european-union-serious-and-organised-crime-threat-assessment-2017 (abgerufen am 20.7.2019).

[18] Fruhlinger, Josh: *Spectre and Meltdown explained: What they are, how they work, what's at risk*. CSO online, München: IDG Communications, 15. Januar 2018,

https://www.csoonline.com/article/3247868/vulnerabilities/spectre-and-meltdown-explained-what-they-are-how-they-work-whats-at-risk.html (abgerufen am 20.7.2019).

[19] Jacob, Marc: *AIT establishes special cyber security training platform on behalf of the International Atomic Energy Agency* (IAEA). Global Security Mag, Dezember 2017.

http://www.globalsecuritymag.com/AIT-establishes-special-cyber,20171211,75643.html (abgerufen am 20.7.2019).

[20] AIT: *Cyber Range*. Wien: AIT Austrian Institute of Technology.

https://www.ait.ac.at/themen/cyber-security/cyber-range/ (abgerufen am 22.7.2019).

[21] AIT: *Weltweit modernste Sicherheitsübung in Wien*. Wien: AIT Austrian Institute of Technology.

https://www.ait.ac.at/en/news-events/single-view/detail/5079/?no_cache=1 (abgerufen am 20.7.2019).

[22] Verein Industrie 4.0 Österreich: *Österreichischer Normungskompass Industrie 4.0*. Wien: Verein Industrie 4.0 Österreich, Dezember 2016.

http://plattformindustrie40.at/wp-content/uploads/2016/12/WEB_INDUSTRIE_4.0_ES-2.pdf (abgerufen am 20.7.2019).

[23] *Normenreihe ISO/IEC 270xx Information security management systems*. Genf: International Organization for Standardization (ISO).

[24] *Normenreihe IEC 62443 (2009-2016). Industrial communication networks - Network and system security*. Genf: International Electrotechnical Commission (IEC).

[25] Bleier, Thomas: *Praxisberichte zur Umsetzung sicherer Kontrollsysteme mit der IEC 6244*. OVE aktuell, Wien: Österreichischer Verband für Elektrotechnik (OVE), April 2018.

https://www.ove.at/fileadmin/user_upload/Gesellschaften/GIT/GIT-Newsletter/Cyber_Security/2018/CS_2018_04.pdf (abgerufen am 20.7.2019).

[26] *IEC TR 63069:2019 Industrial-process measurement, control and automation - Framework for functional safety and security*. Genf: International Electrotechnical Commission (IEC). Mai 2019.

[27] *ISO 26262 Part 1 – Part 12 (2018): Rad vehicles – Functional safety*. Genf: International Organization for Standardization (ISO).

[28] *ISO/SAE CD 21434 Road Vehicles – Cybersecurity engineering*. Genf: International Organization for Standardization (ISO). September 2018.

[29] Helmut, Martin; Bramberger, Robert; Smittner, Christoph; u.a.: Safety and Security Co-engineering and Argumentation Framework. in: Tonetta, Stefano; Schoitsch, Erwin; Bitsch, Friedemann [Hrsg.]: *Computer Safety, Reliability, and Security*. Berlin, New York: Springer International Publishing, 2017, S. 286–297.

[30] Verein Industrie 4.0 Österreich: *Ergebnispapier Qualifikation und Kompetenzen in der Industrie 4.0*. Wien: Verein Industrie 4.0 Österreich.

http://plattformindustrie40.at/wp-content/uploads/2016/03/WEB_Industrie4.0_Ergebnispapier-Qualifikation-und-Kompetenzen.pdf (abgerufen am 20.07.2019).

[31] UBIT Salzburg: *Unternehmen fehlen 10 000 IT-Fachkräfte*. Salzburg: Wirtschaftskammer Salzburg, 06. Februar 2018.

https://www.ubitsalzburg.at/mitgliederinfos/ikt-statusreport/ (abgerufen am 20.7.2019).

[32] Frost & Sullivan, Booz Allen Hamilton: Global Information Security Workforce Study. Benchmarking Workforce Capacity and Response to Cyber Risk. New York, NY: Frost & Sullivan; McLean, VA: Booz Allen Hamilton, 2017.

https://iamcybersafe.org/wp-content/uploads/2017/06/Europe-GISWS-Report.pdf (abgerufen am 20.7.2019).

[33] AIT: *Cyber Security Cluster Austria präsentiert Sicherheitslösung*. Wien: AIT Austrian Institute of Technology, 12. Februar 2018.

https://www.ait.ac.at/news-events/single-view/detail/5206/ (abgerufen am 20.7.2019).

[34] Leopold, Helmut: *Künstliche Intelligenz – Chance oder Bedrohung?* in: Androsch, Hannes; Hlava, Michael H.; Kugler, Martin [Hrsg.]: *Technologie im Gespräch 2018 – Digitalisierung*. Wien: Amalthea Signum, noch unveröffentlicht.

[35] Leopold, Helmut; Bleier, Thomas; Skopik, Florian: *Cyber Attack Information System – Erfahrungen und Erkenntnisse aus der IKT-Sicherheitsforschung*. Berlin, Heielberg: Springer Verlag, 2015.

[36] AIT: *Vienna Cyber Security Week2018*. Los Angeles, CA: GlobeNewswire, 09. Februar 2018.

https://globenewswire.com/news-release/2018/02/09/1338374/0/en/Vienna-Cyber-Security-Week-2018-International-cyber-security-scene-meets-in-Vienna.html (abgerufen am 20.7.2019).

Zu Themenblock B – Normen und Richtlinien

B.1

[1] *Normenreihe ISO/IEC 270xx Information security management systems*. Genf: International Organization for Standardization (ISO).

[2] Kouns, Jake; Minoli, Daniel: *Information Technology Risk Management in Enterprise Environments*: A Review of Industry Practices and a Practical Guide to Risk Management Teams. Hoboken, NJ: Wiley-Interscience, 2010.

[3] *ISO/IEC 27002:2013 Information technology* – Security techniques – Code of practice for information security controls. Genf: International Organization for Standardization (ISO), Oktober 2013.

[4] *BS 7799-1:1999 Information security management*. Code of practice for information security management. London: British Standards Institution, Mai 1999.

[5] Völker, Jörg: BS 7799 – Von «Best Practice» zum Standard. In: *Datenschutz und Datensicherheit (DuD). 28 (2004), Nr. 2*, S. 102–108.

http://www.secorvo.de/publikationen/bs7799-voelker-2004.pdf (abgerufen am 04.11.2018).

[6] *BS 7799-2:1998 Information security management*. Specification for information security management systems. London: British Standards Institution, Februar 1998.

[7] *ISO/IEC 27001:2013 Information technology* – Security techniques – Information security management systems – Requirements. Genf: International Organization for Standardization (ISO), Oktober 2013.

[8] *ISO/IEC 17799:2005 Information technology* – Security techniques – Code of practice for information security management. Genf: International Organization for Standardization (ISO), Juli 2007.

[9] *ISO/IEC 27006:2015 Information technology* – Security techniques – Requirements for bodies providing audit and certification of information security management systems. Genf: International Organization for Standardization (ISO), Oktober 2015.

[10] EA 7/03: *Guidelines for the Accreditation of Bodies Operating Certification/Registration of Information Security Management Systems*. Paris: European Co-operation for Accreditation (EA), Februar 2000.

http://www.iranqc.com/ups/ffeed/2016-10/EA-7-03-DFEvvGW.pdf (abgerufen am 04.11.2018)

[11] *ISO/IEC 27000:2018 Information technology* – Security techniques – Information security management systems – Overview and vocabulary. Genf: International Organization for Standardization (ISO), Februar 2018.

[12] *ISO 31000:2018 Risk management – Guidelines*. Genf: International Organization for Standardization (ISO), Februar 2018.

[13] *ISO/IEC 27004:2016 Information technology* – Security techniques – Information security management – Monitoring, measurement, analysis and evaluation. Genf: International Organization for Standardization (ISO), Dezember 2016.

[14] Deming, W. Edwards: *The New Economics for Industry, Government, Education*.

Cambridge, MA: MIT Press, 2000.

[15] *ISO/IEC 27004:2016 Information technology* – Security techniques – Information security management – Monitoring, measurement, analysis and evaluation. Genf: International Organization for Standardization (ISO), Dezember 2016.

[16] *Normenreihe IEC 62 443 (2009–2016)*: Industrial communication networks – Network and system security. Genf: International Electrotechnical Commission (IEC).

[17] *ISO/IEC DIS 27 552 Security techniques* – Extension to ISO/IEC 27 001 and ISO/IEC 27 002 for privacy information management – Requirements and guidelines. Genf: International Electrotechnical Commission (IEC).

[18] *Verordnung (EU) 2016/679 zum Schutz natürlicher Personen bei der Verarbeitung personenbezogener Daten, zum freien Datenverkehr und zur Aufhebung der Richtlinie 95/46/EG (Datenschutz-Grundverordnung)*. Brüssel: Europäisches Parlament und Rat der Europäischen Union, 27. April 2016.

https://eur-lex.europa.eu/legal-content/DE/TXT/PDF/?uri=CELEX:32016R0679 (abgerufen am 04.11.2018).

[19] *ISO/IEC 27017:2015 Information technology* – Security techniques – Code of practice for information security controls based on ISO/IEC 27 002 for cloud services. Genf: International Organization for Standardization (ISO), Dezember 2015.

[20] *ISO/IEC 27018:2014 Information technology* – Security techniques – Code of practice for protection of personally identifiable information (PII) in public clouds acting as PII processors. Genf: International Organization for Standardization (ISO), August 2014.

[21] *Gesetz zur Erhöhung der Sicherheit informationstechnischer Systeme* (IT-Sicherheitsgesetz). Bundesgesetzblatt (BGBl) Teil 1, Nr. 31, S. 1324. Köln: Bundesanzeiger Verlag, 25. Juli 2015.

[22] *TISAX – Trusted Information Security Assessment eXchange*. Frankfurt am Main: ENX Association. https://enx.com/tisax (abgerufen am 04.11.2018).

B.2

[1] BDEW und Oesterreichs Energie: *Whitepaper Anforderungen an sichere Steuerungs- und Telekommunikationssysteme*, vollständig überarbeitete Version 2.0, Wien/Berlin, 8. Mai 2018.

[2] *ISO/IEC 27001:2013 Information technology* – Security techniques – Information security management systems – Requirements. Genf: International Organization for Standardization (ISO), Oktober 2013.

[3] *ISO/IEC 27002:2013 Information technology* – Security techniques – Code of practice for information security controls. Genf: International Organization for Standardization (ISO), Oktober 2013.

[4] *ISO/IEC 27019:2017 Information technology* – Security techniques – Information security controls for the energy utility industry. Genf: International Organization for Standardization (ISO), Oktober 2017.

[5] *Normenreihe IEC 62443 (2009–2016)*. Industrial communication networks – Network and system security. Genf: International Electrotechnical Commission (IEC).

[6] *IEC 62443-4-1:2018 Security for industrial automation and control systems* – Part 4-1: Secure product development lifecycle requirements. Genf: International Electrotechnical Commission (IEC). Januar 2018.

[7] *IEC TS 62443-1-1:2009 Industrial communication networks* – Network and system security – Part 1-1: Terminology, concepts and models. Genf: International Electrotechnical Commission (IEC). Juli 2009.

[8] *IEC 62443-2-4:2015 + AMD1:2017 CSV Consolidated version*. Security for industrial automation and control systems – Part 2-4: Security program requirements for IACS service providers. Genf: International Electrotechnical Commission (IEC). August 2017.

[9] *IEC TR 62443-3-1:2009 Industrial communication networks* – Network and system security – Part 3-1: Security technologies for industrial automation and control systems. Genf: International Electrotechnical Commission (IEC). Juli 2009.

[10] *IEC 62443-3-2 ED1*: Security for industrial automation and control systems – Part 3–2: Security risk assessment and system design. Draft 7, Edit 1, 22.05.2017. Genf: International Electrotechnical Commission (IEC).

[11] *IEC 62443-3-3:2013 Industrial communication* networks – Network and system security – Part 3–3: System security requirements and security levels. Genf: International Electrotechnical Commission (IEC). August 2018.

[12] *IEC 62443-4-2 ED1*: Security for industrial automation and control systems – Technical security requirements for IACS components, Draft 4, Edit 1, 12.01.2017. Genf: International Electrotechnical Commission (IEC).

[13] IEC 62443-2-1:2010 Industrial communication networks – Network and system security – Part 2-1: Establishing an industrial automation and control system security program. Genf: International Electrotechnical Commission (IEC). November 2010.

[14] HiSolutions AG: *VDMA Leitfaden Security für den Maschinen- und Anlagenbau*. Der Weg durch die IEC 62443, November 2016.

[15] *IEC TR 62443-2-3:2015 Security for industrial automation and control systems* – Part 2–3: Patch management in the IACS environment. Genf: International Electrotechnical Commission (IEC). Juni 2015.

B.3

[1] *Normenreihe IEC 62 443 (2009–2016)*. Industrial communication networks – Network and system security. Genf: International Electrotechnical Commission (IEC).

[2] IT Glossary: *Operational Technology (OT)*. Stamford, CT: Gartner, Inc.

https://www.gartner.com/it-glossary/operational-technology-ot (abgerufen am 04.11.2018).

[3] *VDI/VDE 2182 Blatt 1: Informationssicherheit in der industriellen Automatisierung* – Allgemeines Vorgehensmodell. Düsseldorf: Verein Deutscher Ingenieure e.V. (VDI). Januar 2011.

[4] *VDI/VDE 2182 Blatt 2.1: Informationssicherheit in der industriellen Automatisierung* – Anwendungsbeispiel des Vorgehensmodells in der Fabrikautomation für Hersteller – Speicherprogrammierbare Steuerung (SPS). Düsseldorf: Verein Deutscher Ingenieure e.V. (VDI). Februar 2013.

[5] *VDI/VDE 2182 Blatt 2.2: Informationssicherheit in der industriellen Automatisierung* – Anwendungsbeispiel des Vorgehensmodells in der Fabrikautomation für Maschinen- und Anlagenbauer – Umformpresse. Düsseldorf: Verein Deutscher Ingenieure e.V. (VDI). März 2013.

[6] *VDI/VDE 2182 Blatt 2.3: Informationssicherheit in der industriellen Automatisierung* – Anwendungsbeispiel des Vorgehensmodells in der Fabrikautomation für Betreiber – Presswerk. Düsseldorf: Verein Deutscher Ingenieure e.V. (VDI). September 2017.

[7] *VDI/VDE 2182 Blatt 3.1: Informationssicherheit in der industriellen Automatisierung* – Anwendungsbeispiel des Vorgehensmodells in der Prozessautomation für Hersteller – Prozessleitsystem einer LDPE-Anlage. Düsseldorf: Verein Deutscher Ingenieure e.V. (VDI). September 2013.

[8] *VDI/VDE 2182 Blatt 3.2: Informationssicherheit in der industriellen Automatisierung* – Anwendungsbeispiel des Vorgehensmodells in der Prozessautomation für Integratoren – LDPE-Reaktor. Düsseldorf: Verein Deutscher Ingenieure e.V. (VDI). Mai 2013.

[9] *VDI/VDE 2182 Blatt 3.3: Informationssicherheit in der industriellen Automatisierung* – Anwendungsbeispiel des Vorgehensmodells in der Prozessautomation für Betreiber – LDPE-Anlage. Düsseldorf: Verein Deutscher Ingenieure e.V. (VDI). Juni 2013.

[10] *VDI/VDE 2182 Blatt 4 (Entwurf): Informationssicherheit in der industriellen Automatisierung* – Empfehlungen zur Umsetzung von Security-Eigenschaften für Komponenten, Systeme und Anlagen. Düsseldorf: Verein Deutscher Ingenieure e.V. (VDI). November 2018.

[11] *IT-Grundschutz-Kataloge*. Bonn: Bundesamt für Sicherheit in der Informationstechnik (BSI).

https://www.bsi.bund.de/DE/Themen/ITGrundschutz/ITGrundschutzKataloge/itgrundschutzkataloge_node.html (abgerufen am 04.11.2018).

[12] *NAMUR Empfehlung NE 153 (2015) Automation Security Agenda* 2020 – Design, Implementierung und Betrieb industrieller Automatisierungssysteme. Leverkusen: Interessengemeinschaft Automatisierungstechnik der Prozessindustrie e.V. (NAMUR), Juni 2015.

[13] *VDMA-Einheitsblatt 66418:2017-11 (Entwurf) Industrial Security* – Grundlegende Anforderungen an die Security von Maschinen, Anlagen und deren Komponenten. Frankfurt/Main: Verband Deutscher Maschinen- und Anlagenbau e.V. (VDMA), November 2017,

[14] *IEC TR 62443-3-1:2009 Industrial communication networks* – Network and system security – Part 3-1: Security technologies for industrial automation and control systems. Genf: International Electrotechnical Commission (IEC). Juli 2009.

[15] *EU Projekt VAN*, FP6/2004/IST/NMP/2 – 016696 VAN; D06.3-1 Service definition and protocol (functional) specification of a security layer

[16] *IEC 62443-3-3:2013 Industrial communication networks* – Network and system security – Part 3–3: System security requirements and security levels. Genf: International Electrotechnical Commission (IEC). August 2018.

[17] *IEC 62443-4-1:2018 Security for industrial automation and control systems* – Part 4–1: Secure product development lifecycle requirements. Genf: International Electrotechnical Commission (IEC). Januar 2018.

[18] *Gesetz zur Erhöhung der Sicherheit informationstechnischer Systeme* (IT-Sicherheitsgesetz). Bundesgesetzblatt (BGBl) Teil 1, Nr. 31, S. 1324. Köln: Bundesanzeiger Verlag, 25. Juli 2015.

[19] *Richtlinie (EU) 2016/1148 über Maßnahmen zur Gewährleistung eines hohen gemeinsamen Sicherheitsniveaus von Netz- und Informationssystemen in der Union.* Brüssel: Europäisches Parlament und Rat der Europäischen Union, 6. Juli 2016.

https://eur-lex.europa.eu/legal-content/DE/ALL/?uri=CELEX%3A32016L1148 (abgerufen am 04.11.2018).

[20] *ISO/IEC 17799:2005 Information technology* – Security techniques – Code of practice for information security management. Genf: International Organization for Standardization (ISO), Juni 2005.

[21] *ISO/IEC 27005:2018 Information technology* – Security techniques – Information security risk management. Genf: International Organization for Standardization (ISO), Juli 2018.

B.4

[1] *IEC 61 508 Part 1 – Part 7 (2010-2016):* Functional safety of electrical/electronic/programmable electronic safety-related systems. Genf: International Electrotechnical Commission (IEC).

[2] *IEC 61 511 Part 1 – Part 3 (2016-2018):* Functional safety – Safety instrumented systems for the process industry sector. Genf: International Electrotechnical Commission (IEC).

[3] *IEC 62 443 Part 1-1 – Part 4-2 (2009–2018):* Industrial communication networks – Network and system security. Genf: International Electrotechnical Commission (IEC).

[4] *ISO/IEC 27 001:2013 Information technology* – Security techniques – Information security management systems – Requirements. Genf: International Organization for Standardization (ISO), Oktober 2013.

[5] *ICS-Security-Kompendium*. Bonn: Bundesamt für Sicherheit in der Informationstechnik (BSI), 2013.

https://www.bsi.bund.de/SharedDocs/Downloads/DE/BSI/ICS/ICS-Security_kompendium_pdf.pdf?__blob=publicationFile (abgerufen am 04.11.2018).

[6] *ICS-Security-Kompendium*: Testempfehlungen und Anforderungen für Hersteller von Komponenten. Bonn: Bundesamt für Sicherheit in der Informationstechnik (BSI), November 2014.

https://www.bsi.bund.de/SharedDocs/Downloads/DE/BSI/ICS/ICS-Security-Kompendium-Hersteller.pdf?__blob=publicationFile&v=2 (abgerufen am 04.11.2018).

[7] *NAMUR Arbeitsblatt NA 163 (2017)* IT-Risikobeurteilung von PLT-Sicherheitseinrichtungen. Leverkusen: Interessengemeinschaft Automatisierungstechnik der Prozessindustrie e.V. (NAMUR), November 2017.

[8] *IT-Grundschutz:* Entwurf des Bausteins IND.2.7 Safety Instrumented Systems. Bundesamt für Sicherheit in der Informationstechnik BSI, Bonn, 25.04.2018.

Zu Themenblock C – Fabrik als Anwendungsdomäne / Industrial Control Systems

C.1

[1] Ropohl, Günther: *Allgemeine Technologie als Grundlage für ein umfassendes Technikverständnis.* Berlin: Edition Sigma Verlag, 1997.

[2] *NAMUR Arbeitsblatt NA 115*: IT-Sicherheit für Systeme der Automatisierungstechnik: Randbedingungen für Maßnahmen beim Einsatz in der Prozessindustrie. Leverkusen: Interessengemeinschaft Automatisierungstechnik der Prozessindustrie e.V. (NAMUR), Juni 2006.

[3] Fritsche, Wolfgang; Rust, Felix: Informationssicherheit in Industriesteueranlagen. In: Schulz, Thomas [Hrsg]: *Industrie 4.0*: Potenziale erkennen und umsetzen. Würzburg: Vogel Communications Group, 2017.

[4] Kushner, David: *The Real Story of Stuxnet*. How Kaspersky Lab tracked down the malware that stymied Iran's nuclear-fuel enrichment program. IEEE Spectrum, Piscataway, NJ: Institute of Electrical and Electronics Engineers (IEEE), 2013.

https://spectrum.ieee.org/telecom/security/the-real-story-of-stuxnet/ (abgerufen 8. November 2018).

[5] *Industrial Control System Security*. Top 10 Bedrohungen und Gegenmaßnahmen 2016. Berlin: Bundesamt für Sicherheit in der Informationstechnik (BSI), August 2016.

https://www.allianz-fuer-cybersicherheit.de/ACS/DE/_/downloads/BSI-CS_005.pdf?__blob=publicationFile (abgerufen am 08.11.2018).

[6] *Threat Landscape for Industrial Automation Systems in H2*. Kaspersky Labs ICS CERT, 2017.

https://ics-cert.kaspersky.com/media/KL_ICS_REPORT_H2-2017_FINAL_EN_22032018.pdf (abgerufen 8. November 2018).

[7] *An Executive Guide to Cyber Security for Operational Technology, Securing critical assets in a digitally connected world*. Vancouver: Wurldtech Security Technologies, 2016.

[8] *Protecting Industrial Control Systems*. Annex V. Key Findings. Iraklio: European Network and Information Security Agency (ENISA), 2011.

[9] *Security in Automation – Vergleich und Bewertung von nationalen und internationalen Normen und Standards für Automations- und Produktionssicherheit*. Frankfurt am Main: Normenausschuss Maschinenbau (NAM) im Deutsches Institut für Normung (DIN) e.V., Februar 2014.

http://pks.vdma.org/documents/105969/2735318/INS_NAM_2014_Security-in-Automation.pdf (abgerufen am 08.11.2018).

[10] Eckert, Claudia: *IT-Sicherheit: Konzepte – Verfahren – Protokolle*. München: Oldenbourg Wissenschaftsverlag, 2006.

[11] *NAMUR Arbeitsblatt NA 163*. IT-Risikobeurteilung von PLT-Sicherheitseinrichtungen Leverkusen: Interessengemeinschaft Automatisierungstechnik der Prozessindustrie e.V. (NAMUR), November 2017.

[12] *Leitfaden Sicherheit Industrie 4.0*. Handlungsempfehlungen für den Mittelstand. Frankfurt/Main: Verband Deutscher Maschinen- und Anlagenbau (VDMA), 2016.

https://industrie40.vdma.org/documents/4214230/15280277/1492501068630_Leitfaden_I40_Security_DE.pdf/836f1356-12e6-4a00-9a4d-e4bcc07101b4 (abgerufen 8. November 2018).

[13] *M-Trends 2017*. A View from the Front Lines. Milpitas: FireEye Inc., 2017.

[14] *Richtlinienreihe VDI/VDE 2182 (2011–2016)*. Informationssicherheit in der industriellen Automatisierung – Allgemeines Vorgehensmodell. Düsseldorf: Verein Deutscher Ingenieure e.V. (VDI).

[15] *National Cybersecurity and Communications Integration Center (NCCIC) Industrial Control Systems*. ICS-CERT. Washington, DC: Department of Homeland Security.

https://ics-cert.us-cert.gov (abgerufen 8. November 2018).

[16] Gaentzsch, Falk; Cagnazzo, Matteo; Pohlmann, Norbert: *Dozentenhandbuch Netzwerksicherheit*. Mainz: Handwerkskammer Rheinhessen, 2015.

[17] ШУЛЬЦ, Томас; НЕКРАСОВ, Иван: Кибербезопасность в промышленных системах управления. В: etz Электротехника и автоматизация. 2018 год, номер 1, страница 8–15.

[18] *Normenreihe IEC 62 443 (2009–2016)*. Industrial communication networks – Network and system security. Genf: International Electrotechnical Commission (IEC).

[19] *Richtlinienreihe (CIP) Critical Infrastructure Protection – Cyber Security (2016-2017)*. Washington: North American Electric Reliability Corporation (NERC).

http://www.nerc.com/pa/Stand/Pages/CIPStandards.aspx (abgerufen am 8. November 2018).

[20] *Anlagensicherheit schützt Menschen und Umwelt (2014)*. Bundesministerium für Umwelt, Naturschutz, Bau und Reaktorsicherheit (BMUB).

http://www.bmub.bund.de/themen/luft-laerm-verkehr/luftreinhaltung/anlagensicherheit (abgerufen am 1. November 2017).

[21] Oliver Schonschek; Peter Schmitz (2017). *Definition Netzwerksicherheit*. Was bedeutet Netzwerksicherheit? Würzburg: Vogel Communications Group.

http://www.security-insider.de/was-bedeutet-netzwerksicherheit-a-578391 (abgerufen am 8. November 2018).

[22] *Anforderungen an sichere Steuerungs- und Telekommunikationssysteme*. Whitepaper. Berlin: Bundesverband der Energie- und Wasserwirtschaft e.V. (BDEW), Wien: Österreichs E-Wirtschaft, 2015.

[23] *IEC 62443-3-3:2013 Industrial communication networks – Network and system security – Part 3-3*: System security requirements and security levels. Genf: International Electrotechnical Commission (IEC), August 2013.

[24] *Überblickspapier Netzzugangskontrolle*. Berlin: Bundesamt für Sicherheit in der Informationstechnik (BSI), 2011.

https://www.bsi.bund.de/SharedDocs/Downloads/DE/BSI/Grundschutz/Download/Ueberblickspapier_Netzzugangskontrolle.pdf?_blob=publicationFile (abgerufen 8. November 2018).

[25] *Best-Practice-Empfehlungen für Anforderungen an Lieferanten zur Gewährleistung der Informationssicherheit in Kritischen Infrastrukturen*. Bonn: UP-KRITIS, 2016.

[26] Ashoor, Asmaa Shaker; Gore, Sharad: Difference between Intrusion Detection System (IDS) and Intrusion Prevention System (IPS). In: Wyld, David C.; Wozniak, Michal; Chaki, Nabendu; u.a. (Hrsg.): *Advances in Network Security and Applications*. CNSA 2011. Communications in Computer and Information Science, Nr. 196. Berlin, Heidelberg: Springer Verlag, 2011.

C.2

[1] *The State of Industrial Cybersecurity 2017*. Global Report. Orpington: The Business Advantage Group Limited, 2017.

https://go.kaspersky.com/rs/802-IJN-240/images/ICS WHITE PAPER.pdf (abgerufen am 08.11.2018).

[2] *NERC Issues AURORA Alert to Industry*. Press Release. Atlanta, GA: North American Reliability Corporation (NERC), 14. Oktober 2010.

[3] Lynn, William J. III: *Defending a New Domain*. The Pentagon's Cyberstrategy. The Council on Foreign Relations (CFR). New York City, NY, Washington, DC: Foreign Affairs, September/Oktober 2010.

https://www.foreignaffairs.com/articles/united-states/2010-09-01/defending-new-domain (abgerufen am 08.11.2018).

[4] Shachtman, Noah: Insiders Doubt 2008 Pentagon Hack Was Foreign Spy Attack. *Wired Magazine, 25. August 2010*.

https://www.wired.com/2010/08/insiders-doubt-2008-pentagon-hack-was-foreign-spy-attack (abgerufen am 08.11.2018).

[5] Pollet, Jonathan: *Electricity for free?* The dirty underbelly of SCADA and smart meters. Houston, TX: Red Tiger Security.

https://media.blackhat.com/bh-us-10/whitepapers/Pollet_Cummins/BlackHat-USA-2010-Pollet-Cummings-RTS-Electricity-for-Free-wp.pdf (abgerufen am 08.11.2018).

[6] *ICS-CERT Advisory ICSA-10-238-01B*. Stuxnet Malware Mitigation (Update B). ICS-CERT. Washington, DC: Department of Homeland Security. 08 Januar 2014.

https://ics-cert.us-cert.gov/advisories/ICSA-10-238-01B (abgerufen am 08.11.2018).

[7] Peterson, Dale G.: *Italian Researcher Publishes 34 ICS Vulnerabilities*. Sunrise, FL: Digital Bond, 21. März 2011.

http://www.digitalbond.com/2011/03/21/italian-researcher-publishes-34-ics-vulnerabilities (abgerufen am 08.11.2018).

[8] *Global Energy Cyberattacks*: Night Dragon. White Paper. Santa Clara, CA: McAfee, 10. Februar 2011.

[9] Jackson Higgins, Kelly: Banking Trojans Disguised As ICS/SCADA Software Infecting Plants. In: *DARKRaeding, New York, NY: UBM, 01. August 2010.*

http://www.darkreading.com/attacks-breaches/banking-trojans-disguised-as-ics-scada-software-infecting-plants/d/d-id/1318542 (abgerufen am 08.11.2018).

[10] Wilhoit, Kyle; Gogolinski, Jim: *Sandworm to Blacken*: The SCADA Connection. Shibuya: Trend Micro, 16. Oktober 2016.

http://blog.trendmicro.com/trendlabs-security-intelligence/sandworm-to-blacken-the-scada-connection (abgerufen am 08.11.2018).

[11] *ICS-CERT Alert IR-ALERT-H-16-056-01*. Cyber-Attack Against Ukrainian Critical Infrastructure. ICS-CERT. Washington, DC: Department of Homeland Security. 25. Februar 2016.

https://ics-cert.us-cert.gov/alerts/IR-ALERT-H-16-056-01 (abgerufen am 08.11.2018).

[12] *Manhattan U.S. Attorney Announces Charges Against Seven Iranians For Conducting Coordinated Campaign Of Cyber Attacks Against U.S. Financial Sector On Behalf Of Islamic Revolutionary Guard Corps-Sponsored Entities*. New York, NY: U.S. Department of Justice, 24. März 2016.

https://www.justice.gov/usao-sdny/pr/manhattan-us-attorney-announces-charges-against-seven-iranians-conducting-coordinated (abgerufen am 08.11.2018).

[13] Leyden, John: SCADA malware caught infecting European energy company. 'Nation-state' fingered. In: *The Register, Southport: Situation Publishing. 12. Juli 2016.*

http://www.theregister.co.uk/2016/07/12/scada_malware (abgerufen am 08.11.2018).

[14] Pollet, Jonathan: Understanding the advanced persistent threat. In: *Proceedings of 2010 SANS European SCADA and Process Control Security Summit, Stockholm, Oktober 2010.*

[15] *IEC 62 443-3-3:2013 Industrial communication networks* – Network and system security – Part 3-3: System security requirements and security levels. Genf: International Electrotechnical Commission (IEC), August 2013.

[16] *Normenreihe IEC 62 443 (2009-2016).* Industrial communication networks – Network and system security. Genf: International Electrotechnical Commission (IEC).

[17] *ISO/IEC 27 001:2013 Information technology* – Security techniques – Information security management systems – Requirements. Genf: International Organization for Standardization (ISO), Oktober 2013.

[18] *ISO/IEC 27 002:2013 Information technology* – Security techniques – Code of practice for information security controls. Genf: International Organization for Standardization (ISO), Oktober 2013.

[19] *NIST Special Publication 800-82, Revision 2*: Guide to Industrial Control Systems (ICS) Security. Gaithersburg, MD: National Institute of Standards and Technology (NIST), U.S. Department of Commerce, Mai 2018.

https://nvlpubs.nist.gov/nistpubs/specialpublications/nist.sp.800-82r2.pdf (abgerufen am 08.11.2018).

[20] *Regulatory Guide 5.71* – Cyber Security programs for Nuclear Facilities. Rockville, MD: U.S. Nuclear Regulatory Commission (NRC), Januar 2010.

https://www.nrc.gov/docs/ML0903/ML090340159.pdf (abgerufen am 08.11.2018).

[21] 6 *United States Code (USC), Chapter 1, Subchapter XVI*: Chemical Facility Anti-Terrorism Standards (CFATS). Washington, DC: U.S. House of Representatives, Dezember 2014.

http://uscode.house.gov/view.xhtml?path=/prelim@title6/chapter1/subchapter16&edition=prelim (abgerufen am 08.11.2018).

[22] *IEC TR 62 541-1:2016 OPC unified architecture* – Part 1: Overview and concepts. Genf: International Electrotechnical Commission (IEC), Oktober 2016.

[23] *OPC .NET 4.0 (formerly OPC Express Interface or OPC Xi).* Scottsdale, AZ: OPC Foundation, 2017.

https://opcfoundation.org/about/opc-technologies/opc-net-4-0 (abgerufen am 08.11.2018).

[24] *IEC 61158-1:2014 Industrial communication networks* – Fieldbus specifications – Part 1: Overview and guidance for the IEC 61158 and IEC 61784 series. Genf: International Electrotechnical Commission (IEC), Mai 2014.

[25] *IEC 60870-6-503:2014 Telecontrol equipment and systems* – Part 6-503: Telecontrol protocols compatible with ISO standards and ITU-T recommendations – TASE.2 Services and protocol. Genf: International Electrotechnical Commission (IEC), Juli 2014.

[26] *IEEE 1379-2000* – IEEE Recommended Practice for Data Communications Between Remote Terminal Units and Intelligent Electronic Devices in a Substation. Piscataway, NJ: Institute of Electrical and Electronics Engineers (IEEE), September 2000.

[27] *IEEE 1815-2012* – IEEE Standard for Electric Power Systems Communications-Distributed Network Protocol (DNP3). Piscataway, NJ: Institute of Electrical and Electronics Engineers (IEEE), Juni 2001.

[28] *ICS-CERT Alert ICS-ALERT-12-046-01A*. Increasing Threat to Industrial Control Systems (Update A). Industrial Control System Cyber Emergency Response Team (ICS-CERT). ICS-CERT. Washington, DC: Department of Homeland Security. 25. Oktober 2012.

https://ics-cert.us-cert.gov/alerts/ICS-ALERT-12-046-01A (abgerufen am 08.11.2018).

C.3

[1] *Die Lage der IT-Sicherheit in Deutschland 2014*. Bonn: Bundesamt für Sicherheit in der Informationstechnik (BSI), November 2014.

https://www.bsi.bund.de/SharedDocs/Downloads/DE/BSI/Publikationen/Lageberichte/Lagebericht2014.pdf?__blob=publicationFile (abgerufen am 08.11.2018).

[2] *ISO/IEC 27 001:2013 Information technology* – Security techniques – Information security management systems – Requirements. Genf: International Organization for Standardization (ISO), Oktober 2013.

[3] *Normenreihe IEC 62 443 (2009-2016).* Industrial communication networks – Network and system security. Genf: International Electrotechnical Commission (IEC).

[4] *BSI-Standard 200-1*. Managementsysteme für Informationssicherheit (ISMS). Version 1.0. Bonn: Bundesamt für Sicherheit in der Informationstechnik (BSI), Oktober 2017.

https://www.bsi.bund.de/SharedDocs/Downloads/DE/BSI/Grundschutz/Kompendium/standard_200_1.pdf?__blob=publicationFile&v=6 (abgerufen am 08.11.2018).

[5] *Rhebo – Industrial network Continuity*. Leipzig: Rhebo. 2017–2018.

https://rhebo.com (abgerufen am 08.11.2018).

[6] Holland, Martin; Kannenberg, Axel: WannaCry: Angriff mit Ransomware legt weltweit Zehntausende Rechner lahm. In: *heise online*, Hannover: Heise Medien, 12. Mai 2017.

https://www.heise.de/newsticker/meldung/WannaCry-Angriff-mit-Ransomware-legt-weltweit-Zehntausende-Rechner-lahm-3713235.html (abgerufen am 08.11.2018).

C.4

[1] *Vertrag über die Arbeitsweise der Europäischen Union (konsolidierte Fassung), Dritter Teil*, Titel VI – Der Verkehr: Artikel 95. In: Amtsblatt Nr. C 326, Brüssel: Europäisches Parlament und Rat der Europäischen Union, 26.10.2012. S. 86.

[2] *Vertrag über die Arbeitsweise der Europäischen Union (konsolidierte Fassung), Dritter Teil*, Titel X – Sozialpolitik: Artikel 153. In: Amtsblatt Nr. C 326, Brüssel: Europäisches Parlament und Rat der Europäischen Union, 26.10.2012. S. 114-116.

[3] *Richtlinie 2014/35/EU zur Harmonisierung der Rechtsvorschriften der Mitgliedstaaten über die Bereitstellung elektrischer Betriebsmittel zur Verwendung innerhalb bestimmter Spannungsgrenzen auf dem Markt.* Brüssel: Europäisches Parlament und Rat der Europäischen Union, 26.02.2014.

[4] *Richtlinie 2006/42/EG über Maschinen und zur Änderung der Richtlinie 95/16/EG (Neufassung).* Brüssel: Europäisches Parlament und Rat der Europäischen Union, 17.05.2006.

[5] *Richtlinie 89/391/EWG über die Durchführung von Maßnahmen zur Verbesserung der Sicherheit und des Gesundheitsschutzes der Arbeitnehmer bei der Arbeit.* Brüssel: Rat der Europäischen Gemeinschaft, 12.06.1989.

[6] IND.2.7: *Safety Instrumented Systems*. Bonn: Bundesamt für Sicherheit in der Informationstechnik (BSI), 25.04.2018.

https://www.bsi.bund.de/SharedDocs/Downloads/DE/BSI/Grundschutz/IT-Grundschutz-Modernisierung/BS_SIS.pdf?__blob=publicationFile&v=5 (abgerufen am 08.11.2018).

[7] Myklebust, Thor; Stålhane, Tor; Haugset, Børge; u.a.: *Using a Goal-Based Approach to Improve the IEC 61 508-3 Software Safety Standard*. Berlin: ResearchGate, Februar 2015.

https://www.researchgate.net/publication/271963418_Using_a_Goal-Based_Approach_to_Improve_the_IEC_61508-3_Software_Safety_Standard (abgerufen am 08.11.2018).

[8] Roser, Martin; Lenhart, F.; Hofmann, J.; u.a.: Erstellung von Schutzfunktionen in der Prozessindustrie unter Nutzung von vollvariablen Programmiersprachen. In: *VDI-Berichte Band 2258: AUTOMATION 2015: 16.* Branchentreff der Mess- und Automatisierungstechnik. Düsseldorf: Verein Deutscher Ingenieure e.V. (VDI), S. 707-718.

[9] *IEC 61 508 Part 1 – Part 7 (2010-2016):* Functional safety of electrical/electronic/programmable electronic safety-related systems. Genf: International Electrotechnical Commission (IEC).

[10] *IEC 61 511 Part 1 – Part 3 (2016-2018):* Functional safety – Safety instrumented systems for the process industry sector. Genf: International Electrotechnical Commission (IEC).

[11] *ISO 13 849 Part 1 – Part 2 (2012-2015):* Safety of machinery – Safety-related parts of control systems. Genf: International Organization for Standardization (ISO).

[12] *IEC 62061:2005 + AMD1:2012 + AMD2:2015 CSV Consolidated version:* Safety of machinery – Functional safety of safety-related electrical, electronic and programmable electronic control systems. Genf: International Electrotechnical Commission (IEC), Juni 2015.

[13] *ISO 26 262 Part 1 – Part 12 (2018):* Road vehicles – Functional safety. Genf: International Organization for Standardization (ISO).

[14] *IEC 62 280 Part 1 – Part 2 (2014):* Railway applications – Communication, signalling and processing systems – Safety related communication in transmission systems. Genf: International Electrotechnical Commission (IEC).

[15] Langner, Ralph: *To kill a centrifuge: A technical analysis of what stuxnet's creators tried to achieve.* Norderstedt: Langner Communications, November 2013.

https://www.langner.com/wp-content/uploads/2017/03/to-kill-a-centrifuge.pdf (abgerufen am 08.11.2018).

[16] Lee, Rob M.; Assante, Michael J.; Conway, Tim: German Steel Mill Cyber Attack. *ICS CP/PE (Cyber-to-Physical or Process Effects) case study paper*, SANS Institute, 30.12.2014.

https://ics.sans.org/media/ICS-CPPE-case-Study-2-German-Steelworks_Facility.pdf (abgerufen am 08.11.2018).

[17] Lee, Rob M.: Potential Sample of Malware from the Ukrainian Cyber Attack Uncovered. In*: SANS Industrial Control Systems Security Blog*, SANS Institute, 01.01.2016.

https://ics.sans.org/blog/2016/01/01/potential-sample-of-malware-from-the-ukrainian-cyber-attack-uncovered (abgerufen am 08.11.2018).

[18] *MAR-17-352-01 HatMan – Safety System Targeted Malware (Update A).* ICS-CERT. Washington, DC: Department of Homeland Security. 18.12 2017.

https://ics-cert.us-cert.gov/MAR-17-352-01-HatMan-Safety-System-Targeted-Malware-Update (abgerufen am 08.11.2018).

[19] Hutchins, Eric M.; Clopperty, Michael J.; Amin, Rohan M.: *Intelligence-Driven Computer Network Defense Informed by Analysis of Adversary Campaigns and Intrusion Kill Chains.* Bethesda, MD: Lockheed Martin, 2011.

https://www.lockheedmartin.com/content/dam/lockheed-martin/rms/documents/cyber/LM-White-Paper-Intel-Driven-Defense.pdf (abgerufen am 08.11.2018).

[20] Assante, Michael J.; Lee, Rob M.: *The Industrial Control System Cyber Kill Chain.* SANS Institute, Oktober 2015.

https://www.sans.org/reading-room/whitepapers/ICS/industrial-control-system-cyber-kill-chain-36297 (abgerufen am 08.11.2018).

[21] *Normenreihe IEC 62 443 (2009–2016).* Industrial communication networks – Network and system security. Genf: International Electrotechnical Commission (IEC).

[22] Verendel, Vilhelm: Quantified security is a weak hypothesis: A critical survey of results and assumptions. In: NSPW '09 Proceedings of the 2009 workshop on New security paradigms workshop, Oxford, 8.–11. September 2009, S. 37–50.

https://www.nspw.org/papers/2009/nspw2009-verendel.pdf (abgerufen am 08.11.2018).

[23] *NAMUR Arbeitsblatt NA 163.* IT-Risikobeurteilung von PLT-Sicherheitseinrichtungen. Leverkusen: Interessengemeinschaft Automatisierungstechnik der Prozessindustrie e.V. (NAMUR), November 2017.

Zu Themenblock D – Mobile und intelligente Komponenten / Smart Devices

D.1

[1] Falk, Rainer; Hof, Hans-Joachim; Meyer, Ulrike; u.a.: From Academia to the Field: Wireless Sensor Networks for Industrial Use. In: *7. GI/ITG KuVS Fachgespräch Drahtlose Sensornetze, Technischer Bericht B 08-12.* Berlin: Freie Universität Berlin, September 2008, S. 93–96.

[2] Kolias, Constantinos; Kambourakis, Georgios; Stavrou, Angelos; u.a.: DDoS in the IoT: Mirai and Other Botnets. *IEEE Computer, Volume 50, Nr. 7, 2017*, S. 80–84.

[3] *OWASP Top 10 – 2017.* The Ten Most Critical Web Application Security Risks. Bel Air, MD: Open Web Application Security Project (OWASP), 2017.

https://www.owasp.org/images/7/72/OWASP_Top_10-2017_%28en%29.pdf.pdf (abgerufen am 27. Dezember 2018).

[4] Pohl, Christoph; Hof, Hans-Joachim: *Secure Scrum: Development of Secure Software with Scrum.* Ithaca, NY: Cornell University, 10.07.2015.

https://arxiv.org/abs/1507.02992 (abgerufen am 27. Dezember 2018).

[5] Pohl, Christoph; Hof, Hans-Joachim: Secure Scrum and OpenSAMM for Secure Software Development. In: *International Journal on Advances in Security, Volume 9, Nr. 1 & 2, 2016*, S. 25–35.

[6] Weimerskirch, Andre; Schramm, Kai: *Protecting embedded systems form unauthorized software modifications.* Fountain Hills, AZ: OpenSystems Media, 04.01.2010.

http://mil-embedded.com/articles/protecting-systems-unauthorized-software-modifications (abgerufen am 27. Dezember 2018).

[7] *BSI TR-02102-1*: Kryptographische Verfahren: Empfehlungen und Schlüssellängen. Bonn: Bundesamt für Sicherheit in der Informationstechnik (BSI). 29.05.2018.

https://www.bsi.bund.de/SharedDocs/Downloads/DE/BSI/Publikationen/TechnischeRichtlinien/TR02102/BSI-TR-02102.pdf (abgerufen am 27. Dezember 2018).

[8] *BSI TR-02102-2:* Kryptographische Verfahren: Empfehlungen und Schlüssellängen. Teil 2 – Verwendung von Transport Layer Security (TLS). Bonn: Bundesamt für Sicherheit in der Informationstechnik (BSI). Januar 2018.

https://www.bsi.bund.de/SharedDocs/Downloads/DE/BSI/Publikationen/TechnischeRichtlinien/TR02102/BSI-TR-02102-2.pdf (abgerufen am 27. Dezember 2018).

[9] Falk, Rainer; Hof, Hans-Joachim: Industrial Sensor Network Security Architecture. In: 2010 Fourth International Conference on Emerging Security Information, Systems and Technologies, New York, NY: Institute of Electrical and Electronics Engineers (IEEE), S. 97–102.

D.2

[1] *Wegweiser: IT-Security in der Industrie 4.0.* Erste Schritte zu einer sicheren Produktion. Berlin: Bundesministerium für Wirtschaft und Energie (BMWi), März 2016.

[2] *Umsetzungsstrategie Industrie 4.0*: Ergebnisbericht der Plattform Industrie 4.0. Berlin: Bitkom e.V., Frankfurt am Main: VDMA e.V., ZVEI e.V., April 2015.

[3] Banthien, Henning; Senff, Daniel: Plattform Industrie 4.0. In: Thomas Schulz [Hrsg.]: *Industrie 4.0.* Potenziale erkennen und umsetzen. Würzburg; Vogel Communications Group, 2017, S. 23–46.

[4] *Ergebnispapier: Technischer Überblick:* Sichere unternehmensübergreifende Kommunikation. Berlin: Bundesministerium für Wirtschaft und Energie (BMWi), April 2016.

[5] *Leitfaden: IT-Security in der Industrie 4.0.* Handlungsfelder für Betreiber. Berlin: Bundesministerium für Wirtschaft und Energie (BMWi), November 2016.

[6] *Diskussionspapier: Sichere Kommunikation für Industrie 4.0.* Berlin: Bundesministerium für Wirtschaft und Energie (BMWi), Juli 2017.

[7] *Leitfaden: Security in RAMI 4.0.* Berlin: Bundesministerium für Wirtschaft und Energie (BMWi), April 2016.

[8] *Security Development Lifecycle (DSL).* Redmond, WA: Microsoft Corporation.

https://www.microsoft.com/en-us/sdl (abgerufen am 04. 11.2018)

[9] *Richtlinienreihe VDI/VDE 2182 (2011-2016).* Informationssicherheit in der industriellen Automatisierung – Allgemeines Vorgehensmodell. Düsseldorf: Verein Deutscher Ingenieure e.V. (VDI)

[10] *Normenreihe IEC 62 443 (2009-2016).* Industrial communication networks – Network and system security. Genf: International Electrotechnical Commission (IEC).

[11] *Diskussionspapier: Security der Verwaltungsschale.* Berlin: Bundesministerium für Wirtschaft und Energie (BMWi), April 2017.

[12] *ISO/IEC 74 981-1:1994 Information technology* – Open Systems Interconnection – Basic Reference Model: The Basic Model. Genf: International Organization for Standardization (ISO).

[13] *Capability Maturity Model Integration (CMMI).* Pittsburgh, PA: CMMI Institute LLC.

https://www.cmmiinstitute.com/cmmi (abgerufen am 04.11.2018).

[14] *IEC TR 62 390:2005 Common automation device* – Profile guideline. Technical Report. Genf: International Electrotechnical Commission (IEC), Januar 2005.

[15] *Diskussionspapier: Sichere Implementierung von OPC UA für Betreiber, Integratoren und Hersteller.* Berlin: Bundesministerium für Wirtschaft und Energie (BMWi), April 2018.

[16] *Discussion Paper: Network-based Communication for Industrie 4.0*: Proposal for an Administration Shell. Berlin: Bundesministerium für Wirtschaft und Energie (BMWi), November 2016.

[17] *Ergebnispapier: Industrie 4.0-Security in der Aus- und Weiterbildung.* Neue Aspekte für Unternehmensorganisation und Kompetenzen. Berlin: Bundesministerium für Wirtschaft und Energie (BMWi), November 2016.

D.3

[1] Adolphs, Peter: Referenzarchitektur als Grundlage für neue Produkte zur Cloud-basierten Kommunikation. In: In: Schulz, Thomas [Hrsg.]: *Industrie 4.0.* Potenziale erkennen und umsetzen. Würzburg: Vogel Communications Group, 2017, S. 109–126.

[2] *IEEE C37.1-2007* (Revision of IEEE Std C37.1-1994) – IEEE Standard for SCADA and Automation Systems. New York, NY: Institute of Electrical and Electronics Engineers (IEEE), Mai 2008.

[3] Schonschek; Oliver: Bessere und schnellere Cyber-Abwehr durch KI. In: *Künstliche Intelligenz und Sicherheit*. Augsburg: Vogel IT-Medien, 2018, S. 3–5.

https://www.security- insider.de/kuenstliche-intelligenz-und-sicherheit-v-39085-13274 (abgerufen am 29.01.2019).

[4] *55 000 Jobs für IT-Spezialisten sind unbesetzt*. Berlin: Bitkom, 07.11.2017.

https://www.bitkom.org/Presse/Presseinformation/55000-Jobs-fuer-IT-Spezialisten-sind-unbesetzt.html (abgerufen am 29.01.2019).

[5] *Trends to Watch 2018*. Managed Security Services. London: Informa, 2018.

https://ovum.informa.com/campaign/undefined (abgerufen am 29.01.2019).

[6] IDC Studie zu Next Gen Endpoint Security in deutschen Unternehmen: *Gefahr erkannt, aber nicht gebannt*. Frankfurt am Main: IDV, 29.05.2017.

https://idc.de/de/ueber-idc/press-center/64840-idc-studie-zu-next-gen-endpoint-security-in-deutschen-unternehmen-gefahr-erkannt-aber-nicht-gebannt (abgerufen am 29.01.2019).

[7] *Artificial Intelligence in the Enterprise:* The AI Race is On. Irvine, CA: Cylance, 2017.

https://insidebigdata.com/white-paper/artificial-intelligence-enterprise-ai-race (abgerufen am 29.01.2019).

[8] Umfrage von Vectra unter IT-Sicherheitsexperten – *Künstliche Intelligenz beschleunigt Enttarnung von Cyberangriffen*. San Jose, CA: Vectra AI, 18.08.2017.

https://www.vectra.ai/news/umfrage-von-vectra-unter-it-sicherheitsexperten-k-nstliche-intelligenz-beschleunigt-enttarnung-von-cyberangriffen (abgerufen am 29.01.2019).

[9] Kaplan, Jerry: *Künstliche Intelligenz – Eine Einführung*. Frechen: mitp-Verlag, 2017.

[10] Rosenblatt, Frank: The Perceptron – A Perceiving and Recognizing Automaton. *Report 85-460-1*. Buffalo, NY: Cornell Aeronautical Laboratory, 1957.

[11] Tuor; Aaron; Kaplan, Samuel; Hutchinson, Brian; u.a.: Deep Learning for Unsupervised Insider Threat Detection in Structured Cybersecurity Data Streams. In: *Proceedings of AI for Cyber Security Workshop at AAAI, Workshop on Artificial Intelligence for Cybersecurity, 2017*.

https://arxiv.org/pdf/1710.00811.pdf (aufgerufen am 19.11.2018).

[12] *Verordnung (EU) 2016/679 zum Schutz natürlicher Personen bei der Verarbeitung personenbezogener Daten, zum freien Datenverkehr und zur Aufhebung der Richtlinie 95/46/EG* (Datenschutz-Grundverordnung). Brüssel: Europäisches Parlament und Rat der Europäischen Union, 27. April 2016.

https://eur-lex.europa.eu/legal-content/DE/TXT/PDF/?uri=CELEX:32016R0679 (abgerufen am 04.11.2018).

[13] BGH-Urteil vom 16.05.2017, Az.: VI ZR 135/13: Darstellen der Speicherung der dynamischen IP-Adresse für den Anbieter als personenbezogenes Datum; Verwenden und Erheben von personenbezogenen Daten eines Nutzers durch den Anbieter von Online-Mediendiensten ohne dessen Einwilligung. Köln: Wolters Kluwer Deutschland.

https://www.jurion.de/urteile/bgh/2017-05-16/vi-zr-135_13/ (aufgerufen am 19.11.2018).

[14] *Cognitive Services*. Redmond, WA: Microsoft.

https://azure.microsoft.com/de-de/services/cognitive-services (abgerufen am 04.11.2018).

[15] *Cloud Machine Learning Engine*. Mountain View, CA: Google.

https://cloud.google.com/ml-engine (abgerufen am 04.11.2018).

[16] *Machine Learning in AWS*. Seattle, WA: Amazon Web Services.

https://aws.amazon.com/de/machine-learning (abgerufen am 04.11.2018).

D.4

[1] *The Heartbleed Bug*. Mountain View, CA: Synopsys. http://heartbleed.com (abgerufen am 04.11.2018).

[2] *Full Disclosure Mailing List*. Palo Alto, CA: Insecure.Com.

http://seclists.org/bugtraq (abgerufen am 04.11.2018).

[3] *Bugtraq Mailing List*. Palo Alto, CA: Insecure.Com.

http://seclists.org/bugtraq (abgerufen am 04.11.2018).

[4] *Black Hat*. London: UBM.

https://www.blackhat.com (abgerufen am 04.11.2018).

[5] DEF CON Hacking Conference. Seattle, WA: DEF CON Communications.

https://www.defcon.org (abgerufen am 04.11.2018).

[6] Beuth, Patrick: *Snowden-Enthüllungen*: Alles Wichtige zum NSA-Skandal. Hamburg: Zeit Online, 29.01.2016.

https://www.zeit.de/digital/datenschutz/2013-10/hintergrund-nsa-skandal (abgerufen am 04.11.2018).

[7] *Digitale Schlösser und Zylinder*. Dresden: Felgner Sicherheitstechnik.

https://www.sicher24.de/digitale-schliesszylinder.html (abgerufen am 04.11.2018).

[8] *Die hohe Kunst des Schlossöffnens, der Fun-Sport mit Gefühl*. Hamburg: SSDeV Sportsfreunde der Sperrtechnik – Deutschland e.V.

https://lockpicking.org (abgerufen am 04.11.2018).

[9] Rose, Anthony; Ramsey, Ben: *Picking Bluetooth Low Energy Locks from a Quarter Mile Away*. Seattle, WA: DEF CON Communications.

https://media.defcon.org/DEF%20CON%2024/DEF%20CON%2024%20presentations/DEFCON-24-Rose-Ramsey-Picking-Bluetooth-Low-Energy-Locks.pdf (abgerufen am 04.11.2018).

[10] Rose, Anthony; Ramsey, Ben: *Picking Bluetooth Low Energy Locks a Quarter Mille Away*. San Bruno, CA: DEF CON Communications. YouTube.

https://www.youtube.com/watch?v=KrOReHwjCKI (abgerufen am 04.11.2018).

[11] *Bluetooth Low Energy Technology*. Kirkland, WA: Bluetooth SIG.

https://www.bluetooth.com (abgerufen am 04.11.2018).

[12] *Ubertooth One*. Evergreen, CO: Great Scott Gadgets.

https://greatscottgadgets.com/ubertoothone (abgerufen am 04.11.2018).

[13] *Raspberry Pi* – Teach, Learn, and Make with Raspberry Pi. Cambridge: Raspberry Pi Foundation.

https://www.raspberrypi.org (abgerufen am 04.11.2018).

[14] *Informatik – Kryptologie – Kerckhoffs-Prinzip*. Kaiserslautern: Hohenstaufen-Gymnasium Kaiserslautern.

https://www.hsg-kl.de/faecher/inf/krypto/prinzip/index.php (abgerufen am 04.11.2018).

[15] *Philips Hue Smart Home Lampen*. Eindhoven: Philips Lighting.

https://www2.meethue.com/de-de (abgerufen am 04.11.2018).

[16] *Philips Hue Bridge 046677458478*. Eindhoven: Signify.

https://www2.meethue.com/en-us/p/hue-bridge/046677458478 (abgerufen am 04.11.2018).

[17] Dhanjani, Nitesh: *Hacking Lightbulbs*.

http://www.dhanjani.com/blog/2013/08/hacking-lightbulbs.html (abgerufen am 04.11.2018).

[18] *Zigbee Light Link*. Smart, easy-to-use lighting control designed for consumers. Zigbee Alliance.

http://www.zigbee.org/zigbee-for-developers/applicationstandards/zigbee-light-link (abgerufen am 04.11.2018).

[19] *IEEE 802.15.4-2015* (Revision of IEEE 802.15.4-2011) IEEE Standard for Low-Rate Wireless Networks. New York: Institute of Electrical and Electronics Engineers (IEEE), 2015.

[20] Zillner, Tobias; Strobl, Sebastian: *ZigBee-Exploited*: The good, the bad, the ugly. London: UBM.

https://www.blackhat.com/docs/us-15/materials/us-15-Zillner-ZigBee-Exploited-The-Good-The-Bad-And-The-Ugly.pdf (abgerufen am 04.11.2018).

[21] *ZigBee Exploited:* The Good, The Bad, And The Ugly. Sna Bruno, CA: YouTube. https://www.youtube.com/watch?v=9xzXp-zPkjU (abgerufen am 04.11.2018).

[22] Dhanjani, Nitesh: *Hacking Lightbubles:* Security Evaluation of the Philips hue Personal Wireless Lighting System.

http://www.dhanjani.com/docs/Hacking%20Lighbulbs%20Hue%20Dhanjani%202013.pdf (abgerufen am 04.11.2018).

[23] Holland, Martin: WannaCry: Schon «grundlegende IT-Sicherheitspraktiken» hätten Englands Krankenhäuser geschützt. *heise online*, Hannover: Heise Medien, 27.10.2017.

https://www.heise.de/newsticker/meldung/WannaCry-Schon-grundlegende-IT-Sicherheitspraktiken-haetten-Englands-Krankenhaeuser-geschuetzt-3874655.html (abgerufen am 08.11.2018).

[24] Ronen, Eyal; O'Flynn, Colin; Shamir, Adi; u.a.: *IoT Goes Nuclear* – Creating a ZigBee Chain Reaction. http://iotworm.eyalro.net (abgerufen am 08.11.2018).

[25] *Zigbee War Flying.* San Bruno, CA: YouTube.

https://www.youtube.com/watch?v=Ed1OjAuRARU (abgerufen am 08.11.2018).

[26] *Wie wir Wasserwerke im Internet entdeckten*. Berlin: Sebastian Neef.

https://www.internetwache.org/wie-wir-wasserwerke-im-internet-entdeckten-16-08-2016 (abgerufen am 04.11.2018).

[27] *Sicherheitsrisiko Baustellenampeln*: Grüne Welle auf Knopfdruck. Berlin: Golem.de.

https://www.golem.de/news/sicherheitsrisiko-baustellenampeln-gruene-welle-auf-knopfdruck-1609-123503.html (abgerufen am 04.11.2018).

[28] *Internetwache – Für ein sicheres Internet.* Berlin: Sebastian Neef.

https://www.internetwache.org (abgerufen am 04.11.2018).

[29] *CVE-2017-6029*. Common Vulnerabilities and Exposures (CVE) List. Bedford, MA: The MITRE Corporation.

https://cve.mitre.org/cgi-bin/cvename.cgi?name=CVE-2017-6029 (abgerufen am 04.11.2018).

[30] *CVE-2017-6031*. Common Vulnerabilities and Exposures (CVE) List. Bedford, MA: The MITRE Corporation.

https://cve.mitre.org/cgi-bin/cvename.cgi?name=CVE-2017-6031 (abgerufen am 04.11.2018).

[31] *Energieversorgung*: Windparks sind schlechter gesichert als E-Mail-Konten. Berlin: Golem.de

https://www.golem.de/news/energieversorgung-e-mail-konten-sind-besser-gesichert-als-windparks-1709-129868.html (aufgerufen am 19.11.2018).

[32] *Search engine for Internet-connected devices*. Shodan (Sentient Hyper-Optimized Data Access Network). https://www.shodan.io (aufgerufen am 19.11.2018).

[33] *Startseite Chaos Computer Club (CCC).* Hamburg: Chaos Computer Club.

https://ccc.de (aufgerufen am 19.11.2018)

[34] *Chaos Computer Club hackt Ladesäulen.* Hamburg: Chaos Computer Club.

https://ccc.de/de/updates/2017/e-motor (aufgerufen am 19.11.2018).

[35] *Software zur Auswertung der Bundestagswahl unsicher und angreifbar.* Hamburg: Chaos Computer Club.

https://ccc.de/de/updates/2017/pc-wahl (aufgerufen am 19.11.2018).

[36] *Geplanter Staatstrojaner in Hessen gefährdet IT-Sicherheit weltweit*. Hamburg: Chaos Computer Club.

https://ccc.de/de/updates/2017/hessentrojaner (aufgerufen am 19.11.2018).

[37] *CERT-Bund – Das Computer-Notfallteam des BSI.* Bonn: Bundesamt für Sicherheit in der Informationstechnik (BSI).

https://cert-bund.de (aufgerufen am 19.11.2018).

[38] *How to Sell Your 0day Exploit to Zerodium*. Washington, DC: Zerodium.

https://zerodium.com/program.html (aufgerufen am 19.11.2018).

[39] *Application Security*: Google Vulnerability Reward Program (VRP) Rules. Menlo Park, CA: Google.

https://www.google.com/about/appsecurity/reward-program (aufgerufen am 19.11.2018).

[40] Hackett, Robert: *Facebook Awards Server-Crushing Hacker With Its Biggest Ever Bounty*. 19.01.2017.

http://fortune.com/2017/01/19/facebook-hacker-bug-bounty (aufgerufen am 19.11.2018).

[41] *Vulnerability Disclosure & Bug Bounty Programs*. Dover, DE: Bugcrowd.

https://bugcrowd.com (aufgerufen am 19.11.2018).

[42] *Bug Bounty, Vulnerability Coordination*. San Francisco, CA: HackerOne.

https://hackerone.com (aufgerufen am 19.11.2018).

[43] *Crowdsource Your Security*. Testing the Smart Way. Redwood City, CA: Synack.

https://www.synack.com (aufgerufen am 19.11.2018).

[44] *A proposed standard which allows websites to define security policies*. security.txt.

https://securitytxt.org (aufgerufen am 19.11.2018).

Zu Themenblock E – Plattformen mit gehosteten Anwendungen / Cloud Computing

E.1

[1] Columbus, Louis: *Forrester's 10 cloud computing predictions for 2018*. Jersey City, NY: Forbes Media, 07.11.2017.

https://www.forbes.com/sites/louiscolumbus/2017/11/07/forresters-10-cloud-computing-predictions-for-2018/#6496168f4ae1 (abgerufen am 24.11.2018).

[2] Ahmad, Ishrat; Bakht, Humayun; Mohan, Uma: *Journal of Computing and Management Studies (JCMS) 1 (2017), Nr. 1*, S. 40–51.

[3] *Cloud Security Alliance*. Bellingham, WA: Cloud Security Alliance (CSA).

https://cloudsecurityalliance.org (abgerufen am 24.11.2018).

[4] CSA STAR: *The Future of Cloud Trust and Assurance*. Bellingham, WA: Cloud Security Alliance (CSA).

https://cloudsecurityalliance.org/star (abgerufen am 24.11.2018).

[5] Amazon S3: *Objektspeicher zum Speichern und Abrufen beliebiger Datenmengen aus allen Speicherorten*. Seattle, WA: Amazon Web Services.

https://aws.amazon.com/de/s3 (abgerufen am 24.11.2018).

[6] *Amazon S3 REST API Introduction*. Seattle, WA: Amazon Web Services.

https://docs.aws.amazon.com/AmazonS3/latest/API/Welcome.html (abgerufen am 24.11.2018).

[7] Angwin, Julia; Mattu, Surya; Parris, Terry Jr.: *Facebook doesn't tell users everything it really knows about them*. New York, NY: Pro Publica.

https://www.propublica.org/article/facebook-doesnt-tell-users-everything-it-really-knows-about-them (abgerufen am 24.11.2018).

[8] Armknecht, Frederik; Bohli, Jens-Matthias; Karame, Ghassan O.; u.a.: Outsourced Proofs of Retrievability. In: Ahn, Gail-Joon; Yung, Moti; Li, Ninghui [Hrsg.]: *Proceedings of the 2014 ACM SIGSAC Conference on Computer and Communications Security*, 3.–7.11.2014, New York, NY: Association for Computing Machinery (ACM), 2014, S. 831–843.

[9] Belshe, Mike, Peon, Roberto; Thomson, Martin: *Hypertext transfer protocol version 2 (HTTP/2)*. Fremont, CA: Internet Engineering Task Force (IETF), Mai 2015.

https://tools.ietf.org/html/rfc7540 (abgerufen am 24.11.2018).

[10] Berners-Lee, Tim; R. Fielding; Frystyk, Henrik: *Hypertext transfer protocol – HTTP/1.0*. Fremont, CA: Internet Engineering Task Force (IETF), Mai 1996.

https://tools.ietf.org/html/rfc1945 (abgerufen am 24.11.2018).

[11] *Umsetzungsstrategie Industrie 4.0*. Ergebnisbericht der Plattform Industrie 4.0. Berlin: Bundesverband Informationswirtschaft Telekommunikation und neue Medien e.V. (BITKOM), Frankfurt am Main: Verband Deutscher Maschinen- und Anlagenbau e.V. (VDMA), Zentralverband Elektrotechnik- und Elektronikindustrie e.V. (ZVEI). April 2015.

[12] Borman, David; Braden, Bob; Jacobson, van; u.a.: *TCP extensions for high performance*. Fremont, CA: Internet Engineering Task Force (IETF), September 2014.

https://tools.ietf.org/html/rfc7323 (abgerufen am 24.11.2018).

[13] *Cloud Auditing Data Federation (CADF)*. Portland, OR: Distributed Management Task Force (DMTF).

https://www.dmtf.org/standards/cadf (abgerufen am 24.11.2018).

[14] Deering, Stephen E.; Robert M. Hinden, Robert M.: *Internet Protocol, Version 6 (IPv6) Specification*. Fremont, CA: Internet Engineering Task Force (IETF), Juli 2017.

https://tools.ietf.org/html/rfc8200 (abgerufen am 24.11.2018).

[15] *Bundesdatenschutzgesetz*. Berlin: Bundesministerium der Justiz und für Verbraucherschutz. 30.06.2017.

http://www.gesetze-im-internet.de/bdsg_2018 (abgerufen am 24.11.2018).

[16] Fielding, Roy Thomas; Gettys, Jim; Mogul, Jeff; u.a.: *Hypertext transfer protocol – http/1.1*. Fremont, CA: Internet Engineering Task Force (IETF), Juni 1999.

https://tools.ietf.org/html/rfc2616 (abgerufen am 24.11.2018).

[17] Fielding, Roy Thomas: *Architectural Styles and the Design of Network-based Software Architectures*. Dissertation. Irvine, CA: University of California, 2000.

https://www.ics.uci.edu/~fielding/pubs/dissertation/fielding_dissertation.pdf (abgerufen am 24.11.2018).

[18] Kurzfassung *OECD-Richtlinien über Datenschutz und grenzüberschreitende Ströme personenbezogener Daten*. Paris: Organization for Economic Co-Operation and Development (OECD), 2003.

http://www.oecd.org/sti/ieconomy/15589558.pdf (abgerufen am 24.11.2018).

[19] *ISO/IEC 27000:2018 Information technology – Security techniques – Information security management systems – Overview and vocabulary*. Genf: International Organization for Standardization (ISO), Februar 2018.

[20] Normenreihe IEC 62 541 (2015-2016*): OPC unified architecture*. Genf: International Electrotechnical Commission (IEC). OPC Foundation. OPC Unified Architecture.

[21] *OpenSSL Cryptography and SSL/TLS Toolkit*. Dover, DE: OpenSSL Software Foundation (OSF).

https://www.openssl.org (abgerufen am 24.11.2018).

[22] BSI – Bundesamt für Sicherheit in der Informationstechnik [Hrsg.]: *IT-Grundschutz-Kompendium*. Köln: Bundesanzeiger Verlag, Februar 2018.

[23] Gorke, Christian A.; Janson, Christian; Armknecht, Frederik; u.a.: Cloud Storage File Recoverability. In: Wang, Cong; Kantarcioglu, Murat [Hrsg.]: *Proceedings of the Fifth ACM International Workshop on Security in Cloud Computing*, SCC@AsiaCCS, 02.04.2017, New York, NY: Association for Computing Machinery (ACM), 2017, S. 19–26.

[24] Granville, Kevin: *Facebook and Cambridge Analytica*: What you need to know as fallout widens. New York, NY: The New York Times. 19.03.2018.

https://www.nytimes.com/2018/03/19/technology/facebook-cambridge-analytica-explained.html (abgerufen am 24.11.2018).

[25] JSON-RPC: *A light weight remote procedure call protocol*. Sandown, NH: MPCM Technologies.

http://www.jsonrpc.org (abgerufen am 24.11.2018).

[26] Hunt, Troy: *';–have i been pwned?*

https://haveibeenpwned.com (abgerufen am 24.11.2018).

[27] *VeraCrypt*. Paris: IDRIX EURL.

https://www.veracrypt.fr/en/Home.html (abgerufen am 24.11.2018).

[28] *GraphQL*. A query language for your API. Menlo Park, CA: Facebook.

https://graphql.org (abgerufen am 24.11.2018).

[29] *Google IPv6 Statistics*. Mountain View, CA: Google.

https://www.google.com/intl/en/ipv6/statistics.html (abgerufen am 24.11.2018).

[30] Google Trends: *Vergleichen*. Mountain View, CA: Google.

https://trends.google.com/trends/explore?date=all&q=json%20api,xml%20api (abgerufen am 24.11.2018).

[31] gRPC: *A high performance, open-source universal RPC framework*. Mountain View, CA: Google.

http://www.grpc.io (abgerufen am 24.11.2018).

[32] McCandless, David: *World's Biggest Data Breaches*. 15.10.2018. Information is Beautiful.

http://www.informationisbeautiful.net/visualizations/worlds-biggest-data-breaches-hacks (abgerufen am 24.11.2018).

[33] University of Southern California, Information Sciences Institute: *Internet Protocol, DARPA Internet Program, Protocol Specification*. Fremont, CA: Internet Engineering Task Force (IETF), September 1981.

https://tools.ietf.org/html/rfc791 (abgerufen am 24.11.2018).

[35] ECMA-404: *The JSON Data Interchange Syntax*. Genf: EMCA International, Dezember 2017.

http://www.ecma-international.org/publications/files/ECMA-ST/ECMA-404.pdf (abgerufen am 24.11.2018).

[36] Bray, Tim: *The JavaScript Object Notation (JSON) Data Interchange Format*. Fremont, CA: Internet Engineering Task Force (IETF), Dezember 2017.

https://tools.ietf.org/html/rfc8259 (abgerufen am 24.11.2018).

[37] Kent, Stephen; Seo, Karen: *Security architecture for the Internet Protocol*. Fremont, CA: Internet Engineering Task Force (IETF), Dezember 2005.

https://tools.ietf.org/html/rfc4301 (abgerufen am 24.11.2018).

[38] Kocher, Paul C.: Timing Attacks on Implementations of Diffie-Hellman, RSA, DSS, and other Systems. *Proceedings of the 16th Annual International Cryptology Conference on Advances in Cryptology, CRYPTO '96*. Berlin, Heidelberg: Springer-Verlag, 1996, S. 104–113

[39] Miller, David: *Road Map to Compliance*. Derby: Flint Bishop.

https://flintbishop.co.uk (abgerufen am 24.11.2018).

[40] Narayanan, Arvind; Shmatikov, Vitaly: *How to Break Anonymity of the Netflix Prize Dataset*. Ithaca, NY: Cornell University, 22.11.2007.

https://arxiv.org/abs/cs/0610105 (abgerufen am 24.11.2018).

[41] *The Netflix Prize*. Scotts Valley, CA: Netflix.

http://www.netflixprize.com (abgerufen am 24.11.2018).

[42] *Oasis Standards*. Burlington, MA: Organization for the Advancement of Structured Information Standards (OASIS).

https://www.oasis-open.org/standards#wssv1.1.1=OASIS (abgerufen am 24.11.2018).

[43] *List of third parties (other than paypal customers) with whom personal information may be shared*. San Jose, CA: PayPal.

https://www.paypal.com/ie/webapps/mpp/ua/third-parties-list (abgerufen am 24.11.2018).

[44] Postel, Jonathan B.: *User Datagram Protocol*. Fremont, CA: Internet Engineering Task Force (IETF), 28.08.1980.

https://tools.ietf.org/html/rfc768 (abgerufen am 24.11.2018).

[45] Postel, Jonathan B.; Reynolds, Joyce: *File Transfer Protocol (FTP).* Fremont, CA: Internet Engineering Task Force (IETF), 28.08.1980.

https://tools.ietf.org/html/rfc959 (abgerufen am 24.11.2018).

[46] *RFC. Remote Function Call.* Walldorf: SAP.

https://help.sap.com/saphelp_nw70/helpdata/en/6f/1bd5b6a85b11d6b28500508b5d5211/frameset.htm (abgerufen am 24.11.2018).

[47] Schneier, Bruce: *The Eternal Value of Privacy*. Essay. 18.05.2006.

https://www.schneier.com/essays/archives/2006/05/the_eternal_value_of.html (abgerufen am 24.11.2018).

[48] Schneier, Bruce: *It's not just facebook*. thousands of companies are spying on you. Essay. 26.03.2018.

https://www.schneier.com/essays/archives/2018/03/its_not_just_faceboo.html (abgerufen am 24.11.2018).

[49] *XML-RPC.Com. Simple cross-platform distributed computing, based on the standards of the Internet*. Los Altos, CA: UserLand Software.

http://xmlrpc.scripting.com (abgerufen am 24.11.2018).

[50] Solon, Olivia: *Facebook can track your browsing even after you've logged out, judge says.* London: The Guardian, 03.07.2007.

https://www.theguardian.com/technology/2017/jul/03/facebook-track-browsing-history-california-lawsuit (abgerufen am 24.11.2018).

[51] *Verordnung (EU) 2016/679 zum Schutz natürlicher Personen bei der Verarbeitung personenbezogener Daten, zum freien Datenverkehr und zur Aufhebung der Richtlinie 95/46/EG (Datenschutz-Grundverordnung).* Brüssel: Europäisches Parlament und Rat der Europäischen Union, 27. April 2016.

https://eur-lex.europa.eu/legal-content/DE/TXT/PDF/?uri=CELEX:32016R0679 (abgerufen am 24.11.2018).

[52] X.200: *Data Networks and Open System Communications, Information technology – Open Systems Interconnection – Basic Reference Model: The basic model.* Genf: International Telecommunications Union (ITU), Juli 1994.

file:///C:/Users/113009454/Downloads/T-REC-X.200-199407-I!!PDF-E.pdf (abgerufen am 24.11.2018).

[53] *Extensible markup language (xml)* 1.0 (fifth edition). W3C Recommendation. Cambridge, MA: World Wide Web Consortium, 26.11.2008.

https://www.w3.org/TR/xml (aufgerufen am 24.11.2018).

[54] SOAP Version 1.2 Part 1: *Messaging Framework* (second edition). W3C Recommendation. Cambridge, MA: World Wide Web Consortium, 27.04.2007.

https://www.w3.org/TR/soap12 (aufgerufen am 24.11.2018).

[55] Watson, Gaven J.; Safavi-Naini, Reihaneh; Alimomeni, Mohsen; u.a.: Location based Storage. In: Yu, Ting; Capkun, Srdjan; Kamara, Seny [Hrsg.] *Proceedings of the 2012 ACM Workshop on Cloud Computing Security*, CCSW 2012, 19.10.2012, New York, NY: Association for Computing Machinery (ACM), 2012, S. 59–70.

[56] Westin, Alan F.: *Privacy and Freedom.* London: Bodley Head, 1970.

[57] Ylonen, Tatu; Lonvick, Chris [Hrsg.]: *The Secure Shell (SSH) Protocol Architecture.* Fremont, CA: Internet Engineering Task Force (IETF), Januar 2006.

https://tools.ietf.org/html/rfc4251 (aufgerufen am 24.11.2018).

[58] Zuboff; Shoshana: *The Age of Surveillance Capitalism*: The Fight for the Future at the New Frontier of Power. London: Profile Books, 2018.

E.2

[1] Brcina, Robert; Prechtel, Markus: *Feature-orientierte Plattformentwicklung und Verfolgbarkeit*. In: Gemeinsamer Workshop der Fachgruppen Objektorientierte Softwareentwicklung (OOSE), Software-Reengineering (SRE) und Software-Architekturen (SW-Arch), Siegen: Universität Siegen, 27.10.2006.

http://pi.informatik.uni-siegen.de/stt/26_4/01_Fachgruppenberichte/ORA2006/02_brcina-final.pdf (abgerufen am 14.12.2018).

[2] Predix: *The Industrial Internet Platform, Platform Brief*. Boston, MA: General Electric (GE), November 2016.

https://www.predix.com/sites/default/files/predix-the-industrial-internet-platform-from-ge-digital-brief.pdf (abgerufen am 14.12.2018).

[3] Schweichhart, Karsten: Neue Ufer für traditionelles Geschäft: Geschäftsmodell-Architekturen für Industrie 4.0. In: Schulz, Thomas [Hrsg]: *Industrie 4.0*: Potenziale erkennen und umsetzen. Würzburg: Vogel Communications Group, 2017, S, 151–170.

[4] Eckert, Claudia: *IT-Sicherheit: Konzepte – Verfahren – Protokolle*. München: Oldenbourg Wissenschaftsverlag, 2006.

[5] *IT-Sicherheit für die Industrie 4.0*. Produktion, Produkte, Dienste von morgen im Zeichen globalisierter Wertschöpfungsketten. Berlin: Bundesministerium für Wirtschaft und Energie (BMWi), Januar 2016.

https://www.bmwi.de/Redaktion/DE/Publikationen/Studien/it-sicherheit-fuer-industrie-4-0.pdf (abgerufen am 14.12.2018).

[6] *IoT-Plattformen – aktuelle Trends und Herausforderungen*. Handlungsempfehlungen auf Basis der Bitkom-Umfrage 2018. Berlin: Bundesverband Informationswirtschaft, Telekommunikation und neue Medien e.V. (BITKOM), 2018.

https://www.bitkom.org/Bitkom/Publikationen/IoT-Plattformen-aktuelle-Trends-und-Herausforderungen.html (abgerufen am 14.12.2018).

[7] Befragung der deutschen Unternehmen 2017: *Wirtschaftsschutz in der digitalen Welt*. Präsentation von Achim Berg und Hans-Georg Maaßen. Berlin: Bundesverband Informationswirtschaft, Telekommunikation und neue Medien e.V. (BITKOM), 21. 07.2017.

https://www.bitkom.org/Presse/Anhaenge-an-PIs/2017/07-Juli/Bitkom-Charts-Wirtschaftsschutz-in-der-digitalen-Welt-21-07-2017.pdf (abgerufen am 14.12.2018).

[8] *Verordnung (EU) 2016/679 zum Schutz natürlicher Personen bei der Verarbeitung personenbezogener Daten, zum freien Datenverkehr und zur Aufhebung der Richtlinie 95/46/EG (Datenschutz-Grundverordnung)*. Brüssel: Europäisches Parlament und Rat der Europäischen Union, 27.04.2016.

https://eur-lex.europa.eu/legal-content/DE/TXT/PDF/?uri=CELEX:32016R0679 (abgerufen am 14.12.2018).

[9] Kushner, David: *The Real Story of Stuxnet*. How Kaspersky Lab tracked down the malware that stymied Iran's nuclear-fuel enrichment program. IEEE Spectrum, Piscataway, NJ: Institute of Electrical and Electronics Engineers (IEEE), 2013.

https://spectrum.ieee.org/telecom/security/the-real-story-of-stuxnet (abgerufen am 14.12.2018).

[10] Langner, Ralph: *To kill a centrifuge: A technical analysis of what stuxnet's creators tried to achieve*. Norderstedt: Langner Communications, November 2013.

https://www.langner.com/wp-content/uploads/2017/03/to-kill-a-centrifuge.pdf (abgerufen am 14.12.2018).

[11] Pichel, Abigail: *HAVEX Targets Industrial Control Systems*. Shibuya: Micro Trend, 14.07.2014.

https://www.trendmicro.com/vinfo/us/threat-encyclopedia/web-attack/139/havex-targets-industrial-control-systems (abgerufen am 14.12.2018).

[12] Holland, Martin: WannaCry: Schon «grundlegende IT-Sicherheitspraktiken» hätten Englands Krankenhäuser geschützt. *heise online*, Hannover: Heise Medien, 27.10.2017.

https://www.heise.de/newsticker/meldung/WannaCry-Schon-grundlegende-IT-Sicherheitspraktiken-haetten-Englands-Krankenhaeuser-geschuetzt-3874655.html (abgerufen am 14.12.2018).

[13] Briegleb, Volker: Ransomware WannaCry befällt Rechner der Deutschen Bahn. *heise online*, Hannover: Heise Medien, 04.11.2018.

https://www.heise.de/newsticker/meldung/Ransomware-WannaCry-befaellt-Rechner-der-Deutschen-Bahn-3713426.html (abgerufen am 14.12.2018).

[14] Petya ransomware outbreak: *Here's what you need to know.* Mountain View, CA: Symantec, 24.10.2017.

https://www.symantec.com/blogs/threat-intelligence/petya-ransomware-wiper (abgerufen am 14.12.2018).

[15] Vallazza, Raphael: IT-Security für Industrie 4.0 – Ganzheitlicher Ansatz für mehr Sicherheit. *manage it, Ausgabe 11–12 2018*, Ebersberg: ap Verlag GmbH, 10.12.2018.

https://ap-verlag.de/it-security-fuer-industrie-4-0-ganzheitlicher-ansatz-fuer-mehr-sicherheit/49080 (abgerufen am 14.12.2018).

[16] ISO/IEC 27001:2013: *Information technology – Security techniques – Information security management systems – Requirements.* Genf: International Organization for Standardization (ISO), Oktober 2013.

[17] ISO/IEC 27002:2013*: Information technology – Security techniques – Code of practice for information security controls.* Genf: International Organization for Standardization (ISO), Oktober 2013.

[18] NIST Special Publication 800-53, Revision 4: *Security and Privacy Controls for Federal Information Systems and Organizations.* Gaithersburg, MD: National Institute of Standards and Technology (NIST), U.S. Department of Commerce, April 2013.

https://nvlpubs.nist.gov/nistpubs/specialpublications/nist.sp.800-53r4.pdf (abgerufen am 14.12.2018).

[19] FIPS PUB 140-2: *Security Requirements for Cryptographic Modules.* Gaithersburg, MD: National Institute of Standards and Technology (NIST), U.S. Department of Commerce, 25.05.2001.

https://nvlpubs.nist.gov/nistpubs/FIPS/NIST.FIPS.140-2.pdf (abgerufen am 14.12.2018).

[20] *Sicherheit & Konnektivität für Industrie 4.0.* Appiano: Endian.

https://www.endian.com/de/produkte/4i (abgerufen am 14.12.2018).

[21] *IT-Grundschutz. M 5.77 Bildung von Teilnetzen.* Bonn: Bundesamt für Sicherheit in der Informationstechnik (BSI).

https://www.bsi.bund.de/DE/Themen/ITGrundschutz/ITGrundschutzKataloge/Inhalt/_content/m/m05/m05077.html, (abgerufen am 14.12.2018).

[22] Vallazza, Raphael: IT-Security in der vernetzten Produktion. Ganzheitlicher Ansatz für mehr Sicherheit. *LANline, Ausgabe 4 2018.* Haar: WEKA Fachmedien, 10. 04.2018.

https://www.lanline.de/ganzheitlicher-ansatz-fuer-mehr-sicherheit (abgerufen am 14.12.2018).

[23] White Paper*: IoT Platforms.* The central Backbone for the internet of things. Hamburg: IoT Analytics, November 2015.

https://iot-analytics.com/product/iot-platforms-white-paper (abgerufen am 14.12.2018).

E.3

[1] Predix Developer Network: *Security.* MA: General Electric (GE).

https://www.predix.io/resources/security (abgerufen am 27. Dezember 2018).

[2] Predix Platform: *Cyber Security and Data Governance.* Boston, MA: General Electric (GE).

https://www.ge.com/digital/applications/cyber-security (abgerufen am 27. Dezember 2018).

[3] Secure IoT by design: *Cybersecurity capabilities to look for when choosing an IoT platform.* Tallahassee, FL: Deloitte Development, October 2018.

https://www2.deloitte.com/content/dam/Deloitte/us/Documents/process-and-operations/us-security-iot-by-design.pdf (abgerufen am 27. Dezember 2018).

[4] *Predix Platform Compliance.* Boston, MA: General Electric (GE).

https://www.ge.com/digital/iiot-platform/predix-platform-compliance
(abgerufen am 27. Dezember 2018).

[5] Predix Developer Network: *Predix Industry Standards and Certifications*. Boston, MA: General Electric (GE).

https://docs.predix.io/en-US/content/platform/platform_compliance/compliance_cert
(abgerufen am 27. Dezember 2018).

[6] Predix: *The Industrial IoT Application Platform*. Boston, MA: General Electric (GE), 2018.

https://www.ge.com/digital/sites/default/files/download_assets/Predix-The-Industrial-Internet-Platform-Brief.pdf (abgerufen am 27. Dezember 2018).

[7] ISO/IEC 27 001:2013: *Information technology – Security techniques – Information security management systems – Requirements*. Genf: International Organization for Standardization (ISO), Oktober 2013.

[8] ISO/IEC 27 002:2013: *Information technology – Security techniques – Code of practice for information security controls*. Genf: International Organization for Standardization (ISO), Oktober 2013.

[9] ISO/IEC 27 017:2015: *Information technology – Security techniques – Code of practice for information security controls based on ISO/IEC 27002 for cloud services*. Genf: International Organization for Standardization (ISO), Dezember 2015.

[10] ISO/IEC 27 018:2014: *Information technology – Security techniques – Code of practice for protection of personally identifiable information (PII) in public clouds acting as PII processors*. Genf: International Organization for Standardization (ISO), August 2014.

[11] ISO 9001:2015: *Quality management systems – Requirements*. Genf: International Organization for Standardization (ISO), September 2015.

[12] SOC 2® – SOC for Service Organizations: *Trust Services Criteria*. Durham, NC: American Institute of Certified Public Accountants (AICPA).

https://www.aicpa.org/interestareas/frc/assuranceadvisoryservices/aicpasoc2report.html
(abgerufen am 27. Dezember 2018).

[13] *Cloud Controls Matrix CCM v3.0.1* (9-1-17 Update). Seattle, WA: Cloud Security Alliance (CSA), 03.10.2017.

https://cloudsecurityalliance.org/artifacts/cloud-controls-matrix-v3-0-1
(abgerufen am 27. Dezember 2018).

[14] COBIT® 5: *Rahmenwerk für Governance und Management der Unternehmens-IT*. Rolling Meadows, IL: ISACA, 2012.

http://www.isaca.org/COBIT/Pages/COBIT-5-german.aspx (abgerufen am 27. Dezember 2018).

[15] Payment Card Industry (PCI) Data Security Standard: *Requirements and Security Assessment Procedures, Version 3.2.1*. Wakefield, MA: PCI Payment Card Industry, Mai 2018.

https://www.pcisecuritystandards.org/documents/PCI_DSS_v3-2-1.pdf?agreement=
true&time=1545138408928 (abgerufen am 27. Dezember 2018).

[16] *NIST Special Publication 800-series General Information*. Gaithersburg, MD: National Institute of Standards and Technology (NIST), U.S. Department of Commerce, 21.05.2018.

https://www.nist.gov/itlnist-special-publication-800-series-general-information
(abgerufen am 27. Dezember 2018).

[17] *Richtlinienreihe (CIP) Critical Infrastructure Protection – Cyber Security (2016-2017)*. Washington: North American Electric Reliability Corporation (NERC).

http://www.nerc.com/pa/Stand/Pages/CIPStandards.aspx (abgerufen am 27. Dezember 2018).

[18] Vowell, Peter: *What is Defense in Depth?* Dallas, TX: StackPath, 24.05.2017.

https://blog.stackpath.com/glossary/defense-in-depth (abgerufen am 27. Dezember 2018).

[19] *Security and compliance at every level.* Defense in Depth. Boston, MA: General Electric (GE).

https://www.ge.com/digital/applications/cyber-security (abgerufen am 27. Dezember 2018).

[20] Predix Developer Network: *Security*. Boston, MA: General Electric (GE). https://www.predix.io/resources/security (abgerufen am 27. Dezember 2018).

[21] NIST Special Publication 800-53, Revision 4: *Security and Privacy Controls for Federal Information Systems and Organizations*. Gaithersburg, MD: National Institute of Standards and Technology (NIST), U.S. Department of Commerce, April 2013.

https://nvlpubs.nist.gov/nistpubs/specialpublications/nist.sp.800-53r4.pdf (abgerufen am 27. Dezember 2018).

[22] FIPS PUB 140-2: *Security Requirements for Cryptographic Modules*. Gaithersburg, MD: National Institute of Standards and Technology (NIST), U.S. Department of Commerce, 25.05.2001.

https://nvlpubs.nist.gov/nistpubs/FIPS/NIST.FIPS.140-2.pdf (abgerufen am 27. Dezember 2018).

[23] Technical Whitepaper: *Security Review Guidelines for Predix*. Catalog Tile Services. Boston, MA: General Electric (GE), Oktober 2016.

https://github.com/PredixDev/predix-cyber-security-docs/blob/master/Security_Review_Guidelines.pdf (abgerufen am 27. Dezember 2018).

[24] Predix Developer Network: *Security Review Guidelines*. Boston, MA: General Electric (GE).

https://docs.predix.io/en-US/content/platform/security_guidelines/security_review (abgerufen am 27. Dezember 2018).

[25] *SAFECode Training*. Wakefield, MA: Software Assurance Forum for Excellence in Code (SAFECode).

https://safecode.org/training (abgerufen am 27. Dezember 2018).

[26] *OWASP Testing Guide, Version 4.0*. Bel Air, MD: Open Web Application Security Project (OWASP), 2014.

https://www.owasp.org/images/1/19/OTGv4.pdf (abgerufen am 27. Dezember 2018).

[27] *OWASP Top 10 – 2017*. The Ten Most Critical Web Application Security Risks. Bel Air, MD: Open Web Application Security Project (OWASP), 2017.

https://www.owasp.org/images/7/72/OWASP_Top_10-2017_%28en%29.pdf.pdf (abgerufen am 27. Dezember 2018).

[28] Predix Developer Network: *Secure Logging Standards*. Boston, MA: General Electric (GE).

https://docs.predix.io/en-US/content/platform/security_guidelines/security_external_logging/logging-standards (abgerufen am 27. Dezember 2018).

[29] Yadav, Sushilkumar; Navdet, Chandrakant: Survey: Secured Techniques for Vulnerability Assessment and Penetration Testing. *IJCSIT – International Journal of Computer Science and Information Technologies, Vol. 5, Nr. 4, 2014*, S. 5132–5135.

[30] Payment Card Industry (PCI) Data Security Standard: *Information Supplement: Penetration Testing Guidance, Version 1.0*. Wakefield, MA: PCI Payment Card Industry, März 2015.

https://www.pcisecuritystandards.org/documents/Penetration_Testing_Guidance_March_2015.pdf (abgerufen am 27. Dezember 2018).

[31] Papazafeiropoulou, Anastasia; Spanaki, Konstantina: Understanding governance, risk and compliance information systems (GRC IS): The experts view. *Information Systems Frontiers, 18 (2016), Nr. 6*, S. 1251–1263.

[32] Alkussayer, Abdulaziz; Allen, William H.: The ISDF Framework: Towards Secure Software Development. *Journal of Information Processing Systems, Vol. 6, Nr. 1, März 2010*.

[33] *Security and compliance at every level*. Secure platform and applications. Boston, MA: General Electric (GE).

https://www.ge.com/digital/applications/cyber-security (abgerufen am 27. Dezember 2018).

[34] Technical Whitepaper: *Secure Development Lifecycle*. Boston, MA: General Electric (GE), November 2016.

https://github.com/PredixDev/predix-cyber-security-docs/blob/master/Secure_Development_Lifecycle.pdf (abgerufen am 27. Dezember 2018).

[35] Predix Developer Network: *Secure Development Lifecycle*. Boston, MA: General Electric (GE).

https://docs.predix.io/en-US/content/platform/security_guidelines/security_lifecycle (abgerufen am 27. Dezember 2018).

[36] Securing ICS Environments for Rapid Industrial App Development: *The rise of the Internet of Things*. Boston, MA: General Electric (GE), 2017.

https://www.ge.com/digital/sites/default/files/download_assets/Securing-ICS-Environments-for-Rapid-Industrial-App-Development.pdf (abgerufen am 27. Dezember 2018).

[37] *SAFECode Training*. Wakefield, MA: Software Assurance Forum for Excellence in Code (SAFECode).

https://safecode.org/training (abgerufen am 27. Dezember 2018).

[38] Kolopaking, Sandi Adhitya: *Threat modeling and countermeasures of continuously operating reference stations network backbone to improve precise positioning service security*. Master Dissertation. Tokyo: Keiō-University, März 2018.

https://core.ac.uk/download/pdf/160734754.pdf (abgerufen am 27. Dezember 2018).

[39] *Microsoft Threat Modeling Tool 2016*. Redmond, WA: Microsoft.

https://www.microsoft.com/en-us/download/details.aspx?id=49168 (abgerufen am 27. Dezember 2018).

[40] IT Glossary: *Static Application Security Testing (SAST)*. Stamford, CT: Gartner.

https://www.gartner.com/it-glossary/static-application-security-testing-sast (abgerufen am 27. Dezember 2018).

[41] *Securing Uncompiled Code with CxSAST*. New York, NY: Checkmarx.

https://www.checkmarx.com/technology/static-code-analysis-sca (abgerufen am 27. Dezember 2018).

[42] Fortify Static Code Analyzer. *Static Application Security Testing*. Newbury: Micro Focus.

https://www.microfocus.com/de-de/products/static-code-analysis-sast/overview (abgerufen am 27. Dezember 2018).

[43] *Veracode Static Analysis*. Burlington, MA: Veracode.

http://www.veracode.com/products/binary-static-analysis-sast (abgerufen am 27. Dezember 2018).

[44] *Coverity Scan Static Analysis*. Mountain View, CA: Synopsys.

https://scan.coverity.com (abgerufen am 27. Dezember 2018).

[45] *The leading product for Continuous Code Quality*. Genf: SonarSource.

https://www.sonarqube.org (abgerufen am 27. Dezember 2018).

[46] IT Glossary: *Dynamic Application Security Testing (DAST)*. Stamford, CT: Gartner.

https://www.gartner.com/it-glossary/dynamic-application-security-testing-dast (abgerufen am 27. Dezember 2018).

[47] *Jenkins Special Interest Groups (SIGs)*. Mountain View, CA: Creative Commons Attribution 4.0 International license.

https://jenkins.io (abgerufen am 27. Dezember 2018).

[48] *Security for Developers and DevOps*. Palo Alto, CA: Tinfoil Security.

https://www.tinfoilsecurity.com (abgerufen am 27. Dezember 2018).

[49] *Burp Suite is the leading software for web security testing*. Knutsford: PortSwigger.

https://portswigger.net (abgerufen am 27. Dezember 2018).

[50] *Secure Your Open Source Components*. New York, NY: WhiteSource Software.

http://www.whitesourcesoftware.com (abgerufen am 27. Dezember 2018).

[51] Static Application Security Testing: *Secure Your Code from the Very Beginning*. New York, NY: Checkmarx.

https://www.checkmarx.com/products/static-application-security-testing (abgerufen am 27. Dezember 2018).

[52] *Veracode Static Analysis*. Burlington, MA: Veracode.

http://www.veracode.com/products/binary-static-analysis-sast (abgerufen am 27. Dezember 2018).

[53] *Open Source Security*. Theale: Black Duck Software.

https://www.blackducksoftware.com/solutions/application-security (abgerufen am 27. Dezember 2018).

[54] *What is Cyber Threat Intelligence?* East Greenbush, NY: Center for Internet Security (CIS).

https://www.cisecurity.org/blog/what-is-cyber-threat-intelligence (abgerufen am 27. Dezember 2018).

[55] Predix Developer Network: *Cyber Security Analytics and Monitoring Service Overview.* Boston, MA: General Electric (GE).

https://docs.predix.io/en-US/content/service/security/cyber_security_analytics_and_monitoring (abgerufen am 27. Dezember 2018).

[56] Lord, Nate: *What are Indicators of Compromise?* Waltham, MA: Digital Guardian, 11.09.2018.

https://digitalguardian.com/blog/what-are-indicators-compromise (abgerufen am 27. Dezember 2018).

Zu Themenblock F – Unternehmensorganisation

F.1

[1] *Cyber-Sicherheits-Umfrage 2017.* Bonn: Bundesamt für Sicherheit in der Informationstechnik (BSI).

https://www.allianz-fuer-cybersicherheit.de/ACS/DE/Informationspool/Cyber-Sicherheits-Umfrage/CyberSicherheitsUmfrage_2017/CS_Umfrage_2017_content.html (abgerufen am 28.03.2019).

[2] *The Human Factor 2018.* People-centered threats define the landscape. Sunnyvale, CA: Proofpoint, 2018.

https://www.proofpoint.com/sites/default/files/pfpt-us-wp-human-factor-report-2018-180425.pdf (abgerufen am 28.03.2019).

[3] *Internet Security Threat Report 2019 – ISTR24.* Mountain View, CA: Symantec, 2019.

https://www.symantec.com/de/de/security-center/threat-report (abgerufen am 28.03.2019).

[4] Schmidt, Holger; Gondolf, Jeremy; Haufs-Brusberg, Peter: *Studie zur Information Security Awareness in kleinen und mittleren Unternehmen (KMU).* Berichte zu HSD-intern geförderten Forschungsprojekten, Nr. 1. Düsseldorf, 11.06.2018.

https://opus4.kobv.de/opus4-hs-duesseldorf/895 (abgerufen am 28.03.2019).

[5] Herold, Recca: *Why Information Security Training and Awareness Are Important.* New York, NY: Auerbach Publications, 2010.

http://www.infosectoday.com/Articles/Security_Awareness_Training.htm (abgerufen am 28.03.2019).

[6] *Verordnung (EU) 2016/679 zum Schutz natürlicher Personen bei der Verarbeitung personenbezogener Daten, zum freien Datenverkehr und zur Aufhebung der Richtlinie 95/46/EG (Datenschutz-Grundverordnung).* Brüssel: Europäisches Parlament und Rat der Europäischen Union, 27. April 2016.

https://eur-lex.europa.eu/legal-content/DE/TXT/PDF/?uri=CELEX:32016R0679 (abgerufen am 04.11.2018).

[7] *Normenreihe ISO/IEC 270xx Information security management systems.* Genf: International Organization for Standardization (ISO).

[8] *Leitfaden Informationssicherheit: IT-Grundschutz kompakt.* Bonn: Bundesamt für Sicherheit in der Informationstechnik (BSI).

https://www.bsi.bund.de/DE/Themen/ITGrundschutz/ITGrundschutzUeberblick/LeitfadenInformationssicherheit/leitfaden_node.html (abgerufen am 28.03.2019).

[9] Leyden, John: *RSA explains how attackers breached its systems.* In: The Register. Southport: Situation Publishing. 04.04.2011.

http://www.theregister.co.uk/2011/04/04/rsa_hack_howdunnit (abgerufen am 28.03.2019).

[10] Boie, Johannes; Strunz, Benedikt: *Hacker-Attacke auf den Bundestag – Experten identifizieren Angriffsmethode.* München: Süddeutsche Zeitung, 12.09.2015.

http://www.sueddeutsche.de/politik/hacker-attacke-auf-den-bundestag-experten-identifizieren-angriffs-methode-1.2645171 (abgerufen am 28.03.2019).

[11] WATERMAN, SHAUN: *Fictitious femme fatale fooled cybersecurity*. Washington, DC: The Washington Times, 18.07.2010.

https://www.washingtontimes.com/news/2010/jul/18/fictitious-femme-fatale-fooled-cybersecurity (abgerufen am 28.03.2019).

[12] BLUE, VIOLET: *Government agency compromised by fake Facebook hottie*. San Francisco, CA: CBS Interactive, 01.11.2013.

https://www.zdnet.com/article/government-agency-compromised-by-fake-facebook-hottie (abgerufen am 28.03.2019).

[13] LONG, JONNY: *No Tech Hacking: A Guide to Social Engineering, Dumpster Diving, and Shoulder Surfing*. Burlington, MA: Syngress, 2008.

[14] HELISCH, MICHAEL; POKOYSKI, DIETMAR [Hrsg.]: *Security Awareness – Neue Wege zur erfolgreichen Mitarbeiter-Sensibilisierung*. Wiesbaden: Vieweg+Teubner, 2009.

[15] MITNICK, KEVIN D.; SIMON, WILLIAM L.: *The Art of Deception: Controlling the Human Element of Security*. New York, NY: John Wiley & Sons, Inc., 2003.

[16] WILSON, MARK; HASH, JOAN: *NIST Special Publication 800-50 Building an Information Technology Security Awareness and Training Program*. Gaithersburg, MD: National Institute of Standards and Technology (NIST), U.S. Department of Commerce, October 2003.

http://csrc.nist.gov/publications/nistpubs/800-50/NIST-SP800-50.pdf (abgerufen am 28.03.2019).

[17] The Weakest Link. Bidart: IS Decisions.

https://www.isdecisions.com/user-security-awareness-game (abgerufen am 28.03.2019).

[18] Control-Alt-Hack. Washington, DC: University of Washinton. http://www.controlalthack.com (abgerufen am 28.03.2019).

[19] What_The_Hack. San Francisco, CA: GitHub.

https://github.com/geigi/what_the_hack (abgerufen am 28.03.2019).

[20] CAPELLARO, HANS-CHRISTOPH: Die Berücksichtigung der Informationssicherheit im Unternehmen. In: REINHARD, TIM; POHL, LORENZ; CAPELLARO, HANS-CHRISTOPH [Hrsg.]: *IT-Sicherheit und Recht: Rechtliche und technisch-organisatorische Aspekte für Unternehmen*. Berlin: Erich Schmidt, 2007, S. 351–403.

[21] SPEICHERT, HORST: *Praxis des IT-Rechts: Praktische Rechtsfragen der IT-Sicherheit und Internetnutzung*. Wiesbaden: Vieweg + Teubner, 2008.

[22] KERSTEN, HEINRICH; KLETT, GERHARD: *Der IT Security Manager: Aktuelles Praxiswissen für IT Security Manager und IT-Sicherheitsbeauftragte in Unternehmen und Behörden*. Wiesbaden: Springer Vieweg, 2015.

[23] CHAPPLE, MIKE; SEIDL, DAVID; STEWART, JAMES MICHAEL; u.a.: *(ISC)² CISSP Certified Information Systems Security Professional Official Study Guide*. Indianapolis, IN: John Wiley and Sons, 2018.

[24] *ISO/IEC 27 001:2013 Information technology – Security techniques – Information security management systems – Requirements*. Genf: International Organization for Standardization (ISO), Oktober 2013.

[25] *ISO/IEC 27 002:2013 Information technology – Security techniques – Code of practice for information security controls*. Genf: International Organization for Standardization (ISO), Oktober 2013.

[26] *ISO/IEC 27 005:2018 Information technology – Security techniques – Information security risk management*. Genf: International Organization for Standardization (ISO), Juli 2018.

[27] KLIPPER, SEBASTIAN: *Information Security Risk Management: Risikomanagement mit ISO/IEC 27 001, 27 005 und 31 010*. Wiesbaden: Springer Vieweg, 2015.

[28] *ITIL® 4 – Information Technology Infrastructure Library*. London: AXELOS, 2019.

https://www.tsoshop.co.uk/AXELOS-Global-Best-Practice/ITIL-4/?CLICKID=004624#ITIL-Foundation-ITIL-4-edition (abgerufen am 28.03.2019).

[29] *COBIT 5 for Information Security, Rolling Meadows*, IL: ISACA, 2012.

http://www.isaca.org/cobit/pages/info-sec.aspx (abgerufen am 28.03.2019).

[30] GAULKE, MARKUS: *Praxiswissen COBIT: Grundlagen und praktische Anwendung in der Unternehmens-IT*. Heidelberg: dpunkt.verlag, 2014.

[31] *ITIL und Informationssicherheit: Möglichkeiten und Chancen des Zusammenwirkens von IT-Sicherheit und IT-Service-Management*. Bonn: Bundesamt für Sicherheit in der Informationstechnik (BSI), 2005.

[32] *BSI-Standard 200-1. Managementsysteme für Informationssicherheit (ISMS). Version 1.0*. Bonn: Bundesamt für Sicherheit in der Informationstechnik (BSI), Oktober 2017.

https://www.bsi.bund.de/SharedDocs/Downloads/DE/BSI/Grundschutz/Kompendium/standard_200_1.pdf?__blob=publicationFile&v=6 (abgerufen am 28.03.2019).

[33] *ISO/IEC 27 013:2015 Information technology – Security techniques – Guidance on the integrated implementation of ISO/IEC 27 001 and ISO/IEC 20 000-1*. Genf: International Organization for Standardization (ISO), Dezember 2015.

[34] Sheikhpour, Razieh; Modiri, Nasser: A best practice approach for integration of ITIL and ISO/IEC 27 001 services for information security management. *Indian Journal of Science and Technology, Vol. 5, No. 2, 2012*, S. 2170–2176.

[35] Gehrmann, Mario: Combining ITIL, COBIT and ISO/IEC27002 for structuring comprehen-sive information technology for management in organizations. In: *Navus – Revista De Gestão E Tecnologia, Vol. 2, No. 2*, S. 66–77.

[36] Sahibudin, Shamsul; Sharifi, Mohammad; Ayat, Masarat: Combining ITIL, COBIT and ISO/IEC 27 002 in Order to Design a Comprehensive IT Framework in Organizations. In: D. Al-Dabass (Hrsg.): *Second Asia International Conference on Modeling & Simulation*, 2008: AICMS 08, Kuala Lumpur, Malaysia; Washington, DC: IEEE Computer Society, 2008, S. 749–753.

[37] Kersten, Heinrich; Klett, Gerhard; Reuter, Jürgen; u.a.: *IT-Sicherheitsmanagement nach der neuen ISO 27001: ISMS, Risiken, Kennziffern, Controls*. Wiesbaden: Springer Vieweg, 2016.

[38] ISO/IEC TS 20 013:2015 Information technology for learning, education and training – A reference framework of e-Portfolio information. Genf: International Organization for Standardization (ISO), Juli 2015.

[39] *IT-Grundschutz-Kompendium, Edition 2019*. Bonn: Bundesamt für Sicherheit in der Informationstechnik (BSI).

https://www.bsi.bund.de/DE/Themen/ITGrundschutz/ITGrundschutzKompendium/itgrundschutzKompendium_node.htm (abgerufen am 02.04.2019).

[40] Bundesamt für Sicherheit in der Informationstechnik (BSI) (2013). M 2.193 Aufbau einer geeigneten Organisationsstruktur für Informationssicherheit. Bonn.

https://www.bsi.bund.de/DE/Themen/ITGrundschutz/ITGrundschutzKataloge/Inhalt/_content/m/m02/m02193.html, aufgerufen am 28.03.2019.)

F.2

[1] *ISO/IEC 27 000:2018 Information technology – Security techniques – Information security management systems – Overview and vocabulary*. Genf: International Organization for Standardization (ISO), Februar 2018.

[2] Moen, Ronald: *Foundation and History of the PDSA Cycle*. Detroit, MI: Associates in Process Improvement-Detroit, 2009.

https://deming.org/uploads/paper/PDSA_History_Ron_Moen.pdf (abgerufen am 08.11.2018).

[3] Deming, William Edwards: *Elementary Principles of the Statistical Control of Quality: A Series of Lectures*. Tokyo: Nippon Kagaku Gijutsu Remmei, 1950.

[4] Imai, Masaaki: Kaizen. Der Schlüssel zum Erfolg der Japaner im Wettbewerb. München: Econ Taschenbücher, 2001.

[5] *ISO 9001:2015 Quality management systems – Requirements*. Genf: International Organization for Standardization (ISO), September 2015.

[6] *ISO/IEC 20000-1:2018 Information technology – Service management – Part 1: Service management system requirements*. Genf: International Organization for Standardization (ISO), September 2018.

[7] *ISO 22301:2012 Societal security – Business continuity management systems – Requirements.* Genf: International Organization for Standardization (ISO), Mai 2012.

[8] *ISO 31000:2018 Risk management – Guidelines.* Genf: International Organization for Standardization (ISO), Februar 2018.

[9] *ISO 14001:2015 Environmental management systems – Requirements with guidance for use.* Genf: International Organization for Standardization (ISO), September 2015.

[10] *ISO/IEC 27001:2013 Information technology – Security techniques – Information security management systems – Requirements.* Genf: International Organization for Standardization (ISO), Oktober 2013.

[11] *Kompass der IT-Sicherheitsstandards.* Auszüge zum Thema Elektronische Identitäten. Berlin: Bundesverband Informationswirtschaft, Telekommunikation und neue Medien e.V. (BITKOM), Deutsches Institut der Normung e.V. (DIN), Februar 2014.

https://www.bitkom.org/noindex/Publikationen/2014/Leitfaden/Kompass-IT-Sicherheitsstandards/140311-Kompass-der-IT-Sicherheitsstandards.pdf (abgerufen am 08.11.2018).

[12] *ISO/IEC 27002:2013 Information technology – Security techniques – Code of practice for information security controls.* Genf: International Organization for Standardization (ISO), Oktober 2013.

[13] *ISO/IEC 27003:2017 Information technology – Security techniques – Information security management systems – Guidance.* Genf: International Organization for Standardization (ISO), März 2017.

[14] ISO/IEC 27005:2018 Information technology – Security techniques – Information security risk management. Genf: International Organization for Standardization (ISO), Juli 2018.

[15] ISO/IEC 27001:2013 Zertifizierung von Informationssicherheits-Managementsystemen (ISMS). Zollikofen: Schweizerische Vereinigung für Qualitäts- und Management-Systeme (SQS).

https://www.sqs.ch/docs/normen.aspx?id=42879&basehrefrequ=true&isalias=true&ncode=H.275_13 (abgerufen am 08.11.2018).

[16] BSI-Standard 200-2: *IT-Grundschutz-Methodik.* Version 1.0. Bonn: Bundesamt für Sicherheit in der Informationstechnik (BSI), 2017.

https://www.bsi.bund.de/SharedDocs/Downloads/DE/BSI/Grundschutz/Kompendium/standard_200_2.pdf?__blob=publicationFile&v=6 (abgerufen am 08.11.2018).

[17] BSI – Bundesamt für Sicherheit in der Informationstechnik [Hrsg.]: *IT-Grundschutz-Kompendium.* Köln: Bundesanzeiger Verlag, Februar 2018.

[18] Königs, Hans-Peter: *IT-Risikomanagement mit System.* Praxisorientiertes Management von Informationssicherheits-, IT- und Cyber-Risiken. Wiesbaden: Springer Vieweg, 2017.

[19] Annex SL: *Proposals for management system standards.* Genf: International Organization for Standardization (ISO), 2012.

http://www.kvaliteta.net/files/AnnexSL.pdf (abgerufen am 08.11.2018).

[20] *ISO/IEC 27013:2015 Information technology – Security techniques – Guidance on the integrated implementation of ISO/IEC 27001 and ISO/IEC 20000-1.* Genf: International Organization for Standardization (ISO), Dezember 2015.

[21] PAS 99:2012 Specification of common management system requirements as a framework for integration. Milton Keynes: British Standards Institution (BSI), Oktober 2012.

F.3

[1] Tsolkas, Alexander; Schmidt, Klaus: *Rollen und Berechtigungskonzepte*: Ansätze Für Das Identity- und Access Management Im Unternehmen. Wiesbaden: Vieweg+Teubner, 2010.

[2] Lampson, Butler W.: Dynamic Protection Structures. *Proceedings of the November 18–20, 1969, Fall Joint Computer Conference, AFIPS '69 (Fall).* New York, NY: ACM, 1969, S. 27–38.

[3] Molitorisz, Korbinian: *Rollenmodelle für die Zugriffskontrolle in Unternehmen.* Diplomarbeit. Karlsruhe: Universität Karlsruhe (TH), Institut für Telematik, November 2008.

[4] IT-Grundschutz-Kataloge. Bonn: Bundesamt für Sicherheit in der Informationstechnik (BSI).

https://www.bsi.bund.de/DE/Themen/ITGrundschutz/ITGrundschutzKataloge/itgrundschutzkataloge_node.html (abgerufen am 04.11.2018)

[5] Nationale Strategie zum Schutz der Schweiz vor Cyber-Risiken (NCS) 2018–2022. Bern: Informatiksteuerungsorgan des Bundes ISB, April 2018.

[6] Nissen, Volker: Informationsverarbeitungsorientierte Unternehmensberatung (IV-Beratung). In: Nissen, V; Klauk, Bruno [Hrsg.]: *Studienführer Consulting:* Studienangebote in Deutschland, Österreich und der Schweiz. Wiesbaden: Springer Gabler, 2012, S. 27–36.

[7] Eckert, Claudia: *IT-Sicherheit*: Konzepte – Verfahren – Protokolle. München: Oldenbourg Wissenschaftsverlag, 2006.

[8] ANSI INCITS 359-2004: *American National Standard for Information Technology – Role Based Access Control*. Washington, DC: American National Standard Institute, Februar 2004.

[9] Ferraiolo, David F.; Kuhn, Richard D.: Role-Based Access Controls. *Proceedings of the 15th National Computer Security Conference*: Information Systems Security: Building Blocks to the Future, Baltimore, MD, Oktober 1992, S. 554–563.

[10] Ferraiolo, David F.; Cugini, Janet A.; Kuhn, Richard D: *Role-Based Access Control (RBAC):* Features and Motivation. Berlin: ResearchGate, Januar 1995.

https://www.researchgate.net/profile/D_Kuhn2/publication/238743515_Role-based_access_control_features_and_motivations/links/562e7d3808ae04c2aeb5d98b.pdf (abgerufen am 04.11.2018).

[11] Jajodia, Sushil; Sandhu, Ravi S.: A formal framework for single level decomposition of multilevel relations. *Proceedings of the Computer Security Foundations Workshop III, Franconia, NH, June 1990,* S. 152–158.

[12] Klarl, Heiko: *Zugriffskontrolle in Geschäftsprozessen*: Ein modellgetriebener Ansatz. Wiesbaden: Vieweg+Teubner, 2011.

[13] Sharifi, Mohammad; Ayat, Masarat; Rahman, Azizah Abd; u.a.: Lessons learned in ITIL implementation failure. *ITSim 2008 International Symposium on Information Technology*. New York, NY: Institute of Electrical and Electronics Engineers (IEEE), September 2008.

[14] Kleiner, Fritz: *IT Service Management*: Aus der Praxis für die Praxis. Wiesbaden: Springer, 2013.

[15] IT-*Grundschutz*. Bonn: Bundesamt für Sicherheit in der Informationstechnik (BSI).

https://www.bsi.bund.de/DE/Themen/ITGrundschutz/itgrundschutz_node (abgerufen am 04.11.2018).

[16] IEC 31010:2009: *Risk management – Risk assessment techniques*. Genf: International Organization for Standardization (ISO), November 2011.

[17] Beims, Martin: *IT-Service-Management in der Praxis mit ITIL 3*: Zielfindung, Methoden, Realisierung. München: Hanser Verlag, 2010.

[18] *Leitfaden Identity & Access Management* ... über Funktionsbausteine, Vorteile und Good Practice in IDM-Projekten. Stuttgart: deron services GmbH, 2015.

https://www.deron.de/workshop-deep-inside/identity-access-management-leitfaden (abgerufen am 04.11.2018).

[19] *Identity and access management Beyond compliance*. Insights on governance, risk and compliance. London: Ernst & Young, Mai 2013.

https://www.ey.com/publication/vwluassets/identity_and_access_management_-_beyond_compliance/%24file/identity_and_access_management_beyond_compliance_au1638.pdf (abgerufen am 04.11.2018).

[20] *BSI-Standard 100-2: IT-Grundschutz-Vorgehensweise*. Version 2.0. Bonn: Bundesamt für Sicherheit in der Informationstechnik (BSI), 2008.

https://www.bsi.bund.de/SharedDocs/Downloads/DE/BSI/Publikationen/ITGrundschutzstandards/BSI-Standard_1002.pdf?__blob=publicationFile (abgerufen am 08.11.2018).

[21] Shin, Dongwan; Ahn, Gail-Joon; Cho, Sangrae; u.a.: A role-based infrastructure management system: design and implementation. *Concurrency and Computation: Practice & Experience – Computer Security*. Chichester: John Wiley and Sons, 16 (2004), Nr. 11, September 2004, S. 1121–1141.

Zu Themenblock G – Risikomanagement

G.1

[1] HERDA, NILS; FRIEDRICH, KERSTIN; RUF, STEFAN: Plattformökonomie als Game-Changer. Wie digitale Plattformen unsere Wirtschaft verändern: Eine strategische Analyse der Plattformökonomie. *Strategie-Journal – Impulse für den Mittelstand, Heft 3, 2018*, S. 2–18.

http://digital.fuerstenberg-forum.de/wp-content/uploads/2018/10/SJ_03-18_EBOOK_Plattformoekonomie_als_Game-Changer.pdf (abgerufen am 14.05.2019).

[2] RODIG, JAN: Erfolgreiche IoT-Geschäftsmodelle in der Industrie. In: SCHULZ, THOMAS (Hrsg): *Industrie 4.0: Potenziale erkennen und umsetzen*. Würzburg: Vogel Communications Group, 2017, S. 171–188.

[3] Begriffssammlung / Glossar: *BSI Standard 200-4*. Bonn: Bundesamt für Sicherheit in der Informationstechnik (BSI), Arbeitsstand 16.04.2019.

https://www.bsi.bund.de/SharedDocs/Downloads/DE/BSI/Grundschutz/BCM/Glossar_BCM.html (abgerufen am 14.05.2019).

[4] *Deutsche Industrie verliert 43 Milliarden Euro. 13. September 2018*. WirtschaftsWoche Online. Düsseldorf: Handelsblatt.

https://www.wiwo.de/unternehmen/industrie/cyber-attacken-deutsche-industrie-verliert-43-milliarden-euro/23063610.html (abgerufen am 14.05.2019).

[5] BSI-Standard 200-1: *Managementsysteme für Informationssicherheit (ISMS). Version 1.0*. Bonn: Bundesamt für Sicherheit in der Informationstechnik (BSI), November 2017.

https://www.bsi.bund.de/SharedDocs/Downloads/DE/BSI/Grundschutz/Kompendium/standard_200_1.pdf?__blob=publicationFile&v=8 (abgerufen am 14.05.2019).

[6] Gesetz zur Erhöhung der Sicherheit informationstechnischer Systeme (IT-Sicherheitsgesetz). *Bundesgesetzblatt (BGBl) Teil 1, Nr. 31*, S. 1324. Köln: Bundesanzeiger Verlag, 25. Juli 2015.

[7] CLINTON, LARRY; BARRACK, STACEY: *Management von Cyber-Risiken*. Handbuch für Unternehmensvorstände und Aufsichtsräte. Arlington, VA: Internet Security Alliance.

https://isalliance.org/wp-content/uploads/2018/04/CyberRisk-DSHandbook_Germany-German_Final.pdf (abgerufen am 14.05.2019).

G.2

[1] ISO/IEC 38500:2015-02 Ed. 2: *Information technology – Governance of IT for the organization*. Geneva: International Organization for Standardization (ISO) / International Electrotechnical Commission (IEC), February 2015.

[2] MITCHELL, SCOTT L.: GRC360: A framework to help organisations drive principled performance. *International Journal of Disclosure and Governance, Vol. 4, 2007, Nr. 4*, S. 279–296.

[3] RACZ, NICOLAS; WEIPPL, EDGAR; SEUFERT, ANDREAS: A Frame of Reference for Research of Integrated Governance, Risk and Compliance (GRC). In: DE DECKER, BART; SCHAUMÜLLER-BICHL, INGRID (Hrsg.): Communications and Multimedia Security. *Proceedings of 11th IFIP TC 6/TC 11 International Conference (CMS 2010)*. Berlin, Heidelberg: Springer, 2010. S. 106–117.

[4] VICENTE, PEDRO; DA SILVA, MIGUEL MIRA: A Conceptual Model for Integrated Governance, Risk and Compliance. In: MOURATIDIS, HARALAMBOS; ROLLAND, COLETTE (Hrsg.): *Proceedings of International Conference on Advanced Information Systems Engineering (CAiSE 2011) Lecture Notes in Computer Science, Bd. 6741*. Berlin, Heidelberg: Springer, 2011, S. 199–213.

[5] DIN ISO 31000:2018-10: *Risikomanagement – Leitlinien*. Berlin: Beuth Verlag GmbH, Oktober 2018.

[6] ADOLPHS, PETER: Referenzarchitektur als Grundlage für neue Produkte zur Cloud-basierten Kommunikation. In: SCHULZ, THOMAS (Hrsg.): *Industrie 4.0: Potenziale erkennen und umsetzen*. Würzburg: Vogel Communications Group, 2017, S. 109–127.

[7] DIN EN 61508 Bbl. 1:2005-10: *Funktionale Sicherheit sicherheitsbezogener elektrischer/ elektronischer/ programmierbarer elektronischer Systeme – Teil 0*: Funktionale Sicherheit und die IEC 61508. Berlin: Beuth Verlag GmbH, Oktober 2005.

[8] IEC TS 62443-1-1:2009-07: *Industrial communication networks – Network and system security – Part 1-1*: Terminology, concepts and models. Genf: International Electrotechnical Commission (IEC), Juli 2009.

[9] *Yearly Assessment Reports*. ICS CERT & NCCIC other reports. Washington, DC: Department of Homeland Security. 2018.

https://ics-cert.us-cert.gov/Other-Reports (abgerufen am 15.02.2019).

[10] ENISA Threat Landscape Report 2017: *15 Top Cyber-Threats and Trends*. Iraklio: European Network and Information Security Agency (ENISA), 15.01.2018.

https://www.enisa.europa.eu/publications/enisa-threat-landscape-report-2017 (abgerufen am 15.02.2019).

[11] *Die Lage der IT-Sicherheit in Deutschland 2018*. Bundesamt für Sicherheit in der Informationstechnik (BSI). 20.09.2018.

https://www.bsi.bund.de/DE/Publikationen/Lageberichte/lageberichte_node.html (abgerufen am 15.02.2019).

[12] CISCO 2018. *Annual Cybersecurity Report*. San Jose, CA: Cisco Systems, Februar 2018.

https://www.cisco.com/c/de_de/products/security/security-reports.html (abgerufen am 15.02.2019).

[13] Schwab, Wolfgang; Poujol, Mathieu: *Trend Study: The state of industrial cybersecurity 2018*. Nanterre: CXP – a teknowlogy Group company, Juni 2018.

https://ics.kaspersky.com/the-state-of-industrial-cybersecurity-2018 (abgerufen am 15.02.2019).

[14] *Threat Center Reports*. McAfee Labs Threat Reports. Santa Clara, CA: McAfee, 5.10.2018.

https://www.mcafee.com/enterprise/de-de/threat-center/mcafee-labs/reports.html (abgerufen am 15.02.2019).

[15] *Quarterly Fraud Report, Vol. 1 Issue 3, Q3 2018*. Round Rock, TX: Dell Technologies, November 2018.

https://www.rsa.com/en-us/offers/rsa-fraud-report-q3-2018 (abgerufen am 15.02.2019).

[16] DIN EN ISO 22301:2014-12: *Sicherheit und Schutz des Gemeinwesens – Business Continuity Management System – Anforderungen*. Berlin: Beuth Verlag GmbH, Dezember 2012.

[17] DIN EN 31010:2010-11: *Risikomanagement – Verfahren zur Risikobeurteilung*. Berlin: Beuth Verlag GmbH, November 2010.

[18] IEC 62443-2-1:2010-11: *Industrial communication networks – Network and system security – Part 2 1*: Establishing an industrial automation and control system security program. Genf: International Electrotechnical Commission (IEC), November 2010.

[19] DIN EN 62443-3-2:2018-10 (Entwurf): *Sicherheit für industrielle Automatisierungssysteme – Teil 3 2*: Sicherheitsrisikobeurteilung und Systemgestaltung. Berlin: Beuth Verlag GmbH, Oktober 2018.

[20] NIST Special Publication 800-39: *Managing Information Security Risk – Organization, Mission, and Information System View*. Rev. 1, Gaithersburg, MD: National Institute of Standards and Technology (NIST), U.S. Department of Commerce, März 2011.

https://csrc.nist.gov/ publications/detail/sp/800-39/final. NIST SP 800-39 (abgerufen am 15.02.2019).

[21] ISO/IEC 27005:2018-07 *Information technology – Security techniques – Information security risk management*. Berlin: Beuth Verlag GmbH, Juli 2018.

[22] Reuvid, Jonathan (Hrsg.): *Managing Business Risk: A Practical Guide to Protecting Your Business*. London: Kogan Page, 2014.

[23] Wolke, Thomas: *Risikomanagement*. Ed. 3, Oldenburg: De Gruyter, 2015.

[24] *Risk-Management-Benchmarking 2015*. Frankfurt am Main: PricewaterhouseCoopers (PwC), November 2015.

https://www.pwc-wissen.de/pwc/de/shop/publikationen/Risk-Management-Benchmarking+2015/?card=16118 (abgerufen am 15.02.2019).

[25] *ICS Security Kompendium*. Bonn: Bundesamt für Sicherheit in der Informationstechnik (BSI), 2013.

https://www.bsi.bund.de/DE/Themen/Industrie_KRITIS/ICS/Empfehlungen/ICS/ empfehlungen_node.html (abgerufen am 15.02.2019).

[26] Wheeler, John A.; Zhang, Jie; Perkins, Earl: *Magic Quadrant for Integrated Risk Management*. Stamford, CT: Gartner, Inc., 16. 07.2018.

https://www.gartner.com/doc/3882765/magic-quadrant-integrated-risk-management (abgerufen am 15.02.2019).

[27] Guidance: *Summary of risk methods and frameworks*. London: UK Government Communications Headquarters (GCHQ) National Cyber Security Center (NCSC), 23.09.2016.

https://www.ncsc.gov.uk/guidance/summary-risk-methods-and-frameworks (abgerufen am 15.02.2019).

[28] CEN-CENELEC-ETSI Smart Grid Coordination Group: *Smart Grid Information Security*. Brüssel: European Committee for Standardization (CEN), European Committee for Electrotechnical Standardization (CENELEC), European Telecommunications Standards Institute (ETSI), November 2012. ftp://ftp.cen.eu/EN/EuropeanStandardization/HotTopics/SmartGrids/ Security.pdf (abgerufen am 15.02.2019).

[29] Stouffer, Keith; Pillitteri, Victoria; Lightman, Suzanne; Abrams, Marshall; Hahn, Adam: *NIST Special Publication 800-82 Guide to Industrial Control Systems (ICS) Security*, Rev. 2. Gaithersburg, MD: National Institute of Standards and Technology (NIST), U.S. Department of Commerce, Mai 2015.

https://csrc.nist.gov/publications/detail/sp/800-82/rev-2/final. NIST SP 800-82 (abgerufen am 15.02.2019).

[30] *NIST Interagency Report 7628 Guidelines for Smart Grid Cybersecurity Vol. 1*. NIST SGCS Committee. Rev. 1, Gaithersburg, MD: National Institute of Standards and Technology (NIST), U.S. Department of Commerce, September 2014.

https://csrc.nist.gov/publications/detail/nistir/7628/rev-1/final. NIST IR 7628 (abgerufen am 15.02.2019).

[31] *Cyber Security for Industrial Automation and Control Systems (IACS)*. Edition 2, Open Government status. UK Department for Work and Pensions (DWP) Health and Safety Executive (HSE), März 2017.

http://www.hse.gov.uk/foi/ internalops/og/og-0086.pdf (abgerufen am 15.02.2019).

[32] *Orientierungsleitfaden für Hersteller zur IEC 62 443*. Frankfurt am Main: Zentralverband Elektrotechnik- und Elektronikindustrie e.V. (ZVEI). 12.04.2017.

https://www.zvei.org/presse-medien/ publikationen/orientierungsleitfaden-fuer-hersteller-zur-iec-62 443/ (abgerufen am 15.02.2019).

[33] NIST Special Publication 800-37 Risk Management Framework for Information Systems and Organizations: *A System Life Cycle Approach for Security and Privacy*. Rev. 2, Gaithersburg, MD: National Institute of Standards and Technology (NIST), U.S. Department of Commerce, Feb. 2010.

https://csrc.nist.gov/publications/detail/sp/800-37/rev-2/draft. NIST SP 800-37 (abgerufen am 15.02.2019).

[34] VdS 3473: *Cyber-Security für kleine und mittlere Unternehmen (KMU)*. VdS-Richtlinie für die Informationssicherheit. Köln: VdS Schadenverhütung.

https://shop.vds.de/de/download/67b944842126c7b00c5031b16c44ae87/ (abgerufen am 15.02.2019).

[35] *Information Package for SMEs*. With examples of Risk Assessment / Risk Management for two SMEs. Iraklio: European Network and Information Security Agency (ENISA), Februar 2007.

https://www.enisa.europa.eu/publications/archive/RMForSMEs (abgerufen am 15.02.2019).

G.3

[1] Fritsche, Wolfgang; Rust, Felix: Informationssicherheit in Industriesteueranlagen In: Schulz, Thomas (Hrsg.): *Industrie 4.0. Potenziale erkennen und umsetzen*. Würzburg: Vogel Business Media, 2017, S. 303–336.

[2] *Here's What A Cyber Attack Would Look Like in America*. San Bruno, CA: YouTube. 23.08.2016.

https://www.youtube.com/watch?v=ZkoenqCGiOs&feature=youtu.be (abgerufen am 24.11.2018)

[3] Dragonfly: *Energy Companies Under Sabotage Threat*. Symantec Security Response. Mountain View, CA: Symantec Corporation.

https://www.sans.org/summit-archives/file/summit-archive-1493692511.pdf (abgerufen am 24.11.2018).

[4] *Cyber-Versicherung*. Umfassend und flexibel versichert. Köln: AXA Versicherungen.

https://www.axa.de/geschaeftskunden/Cyber-Versicherung (abgerufen am 24.11.2018).

[5] Säcker, Franz Jürgen; Rixecker, Roland; Oetker, Hartmut; u.a. (Hrsg.): *Münchener Kommentar zum Bürgerlichen Gesetzbuch, Band 1*: Allgemeiner Teil, §§ 1-240, ProstG, AGG, 2015.

[6] Bamberger, Heinz Georg; Roth, Herbert; Hanau, Wolfgang; u.a. (Hrsg.): *Beck'scher Online-Kommentar BGB, Edition 45*. München: C.H. Beck, 2018.

[7] *Allgemeine Versicherungsbedingungen für die Cyberrisiko-Versicherung (AVB Cyber) – Musterbedingungen des GDV*. Berlin: Gesamtverband der Deutschen Versicherungswirtschaft e.V. (GDV), April 2017.

https://www.gdv.de/resource/blob/6100/d4c013232e8b0a5722b7655b8c0cc207/01-allgemeine-versicherungsbedingungen-fuer-die-cyberrisiko-versicherung–avb-cyber–data.pdf (abgerufen am 23.11.2018).

[8] Kalinowski, Dirk: *Cyber-Risiken erkennen – bewerten – versichern*. In: 12. IT-Trends Sicherheit Fachkongress, Bochum, 20.04.2016.

https://docplayer.org/23437017-Cyber-risiken-erkennen-bewerten-versichern-12-it-trends-sicherheit-bochum.html (abgerufen am 23.11.2018).

[9] Kalinowski, Dirk: Risikomanagement und Versicherung von Cyber-Risiken. Essen: *networker NRW, 22.04.2015*.

https://www.it-trends-sicherheit.de/media/axa.pdf (abgerufen am 23.11.2018).

[10] *Normenreihe ISO/IEC 270xx Information security management systems*. Genf: International Organization for Standardization (ISO).

[11] *Leistungen Cyber Security*. Essen: TÜV Informationstechnik. https://www.tuvit.de/de/leistungen/cyber-security (abgerufen am, 25.11.2018).

[12] VdS 3473: *Cyber-Security für kleine und mittlere Unternehmen (KMU)*. VdS Richtlinie für die Informationssicherheit. Köln: VdS Schadenverhütiung.

https://shop.vds.de/de/download/67b944842126c7b00c5031b16c44ae87/ (abgerufen am 23.11.2018).

[13] Günther, Dirk-Carsten; Ider, Nazan: Auf dem Stand der Technik. Ein Marktüberblick zu den Sicherheitsobliegenheiten in der Cyber-Versicherung. *Versicherungswirtschaft 73 (2018), Nr. 01*, S. 50 –52.

[14] Holland, Martin; Kannenberg, Axel: WannaCry: Angriff mit Ransomware legt weltweit Zehntausende Rechner lahm. heise online, Hannover: *Heise Medien, 12*. Mai 2017.

https://www.heise.de/newsticker/meldung/WannaCry-Angriff-mit-Ransomware-legt-weltweit-Zehntausende-Rechner-lahm-3713235.html (abgerufen am 25.11.2018).

[15] *Nach weltweitem Cyberangriff*. Die Gefahr ist noch nicht gebannt. Hamburg: Spiegel Online. 05.07.2017.

http://www.spiegel.de/netzwelt/netzpolitik/notpetya-ukrainische-firma-warnt-vor-backdoor-in-medoc-a-1156078.html (abgerufen am, 25.11.2018).

Stichwortverzeichnis